深入理解 OpenGL、WebGL 和 OpenGL ES

[美] 帕特里克·科齐（Patrick Cozzi）
[美] 克里斯托弗·里奇奥（Christophe Riccio） 著

武海军 译

清华大学出版社
北　京

内 容 简 介

本书详细阐述了与OpenGL相关的基本解决方案，主要包括渲染技术、混合管线、性能、传输、调试和性能分析、软件设计等内容。此外，本书还提供了相应的示例，以帮助读者进一步理解相关方案的实现过程。

本书适合作为高等院校计算机及相关专业的教材和教学参考书，也可作为相关开发人员的自学教材和参考手册。

北京市版权局著作权合同登记号 图字：01-2013-5501

OpenGL Insights 1st Edition/by Patrick Cozzi and Christophe Riccio /ISBN:978-1-4398-9376-0

Copyright © 2012 by CRC Press.

Authorized translation from English language edition published by CRC Press, part of Taylor & Francis Group LLC;All rights reserved;

本书原版由Taylor & Francis出版集团旗下，CRC出版公司出版，并经其授权翻译出版。版权所有，侵权必究。

Tsinghua University Press is authorized to publish and distribute exclusively the **Chinese(Simplified Characters)** language edition.This edition is authorized for sale throughout **Mailand of China**.No part of the publication may be reproduced or distributed by any means,or stored in a database or retrieval system,without the prior written permission of the publisher.

本书中文简体翻译版授权由清华大学出版社独家出版并限在中国大陆地区销售。未经出版者书面许可，不得以任何方式复制或发行本书的任何部分。

Copies of this book sold without a Taylor & Francis sticker on the cover are unauthorized and illegal.

本书封面贴有Taylor & Francis公司防伪标签，无标签者不得销售。

版权所有，侵权必究。侵权举报电话：010-62782989 13701121933

图书在版编目（CIP）数据

深入理解OpenGL、WebGL和OpenGL ES /（美）帕特里克•科齐（Patrick Cozzi），（美）克里斯托弗•里奇奥（Christophe Riccio）著；武海军译. —北京：清华大学出版社，2020.4

书名原文：OpenGL Insights

ISBN 978-7-302-55225-3

Ⅰ. ①深… Ⅱ. ①帕… ②克… ③武… Ⅲ. ①图形软件 ②网页制作工具-程序设计 Ⅳ. ①TP391.412 ②TP393.092.2

中国版本图书馆CIP数据核字（2020）第051276号

责任编辑：	贾小红
封面设计：	刘　超
版式设计：	文森时代
责任校对：	马军令
责任印制：	沈　露

出版发行：	清华大学出版社	
网　　址：	http://www.tup.com.cn，http://www.wqbook.com	
地　　址：	北京清华大学学研大厦A座	邮　编：100084
社 总 机：	010-62770175	邮　购：010-62786544
投稿与读者服务：	010-62776969，c-service@tup.tsinghua.edu.cn	
质量反馈：	010-62772015，zhiliang@tup.tsinghua.edu.cn	
印 装 者：	清华大学印刷厂	
经　　销：	全国新华书店	
开　　本：	185mm×230mm　　印　张：46.75　　字　数：937千字	
版　　次：	2020年5月第1版　　　　　　　印　次：2020年5月第1次印刷	
定　　价：	199.00元	

产品编号：054086-01

献给 Jilda。

——Patrick Cozzi（帕特里克·科奇）

献给我的个人造型师，她对时尚的热情激发了我对图形的热情。

——Christophe Riccio（克里斯托弗·里奇奥）

译 者 序

OpenGL 全称为 Open Graphics Library（开放图形库），它是用于渲染 2D、3D 矢量图形的跨语言、跨平台的应用程序编程接口（API）。该 API 由近 350 个不同的函数调用组成，常用于电子游戏开发、CAD 绘图和虚拟现实等。

1992 年 1 月，Mark Segal 和 Kurt Akeley 发布了 OpenGL 的最早版本 OpenGL 1.0。从此以后，OpenGL 每隔一段时间就会发布一个新版本的规范，这些规范定义了一些显卡必须支持的新扩展，这意味着 OpenGL 的每个版本其实就是由各个扩展组成的。OpenGL 被设计为只有输出，所以它只提供渲染功能，其核心 API 没有窗口系统、音频、打印、键盘/鼠标或其他输入设备的概念。虽然这看起来像是一种限制，但是它允许进行渲染的代码完全独立于运行的操作系统，允许跨平台开发，这也是它刚推出就受到开发人员欢迎的重要原因。

1995 年，微软公司发布了 Direct3D，由于采用 Direct3D API 的《红色警戒》等游戏的流行，使得 Direct3D 成为 OpenGL 的主要竞争对手。反观 OpenGL，则因为 OpenGL ARB 的臃肿而一度落后。2006 年 7 月，OpenGL 架构评审委员会投票决定将 OpenGL API 标准的控制权交给 Khronos Group。在之后的几年内，OpenGL 重新焕发了活力，2008 年 8 月 11 日，革新性的 OpenGL 3.0 发布，这个版本的 OpenGL 开始划分核心配置文件和兼容性配置文件，并且 Khronos Group 希望只支持核心配置文件。OpenGL 3.0 的出现改变了过去 OpenGL 必定向下兼容的特性，在一定程度上简化了 API 的臃肿并增加了 API 的灵活度。此后的 OpenGL 并未满足，仍在不断推陈出新。OpenGL 3.2 新增了对几何着色器的支持；在 OpenGL 4.0 中，又增加了对曲面细分着色器的支持。另外，在移动设备上免授权费用的 OpenGL ES 的胜利，在一定程度上也促进了桌面版的 OpenGL 重新回到主流地位，现在先进的 OpenGL 已经受到各个厂家的重视，NVIDIA 和 AMD 等显卡制造商都争相发布相关的 OpenGL 驱动。在游戏开发方面，因为其良好的可移植性，不同的平台、不同的主流引擎都会有 OpenGL 的实现。

本书的讨论主要是针对核心配置文件展开的。全书共分为 7 篇，涵盖了对 OpenGL 接口介绍、渲染技术、混合管线、性能、传输、调试和性能分析、软件设计等各方面的讨论，是对 OpenGL 底层技术感兴趣的程序开发人员拓宽视野的精品图书，也是计算机图形学专业的学生强化学习的优秀教材。

为了更好地帮助读者理解和学习，本书以中英文对照的形式保留了大量的术语，这样的安排不但方便读者理解书中的代码，而且也有助于读者查找和利用本书配套网站上的资源（该网站上提供了相应的示例程序和库等）。

本书由武海军翻译，马宏华、唐盛、郝艳杰、黄刚、宋万峰、周玉兰、黄永强、陈凯、黄进青、郭兴霞、熊爱华等参与了程序测试和资料整理等工作。由于译者水平有限，错漏之处在所难免，在此诚挚欢迎读者提出任何意见和建议。

译　者

序

OpenGL 不再是单一的 API。OpenGL 涉及一系列 API，其中 OpenGL、OpenGL ES 和 WebGL 是密切相关的"兄弟"，使应用程序开发人员能够在各种平台和操作系统上编写和部署图形应用程序。OpenGL 已经成为一个生态系统，3D 图形现在无处不在。OpenGL 是台式机和工作站的跨平台 3D API；OpenGL ES 是移动设备（如平板电脑和手机，以及从机顶盒到汽车的嵌入式平台）的 3D API；WebGL 则通过在任何平台上运行的基于 OpenGL ES 的浏览器中提供普遍的 3D API，将所有这些结合在一起。OpenGL 不会止步于处理图形，将 OpenGL 与 OpenCL 或 CUDA 等计算 API 结合使用，可以在桌面上创建出色的视觉计算应用程序。

Khronos 公司的工作是提供 API，以服务其目标开发人员、市场和平台，同时鼓励芯片供应商在 API 下进行创新。由于台式机 GPU 的功耗预算、硬件门限预算和成本预算均比移动 GPU 大，因此 3D API 会明显反映这一点。也正因为如此，OpenGL 通常首先在桌面平台上公开其前沿功能。OpenGL ES 的重点是为移动和嵌入式设备提供具有最优化硬件和功耗预算情况下的最佳功能。WebGL 具有一致的关注点，无论底层平台是否支持 OpenGL 4.2 或 OpenGL ES 2.0，WebGL 的目标都是在任何地方提供相同的功能。这对于实现"一次编写、随处部署"的浏览器开发愿景至关重要。令人兴奋的是，WebGL 提供了对 GPU 的访问，因此硬件加速 3D 渲染可以在任何地方进行。HTML5 标准提供了一组丰富的 API 以方便开发 Web 应用程序。WebGL 在 HTML5 中以硬件加速的方式引领着这种开发，正是因为 WebGL 集成到 HTML5 标准中，所以它将真正改变我们的 Web 应用程序类型。

鉴于 OpenGL 和 OpenGL ES 广泛应用于各种 Linux 和 Windows，以及 iOS 和 Android，这些 API 正在逐步满足其实际需求。几乎所有浏览器供应商都采用 WebGL，这凸显了它作为 3D 图形的 Web API 的重要性。使用 OpenGL 系列 API 可以开发精美的图形应用程序。当然，除了 API 之外，开发一款优秀的图形应用程序还有很多要素。例如，能够调试 GPU 代码，测量和优化图形代码的性能以将 GPU 推向极限，在给定底层 GPU 的情况下使用正确的渲染技术，以及将代码部署到各种设备等，这些都是获得成功的关键因素。

本书深入探讨了 OpenGL 的生态系统，提供了由 OpenGL 生态系统各个领域的专家编写的调试和性能提示、渲染技术、实用技巧、软件开发和移植建议、最佳实践等，以帮助开发人员构建完美的图形应用程序。这些专家花了很多精力和时间与本书读者分享他们有关 OpenGL 的经验和智慧，因为他们信任 OpenGL 生态系统，并希望与本书读者分享他们的知识和喜爱。这些专家中也包括 Patrick Cozzi 和 Christophe Riccio，他们在本书的编辑和统稿中做了大量出色的工作。感谢你们的努力！

Barthold Lichtenbelt

Khronos 公司 OpenGL ARB 工作组主席

NVIDIA Tegra 图形软件总监

前　言

有时候我很希望自己能参与 40 年前的计算机图形学研究，当时该领域正在展开对可见表面和着色的早期探索，有许多基本问题仍需要解决，而即将闪亮登场的解决方案则将对后来的发展产生很大的影响。

当然，我更感激当前所处的时代，建模、渲染和动画的基础都已经建立，几乎所有的设备都可以使用硬件加速渲染。作为开发人员，我们现在能够通过逼真细致的实时图形为大量用户提供令人惊叹的服务。

在某种程度上，我们要感谢渲染 API 的迅捷和可用性，包括 OpenGL、OpenGL ES 和 WebGL。频繁的 OpenGL 规范更新与公开这些新功能的驱动程序相结合，使 OpenGL 成为寻求使用最新 GPU 功能的跨平台桌面开发人员的首选 API。随着智能手机和平板电脑设备的爆炸式增长，OpenGL ES 成为 iOS 和 Android 上硬件加速渲染的 API。最近，WebGL 也呈现出迅速普及的趋势，它们可以在网页上提供真正零占用的硬件加速 3D 图形。

随着 OpenGL、OpenGL ES 和 WebGL 的广泛使用，我们认识到使用这些 API 的开发人员需要相互学习，而不仅仅是基础知识的交流。为此，我们创建了 OpenGL Insights 系列，第一卷的作者包含开发人员、硬件供应商、研究人员和教育工作者。它既是对 OpenGL 系列 API 广泛使用的献礼，也包含一系列总结现有实用技术和深入探讨未来发展的文章。

本书内容丰富，主题多样，从在课堂上使用 OpenGL 到最新扩展的介绍，再到优化移动设备和设计 WebGL 库，可谓应有尽有。许多章节还具有一定的技术深度，例如，异步缓冲和纹理传输、性能状态跟踪和可编程顶点拉动等。

开发者社区对这些 API 的热情激励着我们开始这个系列的编辑工作。在这个时代，可能需要解决的基础问题较少，但需要解决的问题的广度和复杂性则令人惊讶。这是一个成为杰出的 OpenGL 开发人员的最好时刻。

Patrick Cozzi

首先，我要感谢 Patrick 让我和他一起参与这个项目。我还记得那天晚上，在电影院看到一部很棒的电影后，我收到了他的电子邮件。虽然我给出的答案真的只有一个，但我还是试图挣扎了一下："哦，让我考虑一下。"这样的犹豫不决仅持续了不到 5 秒钟，接下来留给我的就是很多的工作，以及在这个过程中的大量学习。

尽管我们在文化和背景方面存在差异，但 Patrick 和我之间的共同愿望是：我们想要制作一本好书，不带任何偏见地揭示整个 OpenGL 社区的观点，拥抱每一个热情分享图形多样性的人，这也是 OpenGL 生态系统所提倡的。

OpenGL 规范是 OpenGL 的基础，但它们远远不足以让开发人员理解其潜力和局限性。这就好比一个人掌握了平仄规律，但未必能写出好诗一样。我们希望本书能给开发人员带来一些不容易获得的经验，以帮助 OpenGL 程序开发人员创建更高效的开发和图形软件。

Christophe Riccio

致谢

本书是基于 OpenGL 开发人员社区的内容编撰而成的，所以需要付出巨大的努力。让我们感激的是，从本书的策划到获取作者提交的所有内容，我们都得到了很多帮助。在此谨对以下人士表示诚挚的谢意：Quarup Barreirinhas（Google）、Henrik Bennetsen（Katalabs）、Eric Haines（Autodesk）、Jon Leech（Khronos Group）、Barthold Lichtenbelt（NVIDIA）、Jon McCaffrey（NVIDIA）、Tom Olson（ARM）、Kevin Ring（AGI）、Ken Russell（Google）和 Giles Thomas（Resolver Systems）。

本书得益于开放的评审机制。作为编者，我们审读了全部章节，但这还远远不够。各位撰稿人主动进行了同行评审，还有许多外部评审员自愿参加。在此谨对以下人士表示诚挚的谢意：Guillaume Chevelereau（Intersec）、Mikkel Gjoel（Splash Damage）、Dimitri Kudelski（艾克斯-马赛大学）、Eric Haines（Autodesk）、Andreas Heumann（NVIDIA）、Randall Hopper（L-3 Communications）、Steve Nash（NVIDIA）、Deron Ohlarik（AGI）、Emil Persson（Avalanche Studios）、Aras Pranckevicius（Unity Technologies）、Swaroop Rayudu（Autodesk）、Kevin Ring（AGI）、Mathieu Roumillac（e-on software）、Kenneth Russell（Google）、Graham Sellers（AMD）、Giles Thomas（Resolver Systems）和 Marco Weber（Imagination Technologies）。

许多作者为本书做出了重要贡献。在此感谢每位作者、同行评审和热情的外部评审员们所做出的贡献。另外，还要感谢 Alice Peters、Sarah Chow 和 Kara Ebrahim 为出版本书而付出的辛勤努力。

本书的编撰花费了大量时间，幸运的是我们获得了就职单位的大力支持和理解，特此感谢 Analytical Graphics 公司的 Paul Graziani、Frank Linsalata、Jimmy Tucholski 和 Shashank Narayan。另外，还要感谢宾夕法尼亚大学的 Norm Badler、Steve Lane 和 Joe Kider。

在全职工作之余编辑这样一本精品图书对我们来说殊为不易，以至于有很长一段时间我们都未能在夜晚、周末甚至假期陪伴家人和朋友。在此，要感谢 Anthony Cozzi、Margie Cozzi、Peg Cozzi 和 Jilda Stowe 的理解和支持。

本书配套网站

本书配套的 OpenGL Insights 网站包含本书源代码、彩色图像和其他补充内容：www.openglinsights.com

有任何意见或更正建议请发送邮件到：editors@openglinsights.com

提 示

OpenGL	与 glComilerShader 和 glLinkProgram 序列相比，glCreateShaderProgram 可以提供更快的构建性能。但是，它只创建一个着色器阶段程序
OpenGL WebGL OpenGL ES	并非所有着色器对象都需要 main()函数。多个着色器对象可以在同一程序中链接在一起，以允许在不同程序之间共享相同的代码
OpenGL WebGL OpenGL ES	首先构建所有 GLSL 着色器和程序，然后查询结果以隐藏构建和查询延迟
OpenGL WebGL OpenGL ES	将着色器附加到程序后调用 glDeleteShader 以简化以后的清理
OpenGL	以下 5 个 OpenGL 4.2 函数将生成信息日志。 ❑ glCompileShader。 ❑ glCreateShaderProgram。 ❑ glLinkProgram。 ❑ glValidateProgram。 ❑ glValidateProgramPipeline
OpenGL OpenGL ES	像 glGenTextures 这样的函数不会创建对象，它们会返回一个名称以用于新对象。对象通常使用 glBind *创建，除非它们基于直接状态访问，在这种情况下，任何其他函数都可能实际创建对象
OpenGL WebGL OpenGL ES	glGenerateMipmap 可能在 CPU 上执行，因此可能特别慢。可以离线生成 Mipmap 或配置此函数
OpenGL WebGL OpenGL ES	当使用 glTexImage2D 或 glTexSubImage2D 进行 4 个字节的默认纹理扫描线对齐 GL_PACK_ALIGNMENT 时，每行像素数据的末尾可能需要填充到对齐的下一个倍数
OpenGL	纹理矩形、纹理多重采样和缓冲区纹理不能有 Mipmap
OpenGL	整数纹理 GL_EXT_texture_integer 不支持过滤
OpenGL	缓冲区纹理是 1D 纹理，缓冲区对象作为存储，只能被提取，而不能被采样

续表

OpenGL WebGL OpenGL ES	尽快取消映射缓冲区,以允许驱动程序开始传输或安排传输	
OpenGL WebGL OpenGL ES	正确使用缓冲区应用标志。 ☐ COPY:从 GL 到 GL。 ☐ DRAW:从程序到 GL。 ☐ READ:从 GL 到程序。 ☐ STREAM:始终更新。 ☐ DYNAMIC:经常更新。 ☐ STATIC:很少更新。	
OpenGL WebGL OpenGL ES	将 GLSL 采样器统一格式设置为纹理单元编号,而不是 OpenGL 纹理 ID	
OpenGL WebGL OpenGL ES	glGetUniformLocation 返回-1,但如果统一名称与活动的统一格式不对应,则不会生成错误。所有已声明的统一格式都不是活动的,不提供给着色器的输出的统一格式可以通过编译器优化输出	
OpenGL	在 OpenGL/计算互操作性期间,OpenGL 上下文必须始终是最新的	
OpenGL	当 OpenGL 被映射为在计算部分内使用时,OpenGL 不应该访问 OpenGL 对象	
OpenGL WebGL OpenGL ES	避免无关的 glBindFramebuffer 调用。对 FBO 使用多个附属数据而不是管理多个 FBO	
OpenGL WebGL OpenGL ES	必须始终在使用前验证 FBO,以确保所选格式可以渲染	
OpenGL	在每次查询时,每个查询类型只有一个 OpenGL 查询(如计时器或遮挡)可以是活动的	
OpenGL	对于遮挡查询,使用 GL_ANY_SAMPLES_PASSED 可能比 GL_SAMPLES_PASSED 更有效,因为渲染不必在一个片段通过后立即继续	
OpenGL WebGL OpenGL ES	对于具有较大的防护带裁剪(Guard Band Clipping)的 GPU(如 GeForce、Radeon 和 PowerVR 系列 6)上的图像空间渲染,使用较大的裁剪三角形而不是四边形。如果有疑问,则测量两者	
OpenGL WebGL OpenGL ES	要测试顶点吞吐量,请不要渲染到 1×1 视口,因为并行性会丢失,相反,可以在视锥体之外渲染	

续表

OpenGL WebGL OpenGL ES	glGetError 特别慢，特别是在多进程 WebGL 架构中。可以仅在调试版本中使用它，或者使用 GL_ARB_debug_output（当该扩展可用时）
OpenGL	几何着色器通常是受到输出约束的，所以花费 ALU 时间来减少数据输出量对于性能是有利的
WebGL	除了在使用 dFdx、dFdy 和 fwidth 之前 #defining GL_OES_standard_derivatives 之外，还要记得在 JavaScript 中调用 context.getExtension("OES_standard_derivatives")
OpenGL WebGL OpenGL ES	要准确计算梯度的长度，应避免使用 fwidth(v)，而是使用 sqrt(dFdx(v) * dFdx(v) + dFdy(v) * dFdy(v))
WebGL OpenGL ES	如果 GL_FRAGMENT_PRECISION_HIGH 是 #defined，则 highp 仅在片段着色器中可用。注意在顶点或片段着色器中使用 highp 的性能影响
OpenGL	在 OpenGL 中，精度限定符保留在 GLSL 1.20 和 OpenGL 2.1 中，但实际上是在 GLSL 1.30 和 OpenGL 3.0 中引入的。从 GLSL 1.40 和 OpenGL 3.1 开始，为了与 OpenGL ES 2.0 融合，GL_FRAGMENT_PRECISION_HIGH 在片段着色器中定义为 1
OpenGL	默认情况下，顶点、曲面细分和几何着色器阶段的精度对于 int 类型是 highp，对于片段着色器阶段 int 类型是 mediump。这可能会导致某些实现的警告。默认情况下，float 始终为 highp
WebGL	给定 WebGL 上下文 gl，gl.TRUE 未定义。在移植 OpenGL 或 OpenGL ES 代码时，不要将 GL_TRUE 更改为 gl.TRUE，因为它会静默评估为 false
OpenGL WebGL OpenGL ES	深度写入仅在启用 GL_DEPTH_TEST 时发生
OpenGL WebGL OpenGL ES	GLSL 中的噪声函数仍未实现。第 7 章解决了这个问题
OpenGL	当从 DrawArray* 命令生成时，gl_VertexID 以 [first, first + count-1] 的形式获取值，而不是 [0, count-1]。使用零输入属性顶点着色器时尤其有用
OpenGL	有两种方法可以处理点大小：使用客户端代码中的 glPointSize；如果启用了 PROGRAM_POINT_SIZE，则可以使用 GLSL 代码中的 gl_PointSize

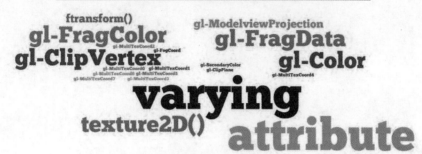

GLSL 核心（GLSL Core）配置文件和 GLSL ES 是 GLSL 兼容性（GLSL Compatibility）配置文件的不同关键字子集。GLSL 核心配置文件允许我们使用完全可编程的管线方法编写 GLSL 代码。GLSL ES 可利用精度限定符，但 GLSL 不能。

关 于 作 者

Woojin Ahn
ahnw@rpi.edu

　　Woojin 是伦斯勒理工学院医学建模、模拟和成像中心的博士后研究员。他于 2010 年获得韩国高等科学技术研究所的机械工程博士学位。他的研究兴趣包括手术模拟、基于物理的动画和基于网络的多模态交互式 3D 应用。

Alina Alt
aalt@nvidia.com

　　Alina 是 NVIDIA 的应用工程师,她的职责包括帮助用户将 NVIDIA 的 GPU、视频产品和与视频相关的驱动程序功能整合到他们的解决方案和应用程序中。她擅长将视频处理应用技术与具有多个 GPU 的系统中的应用程序性能相结合。她过去的经验包括为现场体育电视广播开发增强现实应用程序,以及开发基于 CPU 的可扩展计算集群图形驱动程序。

Edward Angel
angel@cs.unm.edu

　　Ed 是新墨西哥大学(UNM)计算机科学荣誉退休教授,也是第一位 UNM 主席教学研究员。在 UNM 工作期间,他担任了计算机科学、电气和计算机工程以及电影艺术方面的双聘教授。他曾在加州大学伯克利分校、南加州大学和罗彻斯特大学担任学术职务,并在瑞典、英国、印度、委内瑞拉和厄瓜多尔做过访问学者。他的研究兴趣集中在计算机图形学和科学可视化。Ed 编写的教材 *Interactive Computer Graphics* 现已经出版到第 6 版。第 3 版的配套书籍 *The OpenGL Primer* 于 2006 年出版。他教授了 100 多个专业短期课程,包括 SIGGRAPH 和 SIGGRAPH Asia 的 OpenGL 课程。他获得了加州理工学院的学士学位和南加州大学的博士学位。

Nakhoon Baek
oceancru@gmail.com

　　Nakhoon 是韩国庆北国立大学计算机科学与工程学院的副教授。他分别于 1990 年、1992 年和 1997 年获得韩国高等科学技术学院（KAIST）计算机科学学士、硕士和博士学位。他的研究兴趣包括图形标准、图形算法和实时渲染。他在 20 世纪 90 年代末为韩国的一家电话公司实现了内部版本的 CGM/CGI 图形标准。自 2005 年以来，他一直与 HUONE Inc. 的图形团队合作，为嵌入式系统商业化实现了一套图形标准，包括 OpenVG、OpenGL ES、OpenGL SC 和 Collada。

Mike Bailey
mjb@cs.oregonstate.edu

　　Mike 是俄勒冈州立大学的计算机科学教授。Mike 拥有普渡大学的博士学位，曾在桑迪亚国家实验室、普渡大学、Megatek 公司以及加州大学圣地亚哥分校的圣地亚哥超级计算机中心工作。Mike 在大学级别（4000 多名学生）以及会议（SIGGRAPH、SIGGRAPH Asia、SIGCSE、IEEE Visualization 和 Supercomputing）上教授了许多课程。Mike 曾 5 次被加州大学圣地亚哥分校的高年级学生评选为年度计算机科学教师。2005 年，他还被俄勒冈州立大学的学生评选为最热情的教授，并于 2008 年获得俄勒冈州立大学工程学院的奥斯汀保罗教学奖。Mike 的研究领域包括科学计算机图形领域的各种主题，他对于 GPU 编程、可视化体数据集和立体图形等特别感兴趣。

Francesco Banterle
francesco.banterle@isti.cnr.it

　　Francesco 是意大利 ISTI-CNR 视觉计算实验室的博士后研究员。他于 2009 年获得华威大学工程博士学位。在博士期间，他开发了逆色调映射，它弥合了低动态范围成像和高动态范围（HDR）成像之间的差距。他拥有维罗纳大学计算机科学学士和硕士学位。他是 2011 年由 A K Peters 出版的 *Advanced High Dynamic Range* 一书的第一作者。他的主要研究领域是 HDR 成像、渲染和并行处理（GPU 和共享内存系统）。

Jesse Barker
jesse.barker@linaro.org

  Jesse 是 ARM Ltd. 的首席软件工程师,他被任命为 Linaro 图形工作组的技术负责人。Linaro 是一家非营利的开源工程公司,旨在为 ARM 生态系统进行 Linux 开发,使其更简单、更快捷。在 2010 年加入 ARM 之前,他曾在 ATI/AMD、Silicon Graphics、Digital 和一些小型公司工作过。他在这些企业的工作范围从开发到设计,再到技术领导,以及流程和政策等,均有涉足。他已经在很多平台上接触了图形堆栈的每个层,并成功地使 Linaro 推进了 Linux 图形堆栈方向的研究。

Venceslas Biri
biri@univ-mlv.fr

  Venceslas 是巴黎东大的 LIGM 实验室的副教授。他擅长实时渲染和全局照明,并且对虚拟现实有很好的理解。2006—2011 年,他还担任过 IMAC(图像、多媒体、视听和通信)高等工程学院的校长。他曾是 ENSIMAG 工程专业的学生,他还教授数学和计算机图形学。

Nicolas Capens
nicolas@transgaming.com

  Nicolas 于 2007 年在根特大学获得计算机科学硕士学位。即使在年轻的时候,他也对计算机图形学着迷,并且热衷于为更广泛的受众带来 3D 图形作品。他编写了迄今为止已知的具有着色功能的最快的软件渲染器,并深入参与了在图形 API 之间提供高效转换的项目。在 CPU 和 GPU 技术不断融合的推动下,他努力进一步模糊软件和硬件渲染之间的界限,使不兼容性和局限性成为过去。

Won Chun
wonchun@gmail.com

  Won 是 Google 在纽约的网络搜索基础设施工作的技术主管之一。在他

20%的时间里,他还帮助构建和维护Google Body,包括设计高性能网格压缩格式。在加入Google之前,他涉足moka5的虚拟化和用户界面设计,并在Actuality Systems开发了全息和体积渲染算法。Won拥有麻省理工学院的电子工程和计算机科学学士学位。

Patrick Cozzi
pjcozzi@siggraph.org

在Analytical Graphics, Inc.(AGI),Patrick领导了Cesium的图形开发,Cesium是一个开源的WebGL虚拟地球仪。Patrick在宾夕法尼亚大学教授GPU编程和架构。他是 *OpenGL Insights* 的共同编者,也是 *Virtual Globes 3D Engine Design* 的合著者。在2004年加入AGI之前,他曾在IBM和英特尔工作过。他拥有宾夕法尼亚大学计算机和信息科学硕士学位和宾夕法尼亚州立大学计算机科学学士学位。

Cyril Crassin
ccrassin@nvidia.com

Cyril于2011年在INRIA获得格勒诺布尔大学计算机图形学博士学位。他现在是NVIDIA研究中心的博士后研究员。他攻读博士学位期间专注于使用预过滤体素表示来实时渲染大型细节场景和复杂对象,以及全局照明效果。

在此背景下,他开发了GigaVoxels渲染管道。Cyril多年来一直通过他的icare3d网站支持OpenGL开发。

Suvranu De
des@rpi.edu

Suvranu是医学建模、模拟和成像中心主任,伦斯勒理工学院机械、航空航天和核工程系教授,生物医学工程和信息技术部以及Web科学系的双聘教授。他于2001年获得麻省理工学院机械工程硕士学位。他是2005年ONR青年研究员奖的获得者,并是计算机和结构编辑委员会以及众多国内和国际会议的科学委员会的成员。他还是美国计算力学协会计算生物工程委员会的创始主席。他的研究兴趣包括开发新颖、强大、可靠的计算技术,以解决工程、医学和生物学中具有挑战性和高影响力的问题。

Charles de Rousiers
charles.derousiers@gmail.com

　　Charles 是 ARTIS 研究团队 INRIA Grenoble Rhone-Alpes 的博士候选人。他在 Nicolas Holzschuch 的领导下研究复杂的材料表现形式以进行逼真的渲染。他是加州大学伯克利分校的访问学者,在 Ravi Ramamoorthi 的领导下工作了六个月。

Daniel Dekkers
d.dekkers@cthrough.nl

　　Daniel Dekkers 从埃因霍温理工大学数学和计算机科学系毕业后,成立了 cThrough 公司,专注于计算机图形相关计算科学与各种(艺术)领域的合作,主要是当代艺术、现代舞、建筑和教育。他的各种项目作品包括 Prometheus, poem of fire,它由艺术家 P. Struycken 制作为 25 分钟的动画片并在荷兰国家电视台播放;SpaceJart,这是埃因霍温科技大学展览的交互式零重力 biljart 模拟;Dynamix,这是一种基于传感器的舞台投影,由 Khrisztina de Châtel 拍摄;OptiMixer,这是与建筑公司 MVRDV 和 Climatizer 合作的多标准优化工具;还有一款气候模拟游戏,曾经在巴黎科学及工业城展出。

　　Dekkers 正在开发 GPU 编程(OpenCL,CUDA),跨平台开发和 iOS 应用程序。

Marco Di Benedetto
marco.dibenedetto@isti.cnr.it

　　Marco 是意大利比萨国家研究委员会(CNR)科学技术信息研究所(ISTI)的研究员。他于 2011 年获得了比萨大学计算机科学博士学位,其论文主题为实时渲染大型多分辨率数据集。这些主题是他在计算机图形学中研究和发表工作的一部分,他还研究照片级渲染、核外处理和渲染以及并行 GPU 技术。他是 SpiderGL 库(http://spidergl.org)的创建者,SpiderGL 库可用于在 Web 平台上开发 CG 应用程序。

Aleksandar Dimitrijević
adimitrijevic73@gmail.com

　　Aleksandar 是塞尔维亚尼什大学电子工程学院的助教、研究员、高级程序员、团队负责人和思科网络技术学院的讲师。自 1997 年完成本科学业

以来,他一直参与大学的多门课程的教学工作,如数据结构、编程、计算机网络、计算机图形学和人机交互。Aleksandar 于 2003 年在尼什大学电子工程学院获得电气工程硕士学位。作为计算机图形和地理信息系统实验室的成员,他参与了各种信息系统的设计和实施。他的主要研究课题是开发大型地形渲染算法,这是他博士论文的一部分。

Chris Dirks
ChrisDirks1@gmail.com

  Chris 是一名 JavaScript 软件工程师,专门从事游戏和模拟开发。他的专业工作包括围绕 HTML5 和 WebGL 技术的内容。他也是一位狂热的游戏玩家,他最喜欢的游戏类型是角色扮演游戏。

Benjamin Encz
benjamin.encz@googlemail.com

  Benjamin 于 2011 年 1 月在 IBM 开始使用 WebGL,开发了他的学士论文的 UI 框架。他在德国斯图加特生活和工作。他拥有巴登-符腾堡州合作州立大学的应用计算机科学学士学位。Benjamin 是 Excelsis Business Technology AG 的软件工程师,专注于 iOS 应用程序的概念和开发。他在工作之余还喜欢追踪 WebGL 的开发和视频游戏编程。

Lin Feng
asflin@ntu.edu.sg

  Lin Feng 博士是新加坡南洋理工大学计算机工程学院的副教授和项目主任,硕士(数字媒体技术)。他的研究兴趣包括计算机图形学、生物医学成像和可视化以及高性能计算。他发表了 150 多篇技术论文,他一直在编辑委员会任职,并担任许多期刊和书籍的客座编辑/评论员。Lin Feng 博士是 IEEE 的高级成员。

Alexandros Frantzis
alexandros.frantzis@linaro.org

  Alexandros 是一名电气和软件工程师,也是一名长期免费的软件支持

者（语音）。他曾在基于 GNU/Linux 的嵌入式系统上从事图形和多媒体技术的许多方面的工作，包括视频流的协议和数据处理、用户界面创建、DirectFB 驱动程序开发和 OpenGL ES 2.0 应用程序开发。他是 Linaro Graphics 工作组的成员，为 OpenGL ES 2.0 开发基准测试工具，以及增强与图形相关的免费和开源软件库及应用程序，以帮助充分利用现代基于 ARM 的硬件上可用的强大 3D GPU。

Lionel Fuentes
lfuentes@asobostudio.com

出于好奇，Lionel 在 15 岁开始编程，以了解计算机的工作原理，并且以此获得制作程序和视频游戏的乐趣。他毕业于 INSA 图卢兹工程学院，专攻计算机科学，并在日本东北大学学习了一年，研究实时全局照明领域。他现在作为一名视频游戏编辑，在 Asobo Studio 担任引擎程序员。他的任务包括音频引擎开发、图形编程、内存管理、优化和工具开发。他喜欢在空闲时间弹吉他，参与业余视频游戏开发，并与女友一起玩 Wii。

Fabio Ganovelli
fabio.ganovelli@isti.cnr.it

Fabio 于 2001 年获得比萨大学博士学位。从那时起，他发表了有关可变形物体、几何体处理、核外渲染和大型模型操作、照片级渲染、从图像到几何体注册等多领域的论文。他是可视化和计算机图形库的核心开发人员，并担任计算机图形学所有主要期刊和会议的评审员和/或主席。他是意大利比萨国家研究委员会（CNR）科学技术信息研究所（ISTI）的研究科学家。

Simon Green

Simon 是 NVIDIA 开发人员技术小组的高级成员。他从 Sinclair ZX-81（它具有 1 KB 的内存和 64 × 48 像素的屏幕分辨率）开始进行图形编程，并一直在努力提高实时图形的质量。他于 1994 年获得雷丁大学计算机科学学士学位。自 1999 年以来，Simon 一直在 NVIDIA 公司工作，在那里他参与了许多项目，包括早期的 Geforce 图形演示、*Doom 3*（《毁灭战士 3》）等游戏，以及 NVIDIA 的 OpenGL 和 CUDA 软件开发工具包。他是 GDC 和 SIGGRAPH 会议的常客，并且是 *GPU Gems* 一书的部分编者。他的研究兴趣包括细胞自动机（Cellular Automata）、GPU 上的物理模拟和模拟合成器。

Stefan Gustavson
stefan.gustavson@liu.se

　　Stefan，1965 年出生，1997 年获得图像处理博士学位。自 20 世纪 80 年代以来，他一直对计算机图形学非常感兴趣，并且喜欢研究光线跟踪器。自 1.0 版以来，他一直在从事 OpenGL 的开发工作。除了本书中介绍的程序噪声和与纹理相关的工作外，他还参与了高维光场的下一代基于图像的照明研究，这是计算机图形与图像处理交汇的领域。

Tansel Halic
halict@rpi.edu

　　Tansel 分别于 2001 年和 2004 年在伊斯坦布尔马尔马拉大学获得计算机科学学士和硕士学位。后来，他继续在阿肯色大学洛杉矶分校进行研究。他的研究重点是虚拟和增强环境中的手术模拟。他获得了应用科学硕士学位，专攻应用计算。后来他搬到了纽约特洛伊的伦斯勒理工学院，并一直在机械、航空航天和核工程系攻读博士学位。他的研究兴趣包括框架设计、虚拟现实环境中的手术模拟以及交互式多模仿真的实时算法。

Ashraf Samy Hegab
ashraf.hegab@orange.com

　　Ashraf 在游戏行业工作了七年，是 F1 2010、50 *Cent Blood on the Sand*（《50 美分血洗沙地》）和 *Brian Lara International Cricket*（《布来恩·劳拉的板球》）等主机游戏的渲染工程师。后来，Ashraf 转入 Orange R&D 的服务进化和游戏部门，在那里他专注于移动、桌面和 Web 之间的交集，以改进软件开发策略，并将新兴技术应用到 Orange 的产品和服务中。

Adrien Herubel
herubel@gmail.com

　　Adrien 是育碧电影部的研发工程师。他是开发专有实时预可视化引擎和离线渲染器团队的一员。他还在一个名为 DuranDuboi 的 VFX 工作室工作，在那里他开发了几何管线的低级层。他正在完成关于实时大规模模型渲染的论文。

Sébastien Hillaire
sebastien.hillaire@gmail.com

　　Sébastien 于 2010 年获得法国国家应用科学研究所的计算机科学博士学位。在 Dynamixyz 工作一年后，他成为 Criterion-Electronic Arts 的图形程序员。多年前他就喜欢上了 OpenGL，并且不断使用它来获得高质量的图形和吸引人的视觉效果。

Ladislav Hrabcak
hrabcak@outerra.com

　　自 1997 年以来，Ladislav Hrabcak 一直对计算机图形学感兴趣，他与其他人共同创办了 Outerra 公司并在该公司工作，主要开发 Outerra 引擎基于 OpenGL 的渲染器。

Scott Hunter
scott.k.hunter@gmail.com

　　Scott 是 Analytical Graphics, Inc.（AGI）的软件开发人员，他使用 C# 和 Java 构建分析库，并在 HTML、JavaScript 和 WebGL 中构建客户端可视化。在加入 AGI 之前，他使用了几乎所有现代平台和语言，作为一名顾问，为制药、法律、零售和游戏行业的广泛客户编写了大量软件。Scott 拥有伦斯勒理工学院的计算机科学学士学位。

Lindsay Kay
lindsay.kay@xeolabs.com

　　Lindsay 是 SceneJS 的作者，SceneJS 是一个开源的、基于 WebGL 的 3D 场景图引擎，旨在为可视化应用程序渲染详细的场景。Lindsay 在 BioDigital Systems 从事软件开发工作，负责 BioDigital Human 的 3D 引擎。凭借敏捷开发的背景，他的兴趣包括 API 的设计，使 Web 开发人员更容易访问高性能图形。

Brano Kemen
cameni@outerra.com

Brano 是 Outerra 的联合创始人。他的主要兴趣包括产生地形与其他自然和人工现象的程序技术以及大规模的世界渲染。

Pyarelal Knowles
pyar.knowles@rmit.edu.au

Pyarelal 是墨尔本皇家理工大学的博士生，对实时计算机图形学和物理模拟有着浓厚的兴趣。他在 2008 年完成了他的 IT（游戏和图形编程）学士学位课程。

Daniel Koch
dgkoch@gmail.com

Daniel 于 2002 年获得滑铁卢大学的计算机科学硕士学位。他拥有 3D 图形学的强大背景，专攻 OpenGL。他是 Khronos OpenGL 和 OpenGL ES 工作组的活跃成员。Daniel 是 TransGaming 的高级图形架构师。他自 2002 年以来一直在 TransGaming 工作，在推动用于 Cedega、Cider 和 GameTree TV 的图形技术方面发挥了重要作用，该技术使用 OpenGL/OpenGL ES 提供 Direct3D 的实现。他是 ANGLE 的项目负责人，ANGLE 使用 Direct3D 提供 OpenGL ES 2 的实现。

Geoff Leach
gl@rmit.edu.au www.cs.rmit.edu.au/gl/

Geoff 是墨尔本皇家理工大学的讲师，一直在使用 OpenGL 教授计算机图形学。他赢得了许多教学奖项，并在指导和激发学生学习方面颇有心得。他的研究兴趣相当广泛，包括计算机图形学、计算几何学、GPU 计算和计算纳米技术。Geoff 于 1984 年获得斯威本大学的应用科学学士学位，并于 1990 年获得墨尔本皇家理工大学的应用科学硕士学位。

Hwanyong Lee
hylee@hu1.com

Hwanyong 是韩国 HUONE Inc.的首席技术官。他于 1990 年获得韩国高等科学技术学院（KAIST）计算机科学学士学位，1992 年获得浦项科技大学（POSTECH）计算机工程硕士学位，并获得庆北国立大学计算机工程博士学位。他的研究兴趣包括计算机图形学、嵌入式系统软件和游戏设计与开发。自 2004 年以来，他一直作为 HUONE Inc.的首席技术官开发移动设备图形软件。

Christopher Lux
christopherlux@gmail.com

Christopher Lux 是德国魏玛包豪斯大学虚拟现实系统部门的博士后研究员。2004 年，他毕业于伊尔默瑙理工大学计算机科学专业，主修计算机图形学。他的研究兴趣包括实时渲染、科学可视化和视觉计算。

Dzmitry Malyshau
kvarkus@gmail.com

Dzmitry 是计算机科学的狂热爱好者。他出生在白俄罗斯，获得了数学和编程专业学位，后来移居加拿大，致力于为触摸屏设备开发实时 3D 引擎和计算机游戏。除了试验 3D 渲染思想外，Dzmitry 还研究数据压缩和人工智能。

Arnaud Masserann
Arnaud1602@gmail.com

Arnaud 于 2010 年毕业于法国雷恩的 INSA。他在 Virtualys 担任研发工程师，该公司已经有十年以上的游戏开发历史。他大部分时间都在研究 Unity、Ogre 开源图形渲染引擎和裸 OpenGL。他是 opengl-tutorial.org 的主要作者。

Jon McCaffrey
mccaffrey.jonathan@gmail.com

　　Jon 在 NVIDIA 的 Tegra 图形性能团队工作，致力于提高图形性能和用户体验。他于 2011 年毕业于宾夕法尼亚大学，获得计算机科学硕士学位和数字媒体设计学士学位。在宾夕法尼亚大学，他做了两年的 CIS 565、GPU 编程和架构的助教。在加入 NVIDIA 之前，他于 2010 年在 LucasArts 实习，从事内置引擎动画工具的制作，并曾经在 SIG 计算机图形中心担任研究助理。

Bruce Merry
bmerry@gmail.com

　　Bruce 在开普敦大学攻读博士学位，专攻角色动画。2008 年，他加入 ARM，担任从事 Mali 图形产品工作的软件工程师。他现在回到开普敦大学做博士后。他由高性能计算中心资助，负责研究 GPU 加速计算机图形算法。在计算机图形学研究之余，Bruce 还是编程竞赛的常客。

Muhammad Mobeen Movania
mova0002@e.ntu.edu.sg

　　Muhammad Mobeen 于 2005 年获得卡拉奇伊克拉大学计算机科学学士学位。毕业后，他加入 Data Communication and Control (Pvt.) Ltd 担任软件工程师，致力于开发 DirectX 和 OpenGL API，以实现实时互动战术模拟器和动态集成训练模拟器。他的研究兴趣包括体积渲染、GPU 技术、实时体积照明、着色和阴影。他正在新加坡南洋理工大学攻读博士学位，在 Lin Feng 副教授的建议下，他提出的研究领域是 GPU 加速的高级体积变形和渲染。他是开源项目 OpenCloth（http://code.google.com/p/opencloth）的作者，该项目在一个简单的基于 OpenGL 的 C++库中详细介绍了所有现有的布料和柔体（Soft-Body）仿真算法。

Bruno Oliveira
bruno.oliveira@dcc.fc.up.pt

　　Bruno 于 1978 年圣诞节出生在波尔图，这是他今天仍然生活的地方。

他学习计算机科学,后来获得了计算机图形学硕士学位。在此期间,他从事了若干个工作,从网络管理员到软件开发人员、实习生,再到不同大学项目的研究员,不一而足。如今,他是波尔图互动中心的研究员,这是一个致力于计算机图形学和人机交互创新的研究小组。他正在完成同一领域的博士论文。

Matt Pettineo
mpettineo@gmail.com

Matt 在大学期间就已经开始研究图形编程,同时为自动驾驶汽车开发交互式 3D 模拟程序。如今,他在游戏行业担任全职图形编程工作,并定期为他的博客 The Danger Zone 提供图形样本和研究。他的兴趣包括图像处理、基于物理的照明和材质模型,以及 GPU 优化。Matt 是 Ready At Dawn Studios 的图形/引擎程序开发人员,自 2009 年以来一直是 DirectX/XNA 的 MVP。

Daniel Rákos
daniel.rakos@rastergrid.com

Daniel 是匈牙利软件设计师和开发人员,计算机图形爱好者,十年来一直是 OpenGL 开发的业余爱好者。他的主要研究领域是基于 GPU 的场景管理、批处理和剔除算法。他在 AMD 公司担任 OpenGL 驱动程序开发工作。在业余时间,他在 RasterGrid Blogosphere(http://www.rastergrid.com/blog/)上撰写有关 OpenGL、计算机图形学和其他与编程相关的主题的文章。

António Ramires Fernandes
arf@di.uminho.pt

António 是 Minho 大学的助理教授,在过去的 15 年里,他一直在教授和研究计算机图形学,专注于实时图形。他也是 www.lighthouse3d.com 网站的维护者,该网站致力于教授 OpenGL 和 3D 图形开发技巧。

Christophe Riccio
christophe.riccio@g-truc.net

Christophe 是一名图形程序开发人员,拥有数字内容创建工具、游戏编程和 GPU 设计研究的背景。他也是将实时渲染作为艺术新媒体的热心支持者。他从高中以来就是一名图形开发的爱好者，拥有蒂赛德大学的计算机游戏编程硕士学位。他加入了 e-on software 来研究地形编辑和设计多线程图形渲染器。他曾在 Imagination Technologies 的 PowerVR 系列 6 架构下工作。他正在为 AMD 做一些 OpenGL 的教育工作。在过去的十年中，Christophe 一直是 OpenGL 社区的积极贡献者，其中包括对 OpenGL 规范的贡献。通过 G-Truc Creation，他撰写文章以推广现代 OpenGL 编程。他开发了工具、GLM 和 OpenGL Samples Pack，它们是官方 OpenGL SDK 的一部分。

Philip Rideout

Philip 在动画工作室从事着色工具相关工作。在他以前的生活中，他从事过手术模拟器、GPU 开发工具和 GLSL 编译器等工作。Philip 已经为 iOS 设备编写了一本关于 3D 编程的书，他在 http://prideout.net 上有一个博客。业余时间，他常在伯克利码头遛狗。

Omar A. Rodriguez
omar.a.rodriguez@intel.com

Omar 是英特尔软件和服务集团的软件工程师。他专注于实时 3D 图形和游戏的开发。Omar 拥有亚利桑那州立大学的计算机科学学士学位。声明一下，Omar 不是 The Mars Volta 乐队的首席吉他手。

Jochem van der Spek
j@jvanderspek.com

Jochem 在荷兰乌得勒支的艺术高中学习媒体设计。在经过 CGI 艺术家和动作捕捉系统运营商的短暂职业生涯之后，他创作了独立游戏 *Loefje*，这是关于人工生物进化的作品，它专注于"活跃"运动与"机械"运动的创建，该作品曾经在众多展览中展出，并被全球多家博物馆收购。最近，他创作了游戏 *StyleClash:The Painting Machine Construction Kit*，正在开发一款适用于 iPad 的 Loefje 版本。

Dirk Van Gelder

自 1997 年以来，Dirk 一直从事动画故事片行业中角色的操控、动画和模拟工作。最近他的工作范围还拓展到利用 GPU 在动画交互中提供视觉细节。

Shalini Venkataraman
shaliniv@nvidia.com

Shalini 是 NVIDIA 的高级应用工程师，她致力于使用 GPU 解决医疗、石油和天然气以及科学计算领域的成像和可视化问题。在此之前，她是美国和新加坡各种高性能计算中心的研究人员。她的兴趣是并行和大数据可视化。她在芝加哥伊利诺伊大学获得硕士学位，在新加坡国立大学获得学士学位。

Fabio Zambetta
fabio.zambetta@rmit.edu.au

Fabio Zambetta 在巴里大学（意大利）获得计算机科学硕士和博士学位，研究使用 3D 角色作为自适应智能界面。他现在是澳大利亚墨尔本皇家理工大学（RMIT）计算机科学与信息技术学院的高级讲师。他的研究重点是游戏的程序化生成、玩家建模和视频游戏的 GPU 计算等。

目 录

第1篇 发 现

第1章 基于着色器的 OpenGL 计算机图形学课程 3
- 1.1 简介 3
- 1.2 基础课程 4
- 1.3 简单的 OpenGL 示例 4
- 1.4 从可编程管线开始 7
- 1.5 新的简单示例 8
  - 1.5.1 OpenGL ES 和 WebGL 11
  - 1.5.2 第一项作业 11
- 1.6 课程的其余部分 11
  - 1.6.1 几何 12
  - 1.6.2 变换和视图 12
  - 1.6.3 照明和着色 13
  - 1.6.4 纹理和离散处理 14
  - 1.6.5 高级主题 14
  - 1.6.6 问题 15
- 1.7 小结 16
- 致谢 17
- 参考文献 17

第2章 过渡到新 OpenGL 版本 19
- 2.1 概述 19
- 2.2 命名着色器变量：简介 19
- 2.3 命名着色器变量：详细信息 20
- 2.4 索引顶点缓冲区对象 C++类 22
  - 2.4.1 使用注意事项 22
  - 2.4.2 示例代码 23
  - 2.4.3 实现说明 25

2.5　GLSLProgram C++类 26
　　2.5.1　使用注意事项 26
　　2.5.2　示例代码 27
　　2.5.3　实现说明 28
2.6　小结 28
参考文献 29

第 3 章　适用于 OpenGL 开发人员的 WebGL 31
3.1　简介 31
3.2　WebGL 的优势 31
　　3.2.1　零要求 32
　　3.2.2　跨平台 32
　　3.2.3　跨设备 32
　　3.2.4　易开发 34
　　3.2.5　强大的工具支持 35
　　3.2.6　性能 36
3.3　安全性 38
　　3.3.1　跨源请求 39
　　3.3.2　上下文丢失 41
3.4　部署着色器 41
3.5　关于 JavaScript 语言 42
　　3.5.1　JavaScript 类型 43
　　3.5.2　动态类型 45
　　3.5.3　函数范围 45
　　3.5.4　函数编程 46
　　3.5.5　原型对象 47
　　3.5.6　this 关键字 48
　　3.5.7　代码组织 50
　　3.5.8　常见错误 51
3.6　资源 51
参考文献 52

第 4 章　将移动应用程序移植到 WebGL 53
4.1　简介 53

4.2 跨平台的 OpenGL ... 53
4.3 入门 ... 54
4.3.1 初始化 OpenGL ES 上下文 ... 54
4.3.2 加载着色器 ... 55
4.3.3 绘制顶点 ... 56
4.4 加载纹理 ... 57
4.4.1 分配纹理 ... 57
4.4.2 处理异步加载 ... 59
4.5 相机和矩阵 ... 60
4.5.1 对比 float 和 Float32Array ... 60
4.5.2 将矩阵传递给着色器 ... 60
4.6 控制 ... 61
4.6.1 触摸事件 ... 61
4.6.2 在相机和碰撞中使用触摸事件 ... 62
4.7 其他考虑因素 ... 63
4.7.1 动画 ... 63
4.7.2 继承 ... 63
4.8 维护 ... 64
4.8.1 调试 ... 64
4.8.2 性能分析 ... 65
4.8.3 性能和采用 ... 65
4.9 小结 ... 66
参考文献 ... 67

第 5 章 GLSL 着色器接口 ... 69
5.1 简介 ... 69
5.2 变量和块 ... 69
5.2.1 用户定义的变量和块 ... 69
5.2.2 内置变量和块 ... 71
5.3 位置 ... 72
5.3.1 定义 ... 72
5.3.2 计算位置 ... 73
5.3.3 位置限制 ... 74

5.4 匹配接口 76
5.4.1 部分和完全匹配 76
5.4.2 类型匹配 78
5.4.3 按名称和位置匹配 80
5.4.4 按块匹配 81
5.4.5 按结构匹配 83
5.4.6 链接和单独的程序 86
5.5 使用语义 87
5.5.1 编译器生成的变化的位置和显式位置 87
5.5.2 顶点数组属性和顶点着色器输入 87
5.5.3 片段着色器输出和帧缓冲区颜色附加数据 89
5.5.4 变化的输出和变化的输入 90
5.5.5 统一格式缓冲区和统一格式块 91
5.6 仅适用于调试的应用程序端验证 92
5.6.1 顶点输入验证 93
5.6.2 变化的接口验证 93
5.6.3 片段输出验证 93
5.6.4 变量验证 94
5.6.5 统一格式块验证 94
5.7 小结 95
致谢 96
参考文献 96

第 6 章 曲面细分着色器简介 97
6.1 简介 97
6.1.1 细分表面 97
6.1.2 平滑多边形数据 98
6.1.3 GPU 计算 98
6.1.4 曲线、头发和草地 98
6.1.5 其他用途 99
6.2 新的着色管道 99
6.2.1 图块的生命 101
6.2.2 线程模型 102

6.2.3　输入和输出 103
　　　6.2.4　曲面细分控制着色器 104
　　　6.2.5　曲面细分评估着色器 107
　　　6.2.6　使用 quads 生成图元 108
　　　6.2.7　使用 triangles 生成图元 109
　6.3　对茶壶进行曲面细分 110
　6.4　等值线和螺旋 113
　6.5　结合其他 OpenGL 功能 114
　参考文献 115

第 7 章　GLSL 中的程序纹理 117
　7.1　简介 117
　7.2　简单函数 118
　7.3　抗锯齿 120
　7.4　Perlin 噪声 121
　7.5　Worley 噪声 124
　7.6　动画 127
　7.7　纹理图像 127
　7.8　性能 130
　7.9　小结 131
　参考文献 131

第 8 章　基于 OpenGL 和 OpenGL ES 的 OpenGL SC 仿真 133
　8.1　简介 133
　8.2　OpenGL SC 实现 134
　8.3　设计和实现 138
　　　8.3.1　总体管线 138
　　　8.3.2　纹理管线 140
　8.4　结果 142
　8.5　小结 143
　参考文献 144

第 9 章　混合图形和使用多个 GPU 进行计算 147
　9.1　简介 147

9.2　API 级别的图形和计算互操作性 147
　　9.2.1　互操作性准备 147
　　9.2.2　OpenGL 对象交互 149
9.3　系统级的图形和计算互操作性 151
9.4　小结 155
参考文献 156

第 2 篇　渲 染 技 术

第 10 章　GPU 曲面细分：地形 LOD 讨论 159
10.1　简介 159
10.2　使用 OpenGL GPU 曲面细分渲染地形 159
10.3　动态 LOD 的简单方法 163
10.4　粗糙度和细节 166
10.5　渲染测试 168
　　10.5.1　测试设置 168
　　10.5.2　评估 LOD 解决方案的质量 169
　　10.5.3　性能 172
10.6　小结 176
参考文献 177

第 11 章　使用基于着色器的抗锯齿体积线 179
11.1　简介 179
11.2　后处理抗锯齿 180
11.3　抗锯齿体积线 180
　　11.3.1　使用顶点着色器进行几何体挤出 181
　　11.3.2　使用几何着色器进行几何体挤出 183
11.4　性能 185
11.5　小结 186
参考文献 186

第 12 章　通过距离场渲染 2D 形状 189
12.1　简介 189
12.2　方法概述 190

12.3 更好的距离场算法 191
12.4 距离纹理 192
12.5 硬件加速距离变换 192
12.6 片段渲染 193
12.7 特效 195
12.8 性能 195
12.9 缺点 196
12.10 小结 197
参考文献 197

第 13 章　WebGL 中的高效文本渲染 199

13.1 简介 199
13.2 基于画布的字体渲染 199
 13.2.1 HTML5 Canvas 199
 13.2.2 概念 200
 13.2.3 实现 200
13.3 位图字体渲染 202
 13.3.1 概念 202
 13.3.2 创建位图字体 204
 13.3.3 实现 204
13.4 对比 206
 13.4.1 性能 207
 13.4.2 内存使用情况 209
 13.4.3 开发难度 210
13.5 小结 210
参考文献 211

第 14 章　分层纹理渲染管线 213

14.1 简介 213
 14.1.1 术语 214
 14.1.2 在 Blender 软件中的纹理 214
14.2 分层管线 215
 14.2.1 关于 G 缓冲区创建 215

14.2.2 层解决方案 216
 14.2.3 统一的视差偏移 218
 14.2.4 照明 219
 14.3 实现和结果 219
 14.3.1 实现 219
 14.3.2 结果 220
 14.4 小结 221
 参考文献 221

第 15 章 景深与模糊渲染 223
 15.1 简介 223
 15.2 景深现象 224
 15.3 相关工作 227
 15.4 算法 227
　　15.4.1 概述 227
　　15.4.2 模糊圈的计算 228
　　15.4.3 散景检测 229
　　15.4.4 基于模糊的景深 232
　　15.4.5 散景渲染 232
 15.5 结果 234
 15.6 讨论 235
 15.7 小结 236
 参考文献 236

第 16 章 阴影代理 239
 16.1 简介 239
 16.2 对阴影代理的剖析 241
 16.3 设置管线 242
 16.4 启用 ShadowProxy 的片段着色器 244
 16.5 调整阴影体积 246
 16.6 性能 246
 16.7 小结 248
 参考文献 248

第3篇 混合管线

第17章 使用变换反馈的基于物理学的实时变形 251
- 17.1 简介 251
- 17.2 硬件支持和变换反馈的演变 252
- 17.3 变换反馈的机制 253
- 17.4 数学模型 254
- 17.5 实现 258
  - 17.5.1 使用 Verlet 积分顶点着色器 258
  - 17.5.2 注册属性以变换反馈 260
  - 17.5.3 数组缓冲区和缓冲区对象设置 261
  - 17.5.4 数据的动态修改 263
- 17.6 实验结果和比较 264
- 17.7 小结 265
- 参考文献 265

第18章 GPU 上的分层深度剔除和包围盒管理 267
- 18.1 简介 267
- 18.2 管线 268
  - 18.2.1 早期深度通道 270
  - 18.2.2 深度 LOD 构造 271
  - 18.2.3 包围盒更新 272
  - 18.2.4 分层深度剔除 274
  - 18.2.5 包围盒调试绘图 275
- 18.3 操作顺序 276
- 18.4 实验结果 277
- 18.5 小结 279
- 参考文献 279

第19章 使用分层渲染的大量阴影 281
- 19.1 简介 281
- 19.2 在 OpenGL 中的传统阴影贴图渲染技术 282
- 19.3 阴影贴图生成算法 285

19.4	性能	287
	19.4.1 使用复杂顶点着色器的性能	291
	19.4.2 视锥体剔除优化	293
	19.4.3 背面剔除优化	296
19.5	高级技术	298
19.6	局限性	299
19.7	小结	300
	参考文献	301

第 20 章 高效的分层片段缓冲区技术 303

20.1	简介	303
20.2	相关工作	304
20.3	链表 LFB	306
20.4	线性化 LFB	307
20.5	性能结果	310
20.6	小结	314
	参考文献	315

第 21 章 可编程顶点拉动 317

21.1	简介	317
21.2	实现	317
21.3	性能	320
21.4	应用	322
21.5	局限性	323
21.6	小结	324
	参考文献	324

第 22 章 使用 GPU 硬件光栅化器进行基于八叉树的稀疏体素化 327

22.1	简介	327
22.2	以前的工作成果	328
22.3	关于 GLSL 中的无限制内存访问	329
22.4	简单的体素化管线	330
	22.4.1 保守光栅化	332
	22.4.2 组合体素片段	333

22.4.3　结果 335
22.5　稀疏体素化为八叉树 336
　　22.5.1　八叉树结构 337
　　22.5.2　稀疏体素化概述 337
　　22.5.3　使用原子计数器进行体素-片段列表构建 338
　　22.5.4　节点细分 339
　　22.5.5　写入和 Mipmap 值 340
　　22.5.6　使用间接绘图实现无同步内核启动 340
　　22.5.7　结果与讨论 341
22.6　小结 342
致谢 342
参考文献 342

第4篇　性　　能

第23章　基于图块架构的性能调优 347
23.1　简介 347
23.2　背景 348
23.3　清除和丢弃帧缓冲区 351
23.4　增量帧更新 352
23.5　冲洗 353
23.6　延迟 354
23.7　隐藏表面消除 356
23.8　混合 357
23.9　多重采样 357
23.10　性能分析 358
23.11　小结 359
参考文献 359

第24章　探索移动与桌面 OpenGL 性能 361
24.1　简介 361
24.2　重要的差异和约束 361
　　24.2.1　尺寸差异 361

24.2.2 渲染架构差异 362
24.2.3 内存架构差异 363
24.3 减少内存带宽 364
24.3.1 相对显示尺寸 365
24.3.2 帧缓冲区带宽 365
24.3.3 抗锯齿 366
24.3.4 纹理带宽 367
24.3.5 纹理过滤和带宽 368
24.4 减少片段工作负载 368
24.4.1 过度绘制和混合 368
24.4.2 全屏效果 370
24.4.3 屏幕外通道 371
24.4.4 修剪片段工作 372
24.5 顶点着色 372
24.6 小结 373
参考文献 374

第 25 章 通过减少对驱动程序的调用来提高性能 377
25.1 简介 377
25.2 高效的 OpenGL 状态使用 377
25.2.1 检测冗余状态修改 378
25.2.2 有效状态修改的一般方法 378
25.3 批处理和实例化 381
25.3.1 批处理 381
25.3.2 关于 OpenGL 实例化 383
25.4 小结 386
致谢 386
参考文献 387

第 26 章 索引多个顶点数组 389
26.1 简介 389
26.2 问题 389
26.3 算法 392
26.4 顶点比较方法 393

	26.4.1 关于 If/Then/Else 版本	393
	26.4.2 关于 memcmp()版本	394
	26.4.3 哈希函数	394
26.5	性能	395
26.6	小结	397
参考文献		397

第 27 章 NVIDIA Quadro 上的多 GPU 渲染 399

27.1	简介	399
27.2	以前的扩展方法	400
27.3	指定特定 GPU 进行渲染	401
27.4	优化 GPU 之间的数据传输	406
27.5	多 GPU 的应用结构	407
27.6	并行渲染方法	410
	27.6.1 先排序图像分解	410
	27.6.2 后排序数据分解	411
	27.6.3 立体渲染	412
	27.6.4 服务器端渲染	412
27.7	小结	413
参考文献		413

第 5 篇 传　　输

第 28 章 异步缓冲区传输 417

28.1	简介	417
28.2	缓冲区对象	418
	28.2.1 内存传输	418
	28.2.2 使用提示	421
	28.2.3 隐式同步	422
	28.2.4 同步原语	423
28.3	上传	424
	28.3.1 轮询（多个缓冲区对象）	424
	28.3.2 缓冲区重新指定（孤立）	425

28.3.3　非同步缓冲区 427
　　　28.3.4　关于 AMD_pinned_memory 扩展 429
　28.4　下载 429
　28.5　复制 432
　28.6　多线程和共享上下文 432
　　　28.6.1　多线程 OpenGL 简介 433
　　　28.6.2　同步问题 434
　　　28.6.3　内部同步导致的性能损失 434
　　　28.6.4　关于共享上下文的总结 435
　28.7　使用方案 436
　　　28.7.1　方法 1：单线程 436
　　　28.7.2　方法 2：两个线程和一个 OpenGL 上下文 437
　　　28.7.3　方法 3：两个线程和两个 OpenGL 共享上下文 439
　　　28.7.4　性能比较 439
　28.8　小结 441
　参考文献 442

第 29 章　费米异步纹理传输 443
　29.1　简介 443
　29.2　关于 OpenGL 命令缓冲区执行 445
　29.3　当前纹理传输方法 446
　　　29.3.1　同步纹理传输 447
　　　29.3.2　CPU 异步纹理传输 448
　29.4　GPU 异步纹理传输 450
　29.5　实现细节 452
　　　29.5.1　多个 OpenGL 上下文 452
　　　29.5.2　同步 453
　　　29.5.3　复制引擎注意事项 455
　29.6　结果与分析 455
　29.7　小结 460
　参考文献 460

第 30 章　WebGL 模型：端到端 461
　30.1　简介 461

30.2 关于3D模型的生命周期 ... 462
30.2.1 第1阶段：管线 ... 462
30.2.2 第2阶段：服务 ... 463
30.2.3 第3阶段：加载 ... 465
30.2.4 第4阶段：渲染 ... 468
30.3 整体一致性 ... 472
30.3.1 Delta 编码 ... 473
30.3.2 Delta 编码分析 ... 474
30.3.3 ZigZag 编码 ... 475
30.3.4 Delta+ZigZag 编码分析 ... 476
30.3.5 压缩管线 ... 477
30.4 主要改进 ... 478
30.4.1 交错和转置的对比 ... 478
30.4.2 高水位线预测 ... 479
30.4.3 性能 ... 482
30.4.4 未来的工作 ... 482
30.5 小结 ... 483
致谢 ... 483
参考文献 ... 484

第31章 使用实时纹理压缩进行游戏内视频捕捉 ... 485
31.1 简介 ... 485
31.2 DXT 压缩概述 ... 485
31.3 DXT 压缩算法 ... 486
31.4 转换为 YUV 格式颜色空间 ... 488
31.5 比较 ... 490
31.6 对程序内容和视频捕捉使用实时 DXT 压缩 ... 492
31.6.1 使用 YUYV-DXT 压缩的视频捕捉 ... 492
31.6.2 带宽因素 ... 493
31.6.3 视频流的格式 ... 493
31.6.4 从 GPU 下载视频帧 ... 495
31.7 小结 ... 495
参考文献 ... 496

第 32 章　OpenGL 友好几何文件格式及其 Maya 导出器 ... 497
32.1　简介 ... 497
32.2　背景知识 ... 497
32.2.1　目标和特性 ... 497
32.2.2　现有格式 ... 499
32.3　关于 Drone 格式 ... 499
32.3.1　二进制布局 ... 499
32.3.2　Drone API ... 501
32.3.3　场景 API ... 503
32.4　编写 Maya 文件转换器 ... 504
32.4.1　Maya SDK 基础知识 ... 504
32.4.2　编写转换器 ... 505
32.4.3　遍历 Maya DAG ... 506
32.4.4　导出可供 OpenGL 使用的网格 ... 506
32.5　结果 ... 507
32.6　小结 ... 509
参考文献 ... 510

第 6 篇　调试和性能分析

第 33 章　开发人员的强力臂助：ARB_debug_output ... 513
33.1　简介 ... 513
33.2　公开扩展 ... 513
33.3　使用回调函数 ... 514
33.4　通过事件原因排序 ... 515
33.5　访问消息日志 ... 516
33.6　将自定义用户事件添加到日志中 ... 517
33.7　控制事件输出量 ... 518
33.8　防止对最终版本的影响 ... 519
33.9　巨头之间的争斗：实现策略 ... 520
33.10　关于调试的进一步思考 ... 521
33.11　小结 ... 521
参考文献 ... 522

第 34 章 OpenGL 计时器查询 523
34.1 简介 523
34.2 测量 OpenGL 执行时间 524
34.2.1 关于 OpenGL 时间 525
34.2.2 同步计时器查询 525
34.2.3 异步计时器查询 526
34.2.4 异步时间戳查询 528
34.2.5 考虑查询检索 530
34.3 小结 531
参考文献 532

第 35 章 实时性能分析工具 533
35.1 简介 533
35.2 范围和要求 533
35.3 工具设计 534
35.3.1 用户界面 534
35.3.2 限制和解决方法 535
35.3.3 应用程序编程接口 535
35.4 实现 536
35.4.1 测量 CPU 上的时间 536
35.4.2 测量 GPU 上的时间 537
35.4.3 数据结构 537
35.4.4 标记管理 539
35.5 使用性能分析程序 540
35.5.1 使用级别 540
35.5.2 确定应测量的内容 541
35.5.3 艺术设计师 542
35.5.4 局限性 542
35.6 小结 542
参考文献 543

第 36 章 浏览器图形分析和优化 545
36.1 简介 545

36.2	发光效果的阶段	545
36.3	发光效果的开销	547
36.4	分析 WebGL 应用程序	548
	36.4.1 近乎原生的图形层引擎	548
	36.4.2 JavaScript 性能分析	549
	36.4.3 WebGL Inspector	550
	36.4.4 英特尔图形性能分析器	550
36.5	Windows 上的分析工作流程	551
36.6	优化发光效果	554
	36.6.1 较低的渲染目标分辨率	555
	36.6.2 不必要的 Mipmap 生成	556
	36.6.3 浮点帧缓冲区	557
36.7	小结	558
参考文献		559

第 37 章 性能状态跟踪 ... 561

37.1	简介	561
37.2	功耗策略	561
37.3	使用 NVAPI 进行 P 状态跟踪	562
	37.3.1 关于 GPU 利用率	563
	37.3.2 读取 P 状态	564
37.4	使用 ADL 进行 P 状态跟踪	566
37.5	小结	567
参考文献		567

第 38 章 图形内存使用情况监控 ... 569

38.1	简介	569
38.2	图形内存分配	569
38.3	查询 NVIDIA 显卡的内存状态	570
38.4	查询 AMD 显卡的内存状态	571
38.5	小结	573
参考文献		573

第 7 篇　软 件 设 计

第 39 章　ANGLE 项目：在 Direct3D 上实现 OpenGL ES 2.0 577
- 39.1　简介 577
- 39.2　背景 577
- 39.3　实现 578
  - 39.3.1　坐标系 579
  - 39.3.2　着色器编译器和链接器 583
  - 39.3.3　顶点和索引缓冲区 587
  - 39.3.4　纹理 588
  - 39.3.5　顶点纹理提取 591
  - 39.3.6　图元类型 591
  - 39.3.7　蒙版清除 592
  - 39.3.8　单独的深度和模板缓冲区 592
  - 39.3.9　同步 593
  - 39.3.10　多重采样 593
  - 39.3.11　多个上下文和资源共享 594
  - 39.3.12　上下文丢失 595
  - 39.3.13　资源限制 596
  - 39.3.14　优化 597
  - 39.3.15　推荐做法 598
  - 39.3.16　性能结果 599
- 39.4　未来工作 600
- 39.5　小结 600
- 39.6　源代码 600
- 致谢 600
- 参考文献 601

第 40 章　SceneJS：基于 WebGL 的场景图形引擎 603
- 40.1　简介 603
- 40.2　有效抽象 WebGL 604
  - 40.2.1　绘制列表编译 609

40.2.2	状态排序	610

40.3 优化场景 611
40.3.1 纹理图集 611
40.3.2 VBO 共享 611
40.3.3 可共享的节点核心 612
40.4 拾取 614
40.5 小结 614
参考文献 614

第 41 章 SpiderGL 中的特性和设计选择 617
41.1 简介 617
41.2 库架构 617
41.3 表示 3D 对象 619
41.4 直接访问 WebGL 对象状态 624
41.4.1 问题 625
41.4.2 解决方案 626
41.4.3 使用 SGL_current_binding 628
41.4.4 使用 SGL_direct_state_access 630
41.4.5 缺点 632
41.5 WebGLObject 包装器 633
41.6 小结 637
致谢 637
参考文献 637

第 42 章 Web 上的多模态交互式模拟 639
42.1 简介 639
42.2 关于 Π-SoFMIS 模块的设计和定义 639
42.3 框架实现 641
42.3.1 模态 642
42.3.2 着色器 642
42.3.3 文件格式 642
42.4 渲染模块 643
42.5 模拟模块 646

42.6	硬件模块	647
42.7	案例研究：LAGB 模拟器	649
42.8	小结	655
参考文献		655

第 43 章　使用 OpenGL 和 OpenGL ES 的子集方法 ... 657

- 43.1 简介 ... 657
- 43.2 使陈旧的代码现代化 ... 658
  - 43.2.1 立即模式和顶点属性数组 ... 658
  - 43.2.2 图元选择 ... 660
  - 43.2.3 位图和多边形点画 ... 660
- 43.3 保持代码在 API 变体中的可维护性 ... 662
  - 43.3.1 顶点和片段处理 ... 662
  - 43.3.2 GLX 和 EGL ... 663
  - 43.3.3 顶点数组对象 ... 663
  - 43.3.4 线框模式 ... 664
  - 43.3.5 纹理包装模式 ... 664
  - 43.3.6 非 2 的 n 次幂 ... 666
  - 43.3.7 图像格式和类型 ... 667
  - 43.3.8 图像布局 ... 668
  - 43.3.9 着色语言 ... 668
- 43.4 特定功能的代码块 ... 669
- 43.5 小结 ... 669
- 参考文献 ... 670

第 44 章　构建跨平台应用程序 ... 671

- 44.1 简介 ... 671
- 44.2 使用实用程序库 ... 673
  - 44.2.1 使用 GLUT 的示例 ... 673
  - 44.2.2 使用 Qt 的示例 ... 674
  - 44.2.3 使用 EGL 的示例 ... 675
- 44.3 与 OpenGL 版本无关的代码 ... 676
- 44.4 配置空间 ... 679

44.5	关于 Metabuilds 和 CMake	680
44.6	关于 CMake 和配置空间	681
44.7	关于 CMake 和平台细节	684
	44.7.1 平台：Windows	685
	44.7.2 平台：Mac OS X	685
	44.7.3 平台：iOS	686
44.8	小结	690 |当

参考文献 690

第 1 篇

发 现

本书共分 7 篇。在本篇中，我们将发现 OpenGL 许多方面的知识。例如，在院校讲授的现代 OpenGL、在 Web 上和 WebGL 一起使用的 OpenGL、OpenGL 4.0 中的曲面细分着色器（Tessellation Shader）、程序纹理（Procedural Texture）、安全关键变体 OpenGL SC、多 GPU OpenGL 和 CUDA 互操作等。

OpenGL 广泛应用于世界各地的计算机图形学课程。现在被开发人员所轻忽的 OpenGL 特性，如固定函数照明、立即模式和内置变换等，都曾经使得开发人员的进入门槛降低。当然，现代 OpenGL 已经删除了许多诸如此类的函数，从而产生了一个更加精简的 API，可以公开底层硬件的功能。在这方面，院校已经呼应并大步前进，将它们的图形课程更新为现代 OpenGL。在第 1 章"基于着色器的 OpenGL 计算机图形学课程"中，Edward Angel 讨论了如何使用现代 OpenGL 讲授入门计算机图形学课程。在第 2 章"过渡到新 OpenGL 版本"中，Mike Bailey 介绍了 C++抽象和 GLSL 命名约定，以厘清弃用函数和现代 OpenGL 之间的差异，以便在课程作业中使用。

当我们在 2011 年 5 月宣布召集编写本书的作者时，我们将 WebGL 作为一个理想的主题。从那以后，WebGL 获得了非常强大的推动力，以至于整本书很容易被证明是合理的。在第 3 章 "适用于 OpenGL 开发人员的 WebGL" 中，Patrick Cozzi 和 Scott Hunter 为对于 OpenGL 已经有所了解的开发人员介绍了 WebGL。在第 4 章 "将移动应用程序移植到 WebGL" 中，Ashraf Samy Hegab 演示了将 WebGL 用于移动应用程序的好处、差异和优缺点权衡。后面各篇中还会有若干章节继续进行 WebGL 的讨论。

在第 5 章 "GLSL 着色器接口" 中，Christophe Riccio 严格审视了 OpenGL API 和 GLSL 之间的通信，以及不同着色器阶段。他仔细研究了使用不同的块、属性、变化和片段输出变量位置，链接和分离的程序，在设计中使用语义等。

今天，电影质量渲染和实时渲染之间的差异之一是几何复杂性，电影通常具有更高的几何细节。为了改善实时渲染中的几何细节，可以在硬件中进行曲面细分。虽然自 2001 年 ATI Radeon 8500 以来，ATI 卡上已有这种功能，但曲面细分着色器最近已经标准化并成为 OpenGL 4.0 的一部分。在第 6 章 "曲面细分着色器简介" 中，Philip Rideout 和 Dirk Van Gelder 介绍了新的固定和可编程曲面细分阶段。

随着计算能力和内存带宽之间的差距不断扩大，程序纹理技术变得越来越重要。体积越小则速度越快。程序纹理不仅具有很小的内存要求，而且还具有出色的视觉质量，允许分析导数和各向异性抗锯齿（Anisotropic Antialiasing）。Stefan Gustavson 在第 7 章 "GLSL 中的程序纹理" 中介绍了程序纹理，包括抗锯齿、使用 Perlin 和 Worley 噪声。最重要的是，他为 OpenGL、OpenGL ES 和 WebGL 提供了 GLSL 噪声函数。

安全关键变体 OpenGL SC 可能是一个鲜为人知的 OpenGL 变体。在本书第 8 章 "基于 OpenGL 和 OpenGL ES 的 OpenGL SC 仿真" 中，Hwanyong Lee 和 Nakhoon Baek 解释了 OpenGL SC 的开发动机，并描述了基于其他 OpenGL 变体实现它的好处，而不必创建自定义驱动程序或软件实现。

在过去的 15 年中，消费级 GPU 已经从专用的固定函数图形处理器转变为通用的大规模并行处理器。像 CUDA 和 OpenCL 这样的技术已经出现，可用于在 GPU 上开发通用数据并行算法。当然，需要这些通用算法（如粒子系统和物理模拟）与 OpenGL 进行高效互操作以进行渲染。在第 9 章 "混合图形和使用多个 GPU 进行计算" 中，Alina Alt 回顾了 CUDA 和 OpenGL 之间的互操作性，并介绍了多个 GPU 之间的互操作性，其中一个 GPU 用于 CUDA，另一个用于 OpenGL。

第 1 章 基于着色器的 OpenGL 计算机图形学课程

作者：Edward Angel

1.1 简 介

OpenGL 被编列为计算机图形学的第一门课程，至少有十几年的时间，它被用于给学生讲授计算机科学和工程学，以及其他的工程、数学和科学分支。无论该课程是强调基本图形原理还是采用编程方法，OpenGL 都可以为学生提供 API 以支持他们的学习。OpenGL API 的众多特性之一就是它的稳定性和向后兼容性，但是随着 OpenGL 的发展，教师们也需要对课程进行一些小幅的改动，因为在过去的几年中，OpenGL 发生了迅速而巨大的变化，所以，该课程也应该体现出这种变化。

从 3.1 版开始，OpenGL 消除了固定函数管线，这意味着它已经弃用了立即模式和许多我们已经熟悉的 OpenGL 函数和状态变量，并且每个应用程序必须至少提供一个顶点着色器（Vertex Shader）和一个片段着色器（Fragment Shader，也称为片元着色器）。对于使用 OpenGL 来讲授图形课程的教师来说，这些变化以及在随后的 OpenGL 版本中引入的 3 个额外的着色器阶段已经使我们不得不重新审视如何以最佳方式教授计算机图形学。作为第一门课程中流行教科书（详见本章参考文献 [Angel 09]）的作者，我们意识到这种重新审视既紧迫又深入，需要来自各种机构的教师的意见。最终，我们编写出一个完全基于着色器的新版本（详见本章参考文献 [Angel and Shreiner 12]）。还有一些关键问题则在本章参考文献 [Angel and Shreiner 11] 中进行了简要的讨论。本章将讨论发生这种改变的原因，还包括对于完全基于着色器课程的真实教学效果的实际观察结果和问题的讨论。

在此，将从时序性的简要概述开始，重点考查多年来第一门计算机图形学课程中使用的软件发生变化的情况（而与此同时，我们教授的概念则基本保持不变）。我们回顾了计算机图形学第一门课程的关键要素，然后将使用固定函数管线呈现典型的第一个 Hello World 程序。接下来，读者将看到在转向基于着色器的课程时如何更改第一个程序。最后，我们将研究在使用基于着色器的 OpenGL 的情况下，标准课程中的重点主题将受到哪些影响。

1.2 基础课程

自20世纪70年代以来，大多数的学院和大学都教授过计算机图形学。如果比较当时所教授的内容与现在所教授的内容，则会产生一些有趣的观察结果。采用现代方法讲授图形学的第一本教科书是由 Newman 和 Sproull 合作编写的（详见本章参考文献 [Newman and Sproull 79]）。随后则是 Foley 和 van Dam 等人编写的教材（详见本章参考文献 [Foley et al. 96]）成为标准。不仅这两本经典教科书具有相同的重点主题，而且所有较新的教科书（详见本章参考文献 [Angel and Shreiner 12] 和 [Hearn et al. 11]）也概莫能外。这些主题包括：

- 建模。
- 几何。
- 变换。
- 照明和着色。
- 纹理映射和像素处理。

本章的一个重要主题是，在入门课程中使用基于着色器的 OpenGL 不仅是可能的，而且实际上也强化了这些关键概念。有些教师认为，从某个版本的 OpenGL 开始，不仅要求应用程序提供自己的着色器，还强制程序开发人员使用新的结构体（如顶点缓冲区对象），而这些都是以前不需要的，这可能会使教学过程比以前难得多。我们将逐一检视每个领域，并首先解决教师们担心的这个问题。

1.3 简单的 OpenGL 示例

让我们从一个简单的例子开始（如代码清单 1.1 所示），在使用 OpenGL 3.1 之前版本的传统课堂上，它通常是在第一周讲授的：使用大多数变量的默认值在黑色背景上绘制一个白色矩形，并先放下任何有关坐标系和空间变换的讨论，给出裁剪坐标中的顶点位置。

代码清单 1.1 Hello World

```
#include <GL/glut.h>

void display(void)
{
```

```
  glClear(GL_COLOR_BUFFER_BIT);
  glBegin(GL_POLYGON);
     glVertex2f(-0.5, -0.5);
     glVertex2f(-0.5, 0.5);
     glVertex2f(0.5, 0.5);
     glVertex2f(0.5, -0.5);
  glEnd();
  glutSwapBuffers();
}

int main(int argc, char **argv)
{
  glutInit(&argc, argv);
  glutInitDisplayMode(GLUT_RGBA | GLUT_DOUBLE);
  glutCreateWindow("Hello World");
  glutDisplayFunc(display);
  glutMainLoop();
}
```

这个程序非常简单，但是计算机图形学教师在构建许多特性时都有赖于它。[①] 例如，在 glBegin 和 glEnd 之间添加颜色、法线和纹理坐标就很容易，添加空间变换和视图结果也非常简单。请注意，尽管在此示例中使用了 OpenGL 应用工具包（OpenGL Utility Toolkit，GLUT）与窗口系统和输入设备进行交互，并在其他示例中也将使用它，但它的使用对于本讨论并不重要。该示例的输出如图 1.1 所示。

图 1.1　简单示例的输出

---

① 我们可以取消双缓冲区，使示例更简单。但是，某些系统需要 glFlush 而不是 glutSwapBuffers 才能可靠地显示输出。

此代码及其所有扩展有 3 个主要问题：

（1）使用立即模式（Immediate Mode）。

（2）依赖固定函数管线（Fixed-Function Pipeline）。

（3）使用状态变量的默认值。

首先，在使用基于着色器的 OpenGL 的情况下，除了 glClear 之外，此示例中的所有 OpenGL 函数都已被弃用。了解为什么这些函数被弃用是理解为什么要切换到更新的 OpenGL 版本的关键。OpenGL 背后的管线模型（参见图 1.2 中的简化版本）强调了立即模式图形。一旦已经生成每个顶点，它就会触发顶点着色器的执行。因为这种几何处理是由顶点着色器在 GPU 上执行的，所以每次想要显示矩形时，这个简单的程序都需要将 4 个独立的顶点位置发送到 GPU。

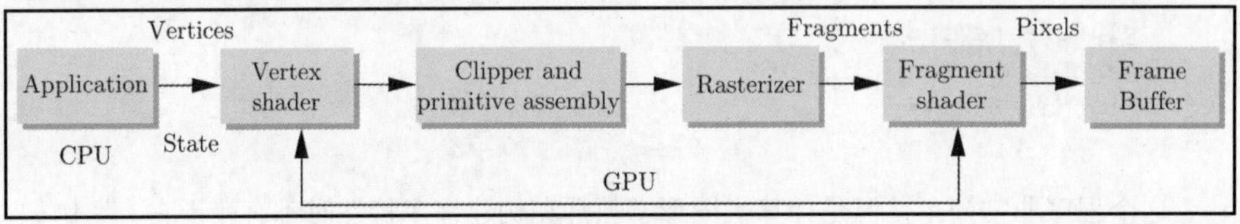

图 1.2　简化管线

原　　文	译　　文
Vertices	顶点
Fragments	片段
Pixels	像素
Application	应用程序
Vertex shader	顶点着色器
Clipper and primitive assembly	裁剪和图元装配
Rasterizer	光栅化器
Fragment shader	片段着色器
Frame Buffer	帧缓冲区
State	状态

这样的程序掩盖了 CPU 和 GPU 之间的瓶颈，并隐藏了 GPU 上可用的并行性。因此，虽然这不是我们希望学生写的程序，但是从代码来看问题并不明显。

其次，我们的数据是按已知方式处理的，基于这一事实，学生们也倾向于认为使用立即模式是显示其几何模型的唯一方法。虽然这看起来很不错，但是，当以后他们要处理更复杂的几何体时就会出现问题，因为他们会奇怪为什么自己的程序会运行得如此之慢。

第三，这种类型的程序导致 OpenGL 作为状态机（State Machine）有点过时。尽管状态很重要，但使用固定函数管线和默认值会在 OpenGL 中隐藏大量状态变量，以控制几何体的渲染方式。随着简单程序的扩展，学生们往往会迷失在众多状态变量中，并且基本上无力处理状态变量变化的意外副作用。在使用最新版本 OpenGL 的情况下，大多数状态变量已被弃用，应用程序会创建自己的状态变量。

1.4 从可编程管线开始

现在，让我们回顾一下从 OpenGL 3.0 开始的可编程管线的一些问题。虽然可编程管线自 2.0 版以来一直在 OpenGL 中，但它们的使用不仅是可选的，而且应用程序开发人员仍然可以访问现已弃用的所有函数。应用程序可以拥有自己的着色器，也可以使用立即模式。着色器可以访问大多数 OpenGL 状态变量，这简化了使用着色器编写应用程序的过程。因此，教师可以从简单应用程序开始，稍后再介绍着色器。当然，在第一门从立即模式和固定函数管线开始的课程中，很少有教师真正使用可编程着色器。最好的情况也不过是，在课程结束时会对着色器进行一个简短的介绍。

OpenGL 3.0 曾经宣布，从 OpenGL 3.1 开始，实现不再需要向后兼容性。OpenGL 3.1 有一个基于着色器的核心和一个支持已弃用函数的兼容性扩展。后来的版本引入了核心和兼容性配置文件，程序开发人员可以提供核心配置文件或兼容性配置文件中的任何一个，或者两个配置文件均提供。我们选择的选项是设计一个完全基于着色器的第一门课程，这与 OpenGL 3.1 核心是一致的。[①] 要开发第一个程序，必须检查绝对需要的内容。

基于着色器的程序至少需要顶点着色器和片段着色器。因此，教师必须引入最少量的 OpenGL 着色语言（OpenGL Shading Language，GLSL）。因为 GLSL 在语义上接近于 C 语言并且具有一些 C++风格的增强，所以编写 Hello World 程序只需要很少一点着色器，而无须深入讨论 GLSL。当然，教师必须介绍一些概念，例如程序对象和着色器的功能。虽然这些概念需要一些时间才能阐述清楚，但它们是理解现代图形系统工作方式的核心，所以有必要尽早引入，能够在课程初期介绍它们是大有裨益的。

引入着色器的最大问题是应用程序必须读取、编译和链接着色器。这些操作需要一组 OpenGL 函数，而这些函数对于学生理解基本图形概念的作用很小。因此，我们决定

[①] 大多数 OpenGL 2.0 实现都支持课程所需的所有函数，无论是直接方式还是使用一些 OpenGL 扩展。因此，使用我们的方法并不要求必须是 OpenGL 3.1 或更高版本。

为学生提供一个函数 InitShaders，它将读取着色器文件，并编译和链接它们，如果成功，则返回一个程序对象，如以下代码片段所示：

```
GLuint program = InitShaders("vertex_shader_file", "fragment_shader_file");
```

该源代码是可用的，其中使用的各个函数将稍后讨论或指定为阅读练习。这个做法和以前的课程看起来有些不同，因为此前我们在向学生提供代码时，将详细介绍其内容，而不是由学生自我消化。

沿着这个思路，我们的第二个也许是更具争议性的做法是给学生一个带有二维、三维和四维矩阵与矢量类的小型 C++ 包。虽然 OpenGL 应用程序可以用 C 语言编写并使用可编程着色器，但 GLSL 依赖于一些额外的矩阵和矢量类型，使用 C++ 风格的构造函数，并使用运算符重载。因此，如果要讲授一个基于着色器的课程，学生则必须要了解一点 C++ 知识。在实践中，这不是一个问题，因为大多数学生已经使用过面向对象的编程语言，即使对于那些没有使用过面向对象编程语言的人来说，C++ 的必需部分也很简单，并且只需要很少的时间即可阐述清楚。

虽然我们只能在着色器代码中使用 GLSL 所需的 C++ 特性，但有一个 C++ 矩阵/矢量包可以反映 GLSL 中的类型和操作，这有两个主要优点。第一个优点是，应用程序代码更清晰、更整洁，它消除了大多数 for 循环。第二个优点是，在典型的类中研究的许多算法，如照明，既可以应用于程序，也可以应用于其中的一个着色器。通过使用具有类似类型和操作的应用程序代码，可以使用几乎相同的代码以任何可能的方式应用这样的算法。我们发现此特性对于教授课程中一些较为困难的部分非常有帮助。这些优势超越了潜在的反对意见，因此，再说一次，我们将给学生提供代码而不是让他们自己编写代码，并且我们确实使用了一些 C++ 知识来教授入门课程。

1.5 新的简单示例

即使是最简单的应用程序也可以分为 3 个部分：① 初始化，设置着色器和与窗口系统的接口；② 形成数据并将数据发送到 GPU 的阶段；③ 在 GPU 上渲染数据的阶段。

在基于着色器的方法中，如果使用的是 InitShaders，则第①个阶段并不比传统方法困难。对于刚开始的示例，第③个阶段只需要清除一些缓冲区并调用 glDrawArrays 即可。只有第②个阶段与立即模式在编程上有根本性的不同。我们必须为最简单的程序引入顶点缓冲区对象和顶点数组对象。让我们用一个新的 Hello World 程序来检视这些问题。产生与第一个 Hello World 程序相同的输出的程序如代码清单 1.2 所示。相应的顶点着色器在代码清单 1.3 中，片段着色器在代码清单 1.4 中。

代码清单 1.2 新式 Hello World 程序

```
#include "Angel.h"

void init(void)
{
  vec2 points[6] =
  {
    vec2(-0.5, -0.5), vec2(0.5, -0.5),
    vec2(0.5, 0.5), vec2(0.5, 0.5),
    vec2(-0.5,0.5), vec2(-0.5,-0.5)
  };
  GLuint vao, buffer;
  GLuint glGenVertexArrays(1, &vao);
  glBindVertexArray(vao);

  GLuint glGenBuffers(1, &buffer);
  glBindBuffer(GL_ARRAY_BUFFER, buffer);
  glBufferData(GL_ARRAY_BUFFER, sizeof(points), points,GL_STATIC_DRAW);

  GLuintprogram = InitShader("vsimple.glsl", "fsimple.glsl");
  glUseProgram(program);

  GLuint loc = glGetAttribLocation(program,"vPosition");
  glEnableVertexAttribArray(loc);
  glVertexAttribPointer(loc, 2, GL_FLOAT, GL_FALSE, 0, 0);

  glClearColor(0.0, 0.0, 0.0, 1.0);
}

void display(void)
{
  glClear(GL_COLOR_BUFFER_BIT);
  glDrawArrays(GL_TRIANGLES, 0, 6);
  gutSwapBuffers();
}

int main(intargc, char**argv)
{
  glutInit(&argc, argv);
  glutInitDisplayMode(GLUT_RGBA | GLUT_DOUBLE);
```

```
glutCreateWindow("Hello World");
init();
glutDisplayFunc(display);
glutMainLoop();
}
```

代码清单 1.3　Hello World 顶点着色器

```
in vec4 vPosition;

void main()
{
    gl_Position = vPosition;
}
```

代码清单 1.4　Hello World 片段着色器

```
out vec4 FragColor;

void main()
{
    FragColor = vec4(1.0, 1.0, 1.0, 1.0);
}
```

　　包含文件 Angel.h 引入了 InitShaders 代码以及矩阵和矢量类。接下来注意到的一件事是，该程序的数据是针对两个共享顶点的三角形而不是针对单个四边形。从 OpenGL 3.1 开始，三角形是唯一支持的填充类型。在这里，数组的单个初始化使用了 vec2 数据类型，它可以很好地解释为什么我们被限制为三角形。当然，我们也可以讨论使用三角形条形或三角形扇形的替代方案。

　　接下来是最难解释的部分（虽然它只有 5 行代码）。我们分配顶点数组对象（Vertex Array Object，VAO）和顶点缓冲区对象（Vertex Buffer Object，VBO）。设置顶点数组数据的 3 行代码应遵循 VBO 的讨论。虽然我们设置存储的基本思路很明确，但是为什么需要在这样一个简单的程序中使用 VBO 和 VAO 则很难用三言两语解释清楚，因为我们不希望在课程的早期就花费大量的时间在这个问题上。[①]

　　程序的其余部分几乎与立即模式版本相同，但 glDrawArrays 的使用除外，只不过该函数的存在对学生来说不构成理解上的任何问题，显示回调几乎不需要做什么解释。

---

① 或者，教师也可以选择通过删除这两行代码来省略对 VAO 的任何讨论。该程序仍将运行，在该课程的目前阶段，使用 VAO 的潜在效率并不是至关重要的。

讨论着色器不需要太多时间，因为它们并不需要太多的 GLSL 知识。使用着色器有一个好处，那就是即使这些简单的着色器也可以按有趣的方式进行更改，而无须深入了解 GLSL。

1.5.1 OpenGL ES 和 WebGL

在我们的课程中，学生可以自由选择使用 Mac、PC 或 Linux 计算机。对于使用 OpenGL 来说，这种灵活性从来就不是一个问题。OpenGL ES 2.0 和 WebGL 的出现开辟了更多的可能性。OpenGL ES 2.0 完全基于着色器，支持各种设备，包括 iPhone。WebGL 是 OpenGL ES 2.0 的 JavaScript 实现，可以在最新的浏览器上运行。上学期，我们班的学生使用了所有 5 个选项。虽然 JavaScript 通常不是大多数学校标准计算机科学课程的一部分，但是成绩好的学生和研究生很容易就能掌握基础知识。通过 URL 分享自己的工作成果的能力对于学生来说是一个巨大的优势。

1.5.2 第一项作业

一旦讲完了 Hello World 示例，学生就可以完成他们的第一次编程作业。我们想要开始一个三维项目。因为第一项作业的目标之一是检查学生是否具备处理后续项目的编程技能，所以尽早布置这类项目作业非常重要。一种可能性是布置与建模和渲染立方体有关的作业。虽然没有空间变换之类的问题，但是轴对齐的立方体看起来像一个正方形，学生可以更改顶点数据，以显示立方体的多个面或创建更多有趣的对象。另一种可能性是将一些简单的分形（Fractal）扩展到三维。其他可能性还包括将一个简单的对象变形（Morphing）为另一个对象、扭曲对象和生成二维或三维迷宫。还可以将重点放在着色器代码上，从简单的模型开始，或者为班级提供更复杂模型的数据，并让学生操作顶点着色器中的模型。在典型课程的目前阶段，布置作业时最好使用顶点着色器而不是片段着色器，因为教师在课堂上讨论的主要主题可能是几何和变换。

1.6 课程的其余部分

在大多数具有编程部分的课程中，教师都希望尽快让学生进行编程，以便他们可以继续学习核心主题。将我们的经验与两个 Hello World 示例进行比较，需要额外一周的时间让学生使用基于着色器的方法编写他们的第一项作业。这个额外的时间也可以由教师支配，因为我们需要在传统课程中介绍 Hello World 示例，同时解释基于着色器的代码的细节。接下来将讨论所有高级计算机图形课程核心的每个部分,并讨论基于着色器的 OpenGL 如何适用于每个部分。

1.6.1 几何

计算机图形学基于一些基本的几何概念。每个入门计算机图形学课堂都将介绍基本类型(标量、点、矢量),简单对象(三角形、平面、多边形)和表示方法(坐标系、框架)。我们的方法是花一些时间通过顶点缓冲区构建几何模型。大多数课程的这一部分不需要使用基于着色器的 OpenGL 进行更改。当然,有一些有趣的方式还是可以使用着色器。

考虑建立一个立方体的模型。在开发变换、视图、照明和纹理映射时,它是一个非常有用的对象。因为我们只能渲染三角形,所以有多种方法可以为立方体构建模型。由于我们已经为 Hello World 程序引入了顶点缓冲区,因此使用简单数据结构和 glDrawElements 的扩展是一个很好的主题。在课程的这个阶段,通常还会加上颜色。由于旧的内置状态变量(包括当前颜色和顶点位置)不再是 OpenGL 状态的一部分,因此必须在应用程序中定义这些状态和其他状态的变量,并将它们的值发送到 GPU。面向编程的课程可以利用数据组织和传输到 GPU 的灵活性来尝试各种策略,例如使用统一变量而不是顶点属性,或者尝试在应用程序和 GPU 上混合几何和颜色数据的各种方法。

从更一般的意义上说,效率问题往往是一个被忽视的话题。当学生采用标准的立即模式方法时,可以要求他们查看自己程序的执行性能,看一看与他们所使用显卡的广告性能的差异有多大,想必他们会对自己程序执行性能的糟糕程度感到惊讶和困惑。借助新版 OpenGL 的灵活性,学生可以尝试各种策略并获得接近广告指标的性能。此外,如果他们使用兼容性配置文件,则可以比较立即模式和保留模式的性能。

1.6.2 变换和视图

课程的这个部分相当标准,并且将占用最多的时间。我们将介绍标准的仿射变换(Affine Transformation)——平移(Translation)、旋转(Rotation)、缩放(Scale)、剪切(Shear)——以及如何构建它们。然后,继续学习投影变换(Projective Transformation),并从中推导出标准的正交变换(Orthographic Transformation)和透视变换(Perspective Transformation)。每个教师划分理论和应用的方式不同,这些课程也会有所不同。在 OpenGL 3.1 之前,API 可以通过一些简单的矩阵函数(glMatrixMode、glLoadMatrix、glLoadIdentity、glMultMatrix),标准变换函数(glTranslate、glRotate、glScale),矩阵堆

栈（glPushMatrix、glPopMatrix）和投影函数（glOrtho、glFrustum）等提供支持。这些函数在 OpenGL 3.1 之后都已被弃用。此外，由于大多数状态变量已被消除，当前矩阵的概念也已经消失，因此通过后乘法（Post Multiplication）改变当前矩阵的矩阵函数（Matrix Function）的概念也消失了。所有这些变化都会产生比较重要的影响。

在典型课程的这个阶段，教师将在齐次坐标系（Homogeneous Coordinate）中开发标准仿射变换。虽然基本的平移、围绕坐标轴的旋转和缩放函数对于学生来说很简单，自己编写就可以，但是围绕任意轴的旋转则更加困难并且可以按多种方式完成。API 中没有这些函数的优点之一是学生将需要更多地关注教师和教科书，因为他们不再可以依赖于 API 的一部分函数。无论如何，我们已经为构成基本矩阵的矩阵/矢量类添加了函数，包括标准的视图矩阵。其中一个原因是我们经常希望在应用程序中执行变换和在着色器中执行变换之间进行比较。通过提供这些矩阵，学生可以使用几乎相同的代码进行这些比较。

其中一个已证明有用的练习是使用在几何部分（立方体）中使用的相同模型，并查看在空闲回调中旋转它的不同方法。就效率而言，一个极端是旋转应用程序中的顶点并重新发送数据。然后，学生可以将此即时模式策略与将旋转矩阵发送到顶点着色器或仅将角度发送到着色器的策略进行比较。

如果教师讨论的主题包括分层模型，则添加矩阵的 push 和 pop 函数以实现矩阵堆栈是很简单的。一些教师还有兴趣教授四元数，作为旋转主题讨论的一部分。四元数在着色器中只需要使用寥寥几行代码就可以实现，因此非常适合基于着色器的课程。

1.6.3 照明和着色

这一部分比任何其他部分都更多地展示了基于着色器的方法的好处。过去，学生只能使用 Blinn-Phong 照明，因为它是固定函数管线支持的唯一模型。虽然也可以讨论其他模型，但只能以离线方式实现。同样有问题的是只有顶点照明可用。因此，虽然学生可以学习 Phong 和 Gouraud 着色，但他们无法在管线中实现 Phong 着色，只能专注于单一的照明和着色模型。使用可编程着色器之后，可以使用几乎相同的代码来完成每个顶点和每个片段的照明。学生甚至可以使用矩阵和矢量类型来实现应用程序中每个顶点的照明。一旦学生掌握了纹理映射（Texture Mapping）的知识，就可以很容易地将凹凸映射（Bump Mapping）添加为附加的着色方法。

大多数状态变量和立即模式函数的弃用确实会导致一些问题。例如，应用程序必须提供自己的法线，而这通常是作为顶点属性存在的。在变换法线时还会出现更大的问题。例如，当学生实现照明着色器时，他们必须提供法线矩阵，因为状态变量 gl_NormalMatrix

已经被弃用。学生可以在应用程序或着色器中自行实现此矩阵,也可以将法线矩阵函数添加到 mat.h 文件中。

1.6.4 纹理和离散处理

大多数 3.1 版之前的纹理函数都没有随着最新版本的 OpenGL 而改变。应用程序将需要设置纹理对象。纹理坐标既可以在应用程序中作为顶点属性生成,也可以在顶点着色器中生成,然后由光栅化器(Rasterizer)进行插值。最后,可以在片段着色器中使用采样器(Sampler),应用着色器对每个片段进行着色。

从 OpenGL 3.1 开始,像素处理有很大的不同。位图和像素写入函数都已被弃用,一些相关函数也被弃用,例如使用累积缓冲区的函数。虽然这些函数易于使用,但效率极低。在这种情况下,编程的简易性导致 GPU 利用率不高,并且由于在 CPU 和 GPU 之间来回传输大量数据而容易导致性能瓶颈。另一种方法是采用基于使用片段着色器来处理纹理的方法。例如,代码清单 1.5 中的简单片段着色器足以演示图像平滑的效果,并且可以轻松更改以执行其他成像操作。

代码清单 1.5 图像平滑着色器

```
in vec2 texCoord;
out vec4 FragColor;
uniform float d;

uniform sampler2D image;

void main()
{
  FragColor =
     (texture (image, vec2(texCoord.x + d, texCoord.y))
   + texture (image, vec2(texCoord.x,     texCoord.y + d))
   + texture (image, vec2(texCoord.x - d, texCoord.y))
   + texture (image, vec2(texCoord.x,     texCoord.y - d))) / 4.0;
}
```

1.6.5 高级主题

上面所讨论的主题是大多数计算机图形学的第一门课程的核心。根据教师的理解和课程重点的安排(例如,有些课程注重编程实践,而有些课程只要求了解一些理论,有些课程要求知识广度，有些课程强调深度），在这个级别上有 3 个额外的主题。第一个主题是曲线和表面。尽管各类评估计算函数（Evaluator）已被弃用，但它们很容易在应用程序端创建。如果使用更新版本的 OpenGL，则更有趣的方法是引入几何着色器来生成参数化三次曲线（Parametric Cubic Curve）。几何着色器不会增加大量的编程复杂性，它们也可用于引入细分曲线和表面。对于参数多项式表面（Parametric Polynomial Surface）来说，曲面细分着色器（Tessellation Shader）可能会更好，但是，对于计算机图形学的第一门课程来说，讲授它未免也太复杂了一些。

教师可以考虑介绍的第二个高级主题是帧缓冲对象（Frame Buffer Object，FBO）。尽管 FBO 需要引入更多 OpenGL 细节，但它们开辟了许多新领域，可以带来优秀的学生项目。以渲染纹理为例，由于纹理由着色器的所有实例共享，因此它们提供共享内存。像上一节一样在纹理中进行单次遍历很简单，但动态成像操作则更有趣。像这样的示例一般来说最好通过渲染到屏幕外缓冲区，然后使用此缓冲区作为下一次迭代的纹理来完成。这种类型的双缓冲——或缓冲乒乓（Buffer Ping-Ponging）不仅是 GPU 的非图形用途（如 CUDA 或 OpenCL）的基础，还可用于游戏、粒子系统和基于代理的模拟。

由于缺乏必要的硬件和软件，早期的计算机图形学的课程花费了大量时间在光栅化、裁剪和隐藏表面去除等算法上。随着更好的硬件和 API（如 OpenGL）的推出，这些知识重点中的大部分都已不再是重点。教师可以依靠图形系统来完成这些任务，这些算法的讨论也往往很短，只是在典型的入门课程快结束时才一带而过，因为现在的可编程着色器允许学生学习和实现各种图形算法作为可能的课程项目。

1.6.6 问题

虽然找到了基于着色器的方法令人兴奋，但是也存在一些问题。一些教师曾经抱怨，布置和完成第一项编程作业所需的额外时间可能就是一个问题。当然，我们自己没有发现这种情况，也没有出现过缺少时间来讲授核心内容的问题。更重要的是，从关注 CPU 和 GPU 之间的交互到 GPU 本身的功能，课程的重点发生了真正的变化。使用基于着色器的 OpenGL，一些标准交互操作涉及比使用立即模式图形更多的应用程序开销，主要原因是有些交互式技术（如在显示器上移动时使用菜单）可以使用立即模式图形轻松完成，而在完全使用基于着色器的 OpenGL 的情况下，则必须首先将数据移动到 GPU。大多数技术都可以使用基于着色器的 OpenGL，但它们并不像立即模式那样简单而优雅。我们的观点是，如果要更准确地反映最新 GPU 的可能操作，那么讨论这个主题的时间会更长。

与窗口系统的接口方式也是一个问题。OpenGL 应用工具包（GLUT）为所有标准窗口系统提供了一个接口。它允许应用程序打开和操作一个或多个窗口，使用带有 OpenGL

的鼠标和键盘，提供了一些很好的附加项，如茶壶（带法线）和系统独立文本。GLUT已经持续了10年无变化。因此，其许多特性（包括文本呈现及其某些对象）在仅使用核心配置文件的基于着色器的OpenGL中是无效的，因为许多GLUT特性依赖于已经被弃用的OpenGL函数。freeglut项目（freeglut.sourceforge.net）解决了其中的一些问题，但它也使用了已经被弃用的函数。令人惊讶的是，许多应用程序可以正常使用GLUT或freeglut，具体取决于所使用的图形显示卡和驱动程序。这种情况对许多教师来说都是可疑的。例如，许多实现支持GLUT或freeglut菜单，即使这些工具包的源代码使用了不推荐使用的glRasterPos函数来实现菜单，当然，这种情况可能不会持续很长时间。例如，Mac OS X Lion支持OpenGL 3.2，但是它的3.2配置文件就与GLUT框架不兼容。

可能有一些方法可以解决这个问题，但是更好的方法仍需要一段时间来开发。大多数教师都不希望回到在其体系结构上使用原生窗口函数。这种方法与教授学生可以使用Windows、Mac OS X、Linux、OpenGL ES或WebGL的课程的能力相冲突。GLUT有一些跨平台的替代方案，但是它们中的任何一个是否会构建成功还有待观察。也许一个更理想的方法是对某些小组更新freeglut，使得它与基于着色器的OpenGL完全兼容。

一个比较有意思的替代方案是将WebGL用于入门课堂。尽管学院派的计算机科学系（部）对JavaScript有一定程度的嫌弃，但是对于这种方法还是有必要多说几句。Windows、Mac OS X和Linux上的几乎所有最新浏览器都支持WebGL。因此，无须担心系统之间的差异。此外，还有许多工具可用于与WebGL交互。

最后，各种版本的OpenGL和GLSL以及相关的驱动程序都存在问题。虽然OpenGL 3.1是第一个要求应用程序提供着色器并且已经弃用早期版本中的许多函数的版本，但它受到许多模糊函数以及在后续版本中重新检视的一些特性的困扰。从OpenGL 3.2开始，OpenGL引入了多个配置文件，允许程序员请求核心配置文件或包含已弃用函数的兼容性配置文件。但是，随着新版本的快速发布和GLSL的同步发展，OpenGL驱动程序在它们支持的版本和配置文件以及它们如何解释标准方面出现了很大差异。在实践中，随着各种版本、驱动程序、配置文件和GPU的推出，让学生入门可能需要付出一些努力。但是，一旦学生能够让Hello World程序开始运行，那么他们完成作业的能力就几乎没有什么问题。

1.7 小　　结

总的来说，我们确信从基于着色器的OpenGL开始不仅是可行的，而且可以使计算机图形学的第一门课程的教学效果更好。来自学生的反馈都非常积极，使用WebGL或OpenGL ES的学生对课程特别满意。我们将他们热情的很大一部分归因于他们可以轻松地向自己的同伴、朋友和家人演示他们的作业。

我们课程的代码可在 www.cs.unm.edu/~angel 获得，还有许多其他示例的代码可以在 www.opengl.org 上找到。

致　　谢

感谢 Dave Shreiner（ARM 公司）多年来的巨大帮助，他既是我们的教科书的合著者，也是计算机图形图像特别兴趣小组（Special Interest Group for Computer GRAPHICS，SIGGRAPH）许多课程的共同发明者。15 年前，是我们的学生首先让我们对 OpenGL 产生了浓厚的兴趣。最近，我们在新墨西哥大学的学生和圣达菲综合大楼的同事鼓励我们开设了一个完全基于着色器的入门课程。

参 考 文 献

[Angel and Shreiner 11] Edward Angel and Dave Shreiner. "Teaching a Shader-Based Introduction to Computer Graphics." *IEEE Computer Graphics and Applications* 31:2 (2011), 9–13.

[Angel and Shreiner 12] Edward Angel and Dave Shreiner. *Interactive Computer Graphics, Sixth Edition*. Boston: Addison-Wesley, 2012.

[Angel 09] Edward Angel. *Interactive Computer Graphics, Fifth Edition*. Boston: Addison-Wesley, 2009.

[Foley et al. 96] James D. Foley, Andries van Dam, Steven K. Feiner, and John F. Hughes. *Computer Graphics, Second Edition*. Reading: Addison-Wesley, 1996.

[Hearn et al. 11] Donald Hearn, M. Pauline Baker, and Warren R. Carithers. *Computer Graphics, Fourth Edition*. Boston: Prentice Hall, 2011.

[Newman and Sproull 79] William M. Newman and Robert F. Sproull. *Principles of Interactive Computer Graphics, Second Edition*. New York: McGraw Hill, 1979.

第 2 章 过渡到新 OpenGL 版本

作者：Mike Bailey

2.1 概　　述

从一个计算机图形学教育工作者的角度来看，过去讲授 OpenGL 课程是非常容易的。举例来说，glBegin-glEnd 中几何与拓扑的分离、glVertex3f 的简单性以及后乘法变换矩阵的经典组织等都是可以快速学习并且易于解释的。这也让学生们非常兴奋，因为从零知识基础到编写出"可以自鸣得意地向朋友们展示的很酷的 3D 程序"是一项很快就可以完成的任务。这使得学生更有动机和热情来学习这门课程。

但是，OpenGL 3.0 之后对部分特性（如函数和变量等）的弃用改变了这一情况。与 glBegin-glEnd 相比，创建和使用顶点缓冲区对象要花费更多的时间来解释，也更容易出错（详见本章参考文献 [Angel 11]）。现在，创建和维护矩阵与矩阵堆栈需要灵活处理矩阵分量和乘法顺序（详见本章参考文献 [GLM 11]）。简而言之，虽然弃用部分函数之后的 OpenGL 可能更加简化和高效，但这也对那些需要讲授这门课的教师造成了严重的干扰，而对那些需要学习它的学生来说则产生了更大的压力。

因此，OpenGL 的旧版本已经不再新鲜，但新版本则需要很长时间的学习才能看到初步的效果。那么，我们该如何走上新版本的学习道路，同时又让学生保持热情和积极性？[①] 本章通过介绍 C++类来简化过渡到弃用部分函数之后的 OpenGL 的过程，讨论了这个问题的中间解决方案。这些 C++类是：

（1）使用看起来像 glBegin-glEnd 的方法创建顶点缓冲区。
（2）加载、编译、链接和使用着色器。

本章还提出了一种命名约定，它有助于保持着色器变量彼此不相关。

2.2 命名着色器变量：简介

严格来说，这并不是一个过渡的问题，而更像是一个防止混乱的问题。

[①] 当然，还有一种选择是根本不进行这样的过渡，目前的缺陷仅仅是无法使用 OpenGL 曲线。但是，抱残守缺不是办法，在某些情况下，不向新版本过渡根本行不通，这在 OpenGL ES 2.0 上表现得尤为明显（详见本章参考文献 [Munshi 08]）。

通过 7 个不同的位置可以设置 GLSL 变量，采用命名约定来帮助识别哪些变量来自哪些来源是很方便的。这非常有效，如表 2.1 所示。

表 2.1　变量名前缀约定

前 缀 字 母	表 示 变 量
a	来自应用程序的每个顶点的属性
u	来自应用程序的统一格式变量
v	来自顶点着色器
tc	来自曲面细分控制着色器
te	来自曲面细分评估着色器
g	来自几何着色器
f	来自片段着色器

2.3　命名着色器变量：详细信息

诸如 gl_Vertex 和 gl_ModelViewMatrix 之类的变量从一开始就是内置于 GLSL 语言中的。它们的用法如下所示：

```
vec4 ModelCoords = gl_Vertex;
vec4 EyeCoords   = gl_ModelViewMatrix * gl_Vertex;
vec4 ClipCoords  = gl_ModelViewProjectionMatrix * gl_Vertex;
vec3 TransfNorm  = gl_NormalMatrix * gl_Normal;
```

但是，从 OpenGL 3.0 开始，它们已被弃用，从而有利于从应用程序传入用户定义的变量。如果启用了兼容模式，则内置变量仍然可以工作，但是我们都应该做好它们消失的准备。此外，OpenGL ES 已经完全消除了内置变量。

假设我们已经在应用程序中创建了变量并将它们传入，前面的代码行将更改为以下形式：

```
vec4 ModelCoords = aVertex;
vec4 EyeCoords   = uModelViewMatrix * aVertex;
vec4 ClipCoords  = uModelViewProjectionMatrix * aVertex;
vec3 TransfNorm  = uNormalMatrix * aNormal;
```

如果它们真的从应用程序传入，则可以继续使用这些名称。但是，如果还没有进行这种过渡，那么通过在着色器代码的顶部包含一组#defines，就仍然可以使用新名称（从而为最终的过渡做准备），如代码清单 2.1 所示。

代码清单 2.1　将新名称转换为旧名称的#include 文件

```
// 统一格式变量

#define uModelViewMatrix            gl_ModelViewMatrix
#define uProjectionMatrix           gl_ProjectionMatrix
#define uModelViewProjectionMatrix  gl_ModelViewProjectionMatrix
#define uNormalMatrix               gl_NormalMatrix
#define uModelViewMatrixInverse     gl_ModelViewMatrixInverse

// 每个顶点的属性变量

#define aColor       gl_Color
#define aNormal      gl_Normal
#define aVertex      gl_Vertex
#define aTexCoord0   gl_MultiTexCoord0
#define aTexCoord1   gl_MultiTexCoord1
#define aTexCoord2   gl_MultiTexCoord2
#define aTexCoord3   gl_MultiTexCoord3
#define aTexCoord4   gl_MultiTexCoord4
#define aTexCoord5   gl_MultiTexCoord5
#define aTexCoord6   gl_MultiTexCoord6
#define aTexCoord7   gl_MultiTexCoord7

#line 1
```

如果图形驱动程序支持 ARB_shading_language_include 扩展，[①] 那么这些行可以按#included 方式直接进入着色器代码。如果不支持，则可以通过将这些行复制到用于在编译之前加载着色器源代码的多个字符串中的第一个来"伪装"#include。

#line 语句是存在的，因此编译器错误消息将提供正确的行编号，并且不包括计数中的这些行。

在本章的后面，这一组#include 行将被称为 gstap.h。[②]

[①] 并且应该将以下代码置于着色器代码的顶部：#extension GL_ARB_shading_language_include:enable。

[②] 这里说的是 *Graphics Shaders: Theory and Practice*（Second Edition, A K Peters, 2011），因为在这本书中最早出现了这个文件。

2.4 索引顶点缓冲区对象 C++类

毫无疑问，使用 glBegin-glEnd 会非常方便，特别是在开始学习 OpenGL 时。考虑到这一点，以下有一个 C++类，就好像应用程序正在使用 glBegin-glEnd，但在内部，当类的 Draw()方法被调用时，它的数据结构正在准备使用索引的顶点缓冲区对象（Vertex Buffer Object，VBO）（详见本章参考文献 [Shreiner 09]）。Print()方法的打印格式将以 VBO 表格形式显示数据，以便学生可以看到如果首先使用了 VBO，则会创建的内容。该类支持的方法如代码清单 2.2 所示。

代码清单 2.2　VertexBufferObject 类支持的方法

```
void CollapseCommonVertices(bool collapse);
void Draw();
void Begin(GLenum type);
void Color3f(GLfloat red, GLfloat green, GLfloat blue);
void Color3fv(GLfloat *rgb);
void End();
void Normal3f(GLfloat nx, GLfloat ny, GLfloat nz);
void Normal3fv(GLfloat *nxyz);
void TexCoord2f(GLfloat s, GLfloat t);
void TexCoord2fv(GLfloat *st);
void Vertex2f(GLfloat x, GLfloat y);
void Vertex2fv(GLfloat *xy);
void Vertex3f(GLfloat x, GLfloat y, GLfloat z);
void Vertex3fv(GLfloat *xyz);
void Print(char *str = '', FILE *out = stderr);
void RestartPrimitive();
void SetTol(float tol);
```

2.4.1 使用注意事项

❏ 这实现了一个经过索引的 VBO，也就是说，它将跟踪 VBO 中的顶点索引，然后使用 glDrawElements()来显示对象。

❏ 将 TRUE 传递给 CollapseCommonVertices()方法的布尔参数，表示任何彼此足够接近的顶点都应该被折叠以视为单个顶点。这里所谓的"足够接近"将由 SetTol() 中指定的距离进行定义。这样做的好处是每个显示更新只能转换一个顶点一次；

- RestartPrimitive()方法调用 OpenGL-ism，重新启动当前图元拓扑而不启动新的 VBO。它对于三角形条形和线条来说特别方便。例如，如果拓扑是三角形条形，则 RestartPrimitive()允许应用程序结束一个条形并启动另一个条形，并使所有顶点在一个 VBO 中结束。这样可以节省开销。
- 第一次调用 Draw()方法时，会将 VBO 数据发送到图形卡并绘制。此后再调用 Draw()则只是绘图。

2.4.2 示例代码

代码清单 2.3 和图 2.1 显示了使用 VertexBufferObject 类绘制彩色立方体的示例。

代码清单 2.3　用于绘制彩色立方体的 VertexBufferObject 类

```
#include "VertexBufferObject.h"

VertexBufferObject VB;
. . .

// 在程序的以下部分中
// 图形将被初始化一次

VB.CollapseCommonVertices(true);
VB.SetTol(.001f);            // 定义将被折叠的距离

VB.Begin(GL_QUADS);
for(int i = 0; i < 6; i++)
{
    for(int j = 0; j < 4; j++)
    {
        VB.Color3fv(. . .);
        VB.Vertex3fv(. . .);
    }
}
VB.End();
VB.Print("VB:");             // 验证真正被折叠的顶点
. . .

// 以下函数将执行程序的显示回调部分

VB.Draw();
```

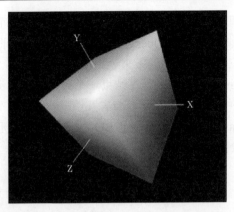

图 2.1 使用 VertexBufferObject 类创建的彩色立方体

下面的示例（如代码清单 2.4 和图 2.2 所示）显示了在地形图上绘制网格线。已定义的 Heights[] 数组保持地形高度。这是一个很好的示例，它使用了 RestartPrimitive() 方法，以便下一个网格线不必位于新的线条中。整个网格保存为单个线条，并通过将单个 VBO 送入图形管线中来绘制。

代码清单 2.4　用于绘制线框地形的 VertexBufferObject 类

```
// 创建类的实例
// （真正的构造函数''在 Begin 方法中）
VertexBufferObject VB;
VB.CollapseCommonVertices(true);
VB.SetTol(.001f);
...

// 在程序的以下部分中
// 图形将被初始化一次

int x, y;              // 循环索引
float ux, uy;          // utm 坐标

VB.Begin(GL_LINE_STRIP);

for(y = 0, uy = meteryMin; y < NumLats; y++, uy += meteryStep)
{
    VB.RestartPrimitive();
    for(x = 0, ux = meterxMin; x < NumLngs x++, ux += meterxStep)
    {
        float uz = Heights[y*NumLngs + x];
```

```
                VB.Color3f(1., 1., 0.);              // 单个颜色 = yellow
                VB.Vertex3f(ux, uy, uz);
        }
}

for(x = 0, ux = meterxMin; x < NumLngs; x++, ux += meterxStep)
{
    VB.RestartPrimitive();
    for(y = 0, uy = meteryMin; y < NumLats; y++, uy += meteryStep)
    {
            float uz = Heights[y* NumLngs + x];
            VB.Color3f(1., 1., 0.);
            VB.Vertex3f(ux, uy, uz);
    }
}

VB.End();
VB.Print("Terrain VBO:");
. . .

// 以下函数将执行程序的显示回调部分

VB.Draw();
```

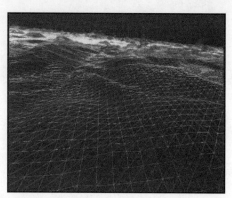

图 2.2 使用 VertexBufferObject 类创建的线框地形

2.4.3 实现说明

- 此类使用了 C++标准模板库（Standard Template Library，STL）矢量函数来维护不断扩展的顶点数组。

- 它还使用了 C++ STL 映射函数来加速公共顶点的折叠。

2.5 GLSLProgram C++类

创建、编译、链接、使用和传递参数到着色器的行为是非常重复的（详见本章参考文献 [Rost 09]和[Bailey 11]）。在教学生时，发现创建一个名为 GLSLProgram 的 C++类有助于实现这个过程。该类具有管理着色器程序开发和使用的所有步骤的工具，包括源文件打开、加载和编译。它还具有实现设置属性和统一变量的方法。该类支持以下方法，如代码清单 2.5 所示。

代码清单 2.5　GLSLProgram 类方法

```
bool Create(char *, char *= NULL, char *= NULL, char *= NULL, char *= NULL);
bool IsValid();
void SetAttribute(char *name, int val);
void SetAttribute(char *name, float val);
void SetAttribute(char *name, float val0, float val1, float val2);
void SetAttribute(char *name, float *valp);
void SetAttribute(char *name, Vec3& vec3);
void SetAttribute(char *name, VertexBufferObject& vb, GLenum which);
void SetGstap(bool set);
void SetUniform(char *name, int);
void SetUniform(char *name, float);
void SetUniform(char *name, float, float, float);
void SetUniform(char *name, float[3]);
void SetUniform(char *name, Vec3&);
void SetUniform(char *name, Matrix4&);
void Use();
void UseFixedFunction();
```

2.5.1 使用注意事项

- Create()方法最多使用 5 个着色器文件名作为参数。它通过表 2.2 中显示的文件扩展名确定着色器的类型，加载和编译它们，并将它们全部链接在一起。所有错误都写入 stderr。[①] 如果生成的着色器二进制程序有效，则返回 TRUE，否则

[①] stderr 代表的是 Standard Error（标准错误），可以用于这些消息，因为它是无缓冲的。如果程序崩溃，则一些发送到标准输出的有用消息可能仍然被捕获在缓冲区中，并且不会被看到，而这些发送到标准错误的消息则会立即被看到。

返回 FALSE。如果应用程序想知道一切是否成功，则可以稍后调用 IsValid()方法。Create()调用中列出的文件可以按任何顺序排列。Create()方法将要查找的文件扩展名如表 2.2 所示。

表 2.2　着色器类型文件扩展名

扩 展 名	着色器类型
.vert	GL_VERTEX_SHADER
.vs	GL_VERTEX_SHADER
.frag	GL_FRAGMENT_SHADER
.fs	GL_FRAGMENT_SHADER
.geom	GL_GEOMETRY_SHADER
.gs	GL_GEOMETRY_SHADER
.tcs	GL_TESS_CONTROL_SHADER
.tes	GL_TESS_EVALUATION_SHADE

❑ SetAttribute()方法将属性变量设置为传递给顶点着色器。SetAttribute()方法的顶点缓冲区版本允许指定 VertexBufferObject 以及将其中的哪些数据分配给此属性名称。例如：

```
GLSLProgram Ovals;
VertexBufferObject VB;
    . . .
Ovals.SetAttribute("aNormal", VB, GL_NORMAL_ARRAY);
```

❑ SetUniform()方法将设置发往任何着色器的统一格式变量。
❑ Use()方法使此着色器程序处于活动状态，以便它可以影响任何后续绘图。如果有人坚持使用固定功能，则 UseFixedFunction()方法将返回管线的状态。
❑ SetGstap()方法可用于提供自动包含 gstap.h 代码的选项，只要传递 TRUE 作为参数即可。需要在调用 Create()方法之前调用。

2.5.2　示例代码

代码清单 2.6 显示了一个 GLSLProgram 类应用程序示例。

代码清单 2.6　GLSLProgram 类应用程序示例

```
#include "GLSLProgram.h"

float       Ad, Bd, NoiseAmp, NoiseFreq, Tol;
```

```
GLSLProgram Ovals;
VertexBufferObject VB;

...

// 每个项目设置一次

Ovals.SetVerbose(true);
Ovals.SetGstap(true);
bool good = Ovals.Create("ovalnoise.vert", "ovalnoise.frag");
if(!good)
{
    fprintf(stderr, "GLSL Program Ovals wasn't created .\n");
    ...
}

...

// 在显示回调中执行以下操作

Ovals.Use();
Ovals.SetUniform("uAd", Ad);
Ovals.SetUniform("uBd", Bd);
Ovals.SetUniform("uNoiseAmp", NoiseAmp);
Ovals.SetUniform("NoiseFreq", NoiseFreq);
Ovals.SetUniform("uTol", Tol);
Ovals.SetAttribute("aVertex", VB, GL_VERTEX_ARRAY);
Ovals.SetAttribute("aColor", VB, GL_COLOR_ARRAY);
Ovals.SetAttribute("aNormal", VB, GL_NORMAL_ARRAY);

VB.Draw();
```

2.5.3 实现说明

SetAttribute()和SetUniform()方法可以使用C++ STL映射函数将变量名称与着色器程序符号表中的变量位置相关联。

2.6 小　　结

从教学的角度来看，如果使用OpenGL 3.0之前的版本（即固定函数以及被弃用的变量等）进行教学，则解释起来会比较简单，开发应用程序的速度也会很快。学习 OpenGL 的学生确实需要过渡到弃用部分特性之后的 OpenGL，但是，他们并不需要从一开始就学习它。

本章介绍了一种以更容易学习的方式引导学生的方法，即仍然使用看起来和以前建议的教学方式相似的内容，在培养出他们对图形编程的兴趣之后，再向他们揭示"底层"的意义，使学生能够轻松地向使用着色器和 VBO 过渡。

本章还提出了着色器变量命名约定。随着着色器变得越来越复杂，以及着色器之间传递更多变量，我们发现这对于保持着色器变量名称之间彼此不相关是有用的。此命名约定与 gstap.h 文件一起，使学生能够将自己的数量传递到着色器中。

参 考 文 献

[Angel 11] Edward Angel and Dave Shreiner. *Interactive Computer Graphics: A Top-down Approach with OpenGL, 6th edition*. Reading, MA: Addison-Wesley, 2011.

[Bailey 11] Mike Bailey and Steve Cunningham. *Computer Graphics Shaders: Theory and Practice, Second Edition*. Natick, MA: A K Peters, 2011.

[GLM 11] GLM. "OpenGL Mathematics." http://glm.g-truc.net/, 2011.

[Munshi 08] Aaftab Munshi, Dan Ginsburg, and Dave Shreiner. *OpenGL ES 2.0*. Reading, MA: Addison-Wesley, 2008.

[Rost 09] Randi Rost, Bill Licea-Kane, Dan Ginsburg, John Kessenich, Barthold Lichtenbelt, Hugh Malan, and Mike Weiblen. *OpenGL Shading Language, 3rd edition*. Reading, MA: Addison-Wesley, 2009.

[Shreiner 09] Dave Shreiner. *OpenGL 3.0 Programming Guide, 7th edition*. Reading, MA: Addison-Wesley, 2009.

第 3 章 适用于 OpenGL 开发人员的 WebGL

作者：Patrick Cozzi 和 Scott Hunter

3.1 简　　介

请不要误解我们——我们其实自认为是 C++开发人员。我们经常打交道的是三重指针、部分模板特殊化和多重继承下的 vtable 布局。但是，通过一系列奇怪的事件，我们现在是全职的 JavaScript 开发人员。这是我们的背景说明。

在计算机图形图像特别兴趣小组（SIGGRAPH）2009 OpenGL 的非正式研讨会上，我们第一次听说了 WebGL，这是一个基于 OpenGL ES 2.0 的图形 API 的新标准，可通过 HTML5 Canvas（画布）元素获得 JavaScript，基本上可称之为 OpenGL for JavaScript。面对这个 WebGL，我们是颇为振奋而又满腹狐疑的。一方面，WebGL 带来了开发零要求、跨平台、跨设备、硬件加速 3D 应用程序的承诺；另一方面，它需要我们用 JavaScript 进行开发。但是，我们可以用 JavaScript 进行大规模的软件开发吗？我们可以用 JavaScript 编写高性能的图形代码吗？

经过近一年的开发，我们已经用超过 50000 行 JavaScript 和 WebGL 代码的成果回答了自己的问题：正确编写的 JavaScript 可以很好地扩展，而 WebGL 是一个非常强大的 API，具有巨大的发展势头。本章分享了我们从使用 C++和 OpenGL 进行桌面开发到使用 JavaScript 和 WebGL 进行 Web 开发的经验。我们专注于将 OpenGL 移植到 Web 上的独特方面，而不是将 OpenGL 代码移植到 OpenGL ES。

3.2 WebGL 的优势

简而言之，WebGL 将 OpenGL ES 2.0 引入 JavaScript，因此也引入了 Web。从 Web 开发人员的角度来看，这是 Web 可交付媒体类型的自然发展：首先是文字，然后是图像，再是视频，现在则是交互式 3D。从 OpenGL 开发人员的角度（只是我们的观点）来说，现在有了一种新的方式来交付应用程序：Web。与传统的桌面应用程序相比，Web 具有若干个优点。

3.2.1 零要求

除了插件之外，浏览网页不需要安装，也不需要用户具有管理员权限。用户只需要输入 URL 并等待其内容加载即可。作为应用程序开发人员，如此低的进入门槛将使我们能够进入最广泛的市场。在 Analytical Graphics, Inc.（AGI 公司）工作期间，许多用户都没有管理员权限，必须经历漫长的流程才能安装新软件，而 WebGL 则帮助我们有效地克服了这些障碍。

3.2.2 跨平台

Web 提供了一种方便的方式来访问所有主要的桌面操作系统：Windows、Linux 和 OS X。事实上，我们在 AGI 使用 WebGL 的部分动机就是支持多个平台。我们发现平台之间的差异很小，最大的区别是 Windows 上存在 ANGLE，它可以将 WebGL（OpenGL ES 2.0）转换为 Direct3D 9，如第 39 章所述。

在本文撰写期间，WebGL 1.0 规范发布不到一年，支持 WebGL 的桌面浏览器包括 Chrome、Firefox、Safari 和 Opera 12 alpha。虽然 Internet Explorer（IE）浏览器不支持 WebGL，但是，它也存在一些变通的方法。例如，首选项可以是 Google Chrome Frame。[①] Chrome Frame 是一个 IE 插件，不需要管理员权限即可安装，并且可以将 Chrome 的 JavaScript 引擎和开放的 Web 技术（包括 WebGL）引入 IE。IE 的网络层仍在使用，但包含请求 Chrome Frame 的元标签的网页则使用 Chrome Frame 呈现，这样就能够使用 WebGL。

即使有多个开发人员使用不同的操作系统和浏览器，但是在相同的代码库中工作，我们也已经发现浏览器之间的差异很小，尤其是 Chrome 和 Firefox 浏览器。

3.2.3 跨设备

WebGL 的另一个优势是支持 WebGL 的 Web 浏览器开始在平板电脑和手机上使用，如图 3.1 所示。目前，Firefox Mobile 支持 Android 系统上的 WebGL，预计很快将对现有浏览器提供广泛的支持。索尼最近在其 Xperia 手机的 Anroid 4 浏览器中发布了 WebGL 实现作为开源软件（详见本章参考文献 [Edenbrandt 12]），我们预计 Android 支持将继

---

① developers.google.com/chrome/chrome-frame/

续改善。在 iOS 上，WebGL 正式可供 iAd 开发人员使用。

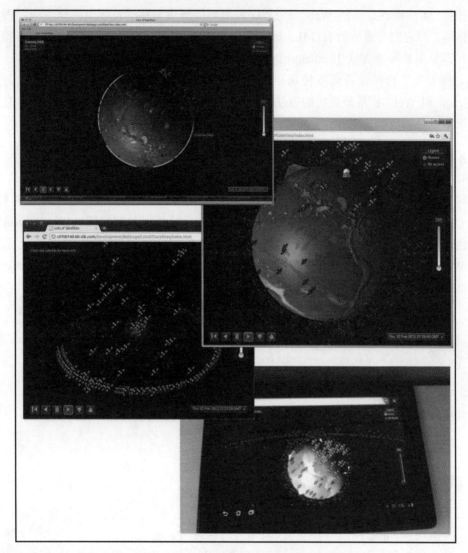

图 3.1 从上到下分别是在 OS X 上的 Safari、Windows 上的 Chrome、Linux 上的 Chromium 和 Android 上的 Firefox Mobile 中运行的 WebGL。超过 800 颗卫星在服务器端传播、流式传输、内插客户端并呈现为广告牌。地球正在使用日间和夜间纹理、镜面贴图、凹凸贴图和带阴影的云贴图等进行渲染

随着移动平台的成熟，WebGL 开发人员将能够编写针对桌面和移动设备的代码。但是，某些领域仍需要特别考虑。例如，处理桌面上鼠标和键盘事件的代码与处理移动设

备上触摸事件的代码不同。同样，桌面和移动版本可能使用不同的着色器和纹理以及优化，如第 24 章所述。虽然 Web 应用程序目前不能提供与移动设备上的原生应用程序相同的体验，但它们与最近的 HTML5 标准变得非常接近，例如地理位置、设备方向和加速度等（详见本章参考文献 [Mahemoff 11]和[Meier and Mahemoff 11]）。

支持多个平台和设备可以使用更传统的方法完成，如第 44 章所述，但我们认为 JavaScript 和 WebGL 是最直接的方法。有关在移动设备上使用 WebGL 的更多信息，请参阅第 4 章。

3.2.4 易开发

对于 OpenGL 开发人员来说，WebGL 是很简单的。代码清单 3.1 是代码清单 1.2 中 C++/OpenGL 代码的相应 JavaScript/WebGL 代码，它将使用裁剪坐标（Clip Coordinate）在黑色背景上绘制一个白色矩形，可以通过从 HTML Canvas 元素请求 WebGL 上下文来创建 WebGL 上下文。两个三角形的位置存储在一个数组中，然后使用熟悉的 bufferData 调用将其复制到数组缓冲区。

代码清单 3.1　在黑色背景上绘制一个白色矩形的 Hello WebGL 示例程序

```
var canvas = document.getElementById("canvas");
var context = canvas.getContext("webgl") || canvas.getContext
    ("experimental-webgl");

var points = new Float32Array([
  -0.5, -0.5,  0.5, -0.5,
   0.5,  0.5,  0.5,  0.5,
  -0.5,  0.5, -0.5, -0.5
]);

var buffer = context.createBuffer();
context.bindBuffer(context.ARRAY_BUFFER, buffer);
context.bufferData(context.ARRAY_BUFFER, points, context.STATIC_DRAW);

var vs = "attribute vec4 vPosition;" +
   "void main(void){gl_Position = vPosition;}";
var fs = "void main(void){gl_FragColor = vec4(1.0);}";
// 辅助程序，不是 WebGL 的一部分
var program = createProgram(context, vs, fs, message);
```

```
context.useProgram(program);

var loc = context.getAttribLocation(program, "vPosition");
context.enableVertexAttribArray(loc);
context.vertexAttribPointer(loc, 2, context.FLOAT, false, 0, 0);

context.clearColor(0.0, 0.0, 0.0, 1.0);

function draw() {
  context.clear(context.COLOR_BUFFER_BIT);
  context.drawArrays(context.TRIANGLES, 0, 6);
  window.requestAnimFrame(animate);
}
draw();
```

所有 WebGL 调用都是上下文对象的一部分,并不像 OpenGL 中那样是全局函数。可以使用辅助函数创建着色器程序(该辅助函数不是 WebGL 的一部分),并使用我们所熟悉的 createShader、shaderSource、compileShader、attachShader、createProgram 和 linkProgram 调用序列。最后,在进入绘图循环之前,定义位置顶点的属性并清除屏幕。

draw 函数将执行一次以绘制场景。函数末尾对 window.requestAnimFrame 的调用将在它认为应该绘制下一帧时请求浏览器再次调用 draw。这将创建一个由浏览器控制的绘制循环,允许浏览器执行优化,如不对隐藏的标签页(Tab)设置动画(详见本章参考文献 [Irish 11])。

对于 OpenGL 开发人员来说,迁移到 WebGL 的挑战不在于学习 WebGL 本身。正如第 3.5 节中所解释的那样,它正在转向一般意义上的 Web,并将在 JavaScript 中进行开发。

3.2.5 强大的工具支持

当首次接触 WebGL 时,我们并不确定期望什么样的工具支持。Chrome 和带有 Firebug 的 Firefox 浏览器都具有出色的 JavaScript 调试器,具有我们所期望的功能,如断点、变量监视、调用堆栈等。它们还提供了可用于配置管理的内置工具。目前,这两款浏览器都有 6 周的发布周期,适用于稳定版、测试版和开发版。对于开发人员来说,这意味着可以快速获得新功能和错误修复。两种浏览器都有公共错误跟踪器,允许开发人员提交和跟踪请求。

对于 WebGL 来说,WebGL Inspector 可以提供类似 gDEBugger 的功能,如单步执行

draw 调用以及查看顶点缓冲区和纹理的内容及历史记录。有关 WebGL 配置管理和工具的更多信息，请参见第 36 章。

3.2.6 性能

作为 C++开发人员，对 JavaScript 的直觉反应是它可能会很慢。之所以有这种想法，是因为 JavaScript 语言的本质，它具有松散的类型系统、功能特性和垃圾收集，我们并不指望它的运行速度与 C++代码一样快。

为了感受这种性能差异，将第 7 章中讨论的 3D 单纯形噪声函数（Simplex Noise Function）从 GLSL 移植到 C++和 JavaScript，以便在 CPU 密集型应用程序中使用。然后，我们编写的代码随着时间的推移扰乱了最初在 xy 平面中的 2D 网格。在每个时间步骤，每个网格点的 z 分量在 CPU 上计算为 z = snoise(x, y, time)。为了渲染如图 3.2 所示的线框，我们使用了简单的着色器，将 x 和 y 存储在静态顶点缓冲区中，并且使用 glBufferSubData 将 z 数据流传输到每个帧的单独的顶点缓冲区。有关提高流性能的其他方法，请参见第 28 章。

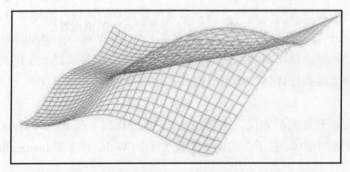

图 3.2　在 xy 平面上均匀间隔的 32 × 32 网格。给定 xy 位置和当前时间，每个点的 z 分量由 3D 噪声函数确定

鉴于每个噪声函数调用均涉及大量计算，因此该测试模拟的是 CPU 密集型应用程序，该应用程序不断将顶点数据流式传输到 GPU——这是在 AGI 公司工作时的常见用例，我们在其中模拟和可视化卫星、飞机等动态对象。表 3.1 显示了 C++和 JavaScript 的各种网格大小的每帧毫秒结果。C++版本是使用 Visual C++ 2010 Express 和带有 SIMD 优化的 GLM 的默认版本构建的。测试笔记本电脑配备的是 2.13GHz 的 Intel Core 2 Duo 和 NVIDIA GeForce 260M，驱动程序版本为 285.62。

表 3.1 CPU 密集型示例的 C++ 与 JavaScript 性能对比

网格分辨率	32×32	64×64	128×128
C++	1.9ms	6.25ms	58.82ms
JavaScript—Chrome 18	27.77ms	111.11ms	454.54ms
相对降速	14.62	17.78	7.73

从纵向对比上看，随着网格大小的增加，C++和 JavaScript 的实现都会变慢；从横向对比上来说，C++在所有网格大小上都比 JavaScript 快得多。鉴于这是一个 CPU 密集型应用程序，所以这跟我们预计的结果是一致的。JavaScript 仅支持双精度浮点数，而不支持单精度浮点数，这有很大的影响，因为噪声函数在 C++ 中使用的是 float，而在 JavaScript 中则不支持该类型。[1]

看到 JavaScript 要比 C++ 多花 7.73～17.78 倍的时间，这在一开始时无疑是令人沮丧的。但是，让我们再来考虑一下 GPU 密集型应用程序的性能。为此，我们不再在 CPU 上执行噪声函数，也不将 z 分量传输到顶点缓冲区。相反，我们从顶点着色器调用原始的 GLSL 噪声函数，并简单地绘制一个静态网格，如代码清单 3.2 所示。为了增加 GPU 的工作量，通过对 glDrawElements 的顺序调用每帧绘制 256 次网格。

代码清单 3.2 用于 GPU 密集型示例的顶点着色器

```
attribute vec2 position;

uniform float u_time;
uniform mat4 u_modelViewPerspective;

varying vec3 v_color;

float snoise(vec3 v) { /* ... */ }

void main(void)
{
    float height = snoise(vec3(position.x, position.y, u_time));
    gl_Position = u_modelViewPerspective * vec4(vec3(position, height),1.0);
    v_color = mix(vec3(1.0, 0.2, 0.0), vec3(0.0, 0.8, 1.0), (height + 1.0)
        * 0.5);
}
```

---

[1] 但是，在 JavaScript 中，噪声函数的返回值将被放入 Float32Array 以便流式传输到 WebGL。

如表 3.2 所示，GPU 密集型性能的数字表现对于 WebGL 来说要亮眼得多。在 GPU 应用最密集的情况下，也就是每帧绘制一个 128×128 网格 256 次，此时 Chrome 中的 JavaScript 耗时只是 C++的 1.13 倍。

表 3.2　GPU 密集型示例的 C++与 JavaScript 性能。网格每帧绘制 256 次

网格分辨率	32×32	64×64	128×128
C++	3.33ms	9.43ms	37.03ms
JavaScript—Chrome 18	12.82ms	22.72ms	41.66ms
相对降速	3.85	2.41	1.13

由此看来，我们应该期待 WebGL 这样的性能表现，大量的计算被卸载（Offload）到 GPU，这样 JavaScript 就不再是瓶颈。

虽然 CPU 和 GPU 密集型示例并不是大多数应用程序的标准，但它们说明了一个重点：为了最大化 WebGL 的性能，必须尽可能地利用 GPU。Tavares 应用这一原理在 WebGL 中以 30~40 fps 的速度渲染了 40000 个动态对象（详见本章参考文献 [Tavares 11]）。

除了将工作量推送到 GPU 之外，我们还可以通过将其他工作推送到服务器来减轻 JavaScript 的负担。在 AGI 公司工作时，我们曾经使用数值密集的算法来模拟卫星和其他对象的动态。我们在服务器端执行这些计算并定期传输关键帧，这些关键帧是内插客户端的。开发人员可以谨慎地平衡在客户端和服务器上执行的工作量以及传输的数据量。第 30 章讨论了传输模型的有效技术。

使用 Web Worker 和可转移对象也可以将重度使用的客户端计算移出渲染线程（详见本章参考文献 [Bidelman 11]）。

我们并不认为 JavaScript 和 WebGL 的性能会优于 C++和 OpenGL。但是，鉴于原始 JavaScript 的性能在不断提高，而 WebGL、服务器端计算和 Web Worker 均允许我们最小化 JavaScript 瓶颈，所以我们认为性能并不是弃用 WebGL 的理由。

3.3　安　全　性

从 OpenGL 迁移到 WebGL 时，Web 开发人员熟悉但桌面开发人员可能不熟悉的新主题出现了，即安全性。OpenGL 在某些方面允许未定义的值。例如，使用 glReadPixels 读取帧缓冲区外部就是未定义的，glBufferData 使用 NULL 数据指针创建的缓冲区的内容也是如此。未初始化和未定义的值可能导致安全漏洞，因此 WebGL 定义了像上述这些情况的值。例如，readPixels 为帧缓冲区外的像素返回[0, 0, 0, 0]的 RGBA 值；如果没有提

供数据，则 bufferData 会将内容初始化为零。这些 API 的更改通常不会影响开发人员，但是其他的安全考虑因素则另当别论。

3.3.1 跨源请求

在 OpenGL 中，使用 glTexImage2D 或 glTexSubImage2D 等提供给纹理的图像数据可以来自任何地方。图像数据既可以在代码中以程序方式生成，也可以从文件读取或从服务器接收。而在 WebGL 中，如果图像来自服务器，则它必须来自发送网页的同一域。例如，myDomain.com 上托管的 WebGL 页面将无法从 anotherDomain.com 下载图像，这会导致 SECURITY_ERR 异常，如图 3.3 所示。此限制适用于防止站点使用用户的浏览器作为代理来访问旨在保密或位于防火墙后面的图像。但是，从另一个站点访问图像数据实际上是一个常见的用例。例如，以嵌入 Google 地图的网站为例，无论该网站网页托管的服务器在哪里，其嵌入的 Google 地图的图像均来自 Google 服务器。

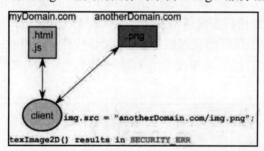

图 3.3 试图从没有 CORS 或代理的另一个域的图像创建纹理

原文	译文
client	客户端
texImage2D() result in SECURITY_ERR	texImage2D()将产生 SECURITY_ERR 异常

有两种方法可以解决此限制。第一种方法是使用跨源资源共享（Cross-Origin Resource Sharing，CORS）。服务器通过在其 HTTP 响应头中明确允许跨源资源共享来启用 CORS 功能。① 许多服务器（如 Google 地图）开始以这种方式提供用于公共访问的图像。如图 3.4 所示，在 JavaScript 中，在启用 CORS 功能之后，即可使用代码行 img.crossOrigin = "anonymous" 来请求图像。随着时间的推移，我们预计公共图像数据服务器都将启用这些标头。

---

① 在服务器上进行此设置非常简单，请参阅 enable-cors.org。

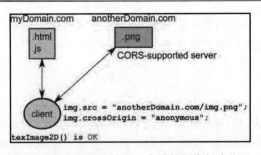

图 3.4　使用 CORS 从另一个域的图像创建纹理

原　　文	译　　文
client	客户端
texImage2D() is OK	texImage2D()正常运行
CORS-supported server	支持 CORS 的服务器

如果服务器不支持 CORS，则可以通过网页域上托管的代理服务器请求图像，如图 3.5 所示。图像 URL 不是直接将图像请求发送到 anotherDomain.com，而是作为 HTTP 参数发送到 myDomain.com 上托管的代理服务器，然后该代理服务器从 anotherDomain.com 请求图像并将其发送回客户端。该图像可用于创建纹理，因为从客户端的角度来看，它是来自同一个域的。

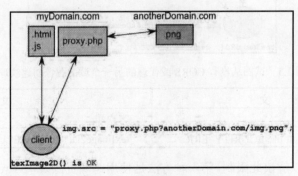

图 3.5　通过代理传输来自另一个域的图像，然后使用该图像创建纹理

原　　文	译　　文
client	客户端
texImage2D() is OK	texImage2D()正常运行

在设置代理服务器时要谨慎行事。不要让它转发任意请求，因为这会打开一个安全漏洞。此外，某些服务需要直接的浏览器连接，因此不能与代理一起使用。

跨源限制还可以防止对用作纹理的图像进行本地文件访问。它们不应使用文件系测试 HTML 文件，而应由本地 Web 服务器托管。在 Linux 和 Mac 系统上进行测试时，这可以像在 index.html 文件所在的相同目录中运行 python -m SimpleHTTPServer 一样简单，然后浏览到 http://localhost:8000/本机服务器地址。又或者，开发人员也可以通过使用 --allow-file-access-from-files 命令行参数来启动 Chrome 浏览器或在 Firefox 浏览器中将 security.fileuri.strict_origin_policy 更改为 false 来放宽这些限制。这应该仅用于测试。

虽然我们是在有关图像的上下文中讨论了跨源请求，但对视频的限制也是一样的。有关 CORS 的更多信息，请参阅本章参考文献 [Hossain 11]中的 Using CORS 部分。

3.3.2 上下文丢失

Windows Vista 引入了一种新的驱动程序模型，如果 draw 调用或其他操作花费太长时间（例如，超过两秒），则会重置图形驱动程序。这令 GPGPU 社区感到很惊讶，由于在顶点和片段着色器中执行的昂贵计算将执行类似物理模拟等一般计算，其 draw 调用很可能需要消耗很长的时间。在 WebGL 中，类似的监视程序模型将用于防止拒绝服务攻击，其中具有复杂着色器或大量批处理作业或两者兼具的恶意脚本即可能导致计算机无响应。

当检测到长时间运行的操作并重置图形驱动程序时，所有上下文（包括无辜的上下文）都将丢失。使用 GL_ARB_robustness WebGL 扩展时，WebGL 实现将获得通知，它将警告用户 WebGL 内容可能导致重置，并且用户可以决定是否要继续。作为 WebGL 开发人员，我们需要准备好在因重置而丢失时恢复我们的上下文（详见本章参考文献 [Sherk 11]），这和 Direct3D 9 开发人员处理丢失设备的方式是类似的。在 Direct3D 9 中，GPU 资源可能因用户更改窗口进出全屏，或者因笔记本电脑的盖子打开/关闭等而丢失。

有关 WebGL 安全性的更多信息，请参阅 Khronos Group 的 WebGL 安全白皮书（详见本章参考文献 [Khronos 11]）。

3.4 部署着色器

JavaScript 通过.js 文件提供给客户端。使用 WebGL，还需要将顶点和片段着色器的源发送到客户端。这里有以下几种选择：

❑ 将着色器源代码存储为 JavaScript 字符串，如代码清单 3.1 所示。这样只需要一个 HTTP 请求即可请求 JavaScript 和着色器。但是，将着色器编写为 JavaScript 字符串比较繁杂。

❑ 将着色器源代码存储在 HTML 的 script 标签中，如代码清单 3.3 所示。在

JavaScript 中，可以提取脚本的文本内容（详见本章参考文献 [Vukićević 10]）。通过动态生成页面，可以在多个 HTML 文件之间共享着色器。这样可以完全分离 JavaScript 和 GLSL，并且不需要为着色器提供额外的 HTTP 请求。虽然与使用 JavaScript 字符串的方式相比，以这种方式创建着色器并不那么复杂，但它并不像为每个着色器使用单独的文件那样高效。

代码清单 3.3　将片段着色器存储在 HTML 的 script 标签中

```
<script id="fs" type="x-shader/x-fragment">
void main(void)
{
  gl_FragColor = vec4(1.0);
}
</script>
```

❏ 将每个着色器存储在单独的文件中，为着色器的编写创建最佳方案。可以使用 XMLHttpReques 根据需要单独将着色器传输到客户端（详见本章参考文献 [Salga 11]）。这有一个缺点，即每个着色器需要一个 HTTP 请求，但是，与顶点和纹理数据的其他 HTTP 请求相比，这相对简单。

在 AGI 公司工作时，我们使用的是混合解决方案：着色器在单独的文件中独立编写，但在单个 JavaScript 文件中作为字符串部署。程序将每个 GLSL 文件转换为 JavaScript 字符串，并将字符串与现有 JavaScript 代码连接在一起。

除了确定如何组织着色器之外，WebGL 中的着色器部署还包括缩小 GLSL 代码以减少传输的数据量。诸如 glsl-unit 的 GLSL 编译器[①] 和 GLSL Minifier[②] 之类的缩小工具将执行一系列转换，这些转换不会改变代码的行为但会减小其大小，如删除空格、注释和死函数以及重命名变量和函数。这样会使代码的可读性降低，但是它仅用于部署而不是开发。

现在我们已经看到了 WebGL 提供的内容以及与 OpenGL 的一些区别，接下来看一看从 OpenGL 迁移到 WebGL 时最大的桥梁——JavaScript。

3.5　关于 JavaScript 语言

在许多方面，JavaScript 是一种与其他常用语言（如 C++、Java 或 C#）完全不同的

[①] http://code.google.com/p/glsl-unit/wiki/UsingTheCompiler

[②] http://www.ctrl-alt-test.fr/?p=171

语言。尽管名字中包含 Java，但是 JavaScript 其实与 Java 无关，它们只是由于历史原因而名称相似。尝试用 JavaScript 编写实质性程序而不了解其与 C 语言的重要差异，将很容易导致令人困惑和沮丧的结果。

核心 JavaScript 语言以 ECMAScript 的名称进行标准化，在撰写本文时，其最新版本是 5.1 版。令人困惑的是，还有一些 JavaScript 版本提供了仅在 Firefox 中支持的新语言功能。我们只讨论适用于所有现代浏览器的 ECMAScript 特性。

由于 JavaScript 主要是基于浏览器的编程语言，因此需要一个 Web 浏览器来运行程序。与 C++不同，JavaScript 程序没有编译步骤，因此在网页上执行 JavaScript 所需的只是为我们想要包含 JavaScript 文件的每个 HTML 页面添加 script 标签。代码清单 3.4 即包含一个简单的 HTML 框架，显示如何包含与 HTML 文件相同的文件夹中名为 script.js 的 JavaScript 文件。

代码清单 3.4　简单的 HTML 框架文件

```
<!doctype html>
<html>
<head>
  <meta charset = "utf-8">
  <script src = "script.js" type = "text/javascript">
  </script>
</head>
<body>
</body>
</html>
```

JavaScript 目前没有包含文件的标准方法，除非为每个 JavaScript 文件添加 script 标签，这些标签将在单个上下文中按顺序执行。3.5.7 节将讨论一些代码组织技术。

由于 JavaScript 具有一些很容易导致错误的异常特性，因此可以联机使用名为 JSLint 的工具[①] 来分析源代码以检测潜在的错误。3.5.8 节描述了若干个常见错误。

尽管语法相似，但以为 JavaScript 的行为方式与 C++相同，则可能会让毫无戒心的开发人员陷入大量陷阱。接下来将重点介绍 JavaScript 与 C++不同的一些重要方面。

3.5.1　JavaScript 类型

与 C++不同的是，JavaScript 语言中的内置类型非常少，可以分为基本类型和引用类型。基本类型包括 Number、String、Null、Undefined、Boolean 等类型，而引用类型则只

---

① www.jslint.com

有 Object 类型。

1. Object

Object（对象）类型是一组未排序的名称-值对（Name-Value Pairs），称为对象的属性。属性名称可以是字符串，或者，只要名称是有效标识符，就可以省略引号。属性值可以是任何类型，包括可以是另一个对象。对象从字面上可以声明为以冒号分隔的名称-值对的列表，每个名称-值对之间又以逗号分隔，最后用花括号括起来。例如：

```
{
  a : "value",
  "long property" : 1.2
}
```

2. Number

Number（数字）类型是带符号的双精度 64 位 IEEE 754 浮点数。没有整数类型或更小的类型，但有些按位运算符会将其输入视为 32 位带符号的整数。NaN 是一个特殊值，意思是 Not a Number（不是一个数字）。

3. String

String（字符串）类型是不可变的 Unicode 字符序列。没有表示单个字符的类型，并且将使用匹配的英文双引号（"）或单引号（'）来声明字符串文字。

4. Null 和 Undefined

Null（空值）和 Undefined（未定义）类型都存在于 JavaScript 中。变量或属性的值在赋值之前是未定义的。可以显式赋值为 Null 值。

5. Boolean

Boolean（布尔）值类型包含 true 或 false 值。此外，任何值都可以视为布尔值，通常使用术语真值（truthy）和假值（falsy），false、0、""、Null、Undefined 和 NaN 都被视为"假值"；所有其他值都被认为是"真值"。

JavaScript 还提供了若干种对象的内置类型，所有的 Object 类型，尽管它们的构造方式和属性存在差异，但都是内置的引用类型。比较常用的对象包括数组（Array）和函数（Function）等。

数组是一个随机访问值序列。数组是可变的、可调整大小的，并且可以包含任何类型的值。数组从字面上声明为以逗号分隔的项目列表，用方括号括起来，如下所示：

```
[1, "two", false]
```

在 JavaScript 中，所有的函数都是 Object 类型。它们通常使用 function 关键字声明，并且既未声明返回类型也未声明参数类型，例如：

```
function foo(bar, baz) {
  return bar + baz;
}
```

此外，还有内置的 Date 和 RegExp 对象，Web 浏览器还提供其他类型的对象来表示 Web 页面的结构，并允许从 JavaScript 进行更改，这就是所谓的文档对象模型（Document Object Model，DOM）。浏览器 DOM 的标准化并不像 ECMAScript 那样完整，但现代的 Web 浏览器则非常接近。

3.5.2 动态类型

大多数编译语言（如 C++）都是静态类型语言，而 JavaScript 则不同，它是一种动态类型语言，这和其他许多脚本语言（如 Ruby、Perl 或 PHP）是一样的。在动态类型语言中，变量不会声明为任何特定类型，而是始终简单地声明为 var。一个变量可以随时间保持不同类型的值，但这可能会使读取变得混乱。类似地，函数的参数也没有声明的类型。因此，函数不能像 C++中那样通过参数类型重载。JavaScript 库中常用的替换技术是接受给定参数的多种数据，并以不同方式解释它们，以方便调用者。例如，如果函数接受 Web 浏览器 DOM 对象作为参数，那么它也可能接受字符串标识符参数，然后查找该标识符以找到并使用相应的 DOM 对象。

因为很少有不同的类型——大多数值都是 Object 类型，所以变量不会声明类型，并且属性也可以在构造之后再添加到对象中——确定对象的类型可能很困难。因此，大多数 JavaScript 程序很少关注值本身的类型，只是希望传递给函数的值具有正确的属性。对于这种对象推断方法有一个常用术语，那就是鸭子类型（Duck Typing），它其实是一个隐喻，即"如果它看起来像鸭子，走起来像鸭子，叫起来像鸭子，那么就可以推断它是一只鸭子"。例如，如果某个函数要采用一组坐标作为参数，那么它就可以被设计为接受具有 x 和 y 属性的对象，而无论该对象是什么类型。

3.5.3 函数范围

与 C++相比，JavaScript 的另一个重要区别是变量的范围仅受函数限制，而不受任何其他类型的代码块（如 if 或 for 代码块）的限制。例如，代码清单 3.5 显示了变量如何在声明它的代码块之外存在。

代码清单 3.5　不同代码块范围的示例

```
function f() {
  var x = 1;                    // 变量 x 在声明之后，在整个函数中都是有效的

  if (x === 1) {
    var a = "a string";
    // 变量 a 在声明之后，同样是在整个函数中都是有效的
    // 而不是仅局限于该 if 代码块
  }

  // 在离开 if 代码块之后，a 将保留其值
  while (a === "a string") {
    var a = 0;                  // 这仍然会影响相同的 a 变量
    // 使用 var 重新声明相同名称的变量不是不可以，只是这样容易让人搞混
  }
}
```

对于编写 JavaScript 程序来说，一个良好的习惯是将需要在整个函数中声明的所有变量都在顶部声明一次，而不是混乱地出现在其他地方。通过这种方式编写代码可以避免混淆，并且 JSLint 也具有可强制执行此操作的规则。

3.5.4　函数编程

因为 JavaScript 函数是第一类对象，所以函数可以存储在变量或属性值中，作为参数传递给其他函数，并作为函数结果返回。通过这种方式，JavaScript 函数更接近 C++ 函数对象（仿函数），或者更接近 C++ 11 中的新 lambda 函数。代码清单 3.6 显示了使用函数作为对象的一些方法。

代码清单 3.6　使用函数作为对象的示例

```
// 使用该语法可以声明函数
function f(a){
  return a + 1;
}

// 或者使用该语法也可以声明函数
var g = function(a){
  return a + 1;
};

// 上述两种方式产生的函数都可以按相同的方式调用
```

```
var x = f(1), y = g(1);       // => x == y == 2

// 对象可以包含函数并作为属性值
var obj = {
  v: "Some value",
  m: function(x, y){
    return x + y;
  }
};

var result = obj.m(x, y);   // => result == 4

// 函数可以传递给其他函数并从其他函数返回
function logAndCall(func, name){
  return function(){
    //（假设在其他地方定义了 log）
    log("calling function" + name);
    return func();
  }
}

var originalFunc = function(){
  return "some value";
};
var newFunc = logAndCall(originalFunc, "originalFunc");

var result2 = newFunc();    // => result2 == "some value",
// log 将使用 calling function originalFunc 调用
```

当函数在 JavaScript 中声明时，它们可以引用在函数本身外部声明的变量，从而形成闭包（Closure）。在代码清单 3.6 中，由 logAndCall 返回的匿名函数引用了 func 和 name，它们都是在匿名函数之外声明的，并且可以在以后访问它们的值，即使在 logAndCall 本身返回之后也是如此。只需要访问它们就可以通过这种方式读取任何变量（闭包就是能够读取其他函数内部变量的函数。本质上，闭包是将函数内部和函数外部连接起来的桥梁），因此不需要特殊的语法。

3.5.5 原型对象

JavaScript 是一种面向对象的语言，但不使用类进行继承。相反，每个对象都有一个原型（Prototype）对象，如果没有在对象上定义特定的被请求的属性，则接下来将检查原型,然后检查原型的原型,依此类推。这种机制的好处是数据或函数可以在原型上声明,并由共享相同原型的许多对象实例共享。

创建共享原型的对象的最简单机制是使用构造函数(Constructor Function)。构造函数与任何其他函数没有什么不同,除了使用 new 关键字调用它之外,构造函数具有以下效果:

(1)创建一个新对象,将其原型设置为构造函数本身的 prototype 属性。

(2)使用 this 关键字设置为新创建的对象来执行构造函数。这允许构造函数在新对象上设置属性。

(3)作为构造函数调用的结果,隐式返回新对象。

代码清单 3.7 提供了一个在构造函数原型上定义值的示例,并使用它来创建对象。

代码清单 3.7 对象构造函数的一个示例

```javascript
// 构造函数,使用一种约定将它们和其他函数区分开来
// 约定它们的名称以大写字母开头
function Rectangle(width, height){
  // this 将引用构造函数的新实例
  this.width = width;
  this.height = height;
}

// 声明原型的 area
// 这样,它对于任何使用 Rectangle 构造函数构造的对象都可用
Rectangle.prototype.area = function(){
  return this.width * this.height;
}

var r = new Rectangle(10, 20);

// 直接访问对象属性
var w = r.width;                    // => w == 10

// 访问对象的原型的属性
var a = r.area();                   // => a == 200
```

3.5.6 this 关键字

在代码清单 3.7 中,在 area 函数中使用了 this 关键字来访问对象的属性。JavaScript 的一个令人困惑的方面是,在调用函数时绑定此关键字,而不是在定义函数时绑定。当

尝试将成员函数的地址作为常规函数指针传递时，有点类似于C++中的问题：this 引用丢失。在正常使用中，如代码清单 3.7 所示，this 关键字可以按预期工作，因为 area 是在 r 的上下文中调用的。代码清单 3.8 显示了一个不同的情况。在该示例中，this 未按预期工作。

代码清单 3.8　this 关键字取决于函数的调用方式

```
var obj = {
  f: function (){
    return this;
  }
};

// 当正常调用函数时，this 可以正常工作
obj.f() === obj;                          // => true

// 即使 f 指向相同的函数
// 直接调用它也将产生不同的 this 值
var f = obj.f;
f() === obj;                              // => false

// 函数有一个调用函数
// 允许显式提供 this 值
f.call(obj) === obj                       // => true
```

与 this 相关的一个常见问题是创建回调函数，我们可能无法控制如何调用回调函数。在这种情况下，可能更容易避免使用它。相反，我们可以使用闭包来获得类似的效果，方法是将 this 分配给一个局部变量，并从回调中引用该局部变量。或者，ECMAScript 5 在所有函数上定义一个绑定函数，它返回一个适配器函数，该函数使用给定的指定函数执行原始函数，类似于 STL 函数库中 mem fun 和 bind1st 函数的组合。代码清单 3.9 显示了这两种方法。

代码清单 3.9　保持 this 值的两种方法

```
var obj = {
  x: 10,
  getX: function(){
    return this.x * 2;
  },
  createCallbackIncorrect: function(){
    // 以下使用 this 的上下文将导致它可能不正确
    return function(){
      return this.getX();
```

```
  }
},
createCallbackClosure: function(){
  // 通过将 this 存储在变量中，可以始终正确使用 this
  var that = this;
  return function(){
    return that.getX();
  }
},
createCallbackBind: function(){
  // "绑定" 返回始终正确使用 this 的函数
  return this.getX.bind(this);
}
};
```

3.5.7 代码组织

与 C++不同，JavaScript 没有命名空间（Namespace），因此所有全局变量和函数都存在于相同的上下文中（跨越网页中包含的所有脚本）。因此，最好尽量减少代码创建的全局变量的数量，以避免与我们自己的代码或第三方库发生冲突。其中一项技术是使用自执行函数（Self-Executing Function）来默认限制变量的范围，并创建包含所有函数和构造函数的单个全局变量。代码清单 3.10 演示了它的工作原理。

代码清单 3.10　在自执行函数中隐藏变量的示例

```
// 该变量将是我们唯一的全局变量
var MyLib = {};

(function(){
  // 该语法声明并直接调用一个匿名函数
  // 围绕函数的括号
  // 从语法上来说是必需的

  var constantValue = 5;                    // 该变量对于该函数是局部变量

  // 这是 this 构造函数
  function MyData(x){
    this.x = x + constantValue;
  }

  // 但是我们可以将它"导出"，以便在任何地方使用
```

```
  MyLib .MyData = MyData;
})();

// 在其他任何地方的使用示例（可能是在后面的脚本文件中）

(function(){
  // 这看起来好像是命名空间中的函数
  // 但是很少访问全局容器对象上的属性
  var d = new MyLib.MyData(10);
})();
```

3.5.8 常见错误

上面讨论的 JavaScript 与 C++的某些方面的差异都是比较大的，事实上，还有一些较小的差异也可能导致意外错误。

在 JavaScript 中，可以随时通过为每个变量赋值来声明全局变量，这通常是在尝试创建局部变量时意外忘记 var 关键字的结果。这可能会导致代码中完全不相关的区域出现令人困惑的问题。为了解决这个问题，ECMAScript 5 定义了一种严格模式（Strict Mode），它使得给未声明的变量赋值成为一个错误，并且还修复了该语言的其他更深奥的部分。要使用严格模式，可以在函数的顶部添加 use strict 语句，为该函数和任何嵌套函数启用严格模式。选择此语法是因为较旧的浏览器会忽略它。如果使用 3.5.7 节中描述的自执行函数，则可以立即为所有包含的代码启用严格模式。

另一个令人困惑的 JavaScript 语言特性是标准的相等运算符==和!=。在 JavaScript 中，这些运算符将尝试强制所比较的值的类型。例如，这会导致字符串"1"等于数字 1，而空白字符串则会等于数字 0。由于这在大多数情况下都是不可取的，所以应该使用非强制运算符===和!==。我们可以使用 JSLint 来检测强制相等运算符的使用情况。

3.6 资　　源

虽然我们错过了使用 C++进行开发并使用桌面 OpenGL 的最新特性，但我们发现 JavaScript 和 WebGL 的优势使得这种转换非常值得。要加快学习和掌握 WebGL 的速度，最好的资源是 Learning WebGL blog（learningwebgl.com/bloglog）和 WebGL Camp（www.webglcamp.com）；对于 JavaScript，推荐 *JavaScript: The Good Parts*（详见本章参考文献 [Crockford 08]）；对于一般的现代 Web 开发，建议阅读 HTML5 Rocks，其网址为

www.html5rocks.com。

参 考 文 献

[Bidelman 11] Eric Bidelman. "Transferable Objects: Lightning Fast!" http://updates.html5rocks.com/2011/12/Transferable-Objects-Lightning-Fast, 2011.

[Crockford 08] Douglas Crockford. *JavaScript: The Good Parts*. San Jose, CA: Yahoo Press, 2008.

[Edenbrandt 12] Anders Edenbrandt. "WebGL Implementation for XPeria Phones Released as Open Source." http://developer.sonyericsson.com/wp/2012/01/25/webgl-implementation-for-xperia-phones-released-as-open-source/, 2012.

[Hossain 11] Monsur Hossain. "Using CORS." http://www.html5rocks.com/en/tutorials/cors/, 2011.

[Irish 11] Paul Irish. "RequestAnimationFrame for Smart Animating." http://paulirish.com/2011/requestanimationframe-for-smart-animating/, 2011.

[Khronos 11] Khronos. "WebGL Security White Paper." http://www.khronos.org/webgl/security/, 2011.

[Mahemoff 11] Michael Mahemoff. "HTML5 vs. Native: The Mobile App Debate." http://www.html5rocks.com/en/mobile/nativedebate.html, 2011.

[Meier and Mahemoff 11] Reto Meier and Michael Mahemoff. "HTML5 versus Android: Apps or Web for Mobile Development?" *Google I/O* 2011.

[Salga 11] Andor Salga. "Defenestrating WebGL Shader Concatenation." http://asalga.wordpress.com/2011/06/23/defenestrating-webgl-shader-concatenation/, 2011.

[Sherk 11] Doug Sherk. "Context Loss: The Forgotten Scripts." *WebGL Camp 4*.

[Tavares 11] Gregg Tavares. "WebGL Techniques and Performance." *Google I/O* 2011.

[Vukićević 10] Vladimir Vukićević. "Loading Shaders from HTML Script Tags." http://learningwebgl.com/cookbook/index.php/Loading_shaders_from_HTML_script_tags, 2010.

第 4 章　将移动应用程序移植到 WebGL

作者：Ashraf Samy Hegab

4.1　简　介

WebGL 可以为 Web 浏览器提供直接的图形硬件加速钩子（Hook）组件，从而提供更丰富的应用程序体验。这种体验目前已经可以与本机应用程序相媲美。但是，使用 WebGL 创建这些新类型的富 Web 应用程序（Rich Web App）的开发环境是不同的。

本章介绍将典型的 OpenGL 移动应用程序从 Android 和 iOS 系统移植到 Web 平台的各个方面，包括从设置 WebGL 上下文到绘制纹理按钮或处理相机和控制，以最终调试和维护应用程序的步骤。

本章包括附带的源代码，演示了在 iOS、Android、Qt 和 WebGL 中引入的概念，以帮助开发人员快速掌握使用 WebGL 进行 Web 开发的过程。

4.2　跨平台的 OpenGL

自智能手机问世以来，移动应用程序呈现出爆发式增长趋势。Apple 公司推出的新应用程序模型推动了界面和风格的开发，这意味着更高的图形硬件利用率，也为移动游戏和应用程序中的动画和图形提供动力。为了使此模型成功转移到 Web 平台，Microsoft 在提供硬件加速的 HTML5 Canvas 组件方面处于领先地位。接下来则是标准化的 3D 硬件加速 API，名为 WebGL，它构建为现代 Web 浏览器的标准组件。WebGL 基于 OpenGL ES 规范，并在 Web 浏览器和 JavaScript 的上下文中使用。现在，随着 Facebook 和 Google 等公司在网络应用商店中处于领先地位，Web 上的应用市场预计会不断蓬勃发展（详见本章参考文献 [Gartner 11b]）。

作为应用程序开发人员，可以将应用程序零售出去的平台越多，那么可以获得潜在收入的机会就越多。构建应用程序用户界面的一种方法是，利用每个平台提供的本机绘图组件，如 iOS 中 Objective-C 的 UIKit、Java 的原生 Android 视图和 Android 的 Canvas，以及 Windows Phone 7 的 C♯和 Silverlight。我们的应用程序将受益于平台的自然外观和感觉，大多数特定的 UI 代码将需要按每个平台重写。然而，随着游戏化（Gamification）的兴起（详见本章参考文献 [Gartner 11b]），现在的新移动应用更提倡使用游戏机制来提供更具吸引力的用户体验，从而打破平台标准用户界面的设计趋势。这种做法要求我们使用 OpenGL ES 开发 UI，以便提供比原生组件更多的功能，并且作为一项设计任务，收敛体验以尊重平台的自然界面。

随着 Web 应用程序转移到 WebGL 和移动应用程序转移到 OpenGL ES，它们之间的移植变得更加容易，因为它们共享一个通用的 API。但这还不是故事的结束：随着 WebGL 的实现变得更加强大和优化，我们似乎看到了一个未来，即该标准可能是完全为 Web 平台开发我们的应用程序，并部署一个原生的 shell 应用程序，以启动原生 Web 视图组件，指向 Phone-Gap 中使用的 Web 源（详见本章参考文献 [Adobe 11]）。这样可以进一步降低移植所涉及的成本。

4.3 入　门

本节介绍如何从在 iOS 和 Android NDK 应用程序上绘制内容转移到在 WebGL 应用程序上绘制内容。这需要我们初始化 OpenGL ES 上下文、加载基本着色器、初始化绘制缓冲区，最后绘制内容。

4.3.1 初始化 OpenGL ES 上下文

1. iOS

为了在 iOS 平台上初始化 OpenGL ES，需要分配和设置 EAGLContext。要生成和绑定渲染缓冲区，系统提供了 CAEAGLLayer 以允许我们在原生视图上分配存储（参见代码清单 4.1）。

代码清单 4.1　iOS OpenGL 初始化

```
// 将后台缓冲区的大小设置为目标分辨率的两倍
glView .contentScaleFactor = 2.0f;
eaglLayer.contentsScale = 2.0;
EAGLContext *context = [[EAGLContextalloc] initWithAPI:
    kEAGLRenderingAPIOpenGLES2];
[EAGLContextsetCurrentContext:context];
glGenFramebuffers(1, &frameBuffer);
glBindFramebuffer(GL_FRAMEBUFFER, frameBuffer);
```

```
glGenRenderbuffers(1, &renderBuffer);
glBindRenderbuffer(GL_RENDERBUFFER, renderBuffer);
[context renderbufferStorage:GL_RENDERBUFFERfromDrawable:(CAEAGLLayer*)
    gView.layer];
glFramebufferRenderbuffer(GL_FRAMEBUFFER, GL_COLOR_ATTACHMENT0,
    GL_RENDERBUFFER, renderBuffer);
```

iOS 通常将渲染缓冲区的大小设置为设备的屏幕分辨率。可以通过修改 EAGLLayer 的属性来请求不同的大小。

2. Android NDK

Android 提供了一个 GLSurfaceView 类来创建帧缓冲区（Frame Buffer）并将其合成到视图系统中。此视图要求我们覆盖（Override）由 GLSurfaceView.Renderer 提供的 onDrawFrame、onSurfaceChanged 和 onSurfaceCreated 函数，这些函数都是在单独的线程上调用的。

3. WebGL

WebGL 的方法更简单。可以在 JavaScript 或 HTML 中创建 HTML5 Canvas 对象，然后请求 webgl 上下文：

```
var canvas = document.createElement('canvas');
document.body.appendChild(canvas);
var gl = canvas.getContext('webgl') || canvas.getContext('experimental-webgl');
```

对于 WebGL 来说，画布（Canvas）的大小决定了后台缓冲区（Back Buffer）的分辨率。最佳实践建议我们为画布指定固定的 width 和 height，而不是在调整上下文的大小时修改样式属性的 width 和 height，因为在内部修改画布大小需要重新创建后台缓冲区，这在调整窗口大小时可能会很慢：

```
// 将后台缓冲区大小保持为 720×480，并且拉伸它以适应浏览器窗口大小
canvas.width         = 720;
canvas.height        = 480;
canvas.style.width   = document.body.clientWidth;
canvas.style.height  = document.body.clientHeight;
```

4.3.2 加载着色器

虽然为大多数平台创建上下文是不同的，但加载着色器是与 OpenGL 有关的操作，因此各平台实现均遵循相同的约定。

在 iOS 和 Android 系统中，可以通过调用 glCreateShader 创建着色器，然后使用 glShaderSource 设置源，最后使用 glCompileShader 编译着色器。在使用 WebGL 的情况下，可以通过调用 WebGL 上下文 createShader 的函数创建着色器，然后在最终调用 compileShader 之前将 shaderSource 设置为指向希望加载的着色器的字符串。唯一的区别是，在 iOS 上的 OpenGL 中，将使用 C 风格的函数，而 WebGL 则使用 WebGL 上下文进行函数调用。详见代码清单 4.2 和代码清单 4.3。

代码清单 4.2　在 iOS/Android 系统中编译着色器

```
GLuint *shader = glCreateShader(GL_VERTEX_SHADER);
glShaderSource(*shader, 1, &source, NULL);
glCompileShader(*shader);
```

代码清单 4.3　在 WebGL 中编译着色器

```
var shader = gl.createShader(gl.VERTEX_SHADER);
gl.shaderSource(shader, source);
gl.compileShader(shader);
```

4.3.3　绘制顶点

现在比较一下绘制一个基本正方形的两种方法：一种方法是在 iOS 中使用客户端数组；另一种方法是在 WebGL 中使用顶点缓冲区对象（VBO）。在 iOS 或 Android NDK 中，可以简单地指定一个浮点数组，然后将它传递给 VertexArributePointer 函数（参见代码清单 4.4）。

代码清单 4.4　在 iOS/Android NDK 中绘制顶点

```
const float vertices[] = {
    start.x,    start.y,    start.z,    // 左上
    end.x,      start.y,    start.z,    // 右上
    start.x,    end.y,      end.z,      // 左下
    end.x,      end.y,      end.z,      // 右下
};
glVertexAttribPointer(ATTRIB_VERTEX, 3, GL_FLOAT, 0, 0, vertices);
glDrawArrays(GL_TRIANGLE_STRIP, 0, 4);            // 绘制正方形
```

相反，在 WebGL 中，将首先创建一个顶点缓冲区对象并绑定它，复制数据，然后继续渲染。详见代码清单 4.5。

代码清单 4.5　在 WebGL 中创建 VBO

```
varbufferObject = gl.createBuffer();
bufferObject.itemSize = 3;
var vertices = [
    start.x,   start.y,   start.z,      // 左上
    end.x,     start.y,   start.z,      // 右上
    start.x,   end.y,     end.z,        // 左下
    end.x,     end.y,     end.z,        // 右上
];
bufferObject.numItems = 4;
var data = new Float32Array(vertices);
gl.bindBuffer(gl.ELEMENT_ARRAY_BUFFER, bufferObject);
gl.bufferData(gl.ELEMENT_ARRAY_BUFFER, data, gl.STATIC_DRAW);
```

一旦拥有了 VBO，就可以通过调用 vertexAttribPointer 和 drawArrays 进行渲染，这和代码清单 4.4 中的示例是一样的：

```
gl.vertexAttribPointer(shaderProgram.vertexPositionAttribute,
bufferObject.itemSize, gl.FLOAT, false, 0, 0);
gl.drawArrays(gl.TRIANGLE_STRIP, 0, bufferObject.numItems);
```

Float32Array 对象是一个 32 位浮点数组。JavaScript 中的常规数组是动态类型的，这从编码的角度来看固然是提供了灵活性，但却是以牺牲性能为代价的。为了帮助 JavaScript 虚拟机避免不必要的开销，有人曾经尝试对数组分类，这样的数组无法调整大小，并且其值将被转换为数组的存储类型（详见本章参考文献 [Alexander 11]）。

4.4　加载纹理

大多数应用程序（App）需要一种方法绘制纹理矩形，以此来表示按钮。本节将比较为这些小部件（Widget）加载纹理的过程。

一般来说，移动 App 会将其纹理数据与应用程序打包在一起。为了加载纹理，必须加载原始二进制数据并根据编码格式正确解包数据。

4.4.1　分配纹理

iOS 和 Android 提供原生纹理加载器来加载和解压缩图像数据。我们可以使用其他库来加载任何不受支持的特定格式，但这需要更多编码。代码清单 4.6 显示了在 iOS 上加载

矩形的多个 PNG 的最少必要步骤，代码清单 4.7 则显示了同样的一个 Android 实现。这个操作是同步的，如果想避免阻塞，则必须自己管理创建一个新线程。

代码清单 4.6　在 iOS 中使用 CoreGraphics 加载纹理

```
CGDataProviderRefcgDataProviderRef = CGDataProviderCreateWithFilename
    (imageData);
CGImageRef image = CGImageCreateWithPNGDataProvider(cgDataProviderRef,
    NULL, false, kCGRenderingIntentDefault);
CGDataProviderRelease(cgDataProviderRef);
CFDataRef data = CGDataProviderCopyData(CGImageGetDataProvider(image));
GLubyte * pixels = (GLubyte *) CFDataGetBytePtr(data);
floatimageWidth = CGImageGetWidth(image);
floatimageHeight = CGImageGetHeight(image);
glGenTextures(1, &glName);
glbindTexture(glName);
glTexImage2D(GL_TEXTURE_2D, 0, GL_RGBA, imageWidth, imageHeight, 0, format,
    GL_UNSIGNED_BYTE, pixels);
```

代码清单 4.7　在 Android 中使用 Bitmap 加载纹理

```
Bitmap bitmap;
InputStream is = context.getResources().openRawResource(R.drawable.
    imageName);
try {
    bitmap = BitmapFactory.decodeStream(is);
    is.close();
} catch(Exception e){}
int[] glName = new int[];
gl.glGenTextures(1, glName);
gl.glBindTexture(GL10.GL_TEXTURE_2D, glName[0]);
GLUtils.texImage2D(GL10.GL_TEXTURE_2D, 0, bitmap, 0);
bitmap.recycle();              // 释放图像数据
```

在 WebGL 中，加载纹理几乎与在 HTML 中指定 img 标签一样简单（参见代码清单 4.8）。OpenGL ES 和 WebGL 的主要区别在于，在 WebGL 中，不是使用 glGenTextures 创建 ID，而是调用 gl.createTexture()，它将返回一个 WebGLTexture 对象，然后为该对象提供 DOM 图像对象，该对象处理支持所有原生浏览器图像格式的加载和解包。当调用 image.onload 函数时，表示图像已被浏览器下载并加载，可以挂钩调用 gl.TexImage2D 将图像数据绑定到 CanvasTexture。

代码清单 4.8　在 WebGL 中使用 DOM 图像对象加载纹理

```
var texture = gl.createTexture();
varimage = new Image();
image.onload = function(){
    gl.bindTexture(gl.TEXTURE_2D, texture);
    gl.texImage2D(gl.TEXTURE_2D, 0, gl.RGBA, gl.RGBA, gl.UNSIGNED_BYTE,
        image);
}
texture.src = src;              // 要下载的图像的 URL
```

4.4.2　处理异步加载

在 OpenGL ES 和 WebGL 之间加载纹理的最大区别在于移植异步纹理加载的逻辑。有时，应用程序的加载可能取决于正在加载的纹理的类型和大小。例如，如果想要在绘制按钮时加载纹理，则可能希望将部件（Widget）的大小设置为与纹理相同。因为图像是在 JavaScript 中异步加载的，所以在加载之前并不知道图像的宽度。为了解决这个问题，可以使用回调（Callback）。在代码清单 4.9 中，定义了一个传递给 loadTexture 函数的回调函数。

代码清单 4.9　在 JavaScipt 中使用回调函数

```
var texture = loadTexture(src, function(image){
    setSize(image.width, image.height);
});
```

在 loadTexture 函数中，一旦加载了纹理，就会调用该回调函数，并且该小部件的大小已经正确设置：

```
function loadTexture(src, callback){
    var texture = gl.createTexture();
    var image = new Image();
    image.onload = function(){
        callback(image);
        gl.bindTexture(gl.TEXTURE_2D, texture);
        gl.texImage2D(gl.TEXTURE_2D, 0, gl.RGBA, gl.RGBA, gl.UNSIGNED_
            BYTE, tihs.image);
    }
    image.src = src;
    return texture;
}
```

4.5 相机和矩阵

为了设置相机，需要指定视口（Viewport）的大小。执行此操作在各个平台上都是相同的，唯一的区别是访问后台缓冲区的大小。在 OpenGL ES 中，从缓冲区被绑定时即可知道后台缓冲区的大小：

```
glGetRenderbufferParameteriv(GL_RENDERBUFFER, GL_RENDERBUFFER_WIDTH, &
    backBufferWidth);
glGetRenderbufferParameteriv(GL_RENDERBUFFER, GL_RENDERBUFFER_HEIGHT, &
    backBufferHeight);
glViewport(0, 0,backBufferWidth, backBufferHeight);
```

在 WebGL 中，canvas 对象的 width 和 height 属性可用于缩放我们将渲染的视图的大小：

```
gl.viewport(0, 0, canvas.width, canvas.height);
```

4.5.1 对比 float 和 Float32Array

在 4.3.3 节中，在 JavaScript 中引入了 Float32Array 对象，它主要用于高效的矩阵实现。在示例代码中，使用了一个名为 glMatrix 的开源库，[①] 它包装了 Float32Array 对象并提供矩阵和顶点辅助函数，以避免必须移植 C++代码。

4.5.2 将矩阵传递给着色器

这里要讨论的技术主题的最后一个内容是传递一个矩阵，在所有平台上它所使用的都是 UniformMatrix4fv。

使用 OpenGL ES 时，其方法如下：

```
GLUniformMatrix4fv(uniform, 1, GL_FALSE, pMatrix);
```

使用 WebGL 时，其方法如下：

```
gl.uniformMatrix4fv(uniform, false, pMatrix);
```

[①] https://github.com/toji/gl-matrix

4.6 控 制

现在进入了一个有趣的部分：让我们绘制的东西对触摸（Touch）和鼠标输入做出反应。为此，我们需要处理触摸事件回调，获取触摸位置，将触摸投影到视图中，与路径上的对象发生碰撞，并相应地处理碰撞（Collision）。

4.6.1 触摸事件

在 iOS 系统中，提供 EAGLLayer 的 UIView 对象还可以提供 touchesBegan、touchesMoved、touchesEnded 和 touchesCancelled 事件，这些事件提供了触摸的位置和状态（参见代码清单 4.10）。

代码清单 4.10　在 iOS 系统中演示如何获得触摸的位置

```
-(void)touchesBegan:(NSSet *) touches withEvent:(UIEvent *) event {
    NSArray *touchesArray = [touches allObjects];
    for(uint i=0; i<[touchesArray count]; ++i){
        UITouch *touch = [touchesArrayobjectAtIndex:i];
        CGPoint position = [touch locationInView:view];
    }
}
```

在 Android 系统中，我们将覆盖（Override）活动的 onTouchEvent 函数，该函数是所有触摸事件的回调（参见代码清单 4.11）。

代码清单 4.11　在 Android 系统中演示如何获得触摸的位置和动作

```
public Boolean onTouchEvent(final MotionEvent event) {
    int action = event.getAction() &MotionEvent.ACTION_MASK;
    int index = (event.getAction() &MotionEvent.ACTION_POINTER_INDEX_
        MASK) >>MotionEvent.ACTION_POINTER_INDEX_SHIFT;
    intpointerId = event.getPointerId(index);
    float x = event.getX();
    float y = event.getY();
    return true;
}
```

在 WebGL 中，可以添加事件监听器来响应 touchstart、touchmove、touchend 和 touchcancel 事件，以及覆盖 onmouseup、onmousedown 和 onmousemove 事件（参见代码清单 4.12）。

代码清单 4.12　在 JavaScript 中演示如何获得触摸的位置

```
canvas.addEventListener('touchstart', function(event){
                var touch = event.touches[0];
                if(touch)
                {
                        this.x = touch.clientX;
                        this.y = touch.clientY;
                }
        }, false);
```

4.6.2　在相机和碰撞中使用触摸事件

在示例代码的 CCSceneAppUI 文件中，handleTilesTouch 函数可以通过相机的 project3D 函数将控件的位置投影到 3D 中，然后由碰撞系统（Collision System）查询生成的 projectionNear 和 projectionFar 矢量，以便返回一个碰撞的对象（参见代码清单 4.13）。

代码清单 4.13　在 JavaScript 中演示如何检测触摸碰撞

```
CCSceneAppUI.prototype.handleTilesTouch = function(touch, touchAction){
    var camera = this.camera;
    if(camera.project3D(touch.x, touch.y)){
        var objects = this.objects;
        var length = objects.length;

        // 扫描以了解是否被碰撞阻塞
        varhitPosition = vec3.create();
        varhitObject = this.basicLineCollisionCheck(objects, length, camera.
            projectionNear, camera.projectionFar, hitPosition, true);

        for(var i=0; i<length; ++i){
            var tile = objects[i];
            if(tile.handleProjectedTouch(hitObject, hitPosition, touch,
                touchAction) == 2)
            {
                return true;
            }
        }
    }
    return false;
}
```

4.7 其他考虑因素

现在我们可以渲染按钮并控制它们，接下来将了解如何在移动应用程序和 WebGL 应用程序之间移植它们。但是，在移植时还需要考虑其他一些事项。

4.7.1 动画

为了使视图产生动画，许多移动应用程序会创建另一个线程来运行 3D 渲染循环。Android 通过 GLSurface-View 提供了封装版本，在 iOS 上，我们可以挂钩应用程序运行循环，但是，最好为 3D 渲染循环创建另一个线程，以避免 UI 线程停顿。

对于 Web 来说，有一个称为 requestAnimationFrame 的很棒的函数，它请求浏览器在下一个最佳可用时间调用我们的更新函数。这意味着如果用户正在查看不同的标签页（Tab）而不是我们的应用程序时，浏览器将不会调用我们的更新函数。如果连续调用此函数，则可以为我们的动画创建一个上传循环：

```
function update(){
    window.requestAnimationFrame(Update);
    gEngine.updateEngine();
}
```

4.7.2 继承

JavaScript 使用原型继承而不是经典继承。移植基于经典继承的应用程序时，此模式可能违反直觉。

由于 JavaScript 是一种动态语言，因此有多种方法可以模拟经典继承。在示例中呈现的方式是复制父对象的函数原型并用前缀重命名它们，这允许我们在覆盖函数时调用父对象的函数实现（参见代码清单 4.14）。

代码清单 4.14　在 JavaScript 中通过复制父原型来演示继承

```
functioncopyPrototype(descendant, parent, parentName){
    var aMatch = parent.toString().match(/\s*function(.*)\(/);
    if(aMatch != null)
    {
        descendant.prototype[aMatch[1]] = parent;
    }
```

```
            // 创建父对象中所有函数的副本
       for(var parentMethod in parent.prototype){
             if(parentName){
                 // 使用父对象的名称作为前缀,使得子对象可以覆盖父对象的函数
                 var combined = parentName + '_' + parentMethod;
                 descendant.prototype[combined] = parent.prototype
                      [parentMethod];
             }
             descendant.prototype[parentMethod] = parent.prototype
                  [parentMethod];
       }
};
```

现在,在 JavaScript 中声明一个"类"时,即可调用 copyPrototype 函数来指定它的父类:

```
function Parent(){}
Parent.prototype.doSomething = function(){
      alert('Hello Parent');
}
function Child(){}
copyPrototype(Child, Parent, 'Parent');
```

当覆盖父级的 doSomething 函数时,可以选择调用父级的实现:

```
Child.prototype.doSomething = function(){
      this.Parent_doSomething();
      alert('Hello Child');
}
```

4.8 维　　护

调试 WebGL 应用程序是一种有趣的体验。在原生应用程序的世界中,调试器存在于集成开发环境(Integrated Development Environment,IDE)中,而应用程序则在设备或模拟器中运行;在 Web 应用程序的世界中,调试器存在于 Web 浏览器中,而应用程序也在 Web 浏览器中运行。

4.8.1 调试

Web 浏览器提供了许多用于在桌面操作系统上调试 JavaScript 应用程序的工具。在原

生应用程序世界中，应用程序代码几乎是静态的。而在 JavaScript 中，可以在应用程序运行时不断地修改和更改 JavaScript 代码。对于 Google Chrome 浏览器来说，开发人员可以使用内置的 JavaScript 调试器；而对于 Firefox 来说，则可以使用著名的 Firebug[①] 扩展来调试功能。

在调试 WebGL 应用程序时，最明智的做法是在更新和渲染函数之后调用 requestAnimationFrame，因为如果在之前调用，那么即使程序已经遇到断点，它也将触发另一个要渲染的帧。

这也有一些缺点。首先，在本文撰写期间，目前这一代的移动 Web 浏览器并不支持调试。如果计划将 WebGL 应用程序部署到移动设备，则必须准备大量的手动调试日志记录。其次，调试器存在于 Web 浏览器中，而应用程序同样是在 Web 浏览器中运行的，这意味着，如果出现严重的崩溃，那么调试作业也会和应用程序一起崩溃。

4.8.2 性能分析

调试器支持性能分析（Profiling）。在控制台视图中，有一个配置文件（Profile）选项卡，它允许我们分析应用程序的某些部分。相比之下，原生移动应用则并不那么直观。iOS 需要重新编译以在另一个应用程序中进行性能分析，Android 支持分析 Java 代码，NDK 不支持，但这两种解决方案都非常特别，而分析 Web 应用程序则是 Web 浏览器调试软件包的一部分。有关性能分析的更多信息，请参阅第 36 章。

4.8.3 性能和采用

在撰写本文时，WebGL 越来越多地受到移动设备的支持。Anroid 的 Firefox 版本支持大部分 WebGL 规范；但是，与台式机相比，它目前的性能仍稍嫌不足。随着硬件的大幅发展，我们相信这将得到显著的改进，但目前，为了帮助缓解移动设备上的这些性能问题，建议降低画布的分辨率并确保批量 draw 调用的流畅执行。

Apple 在 iOS 系统的 iAd 框架中正式支持 WebGL。目前，开发人员还可以使用私有 API 函数 setWebGLEnabled 在 UIWebViewby 上启用 WebGL（详见本章参考文献 Nathan de Vries [Vries 11]）；但是，这应仅用于实验，因为 Apple 的 App Store（应用商店）禁止使用私有 API。一旦 WebGL 的安全性和性能问题获得通过，预计它将在标准移动 Safari 浏览器中得到支持。

[①] getfirebug.com

Microsoft 还没有在桌面浏览器中支持 WebGL，但这似乎只是时间问题，因为 WebGL 应用程序很快就会成为主流。

鉴于 WebGL 当前渐趋成熟（但尚未真正成熟）的状态，如果移植应用程序，最好继续维护原生和 Web 端口，但如果应用程序尚未这样做，则可以转向数据驱动的场景管理系统（Scene Management System）。

4.9 小 结

在撰写本文时，仍然有一些功能（如陀螺仪、指南针和相机集成），Web 是不支持的。并且仍然存在一些不断变化的功能，如本地存储、WebSQL 和 WebSockets。但是有些功能对于 Web 应用程序来说是很自然的，而原生应用程序则试图通过更复杂的实现来模拟，如 JSON/XML 解析、访问和缓存 Web 内容等。

希望本章能够证明，一旦了解生态系统之间的差异，则将应用程序从原生移动语言移植到 Web 并不困难。Google Web Toolkit 已经提供了 Java 到 JavaScript 的交叉编译器，虽然没有相当主流的 C++ 到 JavaScript 交叉编译器，但是将 C++ 的基本部分移植到 JavaScript 是非常可能的，特别是在如果我们认为大多数渲染实现都避免了 C++ 的复杂性和数据驱动的情况下更是如此。

伴随着移植问题出现的下一个挑战是性能方面的，即效率。当然，JavaScript 变得越来越快，但是，诸如垃圾收集（Garbage Collection）之类的语言概念将限制应用程序可以使用的内存消耗量，并且可能使得其垃圾收集周期变得过于繁重。但这并不是一个死胡同，因为 Android 和 Windows Phone 7 等移动平台已经证明可以在垃圾收集环境中利用硬件加速。

Web 程序承诺"一次编写，随处运行"，这对于开发人员来说具有足够强大的说服力。随着硬件变得更加标准化，可以想象，在不远的未来，WebGL 和 WebCL 将使我们能够绕过当前流行的、封闭的生态系统，并且也不再需要过于强调性能优化（详见本章参考文献 [Khronos 11]）。我们已经有了 Google 的 Native Client 的承诺，它允许原生代码直接在 Web 浏览器中使用 OpenGL（详见本章参考文献 [Google 11]）。随着云计算的出现，这些应用程序已经可以在云中运行，并为客户端直接传输正在发生的事情的视频，正如基于云的游戏服务 OnLive 所做的那样（详见本章参考文献 [OnLive 11]）。

无论最终如何，这是一个非常令人兴奋和新兴的世界。新标准正在出现，将挑战过去十年应用程序开发的状况。

有关 WebGL 的更多教程，推荐 Giles Thomas 的 Learning WebGL 网站（详见本章参

考文献 [Thomas 11]）。

参 考 文 献

[Adobe 11] Adobe. "PhoneGap." Available at www.phonegap.com, October 31, 2011.

[Alexander 11] Ryan Alexander. "Using Float32Array Slower than var." github.com/empaempa/GLOW/issues/3, July 10, 2011.

[Gartner 11a] Gartner. "Gartner Says Companies Will Generate 50 Percent of Web Sales Via Their Social Presence and Mobile Applications by 2015." gartner.com/it/page.jsp?id=1826814, October 19, 2011.

[Gartner 11b] Gartner. "Gartner Predicts Over 70 Percent of Global 2000 Organisations Will Have at Least One Gamified Application by 2014." gartner.com/it/page.jsp?id=1844115, November 9, 2011.

[Google 11] Google. "nativeclient." code.google.com/p/nativeclient/, October 31, 2011.

[Khronos 11] Khronos. "WebCL." www.khronos.org/webcl/, October 31, 2011.

[OnLive 11] OnLive. "OnLive." www.onlive.com/, October 31, 2011.

[Thomas 11] Giles Thomas. "Learning WebGL." www.learningwebgl.com, October 31, 2011.

[Vries 11] Nathan de Vries. "Amazing Response to My iOS WebGL Hack." atnan.com/blog/2011/11/07/amazing-response-to-my-ios-webgl-hack/, November 7, 2011.

第 5 章 GLSL 着色器接口

作者：Christophe Riccio

5.1 简　　介

着色器系统是图形引擎的中央模块，可以为应用程序提供灵活性、性能和可靠性。本章将探讨 GLSL 着色器接口的各个方面，以提高其质量。

这些接口是在着色器阶段（Stage）中公开缓冲区和纹理的语言元素。它们允许在着色器阶段之间以及在应用程序和着色器阶段之间的通信。这包括输入接口、输出接口、接口块、原子计数器、采样器和图像单元（详见本章参考文献 [Kessenich 12]）。

在 OpenGL Insights 网站（www.openglinsights.com）上，提供了代码示例来说明每个部分。本章的直接输出是一系列函数，可直接应用于任何 OpenGL 程序，用于检测静默错误（Silent Error），即 OpenGL 无法通过设计捕获，但最终会导致意外渲染的错误。

本章有以下 3 个主要目标：
- 性能。描述着色器接口对内存消耗、带宽和 CPU 开销减少的一些影响。
- 灵活性。探索确保重用最大数量对象的情况。
- 可靠性。调试模式中的选项，用于检测静默错误。

5.2 变量和块

5.2.1 用户定义的变量和块

GLSL 着色器接口是允许通信的 OpenGL API 和 GLSL 的元素。在应用程序方面，可以创建在着色器管线中使用的各种缓冲区和纹理。在 GLSL 中，需要通过变量和块（Block）来公开这些资源。OpenGL 程序开发人员有责任确保所需的资源受到约束，并且这些资源实际上与公开它们的变量和块兼容。它被称为着色器接口匹配（Shader Interface Matching），有关更多细节，详见本章参考文献 [Leech 12]。

根据 GLSL 变量所声明的接口，变量可以是标量（Scalar）、矢量（Vector）、矩阵

（Matrix）、数组（Array）、结构（Structure）或不透明（Opaque）类型，如表 5.1 所示。

表 5.1 语言和接口可以使用的元素

	顶点输入	变化	片段输出	统一
标量	是	是	是	是
矢量	是	是	是	是
矩阵	是	是	否	是
数组	是	是	是	是
结构	否	是	否	是
不透明类型	否	否	否	是
块	否	是	否	是

所谓的"不透明"类型是指抽象和公开 GPU 固定函数的元素的类型。GLSL 4.20 有 3 种不同的不透明类型：采样器、图像和原子计数器。

在 OpenGL 3.1 和 GLSL 1.40 中引入了块（见代码清单 5.1），以公开着色器中的统一格式缓冲区（Uniform Buffer）。使用 OpenGL 3.2 和引入的几何着色器阶段，块的使用已经扩展到 GLSL 1.50 中变化的变量，以应对命名空间的问题，即块名称（Block-Name）和实例名称（Instance-Name）解决方案。

代码清单 5.1 块语法

```
[layout-qualifier] interface-qualifier block-name
{
  member-list
} [instance-name];
```

块是变量的容器，称为块成员（Block Member），它们可以是任何不透明的类型或块。块首先看起来像一个结构，但它至少有两个不同之处：① 无法在着色器中的两个不同位置声明和定义块；② 块将其名称分解为两部分——块名称和实例名称。块名称用于标识着色器接口的块，而实例名称则用于标识着色器阶段中的块。代码清单 5.2 和代码清单 5.3 即体现出了在用于阶段之间的通信时变量和块之间的一些差异。

代码清单 5.2 使用变量的简单着色管线

```
[Vertex Shader Stage]
in vec4 AttribColor;
out vec4 VertColor;

[Geometry Shader Stage]
in vec4 VertColor;
```

第 5 章 GLSL 着色器接口

```
out vec4 GeomColor;

[Fragment Shader Stage]
in vec4 GeomColor;
out vec4 FragColor;
```

如果程序想要在此管线中添加或删除几何着色器阶段，该怎么办呢？这些变量名称是不匹配的。可以使用块来解决，如代码清单 5.3 所示。

代码清单 5.3　使用块的简单着色管线

```
[Vertex Shader Stage]
in vec4 Color;

out block{
  vec4 Color;
} Out;

[Geometry Shader Stage]
in block{
  vec4 Color;
} In;

out block{
  vec4 Color;
} Out;

[Fragment Shader Stage]
in block{
  vec4 Color;
} In;

out vec4 Color;
```

块解决了代码清单 5.2 中提出的问题。

> **提示：**
> - 可以使用不同的块而不是变量来简化命名约定。
> - 可以使用变化的块而不是变化的变量来为渲染管道带来更多的灵活性。

5.2.2　内置变量和块

GLSL 针对由规范定义的各种限制公开了大量常量。除了用户定义的变量和块之外，

GLSL 还提供内置变量和块，以将渲染管线的可编程部分与管线的固定函数部分连接起来。由于我们支持 OpenGL 4.2 核心配置文件，因此只有少数内置变量仍然有用；gl_PerVertex 是唯一需要关注的，因为在顶点、曲面细分控制、曲面细分评估和几何着色器阶段中都可能需要它（参见代码清单 5.4）。

代码清单 5.4　顶点着色器内置输出块：gl_PointSize 和 gl_ClipDistance 是可选的

```
out gl_PerVertex {
  vec4 gl_Position;
  float gl_PointSize;
  float gl_ClipDistance[];
};
```

内置变量假定已经被声明并且不必重新声明，除非应用程序在单独的程序中使用它们，在这种情况下需要内置块（详见本章参考文献 [Kilgard 12]）。

5.3　位　　置

5.3.1　定义

位置（Location）是内存的抽象表示，反映了 GLSL 的矢量化特性和关键的 OpenGL 概念。但它不是全局定义的，而是稀疏地应用于 OpenGL 或 GLSL 规范。这个概念是必不可少的，因为它定义了不同元素可能匹配或不匹配的方式，并且还定义了可以分配或使用的大小。

例如，任何顶点数组对象都不能与顶点着色器阶段一起使用。顶点数组对象必须与顶点着色器输入接口（Vertex Shader Input Interface）匹配，即所有顶点着色器阶段输入变量的列表。为使此匹配成功，至少所有活动输入变量（参见 5.3.2 节）都需要由数组缓冲区支持，以获得预期的相关结果。此外，最大位置数定义了顶点着色器输入接口可以声明的最大变量数。

有以下 3 种类型的位置：

- 属性位置（Attribute Location）。数组缓冲区和顶点着色器输入之间的通信。
- 变化的位置（Varing Location）。在着色器阶段使用的输出和输入变量的通信。
- 片段输出变量位置（Fragment Output Variable Location）。片段着色器输出和 glDrawBuffers 间接表的通信。

5.3.2 计算位置

由于 3 个主要原因，OpenGL 程序开发人员必须知道如何计算位置。首先，变量将采用位置的数量定义着色器接口的大小；其次，匹配可能依赖于显式位置；第三，没有 GLSL 运算符来计算我们的位置的数量。实际上，了解这一方面使我们能够编写更高级的设计并防止 GLSL 编译器、链接器和静默错误，这些错误可能需要很长的时间才能修复。

属性位置和片段着色器输出位置非常相似，因为它们的行为类似于索引。一个属性位置对应于一个顶点数组属性；同样，一个片段着色器输出位置对应于 glDrawBuffers 间接表中带有帧缓冲区附加数据（Framebuffer Attachment）的一个元素。顶点数组属性和帧缓冲区附加数据最多可以包含 4 个分量，这些分量显示了位置的矢量化特性。

单个顶点数组属性和单个帧缓冲区附加数据都不能存储矩阵或矢量数组。但是，顶点着色器输入和片段着色器输出可以是数组，顶点着色器输入甚至可以是矩阵。为了实现这一点，数组的每个元素都分配了自己的位置。类似地，矩阵被认为是列矢量的数组，这引出了一个有趣的事实：mat2x4 需要两个位置，但 mat4x2 虽然具有相同数量的分量，却需要 4 个位置。用于将位置分配给矩阵和数组的该模型也适用于变化和统一的位置。

双精度浮点类型（如 dvec3、dmat4 等）则稍微复杂一些。对于属性位置来说，它们是索引，就好像是单精度的一样。dvec4 和 vec4 一样，只占据一个位置。但是，片段着色器输出不允许使用双精度类型，变化的变量可能会使所需的位置数量增加一倍。由于 GPU 设计约束，我们可以认为变化的位置是 vec4 的内存的抽象表示，而不是索引。GPU 依赖于许多用作绑定点（Binding Point）的寄存器来为管线提供缓冲区和纹理。但是，为了在阶段之间进行通信，GPU 依赖于最终受到大小限制的高速缓存。dvec4 占用 vec4 的两倍内存；因此，它需要两倍的位置。双倍内存或 dvec2 可容纳在 vec4 的内存空间中，因此只需要一个位置。该规范明确指出，对于 dvec3 和 dvec4 来说，变化位置的数量既可以是一个，也可以是两个，具体取决于实现。遗憾的是，没有方便的方法来确定实际大小，因此应用程序需要假设它需要两个位置来最大化可移植性（Portability），这将无法充分利用一些不受此限制约束的硬件。

如果着色器阶段正在访问多个输入图元（Multiple Input Primitive）或者如果它正在生成多个输出图元（Multiple Output Primitive），则可以排列一些变化的变量。曲面细分控制、曲面细分评估和几何着色器阶段就是这种情况。与数组相反，这里将计算单个图元的位置的数量，即排列的变量的单个元素，因为它只是公开管线的固定函数部分的功能。

对于要使用的位置和分量，变量必须是活动（Active）的，也就是说，变量必须对着色器执行的结果有贡献；否则，实现通常会在编译或链接时消除这些变量。对于分离程序 GL_ARB_separate_shader_objects 的情况，GLSL 链接器认为所有输入和输出变量以及块都是活动的。

表 5.2 将刚刚讨论的规则应用于示例，并总结了此讨论。

表 5.2 变量类型的示例及其位置的数量

变 量	顶点属性位置	变化的位置	片段输出位置
vec4 v;	1	1	1
uvec3 v;	1	1	1
float s;	1	1	1
dvec2 v;	1	1	N/A
dvec4 v;	1	1 或 2	N/A
vec2 a[2];	2	2	2
uint a[3];	3	3	3
vec4 a[];	N/A	1	N/A
mat4x3 m;	4	4	4
dmat3x2 m;	3	3	N/A
dmat2x3 m;	2	2 或 4	N/A
struct S{ 　　vec3 A; 　　float B; 　　ivec2 C; } s;	N/A	3	N/A
struct S{ 　　mat3x4 A; 　　double B[2]; 　　ivec2 C; } a[3];	N/A	18	N/A

> 💡 **提示：**
> - 应用程序的可移植性假设是 dvec3 和 dvec4 各自占用两个位置，因为没有方便的方式来了解特定实现的实际需求。
> - 考虑在将位置用作索引时使用分量（例如，使用 ivec4 而不是 int [4]）。

5.3.3 位置限制

位置是内存的抽象，由于内存有限，位置的数量也是有限的。OpenGL 定义了各种最小最大值，并提供了对实际限制的查询。

由于属性位置应该被视为索引，因此顶点数组属性和顶点着色器输入变量共享 GL_MAX_VERTEX_ATTRIBS 给出的相同限制。OpenGL 3.x 和 4.x 规范都要求至少 16 个属性位置。但是，Direct3D 11 需要 32 个属性位置，因此理论上，GeForce GTX 400 系列、Radeon HD 5000 系列和更新的 GPU 应支持至少 32 个属性位置。实际上，GeForce GTX 470 支持 16 个属性位置，Radeon HD 5850 支持 29 个属性位置。

类似地，片段着色器输出变量的数量受 GL_MAX_DRAW_BUFFERS 给出的最大绘图缓冲区数量的约束。该值必须至少为 8，这与 GL_MAX_COLOR_ATTACHMENTS 给出的帧缓冲区颜色附加数据的最大数量相匹配。这就是 GeForce GTX 470 和 Radeon HD 5850 显卡目前所公开的。

变化位置的限制是相对于着色器接口声明的分量的数量。单个位置用于标识 float、int、uint、[i | u]vec2、[i | u]vec3 和[i | u] vec4。但是，分量用于标识单个 float、int 或 uint。因此，vec4 需要 4 个分量。这个定义意味着变化位置的数量不是一个常数，这取决于每个位置使用的分量数量。因为双精度浮点变量使用的是单浮点变量的内部存储的两倍，所以它们也消耗了两倍的分量数量。

OpenGL 曾经使用值 GL_MAX_VARYING_COMPONENTS 和 GL_MAX_VARYING_VECTORS 来查询分量限制的数量，但是这些都被弃用了，所以这里不再介绍。OpenGL 为每个着色器阶段的每个输出和输入接口提供了专用值（见表 5.3）。

表 5.3　分量需求的数量和实际支持的数量

值	OpenGL 4.2 需求	Radeon HD 5850	GeForce GTX 470
MAX_VERTEX_OUTPUT_COMPONENTS	64	128	128
MAX_TESS_CONTROL_INPUT_COMPONENTS	128	128	128
MAX_TESS_CONTROL_OUTPUT_COMPONENTS	128	128	128
MAX_TESS_EVALUATION_INPUT_COMPONENTS	128	128	128
MAX_TESS_EVALUATION_OUTPUT_COMPONENTS	128	128	128
MAX_GEOMETRY_INPUT_COMPONENTS	64	128	128
MAX_GEOMETRY_OUTPUT_COMPONENTS	128	128	128
MAX_FRAGMENT_INPUT_COMPONENTS	128	128	128

仔细观察表 5.3，可以注意到 OpenGL 的需求并不一定是最有意义的，但是实际可用的实现简化了这些数字。

如果着色器接口超出了这些限制，则 GLSL 编译器将返回错误。根据这些结果，应用程序可以假定实现支持任何着色器阶段的至少 32 个变化的位置。但是，OpenGL 4.2 规范没有提供任何功能来查询消耗的变化位置的数量或变化的变量查询 API。这可以防止着色器变化接口的任何类型的应用程序端验证，并暗示如果应用程序需要此类功能，则此管理需要由应用程序预先处理,这需要生成着色器接口的代码。

5.4 匹配接口

要成功渲染,最低要求是使接口匹配。每个接口必须为后续接口提供必要的信息和适当的布局。如果无法满足此类条件,则渲染可能会导致 OpenGL 错误,或者更糟糕的情况是导致静默错误。

5.4.1 部分和完全匹配

OpenGL 和 GLSL 支持两种类型的接口匹配:完全匹配和部分匹配。完全匹配(Full Matching)是这样一种匹配,其中,接口每一侧的每个元素在接口的另一侧都有一个对应的元素(见图 5.1)。部分匹配(Partial Matching)则是另一种匹配,其中,后续接口中的所有元素在先前接口上都具有匹配元素(见图 5.2)。在某些情况下,内置块或变量可能没有相应的块或变量,因为它们仅用于与固定管线的交互。例如,仅具有顶点和片段阶段的管线需要在顶点着色器阶段中公开 gl_Position,但不允许在片段着色器阶段中声明它。

图 5.1 完全匹配

原　　文	译　　文	原　　文	译　　文
Vertex Shader Stage	顶点着色器阶段	Fragment Shader Stage	片段着色器阶段

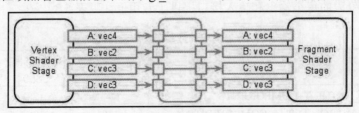

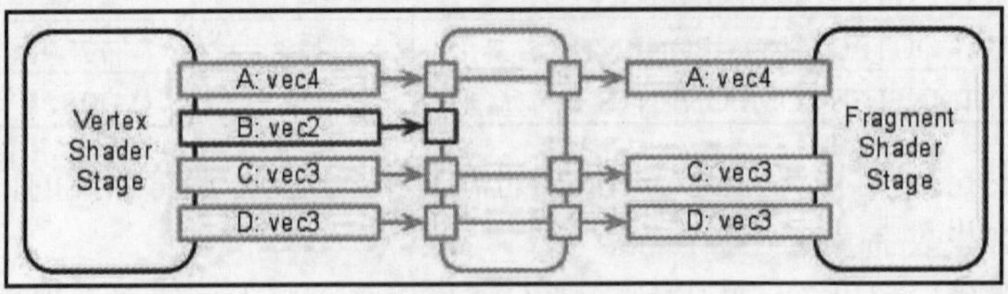

图 5.2 部分匹配

原　　文	译　　文	原　　文	译　　文
Vertex Shader Stage	顶点着色器阶段	Fragment Shader Stage	片段着色器阶段

该定义适用于许多层面：
- 与顶点着色器输入接口匹配的顶点数组对象。
- 任何着色器阶段及其后续着色器阶段。
- 片段着色器输出接口和绘图缓冲区表。
- 绘图缓冲区间接表与帧缓冲区颜色附加数据。
- 统一的缓冲区范围及其相关的统一格式块。

在基于部分或完全匹配的软件设计方法之间进行选择实际上是在灵活性和性能之间做出选择：生成我们需要的更多输入可能具有绝对的性能成本，但也可能支持后续元素的更多种组合。

关于性能问题，通过在变量和活动变量之间做出区分，该规范允许消除未使用的变量。使用链接程序，此优化甚至可以扩展到以前的着色器阶段。

图 5.3 所描述的情况更像是顶点数组对象和顶点着色器输入接口之间的部分匹配。对于实现来说，不要发出未在顶点着色器阶段中公开的顶点数组属性，这比较棘手。即使它可能会自动禁用未使用的顶点数组，如果顶点属性是交错的，则实现可能会提取未使用的数据，消耗带宽并因最小内存突发大小（Minimum Memory Burst Size）而污染缓存（详见本章参考文献 [Kime and Kaminski 08]）。

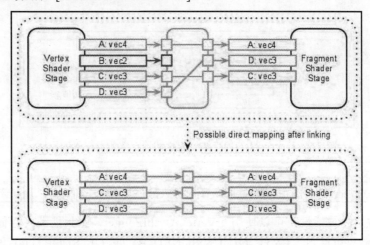

图 5.3 具有部分匹配的链接程序。在上面的图中，使用间接表解决问题。在下面的图中，之前的着色器阶段未使用的变量将被消除，并通过直接映射解决问题

原　　文	译　　文
Vertex Shader Stage	顶点着色器阶段
Fragment Shader Stage	片段着色器阶段
Possible direct mapping after linking	在链接之后可能直接映射

> 💡 **提示：**
> 请谨慎使用部分匹配，特别是在性能至关重要时使用顶点数组对象的情况下。

5.4.2 类型匹配

从第一个 GLSL 规范版本开始，该语言为类型匹配提供了一些灵活性。对于要匹配的两种类型来说，这些类型不一定需要相同。OpenGL 需要在着色器阶段之间进行严格的类型匹配，而不是针对连接到程序管线的数据。

由于属性位置的性质，顶点数组属性和顶点着色器输入变量之间的匹配非常灵活：它们是基于 vec4 的。因此，即使接口的任何一侧缺少某些矢量分量，它们也会匹配，如图 5.4 所示。如果顶点着色器输入公开了顶点数组属性提供的更多分量，则额外分量将使用默认矢量 vec4(0, 0, 0, 1) 填充。类似地，OpenGL 在顶点数组属性的数据类型方面非常灵活，因为传统上所有类型在使用 glVertexAttribPointer 时都将由硬件强制转换为浮点值。例如，如果数组缓冲区存储的是 RGB8 颜色，则该颜色将通过相应的顶点着色器输入变量作为 vec3 公开：缓冲区实际上存储的是无符号字节数据，但在顶点属性提取时，值会即时转换。

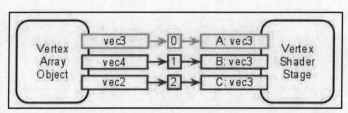

图 5.4 基于 float 的顶点数组属性和顶点着色器输入的示例

原 文	译 文	原 文	译 文
Vertex Array Object	顶点数组对象	Vertex Shader Stage	顶点着色器阶段

为了摆脱这种灵活性，可以使用 glVertexAttribIPointer，它只能公开存储整数的顶点数组，这里的整数包括 GL_BYTE、GL_UNSIGNED_BYTE、GL_SHORT、GL_UNSIGNED_SHORT、GL_INT 和 GL_UNSIGNED_INT，以及基于整数的顶点输入变量。也可以使用 glVertexAttribLPointer 进行双浮点存储（GL_DOUBLE），它将公开为基于双精度的着色器输入变量。

基于双精度的矢量受到更多限制，因为基于双精度的矢量可能会（也可能不会）采用两个变化的位置。例如，如果后续阶段声明了 dvec2 变量而前一阶段提供的却是 dvec3，则这两个变量使用的位置数量是不一样的，因此，接口不可能匹配。因此，在分配属性位置时，OpenGL 要求双精度变量的类型完全相同（见图 5.5）。

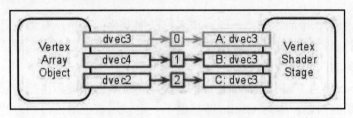

图 5.5 基于 double 的顶点数组属性和顶点着色器输入的示例

原　　文	译　　文	原　　文	译　　文
Vertex Array Object	顶点数组对象	Vertex Shader Stage	顶点着色器阶段

表 5.4 给出了一个示例列表，并相应指出了顶点数组属性类型和顶点着色器输入类型是否匹配。

表 5.4 顶点输入变量类型和顶点数组属性类型的类型匹配示例

顶 点 属 性		数 组 类 型	顶点着色器输入类型	是 否 匹 配
3	x	float	vec3	是
4	x	float	vec3	是
2	x	float	vec3	是
2	x	int	int	是
2	x	int	float	是
2	x	double	vec2	是
2	x	double	dvec2	是
3	x	double	dvec2	否
2	x	float	ivec2	否
2	x	float	dvec2	否

NVIDIA 还通过 GL_NV_vertex_attrib_integer_64bit 支持 64 位整数，在这种情况下，GL_INT64_NV 和 GL_UNSIGNED_INT64_NV 也可以与 glVertexAttribLPointer 一起使用，并在顶点着色器输入接口中公开为 int64_t、i64vec2、i64vec3、i64vec4、uint64_t、u64vec2、u64vec3、u64vec4。

💡 提示：
- 避免提交比着色器接口将使用的更多的顶点属性分量。
- OpenGL 4.2 不会提供 API 来验证是否已使用 glVertexAttribLPointer 提交双精度着色器输入。这可能会导致静默错误，并且是一个 OpenGL 规范错误。

5.4.3 按名称和位置匹配

从 GLSL 的第一个版本开始,即可按名称匹配变化的变量:在着色器接口的两侧,变量必须按名称、类型匹配,并具有兼容的限定条件。对于顶点输入变量和片段输出变量来说,与资源的匹配始终依赖于位置。

在使用 OpenGL 4.1 和引入单独程序的情况下,按名称匹配不再能够解决着色器阶段之间的部分匹配的问题,因为 GLSL 链接器不一定知道着色器接口两边的情况。一般来说,对于单独的程序,实现将一个接一个地打包输入和输出活动变量,并期望在后续着色器阶段以相同的方式检索它们。如果某个变量未被使用,则在它之后的所有变量将位于与预期位置不同的内存位置。

我们采用的解决方案是按位置引入变化的变量的匹配(比较代码清单 5.5 和代码清单 5.6)。变量使用显式位置限定,此位置将定义内存中的位置。这是后续着色器阶段应该期望找到此变量的值的地方,从而减轻了 GLSL 编译器的部分任务,使其不需要执行更多操作。

代码清单 5.5 按名称匹配的声明

```
[Vertex Shader Stage]
in vec4 AttribColor;
out vec4 VertColor;

[Geometry Shader Stage]
in vec4 VertColor;
out vec4 GeomColor;

[Fragment Shader Stage]
in vec4 GeomColor;
out vec4 FragColor;
```

代码清单 5.6 按位置匹配的声明

```
[Vertex Shader Stage]
layout (location = 0) in vec4 Color;
layout (location = 0) out vec4 VertColor;

[Geometry Shader Stage]
layout (location = 0) in vec4 Color;
layout (location = 0) out vec4 GeomColor;
```

```
[Fragment Shader Stage]
layout (location = 0) in vec4 Color;
layout (location = 0) out vec4 FragColor;
```

比较图 5.6 和图 5.3 可以看到，通过设计，链接的程序可以生成比单独程序更紧凑的着色器接口。在实践中，对于 AMD Catalyst 11.12 的驱动程序来说，这是一个限制，在有效减少可用分量的数量时就会遇到这个问题，但对于 NVIDIA Forceware 290.53 来说则不存在这个问题，因为该驱动程序可以通过管线程序对象执行阶段之间的隐式链接。

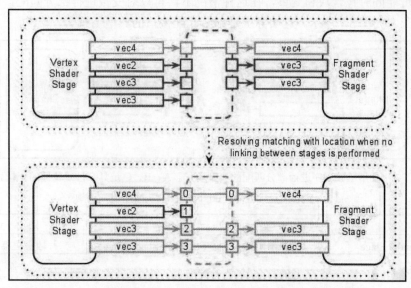

图 5.6　在单独程序上使用位置匹配的部分匹配的解决方案

原　　文	译　　文
Vertex Shader Stage	顶点着色器阶段
Fragment Shader Stage	片段着色器阶段
Resolving matching with location when no linking between stages is performed	当阶段之间未执行链接时，将使用按位置匹配的方式解决匹配问题

使用按位置匹配的明显副作用是命名变量的自由度问题，在着色器的各个阶段，命名变量必须是相同的才可以。如果对此不甚满意，则可以考虑 OpenGL 提供的更好的按块匹配的方法。

5.4.4　按块匹配

块不能有位置，因此唯一可能的匹配是通过块名称（见代码清单 5.7）。因此，当使用 OpenGL 的单独程序时，基于块的着色器接口的部分匹配将导致静默错误。

代码清单5.7 块语法

```
block-qualifier block-name
{
  variable-qualifier type block-member;
} block-instance;
```

接口可能同时包含块和变量，在这种情况下，可以对变量进行部分匹配，但块则必须完全匹配，如图 5.7 所示。这实际上是部分匹配接口的典型场景。

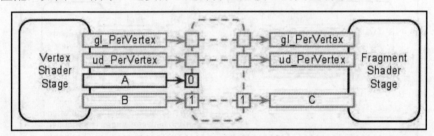

图 5.7 使用单独程序进行部分匹配的典型场景。A、B、C 是具有显式位置的变量。gl_PerVertex 是内置块，ud_PerVertex 是用户定义的块

原　　文	译　　文	原　　文	译　　文
Vertex Shader Stage	顶点着色器阶段	Fragment Shader Stage	片段着色器阶段

块允许 GLSL 编译器完美地打包块成员的分量，从而最大限度地利用硬件功能。

使用块还可以保证顶点着色器输出始终具有可能的匹配曲面细分或几何着色器输入（比较代码清单 5.8 和代码清单 5.9 中的匹配数组）。GLSL 4.20 仅支持 1D 数组，但顶点着色器输出数组变量的相应几何着色器输入变量是一个排列的数组，换句话说，它是一个二维数组。这个规范问题的一个可能的解决方案是清楚地说明规范中排列的变量和数组之间的区别，但到目前为止，排列的变量就是一个数组。

代码清单5.8 匹配块成员数组

```
[Vertex Shader Stage]
out gl_PerVertex{
  vec4 gl_Position;
};

out block{
  vec4 Color[2];
```

```
} Out;

[Geometry Shader Stage]
in gl_PerVertex{
  vec4 gl_Position;
} gl_in[];

in block{
  vec4 Color[2];
} In[];
```

代码清单 5.9　匹配变量数组，对 GL_EXT_geometry_shader 有效

```
[Vertex Shader Stage]
out vec4 gl_Position;
out vec4 Color[2];              // 正常

[Geometry Shader Stage]
in vec4 gl_Position[];
in vec4 Color[][2];             // 在 GLSL 420 中会出错
```

对于块来说，允许使用排列的变化的块，但是变化的块数组则是禁止的，为了避免出现此类问题，程序开发人员可以生成 GLSL 编译器错误而不是可能的静默错误。

> **提示：**
> - 可以适时使用块而不是变量来保证程序的健壮性（Robustness）。
> - 统一格式块可以声明为数组，每个元素由不同的统一格式缓冲区范围提供支持。
> - 变化的块不能声明为数组，但是可以排列，以反映固定函数的多个输入或输出图元。
> - 具有部分匹配块的单独程序是 OpenGL 规范中的未定义状态。

5.4.5　按结构匹配

块固然很棒，很多开发人员也喜欢使用它们，但是，由于块名称在着色器匹配中起着至关重要的作用，所以其名称必须是唯一使用的，并且必须在定义块实例（Block-Instance）的位置执行块的声明。结构（Structure）则不共享这种语言属性，这使得它们更具吸引力，更容易让开发人员青睐。

对于许多场景来说，我们希望重用最多的程序来减少创建的对象数量和程序执行时

的状态更改次数，以减少 CPU 开销。为此，我们需要确保后续着色器阶段具有相同的着色器接口。一种解决方案是在单独的着色器源代码中声明一个结构，并在我们想要混合和匹配的任何着色器中使用此声明。使此结构声明唯一且共享意味着任何更改都可以应用于使用它的任何着色器，这很可能会在具有更新结构的所有不符合要求的着色器中生成大量的 GLSL 编译器错误。但是，这也提供了关于我们应该更新代码的位置的直接输入，而不是在以后导致我们发生很多不匹配和静默错误，这在捕获上是非常困难和耗时的。

糟糕的是，使用变化变量的结构与使用典型的变化变量具有相同的缺点，并且放大了位置计数的问题。通过结构，每个成员都占据了一定数量的位置，添加或删除成员最终将更改此结构占用的位置数。如果场景使用多个结构用于着色器接口和显式位置，以便进行匹配，那么我们有责任将位置分配给每个结构并确保它们一个接一个地保持完美打包。

在开发过程中，我们将不时添加和删除结构的成员，这将导致我们必须再次计算结构所采用的位置数量，并相应地更新其他结构的显式位置。这种方法虽然有效，但并不是一种高效的代码编写方式。代码清单 5.10 和代码清单 5.11 说明了 GLSL 没有提供任何运算符来帮助我们计算结构的位置数量。

代码清单 5.10　匹配块成员数组

```
[Shared shader code]
struct vertex{
  vec4 Color;
  vec2 Texcoord;
};

[Vertex Shader Stage]
out gl_PerVertex{
  vec4 gl_Position;
};

out blockA{
  vertex Vertex;
} OutA;

out blockB{
  vertex Vertex;
} OutB;

[Geometry Shader Stage]
in gl_PerVertex{
```

```
  vec4 gl_Position;
} gl_in[];

in blockA{
  vertex Vertex;
} InA;

in blockB{
  vertex Vertex;
} InB;
```

代码清单 5.11　匹配变量数组

```
[Shared shader code]
struct vertex {
  vec4 Color;
  vec2 Texcoord;
};

[Vertex Shader Stage]
out vec4 gl_Position;

layout(location = 0)
  out vec4 vertex OutA;

layout(location = ???)
  out vec4 vertex OutB;

[Geometry Shader Stage]
in vec4 gl_Position[];

layout(location = 0)
  in vec4 vertex InA[];

layout(location = ???)
  in vec4 vertex InB[];
```

　　OutB 和 InB 的理想位置取决于结构 vertex 所采用的位置数量。在代码清单 5.10 中，该值是 2，这是在本例中可以使用的数字。但是，在经典开发阶段，该结构将会演变，这要求我们每次更新 vertex 时手动更改位置。

提示：

　　请仅在块中使用结构。

5.4.6 链接和单独的程序

从一开始，GLSL 就拥有一个与 HLSL、Cg 甚至旧式 OpenGL 程序完全不同的编程模型（详见本章参考文献 [Brown 02]和[Lipchak 2002]）。在这些环境中，每个着色器阶段都是独立的。这种方法非常符合图形程序开发人员设计其软件的方式，例如，顶点程序可以定义变换对象的方法，而片段程序又可以定义材质。许多对象可以共享相同的变换方法（相同的顶点着色器），但又具有不同的片段着色器。此策略可以模拟对对象进行排序以进行渲染的方式，以最小化着色器阶段的更改，同时又可以将多个对象批处理为较少数量的 draw 调用，以最大化性能。我们将这种策略称为单独的着色器（Separate Shader）程序方法。

但是，GLSL 之前采用了另一种不同的方法，即所有着色器阶段都链接到一个程序对象中。在由两个着色器阶段组成的渲染管线上，顶点和片段着色器阶段同时被绑定。此方法具有一些性能优势，因为链接器能够执行跨阶段优化。例如，如果片段着色器从不使用顶点输出变量，那么不仅片段着色器会丢弃它，而且顶点着色器也可能不需要计算它。另一个更重要的优点是 GLSL 链接器可以检测各阶段之间匹配接口的错误。OpenGL 规范将此方法称为链接程序（Linked Programs）或单体程序（Monolithic Programs）。

这两种方法引发了开发人员的两难选择，即究竟是选择软件设计的灵活性，还是选择编译器性能和错误检测的便利性。幸运的是，使用 OpenGL 4.1 和 GL_ARB_separate_program_object，我们不仅可以最终获得单独程序的优势，而且 OpenGL 使我们有机会在单个程序管线对象（Program Pipeline Object）上利用链接程序和单独程序。程序管线对象是对于所有着色器程序阶段的容器。例如，由于有了程序管线，应用程序可以选择将所有预先光栅化的着色器阶段链接在一起，并分别保留片段着色器阶段。

开发人员可能会发现，使用链接程序和单独程序可以在调试中验证着色器接口是否匹配，在发布版本中验证是否利用了单独程序的灵活性，这一点很有意思。在这种情况下，应用程序开发人员可能会考虑始终声明内置块，因为它们是单独程序所必需的。

💡 提示：
- 始终声明内置块，以便能够在链接程序和单独程序之间切换。
- 仅在调试模式下，链接所有阶段以获取着色器接口错误。
- 始终使用程序管线对象，因为它们可以处理链接和单独的程序。

5.5 使 用 语 义

对于 OpenGL 来说，语义（Semantic）是一种软件设计概念，它赋予一种槽位（Slot）的含义，以关联变量和资源。例如，语义可以保证代码或代码的一部分将特定位置用于语义颜色（color）。存储颜色数据的顶点数组将绑定到此属性位置，并且顶点着色器将知道它可以使用此专用位置访问特定缓冲区和变量。

SAS 试图定义一个通用的语义列表（详见本章参考文献 [Bjork 08]），但是，语义是和特定软件关联在一起的。因此，一组语义可能仅对单个应用程序有效，或者（如果要充分利用资源）可能仅对其代码的子集有效。

5.5.1 编译器生成的变化的位置和显式位置

GLSL 通常提供两种分配位置的方法。一种方法是通过 GLSL 编译器生成，另一种方法是由 OpenGL 程序开发人员手动分配。

当 GLSL 编译器生成位置时，没有规范规则可以让我们知道为特定变量保留了哪些位置。因此，需要在应用程序端查询这些位置，这需要我们在变量和资源之间建立关联。

或者，应用程序可以手动分配位置，在这种情况下，我们可以使用"语义"方案，并始终假设资源位于我们期望找到它们的位置。第二种方法可以提供更好的性能，这是因为：由于排序和语义的存在，应用程序可以重用绑定对象，减少绑定的总数（详见本章参考文献 [Collins 11]）。

5.5.2 顶点数组属性和顶点着色器输入

顶点输入的位置既可以由实现生成，也可以使用 glBindAttribLocation（OpenGL 2.0）或位置布局限定符（OpenGL 3.3）进行分配。

当让编译器将属性位置设置为顶点输入变量时，必须使用 glGetAttribLocation 查询这些值，并使用这些值将顶点数组属性分配给相应的顶点输入变量。在大多数情况下，这种方法会破坏 OpenGL 的优势，因为它会导致顶点数组和 GLSL 程序之间存在依赖关系。由于必须复制类似程序和类似的顶点数组对象，因此该选择会增加软件设计的复杂性，并且也会影响性能。这会强制我们在每次绑定新程序对象时绑定顶点数组对象，反之亦然。

当 GLSL 编译器分配属性位置时，即使两个程序共享相同的顶点输入变量，其接口也可能不一样。例如，声明的顺序不同（见图 5.8 和图 5.9）。

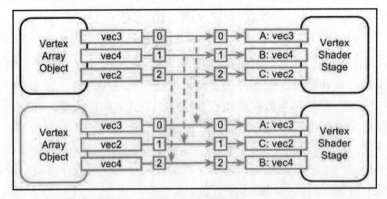

图 5.8　对于隐式属性位置，每个顶点程序都需要一个专用的顶点数组对象

原文	译文	原文	译文
Vertex Array Object	顶点数组对象	Vertex Shader Stage	顶点着色器阶段

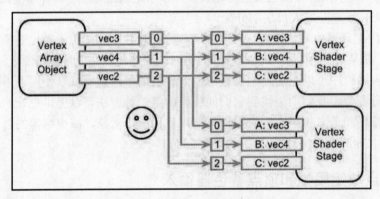

图 5.9　使用显式属性位置，顶点数组对象由多个顶点程序共享，反之亦然

原文	译文	原文	译文
Vertex Array Object	顶点数组对象	Vertex Shader Stage	顶点着色器阶段

实际上，一些 GLSL 编译器总是以相同的方式对变量位置进行排序，这给开发人员一种错觉，以为它是可以依赖的事实，其实不然，因为不同的实现或更新的驱动程序可能会生成不同的排序。

从应用程序设计的角度来看，glBindAttribLocation 可用于将默认属性位置设置为顶点输入变量，并且布局位置限定符可用于重载这些默认值。用户定义位置的问题是，应用程序可能会设置已被另一个变量使用的属性位置，从而生成链接错误。

通常使用命令 glVertexArrayAttrib*Pointer 指定 OpenGL 顶点数组属性。这些命令以每个属性的方式定义顶点格式、顶点绑定和顶点数组缓冲区。自 OpenGL 3.2 核心配置文件以来，应用程序需要使用顶点数组对象作为顶点数组属性的容器。

使用语义意味着在某个帧内（如渲染通道、效果或整个软件），顶点输入可以假设支持它的缓冲区范围包含语义预期的数据。位置、颜色、纹理坐标、法线、切线都是与属性位置相关的语义的经典示例。

> **提示：**
> 不要让编译器自动生成顶点输入位置。

5.5.3 片段着色器输出和帧缓冲区颜色附加数据

我们可能期望片段着色器输出接口使用帧缓冲区颜色附加数据，其方式与顶点着色器输入接口和顶点数组属性的工作方式类似，但它们之间其实存在重大差异。片段着色器输出位置不是指帧缓冲区颜色附加数据，而是指由 glDrawBuffers 公开的间接表。该表不是帧缓冲区状态，但它需要绑定一个帧缓冲区对象（见图 5.10）。

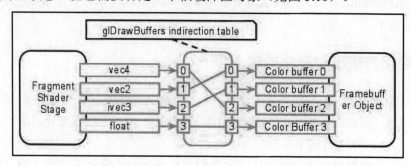

图 5.10 片段着色器输出变量和帧缓冲区附加数据匹配的示例

原　　文	译　　文
glDrawBuffers indirection table	glDrawBuffers 间接表
Fragment Shader Stage	片段着色器阶段
Color buffer 0	颜色缓冲区 0
Color buffer 1	颜色缓冲区 1
Color buffer 2	颜色缓冲区 2
Color buffer 3	颜色缓冲区 3
Framebuffer Object	帧缓冲区对象

每个输出都有一个位置,应该被视为间接表中的索引。使用 glDrawBuffers,可以控制该表以指定将哪个片段输出提供给哪个颜色缓冲区(Color Buffer)。实际上,我们通常会指定一个直接对应于帧缓冲区附加数据编号的位置,以便 glDrawBuffers 表只进行直接映射。这是典型操作,OpenGL ES 2 不支持此表。

未被帧缓冲区附加数据支持的片段着色器输出将被静默忽略,但未由片段输出提供的帧缓冲区附加数据将具有未定义的值。解决方法是使用 glColorMaski 禁用相关附加数据的写入。在某些特殊情况下(如渲染到图像),我们实际上想要在没有帧缓冲区的情况下渲染,在这种情况下,可以使用 glDrawBuffer(GL_NONE) 禁用它(详见本章参考文献 [Bolz 12])。

我们可以再次使用语义来处理这种关联。需要为识别语义的索引分配帧缓冲区颜色附加数据,并对帧缓冲区输出使用相同的语义。使用 glDrawBuffers 表的直接映射简化了设计,以便应用程序只需在每次绑定帧缓冲区时调用此函数。片段输出和帧缓冲区附加数据语义的一些典型名称包括漫反射、镜面反射、位置、法线和切线等。

💡 提示:
使用 glDrawBuffers 作为间接表可能会不必要地增加软件设计的复杂性。可以首先考虑使用直接映射。

5.5.4 变化的输出和变化的输入

当使用链接程序时,不需要考虑变化的输出和输入的语义,因为 GLSL 链接器将解决接口的问题。因此,不应该使用位置限定符和语义,因为不能像编译器那样进行分量打包。

但是,如果我们退一步,就会注意到单独的程序实际上非常适合基于语义的软件设计。有可能顶点着色器可以与多个片段着色器一起重用。在这种情况下,对变量位置使用语义可以确保匹配。与多个片段着色器共享顶点着色器的优点是,当更改片段程序时,只需要绑定新片段程序使用的资源,甚至不需要在应用程序端验证顶点数组对象、纹理缓冲区和与顶点着色器阶段关联的统一格式缓冲区是否正确。因为如果它们以前是正确的,那么现在就仍然是正确的。实际上,这样的更新策略示例可以扩展到任何着色器阶段和任何阶段的任何更新速率,为渲染优化带来很大的灵活性。

最终,只有部分匹配才需要变化的位置。语义通常附加到位置,但我们可以使用块名称来承载语义。语义的块名称的示例包括纹理映射、法线映射、顶点照明、双面颜色等。用于定义块的语义的策略是基于输出接口的特征功能来命名块。对于变化的变量来说，我们需要处理更精细的粒度级别，并为具有位置、光线方向、法线、切线和纹理坐标等语义的位置分配变量。

> **提示：**
> 使用单独的程序、排序和语义可以减少绑定量。

5.5.5 统一格式缓冲区和统一格式块

OpenGL 3.1 中引入了统一格式缓冲区（Uniform Buffer）和统一格式块（Uniform Block）。它们为统一格式变量提供了很好的替代，特别是对于基于语义的软件设计来说尤其如此。在使用统一格式变量的情况下，除了让编译器将位置分配给变量之外别无选择。统一格式变量是程序的状态，暗示该变量不能重用于任何其他程序。对于统一格式块来说，存储是一个缓冲区，可以与其他程序一起重复使用。

OpenGL 规范要求每个着色器阶段至少有 12 个统一格式块（详见表 5.5）。

表 5.5 统一格式块限制

值	OpenGL 4.2 需求	Radeon HD 5850	GeForce GTX 470	HD Graphics 3000
MAX_VERTEX_UNIFORM_BLOCKS	12	15	12	12
MAX_TESS_CONTROL_UNIFORM_BLOCKS	12	15	12	N/A
MAX_TESS_EVALUATION_UNIFORM_BLOCKS	12	15	12	N/A
MAX_GEOMETRY_UNIFORM_BLOCKS	12	15	12	N/A
MAX_FRAGMENT_UNIFORM_BLOCKS	12	15	12	12
MAX_COMBINED_UNIFORM_BLOCKS	60	75	12	24

OpenGL 需要与组合的统一格式块一样多的缓冲区绑定（GL_MAX_UNIFORM_BUFFER_BINDING），以便每个单一的统一格式块可以由不同的统一格式缓冲区支持。应用程序也可以使用相同的统一格式缓冲区绑定自由地支持多个统一格式块。这些绑定点中的每一个都是我们定义专用语义以更改着色器阶段而无须更改统一格式缓冲区绑定的机会。

对于使用统一格式缓冲区 API 的其余部分来说，它们引入了 glUniformBlockBinding 以将统一格式块索引与统一格式缓冲区绑定相关联。GLSL 4.20 引入了 binding 布局限定符，允许我们直接设置默认绑定到统一格式块。这两种方法都可以用于语义，但是它们将直接使用，默认绑定避免了携带统一格式块索引。统一格式缓冲区的语义将由以下更新速率分配：每个相机变换（Per-Camera Transform）、每个对象变换（Per-Object Transform）、每个材质（Per-Material）等。

> **提示：**
> - 使用绑定限定符可以避免应用程序端的不必要的复杂性。
> - 按更新速率组织统一格式缓冲区和统一格式块。
> - 必须在 GL_UNIFORM_BUFFER_OFFSET_ALIGNMENT 上对齐统一格式缓冲区。

5.6 仅适用于调试的应用程序端验证

漏洞（Bug）不是问题，因为它们是编程与生俱来的一部分。问题（Problem）则是在遇到时必须立即检测的东西，这将是本节的目的，也是 OpenGL 的一个棘手问题。

如果接口不匹配，则 OpenGL 将在 draw 调用时生成错误——这还是比较幸运的情况，否则将不得不处理静默错误。在这两种情况下，解决问题都很耗时。OpenGL 提供了函数 glValidateProgram 和 glValidateProgramPipeline，根据规范，"它将检查在发出渲染命令时可能导致 GL_INVALID_OPERATION 错误的所有条件，并且还可以检查其他条件"（详见本章参考文献 [Segal and Akeley 10] 第 104 页）。

糟糕的是，由于它与 Catalyst 12.1a 预览和 Forceware 290.53 一致，即使是使用调试上下文，其他条件似乎也减少到了无。我们可以设想一下使用 glValidateProgram 和 glValidateProgramPipeline，原因如下：

- 验证绑定的顶点数组对象和程序对象顶点着色器输入接口是否匹配。
- 验证帧缓冲区附加数据是否由片段输出提供。
- 验证变化的输出变量是否与变化的输入变量匹配。
- 验证统一格式块是否由绑定的统一格式缓冲区支持。
- 验证统一采样器是否由完整的纹理对象支持。
- 验证是否根据纹理对象声明了统一采样器。
- 验证纹理采样器是否适合纹理图像。

幸运的是，了解 GLSL 着色器接口的所有细节使我们能够进行一些应用程序端验证，以尽早检测 OpenGL 错误甚至是静默错误。为此，OpenGL 提供了许多着色器查询函数，以允许应用程序捕获这些问题。但是，OpenGL 4.2 缺少一些查询来迭代变化的变量和片段着色器输出。

由于本书的篇幅限制，提供的验证功能将仅由本章的配套源代码进行演示。

> **提示：**
> 图片验证为基于断言的验证（Assert-Based Validation，ABV），也就是说，将验证封装在函数中，并仅在断言内调用此函数，以确保仅在调试版本中执行此验证。这种验证引入了大量的 CPU 开销。

5.6.1 顶点输入验证

对于顶点数组对象，可以假设已经知道了属性参数，因为我们实际上在应用程序端创建了这个对象。但是，使用 glGetVertexArray*可能是一种更方便的解决方案，因为它允许我们验证实际状态。我们需要使用 glGetActiveAttrib*来查询有关顶点着色器输入的信息，包括它的名称，然后使用该名称和 glGetAttribLocation 单独查询属性位置，也就是说，这些位置不是由 glGetActiveAttrib 给出的。

为了确保匹配的有效性，还需要检查所请求的格式转换是否有效，也就是说，需要了解用户是否调用了 glVertexAttribPointer、glVertexAttribIPointer 和 glVertexAttribLPointer 之间的相应函数。但是，这里存在规范错误，因为 OpenGL 4.2 规范中缺少值 GL_VERTEX_ATTRIB_ARRAY_LONG。

5.6.2 变化的接口验证

使用 OpenGL 4.2，只有一个主要的验证是我们不能执行的。我们无法查询来自单独程序的变化输出和变化输入，因此无法验证这些接口。唯一可行的解决方法是：将单独的程序链接在一起并查询此操作的状态。这种方法是可行的，但是它也可能会损害依赖于单独程序的软件设计。

在这里，受到 OpenGL API 的局限，只能寄希望于编程经验带来的修正。

> **提示：**
> - 编写变化的着色器接口时要格外小心。没有 API 可以使用单独的程序检测着色器阶段之间的不匹配。希望 glValidateProgramPipeline 给我们有意义的反馈。
> - 考虑使用在共享着色器源代码中（跨着色器阶段）声明的结构。

5.6.3 片段输出验证

为避免将未定义的像素写入帧缓冲区附加数据，每个活动的附加数据必须由片段着色器输出支持，这意味着 glDrawBuffers 间接表的每个元素必须由片段着色器输出支持。如果片段着色器输出未到达帧缓冲区附加数据，则片段程序所做的工作超出了它的本分。

该分析构建了验证片段着色器输出接口的策略，但是，OpenGL 不提供 API 来查询片段着色器输出列表。我们能做得最好的事情是确保 glDrawBuffers 表不会将输出重定向到不存在的帧缓冲区附加数据。要迭代 glDrawBuffers 表元素，可以使用 glGetIntegerv 和 GL_DRAW_BUFFERi，直到 GL_MAX_DRAW_BUFFER。要迭代帧缓冲区附加数据，可以使用 glGetFramebufferAttachmentParameter 和 GL_COLOR_ATTACHMENTi，直到 GL_MAX_COLOR_ATTACHMENTS。

💡 提示：

编写片段着色器输出接口时要格外小心，因为并没有枚举片段着色器阶段输出变量的 API。

5.6.4 变量验证

可以通过遍历 glGetActiveUniform 直到 GL_ACTIVE_UNIFORMS 以查询有关统一格式变量的所有信息，这些信息可以通过 glGetProgram 获得。通过这种方法，可以查询所有统一格式变量，包括不透明类型的统一格式变量：采样器、图像和原子计数器。

在获得这些信息之后，可以进一步验证特定采样器使用的纹理。如果采样器是 usampler*或 isampler*，则应该使用 GL_*_INTEGER 格式创建纹理。我们可以通过在当前绑定的纹理上使用 glGetIntergerv 查询 GL_RGBA_INTEGER_MODE 的值来检查这一点。

更进一步来说，甚至可以验证在纹理上应用的采样器是否合适。没有 mipmap 的纹理不太可能与 GL_LINEAR_MIPMAPS_LINEAR 采样器相关联，但这可能是典型的生产管线的问题。

我们可以使用 glGetSamplerParameteriv 查询过滤器的 GL_TEXTURE_MIN_FILTER 参数，但是处理 mipmap 的数量要复杂得多。一种方法是计算 GL_TEXTURE_MAX_LEVEL 和 GL_TEXTURE_BASE_LEVEL 之间的差异，但很多应用程序并不关注 GL_TEXTURE_MAX_LEVEL。在使用 OpenGL 4.2 的情况下，唯一的方法是在纹理创建中携带纹理级别。

5.6.5 统一格式块验证

OpenGL 提供了一个 API，以便能够使用 glGetActiveUniformBlockiv 迭代统一格式块来验证它们，直到 GL_ACTIVE_UNIFORM_BLOCKS，这是可以从 glGetProgram 获得的

值。在目前这个阶段，我们只是在块上进行迭代，但我们需要在块成员上进行迭代。我们将使用 GL_UNIFORM_BLOCK_ACTIVE_UNIFORMS 查询块成员的数量，使用 GL_UNIFORM_BLOCK_ACTIVE_UNIFORM_INDICES 查询活动统一索引列表。

通过使用此列表的索引，现在可以在每个列表上使用 glGetActiveUniform 来检索需要的信息。

我们还可以使用 GL_UNIFORM_BLOCK_BINDING 和 glGetActiveUniformBlockiv 来验证块是否由统一格式缓冲区有效支持，以检索统一格式缓冲区绑定的绑定。最后，使用 GL_UNIFORM_BUFFER_BINDING 和 glGetIntegeri_v，可以检索实际的缓冲区绑定（如果有的话）。

5.7 小　　结

我们希望本章能够清晰地阐明：着色器接口不只是声明一堆变量。我们希望在结论中给出一些更明确的指导方针，但这些主要取决于开发方案，并且就这个复杂的主题还可以做更多的讨论。当然，我们可以根据每个应用程序的特定性质确定一些可以展开的良好建议。例如，仅仅考虑 OpenGL ES 2 将在很大程度上挑战这些规则。

有关着色器接口的可靠性和有效性的初步建议如下：
- 始终声明内置的 gl_PerVertex 块。
- 对于变化的接口可以仅使用块。
- 在着色器源代码之间共享的外部结构中声明块的内容。
- 不要让编译器将位置设置为顶点输入和片段输出。
- 为属性和片段输出位置提供基于程序的语义。
- 为基于程序的语义提供统一格式的缓冲区、纹理和图像绑定点。
- 依靠完全匹配，包括分量的数量。
- 避免按位置匹配。
- 通过 glDrawBuffes 间接表将片段输出接口与帧缓冲区附加数据进行匹配。不要依赖于此实现。
- 谨慎地对变化接口的单独程序进行匹配，因为我们不能依赖于它的实现。考虑通过将所有阶段联系起来以使用验证。
- 在调试中使用基于断言的验证，以尽可能快地检测问题。

有关此讨论的更多信息，请查看本章的配套代码示例。

致　谢

感谢 Pat Brown 对这个主题进行的非常有见地的深入讨论，以及他着手进行的关于改进 OpenGL 的工作。此外，还要感谢 Arnaud Masserann、Daniel Rákos、Dimitri Kudelski 和 Patrick Cozzi 的支持，他们认真审读了本章。

参 考 文 献

[Bjork 08] Kevin Bjork. "Using SAS with CgFX and FX File Formats." OpenGL Extension Specifications, 2008.

[Bolz 12] Jeff Bolz and Pat Brown. "GL ARB shader image load store." OpenGL Extension Specifications, 2012.

[Brown 02] Pat Brown. "GL ARB vertex program." OpenGL Extension Specifications, 2002.

[Collins 11] Matt Collins. "Advances in OpenGL for MacOS X Lion." OpenGL Extension Specifications, 2011.

[Kessenich 12] John Kessenich. "Interface Blocks, Input Variables, Output Variables, Uniform, Opaque Type." GLSL 4.20 specification, 2012. Sections 4.3.8, 4.3.4, 4.3.6, 4.3.5, and 4.1.7.

[Kilgard 12] Mark Kilgard, Greg Roth, and Pat Brown. "GL ARB separate shader objects." OpenGL Extension Specifications, 2012.

[Kime and Kaminski 08] Charles Kime and Thomas Kaminski. "Memory Basics." *Logic and Computer Design Fundamentals*. Upper Saddle River, NJ: Pearson Education, 2008.

[Leech 12] Jon Leech. "Shader Interface Matching." *OpenGL 4.2 Core Profile Specification*, 2012.

[Lipchak 2002] Benj Lipchak. "GL ARB fragment program." OpenGL Extension Specifications, 2002.

[Segal and Akeley 10] Mark Segal and Kurt Akeley. *The OpenGL Graphics System: A Specification, Version 4.1 (Core Profile)*. www.scribd.com/jhonivieceli/d/69474584- gl-spec41-core-20100725, July 25, 2010.

第 6 章 曲面细分着色器简介

作者：Philip Rideout 和 Dirk Van Gelder

6.1 简　介

曲面细分着色器（Tesselation Shader）为实时图形编程打开了新的大门。基于 GPU 的曲面细分过去只能通过一些手段来实现，这依赖于多次传递和对现有着色器单元的巧妙使用。

OpenGL 4.0 最终为 GPU 的曲面细分提供了一流的支持，但新的着色阶段起初看起来似乎不直观。本章详细阐述了这些阶段在新管线中的不同角色，并简要介绍了利用它们的一些常见渲染技术。

GPU 在可流式（Streamable）放大时往往更好，曲面细分着色器不是将整个后细分网格（Post-Subdivided Mesh）存储在内存中，而是允许动态放大顶点数据，在数据到达光栅化器时丢弃数据。系统从不干扰存储高度细化的顶点缓冲区，因为这对 GPU 来说具有不切实际的内存占用。

预曲面细分的图形硬件已经非常适合渲染巨大的网格，并且 CPU 端的细化通常完全可以接受静态网格。那么，为什么要将曲面细分移动到 GPU 呢？

对于动画来说，这样做的收益是显而易见的。在每帧的基础上，只有控制点被发送到 GPU，这大大减轻了高密度表面的带宽需求。

动画并不是细分曲面的唯一杀手级应用。位移映射（Displacement Mapping）也允许错开几何细节层次。以前的 GPU 技术需要在几何着色器上进行多次传递，其结果是笨拙而缓慢的。曲面细分着色器允许在一次通过中进行位移映射（详见本章参考文献 [Castaño 08]）。

曲面细分着色器还可以动态计算几何细节层次（后文将详细讨论），而以前的技术则要求 CPU 在更改细节级别时重新提交新的顶点缓冲区。

6.1.1 细分表面

GPU 曲面细分最引人注目的用途之一是有效渲染 Catmull-Clark 细分曲面。这些技术中的大多数将使用曲面细分着色器来评估极限曲面的参数近似，而不是执行迭代细分。迭代细分仍然可以在 GPU 上完成，但通常更适合 CUDA 或 OpenCL。

Catmull-Clark 曲面的参数逼近（parametric Approximation of Catmull-Clark surface，ACC）源于 Charles Loop 于 2008 年在 Microsoft 的研究（详见本章参考文献 [Loop and Schaefer 08]），随后被强化以支持褶皱（详见本章参考文献 [Kovacs et al. 09]）。可以在本章参考文献 [Ni et al. 09]的文章中找到对现有技术的最佳概述。这包括来自 Valve 的报告，他是第一个以这种方式使用曲面细分着色器的主要游戏开发人员。

6.1.2　平滑多边形数据

Catmull-Clark 表面不是充分利用曲面细分着色器的唯一方法。游戏开发人员可能会发现其他表面定义更具吸引力。例如，曲面细分可用于简单地"平滑"传统的多边形网格数据。PN 三角形就是一个很受欢迎的例子。更简单的应用是 Phong 曲面细分（Phong Tessellation）、Phong 照明的几何模拟。

6.1.3　GPU 计算

OpenCL 或 CUDA 可与曲面细分着色器结合使用以实现各种技术。计算 API 可用于模拟，如头发物理（详见本章参考文献 [Yuksel and Tariq 10]），或者它可用于执行少量的迭代细分以"清理"输入网格，在提交数据到 OpenGL 管线之前移除特别的顶点（详见本章参考文献 [Loop 10]）。

6.1.4　曲线、头发和草地

曲面细分着色器也可应用于具有等值线曲面细分的线，这为数据放大开辟了若干种可能性。一种是将一系列线段细分为平滑的三次曲线。这样，应用程序代码仅需要处理少量的点。平滑曲线完全在 GPU 上生成，既可用于 3D（如头发或绳索），也可用于 2D（如绘图工具中的贝塞尔曲线）。等值线曲面细分也可用于从单条曲线生成多条曲线。

几何着色器可以与等值线曲面细分一起使用，用于草地和头发等应用。图 6.1 是配套示例代码的屏幕截图，其中的表面被细分为许多很小的多边形，然后使用几何着色器将其拉伸为毛绒绒的效果。

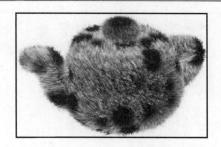

图 6.1　毛绒绒的茶壶，从图块中生成的线条

6.1.5　其他用途

曲面细分的使用也有很多不太明显的用途。如果后细分网格足够精细，其几何形状可以变形以模拟镜头变形。这些效果包括枕形翘曲变形和全景投影等。由于 GPU 光栅化器只能执行线性插值，因此依赖后处理的传统技术通常会导致采样不良。

图 6.2 为使用应用于立方体视景的曲面细分着色器的圆柱形扭曲变形的示例。发送到 GPU 的顶点缓冲区非常少，因为每个立方体面都是一个 4 顶点的图块（Patch）。

图 6.2　使用曲面细分着色器的圆柱形变形示例

6.2　新的着色管道

图 6.3 为 OpenGL 着色管道的简化视图，突出显示了新的 OpenGL 4.0 阶段。该管道有两个新的着色器阶段和一个新的固定函数阶段。

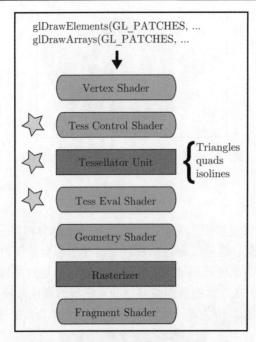

图 6.3　OpenGL 4.0 中的新曲面细分阶段

原　　文	译　　文
Vertex Shader	顶点着色器
Tess Control Shader	曲面细分控制着色器
Tessellator Unit	曲面细分单元
Triangles quads isolines	三角形四边形等值线
Tess Eval Shader	曲面细分评估着色器
Geometry Shader	几何着色器
Rasterizer	光栅化器
Fragment Shader	片段着色器

　　那些接触过 Direct3D 文献的开发人员应该意识到，控制着色器就是所谓的外壳着色器（Hull Shader），而评估着色器又称为域着色器（Domain Shader）。

　　首先，OpenGL 4.0 引入了一种新的基本类型 GL_PATCHES，必须通过它来利用细分功能。与其他所有的 OpenGL 基本类型不同，图块在每个基本类型都有一个由用户定义的顶点数，其配置如下：

```
glPatchParameteri(GL_PATCH_VERTICES, 16);
```

曲面细分器可以配置为 3 个域之一：等值线（isolines）、四边形（quads）和三角形

（triangles）。本章后文将详细研究这些模式中的每一种。

6.2.1 图块的生命

虽然顶点数据总是从图块基本类型开始，但它会在通过管线时进行转换，如图 6.4 所示。

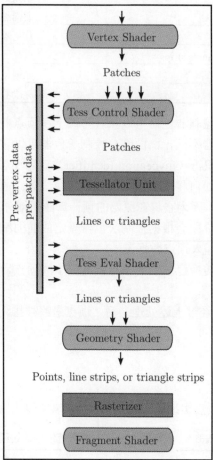

图 6.4 曲面细分数据流，GLSL 数组由多个入射箭头表示

原　　文	译　　文
Vertex Shader	顶点着色器
Patches	图块
Tess Control Shader	曲面细分控制着色器

续表

原　文	译　文
Pre-vertex data	预计算顶点数据
Pre-patch data	预计算图块数据
Tessellator Unit	曲面细分单元
Lines or triangles	线条或三角形
Tess Eval Shader	曲面细分评估着色器
Geometry Shader	几何着色器
Points, line strips, or triangle strips	点、线段带或三角形带
Rasterizer	光栅化器
Fragment Shader	片段着色器

如果需要，曲面细分控制着色器可以执行传统上在顶点着色器中完成的一些相同的变换。但是，与顶点着色器不同，曲面细分控制着色器可以访问局部图块中的所有数据以及与图块相关的调用标识符（Invocation Identifier）。它还可以充当固定函数曲面细分器阶段的配置器，告诉它如何将图块划分成三角形或线条。曲面细分控制着色器可以被认为是"控制点着色器"，因为它将在原始的预计算曲面细分顶点上运行。

接下来，曲面细分器阶段会根据控制着色器规定的曲面细分级别和评估着色器规定的曲面细分模式将新顶点插入顶点数据流。

然后，评估着色器将转换已扩展的顶点数据流中的顶点，使它们能够读取局部图块中的任何顶点的数据。

在 OpenGL 管线中，经过上述处理之后，顶点最终被排列成三角形或线条，并且图块的概念被有效地消除。

6.2.2　线程模型

表 6.1 显示了相对于顶点缓冲区中元素的数量，如何调用新的可编程阶段。

表 6.1　在新的 OpenGL 着色管线中的线程

单　元	调 用 方 案
顶点着色器	每个输入顶点调用一次
曲面细分控制着色器	每个输出顶点调用一次
曲面细分评估着色器	每个曲面细分后顶点调用一次

控制着色器的线程模型是唯一的，因为多个调用的相对顺序在某种程度上是可控的，

并且它可以访问每个图块的共享的读/写区域。

控制着色器允许开发人员指定一个同步点，其中，图块的所有调用必须等待其他线程到达同一点。可以使用内置的 barrier()函数定义这样的同步点。

函数 barrier()与 memoryBarrier()不同，后者是在 OpenGL 4.2 中引入的，可以在任何着色器单元中使用。

控制着色器可以通过使用新的 patch 关键字限定一组 out 变量来访问每个图块的共享内存。如果图块中的多个调用将不同的值写入同一个 patch 变量，则结果是未定义的。

6.2.3 输入和输出

表 6.2 列举了两个曲面细分着色器阶段可用的所有内置变量。

表 6.2 曲面细分的内置 GLSL 变量

标 识 符	着色器单元	访 问
gl_PatchVerticesIn	控制和评估	in
gl_PrimitiveID	控制和评估	in
gl_InvocationID	控制着色器	in
gl_TessLevelOuter[4]	控制着色器	out
gl_TessLevelInner[2]	控制着色器	out
gl_TessLevelOuter[4]	评估着色器	in
gl_TessLevelInner[2]	评估着色器	in
gl_in[n].gl_Position	控制和评估	in
gl_in[n].gl_PointSize	控制和评估	in
gl_in[n].gl_ClipDistance[m]	控制和评估	in
gl_out[n].gl_Position	控制和评估	out
gl_out[n].gl_PointSize	控制和评估	out
gl_out[n].gl_ClipDistance[m]	控制和评估	out
gl_TessCoord	评估	in

结构 gl_in 和 gl_out 的内置数组提供了对顶点位置、点大小和裁剪距离的访问。这些变量可以从顶点着色器输出并由几何着色器处理。

除了表 6.2 中的内置函数之外，曲面细分着色器还可以像往常一样声明一组自定义的 in 和 out 变量。每个顶点数据必须始终声明为数组，其中，数组的每个元素对应于图块中的单个元素。patch 限定的每个图块数据不在图块上排列。

曲面细分着色器具有对 gl_PatchVerticesIn 的只读访问权限，而 gl_PatchVerticesIn 表

示图块中的顶点数。在评估着色器中，此数字可能因图块而异。

只读的 gl_PrimitiveID 变量也可用于曲面细分着色器。这描述了当前 draw 调用中图块的索引。

与 OpenGL 中的任何其他着色器阶段一样，曲面细分着色器也可以读取来自统一缓冲区和纹理的数据。

6.2.4 曲面细分控制着色器

此阶段非常适合基于修改的变换和细节层次的决定。控制着色器还可以用于实现早期拒绝，方法是当所有角落在视锥体之外时剔除图块，尽管如果评估着色器执行位移，这种方法会变得有点棘手。

代码清单 6.1 给出了曲面细分控制着色器的模板。

代码清单 6.1　曲面细分控制着色器模板

```
layout(vertices = output_patch_size) out;

// 声明来自顶点着色器的输入
in float vFoo[];

// 声明每个顶点的输出
out float tcFoo[];

// 声明每个图块的输出
patch out float tcSharedFoo;

void main()
{
  bool cull = ...;
  if (cull)
  {
    gl_TessLevelOuter[0] = 0.0;
    gl_TessLevelOuter[1] = 0.0;
    gl_TessLevelOuter[2] = 0.0;
    gl_TessLevelOuter[3] = 0.0;
  }
  else
  {
    // 计算 gl_TessLevelInner...
    // 计算 gl_TessLevelOuter...
```

```
}
    // 写入每个图块的数据...
    // 写入每个顶点的数据...
}
```

着色器顶部的布局声明不仅定义了输出图块的大小，还定义了给定输入图块的控制着色器的调用次数。必须将所有自定义 out 变量声明为显式调整大小以匹配此计数的数组，或隐式使用空方括号。

输入图块的大小是使用 glPatch Parameteri 在 API 级别定义的，但输出图块的大小则是在着色器级别定义的。在许多情况下，我们希望这两种大小是相同的。将新元素大量插入顶点数据流最好由固定函数曲面细分单元完成，而不是由控制着色器完成。可以使用 GL_MAX_PATCH_VERTICES 在 API 级别查询两种大小的实现定义的最大值。在撰写本文时，32 是共同的最大值。

应用程序代码可以确定由活动着色器定义的输出图块大小：

```
GLuint patchSize;
glGetIntegerv(GL_TESS_CONTROL_OUTPUT_VERTICES, &patchSize);
```

1. 曲面细分模式

曲面细分模式（在 Direct3D 中称为域）使用评估着色器中的布局声明进行配置。OpenGL 4.0 有 3 种模式：

- triangles。将三角形细分为三角形。
- quads。将四边形细分为三角形。
- isolines。将四边形细分为线条带的集合。

数组 gl_OuterTessLevel[] 始终有 4 个元素，gl_InnerTessLevel 始终有两个元素，但是根据曲面细分模式，只使用每个数组的一个子集。类似地，gl_TessCoord 始终是一个 vec3，但它的 z 分量被等值线和四边形忽略。表 6.3 总结了域如何影响内置变量。

表 6.3 曲面细分数组的有效大小和 gl_TessCoord 矢量

域	外部	内部	曲面细分坐标
triangles	3	1	3D（重心坐标）
quads	4	2	2D（笛卡儿坐标）
isolines	2	0	2D（笛卡儿坐标）

2. 小数曲面细分级别

内部和外部曲面细分级别控制沿各个边的细分数量。所有细分级别都是浮点数，而不是整数。小数部分可以具有不同的含义,具体取决于间距(Spacing)。在 Direct3D 中称为分区(Partitioning)。使用 layout 声明在评估着色器中配置间距。例如:

```
layout(quads, equal_spacing) in;
```

有 3 种间距方案:
- equal_spacing。将曲面细分的级别锁定到 [1, max],然后向上舍入到最接近的整数。每个新的段落都有相同的长度。
- fractional_even_spacing。将曲面细分的级别锁定到 [2, max],然后向上舍入到最接近的偶数。除了两端的两个段之外,每个新段的长度相等,其大小与锁定的曲面细分级别的小数部分成比例。
- fractional_odd_spacing。将曲面细分的级别锁定到 [1, max-1],然后向上舍入到最接近的奇数。除了两端的两个段之外,每个新段的长度相等,其大小与锁定的曲面细分级别的小数部分成比例。

在上面的描述中,max 是指按以下方式返回的值:

```
GLuint maxLevel;
glGetIntegerv(GL_MAX_TESS_GEN_LEVEL, &maxLevel);
```

如果要动态计算曲面细分级别,则可以使用两个小数间距模式在级别之间创建平滑过渡,从而减少弹出效果。有关小数曲面细分级别影响边的细分的方式,如图 6.5 所示。

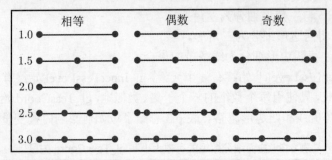

图 6.5 小数曲面细分级别

3. 计算曲面细分级别

写入 gl_TessLevelInner 和 gl_TessLevelOuter 是可选的,如果它们未由控制着色器设置,则 OpenGL 将回退到 API 定义的默认值。最初,这些默认值用 1.0 填充,但是,它们可以按如下方式改变:

```
GLfloat inner[2] = {...};
GLfloat outer[4] = {...};
```

```
glPatchParameterfv(GL_PATCH_DEFAULT_INNER_LEVEL, inner);
glPatchParameterfv(GL_PATCH_DEFAULT_OUTER_LEVEL, outer);
```

在撰写本文时,最新的驱动程序并不总是遵循默认值,因此应始终从着色器设置曲面细分级别。在实际应用中,我们经常需要动态地计算它,这称为自适应曲面细分(Adaptive Tessellation)。计算细节层次的一种方法是基于屏幕空间边长:

```
uniform float GlobalQuality;

float ComputeTessFactor(vec2 ssPosition0, vec2 ssPosition1)
{
  float d = distance(ssPosition0, ssPosition1);
  return clamp(d * GlobalQuality, 0.0,1.0);
}
```

可以使用以下启发式算法在应用程序代码中计算 GlobalQuality 常量:

$$GlobalQuality = 1.0/(TargetEdgeSize * MaxTessFactor)$$

另一种自适应方案是使用图块相对于视角的方向,导致沿着轮廓的更高的曲面细分。这种技术需要边的法线,这可以通过平均两个端点的法线来获得:

```
uniform vec3 ViewVector;
uniform float Epsilon;

float ComputeTessFactor(vec3 osNormal0, vec3 osNormal1)
{
  float n = normalize(mix(0.5, osNormal0, osNormal1));
  float s = 1.0 - abs(dot(n, ViewVector));
  s = (s - Epsilon) / (1.0 - Epsilon);
  return clamp(s, 0.0, 1.0);
}
```

有关动态细节程度的更多信息,请参阅第 10 章。

6.2.5 曲面细分评估着色器

评估阶段非常适用于图块的参数评估和平滑法向量的计算。

代码清单 6.2 给出了曲面细分评估着色器的模板。与控制着色器不同,其输出不在图块上排列。

代码清单 6.2 曲面细分评估着色器模板

```
layout(quads, fractional_even_spacing, cw) out;
```

```
// 声明来自曲面细分控制着色器的输入
in float tcFoo[];

// 声明每个图块的输入
patch in float tcSharedFoo;

// 声明每个顶点的输出
out float teFoo;

void main()
{
  vec3 tc = gl_TessCoord;
  teFoo = ... ;
  gl_Position = ... ;
}
```

有关在 quads 模式下 gl_TessCoord 的可视化，如图 6.6 所示。gl_TessCoord 的含义根据曲面细分模式而变化。例如，在 triangles 模式中，它是一个重心坐标，如表 6.3 所示。

图 6.6　Gumbo 的双三次图块及其 gl_TessCoord 参数化

默认情况下，gl_TessCoord 的进度对于每个三角形都是逆时针的。这与 OpenGL 对前置多边形的默认定义是一致的。如果需要，则 layout 声明可以使用 cw 标记来翻转此行为。

默认情况下，评估着色器为 quads 和 triangles 域生成三角形，为 isolines 域生成线。但是，可以通过将 point_mode 标记添加到 layout 声明来覆盖任何域以生成点图元。

6.2.6　使用 quads 生成图元

下面介绍在 quads 域中曲面细分的过程（参见图 6.7）。

第 6 章 曲面细分着色器简介

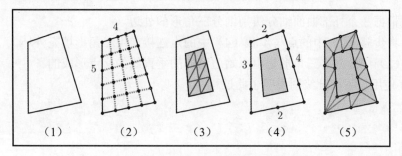

图 6.7 在 quads 域中的图元生成

（1）矩形输入图块的边将被送入曲面细分器。
（2）根据两个内部曲面细分级别，首先将图块分成四边形。
（3）除了边界四边形之外，步骤（2）生成的所有四边形都被分解为三角形对。
（4）根据 4 个外部曲面细分级别对图块的外边缘进行细分。
（5）将步骤（2）中的点与步骤（4）中的点连接，用三角形填充外环。该步骤的算法取决于实现。

图 6.7 使用以下细分级别说明了此过程：

```
gl_TessLevelInner = {4, 5};
gl_TessLevelOuter = {2, 3, 2, 4};
```

6.2.7 使用 triangles 生成图元

在 triangles 域中曲面细分的过程如图 6.8 所示。

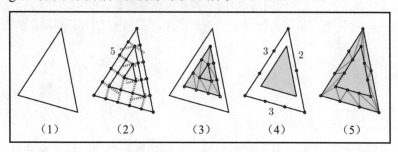

图 6.8 使用 triangles 生成图元

（1）三角形图块的边被送入曲面细分器。
（2）首先根据内部曲面细分将图块分成同心三角形。
（3）除了外圈之外，同心三角形之间的空间被分解为三角形。

（4）根据 3 个外部曲面细分级别细分三角形的外边。

（5）将步骤（2）中的点与步骤（4）中的点连接，用三角形填充外环。

步骤（2）中的同心三角形是由原始边延伸的垂直线的交点形成的。

图 6.8 使用以下细分级别说明了此过程：

```
gl_TessLevelInner = {5};
gl_TessLevelOuter = {3, 3, 2};
```

6.3 对茶壶进行曲面细分

本节将使用简单的双三次图块（Bicubic Patches）来说明 quads 域中的细分。为方便起见，著名的犹他州茶壶最初就是使用双三次图块进行建模的。该演示效果的曲面细分级别如图 6.9 所示。

图 6.9　内部和外部的曲面细分级别从左到右分别为 1、2、3、4 和 7

由于没有执行蒙皮或其他变形操作，我们将模型-视图-投影（Model-View-Projection）变换推迟到评估着色器，这使得顶点着色器变得非常简单，参见代码清单 6.3。

代码清单 6.3　茶壶顶点着色器

```
in vec3 Position;
out vec3 vPosition;

void main()
{
  vPosition = Position;
}
```

在深入了解控制着色器之前，需要对双三次图块进行简要回顾。在其最一般的形式中，双三次曲面的参数化公式共使用了 48 个系数。

$$x(u,v) = a_x u^3 v^3 + b_x u^3 v^2 + c_x u^3 v + d_x u^3 + e_x u^2 v^2 + \cdots p_x$$
$$y(u,v) = a_y u^3 v^3 + b_y u^3 v^2 + c_y u^3 v + d_y u^3 + e_y u^2 v^2 + \cdots p_y \quad (6.1)$$
$$z(u,v) = a_z u^3 v^3 + b_z u^3 v^2 + c_z u^3 v + d_z u^3 + e_z u^2 v^2 + \cdots p_z$$

式 (6.1) 中的 (u, v) 坐标对应于评估着色器中的 gl_TessCoord。

48 个系数可以整齐地排列成 4×4 矩阵。可以用矩阵 $\mathbf{C}_x$ 表示通过 p_x 的 a_x：

$$x(u,v) = (u^3 \ u^2 \ u \ 1) \, \mathbf{C}_x \begin{pmatrix} v^3 \\ v^2 \\ v \\ 1 \end{pmatrix}$$

给定一组结点（Knot Points），需要生成一组系数矩阵 $(\mathbf{C}_x, \mathbf{C}_y, \mathbf{C}_z)$。首先，从流行选择列表（如贝塞尔、B 样条、Catmull-Rom 和厄尔米特多项式）中选择基础矩阵并用 $\mathbf{B}$ 来表示。接下来，将结点排列成矩阵 $(\mathbf{P}_x, \mathbf{P}_y, \mathbf{P}_z)$，然后可以按如下方式推导出系数矩阵：

$$\mathbf{C}_x = \mathbf{B} * \mathbf{P}_x * \mathbf{B}^T$$
$$\mathbf{C}_y = \mathbf{B} * \mathbf{P}_y * \mathbf{B}^T$$
$$\mathbf{C}_z = \mathbf{B} * \mathbf{P}_z * \mathbf{B}^T$$

因为系数矩阵在图块上是恒定的，所以对于它们的计算应该在控制着色器而不是在评估着色器中完成。参见代码清单 6.4。

代码清单 6.4　茶壶控制着色器

```
layout(vertices = 16)out;
in vec3 vPosition[];
out vec3 tcPosition[];
patch out mat4 cx, cy, cz;
uniform mat4 B, BT;

#define ID gl_InvocationID

void main()
{
  tcPosition[ID] = vPosition[ID];

  mat4 Px, Py, Pz;
  for(int idx = 0; idx < 16; ++idx)
  {
    Px[idx / 4][idx % 4] = vPosition[idx].x;
    Py[idx / 4][idx % 4] = vPosition[idx].y;
    Pz[idx / 4][idx % 4] = vPosition[idx].z;
  }

  // 执行基础修改
```

```
cx = B * Px * BT;
cy = B * Py * BT;
cz = B * Pz * BT;
}
```

代码清单 6.4 没有充分利用线程模型。代码清单 6.5 通过在单独的调用中对每个维度 (x, y, z) 执行计算，获得了 3 倍的改进。

在某些情况下，由于着色器执行的 SIMD 特性，代码清单 6.5 中的第一个 return 语句不会改善性能。

代码清单 6.5　改进的控制着色器

```
layout(vertices = 16) out;
in vec3 vPosition[];
out vec3 tcPosition[];
patch out mat4 c[3];
uniform mat4 B, BT;

#define ID gl_InvocationID

void main()
{
  tcPosition[ID] = vPosition[ID];
  tcNormal[ID] = vNormal[ID];
  if(ID > 2)
  {
    return;
  }

  mat4 P;
  for (int idx = 0;idx < 16; ++idx)
  {
    P[idx / 4][idx % 4] = vPosition[idx][ID];
  }

  // 执行基础修改
  c[ID] = B * P * BT;
}
```

由于当前的驱动程序在变化的矩阵数组中存在问题，所以不得不用 3 个单独的矩阵替换 c [ ]数组。

通过移除 for 循环和使用 barrier 指令可以实现进一步的增益,但是当前的驱动程序不能很稳定地支持 barrier 指令。

接下来，我们来到评估着色器，它最适合执行式（6.1）中的计算并执行模型-视图-投影变换。详见代码清单 6.6。

代码清单 6.6　评估着色器

```
layout(quads) in;
in vec3 tcPosition[];
patch in mat4 cx, cy, cz;
uniform mat4 Projection;
uniform mat4 Modelview;

void main()
{
  float u = gl_TessCoord.x, v = gl_TessCoord.y;
  vec4 U = vec4(u * u * u, u * u, u, 1);
  vec4 V = vec4(v * v * v, v * v, v, 1);
  float x = dot(cx * V, U);
  float y = dot(cy * V, U);
  float z = dot(cz * V, U);
  gl_Position = Projection* Modelview * vec4(x, y, z, 1);
}
```

6.4　等值线和螺旋

到目前为止，我们已经讨论了 triangles 和 quads 域，它们将输入图块分解为许多微小的多边形。另一个细分模式 isolines 则会将每个输入图块更改为一系列的线段。代码清单 6.7 是评估着色器的节选，它可以从单条粗糙曲线生成多条平滑曲线。

代码清单 6.7　螺旋着色器

```
layout(isolines, equal_spacing, cw) in;

void main()
{
  float u = gl_TessCoord.x, v = gl_TessCoord.y;

  float B[4];
  EvalCubicBSpline(u, B);         // 有关其定义方法，请参见配套示例
```

```glsl
    vec4 pos = B[0]*gl_in[0].gl_Position+
               B[1]*gl_in[1].gl_Position+
               B[2]*gl_in[2].gl_Position+
               B[3]*gl_in[3].gl_Position;

    // 使用 v 在 y 坐标上的偏移
    // 从而使得多条曲线在绘制时不会互相层叠
    pos += vec4(0.0, v * 5.0, 0.0, 0.0);

    gl_Position = Projection * Modelview * pos;
}
```

该着色器请求曲面细分器单元生成均匀间隔的等值线。控制着色器需要仅指定两个外部曲面细分级别的值，并忽略所有内部级别。具体来说，gl_TessLevelOuter [0]描述了要生成的曲线数量，gl_TessLevelOuter [1]则描述了每条曲线生成的样本数量。例如，如果应用程序需要将粗略指定的曲线转换为单个平滑曲线，则可以将 gl_TessLevelOuter [0]设置为 1.0 并将 gl_TessLevelOuter [1]设置为 64.0 以精确采样输出曲线。相反，如果将 gl_TessLevelOuter [0]设置为 64.0 并将 gl_TessLevelOuter [1]设置为 4.0，则会使曲面细分器生成 64 条粗曲线。

代码清单 6.7 在每个图块的 4 个顶点之间执行 B 样条插值，使用 gl_TessCoord.x 指示沿曲线的参数位置，而 gl_TessCoord.y 则用于偏移由曲面细分器单元生成的不同曲线。

在这个例子中，一系列 5 个"图块"以螺旋形式创建，每个图块有 4 个顶点。如图 6.10 所示，在第一张图片中，两个外部曲面细分级别都设置为 1，因此得到的是一条曲线。

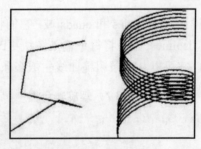

图 6.10 等值线控制点（左）和曲面细分后的曲线（右）

6.5 结合其他 OpenGL 功能

许多类型的动画和变形都非常适合当前的顶点着色器。例如，在顶点着色器中仍然可以按最佳方式执行蒙皮，NVIDIA 的 Gregory 图块演示就是其中的一个例子。

OpenGL 的变换反馈（Transform Feedback）功能可用于关闭光栅化器，并将曲面细分后的数据发送回 CPU，这些数据可用于验证或调试、做进一步的处理，或用于 CPU 端的渲染器，以生成高品质的结果。

变换反馈也可以用于执行迭代细化。当然，由于生成的顶点缓冲区需要非常大的内存，所以在实践中很少这样做。有关变换反馈的更多信息，请参阅第 17 章。

参考文献

[Castaño 08] Ignacio Castaño. "Displaced Subdivision Surfaces." Presented at Gamefest: http://developer.download.nvidia.com/presentations/2008/Gamefest/Gamefest2008-DisplacedSub divisionSurfaceTessellation-Slides.PDF, 2008.

[Kovacs et al. 09] Denis Kovacs, Jason Mitchell, Shanon Drone, and Denis Zorin. "Real-Time Creased Approximate Subdivision Surfaces." In *Proceedings of the 2009 symposium on Interactive 3D graphics and games, I3D '09*, pp. 155–160. New York: ACM, 2009.

[Loop and Schaefer 08] Charles Loop and Scott Schaefer. "Approximating Catmull-Clark subdivision surfaces with bicubic patches." *ACM Trans. Graph.* 27 (2008), 8:1–8:11. Available online (http://doi.acm.org/10.1145/1330511.1330519).

[Loop 10] Charles Loop. "Hardware Subdivision and Tessellation of Catmull-Clark Surfaces." Presented at GTC. http://www.nvidia.com/content/GTC-2010/pdfs/2129 GTC2010.pdf, 2010.

[Ni et al. 09] Tianyun Ni, Ignacio Castaño, Jörg Peters, Jason Mitchell, Philip Schneider, and Vivek Verma. "Efficient Substitutes for Subdivision Surfaces." In *ACM SIGGRAPH 2009 Courses, SIGGRAPH'09*, pp. 13:1–13:107. New York: ACM, 2009.

[Yuksel and Tariq 10] Cem Yuksel and Sarah Tariq. "Advanced Techniques in Real-Time Hair Rendering and Simulation." In *ACM SIGGRAPH 2010 Courses, SIGGRAPH '10*, pp. 1:1–1:168. New York: ACM, 2010. Available online (http://doi.acm.org/10.1145/1837101.1837102).

第 7 章　GLSL 中的程序纹理

作者：Stefan Gustavson

7.1　简　　介

程序纹理（Procedural Texture）是在渲染过程中即时计算的纹理，与预先计算的基于图像的纹理相对应。似乎为每个帧从头开始计算纹理不是明智的选择，但程序纹理几十年来一直是软件渲染的主要内容，这是有充分理由的。随着 GPU 体系结构中可编程着色的性能水平不断提高，GLSL 中的硬件加速程序纹理现在变得非常有用，值得更多考虑。它可以执行的一个例子如图 7.1 所示。

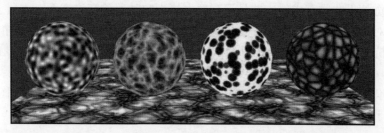

图 7.1　程序纹理的示例。现代 GPU 可以在几毫秒内以全屏分辨率渲染此图像

编写一个良好的程序着色器比使用图像编辑软件绘制纹理或编辑拍摄的图像以满足我们的需要更为复杂，但是，有了程序着色器之后，就可以通过简单的参数更改来改变图案和颜色，这使得开发人员可以在许多不同目的下广泛地重复使用数据，以及在制作过程中很晚才对表面外观进行微调甚至全面修改。与传统的凹凸贴图或法线贴图相比，程序纹理图案允许使用分析导数，这使得生成相应的表面法线变得不那么复杂，并且可以实现分析各向异性抗锯齿。程序图案仅需要非常少的存储空间，并且它们可以按任意分辨率渲染而没有锯齿状边缘或模糊，这在渲染视点不受限制的实时应用程序中的特写细节时特别有用。可以设计程序纹理以避免在应用于大区域时出现接缝和周期性伪影问题，并且可以自动生成随机查看的细节图案，而不是让艺术家绘制它们。程序着色还消除了 3D 纹理和动画图案的内存限制。3D 程序纹理即所谓的实体纹理（Solid Textures），可以应用于任何形状的对象，而无须 2D 纹理坐标。

虽然所有这些优势使得程序着色在离线渲染中很受欢迎，但实时应用程序采用这种做法的速度则很慢。一个显而易见的原因是 GPU 是有限的资源，并且通常必须牺牲质量来提高性能。然而，即使在典型的消费级 GPU 上，最近的硬件发展也为我们提供了大量的计算能力，并且鉴于其大规模并行架构，内存访问正成为主要的瓶颈。现代 GPU 具有丰富的纹理单元，并使用缓存策略来减少对全局内存的访问次数，但现在许多实时应用程序在纹理带宽和处理带宽之间存在不平衡。算术逻辑单元（Arithmetic and Logic Unit, ALU）指令基本上可以是"自由的"，当与内存读取并行执行时根本不会导致减速，并且可以使用程序元素来增强基于图像的纹理。有些令人惊讶的是，程序纹理在性能量表的另一端也很有用。用于移动设备的 GPU 硬件可能对纹理下载和纹理访问造成相当大的损失，并且这有时可以通过程序纹理来减轻。程序着色器不一定非常复杂，本章中的一些示例说明了这一点。

程序方法不限于片段着色。随着实时几何的复杂性不断增加以及在第 6 章中讨论的 GPU 托管曲面细分的引入，表面位移和辅助动画等任务最好在 GPU 上执行。程序位移着色器和程序表面着色器之间的紧密相互作用已证明在离线着色环境中创建复杂且令人印象深刻的视觉效果非常有成效，并且没有理由认为实时着色在这方面有本质上的不同。

本章是对 GLSL 中程序着色器编程的介绍。首先，我们将介绍一些程序图案的基础知识，包括抗锯齿。本章的重要部分介绍了最近开发的有效方法，用于完全在 GPU 上生成柏林噪声（Perlin Noise）和其他类似噪声的图案，以及通过一些基准来展示它们的性能。本书配套网站（www.openglinsights.com）上的代码存储库包含一个跨平台的演示程序和一个用于程序纹理的有用 GLSL 函数库。

7.2 简单函数

程序纹理不同于基于图像的纹理。设计一个函数以便在不知道任何周围点的情况下有效地计算任意点处的值，这一概念对于初级开发人员来说需要有一个习惯的过程。关于这个主题有一本好书，那就是 Texturing and Modeling: A Procedural Approach（《纹理和建模：程序方法》，详见本章参考文献 [Ebert et al. 03]）。它的硬件加速部分已经过时，但余下部分都很好。关于软件程序着色器的另一本经典著作也非常值得一读：Advanced Renderman: Creating CGI for Motion Pictures（《高级 Renderman：为动画创建 CGI》，详见本章参考文献 [Apodaca and Gritz 99]）。

图 7.2 显示了各种常规程序图案（Procedural Pattern）和生成它们的 GLSL 表达式。这些例子是单色的，但是，通过使用结果图案作为 mix()函数的最后一个参数，黑色和白

色可以用任何颜色或纹理代替。

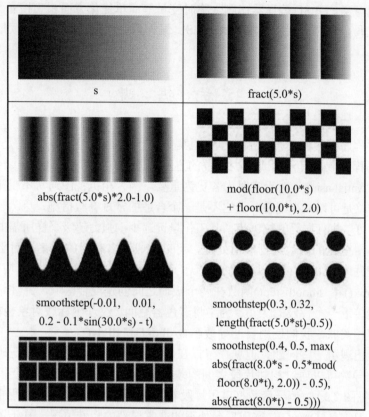

图 7.2 常规程序图案的示例。纹理坐标是 float s, t 或 vec2 st；0≤s≤1 且 0≤t≤0.4

对于抗锯齿目的来说，一个好的设计选择是首先创建某种连续距离函数，然后对其设置阈值以获得我们想要的特性。图 7.2 中的最后 3 个图案遵循这个建议。这些例子都没有实现适当的抗锯齿，稍后会详细讨论这一点。

例如，考虑圆形斑点图案。首先，通过将 st 缩放 5.0 并获取结果的小数部分来创建纹理坐标的周期性重复。从中减去 0.5 会创建 2D 坐标范围为-0.5～0.5 的单元格。通过 length() 计算的到单元-局部原点的距离是平面中任何地方的连续函数，通过 smoothstep() 设置其阈值即可产生任何所需大小的圆形斑点。

从头开始设计这样的图案有很多诀窍，并且需要练习才能做好，但这样的实验也是一种很有趣的学习体验。当然，图 7.2 中的最后一个示例也会给开发人员警告：将这些类型的函数编写为单行代码将很快使它们无法阅读，甚至是作者本人可能也需要花大力气回忆。因此，开发人员应该使用具有相关名称的中间变量并注释所有代码。程序纹理的一个优点是它们可以重复用于不同的目的，但如果着色器代码无法理解，那么这一点基本上没有实际意义。GLSL 编译器在删除临时变量等简单优化方面相当擅长。为了创建最佳的着色器代码，仍然需要一些填鸭式 GLSL 编译器，但是不必牺牲可读性来实现代码的紧凑性。

7.3 抗锯齿

初学者对程序图案的实验经常会导致图案变得非常混乱，但这个问题是可以解决的。软件着色器编程领域具有消除或减少混叠的方法，并且这些方法可以直接转换为硬件着色。抗锯齿（Antialiasing）对于实时内容更为重要，因为相机视图通常不受限制且不可预测。超级采样总是可以减少混叠，但它不是一个合适的常规补救措施，因为一个编写良好的程序着色器可以执行自己的抗锯齿，其工作量远远少于强力超级采样所需的工作量。

通过对平滑变化的函数进行阈值处理，可以生成许多有用的图案。对于这样的阈值处理，使用条件（if-else）或者"全有或全无"的 step() 函数将会很糟糕，应该避免使用。相反，使用 mix() 和 smoothstep() 函数在两个极端之间创建混合区域，并注意使混合区域的宽度尽可能接近一个片段的大小。为了将着色器空间（纹理坐标或对象坐标）与 GLSL 中的片段空间相关联，我们使用自动导数函数 dFdx() 和 dFdy()。

这些函数出现了一些问题，但现在可以在所有支持 GLSL 的平台上正确有效地实现它们。局部偏导数可以通过相邻片段之间的差异来近似，并且它们只需要很少的额外努力来计算（参见图 7.3）。偏导函数打破了片段着色器无法访问同一渲染过程中其他片段的信息的规则，但它是 OpenGL 实现后台处理的非常局部的特殊情况。基于图像的纹理的 Mip 映射和各向异性过滤也使用此特征，如果没有它，纹理的适当抗锯齿几乎是不可能的。

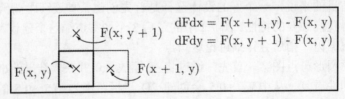

图 7.3　片段着色器中的"自动导数"dFdx() 和 dFdy() 只是两个相邻片段的任意计算值之间的差异。在一个片段（粗体方块）中的 x 和 y 中的导数是使用一个邻居（细方块）计算的。如果右邻居或上邻居不是同一图元的一部分或出于效率的原因，则可以替代地使用左邻居或下邻居

对于平滑变化函数 F 上的阈值操作的平滑、各向异性抗锯齿，需要计算片段空间中梯度矢量的长度，并使 smoothstep() 函数的步长取决于它。

F 的片段空间(x, y)中的梯度很简单，就是$(\partial F/\partial x, \partial F/\partial y)$。内置函数 fwidth()将该矢量的长度计算为 $|\partial F/\partial x| + |\partial F/\partial y|$，一个有点误导的尝试是在旧硬件上加速。在大多数情况下，现在更好的选择是计算梯度的真实长度：

$$\sqrt{\left(\frac{\partial F}{\partial x}\right)^2 + \left(\frac{\partial F}{\partial y}\right)^2}$$

根据代码清单 7.1，对于步长补偿使用±0.7 而不是±0.5，原因是 smoothstep()在其端点处是平滑的，并且具有比线性斜坡更陡的最大斜率。

代码清单 7.1　各向异性抗锯齿步骤函数

```
// 这里的 threshold（阈值）是常量，value（值）是平滑变化的
float aastep(float threshold, float value)
{
  float afwidth = 0.7 * length(vec2(dFdx(value), dFdy(value)));
  // GLSL 的 fwidth(value)是 abs(dFdx(value)) + abs(dFdy(value))
  return smoothstep(threshold - afwidth, threshold + afwidth, value);
}
```

在某些情况下，函数的分析导数很容易计算，并且使用有限差分来近似它可能是低效或不准确的。分析导数在 2D 或 3D 纹理坐标空间中表示，但是抗锯齿需要知道 2D 屏幕空间中梯度矢量的长度。代码清单 7.2 展示了如何将纹理坐标空间中的矢量转换或投影到片段坐标空间。请注意，与直接在片段空间中计算近似梯度相比，需要 dFdx()和 dFdy()的两到三倍的值来将分析梯度投影到片段空间，但自动导数的计算成本相当低。

代码清单 7.2　将(s, t)或(s, t, p)纹理空间中的矢量转换到片段(x, y)空间

```
// st 是一个纹理坐标的 vec2，而 G2_st 则是纹理坐标空间中的 vec2
mat2 Jacobian2 = mat2(dFdx(st), dFdy(st));
// G2_xy 是变换到片段空间的 G2_st
vec2 G2_xy = Jacobian2 * G2_st;
// stp 是一个纹理坐标的 vec3，而 G3_stp 则是纹理坐标空间中的 vec3
mat2x3 Jacobian3 = mat2x3(dFdx(stp), dFdy(stp));
// G3_xy 是投影到片段空间的 G3_stp
vec2 G3_xy = Jacobian3 * G3_stp;
}
```

7.4　Perlin 噪声

由 Ken Perlin 引入的柏林噪声（Perlin Noise）是程序纹理的一个非常有用的构建块（详

见本章参考文献 [Perlin 85]）。事实上，它彻底改变了自然外观表面的软件渲染作业。使用柏林噪声生成的一些图案以及生成它们的着色器代码如图 7.4 所示。就其本身而言，它并不是一个非常令人兴奋的功能——它只是在一定大小范围内的模糊斑点图案。但是，可以通过多种方式操纵噪声，以创造出令人印象深刻的视觉效果。它可以被设置阈值和求和以模仿分形图案（Fractal Patterns），并且它还具有以其他常规图案引入一些随机性的巨大潜力。自然界主要建立在随机过程上或来自随机过程，并且噪声的操纵允许在程序上对大量天然材料和环境进行建模。

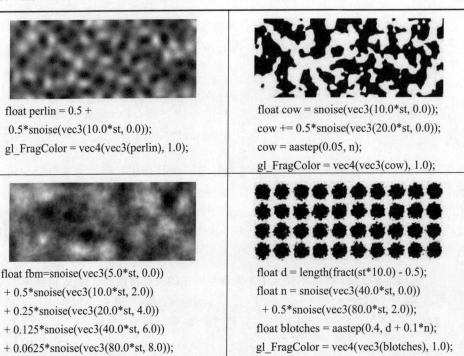

图 7.4　使用 Perlin 噪声的程序图案示例。纹理坐标是 float s, t 或 vec2 st

图 7.4 中的示例是静态 2D 图案，但是一些更引人注目的噪声使用是使用 3D 纹理坐标和/或时间作为噪声函数的额外维度。本章的代码库包含一个演示图 7.1 中场景的动画。左面的两个球体和地平面是由一个或多个 Perlin 噪声实例产生的图案的示例。

设计 GLSL 时，其内置函数中包含一组噪声函数。遗憾的是，除了 3DLabs 的一些过时的 GPU 之外，这些函数迄今为止几乎没有在任何 OpenGL 程序中实现。对主流 GPU 上噪声的原生硬件支持可能如昙花一现，或者虽然确实存在，但是同样有软件解决方法。

最近的研究提供了 Perlin 噪声的所有常见变体的快速 GLSL 实现，这些变体易于使用并且与所有当前的 GLSL 实现兼容，包括 OpenGL ES 和 WebGL，详见本章参考文献 [McEwan et al. 12]。该文章中有实现细节，在本章参考文献 [Gustavson 05] 中可以找到 Perlin 噪声在其经典和现代变体中的简短概述。在这里，将仅列出 2D 单纯形噪声（Simplex Noise），这是 Perlin 噪声的现代变体，以显示它的简洁程度。代码清单 7.3 是一个独立的 2D 单纯形噪声实现，可以剪切并粘贴到着色器中：无须设置，也不需要外部资源。该函数可用于顶点着色器和片段着色器等。在本书的代码库中还包括 Perlin 噪声的其他变体。

代码清单 7.3　2D 中 Perlin 单纯形噪声的完整、自包含的 GLSL 实现

```glsl
// 说明：数组和无纹理 GLSL 2D 单纯形噪声
// 作者：Ian McEwan, Ashima Arts。版本：20110822
// 版权所有(C) 2011 Ashima Arts。保留所有权利
// 根据 MIT 许可证分发。请参阅 LICENSE 文件
// https://github.com/ashima/webgl-noise

vec3 mod289(vec3 x)
{
  return x - floor(x * (1.0 / 289.0)) * 289.0;
}
vec2 mod289(vec2 x)
{
  return x - floor(x * (1.0 / 289.0)) * 289.0;
}
vec3 permute(vec3 x)
{
  return mod289(((x*34.0)+1.0)*x);
}
float snoise(vec2 v)
{
  const vec4 C = vec4(0.211324865405187,  // (3.0 - sqrt(3.0))/6.0
                      0.366025403784439,  // 0.5*(sqrt(3.0)-1.0)
                     -0.577350269189626,  // -1.0 + 2.0 * C.x
                      0.024390243902439); // 1.0 / 41.0
  // 第一个角落
  vec2 i = floor(v + dot(v, C.yy));
  vec2 x0 = v - i + dot(i, C.xx);
  // 其他角落
  vec2 i1 = (x0.x > x0.y)?vec2(1.0, 0.0):vec2(0.0, 1.0);
  vec4 x12 = x0.xyxy + C.xxzz;
  x12.xy -= i1;
```

```
// 位移
i = mod289(i);  // 避免位移中的截取效果
vec3 p = permute(permute(i.y + vec3(0.0, i1.y, 1.0))
                 + i.x + vec3(0.0, i1.x, 1.0));
vec3 m = max(0.5 - vec3(dot(x0,x0), dot(x12.xy,x12.xy),
                 dot(x12.zw,x12.zw)), 0.0);
m = m * m;
m = m * m;
// 梯度
vec3 x = 2.0 * fract(p * C.www) - 1.0;
vec3 h = abs(x) - 0.5;
vec3 a0 = x - floor(x + 0.5);
// 通过缩放 m 来隐式归一化梯度
m *= 1.79284291400159 - 0.85373472095314 * (a0*a0 + h*h);
// 计算 P 的最终噪声值
vec3 g;
g.x = a0.x * x0.x + h.x * x0.y;
g.yz = a0.yz * x12.xz + h.yz * x12.yw;
return 130.0 * dot(m, g);
}
```

Perlin 噪声的不同形式并不是简单的函数，但它们仍然可以在现代 GPU 上以每秒数十亿个片段的速度进行评估。硬件和软件开发现在已经达到了 Perlin 噪声对于实时着色非常有用的程度，并鼓励每个人都使用它。

7.5　Worley 噪声

另一个有用的函数是由 Steven Worley 引入的细胞基函数（Cellular Basis Function）或细胞噪声（Cellular Noise）。它通常称为 Worley 噪声（Worley Noise），此函数可用于生成与 Perlin 噪声不同的图案类（详见本章参考文献 [Worley 96]）。该函数基于一组不规则定位但合理均匀间隔的特征点（Feature Points）。函数的基本版本返回距离 2D 或 3D 中指定点中最近的一个特征点的距离。更流行的版本可以将距离返回到两个最接近的点，这允许更多的图案设计中的变体。Worley 的原始实现为正确的、各向同性和统计上良好的行为做出了值得称道的努力，但是多年来已经提出了简化的变体来削减一些角落并使函数在着色器中的计算更少。Worley 噪声的计算比 Perlin 噪声更复杂，因为它需要对多个候选进行排序以确定哪个特征点最接近，但是 Perlin 噪声通常需要多次评估以生成有趣的图案，而对于 Worley 噪声来说，单次评估就足够了。一般来说，Worley 噪声可以和 Perlin 噪声一样有用，但是针对的是不同类型的问题。默认情况下，Perlin 噪声是模糊和平滑的，而 Worley 噪声本质上是斑点状和锯齿状的，具有不同的特征。

最近没有任何关于实时使用的 Worley 噪声算法的出版物，但是我们使用最近的 Perlin 噪声工作中的概念和之前软件实现的想法，创建了一些简化变体的原始实现并将它们放入本章代码存储库中。关于该实现的详细说明见本章参考文献 [Gustavson 11]。在这里，我们只是指出它们的存在并提供了它们的用法。最简单的版本如代码清单 7.4 所示。

代码清单 7.4　在 2D 中 Worley 噪声简化版的完整、自包含的 GLSL 实现

```
// GLSL 2D 中细胞噪声（Worley 噪声）的简化版本
// 版权所有(c) Stefan Gustavson 2011-04-19。保留所有权利
// 根据 MIT 许可证分发
// 请参阅 LICENSE 文件

vec4 permute(vec4 x)
{
  return mod((34.0 * x + 1.0) * x, 289.0);
}

vec2 cellular2x2(vec2 P)
{
  const float K = 1.0/7.0;
  const float K2 = 0.5/7.0;
  const float jitter = 0.8;             // jitter 1.0 使 F1 错误更常见
  vec2 Pi = mod(floor(P), 289.0);
  vec2 Pf = fract(P);
  vec4 Pfx = Pf.x + vec4(-0.5, -1.5, -0.5, -1.5);
  vec4 Pfy = Pf.y + vec4(-0.5, -0.5, -1.5, -1.5);
  vec4 p = permute(Pi.x + vec4(0.0, 1.0, 0.0, 1.0));
  p = permute(p + Pi.y + vec4(0.0, 0.0, 1.0, 1.0));
  vec4 ox = mod(p, 7.0) * K + K2;
  vec4 oy = mod(floor(p * K),7.0) * K + K2;
  vec4 dx = Pfx + jitter * ox;
  vec4 dy = Pfy + jitter * oy;
  vec4 d = dx * dx + dy * dy;           // 距离的平方
  // 为返回的值仅拾取 F1
  d.xy = min(d.xy, d.zw);
  d.x = min(d.x, d.y);
  return d.xx;                          // F1 已复制，F2 不计算
}
varying vec2 st;                        // 纹理坐标
```

```
void main(void){
  vec2 F = cellular2x2(st);
  float n = 1.0 - 1.5 * F.x;
  gl_FragColor = vec4(n.xxx, 1.0);
}
```

使用 Worley 噪声生成的一些图案以及生成它们的 GLSL 表达式如图 7.5 所示。图 7.1 中右侧的两个球体是通过单次调用 Worley 噪声生成的图案示例。

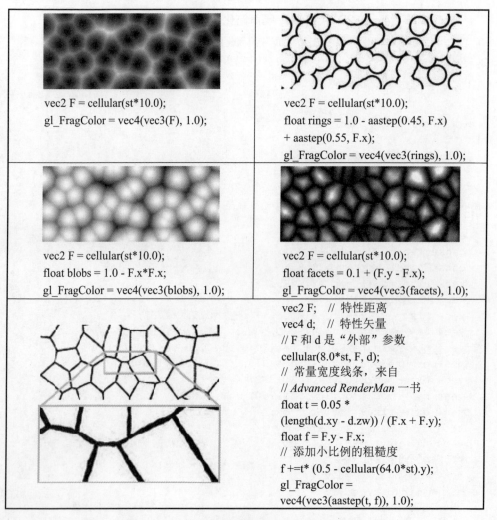

图 7.5 使用 Worley 噪声的程序图案示例。纹理坐标是 vec2 st。
有关 cellular() 函数的实现，请参阅代码库

7.6 动　画

对于程序图案，片段的所有属性都是针对每个帧重新计算的，这意味着动画或多或少是自由的，它只是通过统一变量为着色器提供时间概念的问题，并且使图案以某种方式依赖于该变量。动画速度与帧速率无关，动画不需要循环，但可以延长任意长时间而不重复（如果浮点值用于定时，则在数值精度的约束内）。动画从字面上为图案添加了一个新的维度，并且使用程序纹理也可能实现无限制动画，因为它们有强力参数可用。Perlin 噪声以 4D 版本提供，其主要用途是创建纹理，其中的 3D 空间坐标和时间一起为动画实体纹理提供纹理坐标。本章演示代码不仅可以渲染图 7.1 中的场景，也可以将当前时间作为统一变量提供给 GLSL，加上依赖于它的计算图案，即可为着色器设置动画。

与预渲染的图像序列不同，程序着色器动画不受限于简单的线性时间依赖性。例如，对程序纹理的依赖于视图的更改可用于影响渲染的细节级别，以便仅在特写视图中计算凹凸贴图或小比例的特征以节省 GPU 资源。程序着色允许对表面进行任意交互式和动态的更改，包括极其复杂的计算，如在 GPU 上执行的烟雾和流体模拟。动画着色器已经在软件渲染中使用了很长时间，但是交互性是实时着色的独特之处，而现代 GPU 具有比 CPU 更多的计算能力，为许多有趣和美妙的探索途径铺平了道路。

7.7　纹理图像

程序纹理可以消除对基于图像的纹理的依赖性，但是，也有一些应用程序愿意使用混合方法，即同时使用程序纹理和基于图像的纹理。纹理图像可用于粗略细节以允许更好的艺术控制，并且程序模式可填充特写视图中的细节。这不仅包括片段着色器中的曲面属性，还包括顶点着色器中的位移贴图（Displacement Maps）。纹理图像也可以用作进一步处理成程序图案的数据，如第 12 章或图 7.6 中的半色调示例所示，由代码清单 7.5 中的着色器渲染。双线性纹理插值在着色器代码中明确执行。硬件纹理插值通常具有有限的定点精度，在极端放大率下不适合这种阈值处理。

图 7.6 使用纹理图像作为输入的半色调着色器。着色器列在代码清单 7.5 中。在近景视图（右下角）中可以看到小的随机细节。对于距离视图，着色器可以通过逐渐混合半色调图案并在纯 RGB 图像中混合（左下角）来避免混叠

代码清单 7.5 生成图 7.6 中半色调图案的片段着色器

```
uniform sampler2D teximage;
uniform vec2 dims;                                  // 纹理尺寸（宽度和高度）
varying vec2 one;                                   // 来自顶点着色器的 1.0 倍尺寸
varying vec2 st;                                    // 2D 纹理坐标

// 明确的双线性查找以避免不精确的插值
// 在 GLSL 1.30 和更高版本中，'dims'可以通过 textureSize()提取
vec4 texture2D_bilinear(sampler2D tex, vec2 st, vec2 dims, vec2 one)
{
  vec2 uv = st * dims;
  vec2 uv00 = floor(uv - vec2(0.5));                // 左下纹理元素的左下角
  vec2 uvlerp = uv - uv00 - vec2(0.5);              // 纹理元素——局部混合[0,1]
  vec2 st00 = (uv00 + vec2(0.5)) * one;
  vec4 texel00 = texture2D(tex, st00);
  vec4 texel10 = texture2D(tex, st00 + vec2(one.x, 0.0));
```

```glsl
  vec4 texel01 = texture2D(tex, st00 + vec2(0.0, one.y));
  vec4 texel11 = texture2D(tex, st00 + one);
  vec4 texel0 = mix(texel00, texel01, uvlerp.y);
  vec4 texel1 = mix(texel10, texel11, uvlerp.y);
  return mix(texel0, texel1, uvlerp.x);
}

void main(void)
{
  vec3 rgb = texture2D_bilinear(teximage, st, dims, one).rgb;
  float n = 0.1 * snoise(st * 200.0);
  n += 0.05 * snoise(st * 400.0);
  n += 0.025 * snoise(st * 800.0);             // 分形噪声，3 个八度
  vec4 cmyk;
  cmyk.xyz = 1.0 - rgb;                         // 粗略的 CMY 转换
  cmyk.w = min(cmyk.x, min(cmyk.y, cmyk.z));    // 创建 K
  cmyk.xyz -= cmyk.w;                           // 从 CMY 中减去 K 的量

  // CMYK 半色调网屏，角度为 15/-15/0/45 度
  vec2 Cuv = 50.0 * mat2(0.966, -0.259, 0.259, 0.966) * st;
  Cuv = fract(Cuv) - 0.5;
  float c = aastep(0.0, sqrt(cmyk.x) - 2.0 * length(Cuv) + n);
  vec2 Muv = 50.0 * mat2(0.966, 0.259, -0.259, 0.966)*st;
  Muv = fract(Muv) - 0.5;
  float m = aastep(0.0, sqrt(cmyk.y) - 2.0 * length(Muv) + n);
  vec2 Yuv = 50.0 * st;                         // 0 度
  Yuv = fract(Yuv) - 0.5;
  float y = aastep(0.0, sqrt(cmyk.z) - 2.0 * length(Yuv) + n);
  vec2 Kuv = 50.0 * mat2(0.707, -0.707, 0.707, 0.707) * st;
  Kuv = fract(Kuv) - 0.5;
  float k = aastep(0.0, sqrt(cmyk.w) - 2.0 * length(Kuv) + n);

  vec3 rgbscreen = 1.0 - vec3(c, m, y);
  rgbscreen = mix(rgbscreen, vec3(0.0), 0.7 * k + 0.5 * n);
  vec2 fw = fwidth(st);
  float blend = smoothstep(0.7, 1.4, 200.0 * max(fw.s, fw.t));
  gl_FragColor = vec4(mix(rgbscreen, rgb, blend), 1.0);
}
```

当然，某些程序图案的计算可能太麻烦，所以很难将每一帧都渲染为纹理，而是在帧之间重用。这种方法保留了使用程序图案的若干个优点（灵活性、紧凑性、动态分辨率），并且，当我们所等待的复杂的程序纹理可以在实时中轻松管理时，它可以是一个

很好的折衷方案。虽然丢失了一些优点（如内存带宽、分析各向异性抗锯齿、快速动画），但它确实解决了极端缩小的问题。缩小可能很难从分析上进行处理，但是通过对基于图像的纹理进行 Mip 映射则可以很好地解决问题。所谓 Mip 映射，也称多级纹理，就是分辨率递减的同一纹理，可以根据距离观察点的距离选择最适合的分辨率纹理。Mip 映射可以解决两方面的问题：① 闪烁，当屏幕上被渲染物体的表面与它所应用的纹理图像相比显得非常小时，就会出现闪烁。尤其当相机和物体在移动时，这种负面效果更容易被看到；② 性能问题，加载了大量的纹理数据之后，还要对其进行过滤处理（缩小），在屏幕上显示的只是一小部分。纹理越大，所造成的性能影响就越大。当然它同时也会增加额外的内存需求，大约比原先需要多出 1/3 的内存空间。

7.8 性　　能

支持着色器的硬件有很多种。较旧的笔记本电脑 GPU 或低成本、低功耗的移动 GPU 通常可以为游戏爱好者运行与全新高端 GPU 相同的着色器，但它们的原始性能差异可能高达 100 倍。因此，某种程序方法的有用性在很大程度上取决于应用。GPU 的速度日新月异，它们的内部架构在不同版本之间也会发生变化，有时甚至是根本性的改变。出于这个原因，绝对基准测试在像这样的一般演示中是相当无用的。我们已经测量了本章中几个示例着色器在若干硬件上的性能，结果如表 7.1 所示。

表 7.1　一些示例着色器的基准测试

着　色　器	NVIDIA 9600M	AMD HD6310	AMD HD4850	NVIDIA GTX260
常量颜色	422	430	2721	3610
单个纹理	412	414	2718	3610
小点（图 7.2 右下角）	360	355	2720	3420
Perlin 噪声（图 7.4 左上角）	63	97	1042	697
5 倍 Perlin 噪声（图 7.4 左下角）	11	23	271	146
Worley 噪声（图 7.5 左上角）	82	116	1192	787
Worley 平铺（图 7.5 底部）	26	51	580	345
半色调（图 7.6）	34	52	597	373

注：表中数字的单位是百万片段每秒。NVIDIA 9600M 是旧款笔记本的 GPU，AMD HD6310 是一款经济型笔记本电脑的 GPU。AMD HD4850 和 NVIDIA GTX260 分别是 2011 年的中端台式机 GPU，而 2011 年的高端 GPU 表现又要比它们好若干倍。

表 7.1 不应被视为具有代表性或精心挑选的结果，事实上，它只是若干个不同模型的随机 GPU（既不是最佳表现，也不是最新的产品），配合本章中介绍的一些着色器。运行此基准测试的程序包含在本章配套代码存储库中。绝对数字取决于操作系统和驱动程序版本，仅应作为性能的一般指示。表中最有用的信息是一列中的相对性能：将常量颜色着色器或单个纹理查找与同一 GPU 上的各种程序着色器进行比较是有益的。从基准测试中可以明显看出，单个纹理查找的速度对于原始速度来说是非常难以击败的，尤其是因为大多数当前的 GPU 专门设计为具有高纹理带宽。但是，相当复杂的程序纹理也可以按非常有用的速度运行，并且当 GPU 性能的限制因素是内存带宽时，它们会变得更具竞争力。程序方法可以与内存读取并行执行，以增加纹理表面的视觉复杂性，而不必减慢速度。在可预见的未来，GPU 将继续存在内存带宽问题，并且其计算能力将不断提高。这里肯定有很多的实验空间。

7.9 小　　结

本章的目的是证明现代着色器支持的 GPU 足够成熟，能够以完全交互的速度渲染程序图案，并且 GLSL 是编写程序着色器的良好语言，在过去的二十年里，几乎已经成为离线渲染的标准工具。在包含程序纹理的内容制作过程中，需要使用数学和编程语言作为创造性视觉表达的工具来创建一些视觉效果，而这需要优秀视觉艺术家人才，他们和传统的图像编辑工具应用人才是有区别的。此外，GPU 仍然是一种有限的资源，需要注意不要用过于复杂的着色器来压垮它。在某些情况下，程序图案比传统的基于图像的纹理能更好地完成工作，随着硬件的发展，已经有很多工具和处理能力来实时完成程序纹理。现在是开始在 GLSL 中编写程序着色器的好时机。

参 考 文 献

[Apodaca and Gritz 99] Anthony Apodaca and Larry Gritz. *Advanced RenderMan: Creating GCI for Motion Pictures*. San Francisco: Morgan Kaufmann, 1999.

[Ebert et al. 03] David Ebert, Kenton Musgrave, Darwyn Peachey, Ken Perlin, and Steve Worley. *Texturing and Modeling: A Procedural Approach*. San Francisco: Morgan Kauf-mann, 2003.

[Gustavson 05] Stefan Gustavson. "Simplex Noise Demystified." http://www.itn.liu.se/

~stegu/simplexnoise/simplexnoise.pdf, March 22, 2005.

[Gustavson 11] Stefan Gustavson. "Cellular Noise in GLSL: Implementation Notes." http:// www.itn.liu.se/~stegu/GLSL-cellular/GLSL-cellular-notes.pdf, April 19, 2011.

[McEwan et al. 12] Ian McEwan, David Sheets, Stefan Gustavson, and Mark Richardson. "Efficient Computational Noise in GLSL." *Journal of Graphics Tools* 16:2 (2012), to appear.

[Perlin 85] Ken Perlin. "An Image Synthesizer." *Proceedings of ACM Siggraph 85* 19:3 (1985), 287–296.

[Worley 96] Steven Worley. "A Cellular Texture Basis Function." In *SIGGRAPH'96, Proceedings of the 23rd Annual Conference on Computer Graphics and Interactive Techniques*, pp. 291–293. New York: ACM, 1996.

第 8 章 基于 OpenGL 和 OpenGL ES 的 OpenGL SC 仿真

作者：Hwanyong Lee 和 Nakhoon Baek

8.1 简　介

OpenGL 是最广泛使用的 3D 图形 API 之一。它起源于 20 世纪 80 年代的 IRIS GL，现在可在各种平台上使用。目前，开放标准联盟 Khronos Group 统一管理着 OpenGL 系列的所有标准规范，包括 OpenGL、OpenGL ES（用于嵌入式系统）、OpenGL SC（安全关键配置文件）和 WebGL。

撰写本书时，台式机和工作站的最新版本是 OpenGL 4.2，于 2011 年 8 月发布。在嵌入式系统和手持设备上，OpenGL ES 1.1 和 2.0 被广泛使用（ES 是 Embedded System 的首字母简写）。这些嵌入式版本非常成功，特别是对于智能手机和平板电脑来说尤其如此。

OpenGL 系列中还有一个 OpenGL SC，其中，SC 是 Safety-Critical（安全关键）的首字母简写，这是一个源自 OpenGL ES 的安全关键配置文件（详见本章参考文献 [Stockwell 09]）。从历史上看，这个安全关键配置文件是作为 OpenGL ES 的一个子集启动的，旨在最大限度地降低实现和安全认证的成本，主要用于 DO-178B 需求（详见本章参考文献 [RTCA/DO-178B 92]）。然而，由于目标和要求均有所不同，OpenGL SC 成为另一个独立的规范。目前，尽管有一些共同特征，OpenGL SC 和 OpenGL ES 彼此并不兼容。图 8.1 显示了基于 OpenGL SC 的驾驶舱显示。

图 8.1　基于 OpenGL SC 的驾驶舱显示器。图片由 ESTEREL Technology Inc.提供

在航空电子、工业、军事、医疗和汽车应用 等安全关键市场中，OpenGL SC 在图形

界面和应用中发挥着重要作用。随着安全关键市场的增长，对这种 3D 图形 API 的需求正在迅速增加。对于医疗和汽车应用，消费电子市场开始强烈要求这一标准。

由于 OpenGL SC 的开发是基于现成商品的，因此自然需要一种经济有效的方式来实现 OpenGL SC（详见本章参考文献 [Cole 05]，[Snyder 05]，[Beeby 02]）。目前有一些 OpenGL SC 实现，其中一些在现有的 OpenGL 芯片上提供完全专用的 OpenGL SC 半导体芯片或专用设备驱动程序。这些解决方案需要大量的开发成本。虽然也提供了一些完整的软件解决方案，但它们的性能并不能满足许多应用的需求。

在另一个现有图形管线上实现图形库具有诸如成本效益和可移植性等方面的诸多优点。对于 OpenGL ES，有一个在 OpenGL ES 2.0 之上的 OpenGL ES 1.1 的实现示例，其中，ES 2.0 管线被修改为完全支持 ES 1.1 特性（详见本章参考文献 [Hill et al. 08]）。桌面 OpenGL 上的 OpenGL ES 1.1 仿真也可用（详见本章参考文献 [Lee and Baek 09]，[Baek and Lee 12]）。为了支持 Windows PC 上的 WebGL 功能，在 Direct3D 9 上面还开发了 OpenGL ES 2.0 仿真，如第 39 章所述。

在本章中，OpenGL SC 仿真库（Emulation Library）的实现将基于 OpenGL 1.1 固定渲染管线和 ARB_multitexture 扩展（详见本章参考文献 [Leech 99]），它可能是嵌入式 3D 图形系统的最低端硬件配置文件之一。我们还演示了在 OpenGL ES 硬件上模拟 OpenGL SC。最后，我们的 OpenGL SC 仿真可用于基于桌面的 OpenGL SC 开发。在低端嵌入式系统图形设备中使用最广泛的是 OpenGL ES 1.1，它基于 OpenGL 1.3，其主要优点是稳定性好、成本效益和占用空间小。

出于以下原因，这种实现具有强烈的需求：
- ❏ 成本效益。虽然我们可以从头开发整个 OpenGL SC 设备，但已经有硬件设备及其相应的驱动程序支持 OpenGL 或 OpenGL ES。我们的目标是利用这些现有的硬件设备以相对较低的成本提供额外的 OpenGL SC 支持。
- ❏ 高效的开发环境。大多数嵌入式系统通常都是在台式机上开发，然后在目标设备上下载，因为目标嵌入式系统通常没有足够的计算能力用于开发工具。因此，对于这些交叉编译环境，需要有用于 PC 的仿真库。
- ❏ 快速稳定的实现。在交付整个独立的 OpenGL SC 硬件或完整软件实现之前，可以使用基于桌面 OpenGL 的低级仿真库快速创建一个稳定的产品。

8.2 节将首先展示以前的 OpenGL SC 实现以及 3D 图形 API 的仿真库实现的其他相关案例。总体设计和实现细节详见 8.3 节。有关实现的结果和小结分别见 8.4 和 8.5 节。

8.2 OpenGL SC 实现

OpenGL SC 简化了安全关键认证，保证了可重复性，允许符合实时要求并便于移植传统的安全关键应用程序（详见本章参考文献 [Pulli et al. 07]）。

OpenGL SC 1.0.1 针对各种应用领域，包括：

- ❑ 航空电子应用。美国联邦航空管理局（FAA）对飞机驾驶舱软件进行了 DO-178B 认证，要求 100%可靠的仪表、导航和控制的图形驱动程序（详见本章参考文献 [Khronos Group 11]）。
- ❑ 汽车应用。集成仪表板应用程序将需要 OpenGL SC 安全关键可靠性。
- ❑ 军事应用。主要的航空电子设备以及手持设备上越来越多的嵌入式培训和可视化均使用了 OpenGL SC。
- ❑ 工业应用。用于发电厂仪表、运输监视和控制、网络、监控等的设备最终都将通过符合安全关键认证的商用现成图形产品进行更新。
- ❑ 医疗应用。对于手术来说，实时显示医疗数据需要 100%的可靠性。

与使用寄存器级别的指令从头开始构建完全专用的 OpenGL SC 芯片和设备驱动程序相比，目前，通过商用 OpenGL 半导体芯片开发单独的 OpenGL SC 设备驱动程序更具成本效益，如图 8.2 所示。即使有这些限制，开发人员也可以通过硬件支持实现高执行速度。此实现类别有两个例子：ALT Software Inc. 使用 AMD OpenGL 芯片；Presagis Inc. 使用 NVIDIA OpenGL 芯片，他们均开发出了自己的 OpenGL SC 驱动程序。

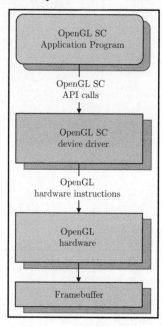

（a）API 调用流程　　　　（b）XMC G1 图形板（图片由 COTS Technology Inc. 提供）

图 8.2　基于 OpenGL 系列半导体芯片的 OpenGL SC 实现

原　　文	译　　文
OpenGL SC Application Program	OpenGL SC 应用程序
OpenGL SC API calls	OpenGL SC API 调用
OpenGL SC device driver	OpenGL SC 设备驱动程序
OpenGL hardware instructions	OpenGL 硬件指令
OpenGL hardware	OpenGL 硬件
Framebuffer	帧缓冲区

　　还有一些完整的软件 OpenGL SC 实现，如来自 Quantum3D Inc. 的 IGL178 和来自 Vincent3D Inc. 的 Vincent SC。在这些情况下，采用新硬件相对容易，如图 8.3 所示。相反，执行速度慢是不可避免的。但是，软件实现的优势是可以按比较合理的低成本提供易于修改的稳定系统。

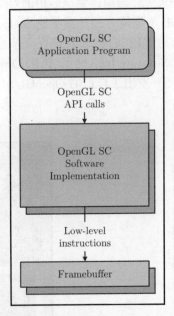

图 8.3　完整的软件 OpenGL SC 实现

原　　文	译　　文
OpenGL SC Application Program	OpenGL SC 应用程序
OpenGL SC API calls	OpenGL SC API 调用
OpenGL SC Software Implementation	OpenGL SC 软件实现
Low-level instructions	低级指令
Framebuffer	帧缓冲区

第三种实现方法是基于 OpenGL 设备驱动程序和硬件构建 OpenGL SC 仿真库。更准确地说,是在 OpenGL 设备驱动程序上开发出了一个 OpenGL SC 仿真器,如图 8.4 所示。如果选择合适的底层库,那么这些仿真器可以按最低的成本实现。但是,一般来说,弥合目标 API 和底层库之间的差距并不简单。

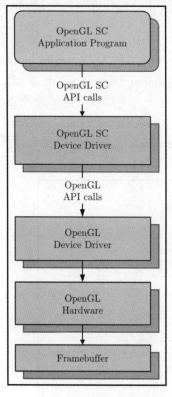 

（a）API 调用流程　　　　　（b）PMC OpenGL ES 图形板（图片由 HUONE Inc. 提供）

图 8.4　OpenGL 设备驱动程序上的 OpenGL SC 仿真器库

原　　文	译　　文
OpenGL SC Application Program	OpenGL SC 应用程序
OpenGL SC API calls	OpenGL SC API 调用
OpenGL SC Device Driver	OpenGL SC 设备驱动程序
OpenGL API calls	OpenGL API 调用
OpenGL Device Driver	OpenGL 设备驱动程序
OpenGL Hardware	OpenGL 硬件
Framebuffer	帧缓冲区

8.3 设计和实现

8.3.1 总体管线

OpenGL SC 规范具有基于 OpenGL 1.3 规范的 101 个函数（详见本章参考文献 [Leech 01]）。这些 API 函数可以分为核心 API 函数和若干个扩展（OES_single_precision 核心扩展、EXT_paletted_texture 强制扩展和可选的 EXT_shared_texture_palette 扩展，详见本章参考文献 [Leech 99]）。这两个与纹理相关的扩展对于大多数航空电子设备 2D 制图应用至关重要。它们将颜色表与纹理数据分开，以允许快速更改颜色表，并允许在多个纹理之间共享调色板（详见本章参考文献 [Stockwell 09]）。我们的实现支持所有 OpenGL SC 扩展。如图 8.5 所示为整个 OpenGL SC 渲染管线的框图。

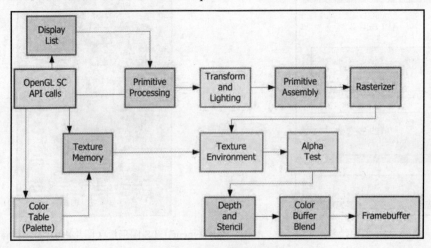

图 8.5 OpenGL SC 渲染管线

原 文	译 文	原 文	译 文
Display List	显示列表	Texture Environment	纹理环境
OpenGL SC API calls	OpenGL SC API 调用	Alpha Test	Alpha 测试
Primitive Processing	图元处理	Color Table(Palette)	颜色表（调色板）
Transform and Lighting	变换和照明	Depth and Stencil	深度和模板
Primitive Assembly	图元组合	Color Buffer Blend	颜色缓冲区混合
Rasterizer	光栅化器	Framebuffer	帧缓冲区
Texture Memory	纹理内存		

第 8 章 基于 OpenGL 和 OpenGL ES 的 OpenGL SC 仿真

尽管在 OpenGL SC 及其前身的 OpenGL 规范中定义了相同的函数名,但它们不提供相同的功能。OpenGL SC 函数是针对安全关键设备定制的,其功能和可接受的参数值与原始的 OpenGL 规范不同。因此,为了满足 OpenGL SC 的要求,需要在 OpenGL 硬件执行之前执行严格的错误检查和正确的数字转换。这项额外的工作是根据具体情况进行的,类似于 OpenGL ES 1.1 在桌面 OpenGL 上的实现(详见本章参考文献 [Baek and Lee 12])。

OpenGL SC 功能实现策略总结在表 8.1 中。

表 8.1　OpenGL SC 功能实现策略总结

OpenGL SC 函数和扩展	OpenGL 硬件需求	实 现 需 求
大部分核心函数	OpenGL 1.1 核心	错误检查和函数仿真
ARB_multitexture 扩展	超过两个纹理单元	使用 ARB 函数(而不是 1.3 核心)
OES_single_precision 扩展	无	数字转换和错误检查代码
EXT_paletted_texture 扩展	无	使用调色板纹理处理管线
EXT_shared_texture_palette 扩展	无	使用调色板纹理处理管线

具体介绍如下:

- 来自 OpenGL 1.1 的核心函数。这些函数基本上由底层的 OpenGL 硬件管线提供。其中一些还需要在调用底层 OpenGL 函数之前进行数值转换。
- 来自 OpenGL 1.3 的核心功能。从 OpenGL SC 规范中排除 OpenGL 1.1 函数,余下的纯 OpenGL 1.3 核心函数都与 ARB_multitexture 扩展相关。
- OES_single_precision 扩展。单精度扩展是强制扩展。幸运的是,这些函数是原始 OpenGL 规范中基于原始双精度浮点的 API 函数的单精度浮点类型变体。因此,从 OpenGL SC 实现者的角度来看,这些函数可用于将用户提供的单精度浮点值转换为双精度浮点值,然后再调用底层的 OpenGL 函数。在 OpenGL SC 规范的情况下,以下 4 个函数是有效的:

```
void glDepthRangef(GLclampf near, GLclampf far);
void glFrustumf(GLfloat left, GLfloat right,
                GLfloat bottom, GLfloat top,
                GLfloat near, GLfloat far);
void glOrthof(GLfloat left, GLfloat right,
              GLfloat bottom, GLfloat top,
              GLfloat near, GLfloat far);
void glClearDepthf(GLclampf depth);
```

- EXT_paletted_texture 扩展。此强制性扩展用于支持传统航空电子应用,当前可用的 OpenGL 相关设备不支持它。通过此扩展,可以将纹理定义为基于索引的纹理及其对应的颜色表(Color Table)或调色板(Color Palette)。目前,大多数图形设备使用直接颜色系统,不支持索引颜色功能。为了完全支持此扩展,我们引入了新纹理处理管线的完整软件实现。

❑ EXT_shared_texture_palette 扩展。此可选扩展允许多个纹理共享单个调色板。因此,只有在支持上述 EXT_paletted_texture 扩展并且遇到相同问题时才能应用它。我们新设计的纹理处理管线也支持此可选扩展。

8.3.2 纹理管线

为了支持 EXT_paletted_texture 和 EXT_shared_texture_palette 扩展,我们对纹理处理函数进行了大量修改,包括 glTexImage2D 等。图 8.6 显示了多个纹理单元及其关系:纹理单元获取先前的颜色、活动纹理颜色和纹理环境颜色,然后计算其颜色并将它传递给下一个纹理单元。

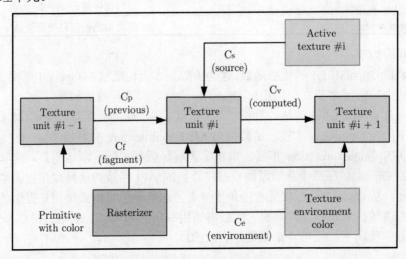

图 8.6 纹理单元的纹理颜色计算

原　　文	译　　文	原　　文	译　　文
Active texture #i	活动纹理 #i	Texture unit #i+1	纹理单元 #i+1
C_s(source)	C_s(源)	C_f(fagment)	C_f(片段)
Texture unit #i-1	纹理单元 #i-1	Primitive with color	带颜色的图元
C_p(previous)	C_p(先前的颜色)	Rasterizer	光栅化器
Texture unit #i	纹理单元 #i	C_e(environment)	C_e(环境)
C_v(computed)	C_v(计算的颜色)	Texture environment color	纹理环境颜色

如图 8.7 所示,对于每个纹理单元,需要一个专用的颜色表来支持调色板纹理扩展,

还需要全局上下文中的额外颜色表来支持 EXT_shared_texture_palette 扩展。可以使用 glColorTableEXT 和 glColorSubTableEXT 函数来存储每个索引的四元组（红色、绿色、蓝色、alpha）的颜色值。

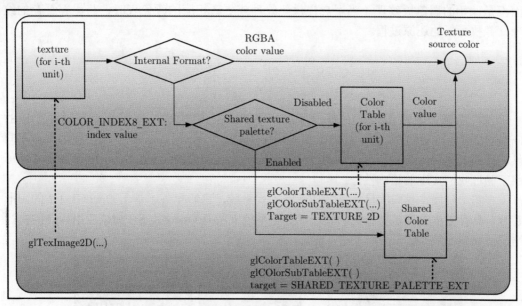

图 8.7　具有调色板纹理支持的纹理单元实现

原　　文	译　　文
texture (for i-th unit)	纹理（第 i 个单元）
Internal Format?	是否为内部格式？
COLOR_INDEX8_EXT: index value	COLOR_INDEX8_EXT：索引值
RGBA color value	RGBA 颜色值
Shared texture palette?	是否已共享纹理调色板？
Disabled	已禁用
Enabled	已启用
Color Table (for i-th unit)	颜色表（第 i 个单元）
Color value	颜色值
Texture source color	纹理源颜色
Shared Color Table	共享颜色表

在使用 RGBA 内部格式定义纹理时，纹理中的每个像素都以 4 字节的四元组颜色存储。这些四元组颜色直接用作纹理源颜色，如典型纹理处理管线中所指定的那样。

对于调色板纹理，像素表示为 1 字节颜色索引值。之后，纹理处理管线将根据用户指定的标志值,使用这些索引从纹理单元或全局上下文中的颜色表中获取实际的四元组颜色值。从概念上讲,只要需要这些纹理,就会重复执行这些颜色还原过程。在实现中,我们自然地为每个纹理单元引入了纹理缓存,因此,系统可以重复使用相应的缓存纹理而不是原始的调色板纹理。当用户提供新纹理或更新相应的颜色表时,将丢弃缓存的纹理,并执行新的还原过程。

8.4 结 果

我们的第一阶段实现是在基于 Linux 的系统上完成的,该系统具有硬件加速的 OpenGL 设备驱动程序。大多数优化和调试都是在这个基于 Linux 的实现上使用来自不同供应商的一组 OpenGL 芯片执行的。来自 Khronos 小组的 OpenGL SC 一致性测试套件可用于验证我们实现的正确性。

在第二阶段,我们的目标是低功耗嵌入式系统,它们配备了基于 OpenGL 1.2 的图形芯片,具有多重纹理扩展。我们验证了这些系统上所有 OpenGL SC 测试应用程序的执行情况,如图 8.8 所示。

(a) 开发环境　　　　　　　　(b) 屏幕输出

图 8.8　在嵌入式系统上开发

表 8.2 显示了 OpenGL SC 仿真库的总体成本。

表 8.2　来自测试程序的执行速度

	(a) OpenGL 1.1(帧每秒)	(b) OpenGL SC 仿真(帧每秒)	比率(b/a)	延迟
齿轮	1325.5	1301.8	98.21%	1.79%
时钟	1178.6	1159.0	98.34%	1.66%
旋转	1261.3	1239.0	98.23%	1.77%
角度	339.4	332.6	97.99%	2.01%
平均			98.27%	1.73%

我们首先执行了原始的 OpenGL 示例程序，将它们转换为 OpenGL SC 程序，然后比较它们的性能。OpenGL SC 程序不能使用特定于 OpenGL 的 GL_QUAD 或 GL_POLYGON 图元，还可以为调色板纹理执行额外的软件仿真。尽管有这些障碍，但我们的实现显示延迟时间不到 2%。所有实验均在基于 Intel Core2 Duo 的系统上进行，该系统具有 4GB 内存和 NVIDIA GeForce 8600 显卡。图 8.9 显示了测试程序的一些屏幕截图。

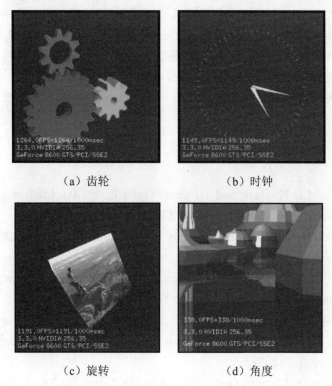

(a) 齿轮　　　　　　(b) 时钟

(c) 旋转　　　　　　(d) 角度

图 8.9　测试程序的屏幕截图

8.5　小　　结

根据我们的测试，OpenGL SC 的所有核心和扩展功能都可以作为 OpenGL 1.1 硬件上的仿真层实现，该硬件配备了多纹理扩展。结果证明了我们的方法的有效性。我们的实现能够正确运行各种 OpenGL SC 应用程序和一致性测试，性能开销低于 2%。下一步是通过低功耗芯片（如多媒体处理器或 DSP 芯片）实现 OpenGL SC。

OpenGL 工作组发布 OpenGL 3.0 时，宣布以后的 OpenGL 版本将不再支持"开始-结束"方案。OpenGL ES 在设计阶段开始时没有"开始-结束"方案。当前的 OpenGL 硬件不支持调色板纹理。因此，要在 OpenGL 或 OpenGL ES 硬件上实现 OpenGL SC，应该使用很久以前发布的芯片组，或者制作可以增加性能开销和成本的软件仿真。此外，当前的安全关键应用还要求具有各种视觉效果、图像处理和混合的高性能渲染。

Khronos 于 2011 年 9 月在亚利桑那州凤凰城举行了面对面会议，其中包括对 OpenGL SC 未来路线图的讨论。有人同意 OpenGL SC 应该发展以满足安全关键市场的需求，并且 Khronos 应该考虑将这种发展建立在 OpenGL ES 2.0 上，而 OpenGL ES 2.0 本身就是一个简化的 API。但是，需要更多的讨论来找到 OpenGL SC 1.0 和 OpenGL ES 2.0 的正确组合，以有效地开发 OpenGL SC 路线图。

参 考 文 献

[Baek and Lee 12] N. Baek and H. Lee. "OpenGL ES 1.1 Implementation Based on OpenGL." *Multimedia Tools and Applications* 57:3 (2012), 669–685.

[Beeby 02] M. Beeby. "Aviation Quality COTS Software: Reality or Folly." In *21st Digital Avionics Systems Conference*, 2002.

[Cole 05] P. Cole. "OpenGL ES SC: Open Standard Embedded Graphics API for Safety Critical Applications." In *24th Digital Avionics Systems Conference*, 2005.

[Hill et al. 08] S. Hill, M. Robart, and E. Tanguy. "Implementing OpenGL ES 1.1 over OpenGL ES 2.0." In *Digest of Technical Papers, IEEE International Conference on Consumer Electronics*, pp. 1–2, 2008.

[Khronos Group 11] Khronos Group. "The Khronos Group Inc." http://www.khronos.org/, 2011.

[Lee and Baek 09] H. Lee and N. Baek. "Implementing OpenGL ES on OpenGL." In *Proc. of the 13th IEEE International Symposium on Consumer Electronics*, pp. 999–1003, 2009.

[Leech 99] J. Leech. *Appendix F. ARB Extensions, The OpenGL Graphics System: A Specifica- tion, Version 1.2.1*. OpenGL ARB, 1999.

[Leech 01] J. Leech. *The OpenGL Graphics System: A Specification, Version 1.3*. OpenGL ARB, 2001.

[Pulli et al. 07] K. Pulli, J. Vaarala, V. Miettinen, T. Aarnio, and K. Roimela. *Mobile 3D Graphics: With OpenGL ES and M3G*. San Francisco: Morgan Kaufmann, 2007.

[RTCA/DO-178B 92] RTCA/DO-178B. *Software Considerations in Airborne Systems and Equipment Certification*. RTCA Inc., 1992.

[Snyder 05] M. Snyder. "Solving the Embedded OpenGL Puzzle: Making Standards, Tools, and APIs Work Together in Highly Embedded and Safety Critical Environments." In *24th Digital Avionics Systems Conference*, 2005.

[Stockwell 09] B. Stockwell. *OpenGL SC: Safety-Critical Profile Specification, Version 1.0.1 (Difference Specification)*. Khronos Group, 2009.

第 9 章 混合图形和使用多个 GPU 进行计算

作者：Alina Alt

9.1 简 介

近年来，GPU 计算已发展为可以向桌面系统提供太次浮点运算每秒（teraflops）的浮点计算能力。这种趋势使得科学和可视化应用需要混合使用计算和图形功能，以便有效地处理大量数据。这种应用的示例包括基于物理的模拟（如粒子系统）和图像/视频处理（如视频特效、图像识别、增强现实等）。

为了最大化这种计算和图形功能，应用程序需要在设计时考虑互操作性，这允许在计算和图形上下文之间传递数据。

当前的计算 API 包括专用于与 OpenGL 互操作的函数。为了说明图形和计算 API 互操作性的概念，本章的第一部分将使用 CUDA C API；第二部分将重点介绍系统规模的互操作性。特别是，将一个 GPU 用于计算而另一个 GPU 用于图形的挑战和好处是什么？这如何转换为应用程序设计决策，有助于实现高效、跨 GPU、计算和图形的互操作性？

9.2 API 级别的图形和计算互操作性

由于 GPU 计算语言是在图形 API 开发多年后开发的，因此 GPU 计算语言和 API（如 NVIDIA 平台计算接口的 CUDA C API）与跨平台计算接口 OpenCL 的任务是提供一种与图形 API 对象交互的方法，以避免通过 GPU 和系统内存进行不必要的数据移动。从 OpenGL 4.2 开始，没有 OpenGL 机制可以与任何计算 API 进行交互，因此，完全由每个计算 API 来提供这样的机制。对于每个计算 API 来说，与 OpenGL 交互的机制非常相似，我们将通过使用 CUDA C Runtime API 来说明这种机制（详见本章参考文献 [NVIDIA 11]）。本章的这一部分仅涉及 API 级别的互操作性。

9.2.1 互操作性准备

CUDA 和 OpenGL 互操作性需要当前的 OpenGL 上下文。此外，在互操作性期间，上下文必须在互操作性执行线程中保持最新。

在 CUDA 开始使用 OpenGL 对象之前，必须建立对象与 CUDA 图形资源之间的对应关系。必须首先将每个 OpenGL 对象作为 CUDA 图形资源注册到 CUDA 上下文。这是一项代价高昂的操作，因为它可以在 CUDA 上下文中分配资源，并且每个对象在创建之后和 CUDA 开始使用对象之前必须只执行一次。

有两个注册 CUDA API 调用：一个用于缓冲区对象；另一个用于纹理和渲染缓冲区对象。代码清单 9.1 说明了使用 cudaGraphicsGLRegisterBuffer 向 CUDA 注册 OpenGL 像素缓冲区对象（Pixel Buffer Object，PBO）。

代码清单 9.1 使用 CUDA 注册 OpenGL PBO

```
GLuint imagePBO;
cudaGraphicsResource_t cudaResource;
// OpenGL 缓冲区创建
glGenBuffers(1, &imagePBO);
glBindBuffer(GL_PIXEL_UNPACK_BUFFER_ARB, imagePBO);
glBufferData(GL_PIXEL_UNPACK_BUFFER_ARB, size, NULL, GL_DYNAMIC_DRAW);
glBindBuffer(GL_PIXEL_UNPACK_BUFFER_ARB,0);
// 使用 CUDA 注册
cudaGraphicsGLRegisterBuffer(&cudaResource, imagePBO,
cudaGraphicsRegisterFlagsNone);
```

使用 cudaGraphics GLRegisterImage 注册 OpenGL 纹理和 renderbuffer 对象，它目前支持以下图像格式：

- GL_RED, GL_RG, GL_RGBA, GL_LUMINANCE, GL_ALPHA, GL_LUMINANCE_ALPHA, GL_INTENSITY。
- {GL_R, GL_RG, GL_RGBA} × {8, 16, 16F, 32F, 8UI, 16UI, 32UI, 8I, 16I, 32I}。
- {GL_LUMINANCE, GL_ALPHA, GL_LUMINANCE_ALPHA, GL_INTENSITY} × {8, 16, 16F_ARB, 32F_ARB, 8UI_EXT, 16UI_EXT, 32UI_EXT, 8I_EXT, 16I_EXT, 32I_EXT}。

请注意，为简洁起见，该列表是缩写的。例如，{GL_R, GL_RG} × {8 × 16}将扩展为 {GL_R8, GL_R16, GL_RG8, GL_RG16}。最新的列表可以在 [NVIDIA 01] 中找到。

如果应用程序需要使用不支持格式的纹理，则该应用程序有两个选项：要么在 CUDA-GL 互操作性之前和之后执行格式转换到支持的格式；要么让 CUDA 与 PBO 交互，然后将像素从 PBO 复制到纹理对象。

代码清单 9.2 说明了使用 CUDA 注册非归一化整数纹理。

代码清单 9.2　使用 CUDA 注册 OpenGL 纹理

```
GLuint imageTex;
cudaGraphicsResource_t cudaResource;
// OpenGL 纹理创建
glGenTextures(1, &imageTex);
glBindTexture(GL_TEXTURE_2D, imageTex);
// 在这里设置纹理参数
glTexImage2D(GL_TEXTURE_2D, 0, GL_RGBA8UI_EXT, width, height, 0,
GL_RGBA_INTEGER_EXT, GL_UNSIGNED_BYTE, NULL);
glBindTexture(GL_TEXTURE_2D, 0);
// 使用 CUDA 注册
cudaGraphicsGLRegisterImage(&cudaResource, imageTex, GL_TEXTURE_2D,
cudaGraphicsMapFlagsNone);
```

在应用程序使用资源完成之后，应使用 cudaGraphicsUnregisterResource 从 CUDA 上下文中取消注册。

9.2.2　OpenGL 对象交互

OpenGL 和 CUDA 都将设备内存从逻辑上分为两种内存：纹理内存和线性内存（见图 9.1）。OpenGL 缓冲区对象是未格式化的设备内存，它将映射到 CUDA 线性内存对象，该对象是设备内存中可通过指针引用的 CUDA 缓冲区。类似地，OpenGL 纹理和渲染缓冲区对象将映射到 CUDA 数组，这是一个针对纹理硬件访问优化的不透明内存布局，并且将由驱动程序设置以利用可用的纹理硬件功能，如缓存、过滤等。

一般来说，驱动程序将尝试与 OpenGL 共享图形资源，而不是在 CUDA 上下文中创建一个副本，但有时驱动程序将选择创建单独的副本，例如，当 OpenGL 和 CUDA 上下文驻留在单独的 GPU 上或当 OpenGL 在系统内存而不是设备内存中分配资源时，驱动程序都将创建单独的副本。后者可能发生在应用程序经常需要向 GPU 上传数据或从 GPU 下载数据时，或者当 OpenGL 上下文跨越多个 GPU 时，就像可扩展的多 GPU 可视化解决方案一样。

每次 CUDA 与 OpenGL 对象交互时，都必须映射该对象，然后从 CUDA 上下文中取消映射。这是通过 cudaGraphicsMapResources 和 cudaGraphicsUnmapResources 完成的。这些调用具有双重责任：① 门控（Gating）对象访问以确保对象的所有未完成工作都已完成（映射确保在 CUDA 访问资源之前所有使用该资源的 OpenGL 操作都已完成，而 unmap 对 CUDA 执行相同操作）；② 如果有多个副本，则在资源副本的内容之间进行同步。驱动程序将尝试尽可能地在 GPU 上执行所有同步，但在某些情况下，它不能保证

CPU 线程也不会停止，例如，在 Mac OS 或 Linux 上使用间接渲染。

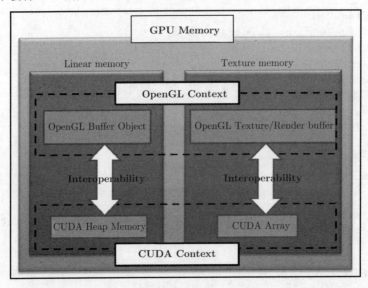

图 9.1 互操作性的设备内存映射

原 文	译 文
GPU Memory	GPU 内存
Linear memory	线性内存
Texture memory	纹理内存
OpenGL Context	OpenGL 上下文
OpenGL Buffer Object	OpenGL 缓冲区对象
Interoperability	互操作性
CUDA Heap Memory	CUDA 堆内存
OpenGL Texture/Render buffer	OpenGL 纹理/渲染缓冲区
CUDA Array	CUDA 数组
CUDA Context	CUDA 上下文

cudaGraphicsGLRegister*的最后一个参数是一个告诉 CUDA 如何使用资源的标志。目前，可能的选择包括：

- ❑ cudaGraphicsRegisterFlagsNone。
- ❑ cudaGraphicsRegisterFlagsReadOnly。
- ❑ cudaGraphicsRegisterFlagsWriteDiscard。
- ❑ cudaGraphicsRegisterFlagsSurfaceLoadStore。

在资源副本的内容之间进行同步（如果副本是由 CUDA 创建的）时，在映射/取消映射（Map/Unmap）期间选择该标志的正确值可以消除 CUDA 和 OpenGL 之间不必要的数据移动，也可以使用 cudaGraphicsResourceSetMapFlags 随时指定映射/取消映射行为。

在应用程序中，如果 CUDA 是生产者，OpenGL 是消费者，则该应用程序应该使用写入-丢弃（Write-Discard）标志来注册对象，然后在映射时将跳过内容同步，并且映射操作变为硬件等待操作。反过来，当在应用程序中，OpenGL 是生产者而 CUDA 是消费者时，则该应用程序应该使用只读标志注册对象，然后在取消映射时将跳过内容同步步骤，并且取消映射操作变为硬件等待操作。一旦将图形资源映射到 CUDA 中，则该应用程序可以使用 cudaGraphicsResourceGetMapped*调用之一获取指向 CUDA 地址空间中对象的指针，以开始与对象进行交互。当应用程序中的 OpenGL 映射到 CUDA 中时，OpenGL 对象不应该被访问，因为它可能导致数据损坏。代码清单 9.3 和 9.4 分别说明了与缓冲区对象和纹理对象交互所需的准备工作。

代码清单 9.3　在 OpenGL 缓冲区上运行的 CUDA

```
unsigned char * memPtr;
cudaGraphicsMapResources(1, &cudaResource, 0);
cudaGraphicsResourceGetMappedPointer((void **)&memPtr, &size,
    cudaResource);
// 在 memPtr 上调用 CUDA 核心
cudaGraphicsUnmapResources(1, &cudaResource,0);
```

代码清单 9.4　在 OpenGL 纹理上运行的 CUDA

```
cudaArray * arrayPtr;
cudaGraphicsMapResources(1, &cudaResource, 0);
cudaGraphicsResourceGetMappedArray((void **) &arrayPtr, cudaResource,
    0, 0);
// 在 arrayPtr 上调用 CUDA 核心
cudaGraphicsUnmapResources(1, &cudaResource,0);
```

9.3　系统级的图形和计算互操作性

在许多情况下，应用程序需要在两个或多个 GPU 之间分配图形和计算部分。换句话说，一个 GPU 将专用于计算，而另一个 GPU 专用于渲染场景。在这些情况下，计算和图形上下文之间的通信将变为系统中设备之间的通信（见图 9.2）。

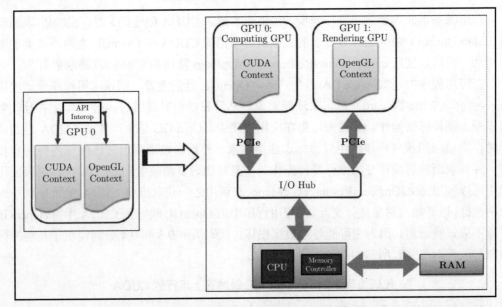

图 9.2 单 GPU 生态系统（左）与多 GPU 生态系统（右）

原　　文	译　　文	原　　文	译　　文
API Interop	API 互操作性	GPU 1:Rendering GPU	GPU 1：渲染 GPU
CUDA Context	CUDA 上下文	Memory Controller	内存控制器
OpenGL Context	OpenGL 上下文	RAM	内存
GPU 0: Computing GPU	GPU 0：计算 GPU		

多 GPU 系统架构的设计动机如下：
- 提高系统处理能力。从主显示 GPU 卸载密集计算将始终导致整体系统交互性改进。此外，额外的 GPU 通常允许应用程序重叠图形和计算任务（当其中一个 API 是生产者而另一个是消费者时，这是可能的）。
- 更低的每秒执行的浮点指令个数（FLOPS）成本。专用计算 GPU 和低端图形 GPU 的组合通常能够以比单个高端 GPU 更低的成本获得相同或更好的性能。
- 增加系统功能。在计算 GPU 上没有所需的图形功能的情况下，需要进行系统配置。例如，先前在非显示 GPU（如 NVIDIA Tesla GPU）上运行的仿真应用程序现在添加了高级可视化功能。
- 提高性能决定论。如果非显示设备用于仿真部分，则 Windows 应用程序可以通过绕过 Windows 驱动程序显示模型（Windows Driver Display Model，WDDM）

来最小化计算内核启动开销。例如，可以使用 TCC 驱动程序模式将 NVIDIA Tesla GPU 配置为非显示设备。

开发人员必须记住，跨 GPU 互操作性将不可避免地涉及数据传输，作为上下文之间内容同步的一部分，这取决于数据大小，可能会影响应用程序性能。除了多 GPU 配置的潜在优势之外，这是一个需要考虑的重点，如系统交互性的改进、任务重叠等。

通过将一个 GPU 用于计算而另一个用于图形来实现任务重叠的示例如图 9.3 所示。该图形的两个部分都显示了使用 API 互操作性的应用程序中 GPU 命令的时间线，其中，CUDA 是生产者，OpenGL 是消费者。在此示例中，CUDA 和 OpenGL 具有类似的工作负载。图 9.3（a）显示了在单个 GPU 上执行命令的时间线。图 9.3（b）显示了在两个不同的 GPU 上执行计算和图形命令的时间线。在这种情况下，应用程序将在取消映射（Unmap）操作期间发生内容同步的开销。

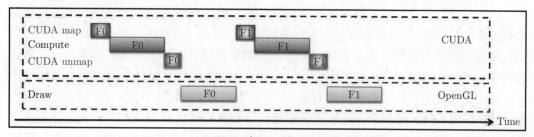

（a）CUDA 和 OpenGL 驻留在单个 GPU 上

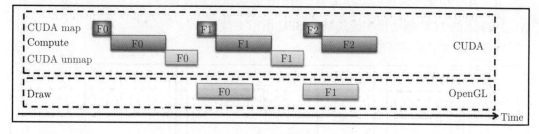

（b）CUDA 和 OpenGL 驻留在单独的 GPU 上

图 9.3　GPU 时间线

原　　文	译　　文	原　　文	译　　文
CUDA map	CUDA 映射	Draw	绘图
Compute	计算	Time	时间
CUDA unmap	CUDA 取消映射		

在实现多 GPU 计算-图形互操作性时，开发人员面临着多种设计选择：

（1）API 互操作性，即上下文交互。换句话说，让驱动程序处理上下文之间的通信。此选项几乎不需要在现有的单 GPU 应用程序中更改代码。

（2）CUDA memcpy + API 互操作性。这种方法使应用程序可以对数据移动进行细粒度控制。它由驱动程序决定数据传输是作为直接对等传输（Peer-to-Peer Transfer）还是通过系统内存进行分段传输（Staged Transfer）。它需要在渲染 GPU 上创建具有 OpenGL 互操作性的辅助 CUDA 上下文设置，然后让应用程序使用 CUDA memcpy 启动 CUDA 上下文之间的传输。这种方法可以允许应用程序实现双缓冲，用于重叠传输与计算/绘制或仅传输对象的一部分等。

（3）原生互操作性。这是 CUDA 和 OpenGL 互操作性的完全手动实现。它需要将 CUDA 和 OpenGL 对象映射到系统内存，在映射的对象之间复制数据，然后取消映射对象。这是最慢的实现，因为数据传输涉及额外的 CPU memcpy。在首选或需要手动移动数据但第（2）选项不适用的情况下应使用此实现。例如，具有用于模拟的单独代码库和可视化部分的应用程序，即用于建模应用程序的模拟插件，这需要模拟结果驻留在系统内存中。

除了上述选项，还可以在计算 GPU 上设置辅助 OpenGL 上下文，在该 GPU 上执行 API 互操作性，然后使用 OpenGL 复制扩展，将对象复制到渲染 GPU（详见本章参考文献 [NVIDIA 09]）。除了仅限于在计算 GPU 上支持图形上下文创建的纹理对象和应用程序之外，此实现不会被视为一个选项，因为它对所提供的选项没有任何实际好处（例如，Windows 上的 TCC 驱动程序模式禁用 GPU 图形支持）。

图 9.4 描述了所有可能的设计组合。

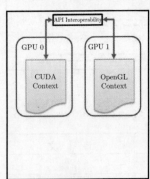
（a）API 互操作性

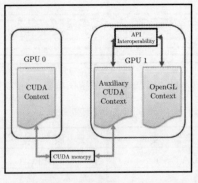
（b）CUDA memcpy + API 互操作性

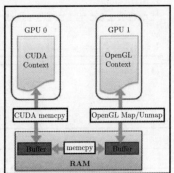
（c）原生互操作性

图 9.4　跨 GPU 计算和图形上下文交互的各种方法

第 9 章 混合图形和使用多个 GPU 进行计算

原　　文	译　　文	原　　文	译　　文
API Interoperability	API 互操作性	Auxiliary CUDA Context	辅助 CUDA 上下文
CUDA Context	CUDA 上下文	Buffer	缓冲区
OpenGL Context	OpenGL 上下文	RAM	内存
CUDA memory	CUDA 内存	OpenGL Map/Unmap	OpenGL 映射/取消映射

对于任何特定的应用，某一种组合将比其他组合更合适。表 9.1 基于以下方面总结了图 9.4 中每种组合的特性：

- 实现开销。与单 GPU 架构相比。
- 同步开销。内容同步开销的表征。
- 兼容性。应用程序用例分类。

表 9.1　跨 GPU 计算和图形上下文交互的总结

组　　合	实现开销	同步开销	兼容性
（a）API 互操作性	为单个 GPU 编写的代码在多 GPU 配置上也能良好运行，几乎不需要修改代码	与选项（b）类似	最适合需要快速开发周转的应用程序，并且不在乎跨 GPU 通信的驱动程序控制
（b）CUDA memcpy + API 互操作性	辅助 CUDA 上下文管理，CUDA memcpy	涉及直接的 GPU 到 GPU 数据传输	最适合可以从数据传输的细粒度控制中受益的应用程序
（c）原生互操作性	系统内存中多个动态缓冲区副本的管理	涉及 GPU 到主机的内存数据传输、CPU 内存复制和主机内存到 GPU 的数据传输	最适合可以从数据传输的细粒度控制中受益但不能实现选项（b）的应用程序

9.4　小　　结

我们已经介绍了 CUDA 和 OpenGL 之间在两个不同级别（API 级别和系统级别）的互操作性。一般来说，CUDA 和 OpenGL 上下文可以驻留在两个不同的 GPU 上，即使多 GPU 配置承诺可以显著提高功能和生产力，但它们在跨多个 GPU 的上下文通信时也会带来一些复杂性。本章中的分析可以为开发人员提供一些背景和工具，以便熟练驾驭由 GPU 配置的计算-图形互操作性而产生的复杂性。

参考文献

[NVIDIA 01] NVIDIA. "CUDA Reference Manual." http://developer.nvidia.com/cuda-toolkit, 2001.

[NVIDIA 11] NVIDIA. "CUDA C Programming guide." http://developer.download.nvidia.com/compute/cuda/4 0/toolkit/docs/CUDA_C_Programming_Guide.pdf, pp. 37–39 and pp. 48–50. May 6, 2011.

[NVIDIA 09] NVIDIA. "NV Copy Image OpenGL Specification." http://www.opengl.org/registry/specs/NV/copy_image.txt, July 29, 2009.

第 2 篇

渲 染 技 术

无法想象一本关于 OpenGL 的图书不讲渲染技术，本书的作者也无法想象。

António Ramires Fernandes 和 Bruno Oliveira 编写了第 10 章 "GPU 曲面细分：地形 LOD 讨论"，该章提供了一个新的 OpenGL 4 曲面细分管线用例，通过地形渲染示例介绍了一种完全基于 GPU 保持对原始网格的高保真度连续细节水平的方法。

Sébastien Hillaire 编写了第 11 章 "使用基于着色器的抗锯齿体积线"，该章将我们引入一个平行宇宙，在这个世界中，渲染是由线条定义的。该章还讨论了 OpenGL 公开的线条图元及其问题，然后通过两种方法将透视关联到线条渲染：一种方法是基于顶点着色器阶段；另一种方法则基于几何着色器阶段，用于透视正确和抗锯齿线。

Stefan Gustavson 编写了第 12 章 "通过距离场渲染 2D 形状"，该章带领我们接近了一个新的技术边界，允许完美的抗锯齿轮廓。该章的作者正在将他的概念推向字体渲染和基于距离场的效果。

Benjamin Encz 编写了第 13 章 "WebGL 中的高效文本渲染"，该章通过描述基于画布和位图的方法，分析了 WebGL 字体渲染。此外，该章还提供了包括帧速率和内存占用情况在内的性能分析。

Dzmitry Malyshau 编写了第 14 章"分层纹理渲染管线"，该章讨论了一种受三维动画制作软件 Blender 启发的方法。该章的作者旨在为渲染管线提供更大的灵活性来处理复杂的对象材质，以便艺术设计师可以在制作期间表达他们的创造力，同时保持实时性能。

Charles de Rousiers 和 Matt Pettineo 编写了第 15 章"景深与模糊渲染"，这也是他们提出的一种方法。这种方法围绕 OpenGL 4 硬件原子计数器、图像加载和存储，以及间接绘图开发，为实时应用提供了一定的启发。

最后，Jochem van der Spek 编写了第 16 章"阴影代理"，介绍了一种他称之为"阴影代理"的技术，该技术在适当的场景下提供了带有颜色渗透效果的实时柔和阴影。

第 10 章　GPU 曲面细分：地形 LOD 讨论

作者：António Ramires Fernandes 和 Bruno Oliveira

10.1　简　介

从将所有数据都送入图形内存到处理大量未纳入系统内存的信息的算法，地形渲染（Terrain Rendering）已经走过了漫长的道路。如今，一个成熟的地形引擎必须处理核心之外的问题：CPU 中可能会发生细节级别（Level Of Detail，LOD）的第一步，以确定哪些数据进入 GPU，而 LOD 的第二步则可能需要按交互速率（Interactive Rate）绘制这些三角形。

本章将探讨 OpenGL 4.x 如何在最后一步提高性能。这里所提出的算法将使用 GPU 曲面细分来进行基于着色器的 LOD 和视锥体剔除（View-Frustum Culling）。

尽管 LOD 可以显著减少渲染的几何体的数量，但它也可能削弱表示的保真度。本章将引入一种方法来渲染基于高度图的地形，其可以包含在大多数可用的地形渲染引擎中，并且在简单的处理中捕获地形的不规则性，保持对原始数据的非常高水平的视觉保真度。

本章假设你已经掌握了关于 GPU 曲面细分主题的前期知识。如果你想复习该主题，请参阅本书第 6 章或本章参考文献 [Tatarchuk et al. 09] 中的 *Programming for Real-Time Tessellation on GPU* 一文。

10.2　使用 OpenGL GPU 曲面细分渲染地形

本节的目标是提供基于高度图的完全曲面细分的地形渲染实现，LOD 解决方案将在此细分基础上不断提高（见图 10.1）。

假设高度图（Heightmap）是一个规则网格，由作为纹理加载的灰度图像表示。但是，地形大小不受纹理大小的限制，因为可以对纹理元素（Texel）之间的高度值进行采样。根据采样器或纹理采样器状态，GPU 具有用于采样的专用硬件，如 GLSL texture*函数。因此，就网格点而言，地形大小在理论上是无限的。为了避免采样点所代表的区域几乎是平坦的，可以使用基于噪声的方法来提供高频细节。

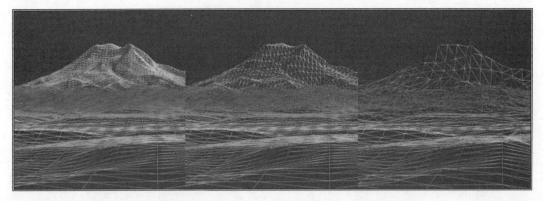

图 10.1 完整曲面细分（左）；高 LOD（中）；低 LOD（右）

以物理单位表示的地形大小可以通过定义网格间距进一步参数化，也就是最终网格中两个连续点之间的单位数。

为了渲染地形，我们使用了曲面细分的新图元——图块（Patch）。图块可以覆盖与硬件允许的最大曲面细分级别一样多的网格点，在当前的 OpenGL 4.0 硬件中，也就是 64 个四边形的正方形网格。这意味着将图块定义为 65 × 65 个顶点，因为图块的边缘在相邻图块之间共享。为了渲染地形，我们定义了这样的图块网格。例如，要渲染 8K × 8K 点的地形，需要 128 × 128 个图块的网格。其他图块大小也是可能的，但报告的测试（稍后在图 10.9 中显示）证明，使用较小的图块时会出现性能损失。

由于地形网格是高度规则的结构，因此仅需要一个顶点来定义图块（如左下角）。地形网格的规则性允许开发人员仅基于此顶点计算所有其他图块元素。最终的顶点位置、纹理坐标和法线将在着色器中计算。

图块位置被定义为在归一化方块中绘制的地形，范围为 0～1。在曲面细分评估着色器中将应用平移和缩放操作，以便将地形放置在需要的位置。

顶点着色器是一个简单的传递通道，因为顶点变换将在管线中稍后执行。它接收顶点 xz 位置，并将其输出到名为 posV 的 vec2。[①] 高度或 y 坐标将在曲面细分评估器着色器中进行采样。

完全曲面细分的地形的曲面细分控制着色器（详见代码清单 10.1）将所有曲面细分级别设置为最大值，由图块大小定义，配置下一步，即不可编程曲面细分图元生成器。顶点着色器的位置将传递到曲面细分评估器着色器。

---

① 根据经验，在本章显示的代码中，所有 out 变量都使用后缀定义，后缀表示输出变量的着色器，因此 pos 是顶点着色器的输入，而 posV 则是输出。在曲面细分控制着色器中，posV 将是输入，而 posTC 则是输出，如此等等。

第 10 章　GPU 曲面细分：地形 LOD 讨论

代码清单 10.1　曲面细分控制着色器（完全曲面细分）

```glsl
// 每个图块一个顶点
layout(vertices = 1) out;
// 来自顶点着色器的 xz 位置
in vec2 posV[];
// 曲面细分评估器着色器的 xz 位置
out vec2 posTC[];

void main()
{
  // 传递位置
  posTC[gl_InvocationID] = posV[gl_InvocationID];
  // 定义曲面细分级别
  gl_TessLevelOuter = ivec4(64);
  gl_TessLevelInner = ivec2(64);
}
```

在此着色器执行之后，曲面细分图元生成器即具有它所需的所有数据，换句话说，就是曲面细分控制级别。输出将是 uv 坐标的 65×65 网格，这将是下一个可编程阶段的输入，即曲面细分评估器（详见代码清单 10.2）。

代码清单 10.2　曲面细分评估器着色器

```glsl
layout(quads, fractional_even_spacing, cw) in;

// 高度图纹理采样器
uniform sampler2D heightMap;
// 高度缩放因子
uniform float heightStep;
// 两个连续网格点之间的单元
uniform float gridSpacing;
// 两个连续纹理的纹理元素之间的高度样本数
uniform int scaleFactor;
// 投影 * 视图 * 模型矩阵
uniform mat4 pvm;

// 来自曲面细分控制着色器的顶点 xz 位置
in vec2 posTC[];
// 片段着色器的输入纹理坐标
out vec2 uvTE;

void main()
```

```
{
  ivec2 tSize = textureSize(heightMap, 0) * scaleFactor;
  vec2 div = tSize * 1.0/64.0;
  // 计算纹理坐标
  uvTE = posTC[0].xy + gl_TessCoord.st/div;
  // 计算 pos（缩放 x 和 z）[0..1] -> [0..tSize * gridSpacing]
  vec4 res;
  res.xz = uvTE.st * tSize * gridSpacing;
  // 获取 y 坐标的高度值
  res.y = texture(heightMap, uvTE).r * heightStep;
  res.w = 1.0;
  // 像往常一样变换顶点
  gl_Position = pvm * res;
}
```

曲面细分评估器负责顶点位置的变换和纹理坐标的计算（uvTE）。虽然也可以在这里计算法线，但在使用 LOD 时，建议在片段着色器中计算它们（参见 10.5.2 节）。

片段着色器（见代码清单 10.3）通过 gl_Position 输入顶点位置，通过 uvTE 输入纹理坐标。除了法线计算之外，着色器是非常标准的，这是基于本章参考文献[Shandkel 02]建议的方法。

代码清单 10.3　片段着色器

```
// 法线矩阵
uniform mat3 normalMatrix;
// texUnit 是颜色纹理采样器
uniform sampler2D texUnit, heightMap;
uniform float heightStep, gridSpacing, scaleFactor;

// 来自曲面细分评估器着色器的纹理坐标
in vec2 uvTE;
// 颜色输出
out vec4 outputF;

// 检索高度的函数
float height(float u, float v)
{
  return(texture(heightMap, vec2(u, v)).r * heightStep);
}

void main()
{
```

```
// 计算片段的法线
float delta = 1.0 / (textureSize(heightMap, 0).x * scaleFactor);
vec3 deltaX = vec3(
  2.0 * gridSpacing,
  height(uvTE.s + delta, uvTE.t) - height(uvTE.s - delta, uvTE.t),
  0.0);

vec3 deltaZ = vec3(
  0.0,
  height(uvTE.s, uvTE.t + delta) - height(uvTE.s, uvTE.t - delta),
  2.0 * gridSpacing);

normalF = normalize(normalMatrix * cross(deltaZ, deltaX));
// 光线方向被硬编码。统一替换
float intensity = max(dot(vec3(0.577, 0.577, 0.577), normalF), 0.0);
// 漫反射和环境光密度。统一替换
vec4 color = texture2D(texUnit, uvTE) * vec4(0.8, 0.8, 0.8, 1.0);

outputF = color * intensitiy + color * vec4(0.2, 0.2, 0.2, 1.0);
}
```

使用这 4 个简单着色器即可获得完整的曲面细分地形。

10.3 动态 LOD 的简单方法

使用 GPU 曲面细分时，LOD 自然会成为曲面细分级别的同义词。因此，可以通过计算每个图块边的曲面细分级别（外部曲面细分级别）来实现 LOD 的简单方法，而内部曲面细分级别则可以计算为相应的外部曲面细分级别的最大值。

以前的 CPU LOD 实现中常用的标准是对象的包围盒（Bounding Box）的投影屏幕大小。将此方法用于曲面细分外层，边的曲面细分级别成为其投影大小的函数。因此，相邻的图块将共享相同的公共边的细分级别，从而确保无裂缝的几何形状。

当 LOD 发生变化时，动态 LOD 需要平滑的几何过渡。OpenGL 提供类似于几何变形的曲面细分方法，使用 fractional_even_spacing 或 fractional_odd_spacing 作为曲面细分评估器着色器中的输出布局限定符。

曲面细分级别在曲面细分控制着色器中定义，因此这是更改发生的地方。所有其他着色器保持不变。与上一节一样，此着色器可用的唯一数据是图块的一角。

挑选构成图块边的两个点，可以计算其投影长度（详见本章参考文献 [Boesch 10]）。

然后使用投影长度基于单个参数（每条边的像素）定义曲面细分级别。例如，如果一个片段的投影大小为 32 像素，并且希望每个三角形边有 4 个像素，那么应该将 32/4（即 8）作为相应的外部曲面细分级别。

这种方法的主要问题是与视图方向几乎共线的图块边倾向于具有非常低的曲面细分水平，因为投影的尺寸将非常小，但是，这可以通过一些额外的参数化或过度曲面细分来修正。本章参考文献 [Cantlay 11] 中提供的另一种解决方案是考虑直径等于图块边长度的球体的投影尺寸。该方案有效地解决了共线性的问题。

为了计算球体的投影尺寸（见图 10.2），选择共享相同边 e_1 和 e_2 的两个角，并计算世界空间中边的长度 d。然后，计算边的中点 P_1，以及中心上方的新点 P_2，它被边的长度 d 移位。然后将点 P_1 和 P_2 转换为屏幕空间。变换点之间的距离提供了封闭球体的屏幕空间直径。

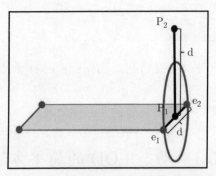

图 10.2　计算投影球体屏幕大小的示意图

函数 screenSphereSize（详见代码清单 10.4）执行这些计算并根据计算出的直径除以参数 pixelsPerEdge 确定边的曲面细分级别，并将其锁定以确保有效的细分级别。

代码清单 10.4　曲面细分评估器着色器的辅助函数

```
// 视口尺寸（以像素为单位）
uniform ivec2 viewportDim;
// LOD 参数
uniform int pixelsPerEdge;

// 基于段 e1 - e2 的球体屏幕大小
float screenSphereSize(vec4 e1, vec4 e2)
{
  vec4 p1 = (e1 + e2) * 0.5;
  vec4 p2 = viewCenter;
  p2.y += distance(e1, e2);
```

第 10 章　GPU 曲面细分：地形 LOD 讨论

```
  p1 = p1 / p1.w;
  p2 = p2 / p2.w;
  float l = length((p1.xy - p2.xy) * viewportDim * 0.5);
  return(clamp(l / pixelsPerEdge, 1.0, 64.0));
}

// 确定图块的边是否在 xz 视锥体内
bool edgeInFrustum(vec4 p, vec4 q)
{
  return !((p.x < -p.w && q.x < -q.w) || (p.x > p.w && q.x > q.w) ||
           (p.z < -p.w && q.z < -q.w) || (p.z > p.w && q.z > q.w));
}
```

视锥体外的图块应通过将其边的曲面细分级别设置为零来丢弃。为了测试图块是否在视锥体内，必须考虑可用信息、图块的 4 个角，以及它的边。图块内部点的高度在此阶段是未知的，因此无法承担基于 y 轴信息执行剔除的开销。但是，基于图块的变换角的 xz 坐标，在裁剪空间中执行保守剔除是安全的。函数 edgeInFrustum（详见代码清单 10.4）可以执行此计算。有关如何在裁剪空间中执行视锥体剔除的更多详细信息，请参阅本章参考文献 [Ramires 07]。

代码清单 10.5 显示了曲面细分控制着色器。代码清单 10.4 中的函数也是着色器代码的一部分。最初，计算图块的剩余 3 个角，然后将所有 4 个角转换为裁剪空间（Clip Space）。再对每条边使用函数 edgeInFrustum 检查它是否至少部分位于视锥体内。如果所有边都在视锥体之外，则曲面细分级别设置为零，并且图块将被剔除。否则，使用函数 screenSphereSize 为每条边计算外部曲面细分级别。内部级别设置为相应外部的最大值，以确保执行有效的细分。

代码清单 10.5　简单 LOD 的曲面细分控制着色器

```
layout(vertices = 1) out;
// ...
void main(){
  vec4 posTransV[4];
  vec2 pAux, posAux[4];

  vec2 tSize = textureSize(heightMap, 0) * scaleFactor;
  float div = 64.0 / tSize.x;
  posTC[ID] = posV[ID];
  // 计算图块的 4 个角
  posAux[0] = posV[0];
  posAux[1] = posV[0] + vec2(0.0, div);
```

```
  posAux[2] = posV[0] + vec2(div, 0.0);
  posAux[3] = posV[0] + vec2(div, div);
  // 变换图块的 4 个角
  for (int i = 0; i < 4; ++i)
  {
    pAux = posAux[i] * tSize * gridSpacing;
    posTransV[i] = pvm * vec4(pAux[0], height(posAux[i].x,posAux[i].y),
        pAux[1], 1.0);
  }
  // 检查图块是否在视锥体之内
  if (edgeInFrustum(posTransV[ID], posTransV[ID + 1])||
      edgeInFrustum(posTransV[ID], posTransV[ID + 2])||
      edgeInFrustum(posTransV[ID + 2], posTransV[ID + 3])||
      edgeInFrustum(posTransV[ID + 3], posTransV[ID + 1])))
  {
    // 计算曲面细分级别作为图块的边的函数
    gl_TessLevelOuter = vec4(
      screenSphereSize(posTransV[ID], posTransV[ID + 1]),
      screenSphereSize(posTransV[ID], posTransV[ID + 2]),
      screenSphereSize(posTransV[ID + 2], posTransV[ID + 3]),
      screenSphereSize(posTransV[ID + 3], posTransV[ID + 1]));
    gl_TessLevelInner = vec2(
      max(gl_TessLevelOuter[1], gl_TessLevelOuter[3]),
      max(gl_TessLevelOuter[0], gl_TessLevelOuter[2]));
  }
  else
  {
    // 通过将曲面细分级别设置为 0 丢弃图块
    gl_TessLevelOuter = vec4(0);
    gl_TessLevelInner = vec2(0);
  }
}
```

10.4 粗糙度和细节

10.3 节中介绍的 LOD 解决方案在减少三角形数量和创建可以按高帧速率渲染的地形方面做得非常出色。但是，这里有一个隐含的假设，即所有图块都是均匀的。然而，众所周知，实际上的地形并非如此，地形是复杂多样的，当其表面的粗糙度在每个点处都相似时,则可以认为该地形是同质(Homogeneous)的;当在其中既可以找到非常光滑的区域,也可以找到非常粗糙的区域时,则可以认为该地形是异质(Heterogeneous)的。基于图块的边投影尺寸的方法没有考虑图块内部高度的变化或其粗糙度,并且它要么过度曲面细分成为平坦的远距离图块,要么曲面细分不足成为更粗糙的图块。因此,前面介绍的方法更适合于同质地形,而对于异质地形则比较无力。

本节的目的是通过考虑图块的粗糙度来计算其曲面细分级别,从而生成异质地形,为上述问题提供 LOD 解决方案。要达成该目标,可以计算每个图块的粗糙度因子,以用作比例因子。这些因子预先存储在 CPU 上,并与图块的坐标一起提交给 GPU。可以在渲染应用程序之外预先计算此信息,从而加快引导速度。

由于预处理阶段的存在,这种方法不适用于具有动态几何的地形。但是,如果只有一小部分地形受到影响,则此方法仍可用于地形的静态部分,而对于动态区域则可以使用过度的曲面细分法。

要计算粗糙度因子,可以考虑图块的 4 个角确定平均图块法线。完全曲面细分图块的每个顶点的法线与平均法线之间的最大差异是存储为图块粗糙度的值。

对于每个外部曲面细分级别,所应用的粗糙度将是共享边的两个图块之间的最大值,因此确保无裂缝几何形状。

受影响的唯一着色器是曲面细分控制着色器。代码清单 10.6 显示了此着色器的更改。函数 getRoughness 可以获取图块的粗糙度值,将其拉伸以创建更宽范围的值。这会强调地形的不规则性,否则可能会被忽略。函数的常数是实验性的,找到粗糙度的最佳缩放因子可能是一项有趣的练习。

代码清单 10.6　具有粗糙度系数的 LOD 曲面细分控制着色器的代码片段

```
uniform sampler2D roughFactor;

float getRoughness(vec2 disp)
{
  return(pow((1.8 - texture(roughFactor, posV[0] + disp / textureSize
      (roughFactor,0)).x), 4));
}

// 将此代码放置在前面提供的 main 函数中
// 替换外部曲面细分级别计算
// (...)
  vec4 rough;
  float roughForCentralP = getRoughness(vec2(0.5));
  rough[0] = max(roughForCentralP, getRoughness(vec2(-0.5, 0.5)));
```

```
    rough[1] = max(roughForCentralP, getRoughness(vec2(0.5, -0.5)));
    rough[2] = max(roughForCentralP, getRoughness(vec2(1.5, 0.5)));
    rough[3] = max(roughForCentralP, getRoughness(vec2(0.5, 1.5)));
    gl_TessLevelOuter = vec4(
      screenSphereSize(posTransV[ID], posTransV[ID + 1]) * rough[0],
      screenSphereSize(posTransV[ID + 0], posTransV[ID + 2]) * roughs[1],
      screenSphereSize(posTransV[ID + 2], posTransV[ID + 3]) * rough[2],
      screenSphereSize(posTransV[ID + 3], posTransV[ID + 1]) * roughn[3]);
//(...)
```

10.5 渲染测试

前文已经介绍了使用曲面细分和 LOD 渲染地形的不同技术，本节来看一看它们的测试数字的情况。但是，这些测试并不完全与应用程序可以得分的三角形数量或每秒帧数有关，所渲染的视觉质量也很重要，因此本节也进行了图像比较测试。

10.5.1 测试设置

用于测试的数据是一个 16 位的高度图，其相应的颜色纹理如图 10.3 所示，详见本章参考文献 [Lindstrom and Pascucci 01]。这些文件报告来自美国普吉特海湾地区的地理数据。

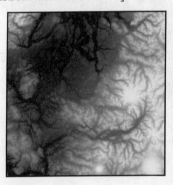 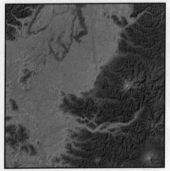

图 10.3 地形高度和彩色地图

在所有测试中，颜色纹理为 2K × 2K，而测试的地形网格的分辨率范围为 1K × 1K ～ 64K × 64K。高度数据基于高达 8K × 8K 的高度图，更高的分辨率则采用着色器高度采样。

上述示例中的地形是特别为这项 LOD 研究选择的，因为它是高度异质的。它既包含几乎平坦的绿色和蓝色区域，又包含非常不规则的区域（大多数是红色和白色）。

10.5.2 评估 LOD 解决方案的质量

要评估 LOD 解决方案，必须考虑几个因素，因为 LOD 不仅仅与性能有关。使用 LOD 会导致当相机在场景中移动时，几何体发生变化，从而触发曲面细分的变化，这可能会导致视觉伪影。另一个问题与原始模型的相似性有关。LOD 解决方案可以是高性能的，没有明显的视觉伪像，与原始模型相比，仍然存在有意义的差异。

第一个测试涉及 LOD 解决方案的视觉质量。使用的方法是从完全曲面细分的地形中获取帧缓冲，并将其与两个 LOD 解决方案的结果进行比较（这两个解决方案就是 10.3 节中的简单方案和 10.4 节中所提出的粗糙度方案）。在这两种情况下，只有一个参数来控制 LOD，即每条边的像素数。对于每次比较，将计算两个差值：不同像素的数量和像素色差。该测试是从 8 个不同的视点（Viewpoint）进行的，结果如图 10.4 所示。

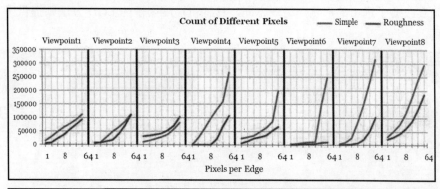

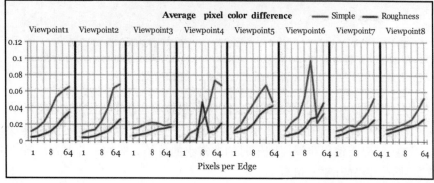

图 10.4　两个 LOD 方法之间的差异和从 8 个视点计算的完整曲面细分解决方案。上图为不同像素的总数，下图为每个像素的平均色差

原 文	译 文
Count of Different Pixels	不同像素的总数
Simple	简单方案
Roughness	粗糙度方案
Pixels per Edge	每条边的像素
Average pixel color difference	像素的平均色差
Viewpoint1/2/3/4/5/6/7/8	视点 1/2/3/4/5/6/7/8

关于 LOD 的参数，也就是每条边的像素（{1,2,4,8,16,32,64}），这些方法的表现与预期是一致的。随着每条边的像素数量增加，不同像素的数量也会增加。一般来说，粗糙度方法的不同像素的数量和平均色差都更低。

通过查看实际图像可以获得更清晰的视点。图 10.5 显示了从视点 1 获取的 LOD 方法和完全曲面细分几何体的快照特写。该图表明，简单的方法往往过于简单化了更远的图块，它确实改变了远山的形状。另一方面，具有粗糙度因子的 LOD 方法则提供了几乎完美的轮廓。

图 10.5　完整曲面细分（左图）、粗糙度方法（中图）和简单方法（右图）的特写镜头，每条边 16 个像素

图 10.6 也是从视点 1 开始构建的。上面一行图显示，简单方法显然更容易歪曲远处不规则几何的轮廓。下面一行图则显示，尽管这两种方法的像素差异的数量相对来说是一样的，但这些对应于使用粗糙度因子时的非常小的色差。例如，考虑到每条边 16 个像素的粗糙度因子，差异几乎不可察觉。

如果要对这个测试做一个总结，那么可以说，即使在考虑每条边的像素这个参数的更高值时，其结果也是使用粗糙度因子时在感知上的效果更好，因为如果不考虑图块的粗糙度，那么远处几何体的形状似乎受到显著影响。

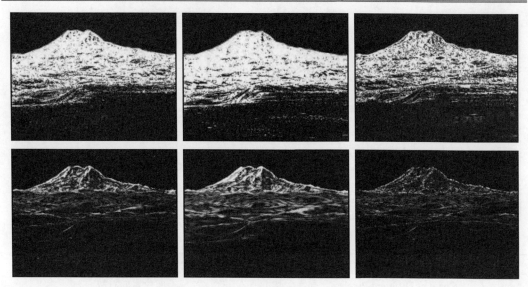

图 10.6 两种 LOD 方法和完整曲面细分结果之间的差异。
上面一行：像素差异；下面一行：5 倍增强色差。
左侧列：简单方法，每条边 8 个像素；中间列：简单方法，每条边 16 个像素；
右侧列：粗糙度方法，每条边 16 个像素

第二个测试涉及当相机从视点 $P(d)$ 移动到视点 $P(d + step)$ 时的预期差异，其中，step 是两个连续帧中行进的距离。这些差异发生在相机导航过程中。在点 $P(d)$ 处，由于动态曲面细分的关系，当相机移动单个 step 时，被观察的地形的特征可能看起来不同。

使用 LOD 时，可以预期在相机移动时曲面细分的级别会发生变化，这会导致视觉伪影（Artifact），从而暴露算法的动态特性。为了具有零视觉伪影，在点 $P(d)$ 处计算的曲面细分的结果应该与在点 $P(d + step)$ 处计算的曲面细分的结果无法区分，两者都在点 $P(d + step)$ 处被观察到。

该测试将计算在点 $P(d + step)$ 处生成的图像之间的差异，使用针对点 $P(d)$ 和点 $P(d + step)$ 计算的曲面细分级别，并且采用集合{1, 2, 4, 8, 16, 32, 64}个单元中的步骤值。图 10.7 即显示了考虑 8 个测试视点并使用每条边的像素值为 1～64 时的不同像素的平均数。正如预期的那样，两个 LOD 方法报告的误差随着 step 的增加而增长。随着每条边的像素数变大，误差也会增大。

图 10.7 清楚地表明，在每条边的像素值相同的情况下，使用简单方法产生的差异总是显著高于使用粗糙度因子的方法。

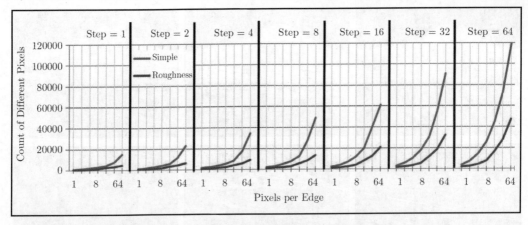

图 10.7　使用两种 LOD 方法的 step 增长测试的差异

原　　文	译　　文
Count of Different Pixels	不同像素的总数
Simple	简单方案
Roughness	粗糙度方案
Pixels per Edge	每条边的像素

10.5.3　性能

现在不妨来看一看使用硬件曲面细分的建议 LOD 实现是否能够获得回报。已经证明 LOD 引入了误差，这些可以通过每条边的像素数量或其他一些更复杂的方法来控制，但是仍然会有误差。因此，性能报告必须是有明确结论的，否则就没有意义。

用于测试的硬件是一个桌面系统，其显卡为 GeForce 460 GTX，内存为 1GB；另外还有一个笔记本电脑系统，内存为 2GB，显卡为 Radeon 6990M。

测试的项目仍然是前面描述的地形，其中，相机跑了完整的一圆，每个 step 推进一度，因此总共执行了 360 帧。在每一次试验中，均记录了使用 OpenGL 查询生成图元的总时间和数量。

使用范围从 1K×1K 到 64K×64K 的地形网格进行测试，并且改变两种 LOD 方法的每条边的像素值。作为比较，还提供了完整的曲面细分、传统的几何任务（高达 4K×4K）和实例化（高达 8K×8K）。

第一张图表（见图 10.8）将完整曲面细分（有的包含剔除，有的不包含剔除）的性能与完整三角形网格任务和 64×64 顶点的图块的实例化进行了比较，这些顶点被复制以覆盖整个地形。地形网格大小从 1K 到 8K 不等。

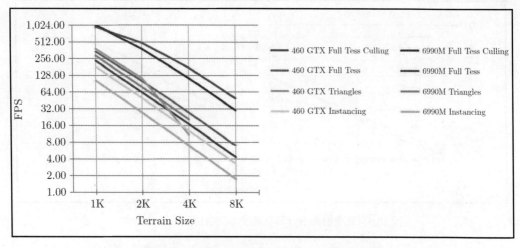

图 10.8　没有 LOD 渲染地形时的每秒帧数性能

原　　文	译　　文
Terrain Size	地形大小
460 GTX Full Tess Culling	460 GTX 完整曲面细分，包含剔除
460 GTX Full Tess	460 GTX 完整曲面细分
460 GTX Triangles	460 GTX 三角形网格
460 GTX Instancing	460 GTX 实例化
6990M Full Tess Culling	6990M 完整曲面细分，包含剔除
6990M Full Tess	6990M 完整曲面细分
6990M Triangles	6990M 三角形网格
6990M Instancing	6990M 实例化

　　完整的曲面细分仅受完整三角形网格任务的影响。在这种情况下，实例化方法与两者的性能都不匹配。正如预期的那样，剔除会增强曲面细分方法，因此值得在着色器中包含额外的代码。

　　以最大的地形为例，与使用剔除方法的完整曲面细分相比，其他方法的帧速率对于任何实际使用而言都太低了。请注意，为了显示数据，该图表是使用对数 FPS 比例（基数为 2）创建的，否则，某些数据甚至无法以有意义的方式显示。

　　考虑 Radeon 6990M 上 3 种可能的图块（Patch）尺寸，图 10.9 中的图表报告了粗糙度方法和完整曲面细分（包含剔除和不包含剔除）的性能。

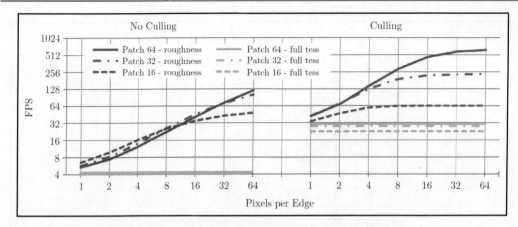

图 10.9 完全曲面细分和粗糙度方法中剔除效果的比较

原　文	译　文
No Culling	不包含剔除
Culling	包含剔除
Patch 64 - roughness	Patch 64-粗糙度方法
Patch 32 - roughness	Patch 32-粗糙度方法
Patch 16 - roughness	Patch 16-粗糙度方法
Patch 64 - full tess	Patch 64-完全曲面细分方法
Patch 32 - full tess	Patch 32-完全曲面细分方法
Patch 16 - full tess	Patch 16-完全曲面细分方法
Pixels per Edge	每条边的像素

在所有情况下，LOD 都会带来非常显著的性能提升。实际上，这种增强的效果非常明显，这里仍然使用了对数刻度来显示每种方法的可见曲线。图块尺寸确实会影响性能，较大尺寸的整体性能会更好；特别是，用更大的图块进行剔除显然更有效。该图表中突出显示的另一个特性是 LOD 因子（也就是每条边的像素）和性能的相关性。该参数如预期的那样，性能会随着每条边的像素数而增加。

现在我们已经观察到了剔除的好处，以及图块尺寸对性能的影响，所以，余下的测试都将使用剔除和 65×65 的图块尺寸。目的是测试地形网格大小的变化如何影响性能，也可以看一看使用 OpenGL 的基于曲面细分的 GPU LOD 方法究竟能达到什么程度。

图 10.10 中的图表报告了最高达 8K×8K 的地形测试的结果。从性能上讲，两种 LOD 方法都可以实现非常高的帧速率。正如预期的那样，简单方法比粗糙度方法表现更好。然而，如前所述，用后一种方法获得的误差低于用前一种方法获得的误差，并且全局比较也应该考虑到这一点。

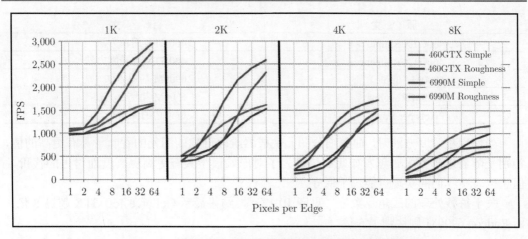

图 10.10　两种 LOD 方法的每秒帧数，地形大小高达 8K

原　　文	译　　文
460GTX Simple	460GTX 简单方法
460GTX Roughness	460GTX 粗糙度方法
6900M Simple	6900M 简单方法
6900M Roughness	6900M 粗糙度方法
Pixels per Edge	每条边的像素

再进一步，我们使用高达 64K×64K 的地形测试了两种 LOD 方法（结果见图 10.11）。这样的网格有超过 40 亿个顶点，因此对任何技术都是一个巨大的挑战。由于目前没有任何硬件能够满足这一巨大需求，因此必须采用剔除和 LOD 等优化技术。

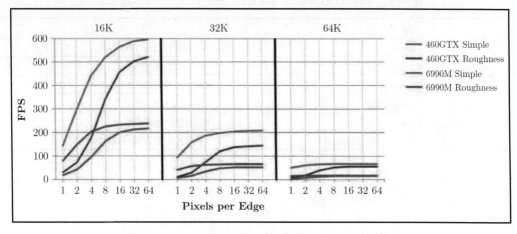

图 10.11　两种 LOD 方法的每秒帧数，地形大小高达 64K

原　文	译　文
460GTX Simple	460GTX 简单方法
460GTX Roughness	460GTX 粗糙度方法
6900M Simple	6900M 简单方法
6900M Roughness	6900M 粗糙度方法
Pixels per Edge	每条边的像素

当使用粗糙度方法时，曲面细分图元生成器阶段创建的图元的吞吐量具有更高的值，特别是随着地形变大则越发如此。这是为了对原始模型具有更高保真度而付出的代价，但它也表明我们的实现可能过于保守。

关于每秒处理的三角形数量（见图 10.12），结果显示 GeForce 460 GTX 超过 8 亿，而 Radeon 6990M 则达到了 5 亿。

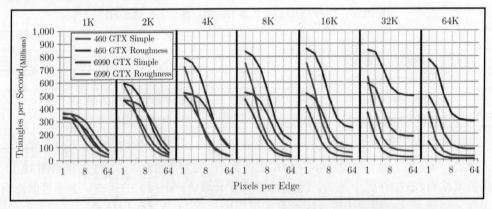

图 10.12　两种 LOD 方法的每秒三角形数量，地形大小高达 64K

原　文	译　文
460 GTX Simple	460 GTX 简单方法
460 GTX Roughness	460 GTX 粗糙度方法
6900 GTX Simple	6900 GTX 简单方法
6900 GTX Roughness	6900 GTX 粗糙度方法
Pixels per Edge	每条边的像素
Triangles per Second(Millions)	每秒三角形数量（单位：百万）

10.6　小　结

利用新的曲面细分引擎和相应的着色器，我们提出了一种基于 GPU 的 LOD 算法。

该算法考虑了地形的粗糙度，以保持对原始数据的高保真度，这是高度不规则的远距离图块中特别需要的。它既可以作为适合图形显存的地形渲染的独立方法，也可以在考虑较大的地形时，作为完整地形渲染引擎的最终渲染阶段，增强渲染地形的保真度，同时不会影响帧速率。

参 考 文 献

[Boesch 10] Florian Boesch. "OpenGL 4 Tessellation." http://codeflow.org/entries/2010/nov/07/opengl-4-tessellation/, 2010.

[Cantlay 11] Iain Cantlay. "DirectX 11 Terrain Tessellation." Technical report, NVIDIA, 2011.

[Lindstrom and Pascucci 01] P. Lindstrom and V. Pascucci. "Visualization of Large Terrains Made Easy." In *Proceedings of the Conference on Visualization'01*, pp. 363–371. IEEE Com- puter Society, 2001.

[Ramires 07] Antoˊnio Ramires. "Clip Space Approach: Extracting the Planes." http://www.lighthouse3d.com/tutorials/view-frustum-culling/clip-space-approach-extracting-the-planes, 2007.

[Shandkel 02] Jason Shandkel. "Fast Heightfield Normal Calculation." In *Game Programming Gems 3*. Hingham, MA: Charles River Media, 2002.

[Tatarchuk et al. 09] Natalya Tatarchuk, Joshua Barczak, and Bill Bilodeau. "Programming for Real-Time Tessellation on GPU." Technical report, AMD, Inc., 2009.

第 11 章 使用基于着色器的抗锯齿体积线

作者：Sébastien Hillaire

11.1 简　　介

渲染线条的能力一直是计算机图形学中的一个重要特征。线条可用于多种用途。它们可以用作调试工具来显示顶点法线或可视化三角形以评估场景的复杂性。线条渲染也是 CAD 应用程序的一个重要特征，它可以帮助用户通过强调对象的边来更好地感知轮廓和形状，或者用于图形用户界面（Graphical User Interface，GUI）信息，如围绕所选对象等的线框立方体。线条也可用于多个游戏，如 *PewPew*（《几何战机》，详见本章参考文献 [Geyelin 09]），或重新制作的像 *Battlezone*（《战争地带》）这样的旧游戏（详见本章参考文献 [Coy 09]），其中的线条渲染是复古视觉风格的一部分。最后，它们还可用于道路、国家和区域边界、车辆路径等的地理信息系统（Geographic Information System，GIS）和模拟应用。

目前，渲染高质量的抗锯齿线仍然不是一项轻而易举的任务。Direct3D 或 OpenGL 等图形 API 允许程序员渲染宽度有限的基本 2D/3D 线。然而，这些线并未在所有硬件上进行适当的抗锯齿处理（详见本章参考文献 [Lorach 05]），并且没有透视效果，即无论观看者的距离如何，线条在屏幕上总是具有相同的尺寸。此外，它们还缺乏整体的体积外观（Volumetric Look）。McNanmara（详见本章参考文献 [McNamara et al. 00]）和 Chan（详见本章参考文献 [Chan and Durand 05]）已经提出了渲染抗锯齿线的方法，但它们没有任何透视效果。Cozzi（详见本章参考文献 [Cozzi and Ring 11]）提出了一种几何着色器，可以从屏幕空间的 3D 线中挤出四边形，以获得高质量的抗锯齿线，但是同样没有任何透视效果。Lorach（详见本章参考文献 [Lorach 05]）提出了使用顶点着色器的方法，即在屏幕空间中利用扩展四边形来渲染抗锯齿体积线。线条外观由 16 个纹理图块表示，这些纹理图块基于相机位置同时对比线的方向进行插值。当沿着其方向查看线时，该技巧的效果仍然是很明显的。

本章介绍了 3 种渲染高质量抗锯齿线的方法。第一种方法依赖于 OpenGL API 的固定宽度的线渲染可能性。后两种方法则利用着色器以挤出将被着色的线周围的几何图形，以实现无锯齿的体积外观。

11.2 后处理抗锯齿

渲染抗锯齿线的一种现有解决方案是使用 OpenGL 线条图元并激活硬件多重采样。选定的多重采样质量（4、8 或 16 倍）将直接影响所需的内存和带宽。例如，8 倍多重采样将需要每像素 8 个样本，而不是 1 个样本，这意味着需要 8 倍的内存，并且解析步骤（Resolve Step）的执行将从样本计算最终的像素颜色。

在过去的一年中，研究人员提出了一种新的方法来实现实时抗锯齿，它不需要大量内存，计算成本也很低，这就是后处理抗锯齿（Postprocess Antialiasing）。完整的概述详见本章参考文献 [Jimenez et al. 11]。基本上，这些方法将使用屏幕空间信息（如颜色、深度、法线和几何）来检测渲染图片中的边并应用智能模糊滤镜，利用硬件线性滤波来减少锯齿。在所有算法中，FXAA（详见本章参考文献 [Lottes 11]）是一个不错的选择，因为它只依赖于颜色缓冲，并且只需要亮度信息。另一个优点是，它提供的完整着色器文件可以在 OpenGL、Direct3D 或控制台上使用，并且可以使用预处理器指令轻松调整。它是最快的后处理抗锯齿算法之一（详见本章参考文献 [Jimenez et al. 11]）。如图 11.1 所示，FXAA 可以使用 OpenGL 的标准线条渲染功能渲染高质量的抗锯齿线。无论我们需要渲染多少条线，FXAA 总是有不变的成本。这种方法不仅提高了线条的质量，还提高了整个场景的质量。

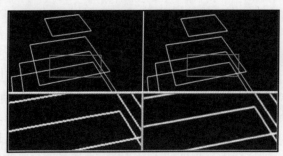

图 11.1 没有抗锯齿和使用后处理抗锯齿（FXAA）的 OpenGL 线条图元。下方矩形表示放大的区域

11.3 抗锯齿体积线

本节将介绍两种利用着色器渲染抗锯齿体积线的方法。体积外观（Volumetric Look）可以使用顶点着色器或几何着色器通过几何体挤出（Geometry Extrusion）实现。抗锯齿

（Antialiasing）效果则可以使用控制线条外观的纹理实现（详见本章参考文献 [Chan and Durand 05]）。

11.3.1 使用顶点着色器进行几何体挤出

使用顶点着色器进行几何体挤出将渲染 3 个四边形，由从线段挤出的三角形条带建模（见图 11.2）。中间的四边形是一个广告牌，只能围绕线的方向旋转。另外两个四边形是形似"帽子"的半广告牌，它们总是面向相机。

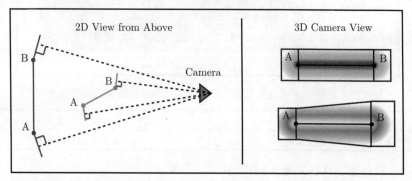

图 11.2 该 2D 和 3D 视图显示了四边形的挤出方式以及作为线段和相机位置函数的定向方式

原 文	译 文
2D View from Above	2D 顶视图
3D Camera View	3D 相机视图
Camera	相机

此方法可用于较旧的硬件，因为它仅依赖于顶点着色器。要生成挤出的几何体，需要多次提交相同的顶点以形成三角形条带（Triangle Strip）。顶点着色器对每个顶点的挤压需要以下若干输入：

- currentVertex。当前处理的线条的顶点。
- otherVertex。该线条的另一个顶点。例如，如果 currentVertex 是 A，那么它将是 B（见图 11.2）。
- offset。vec2 指定沿着剪辑空间中的线条方向并且与裁剪空间中的线条方向垂直的顶点位移长度。
- UV。vec2 表示来自控制线条外观的纹理的纹理坐标。

对于每条线来说，需要高度顶点来绘制三角形条带。根据图 11.3 中可见的重复模板将数据发送到顶点着色器，这些数据可以通过修改顶点缓冲区对象的内容提交给 GPU。

但是，offset 和 UV 是常量数据。它们打包在一个静态顶点缓冲区对象中，并且在初始化期间创建并填充一次。这两个静态缓冲区的大小对应于每批可以渲染的最大线条数。元素数组在初始化期间也会填充一次，因为其内容不需要修改。使用由 GL_NV_primitive_restart 扩展指定的图元重启元素（Primitive Restart Element）将在单个 draw 调用中绘制多线条，该扩展在 OpenGL 3.0 中被提升为核心。

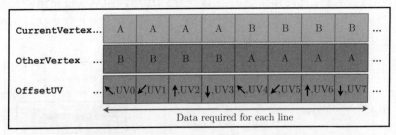

图 11.3　使用基于顶点着色器挤出的渲染体积线所需的缓冲数组布局

原　　文	译　　文
Data required for each line	每条线需要的数据

挤出顶点着色器如代码清单 11.1 所示。

代码清单 11.1　几何体挤出顶点着色器

```
// [GLSL 版本，变换的值和顶点属性]
uniform mat4 MVP;
uniform float radius;
uniform float invScrRatio;
uniform sampler2D lineTexture;
void main()
{
  Out.Texcoord = OffsetUV.zw;

  // 计算裁剪空间中的顶点位置
  vec4 vMVP = MVP * vec4(Position, 1.0);
  vec4 otherMVP = MVP * vec4(PositionOther, 1.0);

  // (1) 在裁剪空间的(xy)平面的线条方向（需要透视划分）
  vec2 lineDirProj = radius * normalize((vMVP.xy / vMVP.ww) -(otherMVP.xy /
      otherMVP.ww));

  // (2)当点不在近平面的相同面时,避免反转状况的技巧(sign(otherMVP.w)!=sign(vMVP.w))
  if(otherMVP.w * vMVP.w < 0)
  {
```

```
        lineDirProj = -lineDirProj;
    }

    // （3）沿着线条方向或垂直于线条的方向偏移（考虑屏幕的宽高比）
    vec2 iscrRatio = vec2(1.0,invScrRatio);
    vMVP.xy += lineDirProj.xy * OffsetUV.xx * iscrRatio;
    vMVP.xy += lineDirProj.yx * OffsetUV.yy * vec2(1.0,-1.0) * iscrRatio;

    gl_Position = vMVP;
}
```

几何体挤出在裁剪空间中完成。屏幕上线条的方向将首先计算，然后，当线条顶点之一不在近裁剪平面（Near Clip Plane）的同一侧时，可使用比较来避免线条方向错误，比较的代码为 sign(otherMVP.w)!=sign(vMVP.w)。最后，该方向将用于根据其 offset 矢量沿线条方向和垂直于线条的方向移位当前顶点。在视觉上，最后的三角形条带将沿着线条挤出，从而产生体积线的错觉（见图 11.4）。建议使用经过 Mipmap 处理之后的外观纹理，以便在线宽减小时获得良好的过滤（详见本章参考文献 [Chan and Durand 05]）。对于非常细的线条，多重采样或后处理抗锯齿将有助于隐藏锯齿。

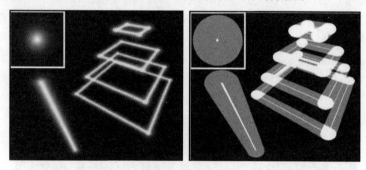

图 11.4 使用基于顶点着色器的几何体挤出渲染的体积线。
这里显示了两种不同的外观纹理（图片左上角的小图标）

这种简单的方法允许每条线仅使用 6 个三角形渲染体积线，并且在顶点着色器中使用少量额外的 ALU 操作。此外，它还具有可在仅支持可编程顶点着色的硬件上使用的优点。

11.3.2 使用几何着色器进行几何体挤出

基于顶点着色器的挤出方法的缺点是，当沿着线条的方向观察时，无法渲染正确的体积线：三角形条带在掠射角（Grazing Angle）处变得可见（见图 11.5）。使用基于几何着色器的挤出方法则不会遇到此问题。

图 11.5 在沿着线条的方向查看线条时,使用基于顶点着色器的挤出将导致视觉误差(左图)。使用基于几何着色器的挤出将获得正确的版本(右图)

给定两个输入顶点,几何着色器将挤出面向对象的包围盒(Object-Oriented Bounding Box,OOBB)。首先计算标准正交基,其 x 轴被设置为平行于线的方向,然后根据基本几何关系生成 y 轴和 z 轴,但是我们并不关心它们的方向。重要的是,线条根据其宽度紧紧包含在 OOBB 内部。使用两个三角形条带即可生成 OOBB,其每个顶点与在视图空间中表示的视-光线方向相关联,该视图空间将被内插并传递以在片段着色器中使用。

片段着色器的任务很简单,它将计算线段上的两个最近点之间的距离,并且其视图方向对应于当前光栅化片段。该距离最终通过线条的反向半径进行缩放,并用作坐标以对 1D 渐变纹理进行采样,该纹理将定义体积线的外观(见图 11.6)。这种方法的缺点是将从每条线的几何着色器输出许多几何体:16 个顶点和两个三角形条带。对于几何着色器通常不建议这样做,因为渲染单根线条需要巨大的计算成本。解决方案是在几何着色器中实现剔除(详见本章参考文献 [AMD 11])。

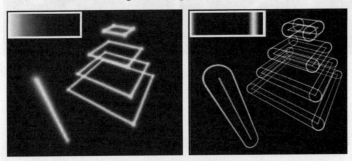

图 11.6 使用基于几何着色器的几何体挤出渲染的体积线。这里显示了两个不同的外观渐变(请注意观察图片左上角的小图标)

这种基于几何着色器的体积线渲染方法将产生比基于顶点着色器的渲染方法更高质量的体积线。而且,它不需要改变我们将线条顶点发送到 GPU 的方式。此方法仅要求我们在代码的线条渲染部分之前启用着色器。使用片段着色器可以实现更多的视觉效果,如体积参与介质（Volumetric Participating Media）效果。如图 11.7 所示就是考虑了与相机的相交所产生的效果（详见本章参考文献 [Hillaire 10]）。在本章参考文献 [Rideout 11] 中则讨论了无网格管（Meshless Tube）的效果。

图 11.7　使用基于几何着色器的挤出时可以获得高级效果：与虚拟环境平滑相交的雾状效果（左图），与虚拟相机平滑相交的效果（右图）

11.4　性　　能

当渲染 1024 条具有相等宽度的线条并使用加法混合时，前面讨论的方法的性能如图 11.8 所示。该性能记录的测试设备配置为 Intel Core i5 和 GeForce GTX 275。在这样的硬件上，当使用绿色通道作为亮度时，FXAA（PC 版本）仅需 0.2ms 即可完成 720p RGB8 缓冲区的渲染。性能测试给定了 720p 和 1080p 分辨率，并且包含从视锥体中渲染的线条。最后一个条件用于忽略大部分光栅化成本，并专注于 draw 调用设置和顶点处理成本。在这种情况下，线条是从视锥体中渲染的。

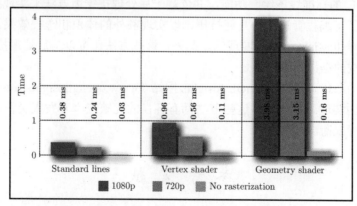

图 11.8　分别使用 3 个条件，在没有 FXAA 的情况下渲染 1024 条具有相等宽度的线条并使用加法混合时的性能（以 ms 为单位）

原　　　文	译　　　文
Time	时间
Standard lines	标准线条
Vertex shader	顶点着色器
Geometry shader	几何着色器
No rasterization	无光栅化

结果表明，顶点挤出方法的成本是标准线条渲染方法的两倍。这是使用纹理采样实现更高质量抗锯齿以及整体的体积和透视效果的成本。重要的是要看到，如果数据是交错的，则这种方法可以更快，并且在最新的硬件上，可以使用 gl_VertexID%8 作为索引（需要 OpenGL 2.0）从统一数组中读取重复的 offsetUV。

值得注意的是，由于重度使用了几何着色器挤压而导致的成本开销并不是几何着色器方法的问题所在。如无光栅化条件下的测量结果所示，其总体计算成本（0.16ms）只比基于顶点着色器的几何体挤出的计算成本（0.11ms）高 50%。但是，在 720p 的条件下，它的成本似乎要高出近 6 倍（3.15ms/0.56ms）。这表明更复杂的片段着色器可能才是这种情况下的瓶颈。无论线条方向比较的是不是相机的相对位置，这都是获得相同的体积和抗锯齿线条所需的成本。

11.5 小　　结

本章详细阐述了如何以 3 种方法来渲染高品质的可变宽度的抗锯齿线。第一种方法使用了 OpenGL 的标准线条绘制功能，并依赖于后处理抗锯齿方法来实现抗锯齿。后两种方法则利用了可编程管道进行几何挤压，以实现额外的体积和透视效果。抗锯齿效果是使用纹理采样和 Mipmap 处理实现的。此外，这些方法还可以与后处理抗锯齿相结合，以减少细线造成的锯齿效应。

本章示例的源代码可在 OpenGL Insights 网站（www.openglinsights.com）上找到，它包含每种方法的实现。事实上，这些方法都有各自的优缺点，开发人员需要在质量和计算成本之间进行权衡。

参 考 文 献

[AMD 11] AMD. "ATI Radeon HD 2000 Programming Guide." http://developer.amd.

com/media/gpu_assets/ATI_Radeon_HD_2000_programming_guide.pdf, 2011.

[Chan and Durand 05] Eric Chan and Frédo Durand. "Fast Prefiltered Lines." In *GPU Gems 2*, pp. 15–30. Reading, MA: Addison-Wesley, 2005.

[Coy 09] Stephen Coy. "Simplified High Quality Anti-aliased Lines." In *ShaderX7: Advanced REndering Techniques*, pp. 15–30. Hingham, MA: Charles Rriver Media, 2009.

[Cozzi and Ring 11] Patrick Cozzi and Kevin Ring. *3D Engine Design for Virtual Globes*. Natick, MA: A K Peters, 2011.

[Geyelin 09] Jean-Francois Geyelin. "PewPew." http://pewpewgame.blogspot.com, 2009.

[Hillaire 10] Sebastien Hillaire. "Volumetric Lines 2." http://tinyurl.com/5wt8nmx, 2010.

[Jimenez et al. 11] Jorge Jimenez, Diego Gutierrez, Jason Yang, Alexander Reshetov, Pete Demoreuille, Tobias Berghoff, Cedric Perthuis, Henry Yu, Morgan McGuire, Timothy Lottes, Hugh Malan, Emil Persson, Dmitry Andreev, and Tiago Sousa. "Filtering Approaches for Real-Time Anti-Aliasing." In *ACM SIGGRAPH 2011 Courses, SIGGRAPH '11*, pp. 6:1–6:329. New York: ACM, 2011.

[Lorach 05] Tristan Lorach. "CG Volume Lines, NVIDIA SDK 9.52 Code Samples." http:// tinyurl.com/6jbe2bo, 2005.

[Lottes 11] Timothy Lottes. "FXAA." http://tinyurl.com/5va6ssb, 2011.

[McNamara et al. 00] Robert McNamara, Joel McCormack, and Norman P. Jouppi. "Prefiltered Antialiased Lines Using Half-Plane Distance Functions." In *The ACM SIGGRAPH/ EUROGRAPHICS Workshop on Graphics Hardware*. S.N. Spencer, 2000.

[Rideout 11] Philip Rideout. "Tron, Volumetric Lines, and Meshless Tubes." http:// prideout.net/blog/?p=61, 2011.

第 12 章　通过距离场渲染 2D 形状

作者：Stefan Gustavson

12.1　简　　介

在计算机图形学中，新思路不断涌现，改变了很多事情完成的方式，但由于某些原因，想要让潜在用户理解和采用是一个缓慢的过程。2007 年，Valve Software 公司的 Chris Green 在计算机图形图像特别兴趣小组（SIGGRAPH）课程章节中提出了一个思路，题为"改进的矢量纹理和特殊效果的 Alpha 测试放大算法"（详见本章参考文献 [Green 07]）。开发人员对该思路的采用缓慢而稀疏，可能的原因是其标题不明确、发布平台选择不佳、读者理解困难、缺乏源代码或者 Chris Green 的原始实现存在缺点等，本章试图解决这个问题。

术语矢量纹理（Vector Texture）是指由不同形状构建的 2D 表面图案，在前景和背景这两个区域之间具有清晰的、一般来说是弯曲的边界。现实世界中的许多表面图案看起来是这样的，如印刷和绘制的文本、徽标和贴花。另外，用于在两个更复杂的表面外观之间混合的 Alpha 蒙版也可能具有清晰的边界，如砖块和砂浆、沥青上的水坑、油漆或石膏中的裂缝、汽车轮胎上飞溅的泥浆等。几十年来，实时计算机图形一直受到无法精确渲染尖锐表面特征的困扰。如图 12.1 所示，没有插值的放大算法会产生锯齿状的像素化边缘，而双线性插值又会产生模糊的外观。Alpha 蒙版的常用方法是在插值后执行阈值处理，这虽然保持了清晰的边缘，但它看起来凹凸不平，有点失真变形，并且其底层数据的像素化特性也非常明显。

Jaggy Blurry Wobbly

图 12.1　纹理图像中的特写高对比度边缘的锯齿状、模糊或失真变形现象

本章描述的方法在进行形状渲染时，将以优雅而且对 GPU 友好的方式解决该问题，并且不需要重新思考用于纹理创建的制作管线，所需要的只是了解它可以做些什么。首先，本章将介绍方法的原理并解释它擅长解决的问题。接下来，我们提供了有关如何从

常规艺术作品中创建更好的距离场的最新研究摘要，消除了 Chris Green 对特殊高分辨率 1 位 Alpha 图像的原始要求。最后，本章将在 GLSL 中展示具体的着色器代码来执行这种渲染，评论其性能和缺点，并指出速度和质量之间的权衡。

12.2 方法概述

一般而言，使用标准纹理图像不能正确地采样和重建清晰的边界。纹理元素采样天然地会假定图案是带宽受限（Band Limited）的，即它不会变化太快，并且不会有太小的细节，因为图案将通过纹理像素样本的平滑插值来渲染。如果我们保留其中一个约束，则图案不能包含太小的细节，但希望背景和前景之间的过渡是清晰的，正式表示无限渐变，我们可以让着色器程序通过步骤函数（Step Function）执行阈值处理，让纹理元素表示应用该步骤的平滑变化函数。用于此目的的合适的平滑函数是距离场（Distance Field）。

典型的距离场如图 12.2 所示。在这里，纹理元素不表示颜色，而是表示与最近轮廓的距离，在轮廓的一侧为正值，在另一侧为负值。仅在轮廓之外具有距离值的无符号距离场是有用的，但是对于灵活性和适当的抗锯齿，非常优选的是在轮廓内部和外部具有距离值的带符号距离场，然后该轮廓是距离场的水平集（Level Set），即距离值等于零的所有点。将距离场的阈值设置为零将生成清晰的 2D 形状。小于单个纹理元素的细节无法表示，但背景和前景之间的边界可以变得无限清晰，因为纹理数据将平滑变化，而且可以在大多数点处紧密近似为线性斜坡（Linear Ramp），所以它们在使用普通双线性插值进行放大和缩小的两种情况下都表现良好。

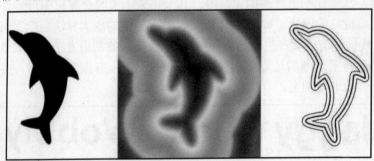

图 12.2　左图为 2D 形状，中间图是以彩虹色图显示的平滑变化距离场，右图显示了 3 个水平集，即原始轮廓（粗线）、向内和向外位移的轮廓（细线）

通过步骤函数进行阈值处理会产生严重的锯齿，因此我们希望改为使用线性斜坡或 smoothstep()函数，其中，过渡区域在渲染输出中会延伸跨过大约一个片段（一个像素样

本）。这通常会忽略正确的抗锯齿，因此代码清单 12.1 给出了各向异性抗锯齿步骤函数的源代码。使用内置的 GLSL 函数 fwidth() 可能会更快，但它计算的梯度长度略有错误，因为这里使用 $|\partial F/\partial x| + |\partial F/\partial y|$ 代替：

$$\sqrt{\left(\frac{\partial F}{\partial x}\right)^2 + \left(\frac{\partial F}{\partial y}\right)^2}$$

代码清单 12.1　各向异性抗锯齿步骤函数

```
// threshold（阈值）是常量，而 dist（距离）则是平滑变化的
float aastep(float threshold, float dist.)
{
  float afwidth = 0.7 * length(vec2(dFdx(dist.), dFdy(dist.)));
  return smoothstep(threshold - afwidth, threshold + afwidth, dist.);
}
```

使用±0.7 而不是±0.5 作为阈值可以补偿 smoothstep() 在其端点处平滑并且具有比线性斜坡更陡的最大斜率的事实。

因为距离场的梯度具有恒定的幅度——当然，局部化的不连续点，也就是所谓的骨骼点（Skeleton Point）除外——所以梯度计算是简单而且可靠的。可以使用多通道（RGB）纹理格式将距离场与梯度一起存储，但也可以通过片段着色器中的自动导数 dFdx() 和 dFdy() 来准确有效地估计梯度。因此，没有必要在若干个点处对纹理进行采样。通过仔细计算梯度投影到屏幕空间，即可在不需要额外努力的情况下执行边缘的准确的各向异性分析抗锯齿。

12.3　更好的距离场算法

在数字图像处理中，距离场自 20 世纪 70 年代以来一直是一个反复出现的主题。人们已经提出了各种距离变换（Distance Transform）方法。例如，二进制（1 位）图像可以被变换为另一种形式的图像，其中的每个像素表示前景和背景之间的最近过渡的距离。前面介绍的方法有两个问题：一是它们对二进制图像进行操作；二是它们将距离计算为从每个前景或背景像素的中心到相对类型的最近像素的中心的矢量。这仅允许形式为 $\sqrt{i^2 + j^2}$ 的距离，其中的 i 和 j 都是整数，并且距离的度量与前景和背景之间的边的距离不一致。最近的算法取消了这两项限制（详见本章参考文献 [Gustavson and Strand 11]）。新的抗锯齿欧几里得距离变换（Antialiased Euclidean Distance Transform）是传统欧几里得距离变换算法的直接扩展，并且对于 2D 形状渲染这个目的来说，它比前面介绍的方法

更加适合。它将采用一个形状的抗锯齿的面积采样图像作为其输入,计算到形状的基础边上最近点的距离,并允许任意精度的小数距离,仅受输入图片的抗锯齿精度的限制。上面引用的文章包含算法的完整描述,以及示例实现的源代码。另外,本章的演示代码也包含一个类似的实现,适用于作为纹理预处理工具独立使用。

12.4 距离纹理

需要将来自抗锯齿距离变换的小数距离值作为纹理图像提供给 OpenGL。8 位格式不足以表示高质量形状所需的范围和精度,但是,如果纹理带宽有限,那么它就足够了。当然,更合适的格式是单通道 float 或 half 纹理格式,但是,具有定点解释的 16 位整数格式可以提供足够的范围和精度,也可以很好地完成工作。

为了最大限度地兼容 WebGL 和 OpenGL ES 等功能较少的平台,我们为本章的演示代码选择了一种稍微麻烦的方法:存储一个带有 8 位有符号整数范围的 16 位定点值和作为传统 8 位 RGB 纹理的 R 和 G 通道的 8 位小数精度。这留下了在 B 通道中也具有原始抗锯齿图像的空间,这对于演示来说是很方便的,并且允许简单的后备着色器,以防形状渲染对于某些特别弱的 GPU 而言过于沉重。

该方法的缺点是 OpenGL 的内置双线性纹理插值不正确地分别插入整数和小数 8 位值,因此需要使用最近邻采样,明确查找 4 个邻居,重建 R 和 G 通道的距离值,并通过显式着色器代码执行双线性插值,这增加了着色器程序的复杂性。4 个最近邻纹理查找构成与单个双线性查找相同的内存读取,但是大多数当前硬件都具有内置双线性过滤,其比在着色器代码中进行 4 个显式纹理查找和插值更快(如果有 OpenGL 扩展 GL_ARB_texture_gather,则可以解决这个问题)。

使用双 8 位通道方法的一个额外优势是可以解决内置双线性纹理插值精度降低的问题。我们不再插值颜色来创建模糊图像,而是计算清晰边缘的位置,这需要比当前(2011年)GPU 本身提供的精度更高的精度。将插值移动到着色器代码可以确保插值的准确度。

12.5 硬件加速距离变换

在距离场可能有用的某些情况下,预先计算它可能是不切实际的或不可能的。在这种情况下,可以使用多通道渲染和 GLSL 在运行中执行距离变换。这种适用并行处理的算法可以由 GPU 执行,最初是在 1979 年发明的,并且在本章参考文献 [Danielsson 80] 中以并行欧几里得距离变换（Parallel Euclidean Distance Transform）的名称出现在脚注里。它最近以 jump flooding 的名义重新改造，并在 GPU 硬件上实现（详见本章参考文献 [Rong and Tan 06]）。根据本章参考文献 [Gustavson and Strand 11]，接受抗锯齿输入图像和输出小数距离的变体包含在本章随附的演示程序和源代码中。jump flooding 算法是一种复杂的图像处理操作，需要在图像上进行多次迭代传递，但在现代 GPU 上，可以在几毫秒内计算出合理大小的距离场。与纯粹的 CPU 实现相比，显著的加速甚至对于距离场的离线计算也是有用的。

12.6 片段渲染

解释如何渲染 2D 形状的最佳方法是展示带有恰当注释的 GLSL 片段着色器。请参见代码清单 12.2。这里编写的着色器假定将距离场存储为单通道浮点纹理。

代码清单 12.2　为形状渲染编写的片段着色器

```
// 距离图 2D 形状纹理, Stefan Gustavson 2011
// 这是对于 Chris Green 的方法的重新实现
// 它使用了单通道高精度距离图和明确的纹理元素插值
// 该代码不受版权限制

#version 120
uniform sampler2D disttex;            // 单通道距离场
uniform float texw, texh;             // 纹理宽度和高度（纹理元素）
varying float oneu, onev;             // 来自纹理着色器的 1/texw 和 1/texh
varying vec2 st;                      // 纹理着色器的纹理坐标

void main(void)
{
  vec2 uv = st * vec2(texw, texh);    // 缩放到纹理矩形坐标
  vec2 uv00 = floor(uv - vec2(0.5));  // 左下角纹理元素
  vec2 uvlerp = uv - uv00 - vec2(0.5); // 纹理元素–局部混合[0,1]

  // 执行距离值 D 的显式纹理插值
  // 如果硬件插值没问题，则使用 D = texture2D(disttex, st)

  // 将中心定位到左下角纹理元素的中心 st00 并重新缩放到[0,1]以方便查找
  vec2 st00 = (uv00 + vec2(0.5)) * vec2(oneu, onev);
  // 采样来自 4 个最近纹理元素的中心的距离 D
  float D00 = texture2D(disttex, st00).r;
```

```
    float D10 = texture2D(disttex, st00 + vec2(0.5 * oneu, 0.0)).r;
    float D01 = texture2D(disttex, st00 + vec2(0.0, 0.5 *onev)).r;
    float D11 = texture2D(disttex, st00 + vec2(0.5 * oneu,0.5 * onev)).r;
    vec2 D00_10 = vec2(D00, D10);
    vec2 D01_11 = vec2(D01, D11);
    vec2 D0_1 = mix(D00_10, D01_11, uvlerp.y);    // 沿着 v 插值
    float D = mix(D0_1.x, D0_1.y, uvlerp.x);       // 沿着 u 插值

    // 执行各向异性分析抗锯齿
    float aastep = 0.7 * length(vec2(dFdx(D), dFdy(D)));
    // D > 0 时图案为 1, D < 0 时图案为 0, D = 0 时图案为正确的 AA
    float pattern = smoothstep(-aastep, aastep, D);
    gl_FragColor = vec4(vec3(pattern), 1.0);
}
```

如上所述，交互式演示程序使用了稍微麻烦一些的 8 位 RGB 纹理格式以实现最大兼容性。代码清单 12.3 给出了一个要精简得多的着色器，它依赖于 GLSL 中速度更快的内置纹理和抗锯齿功能（但是有可能会存在一些问题）。它非常简单且非常快，但在当前的 GPU 上，即使在中等放大率下也可能会出现插值伪影（Interpolation Artifact）。图 12.3 显示了最终的形状渲染结果，以及用于生成距离场的抗锯齿图像。

代码清单 12.3　一个非常精简的着色器，使用了内置纹理和抗锯齿功能

```
# version 120
uniform sampler2D disttex;                  // 单通道距离场
varying vec2 st;                            // 来自顶点着色器的纹理坐标

void main(void)
{
    float D = texture2D(disttex, st);
    float aastep = 0.5 * fwidth(D);
    float pattern = smoothstep(-aastep, aastep, D);
    gl_FragColor = vec4(vec3(pattern), 1.0);
}
```

图 12.3　低分辨率的抗锯齿位图（左侧）和使用从左边的位图生成的距离场渲染的形状（右侧）

12.7 特　　效

距离场表示允许对形状执行多种操作,如特征的纵向或横向拉伸、流血或发光效果以及类似噪声的干扰,以向形状的边缘轮廓添加小尺寸细节。这些操作很容易在片段着色器中执行,并且可以按帧和片段进行动画处理。距离场表示(Distance Field Representation)是通用的基于图像的组件,可用于更一般的程序纹理。图 12.4 给出了一些特效的例子,它们对应的着色器代码如代码清单 12.4 所示。为简洁起见,示例代码没有执行适当的抗锯齿处理。有关 noise() 函数实现方式的详细信息,请参见第 7 章。

图 12.4　使用普通距离场作为输入的着色器特效

代码清单 12.4　图 12.4 中特效的着色器代码

```
// 发光特效
  float inside = 1.0 - smoothstep(-2.0, 2.0, D);
  float glow = 1.0 - smoothstep(0.0, 20.0, D);
  vec3 insidecolor = vec3(1.0, 1.0, 0.0);
  vec3 glowcolor = vec3(1.0, 0.3, 0.0);
  vec3 fragcolor = mix(glow * glowcolor, insidecolor, inside);
  gl_FragColor = vec4(fragcolor, 1.0);

// 脉动特效
  D = D - 2.0 + 2.0 * sin(st.s * 10.0);
  vec3 fragcolor = vec3(smoothstep(-0.5, 0.5, D));
  gl_FragColor = vec4(fragcolor, 1.0);

// 潦草特效
  D = D + 2.0 * noise(20.0 * st);
  vec3 fragcolor = vec3(1.0 - smoothstep(-2.0, -1.0, D) + smoothstep
    (1.0, 2.0, D));
  gl_FragColor = vec4(fragcolor, 1.0);
```

12.8 性　　能

我们在一些代表当前高性能水平的 GPU 和一些性能不太强的 GPU 上分别对这种形

状渲染方法进行了基准测试,而不是通过参数凭空想象,以下是对测试结果的总结。

这种方法在具有足够纹理带宽的现代 GPU 上的速度几乎与普通的双线性插值纹理相当。使用代码清单 12.3 中的着色器同样很快,但是代码清单 12.2 中更高质量的插值则稍微慢一些。究竟慢多少取决于 GPU 中可用的纹理带宽和 ALU 资源。通过在极端放大率下进行质量上的一些折衷,可以使用单通道 8 位距离数据,但 16 位数据的计算成本也很合理。正确的抗锯齿效果需要距离函数的局部导数,但在硬件级别上,这可以通过非常小的开销实现为简单的片段间差异。

简而言之,这种方法的性能应该不是问题。在速度至关重要的地方,使用这种方法,贴花和 Alpha 蒙版实际上可以比使用传统的 Alpha 蒙版更小。这样可以节省纹理内存和带宽,并且可以在不牺牲质量的情况下加速渲染。

12.9 缺　　点

即使由距离场渲染的形状具有清晰的边缘,采样和插值的距离场也不能完美地表示到任意轮廓的真实距离。在原始的基础边缘具有强曲率或拐角的情况下,渲染的边缘将略微偏离真实的边缘的位置。这个偏差很小,只有纹理像素的一小部分,但有些细节可能会丢失或扭曲失真。最值得注意的是,锐角会稍微削掉,这种扭曲的特征将取决于每个特定的角落与纹理元素网格的对齐方式。

此外,距离场不能精确地表示小于两个纹理元素宽的窄形状,并且如果原始图稿中存在这样的特征,则它们将在渲染中扭曲失真。为了避免这种情况,在设计图稿时以及在决定用于生成距离场的抗锯齿图像的分辨率时需要注意一些事项。纤细特征的相对边缘不应穿过相同的纹理元素,也不应穿过两个相邻的纹理像素(这种限制也出现在传统的 Alpha 插值中)。图 12.5 显示了这些伪影,这是本章演示软件的截图。

图 12.5　在极端放大率下的渲染缺陷。黑色和白色形状覆盖有锯齿状的灰度源图像像素。对于这个特别有问题的斜体小写 n,最左边的特征是左边缘略微倒圆,并且中间的窄白色区域在两个相对边缘穿过单个纹理像素的地方产生了变形

12.10 小　　结

OpenGL Insights 网站（www.openglinsights.com）免费提供完整的跨平台演示，其中包含用于纹理创建和渲染的完整源代码。

本章及其附带的示例代码已经包含了足够的信息，方便开发人员在 OpenGL 项目中正确使用距离场纹理。与本章参考文献 [Green 07] 相比，我们提供了一种从最新的研究中获得大幅改进的距离变换方法，并给出了具有纹理生成和渲染的完整源代码的示例实现。我们还提供了着色器代码，用于快速准确地分析抗锯齿，后者对于由清晰边缘表示的高频细节来说是非常重要的。

虽然距离场肯定不能解决渲染具有清晰边缘的形状的所有问题，但它们确实很好地解决了一些问题，如文本、贴花、轮廓边和小孔的 Alpha 蒙版透明度。此外，该方法并不需要执行比常规纹理图像明显更多或根本不同的操作，既不用编写难以理解的着色器程序，也不用刻意创建复杂的纹理资源。我们希望这种方法能够得到更广泛的应用，因为它值得推广。

参 考 文 献

[Danielsson 80] Per-Erik Danielsson. "Euclidean Distance Mapping." *Computer Graphics and Image Processing* 14 (1980), 227–248.

[Green 07] Chris Green. "Improved Alpha-Tested Magnification for Vector Textures and Special Effects." In *SIGGRAPH07 Course on Advanced Real-Time Rendering in 3D Graphics and Games, Course 28*, pp. 9–18. New York: ACM Press, 2007.

[Gustavson and Strand 11] Stefan Gustavson and Robin Strand. "Anti-Aliased Euclidean distance transform." *Pattern Recognition Letters* 32:2 (2011), 252–257.

[Rong and Tan 06] Guodong Rong and Tiow-Seng Tan. "Jump Flooding in GPU with Applications to Voronoi Diagram and Distance Transform." In *Proceedings of ACM Symposium on Interactive 3D Graphics and Games*, pp. 109–116, 2006.

第 13 章　WebGL 中的高效文本渲染

作者：Benjamin Encz

13.1　简　　介

作为第一个适用于浏览器的无插件 3D 渲染 API，WebGL 是一种用于开发 Web 应用程序的有趣技术。由于它是低级图形 API，因此基本功能很少，许多功能都需要由应用程序开发人员自己实现。它缺少的功能之一是对文本渲染的原生支持。在许多应用程序中，尤其是在 Web 上，文本内容是一个重要因素。

WebGL 是一个非常新的标准，因此只有少数使用文本渲染的 WebGL 应用程序存在。此外，与 OpenGL 相比，迄今为止，几乎没有任何用于文本渲染的扩展或库可用。目前开发人员需要自己实现。本章将介绍和讨论两种方法。

一种方法是位图字体（Bitmap Font），这是一种常见技术，其中的单个字符渲染为纹理四边形。对于 WebGL 开发人员来说，还存在第二种方法：使用 HTML5 元素 Canvas 的 2D 功能来创建包含动态渲染文本的纹理。

本章将讨论这两种方法，描述了每个概念，提供了实现细节，并比较了不同方案的效率。有关详细信息和文档源代码，请访问 OpenGL Insights 网站（www.openglinsights.com）。

13.2　基于画布的字体渲染

基于画布（Canvas）的字体渲染是一种特定于 WebGL 的技术。开发人员可以使用 HTML5 元素 Canvas 生成纹理字体。

13.2.1　HTML5 Canvas

Canvas 元素是 HTML5 标准的一部分。它为图形提供了两个 API。WebGL 的功能由 Canvas 的 3D 上下文提供。反过来，Canvas 的 2D 上下文提供了用于绘制 2D 光栅和矢量图像（包括文本）的 API。

13.2.2 概念

当 Canvas 的 2D 上下文用于绘制字符或形状时,结果将显示在画布上并存储为位图。该位图可以转换为 WebGL 纹理。使用 2D 上下文,基于画布的文本渲染可分 3 步实现:

(1)使用 2D 上下文将文本渲染到画布上。
(2)将生成的位图捕获为 WebGL 纹理。
(3)渲染使用纹理着色的视口对齐(Viewport-Aligned)三角形。

基于画布的文本渲染需要两个 Canvas 元素:一个带有 2D 上下文,用于生成纹理;另一个带有 3D 上下文,用于渲染 3D 场景,如图 13.1 所示。

(a)纹理创建画布　　　　　　　(b)渲染 3D 场景

图 13.1　基于画布的字体渲染

13.2.3 实现

第一个实现步骤是使用 2D 上下文渲染文本,如代码清单 13.1 所示。首先请求 ctx,即 Canvas 的 2D 上下文,然后设置文本的参数。可以使用若干个属性来改变字体的外观,包括 CSS 语法,这允许我们重用现有 Web 应用程序中的样式。通过调用 ctx.fillRect(),将使用蓝色背景填充画布,然后调用 ctx.fillText() 在画布上渲染白色文本。现在,图像绘制完成,可以从中创建 WebGL 纹理,如代码清单 13.2 所示。

代码清单 13.1　使用 2D 上下文渲染文本

```
var dynamicImage = document.getElementById("text");
var ctx = dynamicImage.getContext("2d");
var text = "Hello World";
var leftOffset = ctx.canvas.width / 2;
var topOffset = ctx.canvas.height / 2;
```

```
ctx.fillStyle = "blue";
ctx.fillRect(0, 0, ctx.canvas.width, ctx.canvas.height);
ctx.fillStyle = "white";
ctx.lineWidth = 5;
ctx.font = "bold 44px Arial";
ctx.textAlign = "center";
ctx.textBaseline = "middle";
ctx.fillText(text, leftOffset, topOffset);
handleLoadedTexture(dynamicImage);
```

代码清单 13.2　创建纹理

```
function handleLoadedTexture(image){
  var dynamicTexture = gl.createTexture();
  gl.bindTexture(gl.TEXTURE_2D, dynamicTexture);
  gl.pixelStorei(gl.UNPACK_FLIP_Y_WEBGL, true);
  gl.texImage2D(gl.TEXTURE_2D, 0,gl.LUMINANCE_ALPHA, gl.LUMINANCE_ALPHA,
      gl.UNSIGNED_BYTE, image);
  gl.texParameteri(gl.TEXTURE_2D, gl.TEXTURE_MIN_FILTER,
      gl.LINEAR_MIPMAP_LINEAR);
  gl.texParameteri(gl.TEXTURE_2D, gl.TEXTURE_MAG_FILTER, gl.LINEAR);
  // 生成最小化过滤器所需的 mipmap
  gl.generateMipmap(gl.TEXTURE_2D);
}
```

首先，可以通过调用 gl.createTexture() 来初始化 dynamicTexture。然后，为图像激活翻转属性，这样图像便具有了反转的 y 轴，否则将颠倒显示。接下来，将 2D 上下文的内容复制到 WebGL 纹理中，将其作为最后一个参数传递到 gl.texImage2D()。我们选择亮度 Alpha（LUMINANCE_ALPHA）作为纹理格式，因为这样会使每个像素节省 2 个字节。颜色信息不需要以字符方式存储，而是可以按全局方式存储或和每个字符串一起存储。最后，设置了双线性纹理过滤。此演示程序允许我们从其初始的视口对齐位置移动和平移渲染文本，因此可以使用纹理过滤在任何世界位置创建平滑的字体外观。

接下来，将使用两个三角形创建一个表面，并用纹理对它们进行着色。要执行此操作，可以创建一个包含顶点和纹理坐标的交错缓冲区（Interleaved Buffer），如代码清单 13.3 所示。

代码清单 13.3　用于四边形的交错缓冲区

```
var quadBuffer = gl.createBuffer();
gl.bindBuffer(gl.ARRAY_BUFFER, quadBuffer);
```

```
var vertices = [
  -5, -5,  1, 0, 1        // P0
   5, -5,  1, 0, 0        // P1
   5,  5,  1, 1, 0        // P2
  -5, -5,  1, 0, 1        // P0
   5, -5,  1, 0, 0        // P2
   5,  5,  1, 1, 0        // P3
];
gl.bufferData(gl.ARRAY_BUFFER, new Float32Array(vertices), gl.STATIC_DRAW);
```

在每一行中，前 3 个浮点数描述每个顶点的世界位置，后两个浮点数描述纹理的哪个点映射到它。最后，绑定该缓冲区并调用 gl.drawArrays()。顶点着色器（见代码清单 13.4）可以将四边形转换为裁剪坐标，并将纹理坐标传递给片段着色器。

代码清单 13.4　顶点着色器

```
attribute vec3 aVertexPosition;
uniform mat4 uMVPMatrix;
attribute vec2 aTextureCoord;
varying vec2 vTextureCoord;

void main(void) {
  gl_Position = uMVPMatrix * vec4(aVertexPosition, 1.0);
  vTextureCoord = aTextureCoord;
}
```

基于画布的文本渲染非常简单。我们可以访问多个字体属性，并可以将实际的文本渲染细节（如字符放置）放到 Canvas 的 2D 上下文中。

13.3　位图字体渲染

与基于画布的渲染相比，位图字体渲染是一种低级方法。我们需要单独渲染每个字符。

13.3.1　概念

字符串中的每个字符都绘制为矩形表面，也就是所谓的图块（Tile），并用表示相应字符的纹理着色，如图 13.2 所示。

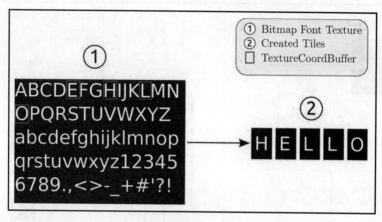

图 13.2 位图字体纹理应用

原　文	译　文
Bitmap Font Texture	位图字体纹理
Created Tiles	创建的图块

要创建这些图块，需要字体中字符的纹理和元信息。位图字体通常作为一组（两个）组件提供：

（1）一个或多个纹理，包含字符集中所有字符的图像。

（2）元文件，为所有字符提供描述符。

字符描述符（Descriptor）将定义字符的大小，可用于创建 TextureCoordBuffer，它描述应用于 WebGL 图元的纹理部分。图 13.2 显示了如何从位图字体中提取子图像并将其应用于字符图块。要访问字符描述符并实现图块的创建，需要以下组件：

❑ 位图字体解析器（Parser）。

❑ 位图字体表示（Representation）。

❑ 提供字符信息的字符中心（Character Hub）。

❑ 字符创建和字符放置组件（文本单元）。

图 13.3 显示了这些组件的协同工作方式。在渲染开始之前，先加载字体纹理，并解析位图字体描述符。在准备工作完成之后，文本单元接收要渲染的字符串。它将迭代这些字符串中的所有字符，并为字符串中的每个字符请求字符描述符，然后为每个字符图块创建顶点和纹理坐标，并将它们存储在一个缓冲区中。

在讨论如何实现这个概念之前，我们将讨论一个必要的准备步骤：创建位图字体。

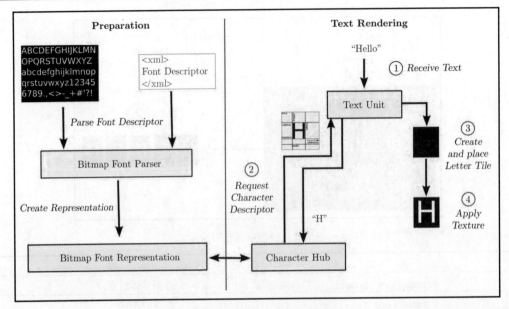

图 13.3 位图字体渲染结构

原文	译文	原文	译文
Preparation	准备工作	Receive Text	接收文本
Parse Font Descriptor	解析字体描述符	Text Unit	文本单元
Bitmap Font Parser	位图字体解析器	Request Character Descriptor	请求字符描述符
Create Representation	创建表示	Create and place Letter Tile	创建并放置字母图块
Bitmap Font Representation	位图字体表示	Apply Texture	应用纹理
Text Rendering	文本渲染	Character Hub	字符中心

13.3.2 创建位图字体

创建位图字体需要创建纹理和字体描述符。纹理包含完整的字符集，字体描述符为包含的字符提供必要的元信息。我们使用免费工具 BMFont 来创建位图字体（详见本章参考文献 [Angel 04]）。该工具提供了许多设置，如纹理的分辨率和它应该包含的字符。它将生成一组纹理和 XML 字体描述符。

13.3.3 实现

在第一步中，我们将加载位图字体纹理并解析位图字体描述符。位图字体纹理的初

第13章　WebGL 中的高效文本渲染

始化方式与基于画布的渲染相同，如代码清单 13.2 所示。唯一的变化是从文件加载纹理。该演示程序使用 XML 字体描述符。我们将处理 XML 并将解析后的字符描述符存储在位图字体表示（Bitmap Font Representation）中。现在，可以访问所有字符描述符。字符描述符中包含以下信息：

```
<char id="47" x="127" y="235" width="26" height="66" xOffset="0"
 yOffset="15" xAdvance="25" page="0" chnl="15" />
```

在此示例条目中，参数 x、y、width 和 height 将定义位图字体纹理文件中字符的子图像，而参数 page 则定义字符存储在哪个纹理中。只有位图字体分布在若干个纹理上才有必要。图 13.4 以可视化的方式显示了该描述符的重要属性。它们是创建字符图块的顶点和纹理坐标所必需的。

代码清单 13.5 显示了创建字符图块的源代码。它包含两个循环。我们将使用外部循环迭代所有字符串，使用内部循环遍历字符串中包含的所有字符。在外部循环中，我们将存储当前所选字符串的原点，这是初始化位置顶点所需要的。

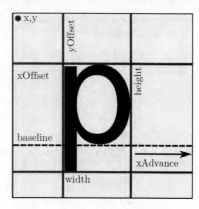

图 13.4　位图字体字符描述符

代码清单 13.5　创建字符图块并初始化位置

```
// 外部循环：迭代所有字符串
for(i = 0; i < stringAmount; i++){
  // 设置字符串原点的偏移量
  var yOffset = renderString[i].originY;
  var xOffset = renderString[i].originX;

  // 内部循环：遍历每个字符
  for(n = 0; n < renderString[i].text.length; n++){
    var charDescriptor = bmFontDescriptor.getCharacter(renderString[i].
        text[n]);
    var char_xOffset = charDescriptor.xoffset * fontSizeFactor;
    var char_yOffset = -(charDescriptor.yoffset * fontSizeFactor);
    var char_xAdvance = charDescriptor.xadvance * fontSizeFactor;
    var charHeight = charDescriptor.height * fontSizeFactor;
    var charWidth = charDescriptor.width * fontSizeFactor;
```

```
// 获取当前字符的纹理坐标
textureCoords = (charDescriptor.textureBuffer);

// 初始化 P1
vertices[vertices_i]   = 0 + xOffset + char_xOffset;
vertices[vertices_i+1] = -charHeight + yOffset + char_yOffset;
vertices[vertices_i+2] = 1.0;
vertices[vertices_i+3] = textureCoords[0];
vertices[vertices_i+4] = textureCoords[1];
// 初始化 P2
vertices[vertices_i+5] = charWidth + xOffset + char_xOffset;
vertices[vertices_i+6] = -charHeight + yOffset + char_yOffset;
vertices[vertices_i+7] = 1.0;
vertices[vertices_i+8] = textureCoords[2];
vertices[vertices_i+9] = textureCoords[3];
// 初始化 P3
// 初始化 P4
// [...]

xOffset += char_xAdvance;
// [...]
}
}
```

在内部循环中，我们将为字符图块创建顶点和纹理坐标。首先加载字符的描述符并使用字体大小因子转换其属性。接下来，初始化字符图块的位置顶点。我们使用字符串的原点和通过字符描述符提供的信息来计算顶点的位置。通过将字符的纹理坐标添加到缓冲区来完成图块的定义。最后，还需要增加 xOffset 偏移量，以便下一个字符与当前字符保持正确的距离。

循环终止后，所有字符的顶点和纹理坐标仅包含在一个交错缓冲区中。这意味着可以在一次 draw 调用中渲染所有场景的字符串。

实际渲染与基于画布的渲染相同。我们将绑定交错缓冲区并使用相同的着色器程序。

13.4 对　　比

本节将比较两种文本渲染方法，并确定这两种方法的恰当使用时机。本节性能测试使用的是以下系统配置。

- 中央处理器：QuadCore AMD Phenom II，2.80GHz。
- 系统内存：4GB。
- GPU：ATI Radeon HD 4600 系列（1GB 内存）。
- 浏览器：Google Chrome 15。
- 操作系统：Windows 7（32 位）。

13.4.1 性能

为了提供可靠的性能分析，这两种方法均采用了以下测试方案：
- 静态文本（10000 个字符和 20000 个字符）。
- 动态文本（1000 个字符、2000 个字符和 10000 个字符）。

我们用于演示的顶点着色器处理速度非常快，以至于 GPU 必须等待 CPU 填充缓冲区。这意味着文本渲染实现的性能主要取决于使用的 CPU 时间。为了达到 60 FPS 的最大帧速率，有一个大约每帧 16 ms 的时隙来执行 JavaScript 代码。表 13.1 显示了每个基准测试的 CPU 消耗时间。

表 13.1 每帧消耗的 CPU 时间

测 试 方 案	位图字体渲染	基于画布的字体渲染
静态文本		
10000 个字符	0.2ms	0.2ms
20000 个字符	0.2ms	0.2ms
动态文本		
1000 个字符	11.0ms	66.0ms
2000 个字符	11.2ms	230.0ms
10000 个字符	21.0ms	1240.0ms

在第一项测试中，使用的是静态文本，CPU 负载很低。这两种方法都使用了少于 0.2ms 的 CPU 时间，无论是渲染 10000 个还是 20000 个字符都可以达到 60 FPS。填充缓冲区后，唯一昂贵的 CPU 操作是每帧一次的 draw 调用。使用位图字体渲染，由于 GPU 性能的关系，我们可以在帧速率降至 60 FPS 以下之前渲染大约 130000 个字符。

在第二项测试中，每一帧都会更改所有渲染的字符。此性能取决于 CPU 负载。该基准测试揭示了两种方法消耗的 CPU 时间的巨大差异，结果显示在图 13.5 中。该图显示，对于频繁更改的文本，位图字体渲染比基于画布的渲染方法要快得多。

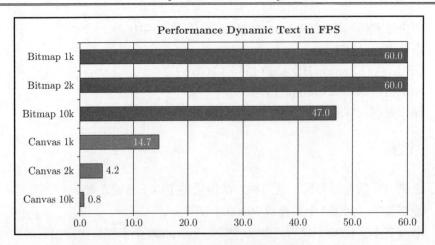

图 13.5 动态文本的性能比较

原 文	译 文
Performance Dynamic Text in FPS	动态文本 FPS 性能比较
Bitmap	位图
Canvas	画布

在使用位图字体渲染的情况下，当字符串更改时，需要重新填充字符图块的缓冲区。在基于画布的渲染中，需要在画布的 2D 上下文中刷新绘图并从中生成新的纹理，这是一种成本更昂贵的操作。

1000 个字符的缓冲区重建需要消耗 7ms 的 CPU 时间，并使演示程序有足够的时间进行缓冲区绑定。我们达到了 60 FPS 的最大帧速率。总的来说，我们仅使用了 11ms 的可用 CPU 时间。

基于画布的渲染速度则要慢得多。要生成 1024×1024 像素的纹理，需要 66ms，也就是 99%的完整 CPU 时间，并且只能达到 14.7 FPS 的帧速率。

在第二次测试中，我们渲染了 2000 个字符。两种方法之间的差异进一步扩大。使用基于画布的渲染需要的纹理大小为 2048 × 2048 像素。① 此纹理的生成需要 230ms，并使帧速率降至 4.2 FPS。相比之下，位图字体渲染的 CPU 时间虽然略微增加到 11.2 ms，但是仍然可以达到 60 FPS。

在最后一次测试中，渲染 10000 个字符，位图字体渲染的性能降低到 47 FPS。现在，创建顶点并填充缓冲区会占用 15ms 的 CPU 时间。总共在 CPU 上需要 21ms 的时间，而基于画布的渲染性能则进一步降低到 0.8 FPS，因为对于 10000 个字符来说，必要的纹理

---

① WebGL 不支持非 2 的 n 次幂（Non-Power-Of-Two，NPOT）纹理的 Mipmap 处理，我们将对纹理滤镜使用 Mipmap 处理。

大小将增加到 4096 × 4096 像素。

以下是对这两种方法的性能测试结论：
- ❏ 文本渲染实现的性能取决于每帧使用多少 CPU 时间。
- ❏ 对于静态文本，两种渲染方法都非常有效。
- ❏ 对于频繁更改的文本，位图字体渲染比基于画布的渲染快得多。
- ❏ 基于画布的渲染效率取决于生成的纹理的大小。实现可以尝试通过为多个字符串开发放置策略来尽可能少地使用纹理空间。

13.4.2 内存使用情况

除了帧速率之外，内存消耗也是一个比较重要的性能指标。图 13.6 显示了我们的方法在 3 种不同情况下的内存使用情况。这里不包括 10000 个字符的基于画布的渲染结果，因为 32MB 的图形内存消耗会使图形失真。此外，由于内存基准测试使用的是额外的图形内存，因此不会激活 Mipmap 处理。

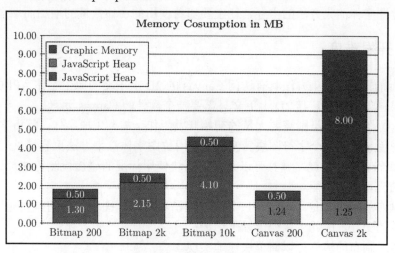

图 13.6　内存使用情况（以 MB 为单位）

原　　文	译　　文
Memory Consumption in MB	内存使用情况（单位：MB）
Graphic Memory	图形内存
JavaScript Heap	JavaScript 堆
Bitmap	位图
Canvas	画布

基于画布的渲染之所以能够击败 200 个字符的位图字体渲染，是因为它只存储少量的缓冲区条目。而在使用位图字体渲染时，每个字符的大部分内存都被顶点使用。我们可以使用 26 个浮点值描述一个字符。与所需的数据结构一起，该过程每个字符消耗大约 300 个字节。对于所选的字体分辨率，还额外需要一个消耗 512KB 的纹理。

对于基于画布的渲染方法，字符被定义为纹理，并且一个像素将以亮度 Alpha（LUMINANCE_ALPHA）格式消耗 2 个字节的图形内存。字符的字体大小为 44 像素，因此单个字符最多需要使用 3872 个字节。[①] 这解释了内存使用量的巨大差异。要使用基于画布的渲染方法渲染 2000 个字符，需要一个 2048×2048 像素的纹理，它将使用 8MB 的图形内存。

但是，字符数并不是影响内存消耗的唯一因素。如果想使用若干种字体怎么办？使用演示程序的字体分辨率，对于位图字体渲染方法来说，假设为每个字体包含相同的字符集，则每种字体将需要 512KB 的图形内存。相比之下，基于画布的渲染方法使用的是系统字体并动态渲染它们，因此不需要任何额外的内存。我们得出以下结论：
❑ 基于画布的渲染方法的内存消耗主要随着渲染字符数的增加而增加。
❑ 位图字体渲染方法的内存消耗主要随着使用的字体数量的增加而增加。

13.4.3 开发难度

基于画布的字体渲染方法具有访问 Canvas 的 2D 上下文的原生字体 API 的优势。此外，它的设置也很简单，其 2D 上下文只需要一个额外的 Canvas 元素。

相反，位图字体渲染则需要大量的初始开发工作。需要生成字体，解析字体描述符，并创建、着色和放置单个字符图块。但是，使用位图字体渲染方法更容易处理用户交互：我们知道每个字符的位置，并且可以为字符图块使用标准的碰撞检测算法。这使得基于鼠标指针的交互成为可能。

基于画布的渲染则是不一样的，其文本被渲染为单个图块，我们需要通过计算来确定基于字符的交互。因此可以得出以下结论：
❑ 基于画布的渲染可以简单快速地实现。
❑ 位图字体渲染可用于碰撞检测，以允许用户交互。

13.5 小　　结

一般来说，由于基于画布的渲染方法实现起来比较简单，因此，不关注文本内容的

[①] 最大字符大小：44×44 = 1936 像素。每像素使用 2 个字节：1936×2 = 3872 个字节。

应用程序将倾向于使用基于画布的渲染。对于非交互式静态文本来说，基于画布的渲染方法提供了合理的性能。对于主要基于文本表示的应用程序，位图字体渲染是一种更好的方法，因为一旦实现了所有必需的组件，那么它在性能和灵活性方面具有一定的优势。

但是，也有一些特殊情况：使用大量字体的应用程序可能更喜欢基于画布的渲染方法，因为在这种情况下它具有内存效率。此外，这两种方法也可以组合。例如，通过使用位图字体渲染的方法渲染主要字体的大量文本，然后使用基于画布的渲染方法来渲染具有许多不同字体的较小文本片段。

参 考 文 献

[Angel 04] Angelcode.com. "Bitmap Font Generator." http://www.angelcode.com/products/bmfont/, 2004.

第 14 章 分层纹理渲染管线

作者：Dzmitry Malyshau

14.1 简　　介

纹理映射是当代渲染管线的基础部分，它提供了各种具有表面变化属性的着色模型，如漫反射颜色、镜面反射颜色和光泽度、法线方向和位移偏移量等的变化。在渲染过程中，这些属性成为产生最终像素颜色的照明方程的参数。有许多方法可以定义用于纹理采样的坐标，如预先计算的 UV、参数投影，包括屏幕位置、世界位置、法向量、反射向量等。纹理映射坐标（Texture-Mapping Coordinate）将定义纹理映射中与 3D 位置对应的 2D 位置。传统上，这些坐标分配了变量 (u, v)，其中，u 是水平坐标，v 是垂直坐标。因此，纹理映射坐标通常称为 UV 坐标（UV Coordinate），或简称为 UV。当应用于现有图元时，纹理数据可以使用各种混合方程和系数：添加、混合、Alpha 混合、替换。表 14.1 显示了纹理渲染管线的许多参数。

表 14.1 纹理渲染管线参数

纹理类型	语　义	坐　标	混合模式
1D 文件	漫反射	其中一个 UV 通道	混合
2D 文件	不透明度	屏幕位置	相加
3D 文件	镜面反射	世界位置	减去
立方体文件	光泽度	法向量	相乘
生成的纹理	法线	反射向量	叠加
编码纹理	位移	切向量	差分
...	...	...	...

艺术设计师可以请求这些参数的任何组合，因此，在表 14.1 这个有限的示例中已经呈现出了 $6^4 = 1296$ 种变化。与过滤和包装模式不同，这些参数不会封装在 OpenGL 纹理采样状态中。在实时管线中支持这些参数需要 CPU 和 GPU 上的不同执行路径。

某些 3D 引擎包含有限数量的材质配置文件，如仅漫反射（Diffuse Only）、漫反射+法线（Diffuse+Normal）、漫反射+环境（Diffuse+Environment）等。源引擎（详见本章

参考文献 [Valve 11]）给出了一个例子："Phong 蒙版是存储在模型的法线映射的 Alpha 通道中的灰度图像。"始终会有一种解决方法来编写我们自己的着色器，以实现现有可用参数的任意组合。然而，艺术设计师不打算这样做，因为在原型制作阶段使用太耗费时间。这些限制基本上使艺术设计师无法实时地在完全自由度下试验纹理管线。

本文介绍了一种原始渲染管线，旨在支持灵活的纹理管线，允许纹理和混合选项的任意组合。它的灵感来自三维动画制作软件 Blender 的纹理管线（详见本章参考文献 [KatsBits 00]）并且为它进行了针对性的设计。我们的管线允许艺术设计师在早期开发阶段使用 Blender 的纹理表现力，同时在以可视方式处理纹理实验的结果时保留 3D 引擎的实时性能的优势。

14.1.1 术语

让我们从明确一些术语开始：

- ❑ Phong 照明（Phong Lighting）。这是常用的照明模型，具有以下参数：漫反射和镜面反射颜色、光泽度、表面法线、相机和光矢量。
- ❑ G 缓冲区（G-Buffer）。在屏幕空间中计算的材质属性的存储结果。可以通过多种纹理或单层纹理来表示。当评估对片段的光贡献时，即可从 G 缓冲区中提取信息。
- ❑ 延迟渲染（Deferred Rendering）。一系列渲染管线，用于分割材质属性和照明评估。一般来说，它分两步实现：G 缓冲区创建和照明分辨率创建。

14.1.2 在 Blender 软件中的纹理

在 Blender 软件中，材质包含一个纹理列表。材质属性对应于几何图元的统一属性，并可以定义初始参数值。纹理按顺序应用，以高频方式修改其中的一些值。表 14.1 是从核心集构建的，但并未包含 Blender 软件中所有的纹理参数。在由材质和纹理设置图元参数之后，照明方程将产生最终的样本颜色。图 14.1 给出了一个材质操作序列的示例。

1. 材质以统一的方式设置初始参数
2. 大理石纹理使用 UV-0 坐标设置表面法线
3. 渐变纹理为材质漫反射添加颜色

图 14.1　Blender 材质示例

14.2 分层管线

表面属性最自然的存储方式是 2D 纹理。我们可以多次渲染一组纹理：一个用于材质参数，一个用于每个纹理。可以把它想象为在材质上应用一系列的层。

这里容易遗漏的一个重要选择是表面参数的坐标系。虽然屏幕空间是我们所遵循的直接解决方案，但它并不是唯一的选择。例如，我们可以选择由其中一个 UV 坐标图层定义的 UV 空间。这种替代方案会产生相机投影的混叠和滤波问题，但可以同时用于多个相机。

在实时 3D 图形中已经存在一个知名的屏幕空间表面计算技术，它是延迟渲染算法（详见本章参考文献 [Calver 03]）的一部分，称为 G 缓冲区创建。它所提出的方法和原始 G 缓冲区创建旨在产生相同的结果：在屏幕空间中计算图元属性。不同之处在于需要逐层应用，而经典方法则是一次性填充 G 缓冲区。显然，后者更快但灵活性更低，它对内存空间和用于渲染的 FBO 附加数据（Attachment）数量也有更高的要求。至于第二阶段——照明评估，我们不会提出任何改进，只会描述已知过程的一种变体。此过程可以通过在最终 FBO 对象上绘制照明体积并从 G 缓冲区采样表面属性，在屏幕空间中添加基于 Phong 的照明贡献。

14.2.1 关于 G 缓冲区创建

G 缓冲区有 3 种 RGBA 纹理，格式如表 14.2 所示。请注意，最后一个矢量在[-1,1]范围内，以固定点格式打包。

表 14.2 G 缓冲区格式

格　　式	RGB 数据	Alpha 数据
RGBA8	漫反射颜色	发射总量
RGBA8	镜面反射颜色	光泽度总量
RGBA12	世界空间法线	位移

G 缓冲区不包括反射颜色，这可能是环境地图所需的。如果需要，可以稍后在最终的帧缓冲区上应用环境映射，而不是将其添加到 G 缓冲区中。

在管线中还可以使用深度纹理来重建点的世界位置并执行深度测试。我们在材质参数传递期间填充它，但开发人员可以决定提前执行单独的早期深度（Early-Depth）传递。这 3 个纹理加上深度纹理应按照它们列出的顺序附加到帧缓冲区对象（Frame Buffer Object，FBO）。其算法如下：

（1）使用黑色清除所有颜色附加数据。使用 1.0 清除深度。

（2）设置深度测试并启用写入。将 draw 缓冲区设置为 111b（二进制）以影响所有的附加数据。

（3）使用专用的着色器程序绘制所有对象。

顶点着色器仅计算世界空间法线并将顶点投影到相机空间。片段着色器甚至更加简单，使用原始图元参数更新 G 缓冲区即可。

在这个阶段，我们会将材质信息添加到 G 缓冲区中。从理论上讲，已经可以跳过余下步骤并立即应用照明，但是这样产生的图像将缺乏很多细节。

14.2.2 层解决方案

这个阶段是管线的核心部分。我们将逐个应用纹理，为每个纹理设置适当的 OpenGL 状态，包括混合、绘图缓冲、颜色蒙版和着色器。应用纹理的过程具有用于颜色修改器和法线映射的单独代码路径。

1. 颜色映射

有关颜色分层片段着色器的代码，请参见代码清单 14.1。

代码清单 14.1 颜色分层片段着色器

```
// 获取纹理坐标
vec4 tc4 = tc_unit();
// 应用视差偏移
vec2 tc = make_offset(tc4.xy);
// 最后采样
vec4 value = texture(unit_texture, tc);
// Alpha 测试（可选）
if (value.w < 0.01)
{
  discard;
}
// 计算亮度
float single = dot(value.xyz, luminance);
// 计算替代颜色
vec3 alt = single * user_color.xyz;
vec3 color = mix(value.xyz, alt, user_color.w);
// 将相同的值输出到附加数据
c_diffuse = c_specular = vec4(color, value.w);
```

（1）将 draw 缓冲区设置为 011b 以防止法线受到影响。

（2）分别为每个附加数据设置颜色蒙版，以仅影响所需的参数集，这些参数是表 14.2 所示参数的子集。这些是艺术设计师在三维动画制作软件 Blender 的纹理属性的影响 （Influence）选项卡中选定的参数。

（3）设置混合方程和因子以对应于在 Blender 软件中选择的方程。我们的实现目前仅支持相乘（Multiply）、相加（Add）和混合（Mix），但这个列表还将不断扩展，至少还会加入差分（Difference）、变亮（Lighten）和饱和度（Saturation）等。

（4）将深度蒙版设置为 GL_FALSE。绘制具有深度测试的对象。

（5）顶点着色器可以将位置转换为裁剪坐标（Clip Coordinate）。它还可以提供用于采样的纹理坐标。当这些坐标依赖于顶点输入时就会出现这种情况，大多数坐标也是一样，如 UV 层、世界位置、反射等。

（6）片段着色器可以对纹理进行采样并将采样参数发送到 FBO 的前两个颜色附加数据。如果不能从顶点着色器获得纹理坐标（如剪辑坐标），则着色器还可能需要生成纹理坐标。在 Blender 软件中，可以选择将 RGB 值转换为亮度。如果使用此选项，则片段着色器需要使用手动调整的用户颜色，其亮度源自原始颜色。

2. 法线映射

有关法线层片段着色器的代码，请参见代码清单 14.2。

代码清单 14.2　法线层片段着色器

```
// 获取纹理坐标
vec4 tc = tc_unit();
// 从法线映射采样
vec4 value = texture(unit_texture, tc.xy);
// 重新归一化过滤的法线
vec3 normal = normalize(value.xyz * 2.0 - vec3(1.0));
// 重新归一化插值映射->世界空间变换
vec4 quat = normalize(n_space);
// 从法线变换到世界空间
vec3 n = qrot(quat, normal) * vec3(handedness, 1.0, 1.0);
// 编码法线
c_normal = 0.5 * vec4(n, 0.0) + vec4(0.5);
```

（1）将绘制缓冲区设置为 100b，使渲染仅影响第三个纹理。

（2）将颜色蒙版设置为仅影响法线或位移。

（3）绘制具有深度测试的对象并禁用深度蒙版。

（4）顶点着色器可以将位置转换为裁剪坐标并生成纹理坐标。它还必须计算给出法线映射的坐标空间,即切线空间或对象空间。这个空间或它映射的世界由(四元数、左右手坐标约定)成对形式的旋转变换表示(详见本章参考文献 [Malyshau 10])。

(5)片段着色器提取法线,将其转换为世界空间并编码为输出范围为[0, 1]的向量。

14.2.3 统一的视差偏移

视差映射(Parallax Mapping)是法线映射的自然改进(详见本章参考文献 [Welsh 04])。它将根据法线向量和观察者的位置切换纹理坐标。反过来,这也使得表面看起来更加崎岖和自然。我们不会解释所使用的特定方程,而是显示实现任何类型的纹理偏移所需的一般例程(参见代码清单 14.3)。

代码清单 14.3 统一视差偏移的代码

```
in vec3 view, var_normal;
// 世界空间视图矢量和顶点插值法线
vec2 make_offset(vec2 tc)
{
  vec2 tscreen = gl_FragCoord.xy / screen_size.xy;
  vec4 bump = 2.0 * texture(unit_bump, tscreen) - vec4(1.0);
  // 从 G 缓冲区读取世界空间法线
  vec3 bt = bump.xyz;
  vec3 vt = normalize(view);            // 世界空间视图矢量
  vec3 pdx = dFdx(-view);               // 世界空间导数
  vec3 pdy = dFdy(-view);
  vec2 tdx = dFdx(tc);                  // 纹理空间导数
  vec2 tdy = dFdy(tc);
  // 构造过渡变换并正交它
  vec3 t = normalize(tdy.y * pdx - tdx.y * pdy);
  vec3 b = normalize(tdy.x * pdx - tdx.x * pdy);
  vec3 n = normalize(var_normal);
  t = cross(b, n); b = cross(n, t);
  // 纹理->世界空间变换
  mat3 t2w = mat3(t,b,n);
  bt = bt * t2w;                        // 反转顺序乘法
  vt = vt * t2w;                        // 进入纹理空间
  // 最后计算视差偏移
  vec2 offset = parallax * bump.w * bt.z * vt.xy;
  return tc + offset;
}
```

结果偏移量应该在用于采样纹理的坐标空间中产生。因此,我们开发了一种通用视差偏移算法，以支持任意纹理坐标。该算法使用 GLSL 导数指令进行从世界空间到纹理空间的转换，然后它将视图和法线向量导入纹理空间，最后计算偏移量。

14.2.4 照明

照明是延迟渲染方法的标准。在将光的贡献添加到最终渲染的图像之前，我们将使用从 G 缓冲区读取的发光颜色填充它。接下来将逐步描述从 OpenGL 状态转换为最终 FBO 颜色附加数据上的像素的过程。

1. 初始化

（1）选择最终的帧缓冲区及其颜色附加数据以进行绘制。
（2）使用简单的着色器绘制四边形，不需要深度测试。一个大三角形也可以。
（3）顶点着色器缩放四边形/三角形以覆盖视口。
（4）片段着色器根据第一个 G 缓冲区纹理生成发光颜色：

```
// 对漫反射颜色和发光总量进行采样
vec4 diff = texture(unit_g0, tex_coord);
rez_color = diff.w * diff;
```

2. 照明着色

（1）选择最终的帧缓冲区及其颜色附加数据以进行绘制。
（2）将混合方程设置为 GL_ADD，系数为 1,1。
（3）使用 GL_GEQUAL 函数在只读模式下启用深度测试。
（4）剔除正面。
（5）使用专用着色器将照明体积（Light Volume）绘制为网格。
（6）顶点着色器根据照明范围缩放和修改形状。
（7）片段着色器首先从深度纹理中提取出深度值并将其转换为世界空间。
（8）从 G 缓冲区中提取表面参数并用于计算 Phong 模型照明。

14.3 实现和结果

14.3.1 实现

分层纹理渲染管线将实现为 KRI 引擎的模块（详见本章参考文献 [Malyshau 10]）。

其实现包括以下 3 个部分。

（1）Blender-to-engine 转换部分将从 Python 导出程序开始。它以引擎接受的格式转储材质和纹理属性。场景加载器（Scene Loader）检查是否支持所选参数集。它还将为每个使用的纹理坐标方法指定着色器对象。

（2）核心渲染部分将替代 G 缓冲区填充例程。它初始化 G 缓冲区，并按照 14.2 节中的描述逐层填充纹理。它可以随时与替代的 G 缓冲区填充例程交换。例如，一旦艺术设计师对结果感到满意，就可以要求程序员将所有纹理阶段组合成一个着色器。可以在生产阶段使用这个优化后的着色器代替分层例程。

（3）KRI Viewer 是一个支持管线的引擎客户端。可以在查看场景时随时切换到 KRI Viewer，并将结果与替代管线（如平面着色、前向照明和经典延迟渲染等）进行比较。

14.3.2 结果

实验场景的单个球体对象由一个全向光（Omnidirectional Light）照亮（见图 14.2）。球体的材质有 3 种纹理：

（1）使用 UV 坐标的切线空间法线映射。

（2）使用局部对象坐标的漫反射梯度图。它与底层材质混合。

（3）使用 Alpha 测试的漫反射贴图。它使用虚拟对象世界坐标进行采样，也与之前的颜色混合在一起。

（a）Blender 图像　　　　　　　　　　（b）KRI 图像

图 14.2　渲染场景

Blender 无法在输出图片中产生 100%匹配。Blender 对纹理进行略微不同的采样，留下了纤细但是可见的贴花纹理轮廓。

如表 14.3 所示，这是使用 KRI Viewer 配置文件在 800×600 的 OpenGL 区域获得的。测试机器的配置包括 Radeon 2400 HD 显卡、Core 2 Quad 2.4GHz CPU 和 3GB 内存。

表 14.3　性能比较

阶　　段	分　层　管　线	延迟渲染管线
早期深度	77μs	77μs
G 缓冲区填充	2094μs	839μs
延迟照明	2036μs	1997μs
总计	4207μs	2913μs

14.4　小　　结

本章介绍了一种新的渲染管线，它取代了延迟渲染管线的 G 缓冲区填充过程。该填充方法逐层应用纹理，它支持各种纹理坐标生成方法、混合方程和法线映射空间。它还具有视差偏移算法，可将世界空间法线和视图矢量转换为目标纹理坐标空间。

该渲染管线的实际实现目前尚不支持所有列出的纹理参数。例如，仍不支持环境纹理。但是，此方法提供了一个框架，它优化了尽可能简单地添加对这些参数的支持的过程。

层的分离提供了更好的渲染系统粒度。它为实时纹理映射提供了更多选项。这是以降低性能为代价的。分层管线与常规延迟渲染兼容，可以在运行时使用标准 G 缓冲区填充程序进行切换。

本章所介绍的渲染管线方法允许艺术设计师在 Blender 中查看其工作的精确实时解释。这种能力简化了预生产和原型开发阶段的作业。

分层渲染管线的最大问题是性能。可以通过创建着色器组合系统来解决此问题。通过为每种材质创建完整的着色器程序，该系统将以类似于固定 GPU 管线的方式工作。该程序将一次性应用包含相应混合模式的所有纹理，从而产生相同的结果。

我们还将扩展纹理参数支持，包括在最终图像上进行环境纹理的附加渲染步骤。

参 考 文 献

[Calver 03] Dean Calver. "Photo-Realistic Deferred Lighting." http://www.beyond3d.com/content/articles/19, July 31, 2003.

[KatsBits 00] KatsBits. "Blender 2.5 Texturing Tutorial." http://www.katsbits.com/tutorials/blender/blender-basics-2.5-materials-textures-images.php, 2000.

[Malyshau 10] Dzmitry Malyshau. "KRI Engine Wiki." http://code.google.com/p/kri/w/list, 2010.

[Valve 11] Valve. "Source Engine Wiki." http://developer.valvesoftware.com/wiki/, June 30, 2011.

[Welsh 04] Terry Welsh. "Parallax Mapping with Offset Limiting." https://www8.cs.umu.se/kurser/5DV051/VT09/lab/parallax_mapping.pdf, January 18, 2004.

第 15 章 景深与模糊渲染

作者：Charles de Rousiers 和 Matt Pettineo

15.1 简　介

为了增加真实感和沉浸感，当前的游戏经常使用景深来模拟透镜现象。典型的实现是使用屏幕空间滤镜技术来粗略地近似相机在场景的失焦（Out-of-Focus）部分的模糊圈（Circle of Confusion，又称为弥散圆）。虽然这些方法可以提供令人满意的结果而且性能影响最小，但现实生活中的关键特征仍然缺失。特别是，基于镜头的相机将产生一种称为散景（Bokeh，这个拼写比较独特的单词其实是日语"模糊"的意思，又称为失焦）的现象。散景表现为独特的几何形状，在具有高局部对比度的图像的失焦部分中最为明显（见图 15.1）。实际形状本身取决于相机光圈孔径的形状，通常为圆形、八边形、六边形或五边形。

图 15.1　简单的基于模糊的景深（左）和散景渲染的景深（右）之间的比较

目前和即将推出的 Direct3D 11 引擎，如 CryENGINE、Unreal Engine 3、Lost Planet 2

Engine，最近展示了用于模拟失焦景深的新技术，这反映了对实时再现这种效果的兴趣日益增加。但是，这些技术的性能要求可能使它们只能委托给高端 GPU。这些技术的精确实现细节也不公开，因此很难将这些技术集成到现有引擎中。它仍然是一个活跃的研究领域，因为仍然需要适用于更广泛硬件的实现。

一种原生的方法是为每个像素显式渲染四边形，每个四边形使用包含光圈形状的纹理。虽然这可以产生出色的结果（详见本章参考文献 [Sousa 11]，[Furturemark 11]，[Mittring and Dudash 11]），但由于填充率和带宽要求很高，它也是非常低效的。我们提出了一种混合方法，将先前基于滤镜的方法与四边形渲染混合。我们的方法选择具有高局部对比度的像素，并为每个这样的像素渲染单个纹理四边形。用于四边形的纹理包含相机的光圈形状，允许四边形近似散景效果。为了实现高性能，我们将原子计数器与图像纹理结合使用，以便能够随机访问内存（Random Memory Access）。还可以使用间接绘制命令，这避免了昂贵的 CPU-GPU 同步的需要。这种高效的 OpenGL 4.2 实现允许以高帧速率渲染数千个光圈孔径形状的四边形，并且还可以确保渲染散景的时间一致性。

15.2 景深现象

景深（Depth of Field）是传达真实感的深度和范围的重要效果，特别是在具有大观察距离的开放场景中。传统的实时应用程序可以使用针孔相机模型进行光栅化（详见本章参考文献 [Pharr and Humphreys 10]），从而产生无限的景深。但是，真实相机使用薄透镜，其基于光圈孔径尺寸和焦距引入有限景深。此区域外的物体在最终图像上显得模糊，而区域内的物体则保持清晰（见图 15.2）。

物体的"模糊性"由其模糊圈（Circle of Confusion，CoC）定义。CoC 的大小取决于物体与相机对焦区域之间的距离。物体与对焦区域的距离越远，那么它看起来就会越模糊。模糊圈的大小不会基于该距离线性增加。在失焦的前景深区域中，模糊圈的大小实际上比在失焦的后景深区域中增大得更快（见图 15.2）。由于模糊圈的大小最终取决于焦距、镜头尺寸和光圈形状，因此，对于没有摄影经验的人来说，设置模拟参数可能并不直观，这就是我们使用本章参考文献 [Earl Hammon 07] 提出的简单线性近似的原因。

第 15 章 景深与模糊渲染

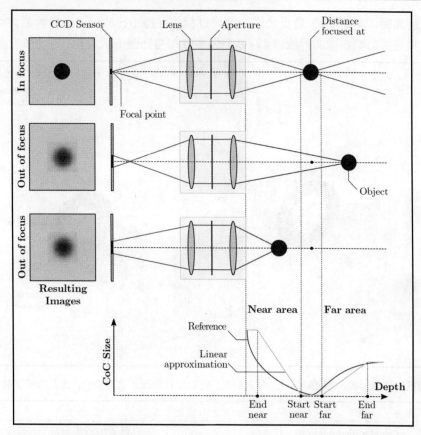

图 15.2 景深现象，薄透镜引入有限景深。聚焦的物体看起来很清晰，而失焦的物体看起来很模糊。模糊圈的大小取决于物体与相机对焦点之间的距离。可以使用线性近似来简化参数以及运行时计算

原　　文	译　　文	原　　文	译　　文
CCD Sensor	CCD 传感器	Far area	后景深区域
Lens	镜头	CoC Size	模糊圈大小
Aperture	光圈	Reference	模糊圈大小参考线
Distance focused at	对焦距离	Linear approximation	模糊圈大小线性近似
In focus	位于焦距内	End near	前景深终点
Focal point	焦点	Start near	前景深起点
Out of focus	失焦	Start far	后景深起点
Object	物体	End far	后景深终点
Resulting Images	结果图像	Depth	深度
Near area	前景深区域		

相机的光圈（Aperture）负责允许光线通过镜头并撞击传感器（或胶片）。① 此光圈孔径的形状直接影响图像的形成，因为每个失焦点都与光圈形状卷积在一起（见图15.3）。

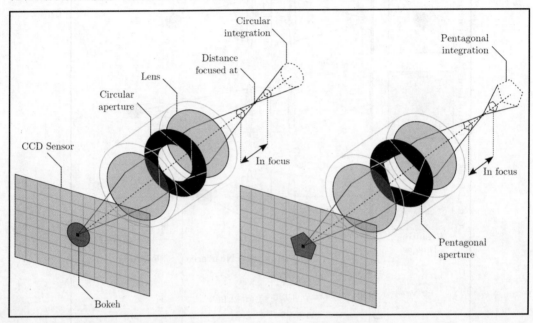

图15.3 相机的光圈形状。光圈阻挡一部分入射光。它的形状修改了像素集成，因此改变了散景的形状

原　　文	译　　文
Circular integration	像素的圆形集成
Distance focused at	对焦距离
In focus	位于焦距内
Lens	镜头
Circular aperture	圆形光圈
CCD Sensor	CCD 传感器
Bokeh	散景
Pentagonal integration	像素的五边形集成
In focus	聚焦
Pentagonal aperture	五边形光圈

虽然在低对比度区域经常难以看到明显的散景图案，但在明显比周围环境明亮的区

---

① 如果在光圈打开时物体或相机移动，则物体将显得模糊，这称为运动模糊（Motion Blur）。

域中则可以清晰地看到散景。我们使用此观察结果作为启发式来确定需要绘制散景四边形的位置以提供合理的近似效果。

15.3 相关工作

在过去十年中，研究人员已经提出了若干种方法来有效地近似景深效果。但是，这些方法多使用高斯模糊或 heat diffusion 算法来模拟失焦区域（详见本章参考文献 [Earl Hammon 07]、[Lee et al. 09]、[Kosloff and Barsky 07]），因此无法再现散景效果。

有一种早期方法来自 Krivanek（详见本章参考文献 [Krivanek et al. 03]），它使用了 sprite splatting 算法作为实现景深的手段而不是使用滤镜的方法。虽然这种强力方法确实可以产生散景形状，但由于过度绘制和带宽消耗的问题，其效率非常低下。

视频游戏行业最近也表现出了对散景效果的兴趣（详见本章参考文献 [Cap-com 07]、[Sousa 11]、[Furturemark 11]、[Mittring and Dudash 11]）。虽然没有完整的实现细节，但视频游戏开发人员使用的方法在很大程度上采用了与 Krivanek 类似的方法，即为每个像素渲染 sprite。因此，这些技术需要利用一些复杂的优化，如分层光栅化（Hierarchical Rasterization）、多次缩小比例通道等，以便提高性能。

White 提出了一种新方法，它使用了若干个方向的模糊通道再现六边形散景（详见本章参考文献 [White and Brisebois 11]）。虽然该方法有效，但是它不支持任意孔径形状。

15.4 算法

我们观察到，只有具有高局部对比度的点才会产生明显的散景形状，所以将使用这种启发式方法来检测屏幕空间中的散景位置（详见本章参考文献 [Pettineo 11]），然后在这些位置处绘制纹理四边形。剩下的像素则使用基于模糊的方法来模拟一个模糊圈。

15.4.1 概述

我们的方法分为 4 个通道（见图 15.4）。通道 1 根据深度值计算每个像素的模糊圈大小，然后将线性深度值输出到帧缓冲附加数据。① 然后，通道 2 通过比较像素的亮度和 5×5 相邻像素的亮度来计算当前像素的对比度。如果此对比度高于预定义的阈值，则

---

① 如果线性深度缓冲区可用作输入，则前两个通道可以合并在一起。

将其位置、模糊圈大小和平均颜色附加到缓冲区。在通道 3 中，利用以前的方法之一（如高斯模糊）计算基于模糊的景深。最后，通道 4 在散景位置处散布纹理四边形，这是在处理通道 2 时附加到缓冲区的。

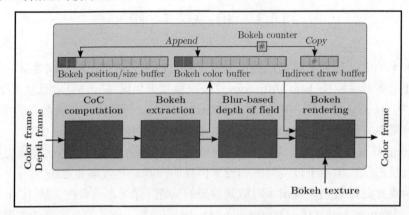

图 15.4　管线概述。它由 4 个通道组成，并将当前帧的颜色和深度缓冲区作为输入。它输出具有景深和散景效果的最终彩色图像

原文	译文	原文	译文
Append	附加	Depth frame	深度帧
Bokeh counter	散景计数器	CoC computation	模糊圈计算
Copy	复制	Bokeh extraction	散景提取
Bokeh position/size buffer	散景位置/大小缓冲区	Blur-based depth of field	基于模糊的景深
Bokeh color buffer	散景颜色缓冲区	Bokeh rendering	散景渲染
Indirect draw buffer	间接绘图缓冲区	Bokeh texture	散景纹理
Color frame	颜色帧		

为了保持高性能，避免 CPU/GPU 同步至关重要。我们通过使用间接绘制命令来确保这一点（详见本章参考文献 [Bolz et al. 09]），根据存储在附加缓冲区中的计数渲染多个四边形。这样，GPU 检测到的散景点的数量永远不会被 CPU 读回。

15.4.2　模糊圈的计算

使用物理相机参数（如焦距和光圈大小）设置景深，对于那些不熟悉光学或摄影的人来说可能并不容易理解。因此，我们没有这样做，而是定义了几何失焦的两个区域：前景深区域（Near Area，也称为近区域）和后景深区域（Far Area，也称为远区域）。这两个区域分别以近深度值（从前景深起点到前景色终点）和远深度值（从后景深起点到

后景深终点）分隔（见图 15.2）。在这两个区域中，模糊量在两个边界之间线性插值。这允许以简单直观的方式描述给定场景的景深。

$$\mathrm{CoC} = \frac{Z_{\text{pixel}} - Z_{\text{start}}}{Z_{\text{end}} - Z_{\text{start}}}$$

由该等式得到的模糊圈（CoC）大小可归一化为 [0,1]。另外还有一个参数 MaxRadius，它将确定屏幕空间中模糊的最终大小。艺术设计师可以调整此设置以获得所需的外观并提供平衡性能的方法：较小的 MaxRadius 值可带来更高的性能。

15.4.3 散景检测

检测通道旨在检测将从中生成散景形状的像素。为了检测这样的像素，使用以下启发式算法：在给定邻域中具有高对比度的像素将生成散景形状。我们将当前像素亮度 L_{pixel} 与其邻域亮度 L_{neigh} 进行比较。如果它们的差（$L_{\text{pixel}} - L_{\text{neigh}}$）大于阈值 LumThreshold，那么当前像素将被登记为散景点。[1] 被检测到的散景像素是稀疏的，这意味着将它们写入帧缓冲附加数据从内存使用和带宽两个方面考虑都是浪费。[2] 为了这个问题，我们将结合使用 OpenGL ImageBuffer（详见本章参考文献 [Bolz et al. 11]）和原子计数器（详见本章参考文献 [Licea-Kane et al. 11]）。这允许我们构建一个矢量（Vector），在该矢量中，将为检测到的散景点附加参数。ImageBuffers 必须预先分配给定的大小，即可以在屏幕上显示的最大散景 sprite 数。原子计数器 BokehCounter 存储附加的散景点的数量。其当前值表示 ImageBuffer 矢量中的下一个空闲单元。两个 ImageBuffer 变量 BokehPosition 和 BokehColor 用于存储检测到的散景点的模糊圈大小、位置和颜色。参见代码清单 15.1 和代码清单 15.2 以及图 15.5。

代码清单 15.1　用于提取散景的主机应用程序（通道 2）

```
// 创建间接缓冲区
GLuint indirectBufferID;
glGenBuffers(1, &indirectBufferID);
glBindBuffer(GL_DRAW_INDIRECT_BUFFER, indirectBufferID);
DrawArraysIndirectCommand indirectCmd;
indirectCmd.count = 1;
indirectCmd.primCount = 0;
indirectCmd.first = 0;
indirectCmd.reservedMustBeZero = 0;
```

---

[1] 我们还使用阈值 CoCThreshold 来丢弃半径很小的散景。
[2] 在我们的测试中，在 720p 时，不到 1% 的像素被检测为散景。

```
glBufferData(GL_DRAW_INDIRECT_BUFFER, sizeof(DrawArraysIndirectCommand), &
    indirecCmd, GL_DYNAMIC_DRAW);

// 为间接缓冲区创建纹理代理
// （在散景计算同步期间使用）
glGenTextures(1, &bokehCountTexID);
glBindTexture(GL_TEXTURE_BUFFER, bokehCountTexID);
glTexBuffer(GL_TEXTURE_BUFFER, GL_R32UI, indirectBufferID);

// 创建原子计数器
glGenBuffers(1, &bokehCounterID);
glBindBuffer(GL_ATOMIC_COUNTER_BUFFER, bokehCounterID);
glBufferData(GL_ATOMIC_COUNTER_BUFFER, sizeof(unsigned int), 0,
    GL_DYNAMIC_DRAW);

// 使用 GL_RGBA32F 内部格式创建位置和颜色纹理
...

// 绑定原子计数器
glBindBufferBase(GL_ATOMIC_COUNTER_BUFFER, 0, bokehCounterID);

// 绑定位置 ImageBuffer
glActiveTexture(GL_TEXTURE0 + bokehPosionTexUnit);
glBindImageTexture(bokehPostionTexUnit, bokehPositionTexID, 0, false, 0,
    GL_WRITE_ONLY, GL_RGBA32F);

// 绑定颜色 ImageBuffer
glActiveTexture(GL_TEXTURE0 + bokehColorTexUnit);
glBindImageTexture(bokehColorTexUnit, bokehColorTexID, 0, false, 0,
    GL_WRITE_ONLY, GL_RGBA32F);

DrawSceenTriangle();
```

代码清单 15.2 用于提取散景的片段着色器（通道 2）

```
#version 420
// 散景计数器，位置（x,y,z,size）和颜色
layout(binding = 0, offset = 0) uniform atomic_uint BokehCounter;
layout(size4x32) writeonly uniform image1D BokehPositionTex;
layout(size4x32) writeonly uniform image1D BokehColorTex;

// 对比度和模糊圈阈值
uniform float LumThreshold;
```

```glsl
uniform float CoCThreshold;
...

float cocCenter;          // 当前模糊圈大小
vec3 colorCenter;         // 当前像素颜色
vec3 colorNeighs;         // 邻域的平均颜色

// 对比度大于用户设置的阈值则附加像素
float lumNeighs = dot(colorNeighs, vec3(0.299f, 0.587f, 0.114f));
float lumCenter = dot(colorCenter, vec3(0.299f, 0.587f, 0.114f));
if((lumCenter - lumNeighs) > LumThreshold && cocCenter > CoCThreshold)
{
    int current = int(atomicCounterIncrement(BokehCounter));
    imageStore(BokehPositionTex, current, vec4(gl_FragCoord.x,
        gl_FragCoord.y,depth, cocCenter));
    imageStore(BokehColorTex, current, vec4(colorCenter, 1));
}
```

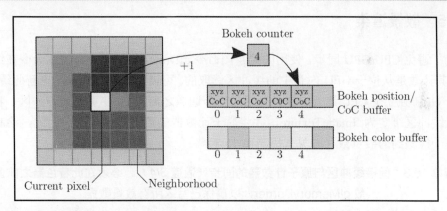

图 15.5 散景检测。将当前像素的亮度与其邻域进行比较。如果差值大于 LumThreshold，则将散景参数（即位置、颜色和模糊圈）附加到 BokehPosition 和 BokehColor 图像缓冲区中。原子计数器 BokehCounter 也会递增

原　　　文	译　　　文
Current pixel	当前像素
Neighborhood	邻域
Bokeh counter	散景计数器
Bokeh position/CoC buffer	散景位置/模糊圈缓冲区
Bokeh color buffer	散景颜色缓冲区

15.4.4 基于模糊的景深

前面已经介绍过，在第 3 个通道中，将计算基于模糊的景深。这个通道可能有若干种方法。我们认为在这个步骤中读者可以借鉴既有的研究成果。当然，对于目前流行的一些方法，我们也可以提供一些简短总结：

- 在各种分辨率下执行具有固定内核宽度的高斯模糊，并应用线性插值以根据模糊圈的大小进行混合。
- 在屏幕空间中执行泊松碟采样（Poisson Disc Sampling），其半径将由像素模糊圈的大小确定。[1]
- 应用较大宽度的双边滤镜（Bilateral Filter），根据深度拒绝无效像素。[2]

Hammon 的方法可用于处理前景失焦区域（详见本章参考文献 [Earl Hammon 07]）。此方法与下面介绍的散景渲染技术是兼容的。

15.4.5 散景渲染

为了避免 CPU/GPU 同步，使用间接绘图命令 glDrawArraysIndirect。此命令在绘制实例时，其计数是从位于 GPU 内存中的缓冲区读取的。可以从 CPU 或 GPU 更新此缓冲区。为了让 GPU 独立于 CPU 运行，在处理最后一个通道之前从 GPU 更新此缓冲区。我们将此间接缓冲区绑定为 ImageTexture，并将原子计数器的值复制到其中。因此，绘制的实例数等于检测到的散点数（参见代码清单 15.3）。

代码清单 15.3 间接缓冲区与原子计数器的同步（通道 3/4）。必须在此着色器之前调用函数 glMemoryBarrier，以确保已写入所有散景数据

```
#version 420
layout(binding = 0, offset = 0) uniform atomic_uint BokehCounter;
layout(size1x32) writeonly uniform uimage1D IndirectBufferTex;
out vec4 FragColor;

void main()
{
    imageStore(IndirectBufferTex, 1, uvec4(atomicCounter(BokehCounter),
```

---

[1] 随机旋转可应用于泊松采样模式，以将锯齿转换为噪声。

[2] 有关实现细节，我们认为读者可以借鉴代码示例。这种方法在质量和性能之间提供了良好的权衡。但是，较大的双边滤镜内核需要较大的采样半径。OpenCL 实现可以提供更好的性能，因为共享内存可以用于缓存纹理提取。

```
      0, 0, 0));
   FragColor = vec4(0);
}
```

我们将此命令与顶点数组对象（Vertex Array Object，VAO）结合使用，描述单个顶点以渲染点图元。实例点由顶点着色器转换，以便它们位于屏幕空间散景位置。从 BokehPosition 数组缓冲区读取此位置，该缓冲区使用内置的 gl_InstanceID 输入变量进行索引。在顶点着色器中进行变换后，每个点都会在几何着色器中展开为四边形。此四边形的大小由散景大小决定，散景大小也是从 BokehPosition 数组缓冲区中读取的。最后，片段着色器将 Alpha 纹理散景应用到四边形上，并将其乘以散景颜色，散景颜色从 BokehColor 数组缓冲区中读取（参见代码清单 15.4）。

代码清单 15.4　用于渲染散景的几何着色器（通道 4）

```
#version 420
uniform mat4 Transformation;
uniform vec2 PixelScale;
in float vRadius[1];
in vec4 vColor[1];
out vec4 gColor;
out vec2 gTexCoord;
layout(points) in;
layout(triangle_strip, max_vertices = 6) out;

void main()
{
  gl_Layer = 0;
  vec4 offsetx = vec4(PixelScale.x * Radius[0], 0, 0, 0);
  vec4 offsety = vec4(0, PixelScale.y * Radius[0], 0, 0);
  gColor = vColor[0];
  gl_Position = Transformation * (gl_in[0].gl_Position - offsetx - offsety);
  gTexCoord = vec2(0,0);
  EmitVertex();
  gl_Position = Transformation * (gl_in[0].gl_Position + offsetx - offsety);
  gTexCoord = vec2(1,0);
  EmitVertex();
  gl_Position = Transformation * (gl_in[0].gl_Position - offsetx + offsety);
  gTexCoord = vec2(0,1);
  EmitVertex();
  gl_Position = Transformation * (gl_in[0].gl_Position + offsetx + offsety);
  gTexCoord = vec2(1,1);
  EmitVertex();
```

```
EndPrimitive();
}
```

15.5 结　果

图 15.1、图 15.6 和图 15.7 显示了使用我们的方法渲染的坦克。由于最终的散景形状是由纹理驱动的，所以可以应用任意形状（见图 15.7）。

图 15.6　使用很小的景深渲染的坦克。在坦克的反射更强的表面上清晰可见散景形状

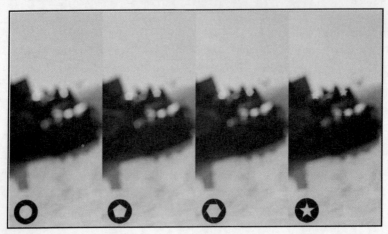

图 15.7　渲染具有不同光圈孔径形状的相同场景。散景纹理是 32×32 像素灰度位图。
从左到右：圆形光圈、五角形光圈、六角形光圈和星形光圈

图 15.8 详细说明了每个通道的渲染时间以及检测到的散点数。可以看到，基于模糊的景深通道处理是计算成本最高的，这表明它需要更合适的优化方法。与模糊和检测通道不同，渲染通道强烈依赖于检测到的散点的数量并且是和填充率绑定在一起的。当场景完全失焦时，算法会在坦克场景示例中检测到大约 5000 个散景点。在这种情况下，渲染通道的成本小于 2ms。

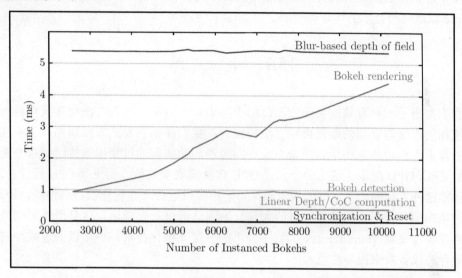

图 15.8　针对检测到的不同数量的散景点，通道处理的时间也不一样。这些时间是在 1280 × 720 分辨率的 NVIDIA GeForce GTX 580 上测试获得的

原　　文	译　　文
Time(ms)	时间（单位：ms）
Blur-based depth of field	基于模糊的景深
Bokeh rendering	散景渲染
Bokeh detection	散景检测
Linear Depth/CoC computation	线性深度/模糊圈计算
Synchronization & Reset	同步和重置

15.6　讨　　论

时间一致性是这种方法的自然关注点。与其他方法一样，我们的方法基于最终的颜色缓冲区。如果通过先前的渲染步骤解决了子像素混叠问题，则我们的方法是稳定可靠

的，并且散景形状在帧与帧之间是一致的。在子像素混叠的情况下，我们的方法会表现出与所有先前方法相同的局限性，并且得到的散景形状可能闪烁。

此外，我们的方法需要预先分配的缓冲区来存储散景位置和颜色。因此，必须指定最大数量的散景点。如果此数字太小，则散景点可能会在帧与帧之间弹出并闪烁，几乎没有相干性。如果此数字太大，则可能会浪费 GPU 内存。因此，必须仔细选择最大数量的 sprite 以适合所显示的场景类型。

15.7 小 结

我们提出了一种有效的实现方法，用于渲染景深效果。这种方法允许我们将有效的基于模糊的方法与合理的散景再现方法相结合。我们使用启发式方法识别产生不同散景形状的像素，然后将这些形状渲染为纹理四边形。此实现通过使用间接绘制命令避免了昂贵的 CPU/GPU 同步。这些命令允许 GPU 直接读取实例数，而无须 CPU 回读。

虽然这种方法提供了良好的视觉效果，但仍可以进行一些优化以提高性能。特别是，较大的模糊圈尺寸需要对覆盖屏幕的大部分的四边形进行光栅化，这会严重影响性能。使用本章参考文献 [Furturemark 11] 中提出的分层光栅化技术，[1] 可以通过减少需要着色和混合的像素数来提高性能。

参 考 文 献

[Bolz et al. 09] Jeff Bolz, Pat Brown, Barthold Lichtenbelt, Bill Licea-Kane, Merry Bruce, Sellers Graham, Roth Greg, Haemel Nick, Boudier Pierre, and Piers Daniell. "ARB draw indirect." OpenGL extension, 2009.

[Bolz et al. 11] Jeff Bolz, Pat Brown, Barthold Lichtenbelt, Bill Licea-Kane, Eric Werness, Graham Sellers, Greg Roth, Nick Haemel, Pierre Boudier, and Piers Daniell. "ARB shader image load store." OpenGL extension, 2011.

[Capcom 07] Capcom. "Lost Planet 2 DX10 Engine." 2007.

[Earl Hammon 07] Earl Hammon Jr. "Blur Practical Post-Process Depth of Field." In *GPU Gems 3: Infinity Ward*. Reading, MA: Addison Wesley, 2007.

[Furturemark 11] Furturemark. "3DMark11 Whitepaper." 2011.

---

[1] 四边形将根据其大小被栅格化为不同的视口：全分辨率、半分辨率、四分之一分辨率等。四边形越大，则视口分辨率越小。

[Kosloff and Barsky 07] Todd Jerome Kosloff and Brian A. Barsky. "An Algorithm for Rendering Generalized Depth of Field Effects Based on Simulated Heat Diffusion." Technical report, University of California, Berkeley, 2007.

[Krivanek et al. 03] Jaroslav Krivanek, Jiri Zara, and Kadi Bouatouch. "Fast Depth of Field Rendering with Surface Splatting." *Proceedings of Computer Graphics International*. 2003.

[Lee et al. 09] Sungkil Lee, Elmar Eisemann, and Hans-Peter Seidel. "Depth-of-Field Rendering with Multiview Synthesis." *SIGGRAPH Asia '09*, pp. 134:1–134:6, 2009.

[Licea-Kane et al. 11] Bill Licea-Kane, Barthold Lichtenbelt, Chris Dodd, Eric Werness, Graham Sellers, Greg Roth, Jeff Bolz, Nick Haemel, Pat Brown, Pierre Boudier, and Piers Daniell. "ARB shader atomic counters." OpenGL extension, 2011.

[Mittring and Dudash 11] Martin Mittring and Bryan Dudash. "The Technology Behind the DirectX 11 Unreal Engine 'Samaritan' Demo." GDC. Epics Games, 2011.

[Pettineo 11] Matt Pettineo. "How to Fake Bokeh." Ready At Dawn Studios, 2011.

[Pharr and Humphreys 10] Matt Pharr and Greg Humphreys. *Physically Based Rendering, Second Edition: From Theory To Implementation*, Second edition. San Francisco, CA: Morgan Kaufmann Publishers Inc., 2010.

[Sousa 11] Tiago Sousa. "Crysis 2 DX11 Ultra Upgrade." Crytek, 2011.

[White and Brisebois 11] John White and Colin Barre Brisebois. "More Performance Five Rendering Ideas from Battlefield 3 and Need for Speed: The Run." Siggraph talk. Black Box and Dice, 2011.

第 16 章 阴影代理

作者：Jochem van der Spek

16.1 简 介

我们经常在展览中展示如图 16.1 所示的虚拟绘画机（Virtual Painting Machine），它的实时渲染需要一种能够渲染柔和阴影的阴影技术，而无须渲染任何伪影（如条带或边缘抖动），无论相机有多接近光暗之间的半影（Penumbra）。这种阴影称为无限柔和（Infinitely Soft）。另外，我们想要一种方法来渲染颜色渗透（Color Bleeding），以便一个对象的颜色和阴影可以反射到其他对象上（见图 16.2）。搜索现有的实时柔和阴影（Soft Shadow）技术（详见本章参考文献 [Hasenfratz et al. 03]），我们发现大多数技术要么太复杂而无法在相对较短的时间内实现，要么根本不够准确，特别是当它使相机无限接近半影时。大多数用于渲染颜色渗透的技术需要设置某种形式的实时辐射度（Radiosity）渲染，这从计算能力方面来说是非常复杂和昂贵的。

图 16.1　虚拟绘画机的定格照

该解决方案的形式是反向论证的：如果不能对光线影响物体的方式进行全局建模，那么为什么不在局部模拟物体影响光线的方式呢？鉴于在漫反射光环境中，阴影和反射对空间的影响有限，模型周围的某种光环（Halo）可以作为减光（Light Subtraction）体积（见图 16.3 和图 16.4）。为了模拟定向照明，阴影体积可以在远离光源的方向上扩展，并在相反方向上收缩到零。颜色渗透体积可以按相同的方式朝光的方向扩展，我们将这些体积称为阴影代理（Shadow Proxies），[①] 因为它们可以作为实际几何体的替身。阴影代理的体积涵盖了该代理所代表的几何体的阴影和颜色渗透的最大空间范围。因此，该技术仅限于有限的阴影体积，对于漫反射照明的环境最为有用。这类似于本章参考文献 [Kontkanen and Laine 05] 中提出的环境遮挡场（Ambient Occlusion Fields）技术，使用 ShadowProxies，可以动态地建模和调制阴影体积，而不是将几何体的光可访问性预先计算到立方体贴图中。

图 16.2　演示电影的定格照

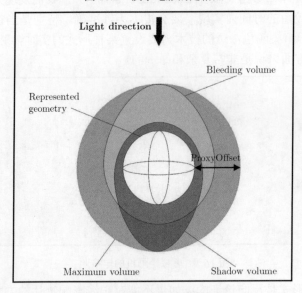

图 16.3　阴影代理的体积区域

[①] ShadowProxies 技术在基于 OpenGL 的跨平台场景图表库中实现，称为 RenderTools，可在 GNU 公共许可证（GNU Public License，GPL）下使用，以确保开源分发。RenderTools 可在 Sourceforge 上获得，其网址为 http://sourceforge.net/projects/rendertools，也可以通过 OpenGL Insights 网站 www.openglinsights.com 获取。

原　　文	译　　文
Light direction	光的方向
Represented geometry	几何体表示
Bleeding volume	渗色体积
Maximum volume	最大体积
Shadow volume	阴影体积

（a）没有调制的体积　　　　（b）体积乘以表面法线和光线方向的点积

图 16.4　代理的影子体积

16.2　对阴影代理的剖析

在当前实现中，每个阴影代理只能表示一个简单的几何形状，如球体、盒子或圆柱体，允许在片段着色器中进行快速邻近计算（Proximity Computation），最终渲染阴影。

在本章参考文献 [Barr 81] 中，还尝试了使用超椭圆体（Super-Ellipsoids）的实现。即使表面查找足够快，可以用于实时环境，该方法也存在对完全平滑半影的要求的问题，这是因为搜索隐式曲面的边界通常会导致近似和放大到半影区域或放大到近似误差，这很快就会在形式绑定（Form Banding）中变得可见。还有一种自适应算法，其中的精度取决于相机的接近度，不过我们尚未对此进行尝试。此外，还有一个已经实现的版本，其中形状的尖锐边缘被弧代替，允许使用参数动态修改弧的半径，这意味着可能产生许多不同的形状。实际上，这种方法由于其相对较高的计算成本，已经被证明是低效的。

令人惊讶的是，现在出现了一种非常简单、几乎可以称之为"平凡"的表面确定算法（Surface-Determination Algorithm），但它却在效率、简单性和质量等方面优于前面介绍的两种方法（参见代码清单 16.1）。

代码清单 16.1　阴影代理表面上的最近点，来自片段的世界位置

```
vec3 closestPoint(int shape, mat4 proxy, vec3 fragment)
{
  vec3 local = (inverse(proxy) * fragment).xyz;
  vec3 localSgn = sign(local);
  vec3 localAbs = abs(local);

  if (shape == SPHERE)
  {
    localAbs = normalize(localAbs);
  }
  else if(shape == BOX)
  {
    localAbs = min(localAbs, 1.0);
  }
  else if(shape == CYLINDER)
  {
    if (length(localAbs.xy) > 1.0)
    {
      localAbs.xy = normalize(localAbs.xy);
    }
    localAbs.z = min(localAbs.z, 1.0);
  }
  return(proxy * (localSgn * localAbs));
}
```

除了形状信息、位置、方向和大小之外，每个阴影代理还保存有关其所代表的材质的信息，如几何体的漫反射和反射颜色。该算法没有指定每个代理体积的确切范围，而是将固定偏移距离添加到几何体的大小，作为代理所表示的体积的最大范围。单精度值 ProxyOffset 参数在着色器中表示为统一浮点数。其他全局参数包括作为衰减函数指数的阴影衰减、允许在表面和阴影衰减起点之间偏移的截断值（Cutoff Value）、阴影贡献量、颜色渗透量等。其完整列表可以在 RenderTools 库的 ShadowProxyTest 示例中找到。

16.3　设置管线

从场景到屏幕的信息流如下：

（1）收集投射阴影或反映其颜色的对象，并收集它们的阴影代理对象。

（2）裁剪代理，对比视图裁剪平面。

（3）传递有关阴影代理的信息，如大小、颜色、位置等，在启用了 ShadowProxy 的片段着色器中，这些信息是统一的。

（4）使用启用了 ShadowProxy 的着色器渲染接收阴影的几何体。

因为场景在视锥体（View Frustum）内可能有数百个不同的阴影代理，所以上述过程的最后一步将是一个瓶颈，因为需要针对每个阴影代理测试每个片段。为了减少成对比较的数量，需要一个空间细分方案，以便每个片段仅针对附近的代理进行测试。这是通过将视口细分为正交网格（Orthogonal Grid），然后测试投影到视锥体的近平面上的每个阴影代理的包围盒（Bounding Box）与网格中的每个单元格的重叠来完成的（见图 16.5）。这种重叠计算非常简单：每个代理的非轴对齐包围盒（Non-Axis-Aligned Bounding Box）的角投影到视锥体的近平面上，然后根据网格索引计算最小值和最大值，再将该代理的索引添加到最小值和最大值内的单元矩形中。代理索引只是视图代理列表中代理的索引。每个网格的单元格应该能够容纳多个阴影代理，但并不是很多。事实上，根据我们的经验，3 个以上代理重叠同一个单元格的情况就已经很少见了。

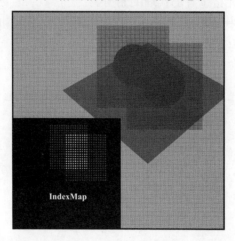

图 16.5　索引存储：IndexMap 中的红色像素表示该单元格的第一个索引
设置为代理索引，范围为 0～255，黄色表示设置前两个索引

每个网格单元的信息在称为 IndexMap 的纹理中编码，使用固定数量的像素来存储阴影代理的索引。考虑到可移植性，我们选择了使用 GLubyte 数据类型，将唯一代理索引的数量限制为 255，因为纹理元素的每个颜色分量都包含一个单精度代理索引。可以通过使用较少的可移植浮点纹理来克服此限制，或者为索引使用多个分量。因此，为了编码

64×64 个单元的网格，每个单元能够容纳 16 个索引，128×128 像素的 RGBA 纹理就足够了。每个代理的信息刚好容纳在 4×4 浮点矩阵中，其中，1 个浮点数用于类型，3 个浮点数用于大小，4 个用于位置和方向，每个像素都有一个浮点数用于颜色，将 RGBA 值打包到单精度浮点数中。我们为此写了一个简单的打包函数，后来才发现 GLSL 4.0 引入了一些方便的打包/解包功能。使用此编码方案，代理可以作为统一 mat4 的数组发送到着色器。数组按裁剪算法排序和索引，以便 IndexMap 中的每个索引直接对应于数组中的索引。

16.4 启用 ShadowProxy 的片段着色器

在代码清单 16.2 中提供了一个算法，用于确定片段是否由于颜色渗透而需要阴影或附加着色，总结如下：

（1）计算包含当前片段的网格单元格的索引。
（2）获取该网格单元格重叠的代理的索引。
（3）对于每个阴影代理索引，检索包含所有位置、类型和颜色数据的相应的统一 mat4 数组，并为该代理构造 4×4 变换矩阵。
（4）使用代理的变换矩阵，测试片段是否与任何代理的影响体积重叠。

代码清单 16.2　检索代理索引和数据的 GLSL 代码

```
// 查找此片段的单元格索引
vec2 index = floor((gl_FragCoord.xy / viewport) * proxyGridSize);
// 查找像素中心的 uv 坐标
vec2 uv = index * vec2(cellSizeX, cellSizeY) + vec2(0.5, 0.5);

// 对该片段中单元格的每个像素循环迭代
for(int j = 0; j < cellSizeX; j++)
{
  for(int i = 0; i < cellSizeY; i++)
  {
    // 从该像素获得 4 个代理索引（缩放到 255）
    vec4 proxies = texture2D(IndexMap, ((uv + vec2(i, j)) / IndexMapSize2));
    for(int k = 0; k < 4; k++)
    {
      // 如果 index == 0，则该算法结束
      if (proxies[k] == 0.0)
      {
```

第 16 章 阴 影 代 理

```
    return returnStruct;
  }
  // 检索来自纹理元素的代理的索引
  int currentIndex = int(proxies[k] * 255.0) - 1;
  if (currentIndex == (proxyIndex - 1))
  {
    // 忽略自我阴影
    continue;
  }
  // 我们已经获得一个有效的索引,因此要查找相关的参数
  mat4 params = proxyParams[currentIndex];

  //... 计算并累计阴影和渗色值
  }
 }
}
```

首先,获得可能影响片段颜色的阴影代理列表。对于该列表中的每个代理,我们将测试片段是否包含在其影响体积中。通过比较从片段到阴影代理表面上的最近点的距离来执行该包含测试。

如果该距离小于 ProxyOffset 参数,则认为片段在体积内。为了计算这个最近点,我们意识到所考虑的所有 3 个形状在 xy、xz 和 yz 这 3 个平面中是对称的,这使得我们可以相对于阴影代理的参考系获取局部片段坐标的绝对值,并将该矢量锁定到每个轴的正边界,以便仅考虑形状的正象限。最后,可以通过将结果乘以局部片段坐标和影子代理的参考系的原始符号来获得表面上的真实点(参见代码清单 16.1 和图 16.6)。

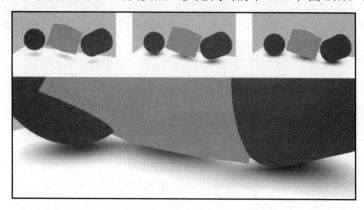

图 16.6　不同形状的阴影。注意在几何表面距离较小的地方,阴影是如何更锐利的

16.5 调整阴影体积

当我们想要对定向光进行建模时，需要将阴影和渗色体积调整为与几何形状紧密贴合的蛋形体积（见图 16.7）。这是通过将代理表面法线（Surface Normal）的点积乘以从该点到光源的归一化矢量来完成的（参见代码清单 16.3）。要获得相反方向的颜色渗透体积，可以进行完全相同的计算，只不过需要反转法线。阴影或颜色渗透的方向被视为从片段世界坐标到最大扩展体积表面上的最近点的归一化方向矢量。

图 16.7 阴影和颜色渗透的综合效果

代码清单 16.3 调整阴影体积。表面法线是代理表面上最近点的法线

```
// 将阴影调整为几何体周围的蛋形体积
shadow *= clamp (dot(lightDirection, surface.normal), shadowCutoffValue, 1.0);
```

16.6 性 能

上文所述算法的性能主要受 ProxyOffset 参数的影响，该参数决定了阴影体积的大小。当参数与几何体相比较小时，体积重叠发生的频率比较低，着色器性能随重叠次数而变化。但是，由于体积的大小有限制，所以其缩放是线性的，如图 16.8 所示。

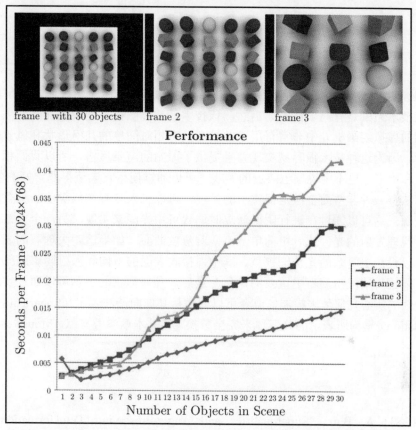

图 16.8 在渲染调用开始和结束时使用 glQueryCounter 测量的每帧的持续时间。该图显示了相机的 3 个距离处渲染单个帧的性能，其中场景的对象数量不断增加。该测试是在配备 NVIDIA GeForce GT330M 的 MacBook Pro 2.4GHz 上运行的

原　　文	译　　文
frame 1 with 30 objects	帧 1（包含 30 个对象）
Performance	性能
Number of Objects in Scene	场景中的对象数
Seconds per Frame(1024 × 768)	秒/帧（1024 × 768）
frame1	帧 1
frame2	帧 2
frame3	帧 3

16.7 小结

ShadowProxies 技术是为特定目的而开发的,其结果的质量足以满足当前项目的要求,但该技术无疑是有局限性的。当然,该技术已被证明在小型游戏和其他项目(如开篇所介绍的虚拟绘画机)中非常有用,并且在具有相对简单的几何形状和风景的情况下尤其有效。因为这种技术很容易实现并且提供了原始的渲染风格,所以我们相信许多无法承受柔和阴影,更不用说颜色渗透的游戏,可以通过使用它来获得非常好的效果。

该算法有一种非常简单但是很实用的扩展,可以引入具有类似颜色的重叠阴影的多个彩色光源。这可以通过在进行阴影计算时迭代可用光源来实现。另一个非常简单的特征是通过代理发射的光,或者更简单一点,对焦散曲面(如半透明大理石的表面)进行建模。可以设想更复杂的光传输模型,其中,接收表面的方向和入射阴影或颜色反射的方向比目前这种情况扮演着更重要的角色。最后,几何形状的表示可以通过实现某种形式的构造性的实心几何体来扩展,或者可以通过从其球面谐波表示(Spherical Harmonics Representation)重构所表示的几何体来完全替换(详见本章参考文献 [Mousa et al. 07])。

参考文献

[Barr 81] A. Barr. "Superquadrics and Angle-Preserving Transformations." *IEEE Computer Graphics and Applications* 1:1 (1981), 11–23. http://vis.cs.brown.edu/results/bibtex/Barr-1981-SAP.bib(bibtex: Barr-1981-SAP).

[Hasenfratz et al. 03] J.-M. Hasenfratz, M. Lapierre, N. Holzschuch, and F.X. Sillion. "A Survey of Real-Time Soft Shadows Algorithms." *Computer Graphics Forum* 22:4 (2003), 753–774.

[Kontkanen and Laine 05] Janne Kontkanen and Samuli Laine. "Ambient Occlusion Fields." In *Proceedings of ACM SIGGRAPH 2005 Symposium on Interactive 3D Graphics and Games*, pp. 41–48. New York: ACM Press, 2005.

[Mousa et al. 07] Mohamed Mousa, Raphallè Chaine, Samir Akkouche, and Eric Galin. "Ef-ficient Spherical Harmonics Representation of 3D Objects." In *15th Pacific Graphics*, pp. 248–257, 2007. Available online (http://liris.cnrs.fr/publis/?id=2972).

第 3 篇

混 合 管 线

今天的 GPU 变成了性能的掌控者,无论是高端的桌面 GPU 还是移动 GPU,它们都提供了相对于其功耗的令人难以置信的图形吞吐量。图形的未来引发了很多讨论,例如,如何扩展性能,如何用更少的资源做更多的事情等。根据对千万亿次(Petascale)和百亿亿次(Exoscale)超级计算机的研究,我们注意到这种性能规模迫使我们重新考虑内存、带宽和数据移动。GPU 的创新同样面临这些挑战。这一部分的名称是"混合管线",它实际上囊括了推动图形管线创新,以探索提供渲染管线的替代方式的所有想法。

我们从两种经典技术开始。第一种是"使用变换反馈的基于物理学的实时变形",由 Muhammad Mobeen Movania 和 Lin Feng 在第 17 章提出的,它探讨了基于 GPU 的物理模拟的 OpenGL 变换反馈。第二种技术是由 Dzmitry Malyshau 在第 18 章"GPU 上的分层深度剔除和包围盒管理"中提出的,它探讨了一种基于深度缓冲区和包围盒的方法,以便在实际渲染开始之前丢弃不可见的对象。

虽然阴影贴图只是一种可能的混合管线的方法,但 Daniel Rákos 在他编写的第 19 章

"使用分层渲染的大量阴影"中无疑进一步推动了这种技术的发展,使用这种渲染方法可以为每个 draw 调用生成多个阴影贴图,这要归功于分层渲染。

Pyarelal Knowles、Geoff Leach 和 Fabio Zambetta 编写了第 20 章 "高效的分层片段缓冲区技术",通过一个与顺序无关的透明(Order-Independent Transparency,OIT)示例引导我们探索 OpenGL 4 硬件、图像加载存储和原子操作中最有趣的创新之一。该示例采用了不同的方法,结果就是其性能表现非常亮眼。

Daniel Rákos 编写了第 21 章 "可编程顶点拉动",这是一个更加深入的创新,也是一种观念上的巨大变化,我们不向 GPU 提交工作,而是让 GPU 查询工作。毫无疑问,这种方法在未来几年内将不断发展,并且变得非常重要。

Cyril Crassin 和 Simon Green 合作编写了第 22 章 "使用 GPU 硬件光栅化器进行基于八叉树的稀疏体素化"。如果拓宽当今图形发展的边界需要转变范式,那么提供新的资源表示方式可能就是一个答案,这也是本章作者在 Gigavoxels 开放库的工作方向。他们在该章中解释了如何有效地使用 GPU 来构建基于体素的表示方式。

第 17 章　使用变换反馈的基于物理学的实时变形

作者：Muhammad Mobeen Movania 和 Lin Feng

17.1　简　　介

本章描述了一种使用现代 GPU 的变换反馈机制（Transform Feedback Mechanism）实现实时变形的方法。首先介绍变换反馈机制以及如何利用它来实现变形管线。在很多文献资料中已经提出了许多基于物理学的变形模型（详见本章参考文献 [Nealen et al. 06]）。为了证明所提出的加速技术的强大功能，我们使用质量点弹簧系统（Mass Spring System）实现了基本的布料模拟（见图 17.1）。

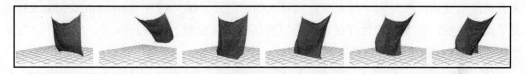

图 17.1　使用变换反馈的实时布料模拟

顶点着色器通常将输入的顶点位置从对象空间（Object Space）变换为裁剪空间（Clip Space），这是通过将当前对象空间顶点位置与组合的模型视图投影矩阵相乘来实现的。但是，现代 GPU 允许顶点着色器在循环中反复使用其结果，以一次又一次地对输入执行迭代任务。优点是数据保留在 GPU 上，并且不会传输回 CPU。这个特性称为变换反馈（Transform Feedback），详见本章参考文献 [Richard et al. 10]。使用此特性之后，顶点着色器或几何着色器的输出值可以存储回缓冲区对象。这些缓冲区对象称为变换反馈缓冲区（Transform Feedback Buffer）。例如，可以使用 glMapBuffer 在 CPU 上读回已经记录的数据，或者直接将其可视化，就像在后文中将看到的那样。

在探索基于物理学的实时变形时，我们将首先考虑变换反馈的硬件支持和发展演变。在此之后，给出变换反馈机制的阐释。接下来，详细描述了理解质量点弹簧系统所需的数学背景，再介绍与使用质量点弹簧系统的布料模拟相关的细节。然后，我们会研究如何将布料模拟映射到变换反馈机制，并且给出结果和性能评估。最后，我们将总结一下这种方法的可能扩展。

17.2 硬件支持和变换反馈的演变

变换反馈机制是由 NVIDIA 公司首次提出的，它是作为 OpenGL 3.0 中特定于供应商的扩展，即 GL_NV_transform_feedback。这种扩展引入了一般的变换反馈机制，被提升为 GL_EXT_transform_feedback，最终包含在 OpenGL 3.0 规范中。这项工作后来由 NVIDIA 以 GL_NV_transform_feedback2 的形式进行了扩展，让位于 OpenGL 4.0 中的 4 个扩展，即 GL_ARB_transform_feedback2、GL_ARB_transform_feedback3、GL_ARB_draw_indirect（部分）和 GL_ARB_gpu_shader5（部分）。

GL_ARB_transform_feedback2 定义了与其他 OpenGL 对象类似的变换反馈对象。此外，它还包括两个新特性：首先，它启用了暂停和恢复变换反馈的功能，以便多个变换反馈对象可以一个接一个地记录它们的属性；其次，它提供了 glDrawTransformFeedback 来直接渲染变换反馈对象，而无须查询写入的总图元。GL_ARB_transform_feedback3 定义了两个特性：首先，它允许在若干个缓冲区中写入交错的变化；其次，它允许附加多个顶点流（Vertex Stream）来变换反馈。

GL_ARB_draw_indirect 提供了新的 draw 调用 glDrawArraysIndirect 和 glDrawElementsIndirect。它还提供了一个新的缓冲区绑定点 GL_DRAW_INDIRECT_BUFFER。这些行为类似于 glDraw[Arrays/Elements]InstancedBasedVertex，除了从绑定到 GL_DRAW_INDIRECT_BUFFER 绑定的缓冲区读取参数。此缓冲区可以通过变换反馈或使用任何其他 API（如 OpenCL 或 CUDA）生成。

虽然公开了这些有前途的特性，但 OpenGL 3.2 核心 GL_ARB_draw_instanced 的一个关键特性被忽略了。因此，无法在不查询输出图元计数的情况下从变换反馈缓冲区中绘制实例。在 OpenGL 4.2 中，这由 GL_ARB_transform_feedback_instanced 修复，它提供了两个函数：glDrawTransformFeedbackInstanced 和 glDrawTransformFeedbackStreamInstanced。

NVIDIA 和 ATI/AMD 的各种硬件都提供变换反馈机制。ATI/AMD 通过 ARB_transform_feedback2 和 ARB_transform_feedback3 在 Radeon 2000 系列上支持 OpenGL 3.x 变换反馈和 OpenGL 4.x 变换反馈。在 NVIDIA 硬件上，GeForce 8 系列支持 OpenGL 3.x 变换反馈，而 GeForce GTX 200 系列则支持 OpenGL 4.x ARB_transform_feedback2，GeForce 400 系列支持 OpenGL 4.x ARB_transform_feedback3。

17.3 变换反馈的机制

在 OpenGL 4.0 及更高版本中，可以通过调用 glGenTransformFeedbacks 来创建变换反馈对象。该对象封装了变换反馈状态。一旦我们使用了对象，则必须通过调用 glDeleteTransformFeedbacks 来删除它。

在创建变换反馈对象之后，该对象应该绑定到当前的 OpenGL 上下文，这是通过发出对 glBindTransformFeedback 的调用来完成的。我们还必须注册需要使用变换反馈记录的顶点属性，这是通过发出对 glTransformFeedbackVaryings 的调用来完成的。第一个参数是将要输出属性的程序对象的名称。第二个参数是将使用变换反馈记录的输出属性的数量。第三个参数是包含输出属性名称的 C 语言风格的字符串数组。最后一个参数将标识记录模式。如果属性被记录到单个缓冲区中，则该模式可以是 GL_INTERLEAVED_ATTRIBS，如果属性被记录到单独的缓冲区中，则该模式可以是 GL_SEPARATE_ATTRIBS。在指定变换反馈变化后，需要再次链接程序。

现在，输出属性已经链接到变换反馈，接下来还必须识别将要写入属性的缓冲区对象，这是通过发出对 glBindBufferBase 的调用来完成的。我们必须识别绑定到该索引所需的索引和缓冲区对象。根据从顶点着色器或几何着色器输出的属性数量，可以绑定尽可能多的缓冲区对象。在此之后，我们可以发出对 glBeginTransformFeedback 的调用。唯一的参数就是我们感兴趣的图元类型。接下来，我们将发出一个对 glDraw* 的调用来绘制想要的图元。最后，我们将通过发出对 glEndTransformFeedback 的调用来终止变换反馈。

在 OpenGL 4.0 中，如果我们想要直接绘制变换反馈缓冲区，则可以调用 glDrawTransformFeedback 并将它传递给我们想要的图元类型。这非常方便，因为我们不再需要查询先前 OpenGL 版本中所需的从变换反馈输出的图元数量。OpenGL 4.0 及更高版本中引入了一些新特性，如暂停和恢复变换反馈，但我们只讨论本章中所使用的功能，对此感兴趣的读者，可以从本章末尾给出的参考资料中获得更多信息。

可以利用变换反馈机制来完全在 GPU 上实现实时变形管线。我们的实时变形管线突出了变换反馈阶段，如图 17.2 所示。我们将首先讨论理解后面的内容所需的数学基础。

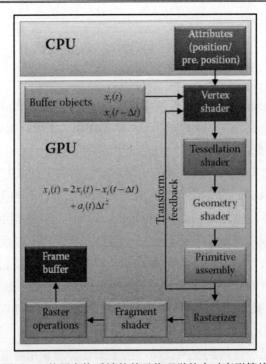

图 17.2 使用变换反馈的基于物理学的实时变形管线

原　　文	译　　文	原　　文	译　　文
Attributes(position/pre. position)	属性（位置/先前位置）	Primitive assembly	图元组合
Buffer objects	缓冲区对象	Rasterizer	光栅化器
Vertex shader	顶点着色器	Fragment shader	片段着色器
Tessellation shader	曲面细分着色器	Raster operations	光栅化操作
Transform feedback	变换反馈	Frame buffer	帧缓冲区
Geometry shader	几何着色器		

17.4　数学模型

　　布料建模有很多种方法，这些方法的范围从更精确的连续介质力学模型——如有限元（Finite Element，FEM），到不太精确的粒子模型（如质量点弹簧模型）都有。质量点弹簧系统（Mass Spring System）基于一组虚拟质量，使用无质量点弹簧连接到它们的邻域（见图 17.3），详见本章参考文献 [Yan Chen 98]。这些弹簧包括：

（1）结构弹簧（Structural Spring），是指仅在 x 轴、y 轴和 z 轴上将节点连接到其直接相邻节点的弹簧，起到固定布料结构的作用。

（2）剪切弹簧（Shear Spring），也称为扭曲弹簧，是指连接对角线上的相邻节点的弹簧，起到防止布料扭曲变形的作用。

（3）弯曲弹簧（Flexion Spring），也称为拉伸性弹簧，是指在纵向和横向上相隔一个节点连接两个节点的结构性弹簧，可以使布料在折叠时边缘更平滑。

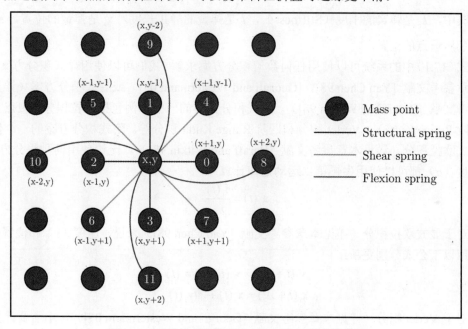

图 17.3 在质量点弹簧系统中使用的不同弹簧类型

原　　文	译　　文
Mass point	质量点
Structural spring	结构弹簧
Shear spring	剪切弹簧
Flexion spring	弯曲弹簧

这些弹簧中的每一个都受到不同的力约束，即在纯应力下，剪切弹簧受到约束，在纯压缩/牵引应力下或拉伸时，仅结构弹簧受到约束，在纯屈曲应力下或弯曲时，仅弯曲弹簧受到约束。所有连接都充当线性弹簧，使网格趋于平衡。每个质量点与一组物理属性相关联，包括质量（m）、位置（x）、速度（v）和加速度（a）。在任何时间点，该系统由以下二阶常微分方程控制：

$$m\ddot{\mathbf{x}} = -c\dot{\mathbf{x}} + \sum (\mathbf{f}_{int} + \mathbf{f}_{ext}) \tag{17.1}$$

其中，c 是阻尼系数，$\mathbf{f}_{int}$ 是内部弹簧的弹性力（包括结构力、剪切力、弯曲力），$\mathbf{f}_{ext}$ 是物体外部受力，可能是由于使用者的干预、风、重力或由于物体与其他物体碰撞而引起的碰撞力。内部弹簧的弹性力 $\mathbf{f}_{int}$ 可以定义为：

$$\mathbf{f}_{int}(t) = k_i \left(\left\| \mathbf{x}_i(t) - \mathbf{x}_j(t) \right\| - l_i \right) \frac{\mathbf{x}_i(t) - \mathbf{x}_j(t)}{\left\| \mathbf{x}_i(t) - \mathbf{x}_j(t) \right\|} \tag{17.2}$$

其中，k_i 是弹簧的刚度（Stiffness），l_i 是弹簧的静止长度，$\mathbf{x}_i$ 是弹簧的位置，$\mathbf{x}_j$ 是其相邻质量点的位置。

式（17.1）中的系统可以使用任何数值积分方案求解。我们可以使用显式积分方案（详见本章参考文献 [Yan Chen 98]，[Georgii and Westermann 05]）或隐式积分方案（详见本章参考文献 [Baraff and Witkin 98]）。显式积分方案的一些示例包括欧拉积分、中点方法（二阶 Runge Kutta）、Verlet 积分和四阶 Runge Kutta 积分等。隐式积分方案的一个例子是隐式欧拉积分（详见本章参考文献 [Baraff and Witkin 98]）。无论使用何种积分方案，加速度（a）都可以使用牛顿第二运动定律计算：

$$\mathbf{a}_i(t) = \frac{\mathbf{f}_i(t)}{m_i}$$

对于显式欧拉积分（详见本章参考文献 [Yan Chen 98]）来说，速度（v）和位置（x）可使用以下公式分别更新：

$$\mathbf{v}_i(t + \Delta t) = \mathbf{v}_i(t) + \Delta t \mathbf{a}_i(t)$$
$$\mathbf{x}_i(t + \Delta t) = \mathbf{x}_i(t) + \Delta t \mathbf{v}_i(t)$$

对于 Verlet 积分（详见本章参考文献 [Georgii and Westermann 05]），不需要计算和存储速度（v），因为新位置（x）是使用以下数值运算从当前位置和先前位置获得的：

$$\mathbf{x}_i(t + \Delta t) = 2\mathbf{x}_i(t) - \mathbf{x}_i(t - \Delta t) + \mathbf{a}_i(t)\Delta t^2 \tag{17.3}$$

为此，需要当前位置和以前的位置。在使用中点欧拉方法的情况下，新的速度和新的位置可给出为：

$$\mathbf{v}_i(t + \Delta t) = \mathbf{v}_i(t) + \Delta t \mathbf{a}_i\left(t + \frac{\Delta t}{2}\right)$$
$$\mathbf{x}_i(t + \Delta t) = \mathbf{x}_i(t) + \Delta t \mathbf{v}_i\left(t + \frac{\Delta t}{2}\right) \tag{17.4}$$

在式（17.4）中，在 t 和 $t+\Delta t$ 之间的中点处评估加速度和速度，即 $t+\Delta t/2$。

最后，对于四阶 Runge Kutta 方法，首先使用以下一组运算获得新的速度：

第 17 章　使用变换反馈的基于物理学的实时变形

$$\mathbf{v}_i(t+\Delta t) = \mathbf{v}_i(t) + \frac{1}{6}[\mathbf{F}_1 + 2(\mathbf{F}_2 + \mathbf{F}_3) + \mathbf{F}_4]$$

$$\mathbf{F}_1 = \frac{\Delta t}{2}\mathbf{a}_i(t)$$

$$\mathbf{F}_2 = \frac{\Delta t}{2}\frac{\mathbf{F}_1}{m_i}$$

$$\mathbf{F}_3 = \Delta t\frac{\mathbf{F}_2}{m_i}$$

$$\mathbf{F}_4 = \Delta t\frac{\mathbf{F}_3}{m_i}$$

然后通过以下一组运算获得新位置：

$$\mathbf{x}_i(t+\Delta t) = \mathbf{x}_i(t) + \frac{1}{6}[\mathbf{k}_1 + 2(\mathbf{k}_2 + \mathbf{k}_3) + \mathbf{k}_4]$$

$$\mathbf{k}_1 = \frac{\Delta t}{2}\mathbf{a}_i(t)$$

$$\mathbf{k}_2 = \frac{\Delta t}{2}\mathbf{k}_1$$

$$\mathbf{k}_3 = \Delta t\mathbf{k}_2$$

$$\mathbf{k}_4 = \Delta t\mathbf{k}_3$$

所有显式积分方案都存在稳定性问题，并且要求时间步长值非常小。这是因为速度和位置评估是在没有发现变化很大的导数的情况下显式执行的。相反，隐式积分方案是无条件稳定的，因为系统被求解为一对单元。它将及时开始以找到具有给定输出状态的新位置。隐式欧拉积分如本章参考文献 [Baraff and Witkin 98] 所示：

$$\Delta\mathbf{x} = \Delta t(\mathbf{v}_0 + \Delta\mathbf{v})$$

$$\Delta\mathbf{v} = \Delta t(\mathbf{M}^{-1}\mathbf{F})$$

$$\mathbf{F} = \mathbf{f}_0 + \frac{\partial \mathbf{f}}{\partial x}\Delta\mathbf{x} + \frac{\partial \mathbf{f}}{\partial v}\Delta\mathbf{v}$$

隐式积分方案可以使用任何迭代求解器来解决，如牛顿-拉夫森（Newton-Raphson）算法（也称为牛顿迭代法）或共轭梯度（Conjugate Gradient，CG）方法（详见本章参考文献 [Baraff and Witkin 98]）。我们可以使用提议的管线实现隐式和显式积分方案。本章将讨论限制在 Verlet 积分方案中，这是因为 Verlet 积分是二阶准确的。此外，它不需要估算速度，因为它使用当前和先前的位置在公式中显式表示速度。

通过前面讨论的任何积分方案都可以获得新位置，然后应用某些约束，如积极性约束（Positivity Constraint），以防止质量落在地平面下。积极性约束如下：

$$\mathbf{x}_i \cdot y = \begin{cases} \mathbf{x}_{i+1} \cdot y & \mathbf{x}_{i+1} \cdot y > 0 \\ 0 & \text{其他} \end{cases} \quad (17.5)$$

其中，$\mathbf{x}_i \cdot y$ 是位置 x 的 y 分量，假设 y 轴是世界空间中向上的轴。同样，在顶点着色器中可以非常容易地实现诸如质量与任意多边形的碰撞之类的其他约束。例如，我们考虑对质量与球体碰撞的约束。假设有一个具有中心（C）和半径（r）的球体，在位置（x_i）处有一个质量，并且它被变换到一个新的位置（x_{i+1}），则碰撞约束给出为：

$$\mathbf{x}_{i+1} = \begin{cases} C + \dfrac{(\mathbf{x}_i - C) \cdot r}{|\mathbf{x}_i - C|} & |\mathbf{x}_i - C| < r \\ \mathbf{x}_i & \text{其他} \end{cases}$$

17.5 实 现

在建立了数学基础之后，可以开始研究实现细节。为了理解算法的不同步骤如何工作，对于本讨论的其余部分，将讨论实现 Verlet 积分所需的步骤。为了给出鸟瞰图，我们将在顶点着色器中进行积分计算。然后，使用变换反馈将新的和先前的位置指向一组缓冲对象，这些缓冲对象被保存为一组顶点数组对象的绑定点。下面进行详细说明。

17.5.1 使用 Verlet 积分顶点着色器

在实现中，最重要的部分是 Verlet 积分顶点着色器。我们将详细阐释整个顶点着色器以介绍它是如何工作的。首先，可以将布料质量点的当前位置和先前位置存储到 2D 网格中。它们存储在 GPU 上的一对缓冲区对象中。为了有效地获取邻域信息，我们将当前和先前的位置缓冲区对象附加到纹理缓冲区目标。这允许我们使用相应的 samplerBuffer 获取顶点着色器中邻域的当前位置和先前位置。

顶点着色器首先提取当前位置、先前位置和当前速度：

```
void main()
{
  float m = position_mass.w;
  vec3 pos = position_mass.xyz;
  vec3 pos_old = prev_position.xyz;
  vec3 vel = (pos - pos_old) / dt;
  float ks = 0, kd = 0;
  // ...
```

接下来，使用内置寄存器（gl_VertexID）确定当前顶点的索引。使用该全局索引，获得 2D 网格中的 x、y 索引。这可用于从 samplerBuffer 中提取正确的邻域：

```
int index = gl_VertexID;
int ix = index % texsize_x;
int iy = index / texsize_x;
```

由于我们不希望上面的角顶点移动，所以可以为它们分配质量为 0。接下来，使用由于重力引起的加速度和由于当前速度引起的阻尼力（Dumping Force）来计算外力：

```
if(index ==0 || index == (texsize_x - 1))
{
  m = 0;
}
vec3 F = (gravity * m) + (DEFAULT_DAMPING * vel);
```

接下来，循环遍历当前顶点的 12 个邻域。每次都可以使用基本算法获得邻域的坐标，如图 17.3 所示，并检查它们是否在纹理的边界内。如果是，则确定邻域节点的正确索引，并从 samplerBuffer 获取其当前位置和先前位置：

```
for(int k = 0; k < 12; k++)
{
  ivec2 coord = getNextNeighbor(k, ks, kd);
  int j = coord.x;
  int i = coord.y;
  if (((iy + i) < 0) || ((iy + i) > (texsize_y -1)))
  {
    continue;
  }
  if (((ix + j) < 0) || ((ix + j) > (texsize_x -1)))
  {
    continue;
  }
  int index_neigh = (iy + i) * texsize_x + ix + j;
  vec3 p2 = texelFetchBuffer(tex_position_mass, index_neigh).xyz;
  vec3 p2_last = texelFetchBuffer(tex_prev_position_mass, index_neigh).xyz;
  // ...
```

接下来，将获得弹簧的剩余长度，最后使用式（17.2）确定弹簧力：

```
  vec2 coord_neigh = vec2(ix + j, iy + i) * step;
  float rest_length = length (coord * inv_cloth_size);

  vec3 v2 = (p2 - p2_last) / dt;
  vec3 deltaP = pos - p2;
  vec3 deltaV = vel - v2;
```

```
    float dist = length(deltaP);

    float leftTerm = -ks * (dist - rest_length);
    float rightTerm = kd * (dot(deltaV, deltaP) / dist);
    vec3 springForce = (leftTerm + rightTerm) * normalize(deltaP);
    F += springForce;
}
```

一旦计算出总的力,就可以获得加速度。对于质量为 0 的质量点,加速度设置为 0,这可以防止该质量移动:

```
vec3 acc = vec3(0);
if(m!= 0)
{
  acc = F / m;
}
```

最后,使用式(17.3)获得当前位置。此外,还可以使用式(17.5)应用积极性约束以防止质量落在地板下,然后写入以下输出属性:

```
vec3 tmp = pos;
pos = pos * 2.0 - pos_old + acc* dt * dt;
pos_old = tmp;
pos.y = max(0, pos.y);
out_position_mass = vec4(pos, m);
gl_Position = vec4(pos_old, m);
}
```

17.5.2 注册属性以变换反馈

有关以下内容,请参见代码清单 17.1。首先,使用 glGenTransformFeedbacks 生成变换反馈对象,然后使用 glBindTransformFeedback 将其绑定到当前上下文。Verlet 积分顶点着色器将输出两个属性:一个是当前位置,它将写入 out_position_mass;另一个是前一个位置,它将写入 gl_Position。必须将我们的属性注册到变换反馈对象。这是通过发出对 glTransformFeedbackVaryings 的调用并将属性 out_position_mass 和 gl_Position 的名称传递给它来完成的。在此调用之后,需要重新链接顶点着色器。

代码清单 17.1 将属性注册到变换反馈对象

```
// 设置变换反馈属性
glGenTransformFeedbacks(1, &tfID);
glBindTransformFeedback(GL_TRANSFORM_FEEDBACK, tfID);
const char *varying_names[] = {"out_position_mass", "gl_Position"};
```

```
glTransformFeedbackVaryings(massSpringShader.GetProgram(), 2, varying_
    names, GL_SEPARATE_ATTRIBS);
glLinkProgram(massSpringShader.GetProgram());
```

17.5.3 数组缓冲区和缓冲区对象设置

到目前为止，我们只讨论了一半。另一半则是实际的缓冲区对象和数组对象设置。应用程序将一组位置（当前位置和先前位置）推送到 GPU。每个元素都是一个 vec4，前 3 个分量中有 x、y、z，第 4 个分量中有质量。我们为位置使用一组缓冲区对象的原因是，可以使用乒乓策略（Ping-Pong Strategy）从一组位置读取，同时使用变换反馈方法写入另一组。这样做是因为我们无法在读取变换反馈属性的同时写入该属性。我们有两个数组对象用于更新物理数据，另外还有两个数组对象用于渲染结果位置。如图 17.4 所示，每个数组对象存储一组用于当前位置和先前位置的缓冲区对象。位置缓冲区对象的使用标志设置为动态的（OpenGL 中的 GL_DYNAMIC_COPY），因为将使用着色器动态修改数据。这为 GPU 提供了额外的提示，以便它可以将该缓冲区放在最快的可访问内存中。代码清单 17.2 给出了设置代码。

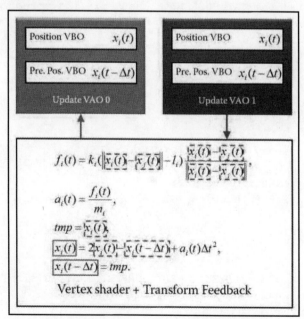

图 17.4 变换反馈的数组对象和缓冲区对象设置：左侧矩形显示写入数组对象的属性；右侧矩形显示同步从另一个数组对象读取的属性

原文	译文
Position VBO	当前位置 VBO
Pre.Pos.VBO	先前位置 VBO
Update	更新
Vertex shader + Transform Feedback	顶点着色器+变换反馈

代码清单 17.2　数组对象/缓冲区对象设置代码

```
// 设置更新 vao
for(int i = 0; i < 2; i++)
{
  glBindVertexArray(vaoUpdateID[i]);
  glBindBuffer(GL_ARRAY_BUFFER, vboID_Pos[i]);
  glBufferData(GL_ARRAY_BUFFER, X.size() * sizeof(glm::vec4), &(X[0].x),
      GL_DYNAMIC_COPY);
  glEnableVertexAttribArray(0);
  glVertexAttribPointer(0, 4, GL_FLOAT, GL_FALSE, 0, 0);

  glBindBuffer(GL_ARRAY_BUFFER, vboID_PrePos[i]);
  glBufferData(GL_ARRAY_BUFFER, X_last.size() * sizeof(glm::vec4),
      &(X_last[0].x), GL_DYNAMIC_COPY);
  glEnableVertexAttribArray(1);
  glVertexAttribPointer(1, 4, GL_FLOAT, GL_FALSE, 0,0);
}

// 设置渲染 vao
for(int i = 0; i < 2; i++)
{
  glBindVertexArray(vaoRenderID[i]);
  glBindBuffer(GL_ARRAY_BUFFER, vboID_Pos[i]);
  glEnableVertexAttribArray(0);
  glVertexAttribPointer(0, 4, GL_FLOAT, GL_FALSE, 0, 0);

  glBindBuffer(GL_ELEMENT_ARRAY_BUFFER, vboIndices);
  if(i==0)
  {
    glBufferData(GL_ELEMENT_ARRAY_BUFFER, indices.size() * sizeof
        (GLushort), &indices[0], GL_STATIC_DRAW);
  }
}
```

如图 17.5 所示，对于每个渲染周期来说，我们都可以在两个缓冲区之间交换以交替读/写路径（这就是所谓的乒乓策略）。在变换反馈可以进行之前，需要将更新数组对象绑定到当前的渲染设备，以便可以设置适当的缓冲区对象来记录数据。我们可以通过发出对 glBindBufferBase 的调用来绑定适当的缓冲区对象，以便将当前位置和先前位置读取到当前变换反馈缓冲区基础。禁用光栅化器以防止执行其余可编程管线。发出绘制点调用以允许我们将顶点写入缓冲区对象，然后禁用变换反馈。在变换反馈之后，启用光栅化器，然后绘制点。这一次，绑定的是渲染数组对象，这意味着会在屏幕上渲染变形的点。

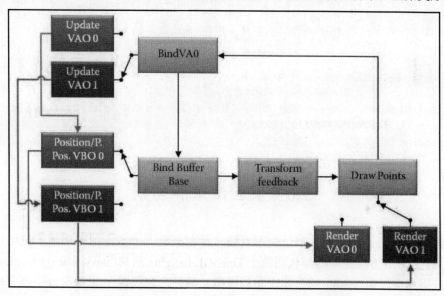

图 17.5　变换反馈数据流可用于更新和渲染周期

原　　文	译　　文	原　　文	译　　文
Update	更新	Transform feedback	变换反馈
Position/ P.Pos	当前/先前位置	Draw Points	绘制点
BindVA0	绑定 VA0	Render	渲染
Bind Buffer Base	绑定缓冲区基础		

17.5.4　数据的动态修改

一般来说，开发人员需要能够动态修改缓冲区对象中的数据，例如，出现了碰撞检测和需要响应的情况。在这种情况下，需要获取指向数据的指针。首先，绑定适当的数组对象在当前的变形管线中。接下来，将适当的缓冲区对象绑定到数组对象。最后，调

用 **glMapBuffer** 来获取数据指针。在演示应用程序中,将执行代码清单 17.3 中列出的函数调用,以根据用户选择的点修改位置。

代码清单 17.3　用于动态修改存储在缓冲区对象中数据的代码

```
glBindVertexArray(vaoRenderID[readID]);
glBindBuffer(GL_ARRAY_BUFFER, vboID_Pos[writeID]);
GLfloat * pData = (GLfloat*) glMapBuffer(GL_ARRAY_BUFFER, GL_READ_WRITE);
pData[selected_index * 4] += Right[0] * valX;
float newValue = pData[selected_index * 4 + 1] + Up[1] * valY;
if(newValue > 0)
{
  pData[selected_index * 4 + 1] = newValue;
}
pData[selected_index * 4 + 2] += Right[2] * valX + Up[2] * valY;
glUnmapBuffer(GL_ARRAY_BUFFER);
glBindBuffer(GL_ARRAY_BUFFER, 0);
```

17.6　实验结果和比较

我们已经研究了如何建立整个变形管线,现在来看一下本章附带的演示应用程序的一些结果(见图 17.6)。完整的源代码位于 OpenGL Insights 网站(www.openglinsights.com)上。此应用程序使用 Verlet 积分实现布料模拟。另外,它提供了 3 种可以使用空格键切换的模式。第一种模式是使用变换反馈机制的 GPU 模式。第二种模式是未优化的 CPU 模式,它实现了完全相同的布料模拟,但是使用了 CPU 进行变形。最后一种模式则是使用 CPU 上基于 OpenMP 的优化变形。

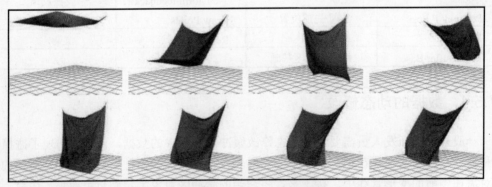

图 17.6　使用变换反馈机制实现布料模拟的若干个动画帧

为了进行性能分析，我们在测试机器上对布料模拟的性能进行了比较，不同的布料分辨率范围从 64×64 质量点到 1024×1024 质量点，使用 Intel Xeon E5507（CPU 频率为 2.27MHz）的 Dell Precision T7500 台式机。该机配备了 NVIDIA Quadro FX 5800 显卡。操作系统是 64 位 Windows 7。将 3 种模式的性能进行比较，即未优化的 CPU 模式、优化的 CPU 模式，以及使用变换反馈的 GPU 模式，如表 17.1 所示。

表 17.1　3 种模式的性能比较

网格大小	帧频率（单位：fps）		
	未优化 CPU(a)	优化 CPU(b)	GPU 变换反馈(c)
64×64	224.12	503.40	941.71
128×128	64.11	177.81	650.35
256×256	18.13	57.84	220.75
512×512	4.11	14.02	45.49
1024×1024	0.98	2.74	34.55

可以看出，GPU 模式明显优于两种 CPU 模式。CPU 代码按顺序继续计算力和积分。然后，它将更新的位置传输到 GPU 进行渲染。相反，基于变换反馈的 GPU 代码可以有效地获取邻域节点位置而且以并行方式执行力和积分的计算。此外，数据直接用于渲染，无须像 CPU 模式那样进行 CPU 传输。这提供了大量加速，如表 17.1 中给出的统计数据所示。由于变换反馈机制的效率，现在可以完全在 GPU 上执行实时变形。

17.7　小　　结

本章提出了一种用于实现实时变形的新型 GPU 管线。该方法基于新一代 GPU 中可用的变换反馈机制。数据被推送到 GPU 一次，然后使用具有多个顶点缓冲区对象的乒乓策略，修改读/写路径。作为一个概念性的验证，我们实现了基本的布料模拟，但是，本章提出的思路可以很容易地扩展到适应其他基于物理学的动画领域，如粒子系统、火焰建模、水波、真实照明等。我们正在扩展该算法以解决特定的应用问题，如生物医学建模和模拟（详见本章参考文献 [Lin et al. 96]，[Lin et al. 07]）。

参　考　文　献

[Baraff and Witkin 98] David Baraff and Andrew Witkin. "Large Steps in Cloth

Simulation." In *Proceedings of the 25th Annual Conference on Computer Graphics and Interactive Techniques, SIGGRAPH '98*, pp. 43–54. New York: ACM, 1998.

[Georgii and Westermann 05] Joachim Georgii and Rudiger Westermann. "Mass-Spring Systems on the GPU." *Simulation Practice and Theory* 13:8 (2005), 693–702.

[Lin et al. 96] Feng Lin, Hock Soon Seah, and Tsui Lee Yong. "Deformable Volumetric Model and Isosurface: Exploring a New Approach for Surface Construction." *Computers and Graphics* 20:1 (1996), 33–40.

[Lin et al. 07] Feng Lin, Hock Soon Seah, Zhongke Wu, and Di Ma. "Voxelisation and Fabrication of Freeform Models." *Virtual and Physical Prototyping* 2:2 (2007), 65–73.

[Nealen et al. 06] Andrew Nealen, Matthias Mueller, Richard Keiser, Eddy Boxerman, and Mark Carlson. "Physically Based Deformable Models in Computer Graphic." *STAR Report Eurographics 2005* 25:4 (2006), 809–836.

[Richard et al. 10] S. Wright Jr. Richard, Haemel Nicholas, Sellers Graham, and Lipchak Benjamin. *OpenGL Superbible, Fifth Edition*. Upper Saddle River, NJ: Addison Wesley, 2010.

[Yan Chen 98] Arie Kaufman Yan Chen, Qing-hong Zhu. "Physically-Based Animation of Volumetric Objects." In *Technical Report TR-CVC-980209*, 1998.

第 18 章　GPU 上的分层深度剔除和包围盒管理

作者：Dzmitry Malyshau

18.1　简　　介

优化传递给 GPU 的数据是实现高稳定帧速率的关键之一。进入 GPU 的数据越少，性能就越好，这就是几何体剔除技术的用途：它们减少了 GPU 处理的片段、多边形甚至整个对象的数量。

目前有若干种常见的淘汰方法（详见本章参考文献 [Fernando 04]）：

- 视锥体剔除（Frustum Culling）。在较高的层次上，图形引擎将确定视锥体外的对象，并将它们排除在绘图之外。它通常使用包围体（Bounding-Volume）近似（如盒子球体等）来计算与视锥体的交点。在较低的层次上，OpenGL 光栅化器会丢弃在裁剪空间（Clip Space）之外的多边形和多边形的一部分。该过程在顶点处理阶段之后执行。因此，一些 GPU 时间可能浪费在顶点的着色上，而这些顶点不属于可见三角形。
- 背面剔除（Backface Culling）。这是 GPU 加速技术并由 OpenGL 公开，这种方法丢弃了远离观察者的多边形。它可以通过每个面的一个标量积来实现，但它完全通过硬件优化。
- 深度缓冲区（Depth Buffer）。通过 OpenGL 公开，此方法存储每个片段最接近的深度值，以便丢弃超出该深度的片段。立即渲染实现需要在每个片段的 GPU 上进行一次读-修改-写操作。通过预先排序不透明的物体、多边形和从最近到最远的绘图的片段，可以提高效率。

大多数时候，开发人员会同时应用 3 个类别（见图 18.1）。

从一个阶段到另一个阶段的移动引入了额外的计算成本。尽早剔除不必要的输入可以产生最高的效率。本章介绍了在绘制时使用深度缓冲区剔除整个对象的方法之一。该方法称为分层深度剔除（Hierarchical Depth Culling），或者称为遮挡剔除（Occlusion Culling）。它结合了不同层次的渲染管线，以实现丢弃不可见图元的共同目标。这些层次包括深度缓冲区的帧缓冲区、包围体的空间层次，以及早期深度通道的渲染序列。本章介绍了以最小的 CPU-GPU 同步执行的分层深度剔除管线的核心 OpenGL 3.0 实现。

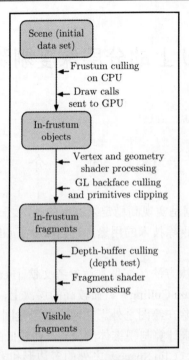

图 18.1 合并的剔除阶段

原　　文	译　　文
Scene(initial data set)	场景（初始化数据集）
Frustum culling on CPU	CPU 上的视锥体剔除
Draw calls sent to GPU	发送到 GPU 的 draw 调用
In-frustum objects	视锥体内的对象
Vertex and geometry shader processing	顶点着色器和几何着色器处理
GL backface Culling and primitives clipping	GL 背面剔除和图元裁剪
In-frustum fragments	视锥体内的片段
Depth-buffer culling(depth test)	深度缓冲区剔除（深度测试）
Fragment shader processing	片段着色器处理
Visible fragments	可见片段

18.2　管　线

管线（见图 18.2）可以用以下简短步骤表示：

- 获取遮挡物的深度缓冲区（可能是整个场景）。
- 构建深度 Mipmap。
- 更新对象的包围盒。
- 执行包围盒的深度剔除。
- 使用剔除结果绘制场景。

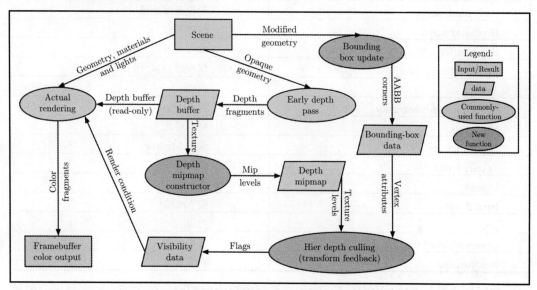

图 18.2　分层深度剔除管线数据流

原　　文	译　　文
Scene	场景
Geometry, materials and lights	几何体、材质和照明
Actual rendering	实际渲染
Color fragments	颜色片段
Framebuffer color output	帧缓冲区颜色输出
Modified geometry	已修改的几何体
Bounding box update	包围盒更新
AABB corners	AABB 角
Bounding-box data	包围盒数据
Vertex attributes	顶点属性
Hier depth culling(transform feedback)	分层深度剔除（变换反馈）
Flags	标志

续表

原　文	译　文
Visibility data	可见性数据
Render condition	渲染条件
Opaque geometry	不透明的几何体
Early depth pass	早期深度通道
Depth fragments	深度片段
Depth buffer	深度缓冲区
Depth buffer(read-only)	深度缓冲区（只读）
Texture	纹理
Depth mipmap constructor	深度 Mipmap 构造函数
Mip levels	Mip 层次
Depth mipmap	深度 Mipmap
Texture levels	纹理层次
Legend	图例
Input/Result	输入/结果
data	数据
Commonly-used function	常用函数
New function	新函数

此序列未提及 DMA 内存传输，例如在系统内存中保留剔除结果或在绘制包围盒的阶段进行调试；它也没有指定命令的确切顺序，例如我们可以使用前一帧的深度缓冲区进行剔除。在后一种情况下，剔除结果将具有一帧的延迟，因此不准确。

在以下各小节中将详细描述每个阶段。开发人员可以在 OpenGL Insights 网站（www.openglinsights.com）上找到有效实现的源 GLSL 代码。

18.2.1　早期深度通道

早期深度通道（Early Depth Pass）是一个特殊的渲染阶段，它可以将场景的不透明部分绘制到深度缓冲区中，而不会产生任何颜色输出。该操作的像素处理成本很低。它保证在执行场景的实际绘制时，像素着色器仅处理可见片段，深度缓冲区以只读模式附加。此过程将利用硬件中实现的双倍速度，仅支持深度函数，在许多显卡硬件都支持此实现（详见本章参考文献 [Cozzi 09]）。

该实现假定我们有一个用户控制的 FBO，其中颜色附加数据应该存储已渲染的帧。早期深度通道将按以下方式计算：

- 确保 FBO 具有纹理作为深度附加数据（Attachment）。我们稍后需要从中提取样本。因此，不允许深度模板（Depth-Stencil）格式。
- 绑定 FBO 并将绘图缓冲区设置为 GL_NONE，这意味着不会影响颜色层。
- 启用深度测试和写入。使用值 1.0 清除深度。将深度测试函数设置为 GL_LEQUAL。
- 渲染场景的不透明对象。顶点着色器将执行普通的模型-视图-投影变换。没有附加片段着色器。

请注意，这里不需要多边形偏移，因为假设的是相同的几何体，并且随后在帧中将发生相同顺序的变换。OpenGL 的不变性法则（Invariance Rule）保证每次绘制时，只要使用相同的顶点着色器变换代码，相同的多边形将覆盖相同的片段（详见本章参考文献 [Group 10，Appendix A]）。

此阶段之后的深度缓冲区不应包含透明对象，因为它们不是遮挡物。它们仍然可以通过下面描述的分层深度检查来剔除。

18.2.2 深度 LOD 构造

一般来说，分层深度剔除技术可以对非完整深度缓冲区的 Mipmap 进行操作（见图 18.3）。例如，可以仅将最大的遮挡物绘制到深度缓冲区中，并以低于原始遮挡物的分辨率开始。但是，我们更喜欢构建整个深度 Mipmap 集，因为可以使用早期深度通道产生的深度缓冲区。这种方法也能更好地基于像素邻域中包含包围盒的 Mipmap 层次来丢弃图元（有关示例可参见 18.2.4 节）。

图 18.3 细节的深度层次：0、2、4、6

在剔除过程中，如果物体的最近部分被该区域中最远的近似遮挡物遮挡，那么只能丢弃物体。因此，在生成深度细节层次（Level Of Detail，LOD）链时，将从像素邻域获得最大深度而不是平均值。每个层次 i 的构造（范围从 1 到深度纹理的最大 LOD）将采取以下步骤：

- 将深度函数设置为 GL_ALWAYS，启用深度测试和写入。
- 将深度纹理的 GL_TEXTURE_BASE_LEVEL 和 GL_TEXTURE_MAX_LEVEL

设置为 $i-1$。
- 激活帧缓冲区对象（Frame Buffer Object，FBO），并将绘图缓冲区设置为 GL_NONE。附加深度纹理层次 i。
- 使用专用着色器绘制单位四边形（或大三角形）。

顶点着色器将位置直接复制到 gl_Position，不需要变换。片段着色器（详见代码清单 18.1）从作为 sampler_depth 的纹理边界提取深度。我们使用 texelFetch 与 LOD = 0，因为纹理的基本层次被设置为 $i-1$。

代码清单 18.1　深度缓冲区向下采样片段着色器

```
ivec2 tc = ivec2(gl_FragCoord.xy * 2.0);
vec4 d = vec4(
  texelFetch(sampler_depth, tc, 0).r,
  texelFetch(sampler_depth, tc+ivec2(1,0), 0).r,
  texelFetch(sampler_depth, tc+ivec2(0,1), 0).r,
  texelFetch(sampler_depth, tc+ivec2(1,1), 0).r);
gl_FragDepth = max(max(d.x,d.y), max(d.z,d.w));
```

18.2.3　包围盒更新

轴对齐包围盒（Axis-Aligned Bounding Box，AABB）可用作对象体积的近似值。它可以很容易地转换为投影空间，用于分层深度剔除。传统方法是在客户端（CPU）上更新包围盒信息，这涉及处理动画对象的特殊技巧。

我们的方法是利用 GPU 迭代顶点（见图 18.4）。它天然地支持实时网格动画修改器，如蒙皮（Skinning）和变形（Morphing）。可以使用颜色混合和几何着色器实现该阶段。我们将在渲染缓冲区内以两个像素存储每个对象的包围盒角。给定一组具有过时包围盒 A 的对象，该算法的工作方式如下：

- 创建仅具有颜色附加数据的 FBO，这是一个大小为 $2n \times 1$ 的浮点 RGB 渲染缓冲区，其中，n 是场景中的对象数。
- 将混合模式设置为 GL_MAX，将混合加权因子设置为 GL_ONE, GL_ONE。
- 对于 A 中的每个对象，将剪裁测试（Scissor Test）和视口设置为仅包括为对象指定的 2 个像素。用 $+\infty$（浮点）清除颜色缓冲区。
- 对于 A 中的每个对象，使用专用着色器程序绘制对象。
- 读回附加到 GL_PIXEL_PACK_BUFFER 目标的缓冲区中的包围盒纹理。

第 18 章 GPU 上的分层深度剔除和包围盒管理

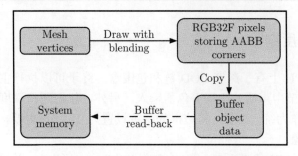

图 18.4　GPU 辅助的 AABB 计算数据流

原　　文	译　　文	原　　文	译　　文
Mesh vertices	网格顶点	Buffer object data	缓冲区对象数据
Draw with blending	使用混合绘图	Buffer read-back	读回缓冲区
RGB32F pixels storing AABB corners	RGB32F 像素存储 AABB 角	System memory	系统内存
Copy	复制		

顶点着色器只是将局部顶点位置传递到几何体阶段。此位置由几何着色器设置为第一个像素的颜色，而其负位置则写入第二个像素颜色（参见代码清单 18.2）。在这里将位置变负是为了反转 GL_MAX 混合的效果：$\max(-x) = -\min(x)$。

代码清单 18.2　包围盒更新几何着色器

```
in vec3 position[];
out vec4 color;
void main(){
  gl_Position = vec4(-0.5, 0.0, 0.0, 1.0);
  color = vec4(+position[0],1.0);
  EmitVertex();
  gl_Position = vec4(+0.5, 0.0, 0.0, 1.0);
  color = vec4(-position[0],1.0);
  EmitVertex();
}
```

此步骤的结果是一个缓冲区，每个对象包含两个浮点位置：局部顶点坐标的最大值和这些相同坐标的负最小值。这些值将定义局部空间中对象的轴对齐包围盒（AABB）。

请注意，不能立即将 FBO 附加数据的缓冲区用作纹理缓冲区对象，因为 OpenGL 规范禁止这样做（详见本章参考文献 [Group 10]）。此外，在只有少量对象的情况下，该算法将表现得效率很低，因为 GPU 将难以并行化进入这样小的像素区域的计算。在进一步的研究中，可以通过将每个对象的顶点流（Vertex Stream）划分为若干目标像素对（Pixel Pairs），结合使用这些对的结果的专用函数来解决该问题。

18.2.4 分层深度剔除

现在我们在 GPU 上有了深度 LOD 链和包围盒,终于可以执行主要步骤——剔除。我们将重用 18.2.5 节中声明的相同着色器输入。另外,我们还将深度缓冲区绑定到着色器访问的纹理单元作为统一变量。将边框的颜色设置为 0,这很重要,因为这将剔除视锥体的侧平面外的对象。

我们将使用 OpenGL 变换反馈(Transform Feedback,TF),以便在结果缓冲区中为每个场景对象获取单个可见性标记。请注意,也可以为此绘制 1D 纹理,但选择 TF 是因为它的简单性(不涉及光栅化器/片段处理/PBO)。它在并发性方面也更好,因为驱动程序预先知道每个输出图元的偏移量。

以下是针对在顶点处理阶段中执行的深度 Mipmap 集检查每个对象可见性的步骤(见图 18.5):

- 使用相机投影计算归一化设备坐标(Normalized Device Coordinates,NDC。范围为[0, 1])中的包围盒。
- 确定深度 Mipmap 集的 LOD 级别,其中包含覆盖整个 NDC 包围盒的最紧密的 2×2 像素区域。
- 如果 LOD 级别低于某个阈值,则丢弃图元。例如,将此阈值设置为 2 将剔除纳入 4×4 像素区域内的包围盒中的所有对象。
- 通过从这些像素中采样来查找区域的最大深度。
- 如果 NDC 最小 z 坐标小于最大采样深度,则返回 true。

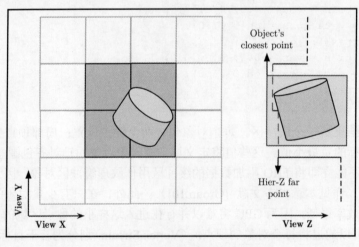

图 18.5 分层深度剔除主阶段

原　　文	译　　文
Object's closet point	对象的最近点
Hier-Z far point	分层 Z 轴远点
View Y	视图空间 Y 轴
View X	视图空间 X 轴
View Z	视图空间 Z 轴

18.2.5　包围盒调试绘图

在场景最上层渲染包围体是调试一系列可见性问题的便捷方式。在上一个阶段（18.2.3 节）中，我们将场景中的所有包围盒收集到 OpenGL 缓冲区对象中。因此，可以通过提供正确的顶点属性以及从模型空间到世界空间（Model-to-World）的变换来一次绘制所有包围盒（见图 18.6）。以下是其处理流程：

- 在包含包围盒信息的给定缓冲区中声明两个交错的浮点四分量属性。
- 在 GPU 上，上传每个对象的从模型空间到视图空间（Model-to-View）的变换数组。它可以是缓冲区对象或一系列统一格式值。
- 启用深度测试。禁用深度写入。
- 使用特殊着色器程序发出 n 点 draw 调用。

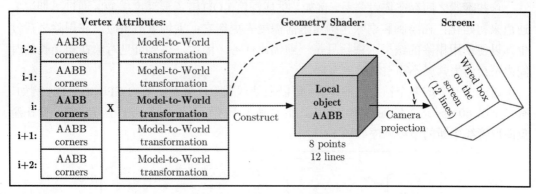

图 18.6　包围盒绘图管线

原　　文	译　　文
Vertex Attributes	顶点属性
AABB corners	AABB 角
Model-to-World transformation	从模型空间到世界空间的变换
Construct	构造

续表

原　　文	译　　文
Geometry Shader	几何着色器
Local object AABB	局部对象 AABB
8 points	8 个点
12 lines	12 条线
Camera projection	相机投影
Screen	屏幕空间
Wired box on the screen(12 lines)	屏幕上连线的包围盒（12 条线）

顶点着色器应该将包围盒和变换数据传递到几何阶段。几何着色器按照包围盒的形状为每个输入生成 12 条线，并将它们变换到投影空间中。

18.3　操作顺序

我们已经描述了剔除管线的所有阶段。现在，将讨论这些模块在帧处理过程中的相互跟随方式。顺序很重要，因为如果在前一个操作未完成时就尝试执行下一个操作，而下一个操作又依赖于先前操作的结果，那么这可能会使图形管线中断。

这些阶段之间存在依赖关系。例如，生成深度 LOD 链需要深度缓冲区通过早期深度通道来初始化；在绘制和剔除包围盒之前需要先更新它；主场景渲染应该在剔除之后发生，以便使用剔除的结果。剔除只是一项优化任务。因此，只要可见对象在相当长的时间内不会消失，就不需要精确的实现。

通过在一个或多个帧上拉伸计算，可以在处理剔除任务期间节约 GPU 的时间。例如，有一个以 60 fps 运行的图形应用程序，这将使得单帧可见性延迟几乎不可察觉。旨在避免图形管线中断的渲染顺序如图 18.7 所示。

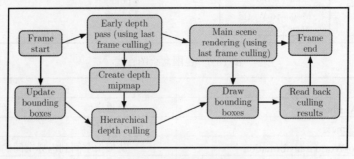

图 18.7　完整图形管线示例

原 文	译 文
Frame start	帧开始
Update bounding boxes	更新包围盒
Early depth pass(using last frame culling)	早期深度通道（使用最近一帧剔除）
Create depth mipmap	创建深度 Mipmap
Hierarchical depth culling	分层深度剔除
Main scene rendering(using last frame culling)	主场景渲染（使用最近一帧剔除）
Draw bounding boxes	绘制包围盒
Frame end	帧结束
Read back culling results	读回剔除结果

18.4 实 验 结 果

我们有两个无纹理的场景（见图 18.8），在 800×600 窗口中使用不同的管线进行渲染。如图 18.9 所示则是来自 Blender 软件的城市场景视图。它们的比较结果如表 18.1 所示。我们的测量使用了 OpenGL 时间查询来确定在每个渲染阶段花费的时间。两种比较的管线均根据 Phong 模型评估照明。第一个管线使用分层深度剔除方法来剔除对象，第二个管线则使用 CPU 一端的视锥体剔除。本次实验使用的硬件平台为 Intel Q6600 CPU、3GB 内存和 Radeon HD 2400 显卡。

（a）士兵场景　　　　　　　　　（b）城市场景

图 18.8　渲染场景

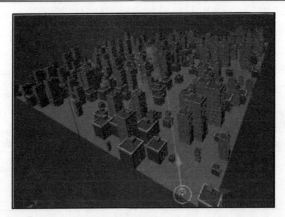

图 18.9 来自 Blender 软件的城市场景截图

表 18.1 使用不同管线渲染的士兵场景和城市场景

管线阶段		士兵场景	城市场景
	（全部光）	9	1
分层深度剔除管线			
	（可见）	39/82	53/403
	（draw 调用）	775	1038
	EarlyDepth	517 μs	1644 μs
	ZMipMap	535 μs	533 μs
	HierZcull	22 μs	48 μs
	照明	33828 μs	6082 μs
合计		**34902 μs**	**8307 μs**
CPU 一端的剔除管线			
	（可见）	42/82	231/403
	（draw 调用）	865	4415
	EarlyDepth	470 μs	5070 μs
	照明	30867 μs	16989 μs
合计		**31337 μs**	**22059 μs**

　　从这些数字可以看出，分层深度剔除阶段（HierZcull）的成本是最小的，而深度缓冲区 Mipmap 集的构造（ZMipMap）与早期深度通道（EarlyDepth）所花费的时间相当。在士兵场景中，CPU 一端的剔除被证明更有效。但是，在城市场景中，分层深度剔除表现得更好，帧时间约为 CPU 一端剔除的 1/3。

18.5 小　　结

本章提出了一个剔除管线，它根据深度缓冲区 Mipmap 集有效地标记了被遮挡的对象。该管线主要在 GPU 上运行，并且需要最少的 DMA 传输。它旨在支持蒙皮、变形和任何其他 GPU 一端的网格修改。此特性有助于图形引擎尝试不在主内存中保持网格的同步副本，并在 GPU 上执行所有与网格相关的变换。

分层深度剔除方法的开发使得经典的视锥体剔除方法已经部分变得过时。远平面外的对象被深度缓冲清除值（1.0）剔除；侧面以外的对象被边界值（0.0）剔除。只有近平面前方的对象不会被此方法剔除。我们可以完全跳过 CPU 上的视锥体相交检查，从而允许包围盒数据仅存在于 GPU 显存这一端。

该管线的实现是 KRI Viewer 的渲染模式之一（详见本章参考文献 [Malyshau 10]），可以在本书的网站上找到它。通过使用演示中包含的 Blender 导出程序，可以将任何动态场景导出为 KRI 格式并使用 Viewer 打开。切换到 HierZ 模式将通过分层深度缓冲区检查显示对象的最新包围盒和被遮挡对象的数量。该演示还包括用于剔除管线所有阶段的 GLSL 核心配置文件着色器的完整版本。与使用非剔除的替代渲染模式的性能相比，还可以看到每帧在特定阶段上花费的时间量。

为了利用新的高度并行化的图形处理器，还有许多研究工作要做。包围盒更新过程是当前实现中的瓶颈，因此需要一些结构性的优化。我们还将研究最新的 OpenGL 4+功能，以便通过在 GPU 上有条件地执行 draw 调用来完全删除读回操作（读取剔除结果）。

参 考 文 献

[Cozzi 09] Patrick Cozzi. "Z Buffer Optimizations." http://www.slideshare.net/pjcozzi/z-buffer-optimizations, 2009.

[Fernando 04] Randima Fernando. "Efficient Occlusion Culling." Reading, MA: Addison-Wesley Professional, 2004.

[Group 10] Khronos Group. "OpenGL 3.3 Core Profile Specification." http://www.opengl.org/registry/doc/glspec33.core.20100311.pdf, March 11, 2010.

[Malyshau 10] Dzmitry Malyshau. "KRI Engine Wiki." http://code.google.com/p/kri/w/list, 2010.

第 19 章 使用分层渲染的大量阴影

作者：Daniel Rákos

19.1 简　　介

由于使用了大量的动态光源，阴影贴图生成（Shadow Map Generation）是当今图形应用程序必须处理的最耗时的渲染任务之一。延迟渲染技术为在线性时间内处理大量动态光源提供了合理的答案，因为它们独立于场景复杂性而工作。但是，阴影贴图生成仍然是 $O(nm)$ 时间复杂度任务，其中，n 是光源的数量，m 是对象的数量。

本章探讨了利用一些最新 GPU 技术降低时间复杂度的可能性。通过使用分层渲染（Layered Rendering）一次渲染多个阴影贴图（Shadow Maps），这样，使用相同的输入几何体就有可能降低时间复杂度。分层渲染能够降低顶点属性提取的带宽需求，同时将顶点处理时间减少到 $O(m)$ 时间复杂度。

虽然这种方法仍然需要 $O(m)$ 时间复杂度来进行光栅化和片段处理，但在实践中这花费的时间通常要少得多，因为一般来说，光的体积不会完全重叠，因此大多数几何图元将在早期被光栅化器剔除。我们还将研究是否可以通过在执行分层渲染的几何着色器中进行视锥体剔除来进一步降低所需的光栅化器吞吐量。

本章将介绍传统和分层阴影贴图渲染（Layered Shadow Map Rendering）的参考实现，使我们能够为不同场景中的两种方法提供性能比较结果，这些场景具有不同的复杂性与各种数量的光源和类型。此外，本章还将提供一些有关的测量结果，以了解阴影贴图分辨率对传统方法和新技术的性能的影响。

性能测量将同时对客户端和服务器端的工作负载执行，因为除了减少阴影渲染的几何处理要求外，该技术还大大减少了必要状态更改的数量，并且绘制命令还可以渲染多个阴影贴图，从而提供 CPU 绑定应用程序的优势。

虽然该技术主要针对支持 OpenGL 4.x 的 GPU，但我们还介绍了如何通过仅具有 OpenGL 3.x 功能的 GPU 来实现相同的技术，以及一些相关的注意事项。

此外，我们还将介绍一些分层阴影贴图渲染的特殊用例，可用于通过单个 draw 调用渲染阴影立方体贴图（Shadow Cube Maps）和层叠阴影贴图（Cascaded Shadow Maps），我们将简要介绍如何更改该技术以便按类似的方式加速生成反射贴图和反射立方体贴图。

最后，我们将讨论本章所提出算法的局限性，清晰阐述硬件限制对 GPU 实现的影响。

19.2　在 OpenGL 中的传统阴影贴图渲染技术

阴影映射（Shadow Mapping）或投影阴影是由本章参考文献 [Williams 78] 引入的图像空间渲染技术，它成为在实时和离线图形应用中执行阴影渲染的事实标准。

阴影映射的原理是，如果从光源的位置查看场景，那么从该位置看到的所有物体点都出现在光线中，而那些物体后面的任何物体都在阴影中。基于这个概念，该算法将按以下方式工作：

- 使用众所周知的 z 缓冲区可见性算法（z-Buffer Visibility Algorithm）将场景从光源的角度渲染到深度缓冲区。
- 当从相机的视角渲染场景时，通过将光源与表面上任何点的距离与对应于该点的深度缓冲区的采样值进行比较，判断给定点是在光线下还是在阴影中，如图 19.1 所示。

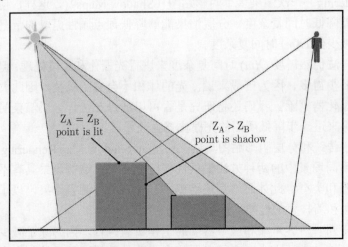

图 19.1　阴影映射算法的图示。其中，Z_A 是片段与光源的距离，Z_B 是在第一个通道中生成的存储在深度缓冲区中的值

原　　文	译　　文
point is lit	该点在光线下
point is shadow	该点在阴影中

现代图形处理器以两种特性的形式为此技术提供了硬件支持：

❑ 提供在纹理中存储深度缓冲区图像的机制。
❑ 提供一种机制，用于将参考深度值与存储在深度纹理中的深度值进行比较。

这两个特性都可作为扩展使用（详见本章参考文献 [Paul 02]），并且自 1.4 版以来一直是 OpenGL 规范的一部分。这些扩展提供了一个固定函数机制，它将返回深度纹理的纹理元素值（也就是图 19.1 中的 Z_B）与从用于提取的纹理坐标集派生的参考值（也就是图 19.1 中的 Z_A）之间的比较的布尔结果。虽然在现代 OpenGL 中，这些都是使用着色器完成的，但是 GLSL 提供了深度比较纹理查找函数，以执行深度值的固定函数比较。

综上所述，为了实现单个光源的阴影贴图，必须使用两通道渲染算法。在第一个通道中，设置了灯光的视图投影矩阵，用于阴影渲染顶点着色器。然后准备帧缓冲区以进行深度纹理渲染。最后，只绘制没有纹理、材质或任何其他配置的场景，因为我们仅对生成的深度值感兴趣（参见代码清单 19.1）。在阴影贴图生成通道中使用的着色器没有特殊要求，只需要一个顶点着色器，没有更多的着色器阶段，它们执行与常规场景渲染时完全相同的变换。

代码清单 19.1　使用 OpenGL 3.3+ 的传统阴影贴图生成通道

```
/* 绑定仅有一个深度纹理附加数据的帧缓冲区 */
glBindFramebuffer(GL_FRAMEBUFFER, depth_fbo);

/* 必须确认已经启用深度测试和深度写入 */
glEnable(GL_DEPTH_TEST);
glDepthMask(GL_TRUE);

/* 在继续下一步之前先清除深度缓冲区 */
glClear(GL_DEPTH_BUFFER_BIT);

/* 绑定阴影贴图渲染程序，该程序仅附有一个顶点着色器 */
glUseProgram(shadow_po);

/* 绑定统一缓冲区，该缓冲区包含光线的视图-投影矩阵 */
glBindBufferBase(GL_UNIFORM_BUFFER, 0, lightVP_ubo);

/* 像往常一样渲染场景 */
...
```

代码清单 19.1 中使用的帧缓冲区对象仅配置了一个没有颜色附加数据的单一深度附加数据。在代码清单 19.2 中，给出了设置代码清单 19.1 中使用的深度纹理和帧缓冲区对象所需的代码。

代码清单 19.2　设置用于阴影贴图渲染的帧缓冲区对象

```
/* 创建具有 16 位深度内部格式的深度纹理 */
glGenTextures(1, &depth_texture);
glBindTexture(GL_TEXTURE_2D, depth_texture);
glTexImage2D(GL_TEXTURE_2D, 0, GL_DEPTH_COMPONENT16, width, height, 0,
GL_DEPTH_COMPONENT, GL_FLOAT, NULL);

/* 设置合适的过滤和交换模式 */
glTexParameteri(GL_TEXTURE_2D, GL_TEXTURE_WRAP_S,     GL_CLAMP_TO_EDGE);
glTexParameteri(GL_TEXTURE_2D, GL_TEXTURE_WRAP_T,     GL_CLAMP_TO_EDGE);
glTexParameteri(GL_TEXTURE_2D, GL_TEXTURE_MAG_FILTER, GL_NEAREST);
glTexParameteri(GL_TEXTURE_2D, GL_TEXTURE_MIN_FILTER, GL_NEAREST);

/* 创建帧缓冲区对象并绑定它 */
glGenFramebuffers(1, &depth_fbo);
glBindFramebuffer(GL_FRAMEBUFFER, depth_fbo);

/* 禁用所有的颜色缓冲区 */
glDrawBuffer(GL_NONE);

/* 附加深度纹理作为深度附加数据 */
glFramebufferTexture(GL_FRAMEBUFFER, GL_DEPTH_ATTACHMENT, depth_
    texture, 0);
```

在第二个通道中，将使用第一个通道中生成的深度纹理作为纹理输入，还需要光线的视图-投影矩阵（View-Projection Matrix）来重建每个片段在光源视图的裁剪空间（Clip Space）中的位置，以执行纹理查找和深度比较（参见代码清单 19.3）。显然，此通道因前向渲染器或延迟渲染器是否正在使用而不同，因为渲染的几何体分别是整个场景或表示光的图元（光的体积或全屏四边形）。

代码清单 19.3　使用 OpenGL 3.3+ 的传统阴影贴图通道

```
/* 绑定想要照明场景并进行渲染的目标帧缓冲区 */
glBindFramebuffer(GL_FRAMEBUFFER, final_fbo);
/* 绑定阴影贴图作为纹理输入 */
glBindTexture(GL_TEXTURE_2D, depth_texture);
/* 绑定支持阴影映射的照明着色器程序 */
glUseProgram(light_po);
/* 绑定包含光线的视图-投影矩阵的统一缓冲区 */
glBindBufferBase(GL_UNIFORM_BUFFER, 0, lightVP_ubo);
/* 像往常一样渲染场景 */
...
```

一般来说，当有多个光源时，需要分别对每个光源执行这两个通道。有时，即使对于单个光源，第一个通道也需要执行多次，如全向光源的情况，或者如果想要使用本章参考文献 [Dimitrov 07] 提供的层叠阴影贴图用于定向光源的情况。

虽然阴影贴图生成是一个轻量级的渲染过程，特别是对于片段处理而言更是如此，因为不必计算每个片段的着色或其他复杂的效果，但它仍然有很大的顶点和命令处理开销。这就是为什么我们需要一种更简化的算法来渲染多个光源的阴影贴图。

19.3 阴影贴图生成算法

最新一代的 GPU 带来了若干个硬件特性，可用于减少生成多个阴影贴图的顶点处理和 API 开销。其中一个特性是支持 1D 和 2D 纹理数组（Texture Array）（详见本章参考文献 [Brown 06]）。纹理数组实际上是具有相同属性（内部格式、大小等）的纹理的数组，并允许可编程着色器使用单个坐标矢量通过单个纹理单元访问它们。这意味着我们可以访问具有 (S, T, L) 坐标集的 2D 纹理数组，其中，L 选择纹理数组的层，而 (S, T) 坐标集用于访问数组纹理的单个层，就好像它是一个普通的 2D 纹理。这个 GPU 生成不仅允许我们对纹理数组进行采样，而且还允许渲染它们。

从我们的角度来看，这个硬件生成引入的另一个重要特性是几何着色器（详见本章参考文献 [Brown and Lichtenbelt 08]）。这个新的着色器阶段允许我们作为一个整体处理 OpenGL 图元，但它能够做得更多：它可以基于输入图元生成零个、一个或多个输出图元，并且还允许我们在分层渲染目标的情况下选择用于光栅化的目标纹理层。这些特性使我们能够实现更复杂的阴影贴图生成算法。

为了实现阴影贴图生成算法，只需要对传统方法进行一些小小的改动即可。第一件事是用 2D 深度纹理数组替换我们的 2D 深度纹理，并为分层阴影贴图渲染设置帧缓冲区（与代码清单 19.2 中的代码相比，后面的步骤实际上不需要做任何修改）。修改之后的代码如代码清单 19.4 所示。

代码清单 19.4　为分层阴影贴图渲染设置帧缓冲区

```
/* 创建具有 16 位深度内部格式的深度纹理 */
glGenTextures(1, &depth_texture);
glBindTexture(GL_TEXTURE_2D_ARRAY, depth_texture);
glTexImage3D(GL_TEXTURE_2D_ARRAY, 0, GL_DEPTH_COMPONENT16, width, height,
    number_of_shadow_maps, 0, GL_DEPTH_COMPONENT, GL_FLOAT, NULL);

/* 设置合适的过滤和交换模式 */
```

```
glTexParameteri(GL_TEXTURE_2D, GL_TEXTURE_WRAP_S, GL_CLAMP_TO_EDGE);
glTexParameteri(GL_TEXTURE_2D, GL_TEXTURE_WRAP_T, GL_CLAMP_TO_EDGE);
glTexParameteri(GL_TEXTURE_2D, GL_TEXTURE_MAG_FILTER, GL_NEAREST);
glTexParameteri(GL_TEXTURE_2D, GL_TEXTURE_MIN_FILTER, GL_NEAREST);

/* 创建帧缓冲区对象并绑定它 */
glGenFramebuffers(1, &depth_fbo);
glBindFramebuffer(GL_FRAMEBUFFER, depth_fbo);

/* 禁用所有的颜色缓冲区 */
glDrawBuffer(GL_NONE);

/* 附加深度纹理作为深度附加数据 */
glFramebufferTexture(GL_FRAMEBUFFER, GL_DEPTH_ATTACHMENT, depth_texture, 0);
```

为了将所有传入的几何图元发射到深度纹理数组的所有层，必须将几何着色器注入阴影贴图渲染程序中以执行该任务。我们要为每个渲染目标层使用单独的视图-投影矩阵，因为它们属于不同的光源。因此，必须将视图-投影变换推迟到几何着色器阶段。

接下来，可以利用 OpenGL 4 支持的 GPU 引入的另一个特性：实例几何着色器（Instanced Geometry Shader）。使用传统的 OpenGL 3 几何着色器，只能顺序发出多个输出图元。像往常一样，顺序代码并不适合高度并行的处理器架构，如现代 GPU。实例化几何着色器允许我们在同一输入图元上执行几何着色器的多个实例，从而可以并行处理和发出输出图元。代码清单 19.5 给出了这种几何着色器的实现，它可用于将传入的几何体发送到总共 32 个输出层。这意味着我们可以一次渲染到 32 个深度纹理。虽然此代码包含一个循环，而且着色器编译器也很可能会展开该循环，但开发人员在展开该循环时仍需保持谨慎。

代码清单 19.5　可以将输入几何渲染到 32 个输出层的 OpenGL 4.2 实例几何着色器

```
#version 420 core

layout(std140, binding = 0) uniform lightTransform{
    mat4 VPMatrix[32];
}LightTransform;

layout(triangles, invocations = 32)in;
layout(triangle_strip, max_vertices = 3)out;

layout(location = 0)in vec4 vertexPosition[];

out gl_PerVertex{
```

```
    vec4 gl_Position;
};

void main(){
    for(int i=0; i <3; ++i){
        gl_Position = LightTransform.VPMatrix[gl_InvocationID] *
            vertexPosition[i];
        gl_Layer = gl_InvocationID;
        EmitVertex();
    }
    EndPrimitive();
}
```

现在来讨论一下视图投影变换推迟到几何着色器可能对所提算法的可用性产生的影响。你可能会说，这也许会产生性能问题，因为变换将在单个顶点上执行多次，当使用骨骼动画或其他复杂的顶点变换算法时，这可能尤其成问题。虽然光的视图投影确实可以在同一个顶点上执行多次，但这是一个固定的成本，即使我们想以传统的方式生成阴影贴图，也可以多次完成，因为变换后顶点缓存的存储是有限的。但是，像骨骼动画这样的模型变换则不必移动到几何着色器，因为它们独立于视图和投影，因此应保留在顶点着色器中。

那么，我们还需要在代码中进行哪些更改才能使分层阴影贴图生成算法工作？答案是：没有。当然，将场景渲染到阴影贴图时，使用剔除算法必须意识到，我们不仅是要从单个视图渲染几何体，还要从多个视图渲染几何体。因此，这些算法只有在从任何这些视图中都看不到场景节点时才应跳过场景节点的渲染。

19.4 性　　能

我们使用了 Radeon HD5770 和 Athlon X2 4000+进行性能测试。基本情景是渲染斯坦福龙模型的阴影，在我们的案例中共有 35577 个三角形。

场景最多渲染 32 个阴影贴图，包括深度缓冲区清除，使整个场景在深度纹理中可见，并生成传统和分层阴影贴图。生成的阴影贴图将如图 19.2 所示。此外，我们还尝试了多个阴影贴图分辨率，以查看它们对渲染性能的影响。

顶点着色器如代码清单 19.6 所示，预处理器指令 LAYERED 仅在我们的分层阴影贴图生成算法的情况下定义。这里使用的几何着色器等效于代码清单 19.5 中所提供的几何着色器，其中，几何着色器调用的数量设置为必须渲染的阴影贴图的数量。使用计时器查询测量得到渲染每个特定分辨率的阴影贴图所需的 GPU 时间的结果如图 19.3 所示（详

见本章参考文献 [Daniell 10]）。

图 19.2　斯坦福龙模型的样本深度图包含来自不同光位置和方向的 35577 个三角形

代码清单 19.6　用于性能测试的阴影渲染顶点着色器

```glsl
#version 420 core

layout(location = 0) in vec3 inVertexPosition;

#ifdef LAYERED
layout(location = 0) out vec4 vertexPosition;
#endif

layout(std140, binding = 1) uniform transform{
    mat4 ModelMatrix;
} Transform;

#ifndef LAYERED
layout(std140, binding = 0) uniform lightTransform{
    mat4 VPMatrix;
} LightTransform;
out gl_PerVertex{
    vec4 gl_Position;
};
#endif

void main(void){
#ifdef LAYERED
    vertexPosition = Transform.ModelMatrix * vec4(inVertexPosition, 1.f);
#else
    gl_Position = LightTransform.VPMatrix * (Transform.ModelMatrix * vec4
        (inVertexPosition, 1.f));
#endif
}
```

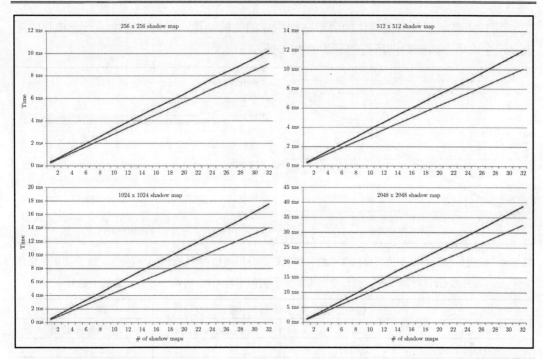

图 19.3　使用传统阴影贴图生成算法（下方）和我们的分层渲染方法（上方）渲染 1～32 个阴影贴图所需的 GPU 时间。生成的阴影贴图的大小为 256×256（左上）、512×512（右上）、1024×1024（左下）和 2048×2048（右下）。值越小越好

原　　文	译　　文
Time	时间
256 × 256 shadow map	256 × 256 阴影贴图
512 × 512 shadow map	512 × 512 阴影贴图
1024 × 1024 shadow map	1024 × 1024 阴影贴图
2048 × 2048 shadow map	2048 × 2048 阴影贴图
# of shadow maps	阴影贴图数量

　　从图 19.3 可见，使用这种简单的顶点着色器时，使用分层渲染节省的 GPU 工作量并不会超过引入的几何着色器阶段的开销。实际上，它的性能比传统方法低约 10%。此外，阴影贴图分辨率对这两种技术的性能影响相对较小，其原因是片段处理成本在两种情况下都是相同的。我们将在进一步测量中禁用光栅化，这样就可以专注于几何处理时间。在阴影贴图渲染之前使用以下命令即可轻松完成此操作：

```
glEnable(GL_RASTERIZER_DISCARD);
```

图 19.4 显示了没有光栅化的阴影贴图生成的性能结果。我们还提供了一个单独的图来显示生成单个阴影贴图所需的平均 GPU 时间。

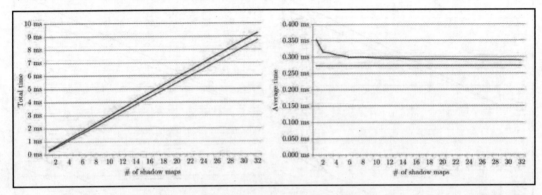

图 19.4　使用传统阴影贴图生成算法（蓝色）和我们的分层渲染方法（红色）渲染 1~32 个阴影贴图所需的总 GPU 时间（左）和每个阴影贴图所需的平均 GPU 时间（右）。值越小越好

原　文	译　文	原　文	译　文
Total time	总时间	# of shadow maps	阴影贴图数量
Average time	平均时间		

当使用这样一个简单的顶点着色器时，分层阴影贴图渲染的开销使得该技术从 GPU 资源的角度来看是次优的，但 CPU 一侧的时间节省显示了分层渲染的优势。从图 19.5 中可以看出，生成多个阴影贴图所需的 CPU 时间可能会超出图表能显示的范围，即使只有一个渲染整个场景的 draw 命令。相反，我们的分层渲染方法则具有恒定的 CPU 成本，与生成的阴影贴图的数量无关。

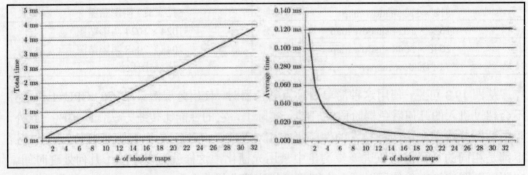

图 19.5　使用传统阴影贴图生成算法（蓝色）和我们的分层渲染方法（红色）渲染 1~32 个阴影贴图（左）所需的总 CPU 时间和每个阴影贴图所需的平均 CPU 时间（右）。值越小越好

原 文	译 文	原 文	译 文
Total time	总时间	# of shadow maps	阴影贴图数量
Average time	平均时间		

19.4.1 使用复杂顶点着色器的性能

在我们的测试中，顶点处理的要求过于乐观，因为使用的是每个顶点 12 个字节的最小顶点属性设置（顶点位置为 3 个浮点数），并且着色器仅执行两个矩阵顶点乘法，一个用于模型变换，一个用于视图-投影变换。现在，让我们通过实现执行简单骨骼动画（Skeleton Animation）的顶点着色器来尝试模拟真实场景。我们将提供最多 64 个骨骼矩阵和每个顶点 32 个字节的顶点属性设置（顶点位置为 3 个浮点数，骨骼索引为 4 个字节，骨骼权重为 4 个浮点数），每个顶点最多可提供 4 个骨骼矩阵，没有模型变换。基于此，顶点着色器将如代码清单 19.7 所示。

代码清单 19.7　执行骨骼动画的阴影渲染顶点着色器，每个顶点最多 4 个骨骼矩阵

```
#version 420 core

layout(location = 0) in vec3 inVertexPosition;
layout(location = 1) in ivec4 inBoneIndex;
layout(location = 2) in vec4 inBoneWeight;

#ifdef LAYERED
layout(location = 0) out vec4 vertexPosition;
#endif

layout(std140, binding = 1) uniform boneTransform {
    mat3 BoneMatrix[64];
} BoneTransform;

#ifndef LAYERED
layout(std140, binding = 0) uniform lightTransform{
    mat4 VPMatrix;
}LightTransform;
out gl_PerVertex{
    vec4 gl_Position;
};
#endif

void main(void){
    vec3 vertex = (BoneTransform.BoneMatrix[inBoneIndex.x] * inVertexPosition)
        *inBoneWeight.x;
```

```
    if(inBoneIndex.y != 0xFF){
        vertex += (BoneTransform.BoneMatrix[inBoneIndex.y] * inVertexPosition)
            *inBoneWeight.y;
        if(inBoneIndex.z != 0xFF){
            vertex += (BoneTransform.BoneMatrix[inBoneIndex.z] *
                inVertexPosition) * inBoneWeight.z;
            if(inBoneIndex.w != 0xFF){
                vertex += (BoneTransform.BoneMatrix[inBoneIndex.w] *
                    inVertexPosition) * inBoneWeight.w;
            }
        }
    }
#ifdef LAYERED
    vertexPosition = vec4(vertex, 1.f);
#else
    gl_Position = LightTransform.VPMatrix * vec4(vertex, 1.f));
#endif
}
```

当使用骨骼动画实现而不是简单的顶点着色器时，分层阴影贴图生成方法在渲染到两个以上深度纹理时即优于传统方法，当一次渲染 3 个或更多深度纹理时，可节省大约 30%的 GPU 时间。即使在单个阴影贴图的情况下，与传统方法相比，它的性能差异也在减小，如图 19.6 所示。

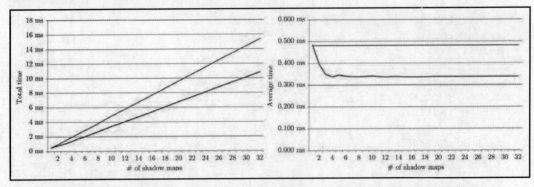

图 19.6 当使用执行骨骼动画的顶点着色器时，使用传统阴影贴图生成算法（蓝色）和我们的分层渲染方法（红色）渲染 1~32 个阴影贴图所需的总 GPU 时间（左）和每个阴影贴图所需的平均 GPU 时间（右）。值越小越好

原　　文	译　　文	原　　文	译　　文
Total time	总时间	# of shadow maps	阴影贴图数量
Average time	平均时间		

第 19 章 使用分层渲染的大量阴影

当然，有些人可能会说骨骼动画通常不会应用于场景中渲染的所有几何体。但我们还假设了一件事：整个几何体在最终渲染中是可见的。虽然现代可见性确定算法（Visibility-Determination Algorithm）非常有效，但基于 CPU 的剔除算法通常相当粗糙和保守。这意味着在许多情况下，由于遮挡或者因为几何体落在视锥体之外，提供给 GPU 的合理数量的几何体不会对最终图像产生影响。

19.4.2 视锥体剔除优化

在接下来的测试中，将使用几何实例（Geometry Instancing）来渲染斯坦福龙模型 4 次，从光的角度来看，只有一个实例可见。在此条件下，当输入几何体只是部分可见时，可以模拟更真实的场景。我们不会做任何复杂的顶点变换技术，如骨骼动画，而只是使用每个实例模型变换矩阵。顶点着色器的源代码如代码清单 19.8 所示。

代码清单 19.8　具有几何实例支持的简单阴影渲染顶点着色器

```
#version 420 core

layout(location = 0) in vec3 inVertexPosition;

#ifdef LAYERED
layout(location = 0) out vec4 vertexPosition;
#endif

layout(std140, binding = 1) uniform transform{
    mat4 ModelMatrix[4];
} Transform;

#ifndef LAYERED
layout(std140, binding = 0) uniform lightTransform{
    mat4 VPMatrix;
}LightTransform;

out gl_PerVertex{
    vec4 gl_Position;
};
#endif

void main(void){
#ifdef LAYERED
    vertexPosition = Transform.ModelMatrix[gl_InstanceID] * vec4
```

```
        (inVertexPosition, 1.f);
#else
    gl_Position = LightTransform.VPMatrix * (Transform.ModelMatrix
        [gl_InstanceID]*vec4(inVertexPosition, 1.f));
#endif
}
```

除了代码清单 19.5 中提供的用于执行分层渲染的几何着色器之外,我们还使用了代码清单 19.9 中所显示的替代几何着色器执行测试,该着色器执行保守视锥体剔除(View Frustum Culling)并仅在三角形位于光的视锥体中时发射传入三角形。

代码清单 19.9 OpenGL 4.1 实例化几何着色器,执行视锥体剔除
以确定是否必须将传入三角形发射到特定的层

```
#version 420 core

layout(std140, binding = 0) uniform lightTransform{
    mat4 VPMatrix[32];
}LightTransform;

layout(triangles, invocations = 32) in;
layout(triangle_strip, max_vertices = 3) out;

layout(location = 0) in vec4 vertexPosition[];

out gl_PerVertex{
    vec4 gl_Position;
};

void main(){
    vec4 vertex[3];
    int outOfBound[6] = int[6]{0, 0, 0, 0, 0, 0};
    for (int i=0; i <3; ++i){
        vertex[i] = LightTransform.VPMatrix[gl_InvocationID] *
            vertexPosition[i];
        if(vertex[i].x > +vertex[i].w) ++outOfBound[0];
        if(vertex[i].x < -vertex[i].w) ++outOfBound[1];
        if(vertex[i].y > +vertex[i].w) ++outOfBound[2];
        if(vertex[i].y < -vertex[i].w) ++outOfBound[3];
        if(vertex[i].z > +vertex[i].w) ++outOfBound[4];
        if(vertex[i].z < -vertex[i].w) ++outOfBound[5];
    }
```

第 19 章 使用分层渲染的大量阴影

```
bool inFrustum = true;
for (int i=0; i <6; ++i)
    if(outOfBound[i] == 3) inFrustum = false;

if (inFrustum){
    for (int i=0; i <3; ++i){
        gl_Position = vertex[i];
        gl_Layer = gl_InvocationID;
        EmitVertex();
    }
    EndPrimitive();
}
}
```

由于几何着色器通常是输出约束，我们希望从新的几何着色器中获得合理的性能提升。此优化可以将执行分层渲染的几何着色器发出的顶点数量减少 4 倍。这种综合性能的测量结果如图 19.7 所示。

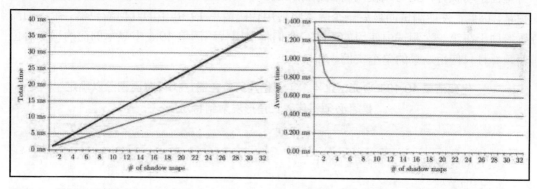

图 19.7 使用传统的阴影贴图生成算法（水平）、我们的分层渲染方法但是没有视锥体剔除（上方）和我们的分层渲染方法并且包含视锥体剔除（下方）渲染 1～32 个阴影贴图所需的总 GPU 时间（左）和每个阴影贴图所需的平均 GPU 时间（右）。该测试使用了场景的 4 个实例，值越小越好

原文	译文	原文	译文
Total time	总时间	# of shadow maps	阴影贴图数量
Average time	平均时间		

当同时渲染至少 5～10 个阴影贴图时，即使是不执行视锥体剔除的原生分层阴影贴图渲染方法也能达到传统方法的性能。这很可能是在这种情况下执行几何实例化的结果，因此我们的顶点着色器将访问 gl_InstanceID 内置变量。这表明即使是使用像实例化这样

的简单技术，顶点着色器成本也会增加。

虽然原始的分层渲染几何着色器已经在这个用例中提供了足够的性能，但更令人印象深刻的是，在几何着色器中执行视锥体剔除几乎使我们的分层阴影贴图生成算法的性能翻倍，尽管实际剔除算法增加了额外的成本。

可以看到，与传统方法相比，当使用复杂顶点着色器或在 CPU 上执行的可见性确定算法仅提供保守结果时，我们所提出的阴影贴图生成技术具有明显的性能优势，但如果上述两者都不适用于我们的情况呢？我们还有一项技术可以利用：背面剔除（Back-Face Culling）。

19.4.3　背面剔除优化

当渲染均匀细分的闭合和不透明几何体时，背面剔除通常会将栅格化几何体的数量减半。虽然 OpenGL 支持固定功能背面剔除，但它是在几何着色器阶段之后完成的，这已经太晚了，因为我们的算法通常是几何着色器输出绑定。尽管如此，如果在着色器自身里面手动执行，则可以使用背面剔除来进一步减少分层渲染几何着色器发出的三角形数量。因此，性能测试的最后一个版本将使用代码清单 19.10 中的几何着色器。余下的配置等同于在第一次测试中使用的配置，我们将使用代码清单 19.6 中显示的简约顶点着色器，并且只使用场景的单个实例。

代码清单 19.10　OpenGL 4.1 实例化几何着色器，执行背面剔除以确定是否必须将传入三角形发射到特定层

```
#version 420 core

layout(std140, binding = 0) uniform lightTransform {
  mat4 VPMatrix[32];
  vec4 position[32];
} LightTransform;

layout(triangles, invocations = 32) in;
layout(triangle_strip, max_vertices = 3) out;

layout(location = 0) in vec4 vertexPosition[];

out gl_PerVertex {
  vec4 gl_Position;
};
```

第 19 章　使用分层渲染的大量阴影

```
void main(){
  vec3 normal = cross(vertexPosition[2].xyz - vertexPosition[0].xyz,
       vertexPosition[0].xyz - vertexPosition[1].xyz);
  vec3 view = LightTransform.position[gl_InvocationID].xyz -
       vertexPosition[0].xyz;

  if (dot(normal, view) > 0.f) {
    for(int i=0; i <3; ++i){
      gl_Position = LightTransform.VPMatrix[gl_InvocationID] *
         vertexPosition[i];
      gl_Layer = gl_InvocationID;
      EmitVertex();
    }
    EndPrimitive();
  }
}
```

如图 19.8 所示，如果使用背面剔除，则渲染时间几乎减半，分层阴影贴图生成算法所需的 GPU 时间可比传统的阴影贴图渲染方法低 40% 以上，即使是在一个简单的顶点着色器并且没有其他优化的情况下。

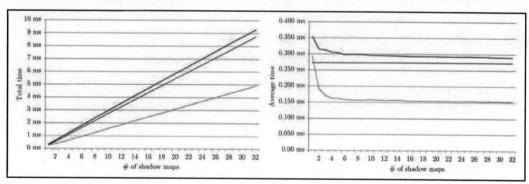

图 19.8　使用传统的阴影贴图生成（蓝色）、我们的分层渲染算法但是没有背面剔除（红色）和我们的分层渲染算法并且包含背面剔除的方法（绿色）渲染 1～32 个阴影贴图所需的总 GPU 时间（左）和每个阴影贴图所需的平均 GPU 时间（右）。值越小越好

原　　文	译　　文	原　　文	译　　文
Total time	总时间	# of shadow maps	阴影贴图数量
Average time	平均时间		

正确实现分层阴影贴图渲染后，尽管使用几何着色器会增加额外的开销，但它将优于传统方法。几何着色器的经验法则适用于这种技术：总是值得花费大量 ALU 指令来减

少几何着色器发出的输出分量的数量。

总之，稍微昂贵一些的顶点着色器分层阴影贴图生成的情况大约快 30%。通过粗略剔除场景，视锥体剔除会带来大约 40% 的速度优势，并且使用背面剔除会使得我们的分层渲染技术比传统方法快 40% 以上，即使对于简单着色器也是如此。显然，这些用例可能会组合发生。因此，我们执行了一个最终测试，在顶点着色器中渲染了 4 个场景实例，并且在使用分层阴影贴图生成算法的情况下，在几何着色器中执行了背面剔除和视锥体剔除。结果如图 19.9 所示。

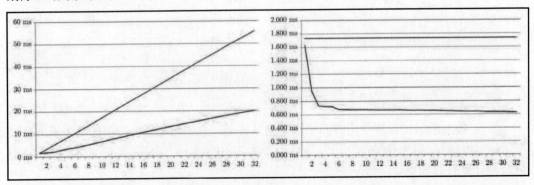

图 19.9　使用传统阴影贴图生成算法（蓝色）和我们的分层渲染方法并且包括背面剔除和视锥体剔除（红色）渲染 1～32 个阴影贴图所需的总 GPU 时间（左）和每个阴影贴图所需的平均 GPU 时间（右）。该测试使用几何实例渲染了场景 4 次。值越小越好

上述组合的结果表明，如果一次渲染 4 个以上的深度纹理，那么我们的分层技术在渲染阴影贴图时可以减少 60% 的 GPU 时间。因此，批量生成阴影贴图所节约的时间量已经让我们有足够的理由去实现它。

19.5　高级技术

我们提出的阴影贴图生成技术可以直接用于渲染聚光灯的阴影，但该技术可以按类似的方式应用于全向光和定向光源。

对于全向光，可以从若干种可选项中进行选择。我们可以分割全向光，并且使用来自阴影贴图数组的 6 个 2D 阴影贴图进行渲染。我们的技术天然地可以扩展到全向光源。我们也可以使用立方体阴影贴图，在这种情况下，我们将使用立方体贴图纹理数组而不是 2D 贴图（详见本章参考文献 [Haemel 09]）。幸运的是，这不会影响分层阴影贴图生成算法的实现，因为立方体贴图纹理数组的每个元素实际上被视为 6 个 2D 层，并且单个

层索引可用于处理立方体贴图纹理数组中的特定元素的特定边。

对于定向光源，分层渲染可用于加速层叠阴影贴图渲染。一般来说，层叠阴影贴图的每一层都具有相同的大小，因为远离眼睛位置的物体不需要太高的分辨率，层叠阴影贴图的所有层都可以使用相同的算法在单次运行中渲染。实际上，开发人员甚至可以使用我们的技术在一个通道中渲染多个层叠阴影贴图。

这里所提出的算法还可以轻松处理其他高级阴影贴图生成技术，如本章参考文献 [Martin and Tan 04]、[Stamminger and Drettakis 02]、[Wimmer et al. 04]、[Zhang et al. 06] 等提出的技术。这些技术在将场景几何体渲染到阴影贴图之前，会对场景几何体执行各种变换，以解决由于欠采样导致的阴影贴图的混叠伪影问题。

分层渲染不限于渲染阴影贴图，它可以用于生成任意纹理。这使得我们能够将本章所介绍的渲染技术用于批量生成反射贴图或反射立方体贴图，类似于用于聚光灯或全向光源的阴影贴图生成方法。唯一的区别是我们需要将深度纹理数组与颜色纹理数组一起使用，该颜色纹理数组将用作帧缓冲区对象的颜色缓冲区，并将相应的片段着色器附加到管线。

而且，分层渲染对于立体渲染（Stereoscopic Rendering）来说也是有好处的。唯一的区别是使用的视图投影矩阵将是两只眼睛的视图投影矩阵。该方法所提供的几何着色器是相同的，可以使用而无须做任何重大修改。这个用例是利用分层渲染的性能优势的一个特别好的候选者，因为双眼的位置和方向在任何给定时间都是大致相同的。因此，视锥体内的三角形列表在两种情况下也或多或少相同。

最后，分层渲染对于 CAD 软件也是有益的，CAD 软件通常可以通过这种方式一次渲染同一场景的多个视图。

19.6 局 限 性

尽管分层阴影贴图生成算法非常有前途，但它也有一定的局限性，其中许多局限都是由某些硬件限制引起的。

其中一个限制是数组纹理的层必须具有相同的大小，这意味着只有当它们具有相同的大小时，才能使用我们的技术在单个通道中生成多个阴影贴图、反射贴图或其他纹理。我们可能需要等待一段时间，直到硬件和 API 放宽此限制，或提供其他方法将渲染分派给不同大小的纹理图像。此外，该算法还要求我们能够在目标层之外的不同视口之间进行选择。虽然在 OpenGL 3.x 硬件和 API 上可以进行视口选择和层选择，但支持仅限于一次只使用其中一个，而不是两者皆可。在硬件供应商解决这些问题之前，我们需要为每个特定的阴影贴图分辨率使用单独的通道。作为替代方案，当前硬件上的可能解决方案是使用保持多个深度图像的纹理图集（Atlas）。在这种情况下，着色器应执行适当的视口转换，并手动丢弃位于预期视口外的片段。

本章所提出算法的另一个固有限制是硬件支持的并行几何着色器调用的最大数量。在撰写本文时，它的上限为 32，尽管这可能在不久的将来发生变化。但是，这并不是我们的算法可以处理的阴影贴图数量的硬性限制，因为即使在使用循环的单个几何着色器调用中，也可以将更多的传入图元实例发送到单独的目标层。虽然失去了一些并发性，但可以稍微增加一些在单次运行中生成的阴影贴图数量的上限。

对于应该在单个通道中生成的阴影贴图的数量的实际上限，还需要从性能方面来考虑。正如我们在性能结果图表中看到的那样，在 Radeon HD5770 上，当渲染到 6 个以上的阴影贴图时，我们的技术不能很好地扩展。每个阴影贴图的平均时间仍然略微超过此限制，但不如更低层数那样更有效率。当然，在未来的硬件上可能会有所不同，包括高端 GPU 或其他供应商的硬件。

对于应该在单通道中渲染的阴影贴图的数量，还存在另一个实际限制。当有多个原始物体位于多个光源的视锥体中时，我们的技术表现最佳。这意味着在光源不能很好地重叠的情况下，或者换句话说，在大多数三角形仅从单个光源的角度可见的情况下，为每个传入图元执行几何着色器的额外开销以及等于光源数量的调用计数将超过消除的顶点属性提取和顶点处理成本。因此，当使用本章介绍的技术生成阴影贴图时，必须注意以适当的方式对光源进行分组。

19.7　小　　结

本章提出了一种渲染技术，它利用 OpenGL 的分层渲染功能来加速多个阴影贴图的生成。我们为支持 OpenGL 4.x 的硬件提供了参考实现和性能测量，分别用于传统的阴影贴图生成和我们的分层渲染技术。在针对 GPU 的大多数用例中，分层渲染技术优于传统的阴影贴图生成算法，并且还可以将生成过程的 CPU 开销减少到恒定时间。虽然这种技术主要针对支持 OpenGL 4.x 的硬件，但我们也已经解释过了，这样的实现同样可能应用于支持 OpenGL 3.x 的硬件。

可见性确定算法（如视锥体剔除和背面剔除）可用于提高分层渲染和几何着色器的效率。本章还详细介绍了如何使用分层渲染方法来提高其他高级渲染技术（如反射贴图生成算法和立体渲染算法）的性能。

虽然阴影贴图的分层渲染在业界尚不流行，但我们预计它很快就会受到关注，开发人员会在视频游戏、CAD 软件和其他计算机图形应用程序领域中看到更多充分利用它的实现。

参 考 文 献

[Paul 02] Brian Paul. "ARB depth texture and ARB shadow." OpenGL extension specifications, 2002.

[Brown 06] Pat Brown. "EXT texture array." OpenGL extension specification, 2006.

[Brown and Lichtenbelt 08] Pat Brown and Barthold Lichtenbelt. "ARB geometry" "shader4." OpenGL extension specification, 2008.

[Daniell 10] Piers Daniell. "ARB timer query." OpenGL extension specification, 2010.

[Dimitrov 07] Rouslan Dimitrov. "Cascaded Shadow Maps." NVIDIA Corporation, 2007.

[Haemel 09] Nick Haemel. "ARB texture cube map array." OpenGL extension specification, 2009.

[Martin and Tan 04] Tobias Martin and Tiow-Seng Tan. "Antialiasing and Continuity with Trapezoidal Shadow Maps." School of Computing, National University of Singapore, 2004.

[Stamminger and Drettakis 02] Marc Stamminger and George Drettakis. "Perspective Shadow Maps." REVES-INRIA, 2002.

[Williams 78] Lance Williams. "Casting Curved Shadows on Curved Surfaces." Computer Graphics Lab, Old Westbury, New York: New York Institute of Technology, 1978.

[Wimmer et al. 04] Michael Wimmer, Daniel Scherzer and Werner Purgathofer. "Light Space Perspective Shadow Maps." Eurographics Symposium on Rendering, 2004.

[Zhang et al. 06] Fan Zhang, Hanqiu Sun, Leilei Xu and Lee Kit Lun. "Parallel-Split Shadow Maps for Large-scale Virtual Environments." Department of Computer Science and Engineering, The Chinese University of Hong Kong, 2006.

第 20 章 高效的分层片段缓冲区技术

作者：Pyarelal Knowles、Geoff Leach 和 Fabio Zambetta

20.1 简 介

光栅化（Rasterization）通常使用深度缓冲区来解析可见表面，仅计算最前面的片段层。但是，某些应用程序需要所有片段数据，包括隐藏表面的数据。本章将这些数据和计算它们的技术统称为分层片段缓冲区（Layered Fragment Buffer，LFB）。LFB 可用于与顺序无关的透明度（Order-Independent Transparency）、多层透明阴影贴图、更准确的运动模糊（Motion Blur）、间接照明、环境遮挡、构造实体几何（Constructive Solid Geometry，CSG）和其他相关应用。

通过引入原子操作（Atomic Operation），以及通过 OpenGL 4.2 中的图像单元公开的对显存（Video Memory）的随机访问，现在可以在几何体的单个渲染通道中捕获所有片段。本章描述并比较了打包这些数据的两种方法：基于链表（Linked List）和基于线性化数组（Linearized Array）的方法。

透明度设置是一种众所周知的效果，它需要获得来自隐藏表面的数据。本章将通过它演示和比较不同的 LFB 技术。为了渲染透明度，需要构造 LFB，并对每个像素处的片段进行排序（分类）。图 20.1 显示了排序后片段层的示例，其中，每个层包含相同深度索引的片段。请注意，该表面是离散的，并且没有片段连接信息。排序之后的片段将按照从后到前的顺序混合。与透明度的多边形排序方法不同，LFB 可以解决如图 20.2 所示的几何体相交和复杂叠放的问题。

以前捕获 LFB 数据的方法涉及多个渲染通道，或者会遭遇读取-修改-写入问题（20.2 节对此有更多介绍）。OpenGL 原子操作允许在单个渲染通道中精确计算 LFB。用于单通道构造的强力 LFB（Brute Force LFB）技术是分配一个 3D 数组，在 z 中为每个像素的 x、y 存储固定数量的层。原子计数器按每个像素递增，以便将片段写入正确的层。典型的场景具有不同的深度复杂度，即按每个像素片段计数。因此，当强力 LFB 非常快时，固定的 z 维度通常会浪费内存或溢出。以下两种打包数据的一般性方法解决了这个问题：

（1）动态链表构造。
（2）基于数组的线性化。

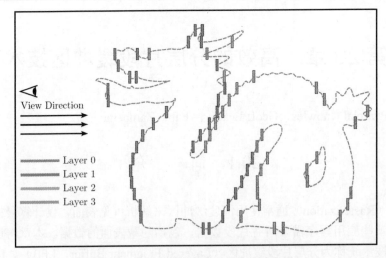

图 20.1　按深度排序片段产生的片段层

原　文	译　文	原　文	译　文
View Direction	观察方向	Layer 2	层 2
Layer 0	层 0	Layer 3	层 3
Layer 1	层 1		

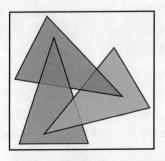

图 20.2　循环重叠的几何体

两者都旨在以最小的开销打包数据，但是它们也存在一些显著差异。了解这些差异并比较其性能是本章的主要主题。

20.2　相关工作

有许多技术都可以捕获多层光栅化片段。在着色器中的原子操作可用之前，可以采用的技术包括深度缓冲区的片段序列化和几何体的多渲染通道。通过引入图像单元和原子操作，研究人员已经提出了在单通道中捕获片段的技术。

深度剥离是一种已经获得确认的捕获 LFB 数据的方法（详见本章参考文献 [Everitt 01]、[Mammen 89]）。场景的几何体被渲染多次，每个通道使用深度缓冲区捕获单个层。在包含复杂几何体和高深度复杂度的情况下，此方法对于大多数实时应用程序而言并不实用。Wei 和 Xu 使用多个帧缓冲区附着点，通过一次剥离多个层来提高深度剥离的速度（详见本章参考文献 [Wei and Xu 06]）。该算法会遭遇片段冲突（即并发读/写）的危险，但是它可以通过在每个通道中逐步执行来保证解决该问题。双深度剥离算法通过使用混合方法同时剥离正面和背面层来改善深度剥离的性能（详见本章参考文献 [Bavoil and Myers 08]）。基于桶型的深度剥离算法（详见本章参考文献 [Liu et al. 09a]）使用帧缓冲区附加数据和混合方法将片段路由到桶（Bucket）中，通过均匀划分深度范围来定义桶。使用非均匀划分的自适应方法可减少由片段冲突引起的伪像。与以前的技术不同，k 缓冲区算法使用插入排序在单个通道中捕获和排序片段（详见本章参考文献 [Bavoil et al. 07]）。原子操作在这时还不可用，因为这种方法会受到片段碰撞的影响，这种片段碰撞会产生严重的伪影，尽管有人试图通过启发式方法来减少它们。

Liu 等人开发了一种 CUDA 光栅化器（详见本章参考文献 [Liu et al. 09b]），它以原子方式递增计数器，在一个渲染通道中将片段推送到恒定大小的每像素（Per-Pixel）数组上，这就是在 20.1 节中提到的强力 LFB 技术。Yang 等人则开发了一种在 GPU 上动态构造每像素链接的片段列表的算法（详见本章参考文献 [Yang et al. 10]）。我们在 20.3 节中简要描述了这个过程。该方法的性能最初受到原子操作争用的影响，在 20.5 节中会对此进行进一步讨论。Crassin 提出了一种使用片段"页面"来减少原子争用的方法（详见本章参考文献 [Crassin 10]）。每个链表节点中存储大约 4～6 个片段，从而减少全局计数器上的原子增量，但代价是一些内存的过度分配。对于当前页面内的索引，按每像素计数递增，并且每像素的信号将用于解析哪个着色器分配新页面。我们将此技术称为链接页面 LFB（Linked Pages LFB）。

链表方法的替代方法是将数据打包成线性数组，在 20.4 节中会对此进行进一步讨论。这种技术类似于 l-buffer 概念（详见本章参考文献 [Lipowski 10]），除了这种方法，打包也可以在渲染过程中执行，以减少峰值内存的使用。Direct3D 11 SDK 中包含了该技术的基本实现（详见本章参考文献 [Microsoft Corporation 10]）。Korostelev 也提到了这项技术（详见本章参考文献 [Korostelev 10]），而 Lipowski 对此进行了讨论（详见本章参考文献 [Lipowski 11]，这是我们所知的第一次详细比较。Lipowski 还打包了查找表（Lookup Table），通过消除空像素条目来减少内存消耗。

20.3 链表 LFB

基本的链表方法实现起来相对简单。在一个渲染通道中,所有片段都使用单个原子计数器放置在全局数组中以进行"分配"。接下来,指针存储在相同长度的单独数组中以形成链表。每个片段通过每像素头指针(Head Pointer)附加到适当的像素列表。原子交换安全地将片段插入列表的前面,然后片段的下一个指针(Next Pointer)被设置为上一个头节点:

```
node = atomicCounterIncrement(allocCounter);
head = imageAtomicExchange(headPtrs, pixel, node).r;
imageStore(nextPtrs, node, head);
imageStore(fragmentData, node, frag);
```

图 20.3 显示了渲染结果的示例。可以从原子计数器读取片段的总数。同一列表中的片段并不能保证彼此靠近存储在内存中。

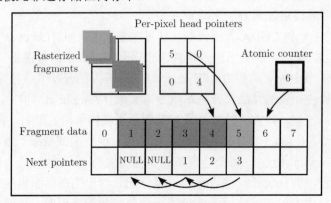

图 20.3 片段的每像素链表

原　　文	译　　文	原　　文	译　　文
Per-pixel head pointers	每像素头指针	Fragment data	片段数据
Rasterized fragments	光栅化片段	Next pointers	下一个指针
Atomic counter	原子计数器		

读取片段数据非常简单:

```
node = imageLoad(headPtrs, pixel).r;
while (node)
{
```

```
frags[fragCount++] = imageLoad(fragmentData, node);
node = imageLoad(nextPtrs, node).r;
}
```

要确定全局数组所需的内存，可以执行初步的片段计数通道，或者必须预测所需的总内存。如果在后一种情况下分配的内存不足，则丢弃数据，或者需要完全重新渲染。

20.4 线性化 LFB

本节讨论线性化的 LFB 算法，它使用偏移（Offset）查找表将片段数据打包成一个数组，如图 20.4（a）所示。该表是根据每像素片段计数计算的，这就是使用两通道方法的原因。第一个通道计算片段计数，第二个通道重新生成并打包片段数据。这产生了 1D 数组，其中，所有每像素片段被一个接一个地分组和存储，与链表方法相反。

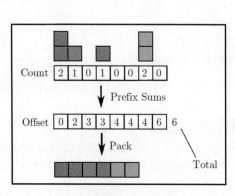

（a）线性打包片段数据　　　　（b）用于创建偏移表的并行前缀和算法

图 20.4　线性化 LFB（详见本章参考文献 [Ladner and Fischer 80]）

原　文	译　文	原　文	译　文
Count	计数	Pack	打包
Offset	偏移	Total	总计
Prefix Sums	前缀和		

线性化 LFB 渲染算法总结如下：

（1）初始化（清零）偏移表。

（2）第一个渲染通道：计算每像素片段计数。

（3）使用并行前缀和算法（Parallel Prefix Sum Algorithm）计算偏移量。

（4）第二个渲染通道：捕获并打包片段。

图 20.5 显示了 3 个光栅化三角形的计数和偏移数据的示例。在步骤（2）中，计算计数数据，如图 20.5（a）所示。这里只需要片段计数，因此禁用其他片段计算（如照明）。

在步骤（3）中，计算偏移量，将并行前缀和算法应用于计数数据（详见本章参考文献 [Ladner and Fischer 80]）。在原位置计算偏移量，重写计数，因为计数可以重新计算为连续偏移值之间的差值。该算法在图 20.4（b）中进行了可视化，最终偏移表的示例如图 20.5（b）所示。为简单起见，并行前缀和的输入数据增加到下一个 2 的幂，从而导致最大的双倍内存分配用于偏移数据。Harris 等人描述了使用 CUDA 以及处理非 2 次幂数据来提高前缀和的速度的方法（详见本章参考文献 [Harris et al. 07]）。

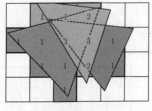

（a）计数示例　　　　　　（b）偏移示例

图 20.5　3 个三角形的计数和偏移示例

从前缀和计算中可以获得片段的总数。因此，确切的内存需要可以在主渲染期间打包之前确定并分配。

在步骤（4）中，执行场景的第二个和主渲染通道。每个输入片段以原子方式递增偏移值，从而给出存储片段数据的唯一索引。图 20.6 显示了最终线性 LFB 数据的示例。可以使用偏移量的差异读取数据，请记住，它们现在标记的是每个片段数组的结尾：

```
fragOffset = 0;
if (pixel > 0)
    fragOffset = imageLoad(offsets, pixel - 1).r;
fragCount = imageLoad(offsets, pixel).r - fragOffset;

for (int i = 0; i < fragCount; ++i)
    frags[i] = imageLoad(fragmentData, fragOffset + i);
```

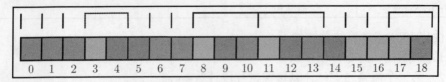

图 20.6　线性化 LFB 片段数据的示例。这与偏移表（见图 20.5（b））一起都是算法的输出

下面介绍一下实现细节。

LFB 是一种通用的数据结构，因此拥有一个可以让多个着色器均能使用的清晰可访问的接口非常重要。如果要使用两个线性化 LFB 的几何通道，那么这会变得更加困难。我们的方法是实现一个外部预处理器来解析 #include 语句，它可以允许任何着色器访问 LFB 接口。也可以使用 ARB_shading_language_include。然后，应用程序的 LFB 对象可以为#include 它的每个着色器设置统一变量。这简化了管理多个 LFB 实例的过程。注入 #define 值也很有用，如设置常量、删除未使用的代码或创建着色器的排列。

下面的代码显示了我们的基本线性化 LFB 渲染过程，其中，renderProgram 和 transparencyProgram 是 OpenGL 着色器程序：

```
lfb.init();                          // 初始化（清零）查找表
lfb.setUniforms(renderProgram);
render();                            // 片段计数通道
lfb.count();                         // 并行前缀和
lfb.setUniforms(renderProgram);
render();                            // 捕获和存储片段
lfb.end();                           // 清除。必要时也可以预先排序
...
lfb.setUniforms(transparencyProgram);
fullScreenTriangle();                // 绘制 LFB 内容
```

在此示例中，renderProgram 将计算每个片段的颜色，并调用在 lfb.h 中定义的 addFragment(color, depth)。此调用在第一个渲染通道中会递增片段的计数，并在第二个渲染通道中写入片段数据。透明几何体在 render() 中绘制到 LFB，然后混合到场景中，从而渲染全屏三角形。transparencyProgram 的片段着色器调用 loadFragments() 和 sortFragments()，它们都是在 lfb.h 中定义的，提供要混合的已排序片段数组。

我们将线性化的 LFB 偏移表和数据存储在缓冲区对象中，并通过 glTexBuffer 将它们绑定到 ARB_shader_image_load_store 图像单元以方便着色器访问。在每个 LFB 算法步骤与并行前缀和通道之间，必须使用 glMemoryBarrier(GL_SHADER_IMAGE_ACCESS_BARRIER_BIT) 设置内存隔离（Memory Barrier）。内存隔离将迫使以前的内存操作在进一步操作开始之前完成。例如，这将会在片段计数通道完成写入结果之前停止计算前缀和。

可以使用原子递增或加法的混合在步骤（2）中计算片段计数。使用混合方法可以更快但不支持整数纹理，因此前缀和必须使用浮点数执行或者需要副本。必须注意构造实现，使得渲染通道之间的片段计数完全匹配。例如，与近剪裁平面和远剪裁平面相交的整个三角形被光栅化。我们将通过强制使用"layout(early_fragment_tests) in;"进行早期深度测试来忽略裁剪平面之外的片段。

如果使用混合方法，则可以使用 glClear 将偏移表归零。如果不使用混合方法，则可以使用 glCopyBufferSubData 快速完成对缓冲区对象的归零，以复制预分配的归零内存块。与从着色器写入零相比，这会带来较小的性能提升，但代价是额外的内存开销。

　　前缀和可以通过调用 glDrawArrays(GL_POINTS, 0, n) 在顶点着色器中计算，而不绑定客户端状态属性。gl_VertexID 可以用作计算的线程 ID。启用 GL_RASTERIZER_DISCARD 可防止点图元继续进行光栅化。

　　在前缀和步骤期间读取总片段计数时，无论是 glGetBufferSubData 还是 glMapBufferRange，直接在偏移表上操作都很慢。作为一种解决方法，我们将总片段计数复制到一个整数缓冲区中，然后从中读取。读取链表 LFB 原子计数器时会出现同样的现象。

　　渲染透明度时，我们将在着色器的局部数组中对片段进行排序，因为对全局显存的访问速度相对较慢。这限制了每个像素的最大片段数，因为局部数组的大小是在编译时设置的。保存已排序的数据（或针对较小的深度复杂度进行排序）对于多次读取片段的其他应用程序（如光线投射）可能是有益的。对于很小的 n 来说，$O(n \log n)$ 排序算法比 $O(n^2)$ 算法的性能表现更差。测试的最快排序算法是最多 32 个片段的插入排序。在 20.5 节中将对此进行进一步的讨论。

　　我们发现，着色器在读取空 LFB 片段列表时，出人意料地需要花费很长的时间，因此，可以使用模板缓冲区来屏蔽空像素，从而使性能获得很大的提升，尤其是当视口的很大一部分为空时。我们认为其与相对较大的局部数组（在这种情况下，就是要排序的数组）造成的减速有关，具体原因不明。

20.5　性能结果

　　我们已经实现了强力、线性化、链表和链接页面 LFB。和其他作者一样，我们将透明度用作基准测试（详见本章参考文献 [Yang et al. 10]，[Crassin 10]）。我们比较了这些 LFB 的性能，并且证明线性化和链表 LFB 是颇具竞争力的打包技术。所有计时实验均使用 Geforce GTX 460 以 1920×1080 分辨率进行。

　　对 OpenGL 4.2 实现（2011 年年末）的更新提供了快速原子计数器。因此，最初阻碍链表方法的原子争用不再有大量开销。基本的链表 LFB 现在甚至比链接页面变体（详见本章参考文献 [Crassin 10]）的表现还要更好。

　　图 20.7 和图 20.8 显示了两个网格，即斯坦福龙和 Sponza 宫（它们都是著名的测试全局光照的场景），用于详细说明每个算法的步长时间，如表 20.1 所示。选择这些场景是因为它们具有不同的视口覆盖范围和深度复杂度，如图 20.9 所示。

第 20 章　高效的分层片段缓冲区技术

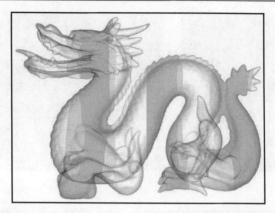

图 20.7　斯坦福龙模型，871414 个三角形，条纹可以更好地显示透明度。130 万个总片段

图 20.8　Frank Meinl 的 Sponza 宫，279095 个三角形。1750 万个总片段

表 20.1　线性化（L）和链表（LL）LFB 算法的步骤时间

算法步骤	斯坦福龙		Sponza 宫	
	L	LL	L	LL
初始化表或指针	0.02	3.0	0.02	3.00
片段计数渲染	3.97		10.60	
计算前缀和	4.47		4.67	
主 LFB 渲染	3.79	5.99	30.00	30.99
读取和混合片段	8.52	10.16	95.05	88.08
着色器中的排序	1.3	0.93	43.68	42.14
总计	22.07ms	20.10ms	177.05ms	171.24ms

 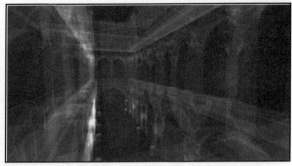

(a) 斯坦福龙模型　　　　　　　　　　　　　(b) Sponza 宫

图 20.9　深度复杂度，其中，黑色代表 0 个片段，白色代表 8 个片段（a）和 32 个片段（b）

快速读取和排序 LFB 数据已经成为使用更多片段的瓶颈。线性化 LFB 数据的目标是提供更好的内存访问模式。但是，我们发现顺序访问几乎没有带来性能优势。这两种技术对这些场景的表现相似，相差在 10% 之内。

与使用深度缓冲区的典型光栅化相比，结果在很大程度上取决于分辨率和观察方向。为了更好地研究这些变量，我们将使用透明的分层曲面细分网格的合成场景，如图 20.10 所示。这里使用了正交投影，并且改变了网格大小、分层和曲面细分。在图 20.11 中，可以观察到渲染时间和总片段之间的线性关系，其中通过缩放 10 层 20000 个三角形网格来填充视口以增加片段。渲染更多网格层以增加总片段数会得到类似的结果。强力 LFB 比其他技术更快，当然它也具有更高的内存要求。按照它们的片段计数来说，合成场景中的渲染时间与斯坦福龙和 Sponza 宫的渲染时间大致相同。

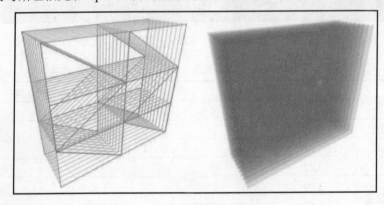

图 20.10　透明的多边形分层网格

第 20 章 高效的分层片段缓冲区技术

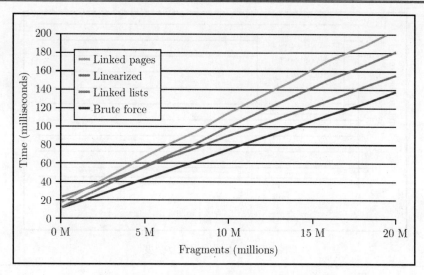

图 20.11　不同 LFB 技术的渲染时间比较

原　　文	译　　文
Time(milliseconds)	时间（毫秒）
Linked pages	链接页面
Linearized	线性化
Linked lists	链表
Brute force	强力
Fragments(millions)	片段（百万）

　　深度复杂度，或者更确切地说，片段分布会显著影响排序性能。在图 20.12 中，线性化 LFB 用于渲染增加的网格层，同时减少视口覆盖范围，使总片段（800 万）和多边形（500~1000）保持近似恒定。线性化和链表 LFB 的渲染时间相近，因为排序是一种常见操作。在大约 50 层之后，排序时间变得占主导地位。与直接从显存混合未排序的片段（无局部数组）相比，简单地使用 256 个 vec4 元素声明和填充排序数组会导致 3~4 倍的减速。正如预期的那样，对于较小的 n 来说，$O(n^2)$ 插入排序更快。例如，在斯坦福龙和 Sponza 宫场景中就是如此。我们当然希望大多数场景具有相似的深度复杂性，但是，更复杂的场景将受益于 $O(n \log n)$ 排序算法。

　　就内存要求而言，线性化 LFB 的开销是偏移表，而链表 LFB 的开销是头（Head）指针和下一个（Next）指针。一般来说，在假设每个片段有 16 个字节数据的情况下，链表 LFB 使用的内存因为要加上 next 指针，所以比线性化 LFB 多约 25%。

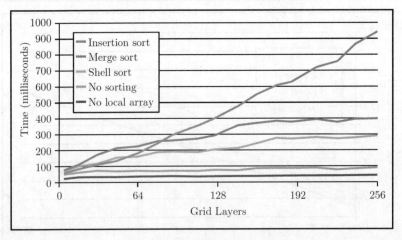

图 20.12　不同的深度复杂度

原　　文	译　　文
Time(milliseconds)	时间（毫秒）
Insertion sort	插入排序
Merge sort	合并排序
Shell sort	壳排序
No sorting	未排序
No local array	无局部数组
Grid Layers	网格层

对于 1920×1080 分辨率来说，偏移是 8MB——在这种情况下，比 head 指针多 92KB，但潜在可能高达两倍。

20.6　小　　结

我们已经提出了线性化和链表 LFB 的比较，结果显示两者在透明度方面的性能表现相近。对线性化 LFB 的期望是顺序数据布局将提供更快的内存访问。在这个阶段，并没有观察到对透明度渲染性能的显著影响。

在光栅化过程中捕获所有输出，这个概念已经众所周知了（详见本章参考文献 [Carpenter 84]），并且实时这样做的能力正在变得切实可行。在本章中，我们重点关注透明度，但是，有许多应用可能或可以通过 LFB 改进。一些屏幕空间效果，如环境遮挡、间接照明、运动模糊和景深等都可能会遇到在前面的层后面缺失数据的不准确性问题（详

见本章参考文献 [Yang et al. 10]）。正确的折射和反射需要通过多层数据进行光线投射（详见本章参考文献 [Davis and Wyman 07]）。还有一些相关应用会对凹面物体产生不正确的结果（详见本章参考文献 [Hardy and Venter 10]），这个问题可以通过 LFB 解决。

参 考 文 献

[Bavoil and Myers 08] Louis Bavoil and Kevin Myers. "Order Independent Transparency with Dual Depth Peeling." Technical report, NVIDIA Corporation, 2008.

[Bavoil et al. 07] Louis Bavoil, Steven P. Callahan, Aaron Lefohn, João L. D. Comba, and Cláudio T. Silva. "Multi-Fragment Effects on the GPU Using the k-Buffer." In *Proceedings of the 2007 Symposium on Interactive 3D Graphics and Games, I3D '07*, pp. 97–104. New York: ACM, 2007.

[Carpenter 84] Loren Carpenter. "The A-Buffer, an Antialiased Hidden Surface Method." *SIGGRAPH Computer Graphics* 18 (1984), 103–108.

[Crassin 10] Cyril Crassin. "Icare3D Blog: Linked Lists of Fragment Pages." http://blog.icare3d.org/2010/07/opengl-40-abuffer-v20-linked-lists-of.html, 2010.

[Davis and Wyman 07] Scott T Davis and Chris Wyman. "Interactive refractions with total internal reflection." In *Proceedings of Graphics Interface 2007, GI '07*, pp. 185–190. New York: ACM, 2007. Available online (http://doi.acm.org.ezproxy.lib.rmit.edu.au/10.1145/1268517.1268548).

[Everitt 01] Cass Everitt. "Interactive Order-Independent Transparency." Technical report, NVIDIA Corporation, 2001.

[Hardy and Venter 10] Alexandre Hardy and Johannes Venter. "3-View Impostors." In *Proceedings of the 7th International Conference on Computer Graphics, Virtual Reality, Visualisation and Interaction in Africa, AFRIGRAPH '10*, pp. 129–138. New York: ACM, 2010. Available online (http://doi.acm.org/10.1145/1811158.1811180).

[Harris et al. 07] Mark Harris, Shubhabrata Sengupta, and John D. Owens. "Parallel Prefix Sum (Scan) with CUDA." In *GPU Gems 3*, edited by Hubert Nguyen, Chapter 39, pp. 851–876. Reading, MA: Addison Wesley, 2007.

[Korostelev 10] Eugene Korostelev. "Order-Independent Transparency on the GPU Using Dynamic Lists." UralDev Programming Contest Articles 4, http://www.uraldev.ru/articles/id/36, 2010.

[Ladner and Fischer 80] Richard E. Ladner and Michael J. Fischer. "Parallel Prefix Compu- tation." *Journal of the ACM* 27 (1980), 831–838.

[Lipowski 10] Jarosław Konrad Lipowski. "Multi-Layered Framebuffer Condensation: The l- Buffer Concept." In *Proceedings of the 2010 International Conference on Computer Vision and Graphics: Part II, ICCVG'10*, pp. 89–97. Berlin, Heidelberg: Springer-Verlag, 2010.

[Lipowski 11] Jarosław Konrad Lipowski. "d-Buffer: Letting a Third Dimension Back In..." http://jkl.name/~jkl/rnd/, 2011.

[Liu et al. 09a] Fang Liu, Meng-Cheng Huang, Xue-Hui Liu, and En-Hua Wu. "Efficient Depth Peeling via Bucket Sort." In *Proceedings of the Conference on High Performance Graphics 2009, HPG '09*, pp. 51–57. New York: ACM, 2009.

[Liu et al. 09b] Fang Liu, Meng-Cheng Huang, Xue-Hui Liu, and En-Hua Wu. "Single Pass Depth Peeling via CUDA Rasterizer." In *SIGGRAPH 2009: Talks, SIGGRAPH '09*, pp. 79:1–79:1. New York: ACM, 2009. Available online (http://doi.acm.org/10.1145/1597990.1598069).

[Mammen 89] A. Mammen. "Transparency and Antialiasing Algorithms Implemented with the Virtual Pixel Maps Technique." *Computer Graphics and Applications, IEEE* 9:4 (1989), 43–55.

[Microsoft Corporation 10] Microsoft Corporation. "DirectX Software Development Kit Sample." http://msdn.microsoft.com, 2010.

[Wei and Xu 06] Li-Yi Wei and Ying-Qing Xu. "Multi-Layer Depth Peeling via Fragment Sort." Technical report, Microsoft Research, 2006.

[Yang et al. 10] Jason C. Yang, Justin Hensley, Holger Grün, and Nicolas Thibieroz. "Real- Time Concurrent Linked List Construction on the GPU." *Computer Graphics Forum* 29:4 (2010), 1297–1304. Available online (http://dblp.uni-trier.de/db/journals/cgf/cgf29.html#YangHGT10).

第 21 章 可编程顶点拉动

作者：Daniel Rákos

21.1 简　　介

OpenGL 和今天的 GPU 提供了高度的灵活性，可以使用 GLSL 基于数据粒度提供的着色器内置常量从辅助缓冲区提取与几何相关的信息。gl_VertexID 提供当前处理的顶点的索引，gl_PrimitiveID 可以提供当前处理的几何图元的索引，gl_InstanceID 可提供当前处理的实例绘制命令的实例的索引。如果通过传统方法，使用属性数组和可选元素数组指定几何信息，那么对象信息传递到图形管线的方式仍存在限制。

本章探讨了利用一些最新 GPU 技术的可能性，以提供一种能够实现完全可编程顶点拉动（Vertex Pulling）的方法，即提取顶点属性的可编程方法。

实现可编程顶点拉动的可能性在 OpenGL 和硬件中已经有一段时间了，但这种技术在实践中很少使用。这背后的主要原因是，开发人员假设固定功能顶点拉动使用专用硬件来执行此任务，从而可以提供更好的性能。

但是，支持 OpenGL 3.x 的硬件的统一架构表明，固定功能顶点拉动必须遍历的硬件路径与可编程缓冲区提取所执行的硬件路径是完全相同的，包括在所有提取单元之间共享的缓存层次结构，即包括属性、缓冲区和纹理提取。

本章的主要目标是实现一个带有样本顶点属性设置的简单可编程顶点拉动着色器（Programmable Vertex Pulling Shader），并将其性能与使用固定功能顶点属性提取的设置进行比较，以演示可编程顶点拉动的性能特征。

此外，本章还将提供一些常见用例。在这些用例中，可编程顶点拉动可以提供比传统方法更多的灵活性和性能。

21.2 实　　现

可编程顶点拉动实现的核心是围绕缓冲区纹理（Buffer Texture）提供的功能（详见本章参考文献 [Brown 08]）。这些纹理提供了一种方法，允许每个着色器阶段从缓冲区对象中提取任意数据。简而言之，仅此功能就足以实现可编程顶点拉动，因为与固定函数顶点拉动相比，这里必须进行的唯一更改是，所有顶点属性和索引都是在顶点着色器中手动提取的。当然，索引提取是可选项。

可编程顶点拉动方法有以下两种类型：

（1）可编程属性提取。在这种情况下，我们仍将使用固定函数索引图元渲染，但顶点属性将在顶点着色器中手动提取。

（2）完全可编程的顶点拉动。顶点索引将与顶点属性提取一起在顶点着色器中完成。

在我们的示例实现中，将使用 32 个字节/顶点的简单顶点属性设置（3 个浮点数用于位置，3 个浮点数用于法线，2 个浮点数用于纹理坐标），所有这些都以交错缓冲区格式存储。在使用固定函数顶点拉动的情况下，我们将使用元素数组进行索引图元渲染（Indexed Primitive Rendering）。在使用可编程顶点拉动实现的情况下，元素数组将作为唯一的顶点属性数组输入顶点着色器，在顶点着色器中将以编程方式实现索引图元渲染（即完全可编程的顶点拉动）。

用于固定函数和可编程顶点拉动的顶点着色器如代码清单 21.1 所示。其中，预处理器指令 PROGRAMMABLE 仅在使用可编程顶点拉动的情况下定义。着色器将顶点位置转换为裁剪空间（视图空间的法线），并将它们与纹理坐标集一起传递到渲染管线的后续阶段。

代码清单 21.1　可以执行固定函数或可编程顶点拉动的顶点着色器示例

```glsl
#version 420 core

layout(std140, binding = 0) uniform transform{
    mat3 NormalMatrix;
    mat4 MVPMatrix;
} Transform;

#ifdef PROGRAMMABLE
layout(location = 0) in int inIndex;
layout(binding = 0) uniform samplerBuffer attribBuffer;
#else
layout(location = 0) in vec3 inVertexPosition;
layout(location = 1) in vec3 inVertexNormal;
layout(location = 2) in vec2 inVertexTexCoord;
#endif

layout out vec3 outVertexNormal;
layout out vec2 outVertexTexCoord;
```

第 21 章　可编程顶点拉动

```
out gl_PerVertex{
    vec4 gl_Position;
};

void main(void) {
#ifdef PROGRAMMABLE
    vec4 attrib0 = texelFetch(attribBuffer, inIndex * 2);
    vec4 attrib1 = texelFetch(attribBuffer, inIndex * 2 + 1);
    vec3 inVertexPosition = attrib0.xyz;
    vec3 inVertexNormal = vec3(attrib0.w, attrib1.xy);
    vec2 inVertexTexCoord = attrib1.zw;
#endif
    gl_Position = MVPMatrix * vec4(inVertexPosition, 1.f);
    outVertexNormal = NormalMatrix * inVertexNormal;
    outVertexTexCoord = inVertexTexCoord;
}
```

显然，顶点数组和缓冲区纹理的客户端代码设置在这两种情况下是不同的。代码清单 21.2 即显示了这一点，它使用相同的预处理器指令在两个渲染路径之间进行选择。

代码清单 21.2　用于固定函数和可编程顶点拉动的顶点属性的客户端配置

```
#ifdef PROGRAMMABLE
/* 设置索引缓冲区作为唯一的顶点属性 */
    glBindBuffer(GL_ARRAY_BUFFER, indexBuffer);
    glEnableVertexAttribArray(0);
    glVertexAttribIPointer(0, 1, GL_INT, 4, NULL);
/* 配置缓冲区纹理以使用顶点属性缓冲区作为存储 */
    glBindTexture(GL_TEXTURE_BUFFER, bufferTexture);
    glTexBuffer(GL_TEXTURE_BUFFER, GL_RGBA32F, vertexBuffer);
#else
/* 使用索引缓冲区作为元素数组缓冲区 */
    glBindBuffer(GL_ELEMENT_ARRAY_BUFFER, indexBuffer);
/* 使用顶点缓冲区设置交错的顶点属性 */
    glBindBuffer(GL_ARRAY_BUFFER, vertexBuffer);
    glEnableVertexAttribArray(0);
    glVertexAttribPointer(0, 3, GL_FLOAT, GL_FALSE, 32, 0);
    glEnableVertexAttribArray(1);
    glVertexAttribPointer(1, 3, GL_FLOAT, GL_FALSE, 32, 12);
    glEnableVertexAttribArray(2);
    glVertexAttribPointer(2, 2, GL_FLOAT, GL_FALSE, 32, 24);
#endif
```

在这个例子中，目前的可编程顶点拉动并没有提供额外的灵活性；但是，如果顶点着色器所需的信息对于每个顶点没有不同，则可编程顶点拉动可能是有优势的。固定函数顶点拉动可以通过实例数组提供一种机制（详见本章参考文献 [Helferty et al. 08]），使得按小于每个顶点的频率提取一些顶点的属性成为可能，但它仅限于在每 n 个实例处提取新属性的可能性。在使用可编程顶点拉动的情况下，该频率可以是任意的。

开发人员可以使用内置着色器变量 gl_VertexID、gl_PrimitiveID 和 gl_InstanceID 来控制属性提取的速率，但是在支持 OpenGL 4.x 的硬件上，甚至还可以通过使用自定义着色器逻辑和原子计数器（Atomic Counter）来实现非均匀的提取频率（详见本章参考文献 [Licea-Kane et al. 11]）。

21.3 性　　能

有些开发人员对可编程顶点拉动可能敬谢不敏，其中一个原因是他们有一种先入为主的概念，即在传统的固定函数顶点拉动中，开发人员无法灵活地解决特定问题，为了证明这种先入之见是假的，我们已经执行了一些测试，揭示了与固定功能相比，可编程顶点拉动的优势和劣势以及相对性能。测试在不同供应商的 OpenGL 3 和 OpenGL 4 GPU 上执行，并分别使用了由 871414 和 1087716 个索引三角形组成的斯坦福龙和佛像模型。

测试使用了代码清单 21.1 和代码清单 21.2 中所示的顶点着色器和客户端设置。在固定函数顶点拉动和可编程属性提取的情况下，我们使用了单个 glDrawElements 调用渲染模型，而在完全可编程顶点拉动的情况下，使用了 glDrawArrays 命令，因为在这种情况下，我们不打算利用固定函数索引图元渲染。

由于测试已经完成，因此可以通过渲染在视锥体之外的模型来消除所有片段处理开销，因为我们旨在测量 3 种技术之间的顶点处理成本差异。我们使用计时器查询（详见本章参考文献 [Daniell 10]）来测量渲染该模型所需的 GPU 时间（见图 21.1）。糟糕的是，根据测试，在两个硬件供应商的情况下，计时器查询返回非常不同的值，这可能是驱动程序实现或硬件架构差异的结果。当然，由于我们只对 3 种顶点拉动技术的相对性能感兴趣，所以这并没有真正影响结果。

表 21.1 显示可编程属性提取与现代 GPU 上的固定功能顶点提取一样快，即使我们预期可能会有轻微的性能损失，因为在顶点着色器内执行顶点属性提取可能会产生额外的延迟。这向我们展示了当前 GPU 的复杂延迟隐藏机制消除了这种成本。

第 21 章 可编程顶点拉动

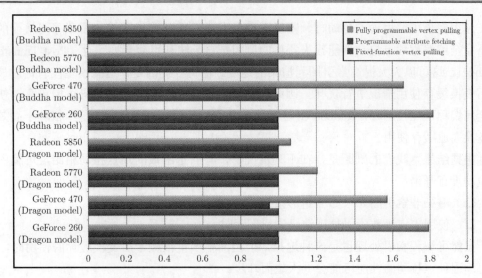

图 21.1 与固定函数顶点拉动相比，使用可编程顶点拉动在各种 GPU 上渲染斯坦福龙和佛像模型的相对 GPU 时间。值越小越好

原　　文	译　　文
Buddha model	佛像模型
Dragon model	斯坦福龙模型
Fully programmable vertex pulling	完全可编程顶点拉动
Programmable attribute fetching	可编程属性提取
Fixed-function vertex pulling	固定函数顶点拉动

表 21.1 与固定函数顶点拉动相比，使用可编程顶点拉动在各种 GPU 上渲染斯坦福龙和佛像模型的绝对和相对 GPU 时间。值越小越好

GPU	模型	固定函数顶点拉动	可编程属性提取		完全可编程顶点拉动	
GPU 时间		绝对值	绝对值	相对值	绝对值	相对值
GeForce 260	斯坦福龙	3.291 ms	3.281 ms	−0.3%	5.902 ms	+79.3%
(GL3)	佛像	4.056 ms	4.047 ms	−0.2%	7.366 ms	+81.6%
GeForce 470	斯坦福龙	0.786 ms	0.748 ms	−4.8%	1.234 ms	+57.0%
(GL4)	佛像	0.928 ms	0.918 ms	−1.1%	1.540 ms	+65.9%
Radeon 5770	斯坦福龙	10.287 ms	10.288 ms	0.0%	12.393 ms	+20.5%
(GL4)	佛像	13.377 ms	13.381 ms	0.0%	16.034 ms	+19.9%
Radeon 5850	斯坦福龙	8.896 ms	8.897 ms	0.0%	9.471 ms	+6.5%
(GL4)	佛像	11.177 ms	11.177 ms	0.0%	12.009 ms	+7.4%

使用完全可编程顶点拉动时,图像不那么明亮,尽管 Radeons 也提供了可接受的性能。完全可编程顶点拉动性能损失背后的原因是它无法利用后变换缓存(Post-Transform Cache),这可以大大提高索引图元渲染的速度。值得一提的是,这些模型没有针对最大的后变换缓存使用情况进行优化,因此,在现实生活中,时间上的差异可能更高。使用完全可编程顶点拉动时,Radeon GPU 的优势使我们相信,AMD GPU 更少依赖于高效的后变换高速缓存使用。

根据结果,我们的判断是,在下列情况下,与固定函数的顶点拉动相比,可编程顶点拉动没有开销:

❑ 渲染非索引图元(如三角形条)时。
❑ 使用固定函数索引处理渲染索引图元时。

虽然可编程索引处理也是一种选择,但当网格严重依赖于后变换缓存的使用时,完全可编程顶点拉动的性能可能会令人望而却步。

21.4 应　　用

如前文所述,可编程顶点拉动让我们可以控制顶点属性使用的频率。举例来说,这意味着我们可以基于每个三角形而不是每个顶点传递法线。以类似的方式,我们可以再次基于每个图元选择纹理数组的单个层。此外,可能只有在某些情况下才需要使用来自属性缓冲区的属性,在这种情况下,我们可以使用原子计数器来监视缓冲区中的当前位置。这可以减少存储和提取属性的内存大小和带宽要求,从而产生更好的整体性能。

可编程顶点拉动还可以处理交错和单独的数据缓冲区,但它也可以使用任意数据结构来存储顶点着色器可能需要的顶点属性或其他信息。这甚至可以包括多个间接数据,但在执行过多的缓冲区间接数据查找时,其性能可能会是一个问题。这还使得它能够在单个顶点着色器中处理多个顶点格式,因此在大多数情况下,它能够以相当低的运行时开销为代价来减少顶点格式设置的数量。虽然在此时,编写的 OpenGL 不支持结构提取,但是引入 C++普通旧数据结构(Plain Old Data Structure,POD)提取可以进一步简化在这些情况下可编程顶点提取的使用。

可编程顶点拉动的另一个应用是无属性渲染(Attribute-less Rendering)。当渲染简单的图元(如全屏三角形)进行后处理或(在延迟渲染方法的情况下)进行简单的光体积图元渲染时,这是很方便的,但它也可用于在顶点着色器中动态生成参数曲线和平面。这些都不需要任何顶点属性数组,因为所有这些都可以使用一些统一变量作为参数来实现。考虑到 ALU 容量通常高于内存带宽，可编程顶点拉动在这些情况下可以极大地提高渲染性能。

除了性能关键型应用程序之外（某些类型的数据结构在性能关键型应用程序中根本不可行），CAD 软件可以受益于可编程顶点拉动。CAD 软件（取决于应用的目标领域）使用各种数据结构在内部存储网格拓扑。这些内部表示可以基于各种模型，如翼边（Winged Edge）模型（详见本章参考文献 [Baumgart 75]）、四边形数据结构（详见本章参考文献 [Guibas and Stolfi 85]）、组合图或边界表示模型等。作为 CAD 软件，一般使用的是固定函数顶点拉动，它通常必须维护两个数据副本，一个供内部使用，一个用于渲染。通过启用渲染管线，即可以其原来的形式解析和显示网格数据（由 CAD 软件内部使用），可编程顶点拉动的这个优势有可能消除对第二个副本的需求。

21.5 局 限 性

完全可编程顶点拉动的最大问题是不能利用后变换顶点缓存的优势，否则会大大提高索引图元渲染的速度。为了利用这种优化，我们需要新的硬件和 API 才能显式标记顶点着色器调用发出的顶点。

在固定函数顶点拉动中，这是通过用它们的索引标记顶点来预先完成的。我们的建议是将一个名为 gl_VertexTag 的新输出参数引入顶点着色器语言，后变换顶点缓存将使用该参数标记接收到的顶点。虽然这种方法仍然不允许我们丢弃已经在波前（Wavefront）处理的顶点，但实际上，它可能会将完全可编程顶点的性能提高到尽可能接近其固定函数对应物的速度。此特性还允许后变换缓存在其他情况下有效运行，如顶点着色器使用原子计数器或加载/存储图像的情况（详见本章参考文献 [Bolz et al. 11]）。

在以编程方式索引图元的情况下，优化可编程顶点拉动的另一种方法是在顶点着色器中实现一种后变换顶点缓存。该选项实际上就是使用 OpenGL 4.2，通过利用原子计数器和加载/存储图像来存储已经处理的顶点，当然，这种方法的性能可能仍然远低于固定函数后变换顶点缓存的性能。

可编程顶点拉动的另一个限制是，当我们想要使用包含具有多种不同数据格式的属性的交错属性数组时，在顶点着色器中可能需要进行手动格式转换。对于这种情况，我们的建议是使用不同的内部格式将相同的缓冲区对象附加到多个缓冲区纹理，并在尽可能接近目标格式的版本着色器中访问相应的缓冲区纹理，以最大限度地降低所需的 ALU 成本，将值转换为预期的表示形式。

21.6 小　　结

基于性能测试结果，可以说，即使在固定函数方法也可以应用的情况下，考虑到在大多数 GPU 上没有由手动属性提取而引发的延迟，可编程属性提取是固定函数顶点拉动的可行替代方案。但是，当我们将属性存储在一个适合传统渲染方法的结构中，而由于数据集大小的问题，传统渲染方法根本不可行时，可编程顶点拉动的优势就会显现。又或者，当我们已经有了一种内部表示方式，但是这种方式并不能很好地映射到任意固定函数属性规范时，即可考虑使用可编程顶点拉动。

正如我们所看到的，使用 OpenGL 提供的现有工具集实现可编程顶点拉动非常简单，并且所需的硬件只要是支持 OpenGL 3.x 的 GPU 即可，当然，支持 OpenGL 4.x 的 GPU 将具有更高的灵活性。实际上，从理论上来说，如果早期的 GPU 通过将顶点属性存储在传统的 1D 纹理中来支持顶点纹理提取，那么即使是早期的 GPU 也可以利用这种技术。

我们已经证明，如果使用可编程索引图元渲染，那么从性能的角度来看，可编程顶点拉动只能是禁止的，因为在这种情况下，缺少对后变换顶点缓存的利用会大大降低性能。我们还提出了一些可能的解决方案来解决这个问题。

最后，我们还讨论了所提出技术的一些潜在应用（包括交互式渲染和 CAD 软件），以及可编程顶点拉动与其固定函数对应物相比的关键局限性。

要更好地了解可编程顶点拉动的功能和弱点，尚需要开发人员进行更长时间和更深入的研究，当然，本章介绍的技术非常具有潜力，我们希望能够吸引读者的注意力，并且希望读者能够找到自己的最佳用例。

参 考 文 献

[Baumgart 75] Bruce G. Baumgart. "Winged-Edge Polyhedron Representation for Computer Vision." National Computer Conference, 1975.

[Bolz et al. 11] Jeff Bolz, Pat Brown, Barthold Lichtenbelt, Bill Licea-Kane, Eric Werness, Graham Sellers, Greg Roth, Nick Haemel, Pierre Boudier, and Piers Daniell. "ARB shader image load store." OpenGL extension specification, 2011.

[Brown 08] Pat Brown. "ARB texture buffer object." OpenGL extension specification, 2008.

[Daniell 10] Piers Daniell. "ARB timer query." OpenGL extension specification, 2010.

[Guibas and Stolfi 85] Leonidas J. Guibas and Jorge Stolfi. "Primitives for the Manipulation of General Subdivisions and the Computation of Voronoi Diagrams." *ACM Transactions on Graphics*, New York: ACM Press, 1985.

[Helferty et al. 08] James Helferty, Daniel Koch, Michael Gold, and John Rosasco. "ARB instanced arrays." OpenGL extension specification, 2008.

[Licea-Kane et al. 11] Bill Licea-Kane, Barthold Lichtenbelt, Chris Dodd, Eric Werness, Graham Sellers, Greg Roth, Jeff Bolz, Nick Haemel, Pat Brown, Pierre Boudier, and Piers Daniell. "ARB shader atomic counters." OpenGL extension specification, 2011.

第 22 章 使用 GPU 硬件光栅化器进行基于八叉树的稀疏体素化

作者：Cyril Crassin 和 Simon Green

22.1 简　介

离散体素表示（Discrete Voxel Representation）正在引起人们对计算科学，特别是计算机图形学中广泛应用的兴趣。应用范围包括流体模拟（详见本章参考文献 [Crane et al. 05]）、碰撞检测（详见本章参考文献 [Allard et al. 10]）、辐射传递模拟、细节渲染（详见本章参考文献 [Crassin et al. 09]，[Crassin et al. 10]，[Laine and Karras 10]）和实时全局照明（详见本章参考文献 [Kaplanyan and Dachsbacher 10]，[Thiedemann et al. 11]，[Crassin et al. 11]）等。当在实时环境中使用时，实现传统的基于三角形表面表示的快速 3D 扫描转换（3D Scan Conversion），也称为体素化（Voxelization），变得至关重要（详见本章参考文献 [Eisemann and Décoret 08]，[Schwarz and Seidel 10]，[Pantaleoni 11]）。

在本章中，首先描述一种简单的表面体素化算法的高效 OpenGL 实现，该算法可生成规则的 3D 纹理（见图 22.1）。此技术使用 GPU 硬件光栅化器和 OpenGL 4.2 公开的新图像加载/存储接口。本节将帮助读者了解和熟悉一般算法以及新的 OpenGL 特性。

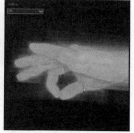

图 22.1　将动态对象实时体素化为稀疏体素八叉树（Wald 的手是包含 16000 个三角形的网格，在约 5.5ms 内即完成了稀疏体素化），以及将该技术应用于基于体素的全局照明示例

在第二部分中，我们将描述这种方法的扩展，它将以八叉树（Octree）结构的形式构建和更新稀疏体素表示（Sparse Voxel Representation）。为了扩展到非常大的场景，我们

的方法将避免依赖中间完整的规则网格来构建结构,并直接构造八叉树。第二种方法将利用 OpenGL 4.0 中标准化的间接绘图特性,以便在八叉树构造期间允许着色器线程的无同步启动(Synchronization-Free Launching),以及在 OpenGL 4.2 中公开的新原子计数器(Atomic Counter)函数。

我们在这项工作中的主要动机之一是研究硬件图形管线的可用性,以实现快速和实时的体素化。我们将比较我们的方法与 Pantaleoni 近期研究工作成果的性能(详见本章参考文献 [Pantaleoni 11]),后者将使用 CUDA 进行常规网格的细体素化(Thin Voxelization)。我们详细介绍了稀疏八叉树构建方法的性能。在稀疏体素八叉树内动态体素化的典型实时用法最近已被证明是基于体素的全局照明方法的一部分(详见本章参考文献 [Crassin et al. 11])。

22.2　以前的工作成果

之前关于 3D 体素化的研究工作成果区分了两种表面体素化:细体素化,即表面的 6-分离(6-Separating)表示(详见本章参考文献 [Huang et al. 98])和完全的保守体素化(Conservative Voxelization)。在保守体素化中,所有表面被覆盖的体素都将被激活,它也被称为 26-分离(26-Separating)(见图 22.2)。虽然我们的方法可以很容易地扩展到完全的保守体素化,但在本章中我们只描述了细体素化的情况。细体素化的计算成本更低,并且在计算机图形应用中通常更为理想。

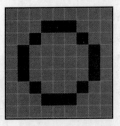 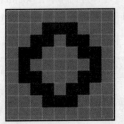

图 22.2　在 2D 线条光栅化中的 4 分离(左图)和 8 分离(右图)的示例,它们分别相当于 3D 中的 6 分离和 26 分离表面体素

近年来,研究人员已经提出了许多通过执行三角形网格体素化来利用 GPU 的算法。早期的方法使用了当时的图形硬件中的固定函数管线。以前基于硬件的方法效率相对较低(详见本章参考文献 [Fang et al. 00]、[Crane et al. 05]、[Li et al. 05]),并且存在质量问题。由于缺乏随机写入访问,这些方法必须使用多通道渲染技术,逐个切片(Slice)处理体积并在每一次处理过程中都重新形成整个几何体。相反,本章参考文献 [Dong et al.

04]、[Zhang et al. 07]、[Eisemann and Décoret 08] 则通过使用精简的二进制表示来编码体素网格,以便一次处理多个切片,实现更高的性能,但仅限于二进制体素化(Binary Voxelization),二进制体素化的意思是仅存储单个位来表示占用的体素。

较新的体素化方法利用了现代 GPU 上可用的计算模式(Compute Mode)提供的自由,这些计算模式包括 CUDA 或 OpenCL 等(详见本章参考文献 [Schwarz and Sei del 10]、[Pantaleoni 11])。这些方法不是建立在固定函数硬件上,而是提出纯数据并行算法,这提供了更大的灵活性,并允许新的原始体素化方案,如直接体素化到稀疏八叉树(Sparse Octree)中。但是,仅使用 GPU 的计算模式意味着这些方法无法利用功能强大的固定函数图形单元,特别是硬件光栅化器,后者可以有效地提供非常快速的三角形内点测试(Point-in-Triangle Test)函数和采样操作。随着行业越来越关注移动设备的电源效率,使用高效的固定函数硬件越来越重要。我们的方法结合了两种方法的优点,利用快速固定函数图形单元,同时仅需要单个几何通道,并且由于 GPU 硬件的最新发展,允许稀疏体素化。

22.3　关于 GLSL 中的无限制内存访问

以前基于图形的方法(不使用计算)受到以下事实的限制:所有内存写操作都必须通过 ROP(片段操作)硬件完成,而这不允许随机访问和 3D 寻址,因为只有当前像素可以被写入。最近,OpenGL 着色器提供的编程模型发生了巨大变化,GLSL 着色器获得了动态寻址任意缓冲区和纹理的能力。例如,OpenGL 4.2 规范对 GLSL 中的图像单元(Image Unit)访问进行了标准化,而该访问之前是通过 EXT_shader_image_load_store 扩展公开的。此特性仅在 Shader Model 5(SM5)硬件上可用,使我们能够在任何 GLSL 着色器阶段对纹理的单个 Mipmap 层次执行读/写访问以及原子读-修改-写操作。除了纹理之外,还可以使用绑定到 GLSL imageBuffer 的"缓冲区纹理",轻松访问线性内存区域,也就是存储在 GPU 全局内存中的缓冲区对象(Buffer Object)。

此外,NVIDIA 相关扩展 NV_shader_buffer_load 和 NV_shader_buffer_store(在费米级 SM5 硬件上支持)在线性内存区域提供类似的功能(但它们通过 GLSL 中类似 C 的指针执行此操作),并且具有查询任何缓冲区对象的全局内存地址的能力。此方法简化了对缓冲区对象的访问,并允许从同一着色器调用访问任意数量的不连续内存区域(即不同的缓冲区对象),而给定着色器只能访问有限数量的图像单元("有限数量"取决于不同的实现,可以使用 GL_MAX_IMAGE_UNITS 进行查询)。

这些新功能极大地改变了 GPU 着色器的计算模型,使我们能够编写具有与 CUDA 或 OpenCL 相同的灵活性的算法,同时仍然能够利用快速固定函数硬件。

22.4 简单的体素化管线

本节将介绍一种初始的简单方法，直接体素化为存储在 3D 纹理中的规则体素网格。我们的体素化管线基于以下观察结果：对于三角形 B，要为每个体素 V 计算细表面体素化（Thin Surface Voxelization），可以测试 ① B 的平面是否与 V 相交，② 三角形 B 沿其法线主轴（场景的 3 个主轴之一，为投影三角形提供最大表面）的二维投影是否与 V 的二维投影相交（详见本章参考文献 [Schwarz and Seidel 10]）。

基于这一观察结果，我们提出了一种非常简单的体素化算法，该算法在单个 draw 调用中的 4 个主要步骤中运行，如图 22.3 所示。首先，网格的每个三角形沿其法线的主轴以正交方式投影（这里的主轴是场景的 3 个主轴中的一个），其使投影区域最大化，并因此最大化在保守光栅化期间将生成的片段的数量。此投影轴在几何着色器内以每个三角形为基础动态选择（见图 22.4），在几何着色器中，有关三角形的 3 个顶点的信息是可用的。对于每个三角形来说，选定的轴是可以为 $l_{\{x,y,z\}} = |\mathbf{n} \cdot \mathbf{v}_{\{x,y,z\}}|$ 提供最大值的轴，其中，$\mathbf{n}$ 表示三角形法线，而 $\mathbf{v}_{\{x,y,z\}}$ 则表示场景的 3 个主轴。选择主轴后，沿此轴的投影只是一个经典的正交投影，这是在几何着色器内部计算的。

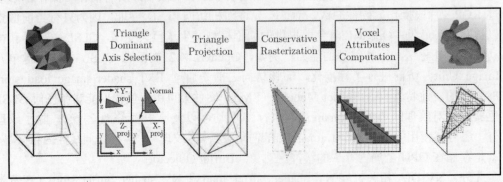

图 22.3　简单体素化管线的示意图

原　文	译　文	原　文	译　文
Triangle Dominant Axis Selection	三角形主轴选择	Y-proj	Y 轴投影
Triangle Projection	三角形投影	Z-proj	Z 轴投影
Conservative Rasterization	保守光栅化	X-proj	X 轴投影
Voxel Attributes Computation	体素属性计算	Normal	法线

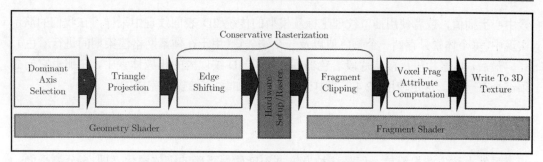

图 22.4　在 GPU 光栅化管线上层的体素化管线的实现

原　文	译　文	原　文	译　文
Conservative Rasterization	保守光栅化	Fragment Clipping	片段裁剪
Dominant Axis Selection	主轴选择	Voxel Frag Attribute Computation	体素片段属性计算
Triangle Projection	三角形投影	Write To 3D Texture	写入 3D 纹理
Edge Shifting	边移动	Geometry Shader	几何着色器
Hardware Setup/Raster	硬件设置/光栅化	Fragment Shader	片段着色器

每个投影三角形都被送入标准设置和光栅化管线以执行 2D 扫描转换（光栅化，见图 22.4）。为了获得与目标（立方体）体素网格的 3D 分辨率相对应的片段，我们将 2D 视口分辨率（glViewport(0, 0, x, y)）设置为与体素网格的侧面分辨率相对应（例如，对于 512^3 体素网格来说，就是 512×512 像素）。由于我们依靠的是图像访问，而不是帧缓冲区的标准 ROP 路径，将数据写入我们的体素网格，因此可以禁用所有帧缓冲区操作，包括深度写入、深度测试（glDisable(GL_DEPTH_TEST)）和颜色写入（glColorMask(GL_FALSE, GL_FALSE, GL_FALSE, GL_FALSE)）。

在光栅化期间，每个三角形将生成一组 2D 片段。这些片段中的每一个可以对应于三角形沿着其投影方向与 1 个、2 个或 3 个体素的交点。实际上，由于我们选择用于投影的三角形主轴（以及立方体素的使用），因此 2D 像素上三角形的深度范围仅能跨越最多 3 个体素的深度。对于每个 2D 片段来说，在片段着色器内，将基于从像素中心的顶点值插值的位置和深度信息，以及由 GLSL 提供的屏幕空间导数（dFdx()/dFdy()），计算实际与三角形相交的体素。

该信息用于生成称之为体素片段（Voxel Fragment）的信息。体素片段是经典 2D 片段推广到 3D 的泛化概念，对应于与给定三角形相交的体素。每个体素片段在目标体素网格内具有 3D 整数坐标，以及多个属性值。

体素片段属性通常是颜色、法线以及开发人员想要让每个体素存储的任何其他有用属性，具体取决于应用程序。像往常一样，这些值可以通过光栅化过程在顶点属性的像素中心上插值，或者使用插值纹理坐标从模型的传统 2D 表面纹理中采样。在我们的演示实现中，每个体素只存储一个颜色值以及一个法矢量（用于在体素网格渲染期间进行着色）。

最后，体素片段直接从片段着色器写入目标 3D 纹理内的相应体素中，在那里它们必须结合在一起。这是使用 22.4.2 节中详述的图像加载/存储操作完成的。

22.4.1 保守光栅化

虽然上述方法很简单，但是这种方法并不能确保正确的细体素化（即 6-分离平面，详见本章参考文献 [Schwarz and Seidel 10]），这是因为在光栅化步骤期间，仅针对三角形测试每个像素的中心的覆盖率以生成片段。因此，必须采用更精确的保守光栅化（Conservative Rasterization）以确保为三角形接触的每个像素生成片段。通过依赖多重采样抗锯齿（MultiSample AntiAliasing，MSAA）可以提高覆盖率测试的精度，但是这种解决方案只能进一步延迟问题，并且在三角形较小的情况下仍然会丢失片段。相反，与本章参考文献 [Zhang et al. 07] 类似，我们在本章参考文献 [Hasselgren et al. 05] 提出的方法的基础上构建了第二种保守光栅化方法，有兴趣的读者可以阅读本章参考文献 [Hasselgren et al. 05] 以了解更多详情。

一般的思路是为每个投影三角形生成一个稍大的包围多边形，以确保接触像素的任何投影三角形都必然会接触该像素的中心，从而获得固定函数光栅化器发出的片段。这是通过向外移动三角形的每条边来完成的，以使用几何着色器扩大三角形（见图 22.4）。由于精确包围多边形（Exact Bounding Polygon）不会过高估计给定三角形的覆盖范围，并且它也不是一个三角形状（见图 22.5），因此在光栅化处理之后，在片段着色器中，包围盒之外的多余片段将被清除。这种方法需要在片段着色器中进行更多的工作，但实际上，它比在几何着色器内计算和生成正确的包围多边形更快。

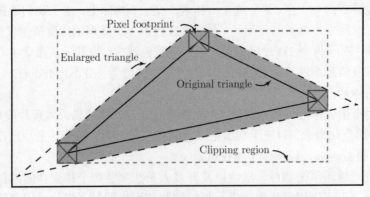

图 22.5 用于保守光栅化的三角形的包围多边形

原　　文	译　　文	原　　文	译　　文
Pixel footprint	像素所占空间	Original triangle	原始三角形
Enlarged triangle	扩大的三角形	Clipping region	裁剪区域

22.4.2　组合体素片段

一旦在片段着色器中生成了体素片段，就可以使用图像加载/存储操作将它们的值直接写入目标 3D 纹理。但是，来自不同三角形的多个体素片段可以按任意顺序落入相同的目标体素中。由于体素片段是并行创建和处理的，因此它们的写入顺序是不可预测的，这会导致写入顺序问题，并且在以动态方式重新体素化生成场景时，会产生闪烁和非时间相干的结果。在标准光栅化中，这个问题由光栅化处理（Raster OPerations，ROP）单元处理，ROP 单元在 GPU 中的主要作用就是将全部像素填充进纹理，并使得纹理最终获得正确的表现效果，这意味着 ROP 单元将确保片段在帧缓冲区中组合，并且组合顺序与它们的源图元发布的顺序相同。

在我们的例子中，这必须依靠原子操作。原子操作保证读-修改-写周期不会被任何其他线程中断。当有多个体素片段最终位于同一体素上时，最简单的理想行为是平均所有输入值。对于特定应用来说，开发人员可能希望使用更复杂的组合方案，如基于覆盖范围的组合，但这超出了本章的讨论范围。

要平均落入同一体素的所有值，最简单的方法是首先使用原子加法运算对所有值求和，然后将此总和除以后续通道中的值总数。为此，必须为每个体素维护一个计数器，并且将依赖于为每个体素存储的 RGBA 颜色值的 Alpha 通道。

但是，在 OpenGL 4.2 规范中，图像原子操作仅限于 32 位有符号/无符号整数类型，这很少与体素网格中使用的纹理元素格式相对应。我们通常希望每个体素存储 RGBA8 或 RGBA16F/32F 颜色分量。因此，imageAtomicAdd 函数不能直接用于求和。

我们将使用比较和交换函数 atomicCompSwap() 的运算来模拟这种类型的原子加法（Atomic Add）。代码清单 22.1 中包含了该函数的细节。我们的思路是循环每次写入，直到没有更多冲突，并且计算总和的值没有被另一个线程更改。这种方法比原生的 atomicAdd 慢得多，但在等待 OpenGL 规范发展的期间，它不失为一项功能正确的替代品。在 NVIDIA 硬件上，在 64 位值上运行的 atomicCompSwap64 可用于全局内存地址（NV_shader_buffer_store），它使我们可以减少一半的运算次数，这意味着在不同供应商的路径上可以提供两倍的加速。但是，这个过程不会对图像访问公开，也就是说，它需要将体素网格存储在全局内存而不是纹理内存中。

代码清单 22.1 使用比较和交换操作在 32 位浮点数据类型上模拟 atomicAdd

```
void imageAtomicFloatAdd(layout(r32ui) coherent volatile uimage3D imgUI,
   ivec3 coords, float val)
{
  uint newVal = floatBitsToUint(val);
  uint prevVal = 0;
  uint curVal;

  // 只要目标值被其他线程更改,就执行循环
  while((curVal = imageAtomicCompSwap(imgUI, coords, prevVal, newVal))
     != prevVal)
  {
    prevVal = curVal;
    newVal = floatBitsToUint((val + uintBitsToFloat(curVal)));
  }
}
```

当每个体素使用 RGBA8 颜色格式时会出现第二个问题。使用这种格式,每个颜色分量只有 8 位可用,这在对值进行求和时,很快就会导致溢出问题。因此,每当新的体素片段合并到给定体素中时,必须以递增方式计算平均值。因此,可以使用以下公式计算移动平均值(Moving Average):

$$C_{i+1} = \frac{iC_i + x_{i+1}}{i+1}$$

这可以通过稍微修改先前基于交换的原子加法操作来轻松完成,如代码清单 22.2 所示。请注意,只有使用单个原子操作可以将所有要存储的数据(包括计数器)交换在一起时,此方法才有效。

**代码清单 22.2 对 RGBA8 像素类型实现的 atomicAvg,
它可以计算移动平均值并使用比较和交换原子操作**

```
vec4 convRGBA8ToVec4(uint val){
  return vec4(float((val&0x000000FF)), float((val&0x0000FF00)>>8U),
     float((val&0x00FF0000)>>16U), float((val&0xFF000000)>>24U));
}
uint convVec4ToRGBA8(vec4 val){
  return(uint(val.w)&0x000000FF) <<24U|(uint(val.z)&0x000000FF)<<16U|
     (uint(val.y)&0x000000FF)<<8U|(uint(val.x)&0x000000FF);
}
```

```
void imageAtomicRGBA8Avg(layout(r32ui)coherent volatile uimage3D imgUI,
    ivec3 coords, vec4 val){
  val.rgb *=255.0f;                                    // 优化以下计算
  uint newVal = convVec4ToRGBA8(val);
  uint prevStoredVal = 0;
  uint curStoredVal;
  // 只要目标值被其他线程更改，就执行循环
  while((curStoredVal = imageAtomicCompSwap(imgUI, coords, prevStoredVal,
        newVal))!= prevStoredVal){
    prevStoredVal = curStoredVal;
    vec4 rval=convRGBA8ToVec4(curStoredVal);
    rval.xyz=(rval.xyz*rval.w);                        // 取消归一化
    vec4 curValF =rval+val;                            // 添加新值
    curValF.xyz/=(curValF.w);                          // 重新归一化
    newVal = convVec4ToRGBA8(curValF);
  }
}
```

22.4.3 结果

表 22.1 显示了斯坦福龙网格（871000 个三角形，见图 22.6）上体素化算法的执行时间（以 ms 为单位），128^3 和 512^3 体素分辨率，有和没有保守光栅化，以及直接写入或合并值（详见 22.4.2 节）。所有计时都在 NVIDIA GTX480 上完成。

表 22.1 体素化算法的执行时间（单位：ms）及斯坦福龙网格上的 VoxelPipe 进行比较

格 式	分 辨 率	标准光栅化		保守光栅化		VoxelPipe	
		写 入	合 并	写 入	合 并	写 入	合 并
R32F	128	1.19	1.24* /1.40	1.63	2.41* /62.1	4.80	5.00
	512	1.38	2.73* /5.15	1.99	5.30* /30.74	5.00	7.50
RG16	128	1.18	1.24	1.63	2.16		
	512	1.44	2.38	2.03	4.46		
RGBA8	128	1.18	1.40	1.63	69.80		
	512	1.47	5.30	2.07	31.40		

注：标有星号的时间对应于使用硬件 atomicAdd 操作而不是模拟获得的结果。

费米（Fermi）和开普勒（Kepler）架构的硬件均支持对图像和全局内存指针的 32 位浮点（FP32）原子加法操作，这些指针通过 NV_shader_atomic_float 扩展公开。标有星号

的时间对应于使用此原生 atomicAdd 操作获得的结果，而不是我们的模拟结果。表 22.1 比较了使用 FP32 体素网格与 VoxelPipe 的结果。有关 VoxelPipe 的测试数据详见本章参考文献 [Pantaleoni 11]。

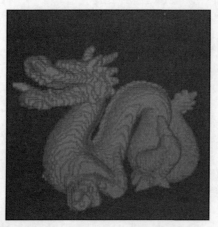

图 22.6　斯坦福龙被体素化成 128^3 个体素网格

可以看出，当没有进行合并（没有给出相同的体素化结果）或者可以使用原生原子操作时，我们的方法提供了和本章参考文献 [Pantaleoni 11] 一样好甚至更好的结果（如 R32F 和 RG16 体素格式的情形）。对于 RG16 体素格式（两个归一化的短整数），我们使用对无符号 int 值进行操作的原生 atomicAdd 在每个体素内执行合并，只要每个分量的 16 位不溢出就可以工作。

但是，当以浮点格式（R32F，没有标记星号的结果）使用原子模拟或按 RGBA8 格式计算原子移动平均值时（详见 22.4.2 节），性能会急剧下降。当发生大量碰撞时，原生操作比我们的 FP32 atomicAdd 模拟看起来快 25 倍。矛盾的是，在这些情况下，由于每个体素遇到的碰撞次数增加，较低分辨率的体素化最终比更高分辨率的体素化还慢。

22.5　稀疏体素化为八叉树

稀疏体素化的目标是仅存储与网格三角形相交的体素而不是完整网格，以便处理大而复杂的场景和对象。为了提高效率，这种表示按本章参考文献 [Laine and Karras 10] 和 [Crassin et al. 09] 提出的以稀疏体素八叉树的形式存储。为了简化以下各节中的解释，将使用计算术语，并根据内核（Kernel）和线程（Thread）的启动来描述我们的算法。22.5.6 节将详细介绍在 OpenGL 中实际执行的方式。

22.5.1 八叉树结构

稀疏体素八叉树是一种非常精简的基于指针的结构,其实现类似于本章参考文献 [Crassin et al. 09]。其内存组织如图 22.7 所示。树的根节点代表整个场景,它的每个子节点代表其体积的八分之一,如此等等。

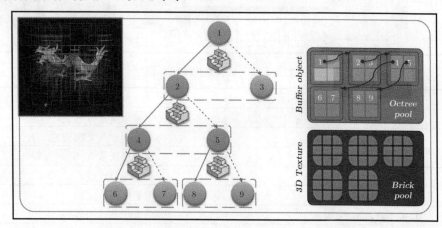

图 22.7　八叉树结构的示意图及其在显存中的实现

原　　文	译　　文	原　　文	译　　文
Buffer object	缓冲区对象	3D Texture	3D 纹理
Octree pool	八叉树池	Brick pool	Brick 池

八叉树节点以名为八叉树池（Octree Pool）缓冲区对象的形式存储在线性显存中。在此缓冲区中,节点被分组为 $2 \times 2 \times 2$ 个节点块（Node Tile）,这允许我们在每个节点中存储单个指针（实际上是指向缓冲区的索引）,这些指针指向 8 个子节点。体素值可以直接存储在线性内存的节点中,或者可以保存在与节点块相关联的 Brick 中并存储在一个很大的 3D 纹理内。这种节点加 Brick 方案是在本章参考文献 [Crassin et al. 11] 中介绍的方案,它允许对体素值的快速三线性采样。

此结构包含树的所有层次的值,这允许以任何分辨率查询过滤的体素数据,并通过降低树层次结构来增加细节。这种特性非常受欢迎,并且在全局照明应用中得到了很好的利用（详见本章参考文献 [Crassin et al. 11]）。

22.5.2　稀疏体素化概述

为了构建八叉树结构,我们将在之前提出的常规网格体素化的基础上构建稀疏体素化算法。整个算法如图 22.8 所示。

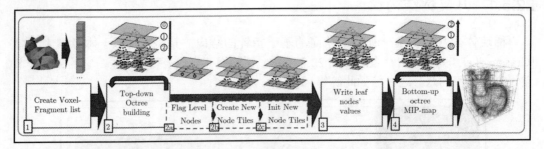

图 22.8　八叉树构建步骤示意图

原　　文	译　　文
Create Voxel-Fragment list	创建体素片段列表
Top-down Octree building	从上到下八叉树构建
Flag Level Nodes	标记层次节点
Create New Node Tiles	创建新节点块
Init New Node Tiles	初始化新节点块
Write leaf nodes' values	写入叶节点的值
Bottom-up octree MIP-map	自底至顶八叉树 Mipmap

该方法的基本思想非常简单。我们将从上到下构建结构，一次一层，从体素根节点开始，逐步细分非空节点（与至少一个三角形相交），以每个连续的八叉树层次增加分辨率（图 22.8 中的步骤 2）。对于每个层次，通过以对应于层次分辨率的分辨率对场景进行体素化来检测非空节点，并且为每个层次创建 2^3 个子节点的新节点块。最后，将体素片段值写入树的叶子并将其 Mipmap 到内部节点（图 22.8 中的步骤 3 和 4）。

22.5.3　使用原子计数器进行体素-片段列表构建

要真正重新体素化整个网格多次，每个八叉树一次，将是非常昂贵的。相反，我们选择仅以最大分辨率，即最深八叉树层次的分辨率对其进行体素化，并将生成的体素片段写入体素片段列表（Voxel Fragment List），也就是图 22.8 中的步骤 1。然后，使用该列表而不是三角形网格来在构建过程中细分八叉树。

我们的体素片段列表是存储在预分配缓冲区对象内的条目的线性矢量。它由多个值的数组组成，其中一个数组包含每个体素片段的 3D 坐标（在一个 32 位字中编码，每个分量 10 位，还有 2 个位未使用），其他数组包含我们想要存储的所有属性。在演示实现中，每个体素片段只保留一种颜色。

为了填充这个体素片段列表，我们将体素化三角形场景，方式与本章第一部分中所做的相似。不同之处在于，我们不是直接将体素片段写入目标 3D 纹理，而是将它们附加到体素片段列表中。为了管理该列表，我们会将下一个可用条目的索引（也是列表中体素片段的计数器）存储为另一个缓冲区对象内的单个 32 位值。

这个索引需要由附加体素值的数千个线程同时访问，因此将使用新的原子计数器（随 OpenGL 4.2 引入）实现它。原子计数器可以为 32 位整数变量提供高度优化的原子递增/递减操作。与允许动态索引的通用 atomicInc 或 atomicAdd 运算相比，原子计数器旨在为所有运行在相同的静态内存区域上的线程提供更高的性能。

22.5.4　节点细分

给定八叉树层次的所有节点的实际细分将分 3 步完成，如图 22.9 所示。首先，使用线程（每个体素片段列表的条目一个线程）来标记需要细分的节点。每个线程简单地从顶部到底部遍历八叉树，一直到当前层次（没有节点链接到子节点），并标记（Flag）线程结束的节点。由于多个线程将最终标记相同的八叉树节点，因此，这允许我们收集给定节点的所有细分请求。该标记的实现方式是：设置节点的子指针的最高位。

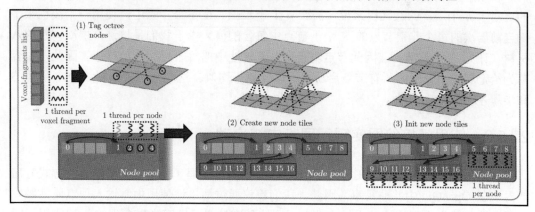

图 22.9　在使用线程调度自上而下构造期间对八叉树的每个层次执行 3 个步骤的示意图

原　　文	译　　文	原　　文	译　　文
Voxel-fragments list	体素片段列表	Node pool	节点池
(1) Tag octree nodes	（1）标记八叉树节点	(2) Create new node tiles	（2）创建新节点块
1 thread per voxel fragment	每个体素片段一个线程	(3)Init new node tiles	（3）初始化新节点块
1 thread per node	每个节点一个线程	1 thread per node	每个节点一个线程

每当一个已标记的节点被细分时，需要在八叉树池内分配一组 $2 \times 2 \times 2$ 子节点（节点块），并链接到该节点。因此，在第二步中，通过在当前八叉树层次的每个节点启动一个线程，即可执行这些子节点块的实际分配。每个线程首先检查其分配的节点的标志，如果被标记为已接触，则分配新的节点块，并将其索引分配给当前节点的 **childNode** 指针。在八叉树池中分配新节点块是使用共享原子计数器完成的，这类似于我们对体素片段列表所做的操作（详见 22.5.3 节）。

最后，这些新节点需要初始化，主要是为了使子节点指针为空（Null）。这是在单独的通道中执行的，因此一个线程可以与新八叉树层次的每个节点相关联（见图 22.9 步骤 3）。

22.5.5 写入和 Mipmap 值

一旦构建了八叉树结构，则唯一剩下的任务就是用体素片段中的值填充它。为此，我们首先将高分辨率体素片段值写入八叉树的叶节点，这是使用线程（体素片段列表的每个条目一个线程）来实现的。每个线程使用与常规网格类似的方案（详见 22.4.2 节）展开体素片段值并将它们合并到叶节点中。

在第二步中，我们将这些值 Mipmap 到树的内部节点。这是从底部到顶部逐层执行的。对于 n 个层次的八叉树来说，需要 $n-1$ 个步骤。在每个步骤中，使用一个线程来平均当前层次的每个非空节点的 8 个子节点中包含的值。由于我们是按逐个层次构建的八叉树（详见 22.5.2 节），因此节点块会在八叉树池中的每个层次自动排序。因此，很容易为给定层次中分配的所有节点启动线程以计算平均值。这两个步骤如图 22.8（步骤 3 和步骤 4）所示。

22.5.6 使用间接绘图实现无同步内核启动

与使用 CUDA 或 OpenCL 相比，使用特定数量的线程（按如前文所描述的方式）启动内核在 OpenGL 中并非易事，因此，我们建议通过简单地使用由零输入顶点属性触发的顶点着色器来实现这样的内核启动。采用这种方法时，即可在着色器内标识线程，因为可以使用 gl_VertexID 内置变量提供线性线程索引。

由于我们的算法完全在 GPU 上实现，因此方法的每个步骤所需的所有数据都存在于显存中。为了提供最佳性能，我们希望避免将这些值读回 CPU 以便能够启动新内核，因为任何读回（Readback）都会使管线停滞。相反，我们依赖于间接绘图调用（glDrawArraysIndirect），它将直接从存储在显存内的缓冲区对象的结构中读取调用参数。这允许我们为算法的连续步骤批量启动多个内核，并且进行实际线程配置（包括要启动的线程数和起始偏移量等）。批量启动基于先前启动的结果以及绝对零 CPU 同步。就目前而言，像这样由 GPU 驱动的内核启动在 CUDA 或 OpenCL 中是不可能实现的。

我们使用轻量级内核启动来修改启动参数，只有一个线程负责通过全局内存指针将正确的值写入间接绘图结构。

通过这种方法，连续启动的不同内核可能会在 GPU 上获得相同的调度时间，并且无法确保两个内核之间的读/写顺序。当一个内核依赖于上一个内核的执行结果时，可以通过使用内存屏障（Memory Barriers）命令（即 glMemoryBarrier()函数）来确保数据可用于第二个内核的线程。

22.5.7 结果与讨论

表 22.2 显示了我们的算法在 3 个代表性场景的不同步骤的计算时间（以 ms 为单位）。标记为星形的时间对应于激活基于原子的片段合并时的结果。最大的体素化分辨率为 512^3（9 个八叉树层次）。我们使用存储在全局内存的缓冲区对象中的 RGBA32F 体素值，并且所有计时都在基于开普勒架构的 NVIDIA GTX680 上完成。通过表 22.2 可以看到，大部分时间都花在了八叉树的构造上，尤其是标记节点（详见 22.5.4 节）。与基于费米架构的 GTX480 相比，整体性能提高 30%～58%，原子片段合并速度提高了 80%。

表 22.2　3 个不同场景的稀疏八叉树体素化算法的逐步执行时间（单位：ms）

场景	片段列表	八叉树构建				写入	Mipmap	合计
		标记	创建	初始化	合计			
Wald 的手	0.17	0.89	0.18	0.35	1.42	0.35/0.9*	0.55	2.49/3.04*
斯坦福龙	3.51	4.93	0.22	0.49	5.64	2.01/3.05*	0.78	11.94/12.98*
Sponza 宫	2.07	5.65	0.37	1.32	7.34	2.25/3.94*	2.09	13.75/15.44*

图 22.10 显示了将 Sponza 宫场景体素化为不同分辨率的八叉树结构的结果。我们使用的这种八叉树构造算法源于基于体素的全局照明技术，后者在本章参考文献 [Crassin et al. 11] 中有更详细的介绍。在这种方法中，必须快速地对静态环境进行预先体素化，然后在运行时，必须在结构内实时更新动态对象。由于采用了快速体素化方法，我们能够将此结构的更新时间保持在整个帧时间的 15%以下。

目前，我们的方法的一个弱点是需要预先分配具有固定大小的八叉树缓冲区。虽然这可能看起来像是一个问题，但实际上，通常可以将此缓冲区作为缓存进行管理，在提出该算法的本章参考文献 [Crassin et al. 09] 中就是这样做的。

图 22.10　将 Sponza 宫场景以最大分辨率（分别为 512^3、256^3 和 64^3 个体素）体素化为八叉树结构，并且无须过滤即可渲染

22.6　小　结

本章提出了两种体素化三角形网格的方法：一种是生成常规体素网格；另一种是生成更精简的稀疏体素八叉树。这些方法利用了 GPU 的快速光栅化硬件来实现有效的 3D 采样和扫描转换。我们的方法大大降低了以前基于图形的方法的几何成本，同时在大多数情况下都能提供与最先进的基于计算的方法相似或略高的性能。虽然这里没有详细说明，但我们的方法支持八叉树结构的快速动态更新，允许我们在静态的预先体素化环境中合并动态对象，在本章参考文献 [Crassin et al. 11] 中对此有演示，详细信息可在随附的源代码中找到。未来可能的研究工作包括优化体素合并以及保守光栅化的实现。实际上，新的 NVIDIA 开普勒架构已经大大提高了原子操作性能。

致　谢

在此我们要感谢 Crytek 游戏开发商（代表作《孤岛危机》），它提供了最初由 Marko Dabrovic 创建的 Atrium Sponza 宫模型的改进版本。我们还要感谢斯坦福大学计算机图形实验室提供的龙模型，以及 Ingo Wald 提供的动画手模型。

参考文献

[Allard et al. 10] Jérémie Allard, François Faure, Hadrien Courtecuisse, Florent Falipou,

Christian Duriez, and Paul Kry. "Volume Contact Constraints at Arbitrary Resolution." In *ACM Transactions on Graphics, Proceedings of SIGGRAPH 2010*, pp. 1–10. New York: ACM, 2010. Available online (http://hal.inria.fr/inria-00502446/en/).

[Crane et al. 05] Keenan Crane, Ignacio Llamas, and Sarah Tariq. "Real-Time Simulation and Rendering of 3D Fluids." In *GPU Gems 2*, pp. 615–634. Reading, MA: Addison Wesley, 2005.

[Crassin et al. 09] Cyril Crassin, Fabrice Neyret, Sylvain Lefebvre, and Elmar Eisemann. "GigaVoxels: Ray-Guided Streaming for Efficient and Detailed Voxel Rendering." In *ACM SIGGRAPH Symposium on Interactive 3D Graphics and Games (I3D)*, 2009. Available online (http://artis.imag.fr/Publications/2009/CNLE09).

[Crassin et al. 10] Cyril Crassin, Fabrice Neyret, Miguel Sainz, and Elmar Eisemann. "Efficient Rendering of Highly Detailed Volumetric Scenes with GigaVoxels." In *GPU Pro*, pp. 643–676. Natick, MA: A K Peters, 2010. Available online (http://artis.imag.fr/Publications/2010/CNSE10).

[Crassin et al. 11] Cyril Crassin, Fabrice Neyret, Miguel Sainz, Simon Green, and Elmar Eisemann. "Interactive Indirect Illumination Using Voxel Cone Tracing." In *Computer Graphics Forum (Pacific Graphics 2011)*, 2011.

[Dong et al. 04] Zhao Dong, Wei Chen, Hujun Bao, Hongxin Zhang, and Qunsheng Peng. "Real-Time Voxelization for Complex Polygonal Models." In *Proceedings of the Computer Graphics and Applications, 12th Pacific Conference, PG '04*, pp. 43–50. Washington, DC: IEEE Computer Society, 2004. Available online (http://dl.acm.org/citation.cfm?id= 1025128. 1026026).

[Eisemann and Décoret 08] Elmar Eisemann and Xavier Décoret. "Single-Pass GPU Solid Voxelization for Real-Time Applications." In *Proceedings of graphics interface 2008, GI '08*, pp. 73–80. Toronto, Ont., Canada, Canada: Canadian Information Processing Society, 2008.

[Fang et al. 00] Shiaofen Fang, Shiaofen Fang, Hongsheng Chen, and Hongsheng Chen. "Hardware Accelerated Voxelization." *Computers and Graphics* 24:3 (2000), 433–442.

[Hasselgren et al. 05] Jon Hasselgren, Tomas Akenine-Mller, and Lennart Ohlsson. "Conservative Rasterization." In *GPU Gems 2*. Reading, MA: Addison Wesley, 2005.

[Huang et al. 98] Jian Huang, Roni Yagel, Vassily Filippov, and Yair Kurzion. "An Accurate Method for Voxelizing Polygon Meshes." In *Proceedings of the 1998 IEEE Symposium on Volume Visualization, VVS '98*, pp. 119–126. New York: ACM, 1998. Available online (http://doi.acm.org/ 10.1145/288126.288181).

[Kaplanyan and Dachsbacher 10] Anton Kaplanyan and Carsten Dachsbacher. "Cascaded Light Propagation Volumes for Real-time Indirect Illumination." In *Proceedings of I3D*, 2010.

[Laine and Karras 10] Samuli Laine and Tero Karras. "Efficient Sparse Voxel Octrees." In *Proceedings of ACM SIGGRAPH 2010 Symposium on Interactive 3D Graphics and Games*, pp. 55–63. New York: ACM Press, 2010.

[Li et al. 05] Wei Li, Zhe Fan, Xiaoming Wei, and Arie Kaufman. "Flow Simulation with Complex Boundaries." In *GPU Gems 2*, pp. 615–634. Reading, MA: Addison Wesley, 2005.

[Pantaleoni 11] Jacopo Pantaleoni. "VoxelPipe: A Programmable Pipeline for 3D Voxeliza- tion." In *Proceedings of the ACM SIGGRAPH Symposium on High Performance Graphics, HPG'11*, pp. 99–106. New York: ACM, 2011. Available online (http://doi.acm.org/ 10.1145/2018323.2018339).

[Schwarz and Seidel 10] Michael Schwarz and Hans-Peter Seidel. "Fast Parallel Surface and Solid Voxelization on GPUs." In *ACM SIGGRAPH Asia 2010 papers, SIGGRAPH ASIA'10*, pp. 179:1–179:10. New York: ACM, 2010. Available online (http://doi.acm.org/ 10.1145/1866158. 1866201).

[Thiedemann et al. 11] Sinje Thiedemann, Niklas Henrich, Thorsten Grosch, and Stefan Müller. "Voxel-Based Global Illumination." In *Symposium on Interactive 3D Graphics and Games, Proceedings of I3D*, pp. 103–110. New York: ACM, 2011.

[Zhang et al. 07] Long Zhang, Wei Chen, David S. Ebert, and Qunsheng Peng. "Conservative Voxelization." *The Visual Computer 23* (2007), 783–792. Available online (http://dl.acm.org/ citation.cfm?id=1283953.1283975).

第 4 篇

性　能

当涉及实时图形时，性能就是从不可能的角度定义可能性，这也是图形硬件不断突破发展的原因。

性能不足的原因可能是源于我们对工作的平台缺乏了解。这可能会对引领 OpenGL ES 世界的基于图块的 GPU 产生巨大的负面影响。Bruce Merry 编写了第 23 章 "基于图块架构的性能调优"，该章介绍了基于图块的 GPU 架构的特性以及如何利用它们。Jon McCaffrey 编写了第 24 章 "探索移动与桌面 OpenGL 性能"，并且继续了这一讨论，该章展示了移动和桌面计算世界之间的性能水平差异。

性能不仅是 GPU 架构关心的对象，也是编写软件的直接结果。随着 GPU 的性能以比 CPU 更快的速度增长，我们越来越多地受到 CPU 的限制，而无法充分利用 GPU 的强大能力。Sébastien Hillaire 编写了第 25 章 "通过减少对驱动程序的调用来提高性能"，介绍了减少传统风格的 CPU 开销的一些基本概念。

Arnaud Masserann 编写了第 26 章 "索引多个顶点数组"，回过头来讨论了 GPU 性能最基本的元素之一：如何将顶点数组数据提交给 GPU。他提供了一种直接适用的方法，以确保即使对于没有按这种方式组织的资源（如 COLLADA 几何），也可以使用顶点索引。

为了扩展性能，有时我们别无选择，只能扩展用于渲染的 GPU 数量。Shalini Venkataraman 编写的第 27 章 "NVIDIA Quadro 上的多 GPU 渲染" 就探讨了这个主题。她解释了如何有效地使用多个 GPU 进行渲染并将它们的工作结果集成在一起以构建最终图像。

第 23 章　基于图块架构的性能调优

作者：Bruce Merry

23.1　简　　介

OpenGL 和 OpenGL ES 规范描述了一个虚拟管线，其中的三角形是按顺序处理的：三角形的顶点将被变换，三角形被设置并被光栅化以产生片段，片段被着色，然后被写入帧缓冲区。完成此操作后，再处理下一个三角形，依此类推。但是，这并不是 GPU 工作的最有效方式；GPU 通常会在高级选项下进行重新排序和并行化处理，以获得更好的性能。

本章将研究基于图块的渲染（Tile-Based Rendering），这是一种特殊的安排图形管线的方式，它在若干个流行的移动 GPU 中都有使用。我们将探讨基于图块的渲染的具体内容，以及使用它的原因，然后看一看需要采取哪些不同的方式来实现最佳性能。我们假设读者已经具备优化 OpenGL 应用程序的经验，并熟悉一些标准技术，如减少状态变化、减少 draw 调用的次数、降低着色器的复杂度和进行纹理压缩等，最后将提供一些与基于图块的 GPU 相关的建议。

请记住，每个 GPU、每个驱动程序和每个应用程序都是不同的，它们具有不同的性能特征（详见本章参考文献 [Qua 10]）。最终，性能调优是一个分析和实验的过程。因此，本章包含很少的硬性规则，而是试图说明如何估算与不同方法相关的成本。

本章讨论的是如何最大化性能，但由于基于图块的 GPU 目前在移动设备中很受欢迎，所以我们还将简要介绍功耗。许多桌面应用程序将尽可能每秒渲染尽可能多的帧，始终消耗 100%的可用处理能力。故意将帧速率调节到更适度的水平并因此消耗更少的功率可以显著延长电池的续航时间，同时对用户体验的影响相对较小。当然，这并不意味着在实现目标帧速率之后应该停止优化：进一步优化将使系统获得更多的空闲时间并因此改善功耗。

本章的焦点将放在 OpenGL ES 上，因为这是基于图块的 GPU 的主要市场，但偶尔我们也会谈到桌面 OpenGL 的特性以及它们的表现。

23.2 背景

虽然性能是台式机 GPU 的主要目标，但移动 GPU 必须在性能与功耗（即电池续航时间）之间取得平衡。设备中最大的功率消耗者之一是内存带宽：计算相对便宜，但必须移动的数据越多，则消耗的功率越多。

OpenGL 虚拟管线需要大量带宽。对于一个相当典型的用例来说，每个像素都需要从深度/模板缓冲区读取，写回深度/模板缓冲区，再写入颜色缓冲区。例如，12 个字节的流量，假设没有过度绘制（Overdraw），没有混合，没有多通道算法，也没有多重采样。如果加上这些，那么开发人员可以轻松地为每个显示的像素生成超过 100 个字节的内存流量。由于每个显示像素需要最多 4 个字节的数据，因此，这会过度使用带宽并因此而耗费更多的功率。实际上，桌面 GPU 会使用压缩技术来减少带宽消耗，但它仍然很重要。

为了减少这种巨大的带宽需求，许多移动 GPU 将使用基于图块的渲染（Tile-Based Rendering）。在最基本的层面上，这些 GPU 将帧缓冲区（包括深度缓冲区、多重采样缓冲区等）从主内存移入高速片上内存（On-chip Memory）。由于片上内存就是在显卡上的，并且接近计算发生的位置，因此访问它所需的功率要少得多。如果可以在片上内存中放置一个较大的帧缓冲区，那么一切都不是问题，但遗憾的是，这需要太多的硅。片上帧缓冲区或图块缓冲区（Tile Buffer）的大小在不同 GPU 之间是不一样的，甚至可以小到 16 × 16 像素。

这带来了一些新的挑战：如何使用如此小的图块缓冲区生成高分辨率图像？解决方案是将 OpenGL 帧缓冲区分解为 16 × 16 图块（因此称为"基于图块的渲染"），并一次渲染一个。对于每个图块来说，影响它的所有图元都会被渲染到图块缓冲区中，一旦图块完成，它就会被复制回更耗电的主内存，如图 23.1 所示。带宽优势来自于只需要写回最小的结果集：没有深度/模板值，没有过度绘制的像素，也没有多重采样缓冲区数据。此外，深度/模板测试和混合完全在芯片上完成。

现在回到 OpenGL API，它在设计时并没有考虑到基于图块的体系结构。OpenGL API 是立即模式（Immediate-Mode）：它指定以当前状态绘制的三角形，而不是提供包含所有三角形及其状态的场景结构。因此，基于图块的架构上的 OpenGL 实现需要收集帧中提交的所有三角形并存储它们以供后期使用。虽然早期的固定功能 GPU 在软件中实现了这一点，但是最近的可编程移动 GPU 具有专门的硬件单元来实现这一点。对于每个三角形来说，它们将使用顶点着色器的 gl_Position 输出来确定哪些图块可能受到三角形的影响,并将三角形输入空间数据结构中。此外,每个三角形需要与其当前的片段状态打包:片段着色器、统一格式、深度函数等。当图块被渲染时,将查询空间数据结构以查找与该图块相关的三角形及其片段状态。

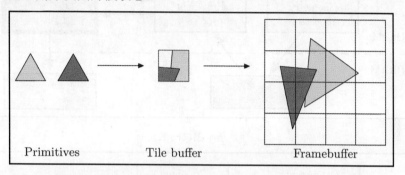

图 23.1　图块缓冲区的操作。帧的所有变换图元都存储在内存中(左图)。通过将图元渲染到图块缓冲区(保存在片上内存中)来处理图块(中图)。一旦渲染了一个图块,它就会被复制回主内存中保存的帧缓冲区(右图)

原　　文	译　　文
Primitives	图元
Tile buffer	图块缓冲区
Framebuffer	帧缓冲区

乍一看,我们似乎已经因为一个带宽问题而带来了另外一个带宽问题:除了光栅化器和片段着色核心立即使用顶点属性之外,三角形被保存起来以供以后在数据结构中使用。实际上,顶点位置、顶点着色器输出、三角形索引、片段状态以及空间数据结构的一些开销都需要存储。我们将这些集合数据称为帧数据(Frame Data),ARM 文档称它们为多边形列表(Polygon Lists)(详见本章参考文献 [ARM 11]),而 Imagination Technologies(英国图形芯片设计公司)的文档则将它们称为参数缓冲区(详见本章参考文献 [Ima 11])。基于图块的 GPU 是成功的,因为读取和写入这些数据所需的额外带宽通常小于通过片上内存保持中间着色结果而节省的带宽。只要裁剪后三角形的数量保持在合理的水平,这将是真实的。过度曲面细分到微多边形中会使帧数据膨胀,并否定基于图块的 GPU 的优势。

图 23.2(a)显示了基于图块的架构的数据流。带宽最高的数据传输是片段处理器和图块缓冲区之间的数据传输,它们保存在片上内存中。对比图 23.2(b)可见,在立即模式 GPU 中,多重采样颜色、深度和模板数据都是通过内存总线发送的。

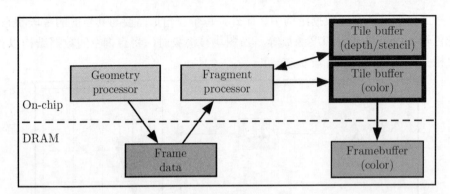

（a）基本图块的架构

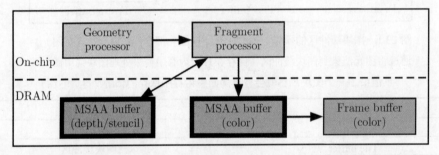

（b）立即模式 GPU

图 23.2　用于多重采样渲染的数据流在基于图块的架构和立即模式 GPU 中。黄色框是计算单元，蓝色框是内存，粗框表示多重采样缓冲区。立即模式 GPU 会将多重采样像素数据移入和移出芯片，从而消耗大量带宽

原　　文	译　　文
On-chip	片上内存
Geometry processor	几何处理器
Fragment processor	片段处理器
Frame data	帧数据
Tile buffer(depth/stencil)	图块缓冲区（深度/模板）
Tile buffer(color)	图块缓冲区（颜色）
Framebuffer(color)	帧缓冲区（颜色）
MSAA buffer(depth/stencil)	MSAA 缓冲区（深度/模板）
MSAA buffer(color)	MSAA 缓冲区（颜色）

23.3 清除和丢弃帧缓冲区

在性能调优方面，关于基于图块的 GPU 最重要的一点是，当前构造的帧的表示不是帧缓冲区，而是帧数据，即变换顶点的列表、多边形，以及生成帧缓冲区所需的状态。与帧缓冲区不同，这些数据将随着帧中发出更多的 draw 调用而增长。因此，重要的是确保正确地终止帧，使得帧数据不会无限增长。

在交换双缓冲窗口时，后台缓冲区（Back Buffer）的效果取决于所使用的窗口系统绑定。EGL 和 GLX 都允许实现使后台缓冲区的内容无效。因此，驱动程序可以在每次交换后丢弃帧数据并以空白板开始（使用 EGL 时，应用程序可以选择在交换时保留后台缓冲区。更多详细信息，请参见 23.4 节）。

当使用没有交换操作的帧缓冲区对象时，事情就变得更困难一些。具体来说，可以考虑使用 glClear。典型的桌面 GPU 是立即模式架构，这意味着只要三角形的所有数据都可用，它们就会绘制片段。在立即模式 GPU 上，对 glClear 的调用实际上是将值写入帧缓冲区，因此可能很昂贵。程序开发人员会使用各种技巧来避免这种情况。例如，如果他们知道颜色缓冲区将被完全覆盖，那么就不会去清除颜色缓冲区，并且在交替帧上使用一半深度范围以避免清除深度缓冲区。虽然这些技巧在过去很有用，但它们已经被硬件层面的优化所超越，甚至可能因为与这些硬件优化有抵触而导致性能下降。

在基于图块的体系结构中，避免清除缓冲区对于性能来说可能是灾难性的：因为帧是在帧数据中构建的，所以清除所有缓冲区将简单地释放现有的帧数据。换句话说，glClear 不仅非常便宜，而且实际上可以通过允许丢弃不需要的帧数据来提高性能。

为了充分利用这种效果，有必要清除所有内容。使用剪刀或蒙版，或仅清除颜色、深度和模板的子集将阻止帧数据被释放。虽然驱动程序可能会检测到清除缓冲区可以释放帧数据的更多情况，但最安全和可移植性最好的方法仍如代码清单 23.1 所示。

代码清单 23.1　正确清除基于图块的 GPU 的屏幕

```
glDisable(GL_SCISSOR_TEST);
glColorMask(GL_TRUE, GL_TRUE, GL_TRUE, GL_TRUE);
glDepthMask(GL_TRUE);
glStencilMask(0xFFFFFFFF);
glClear(GL_COLOR_BUFFER_BIT | GL_DEPTH_BUFFER_BIT | GL_STENCIL_BUFFER_BIT);
```

除非窗口系统已经负责丢弃帧缓冲内容，否则这应该在每帧的开始处完成。[1] 当然，

---

[1] OpenGL 没有定义"帧"是什么，它是一个令人惊讶的滑动的概念。在此上下文中，我们认为生成的每个帧缓冲区构成一个单独的帧，即使需要组合多个帧缓冲区对象以创建单个屏幕图像。

如果蒙版和剪刀启用已经处于正确状态，则不需要明确设置它们。

上面关于清除的讨论强调了 API 的局限性：glClear 是一个低级命令，它指定的是缓冲区内容，而不是关于应用程序如何使用缓冲区的高级提示。想要可移植性能的 OpenGL ES，开发人员应该考虑使用 EXT_discard_framebuffer 扩展，因为它提供了这个提示。相应地，命令 glDiscardFramebufferEXT 向驱动程序发出指示，表示应用程序不再关心某些缓冲区的内容，允许驱动程序将像素值设置为它想要的任何值。基于图块的架构可以使用此提示释放帧数据，而立即模式架构则可以选择忽略该提示。代码清单 23.2 显示了一个可用于代替代码清单 23.1 的示例。

代码清单 23.2　使用 EXT_framebuffer_discard 丢弃帧缓冲内容

```
const GLenum attachments[3] = {COLOR_EXT, DEPTH_EXT, STENCIL_EXT};
glDiscardFramebufferEXT(GL_FRAMEBUFFER, 3, attachments);
```

丢弃帧缓冲区对象还有另一种用法，即渲染到纹理。将 3D 几何体渲染到纹理（如环境贴图）时，渲染过程中需要深度缓冲区，但之后则不需要保留。应用程序可以在执行渲染之后但在取消绑定帧缓冲区对象之前调用 glDiscardFramebufferEXT 以通知驱动程序，并且基于图块的 GPU 可以使用该信息作为一项提示，暗示深度值不需要从图块缓冲区复制回主内存。虽然在桌面 OpenGL 上尚未提供，但 EXT_discard_framebuffer 扩展可能对多重采样帧缓冲区对象也很有用，因为在其中，多重采样缓冲区一旦被解析为单个采样目标就可能被丢弃。在撰写本文时，EXT_discard_framebuffer 仍然相对较新，并且需要一些实验来确定如何通过特定实现来有效地使用提示。

23.4　增量帧更新

对于具有移动相机的 3D 视图（如在第一人称射击游戏中），期望每个像素在帧与帧之间改变是合理的，因此清除帧缓冲区不会破坏任何有用的信息。但是，对于更多类似图形用户界面（Graphical User Interface，GUI）的应用程序，可能存在各种控件或信息视图，而这些视图并不会在帧与帧之间发生变化，也不需要重新生成。在基于图块的 GPU 上使用 EGL 的应用程序，开发人员经常会惊讶地发现，颜色缓冲区不会在帧与帧之间持续存在。EGL 1.4 允许通过在表面上设置 EGL_SWAP_BEHAVIOR 来明确请求它，但它不是基于图块的 GPU 的默认值，因为它会降低性能。

要理解为什么保留后台缓冲区会降低性能，可以再次思考基于图块的 GPU 为单个图块组成片段的方式。如果在帧开始时即清除了帧缓冲区，则只需要在绘制片段之前将图块缓冲区初始化以清除颜色，但如果从上一帧中保留了帧缓冲区，则在渲染任何新片段之前，需要使用相应的帧缓冲区的一部分初始化图块缓冲区，而这需要带宽。带宽成本与将先前的帧缓冲区作为纹理处理并将其绘制到当前帧中相当。虽然它将取决于场景的复杂性，但重绘整个帧比尝试保留前一帧的区域更快。

Qualcomm（美国高通公司）提供了解决此用例的供应商扩展（QCOM_tiled_rendering）。应用程序将明确指出要更新的区域，并且所有渲染都将裁剪到此区域。然后 GPU 只需要处理与该区域相交的图块，并且帧缓冲区的其余部分可以保持不变。该扩展还包括类似于 EXT_discard_framebuffer 的特性，以允许用户指示是否需要保留目标区域的现有内容。例如，假设应用程序在区域中包含具有偏移 x、y 和维度为 $w \times h$ 的 3D 视图，该视图将被完全替换，而窗口的其余部分是静态的并且不需要更新。除了将 EGL_SWAP_BEHAVIOR 设置为 EGL_BUFFER_PRESERVED 之外，这可以使用代码清单 23.3 中的代码实现。

代码清单 23.3　使用 QCOM_tiled_rendering 替换帧缓冲区的一部分

```
glStartTilingQCOM(x, y, width, height, GL_NONE);
glClear(GL_COLOR_BUFFER_BIT | GL_DEPTH_BUFFER_BIT | GL_STENCIL_BUFFER_BIT);
glViewport(x, y, width, height);
// 绘制场景
glEndTilingQCOM(GL_COLOR_BUFFER_BIT0_QCOM);
eglSwapBuffers(dpy, surface);
```

其中，GL_NONE 表示可以丢弃的受影响区域的帧缓冲区的先前内容。GL_COLOR_BUFFER_BIT0_QCOM 表示必须将渲染的颜色数据写回帧缓冲区。深度和模板可能会被丢弃。

23.5　冲　　洗

基于图块的 GPU 有时也被称为延迟（Deferred）模式，因为驱动程序将尝试避免执行片段着色，直到必须如此。当然，最终仍然是需要像素值的。以下操作都将强制使帧缓冲区内容更新：

- ❏ eglSwapBuffers 及其在其他窗口系统中的等价物。
- ❏ glFlush 和 glFinish。
- ❏ glReadPixels、glCopyTexImage 和 glBlitFramebuffer。
- ❏ 查询当前帧中遮挡查询（Occlusion Query）的结果。
- ❏ 使用渲染到纹理（Render-to-Texture）的结果进行纹理处理。

使用 glFramebufferRenderbuffer 或 glRenderbufferStorage 都会更改帧缓冲区附属数据，或者纹理等效物也可能导致冲洗（Flush），也就是清空数据，因为帧数据仅适用于旧的附属数据。

以下模式的性能非常差：

（1）绘制一些三角形。

（2）使用帧缓冲区内容。

（3）绘制另一个三角形。

（4）使用帧缓冲区内容。

（5）绘制另一个三角形。

……

每次需要帧缓冲区内容时，都会有另一个片段着色过程，在最坏的情况下，仅仅为了绘制一个三角形，就可能需要涉及每个帧缓冲区像素的读取和写入。因为每一遍的成本都很高，所以目标是每帧只需要一遍。

即使对帧缓冲区内容的访问完全在 GPU 上完成（例如，通过访问渲染到纹理的结果或通过使用像素包缓冲区调用 glReadPixels 也是如此，因为每次绘制后再访问（Draw-then-Access）都需要片段着色重新运行。将其与立即模式 GPU 进行比较可以发现，无论何时执行，使用像素包缓冲区调用 glReadPixels 的成本基本相同。

在某些驱动程序中，glBindFramebuffer 还可以为刚取消绑定的帧缓冲区启动片段着色。因此，最好每帧仅绑定一次帧缓冲区。例如，考虑有一个场景，通过使用生成的环境贴图使某些物体闪闪发亮。在这种情况下，原生的场景图形渲染方法可能会导致在绘制物体本身之前立即生成每个环境贴图，但更好的方法应该是先生成所有的环境贴图，然后绑定窗口系统帧缓冲区以渲染最终场景。

除了上面的命令，还有另一种情况也会发生冲洗。由于帧数据的内存使用量会随着帧中几何体的大小而缩放，因此，在不交换或清除数据的情况下，只要应用程序不断绘制更多的几何体，最终就会耗尽内存。为了防止这种情况发生，驱动程序最终会强制冲洗。这是非常昂贵的，因为它不像交换操作，所有缓冲区（包括多重采样缓冲区）都会写入内存，然后重新加载以便继续渲染，而这很容易消耗 16 倍于常规冲洗的带宽。

这意味着性能不会随顶点数量线性变化。一旦应用程序具有足够简单的几何体，并且以交互速率运行，那么它应该妥善清除这个性能上的巨坑。在开始优化时，有必要先检查这种情况，然后根据当前吞吐量估计目标顶点计数。

23.6 延迟

由于帧的顶点和片段处理发生在不同的阶段，因此对 CPU、顶点处理器和片段处理器有平衡要求的应用程序在任何时候都会动态存在 3 个帧，如图 23.3 所示。命令提交和完成之间的确切延迟（Latency）将取决于哪些资源最受限制，并且还将随时间变化。

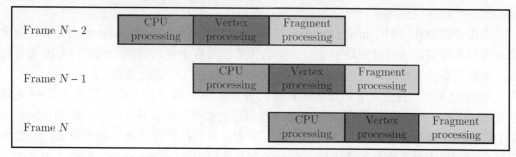

图 23.3　基于图块的 GPU 中的处理管线。在任何时间点，处理的不同阶段都可以有 3 个帧。
该图显示了一个没有管线气泡（Pipeline Bubbles）的理想情况

原　　文	译　　文	原　　文	译　　文
Frame N–2	帧 N–2	Frame N–1	帧 N–1
CPU processing	CPU 处理	Frame N	帧 N
Vertex processing	顶点处理	Time	时间
Fragment processing	片段处理		

除了影响对用户输入的响应性之外，当渲染结果被读回 CPU 时，延迟是一个问题。一些同步查询（如没有像素包缓冲区的 glReadPixels 之类）将使 CPU 被锁住，直到结果可用（但是它几乎不会被使用）。即使是使用诸如遮挡查询之类的异步查询，最终也必须读取结果，并且过早这样做会使管线停滞。如果可以等到查询结果可用，那么 GL_QUERY_RESULT_AVAILABLE 的定期检查就足够了。为立即模式 GPU 编写的代码（假定查询结果将在固定数量的帧内可用）可能需要重新调整，以等待更多数量的中间帧或轮询（Poll）到结果可用。类似地，如果必须使用 glReadPixels，则可以通过在多个帧缓冲对象之间旋转并且不是读取刚刚渲染的帧而是读取前一帧（更可能已完成渲染的帧），以一定的延迟为代价来大大提高性能。

当对象被修改时，延迟也可以起作用，因为命令将在发布时绑定它们的资源。一个常见的例子是动画网格，其中的顶点位置每一帧都会更新。之前的顶点位置可能仍然用于前一帧中的顶点着色，因此，当应用程序更新顶点缓冲区时，GPU 想要读取的内存在前一帧完成之前无法触及。在大多数情况下，驱动程序将通过在高级选项下制作额外的资源副本来处理这个问题，以避免使管线停滞，但是在内存和带宽受限的移动设备上，这样的写入时复制（Copy-On-Write）仍然值得注意。如果在某个帧期间多次使用单个资源，使该资源的部分更新散布，导致多个写入时复制，则问题会变得更加糟糕。如果可能，所有更新应该在资源被使用之前作为块完成。

使用诸如 EGL_KHR_image_pixmap 或 GLX_EXT_texture_from_pixmap 之类的扩展来修改操作系统像素映射时要特别小心。驱动程序在内存中移动这些资源的自由度通常较低，可能需要停止管线，甚至将部分结果冲洗到帧缓冲区并重新加载它们。

如图 23.3 所示的三阶段处理意味着基于图块的 GPU 通常具有比立即模式 GPU 更高的延迟，因此，针对立即模式 GPU 调整的代码可能需要重新调整。对于一些基于图块的 GPU，帧的顶点着色比片段着色更早完成（事实上，是在片段着色开始之前就已经完成了），因此顶点着色的延迟将更低。但是，在某些情况下，在片段着色期间，顶点着色的部分将被延迟，直到需要它为止。

23.7 隐藏表面消除

当对象在立即模式 GPU 中重叠时，导致一个像素被另一个像素覆盖，与此相关的成本有两个：给隐藏像素着色的成本和相关帧缓冲区访问所消耗的额外带宽。在基于图块的 GPU 中，后者的成本被消除，因为只有完全渲染的图块会被发送到内存，但是着色的成本仍然存在。因此，进行高级剔除并以前后顺序提交不透明对象以利用硬件早期深度测试仍然很重要。但是，由于成本不同，与立即模式 GPU 相比，用于排序的 CPU 负载和用于着色的 GPU 负载的最佳平衡可能是不同的。

上述例外是 PowerVR 系列 GPU，它的特性是在片段着色期间消除每个像素的隐藏表面（详见本章参考文献 [Ima 11]）。在运行任何片段着色器之前，会对多边形进行预处理，以确定哪些片段可能对最终结果有贡献，并且仅对这些片段进行着色。这消除了对不透明几何体进行排序的需要。要充分利用这一点，必须保证片段着色器替换被遮挡的像素。GLSL discard 关键字的存在以及样本蒙版、Alpha 测试、Alpha-to-Coverage（A2C）和混合都将禁用优化，因为被遮挡的像素可能会影响最终图像。因此，这些特性只应为需要它们的对象启用，即使以额外状态更改为代价也是如此。

在 PowerVR 样式硬件隐藏表面消除（Hidden Surface Removal，HSR）特性不可用的情况下，另一个选择是使用初始的仅包含深度通道（Depth-Only Pass）：使用空的片段着色器提交所有几何体一次，并禁用颜色写入以填充深度缓冲区，然后使用真正的片段着色器再次绘制所有内容。深度通道将确定可见表面的深度，然后颜色通道将仅对那些表面执行片段着色（假设早期已经执行深度剔除）。

这种仅包含深度通道的技术在立即模式 GPU 或基于图块的 GPU 上可以有效，因为它消除了昂贵的着色计算，但权衡是不同的。在这两种情况下，深度通道都会导致颜色通道的所有顶点处理和光栅化成本。但是，高通骁龙（Adreno）200 或其他 GPU 可能在仅包含深度通道中具有更高的片段吞吐量（详见本章参考文献 [Qua 10]）。在立即模式 GPU 上，由于在两个通道期间都访问深度缓冲区，因此仅包含深度通道会导致带宽损失。在基于图块的 GPU 上，深度缓冲区访问没有主内存带宽损失，但是重复帧数据中的所有几何形状的损失较小。因此，对于带宽受限的应用来说，即使在立即模式 GPU 上无效，基于图块的 GPU 上的仅包含深度通道也可能是有效的。

23.8 混　　合

在立即模式 GPU 上，混合（Blending）一般来说是很昂贵的，因为它需要对帧缓冲区进行读-修改-写周期，而帧缓冲区通常保存在相对较慢的内存中。在基于图块的 CPU 上，这个读-修改-写周期完全在片上发生，因此非常便宜。一些 GPU 具有专用的混合硬件，这使得混合操作基本上是免费的，而其他 GPU 则使用着色器指令来实现混合，因此，混合将减少片段着色吞吐量。

请注意，与其他透明度或半透明技术（如 Alpha 测试或 Alpha-to-Coverage）相比，这仅解决了混合操作的直接成本。使对象部分透明或半透明具有间接成本，因为对象再也不能被视为隐藏表面消除的遮挡物。现在必须处理半透明物体后面的片段，而以前可以通过硬件隐藏表面消除或早期深度测试等优化技术来消除它们。

23.9 多 重 采 样

多重采样（Multisampling）是一种有效的技术，可以在不牺牲像超级采样（Supersampling）那样多的性能的情况下提高视觉质量。每个帧缓冲区像素将存储多个样本，这些样本被平均在一起以产生抗锯齿图像，但是通过光栅化生成的片段每个像素只需要着色一次。虽然这使得片段着色成本大致相同，但它对立即模式 GPU 产生了巨大的带宽影响：通过 4 次多重采样（这是常见选择），所有帧缓冲区访问的带宽增加了 4 倍。各种硬件优化重新将这种带宽开销降低到多重采样比较实用的程度，但它仍然是很昂贵的。

相比之下，基于图块的 GPU 中的多重采样可以非常便宜，因为多个样本仅需要保留在片上图块缓冲区中，只有平均颜色值被写入帧缓冲区内存。因此，多重采样对帧缓冲区带宽没有影响。

尽管如此，这里还是有两个成本：首先，4 倍多重采样将需要 4 倍的图块缓冲区内存。由于图块缓冲区内存在芯片方面是昂贵的，因此，在多重采样有效时，一些 GPU 会通过减小图块尺寸来补偿这一点。图块的减小对性能有一些影响，但是图块大小减半并不会使性能减半，而受片段着色吞吐量限制的应用只会受到轻微影响。

多重采样的第二个成本（也影响立即模式 GPU）是，沿着对象的轮廓将生成更多的片段。每个多边形将命中更多像素，如图 23.4 所示。此外，在前景和背景几何体对单个像素都有贡献的情况下，两个片段都必须进行着色，因此硬件隐藏表面消除会剔除更少的片段。这些额外片段的成本将取决于多少场景由轮廓构成，而 10% 则是一个很好的初步猜测。

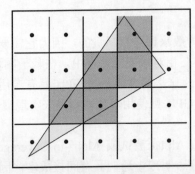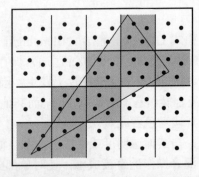

图 23.4　多重采样对片段着色器负载的影响。如果没有多重采样，则只有中心被覆盖的像素会生成片段（左图阴影部分）。如果覆盖了任何采样点，则会生成一个片段，从而导致沿边略微增加碎片（右图）

23.10　性 能 分 析

在立即模式 GPU 上，ARB_timer_query 扩展可用于衡量渲染场景某些部分的成本：glBeginQuery 和 glEndQuery 包含的一系列用于性能分析的命令，以及在命令流（Command Stream）中测量的这些命令之间经过的时间。第 34 章将更详细地介绍此功能。

虽然可以在基于图块的 GPU 上实现此扩展，但结果对于小于帧粒度（Frame Granularity）的任何内容都没有用。这是因为命令不按它们提交的顺序处理：顶点处理全部在第一遍中完成，然后片段处理按图块排序。因此，分析将需要依赖于更具侵入性的技术，如打开或关闭场景的一部分以确定性能影响。用于访问内部性能计数器的供应商特定工具也可以帮助识别管线的哪些部分导致瓶颈。

除了事后性能分析之外，通过微基准（Microbenchmark）测试开始开发通常是一个好主意，微基准测量系统特定方面的性能，以确定三角形、纹理、着色器复杂度等的预算。当这样做时，请记住，在没有交换的情况下提交太多的几何体将导致性能巨坑（详见 23.5 节）。确保命令实际执行也很重要——在 draw 调用之后放置 glClear 可能会在它们到达 GPU 之前取消那些 draw 调用。

23.11 小　　结

每个 GPU 和每个驱动程序都是不同的，优化和启发式的不同选择意味着，真正确定设计选择对特定系统的性能影响的唯一方法就是测试它。无论如何，以下经验法则是从基于图块的 GPU 获得高性能的良好起点：

- 在每帧开始时清除或丢弃颜色、深度和模板缓冲区的全部内容。
- 对于每个帧缓冲区，在帧期间将其绑定一次，并在解除绑定或使用结果之前提交帧的所有命令。
- 使用遮挡查询或其他机制检索命令结果时，请记住有延迟的问题，如果应用程序之前已针对立即模式 GPU 的延迟进行了调整，则可能需要重新调整。
- 将多边形计数保持在合理的水平，特别是避免微多边形。
- 在具有内置隐藏表面消除功能的硬件（PowerVR）上，无须从前到后对不透明物体进行分类；而在其他硬件上，则应该这样做，并且还要考虑使用仅包含深度的通道。
- 利用低成本的多重采样。
- 在移动设备上，性能必须与功耗进行平衡。

参　考　文　献

[ARM 11] ARM. *Mali GPU Application Optimization Guide*, 2011. Version 1.0.

[Ima 11] Imagination Technologies Ltd. *POWERVR Series5 Graphics SGX Architecture Guide for Developers*, 2011. Version 1.0.8.

[Qua 10] Qualcomm Incorporated. *Adreno™ 200 Performance Optimization: OpenGL ES Tips and Tricks*, 2010.

第 24 章 探索移动与桌面 OpenGL 性能

作者：Jon McCaffrey

24.1 简　　介

移动平台的惊人崛起为新的 3D 应用和游戏开辟了一个新市场，令人兴奋的是，OpenGL ES 是计算机图形学的通用语言。但是，移动平台和 GPU 具有桌面程序开发人员可能不熟悉的性能分析方法和特性。从桌面世界过渡到移动平台的开发人员需要了解移动设备的限制和功能，以便为给定的硬件资源创建最佳体验。本章将介绍移动 GPU 设计决策和约束，然后探讨它们如何影响经典渲染范例。

首先，我们将研究移动和桌面 GPU 在设计目标、尺寸和架构方面的差异；再来看一下内存带宽的问题，因为它会极大地影响性能和设备功耗，我们将分类讨论显示、渲染、合成、混合、纹理访问和抗锯齿的贡献；然后，我们的讨论重点将转向在计算能力有限的情况下如何优化片段着色。无论是否能够有效地执行操作，我们都将研究完全消除着色工作的方法。最后，我们将讨论顶点着色器和片段着色器之间的关系，以及它如何受到不同移动 GPU 架构的影响，还将提供一些优化顶点数据的技巧，以实现高效的读取和更新。

24.2 重要的差异和约束

24.2.1 尺寸差异

现代移动设备可谓非常强大，但在成本、芯片尺寸、功耗和散热方面，它们与桌面系统相比仍然有更大的局限性。

功耗是移动平台的一个主要问题，而这个问题对桌面系统的压力就要小得多。移动设备上的电池必须足够小才能放入设备的主体，这意味着它的电量可能很快就会被耗尽。很短的电池续航时间会使用户感到沮丧和不方便。通过较低的时钟频率、较窄的总线、较小尺寸的芯片、较小的数据格式以及限制冗余和推测性工作，移动硬件可以比台式机硬件使用更少的功率。虽然显示器和无线电都需要很大的功率，但 OpenGL 应用对功耗的影响更大，特别是当它们开始执行计算和通过片外内存访问时，这也可以解释为什么对于手机等移动设备来说，耗电最快的通常是游戏操作。

功耗可对移动设备造成双重影响，因为处理器、GPU 和内存消耗的功率在很大程度上将转换为热量。与具有主动空气冷却、良好的空气循环和大型散热器的台式系统不同，移动系统通常采用被动冷却方式，并且具有相对受限的机体，几乎没有大的水槽或散热片的空间。过多热量的产生不仅可能对移动设备组件造成损害，而且对于手持式产品的用户体验的影响也是显而易见的，经常有人吐槽他们的手机只要玩一会儿游戏就可能发烫。

移动和桌面 GPU 的裸片尺寸和成本也大不相同。高端桌面 GPU 是最大的主流芯片之一，最新型号上有超过 30 亿个晶体管（详见本章参考文献 [Walton 10]）。这么大的面积不但意味着性能的强悍，也意味着成本的增加。独立 GPU 也意味着单独的封装和安装以及预期的成本增加。然而，在移动系统中，GPU 通常是为移动和嵌入式应用设计的集成片上系统（System on a Chip，SoC）上的一个组件，这意味着移动 GPU 无论从性能、成本和面积哪一方面来说都只是桌面 GPU 的零头。

24.2.2 渲染架构差异

移动和桌面 GPU 不仅在尺寸上有所不同。移动 GPU（如苹果 iPhone 4S/iPad 2 中使用的 Imagination Tech SGX543MP2 和三星 Galaxy S2 中使用的 ARM Mali-400）使用的是基于图块的渲染架构（详见本章参考文献 [Klug and Shimpi 11b]）。相比之下，NVIDIA 和 ATI 的台式机 GPU 以及三星 Galaxy Tab 10.1 中使用的 GeForce ULV GPU 等移动 GPU 则使用了立即模式渲染（Immediate-Mode Rendering，IMR）。

在立即模式渲染中，顶点被转换一次，图元按顺序被栅格化（见图 24.1）。如果片段通过了深度测试（假设平台支持早期 z 深度测试），则它将被着色并且其输出颜色将被写入帧缓冲区。但是，稍后的片段可能会覆盖此像素（从而使先前完成的工作无效）并再次写入帧缓冲区。此行为称为过度绘制（Overdraw）。如果帧缓冲区存储在 GPU 外部的 DRAM 中，则意味着浪费了相对昂贵且缓慢的内存访问。即使没有过度绘制的问题，深度缓冲区仍然是必须读取的，因为在像素位置处生成的后续片段可能会拒绝它们。

图 24.1　立即模式渲染（IMR）仅渲染每个图元一次，并在单个通道中渲染整个帧缓冲区

但是，图块渲染器（Tiler）会将帧缓冲区划分为像素图块（见图 24.2）。所有绘制命令都是缓冲的。在帧的末尾，对于每个图块来说，所有与该图块重叠的几何图形都将被变换、裁剪并栅格化为帧缓冲区缓存。一旦解析了所有像素的最终值，整个图块就会从帧缓冲区缓存写入内存。这节省了冗余的帧缓冲区写入的过程，并允许快速深度缓冲区访问，因为可以使用本地帧缓冲区缓存执行深度测试和深度与颜色的写入。最终目标是限制颜色和深度缓冲区访问所消耗的内存带宽。

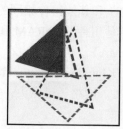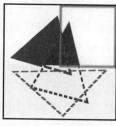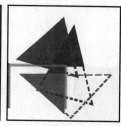

图 24.2　图块架构会将场景划分为图块，并使用快速帧缓冲区缓存将所有图元渲染到每个图块中

还有一组图块渲染器，它们将使用基于图块的延迟渲染（Tile-Based Deferred Rendering，TBDR），如 Imagination Tech SGX 系列。其思路是在执行任何片段着色之前栅格化图块中的所有图元。这允许在完成任何片段着色工作之前，在快速帧缓冲区缓存中执行隐藏表面消除（Hidden Surface Removal，HSR）和深度测试。假设几何体不透明，则每个像素都将被着色并写入帧缓冲区一次。

图块的划分并不是自动进行的。场景几何图形必须重新变换和裁剪以适合每个图块，因此，为了保持平衡的管线，需要额外的顶点处理能力。带宽也将用于重新读取每个图块的顶点数据。执行图块划分、重复顶点着色和快速帧缓冲区缓存的数字逻辑也需要从原始片段着色计算资源中瓜分计算力。图块划分还需要深度缓冲命令，这导致更复杂的硬件和驱动程序实现，并且每个图元的渲染不能整齐地放置在单个时间间隔中，这使得性能分析更加困难。有关图块架构性能调整的更多提示，请参阅第 23 章。

从架构上说，移动 GPU 并不是同质的。优化可能会以不同的方式影响不同的架构，因此在多个设备上测试跨平台版本非常重要。

24.2.3　内存架构差异

在桌面系统上，中高端 GPU 是通过外围总线（如 PCI-e）与系统其余部分进行通信的分立设备，尽管一些台式机 CPU 现在也配备了功能强大的集成 GPU（如 AMD Llano 处理器），但是集成显卡的性能仍然无法和独立显卡相比。为了获得良好的性能，GPU

必须包含自己的专用内存，因为通过外围总线访问系统内存以进行所有内存访问在带宽和延迟方面会非常慢。虽然这会增加成本，但它也是一个优化机会，因为可以针对图形工作负载优化此内存及其配置、控制器、缓存和几何。

例如，NVIDIA 费米架构使用大量分区的 GDDR5 内存以允许宽内存接口（详见本章参考文献 [Walton 10]）。除了从系统的其余部分上传和输出设备的扫描外，没有其他组件竞争此带宽。GPU 是此内存的唯一用户。

另一方面，在移动设备中，GPU 通常集成到与 CPU 和其他组件相同的 SoC 中。为了减少成本、功耗、芯片尺寸和封装复杂性，GPU 与其他组件共享 RAM 和存储器接口，这称为统一内存架构（Unified Memory Architeture，UMA）。常见的内存类型是低功耗 LPDDR2，它具有 32 位宽的接口（详见本章参考文献 [Klug and Shimpi 11a]）。这种内存不仅通用，而且 GPU 现在与系统的其他部分（如 CPU、网络、摄像头、多媒体和显示器）共享带宽，从而减少了可用于渲染和合成的专用带宽。

除了节省成本和降低复杂性之外，统一存储器架构还有一些性能优势。对于分立式 GPU，外围总线可能成为传输的瓶颈，特别是对于具有不对称速度的非 PCI-e 总线来说更是如此（详见本章参考文献 [Elhasson 05]）。使用 UMA 时，OpenGL 客户端和服务器数据实际上存储在同一个 RAM 中。即使无法使用 glMapBufferOES 直接访问服务器端数据，OpenGL 客户端和服务器数据之间的传输中潜伏的性能巨坑也更少，并且使用客户端数据进行动态顶点或索引可能没有那么大的性能损失。从 GPU 到 CPU 的数据传输和命令延迟也可能会减少。

目前的一个限制是，OpenGL ES 还没有像素缓冲区对象（Pixel Buffer Objects，PBO）的扩展，这意味着必须同步传输像素和纹理数据。这使得客户端和服务器数据之间相对便宜的带宽不太有用，并且还使得在运行时（Runtime）期间传输资源更加困难。

24.3 减少内存带宽

如表 24.1 所示，内存带宽压力是移动设备的主要性能压力之一，特别是在游戏和其他需要在帧中执行大量 CPU 端工作的应用程序上时更是如此；另外，在多媒体应用程序中，除了 GPU 和显示器之外，还有一些额外的需要带宽的客户端，所以它们也很容易构成移动设备的性能压力。这也解释了人们在测试移动设备性能时，为什么玩游戏和播放视频几乎是必备的测试项目。

除了限制性能之外，GPU 外部的内存访问还会消耗大量功率，有时甚至比计算本身还要多（详见本章参考文献 [Antochi et al. 04]）。

表 24.1 不同设备上 CPU 和 GPU 的写入带宽

设　备	CPU 写入带宽（GB/s）	GPU 写入带宽（GB/s）
摩托罗拉 Xoom	2.6	1.252
摩托罗拉 Droid X	1.4	6.8
LG Thunderbolt	0.866	0.518
戴尔 Inspiron 520 笔记本电脑	4.8	3.8
桌面计算机系统	14.2	25.7

CPU 写入带宽由 memset 估计。GPU 带宽通过 glClear 和 glFinish 估计。桌面计算机系统配备 Intel Core 2 Quad 和 NVIDIA GeForce 8800 GTS。桌面系统的 GPU 具有比 CPU 更多的可用带宽，并且 CPU 和 GPU 的内存访问互不干扰。摩托罗拉 Droid X GPU 写入带宽的分数足够高，这是因为它可能每次都没有真正写入帧缓冲区（即只是合并冗余清除或设置清除标志）。

24.3.1　相对显示尺寸

尽管移动设备的功耗和成本有限，但现代移动设备的显示分辨率仍然堪比桌面显示器的分辨率（见表 24.2）。当然，由于显示器的尺寸较小，所以移动设备通常也具有较高的像素密度，适合在近距离观看。

表 24.2 桌面计算机和移动屏幕的分辨率比较

设　备	分　辨　率	占 1280 × 1024 的比例	占 1920 × 1080 的比例
摩托罗拉 Xoom	1280 × 800	78.13	49.38
苹果 iPad 2	1024 × 768	58.63	37.06
苹果 iPhone 4S	960 × 640	46.89	29.63
三星 Galaxy S2	800 × 480	30.00	18.52

由于移动设备的片段着色吞吐量和内存带宽有限，这些相对较大的显示尺寸意味着片段着色和全屏操作很容易成为瓶颈，因为这些要求将成比例地缩放输出像素的数量。内存带宽也是一个主要的功耗，使限制带宽变得更加重要。

在移动设备中，也存在大量的分辨率大小差异，特别是在平板电脑和手机之间，因此，在多个设备上进行测试对于性能测试以及应用程序的可用性非常重要。

24.3.2　帧缓冲区带宽

基本渲染可能会消耗大量的内存带宽。假设帧缓冲区具有 16 位颜色、16 位深度和

1024×768 分辨率（详见本章参考文献 [Android 11]），每秒 60 次访问帧缓冲区中的每个像素需要 94MB/s 的带宽，因此，要按每秒 60 帧的速度在每帧写入所有像素的颜色（并且过度绘制为 0），则带宽为 94MB/s。

但是，假设采用的是立即模式渲染（IMR）架构，为了能够渲染场景，一般来说，我们还需要为每个要渲染的像素执行深度缓冲区读取。深度缓冲区和颜色缓冲区通常也在每帧被清除，并且当应用程序在渲染场景的同时写入颜色缓冲区时，它们通常还会将片段深度写入深度缓冲区中。

当应用程序完成写入时，最终帧缓冲区的内存带宽消耗不会结束。在 eglSwapBuffers 之后，它可能需要由特定于平台的窗口系统合成，然后扫描输出到显示器。与通常具有专用图形或帧缓冲区内存的桌面计算机系统不同，这也会消耗系统内存的带宽。对于扫描输出，这将消耗 94MB/s 的带宽，如果包含合成（即包括读取、写入合成帧缓冲区和扫描输出），则至少消耗 288MB/s 的带宽。

因此，在深度和颜色清除、一个深度缓冲区读取、深度和颜色缓冲区写入以及显示扫描输出的情况下，立即模式渲染（IMR）架构基本的清除-填充-显示操作将消耗 564～752MB/s 的带宽，因此，即使是简单的用例也会消耗大量的内存带宽；任何比它更有趣的应用程序都只会消耗更多的带宽。如果使用 32 位帧缓冲区，则此数字将更大。这可能是移动设备上可用带宽的重要部分（某些设备的带宽测量，请参见表 24.1）。

基于图块的架构可以为此基本操作消耗更少的带宽，因为它们可以理想地处理深度和颜色的清除，以及在帧缓冲区高速缓存中的深度缓冲区读取。使用 EXT_discard_framebuffer 扩展可以节省额外的带宽（详见本章参考文献 [Bowman 09]），因为这意味着一旦帧完成，计算出的深度缓冲区就不需要从帧缓冲区缓存写回外部内存。因此，基于图块架构的基本的清除-填充-显示操作将消耗至少 188～377MB/s 的带宽。

由于使用 32 位帧缓冲区的应用程序可能会导致带宽受限，所以，开发人员应该尝试使用精度较低的格式。由于输出帧缓冲区不常用于后续计算，因此不会传播和放大数值精度的损失。一个比较有效的解决问题的思路是平滑梯度（Smooth Gradient）的结合或量化（详见本章参考文献 [Guy 10]）。但是，由于所制作内容的性质，这会在图形和媒体应用而不是在游戏和 3D 应用中产生更多的问题。

24.3.3 抗锯齿

抗锯齿（Antialiasing）可以通过细化渲染时呈锯齿状的边缘来提高图像质量。

超级采样抗锯齿（SuperSampling AntiAliasing，SSAA）将消耗大量额外带宽和片段着色负载，因为它必须将场景渲染到更大的高分辨率缓冲区，然后下采样到最终图像。

另一方面，多重采样抗锯齿（MultiSample AntiAliasing，MSAA）将对每个像素的多个样本进行光栅化，并为每个样本存储深度和颜色。如果像素中的所有样本都被同一图元覆盖，则片段着色器将仅针对该像素运行一次，并且将为该像素中的所有样本写入相同的颜色值，然后将这些样本混合以计算最终图像（详见本章参考文献 [aths 03]）。

虽然使用 MSAA 几乎不会产生任何额外的片段着色工作或纹理读取带宽消耗，但它确实会使用大量带宽来读取和写入像素的多个样本。基于图块的架构也许可以将样本存储在帧缓冲区缓存中，并在写回系统内存之前执行此混合（详见本章参考文献 [Technologies 11]）。供应商可以执行其他优化。例如，当存在非常重要的覆盖范围信息时，仅存储多个样本。

24.3.4 纹理带宽

由于纹理访问通常每像素执行至少一次，因此这些可能是带宽消耗的另一大来源。

减少带宽的一种简单方法是降低纹理分辨率。除了较小的内存占用外，较少的纹理元素意味着更好的纹理缓存利用率和更高效的过滤。帧缓冲区分辨率通常不能降低，因为预期会有原始分辨率。纹理的大小更灵活，特别是如果它们代表像照明这样的低频信号时。低频纹理甚至可以降级为顶点属性，并进行插值。如果资源已经从桌面系统移植，则此处可能存在优化空间。

对于静态纹理来说，与频繁的屏幕外渲染的纹理绘制相反，纹理压缩是另一种节省带宽、加载时间、内存占用和磁盘空间的好方法。尽管在使用纹理数据时必须完成解压缩纹理数据，但较小尺寸的压缩纹理使得纹理缓存和内存带宽更加友好，从而提高了运行时性能。

一个复杂因素是通过 OpenGL ES 2 扩展支持纹理压缩的多种不兼容格式。示例格式是 ETC，可在大多数 Android 2.2 设备上使用，S3TC 可在 NVIDIA Tegra 上获得，而 PVRTC 则可在 ImaginationTech SGX 上获得（详见本章参考文献 [Motorola 11]）。

要在多个设备上支持纹理压缩格式，应用程序必须打包其资源的多个版本，并动态选择正确的格式，或者在运行、加载或安装时执行压缩。必须小心地在运行或安装时执行压缩，以避免减慢应用程序速度，改善加载时间和减小磁盘空间占用，减少下载应用程序所需的网络带宽。S3TC 的压缩比介于 4∶1 和 8∶1 之间，因此节省的空间和下载量很大（详见本章参考文献 [Domine 00]）。

对于帧缓冲带宽来说，使用 RGB565 等精度较低的纹理格式可以节省读取带宽。与纹理压缩不同，这也适用于用作渲染目标的纹理。

24.3.5 纹理过滤和带宽

使用的纹理过滤模式也会对消耗的内存带宽产生重大影响，但纹理缓存可以大大降低这些成本。GL_NEAREST 只需要纹理中的单个值。GL_LINEAR 需要 4 个双线性过滤值，但这 4 个样本不太可能都必须从外部内存读取，因为由于相邻片段的纹理坐标的位置，这些样本可能已经在纹理缓存中。通过 GL_LINEAR_MIPMAP_LINEAR 使用 Mipmap 进行三线性过滤（Trilinear Filtering）需要每个样本 8 个值，但它可以真正提高性能，因为对于远处的像素，来自较小 Mip 级别的样本很可能在纹理缓存中被命中。

通过 EXT_texture_filter_anisotropic 扩展执行的各向异性过滤（Anisotropic Filtering）可以防止斜对着观察者的表面出现模糊。但是，对于每个样本而言，它需要 2~16 次的开发利用，以形成 Mipmap 之后的纹理。即使这些开发利用中的大多数都出现在纹理缓存中，高水平的各向异性过滤也会给内存带宽和纹理过滤硬件带来压力。

24.4 减少片段工作负载

由于移动设备上可用的计算和带宽有限，考虑到大量像素和现代渲染的复杂性，所以片段着色通常是移动 GPU 的瓶颈。但是，片段着色也可以通过其他方式进行改进，而不仅仅是简化着色。

24.4.1 过度绘制和混合

过度绘制是指先前已着色的像素被场景中的后续片段覆盖（见图 24.3）。在立即模式渲染（IMR）和基于图块的立即模式渲染器上，由于先前计算的像素值被覆盖和丢失，因此过度绘制浪费了已完成的片段着色。在 IMR 上，当只需要写入一个最终像素颜色时，也会导致额外的帧缓冲区写入。

在 IMR GPU 上，可以通过从前到后排序和渲染几何体来限制这种额外的带宽消耗和片段工作（见图 24.4）。这对于静态几何体尤其实用，静态几何体可以在资源导出步骤中处理成空间数据结构。对于游戏来说，还有另一种启发式（Heuristic）方法，那就是首先渲染玩家角色，最后渲染天空盒（Sky-Box），因为在实时渲染中，非常远的物体（如远处的山脉、天空等），随着观察者距离的移动，其大小几乎没有什么变化，对于这样的物体就可以考虑采用天空盒技术（详见本章参考文献 [Pranckevicius and Zioma 11]）。

  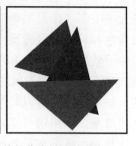

图 24.3　在过度绘制的情况下，被后期图元覆盖的像素被多次着色

  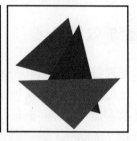

图 24.4　通过从前到后排序，不必再给多次被覆盖的像素着色

对于从前到后对象分类不实用的情况（例如，使用复杂的连锁几何体或大量使用 Alpha 测试的情况），可以建立深度预处理通道（Prepass），用于消除冗余像素计算，代价是重复的顶点着色工作、图元装配（Primitive Assembly）和深度缓冲区访问（见图 24.5）。

 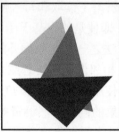 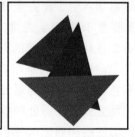

图 24.5　深度预处理通道在执行复杂片段着色之前解析深度缓冲区中的排序

深度预处理通道的思路是绑定一个简单的片段着色器，渲染场景并禁用颜色写入。深度计算、测试和写入正常进行，并解析最终像素深度；然后绑定正常的片段着色器，并重新渲染场景。以这种方式，我们就可以仅渲染影响场景颜色的最终片段。当然，这种方法仅适用于不透明对象。

即使没有过度绘制，在 IMR 上，由于拒绝像素所需的深度缓冲读取，大量重叠几何体仍然会很昂贵。图元装配、光栅化和像素拒绝率（Pixel Reject Rate）也可能成为天空盒等大型图元的限制（详见本章参考文献 [Pranckevicius and Zioma 11]）。

在片段着色和帧缓冲区带宽方面可能特别昂贵的效果之一是通过多个重叠四边形与混合渲染的粒子效果（Particle Effects）。在 IMR 上，每层重叠都需要读取和写入现有的帧缓冲区值。对于所有移动 GPU 来说，每个层都添加了额外的片段计算和混合。像火炬火焰这样的一些简单效果可以转换为动画着色器，例如，通过改变每帧的纹理偏移量来实现。而其他效果，如蜡烛火焰，则可以通过渲染动态数据网格而不是许多重叠的四边形来完成。这减少了重叠和最终的混合。当这种方法适用时，使用不透明的经过 Alpha 测试的 Sprite 也可以消除混合成本。

24.4.2 全屏效果

全屏后处理效果（Postprocessing Effects）是现代游戏和图形应用中视觉效果的主要工具，也一直是近年来的创新领域。游戏中全屏后处理的常见应用包括运动模糊、景深、屏幕空间环境遮挡（Screen-Space Ambient Occlusion）、发光（Bloom）、颜色过滤和色调映射（Tone-Mapping）等。其他应用程序（如照片编辑工具）可能会使用全屏或大面积的效果进行合成、混合、变形和过滤。

虽然全屏后处理是创建效果的强大工具，但它也是一种需要消耗大量带宽和片段处理的简单方法。因此，开发人员应该仔细权衡这些效果是否值得。当程序需要优化时，应该首先考虑它们。

全屏通道意味着至少在完全分辨率下读取和写入帧缓冲，其中，16 位颜色和 1024 × 768 分辨率意味着 188MB/s 带宽。即使是使用基于图块的架构，后处理通道也意味着往返于外部内存。优化这些效果的方法之一是删除额外的全屏通道。一些后处理效果（如颜色过滤或色调映射，它们不需要相邻像素的信息或来自渲染的反馈）可以合并到对象本身的片段着色器中。这可能需要使用超级着色器（Uber Shader）或普通着色器生成，以允许在以编程方式附加后处理效果的同时自然编辑对象片段着色器。

如果无法消除附加通道，则可以将所有分层全屏后处理效果合并为一个额外的通道。每个效果可以将其计算值传递给同一着色器中的下一个效果，而不是每次从纹理读取前一个结果并写出新过滤值。这节省了多余的往返帧缓冲区内存。

OpenGL ES 2.0 的一个限制是对多渲染目标（Multiple Render Targets，MRT）的支持不足，后者允许来自片段着色器的多个输出缓冲区。这使延迟着色变得不切实际，因为它依赖于单独的几何缓冲区（Geometry Buffers）来存储不同的几何属性，但是如果没有 MRT，则需要为每个属性渲染场景的完整通道。当然，即使 MRT 可用，读取和写入多个全屏中间缓冲区的额外带宽成本也会使得延迟着色非常昂贵。

24.4.3 屏幕外通道

与全屏效果相似的是需要屏幕外渲染目标的效果，如环境反射、深度贴图阴影（Depth-Map Shadow）和发光（Bloom）效果。

在这些效果中，很多都需要屏幕外图像的多个样本才能产生柔和效果。由于这些纹理是渲染目标，因此它们可能没有完整的 Mipmap 级别或用于相干读取访问的最佳内部纹理布局，因此消除较大纹理的多个样本的成本尤为重要。优化需要模糊图像的屏幕外效果的方法之一是利用纹理过滤硬件。这里不是要渲染很大的屏幕外图像，然后采用片段着色器的多个样本，而是要将场景渲染成低分辨率的屏幕外目标并通过纹理过滤来模糊。

然后，场景的主片段着色器可以将该目标绑定为纹理，并使用适当的纹理过滤模式（如 GL_LINEAR）从中读取。屏幕外目标的较小尺寸使得该策略特别适合缓存。例如，这可能适用于发光效果和环境反射。根据所产生效果的不同，可能需要在屏幕外目标上使用额外的高斯模糊通道，当然，这些通道也可以通过纹理过滤和可分离内核来加速（详见本章参考文献 [Rideout 11]）。

即使由于纹理过滤导致的模糊效果不佳，降低屏幕外目标分辨率也是一种简单有效的方法，它可以减少片段工作负载和内存带宽，而不会对仅需要环境反射等低频信号的效果产生严重的视觉影响。

每当将额外的计算从单独的全屏通道移动到场景中对象的片段着色器时，非基于图块的延迟渲染（Tile-Based Deffered Rendering，TBDR）架构就必须尽量减少过度绘制以避免浪费工作。在单独的通道中进行全屏后处理的一个优点是每个像素只计算一次。表 24.3 显示了各种配置的性能。

表 24.3 不同着色和通道配置的性能

单位：MP/s

设备	GPU 架构	clear	vtx_lgt	frg_lgt	one_tap	five_tap
摩托罗拉 Xoom	IMR	626	52.4	24.08	26.13	3.17
摩托罗拉 Droid X	TBDR	3670	234	62.9	5.36	5.7
LG Thunderbolt	TB IMR	305	48.7	—	30	20.36
戴尔 Inspiron 520 笔记本	IMR	1920	231	204	139	120
桌面计算机系统*	IMR	1380	2950	1920	1730	1290

* 桌面计算机系统的硬件配置为 Intel Core 2 Quad 和 NVIDIA 8800 GTS。

所有测试均使用 1024 × 1024、16 位屏幕外深度和颜色缓冲区作为主帧缓冲区，具有

32 位 RGBA 中间颜色缓冲区和 16 位深度缓冲区（如果适用）。clear 执行颜色缓冲区清除操作。vtx_lgt 渲染一个合成场景，它包含按每个顶点计算的照明、每个像素的纹理查找，以及带有 0 过度绘制的 39200 个三角形。frg_lgt 使用相同的场景并计算片段着色器中的漫反射照明。five_tap 和 one_tap 分别用 5 个和 1 个样本的全屏后处理通道绘制顶点照明场景。所有单位均为像素/秒（pixel/s）。摩托罗拉 Droid X 的 clear 分数高到"不可思议"，原因可能是它每次都没有真正写入帧缓冲区（即只是合并冗余清除、设置清除标志或颜色压缩）。

24.4.4 修剪片段工作

要想取得立竿见影的优化效果，可以考虑优化片段着色器。着色器往往相当小而且简单，但是片段的数量和大量的浮点计算使得非常重要的片段着色成为基于图块（TB）和立即模式渲染（IMR）架构 GPU 的主要瓶颈。这里的优化可能会对视觉质量产生一些影响，但是和获得的性能提升相比，它可能是值得的。

对于静态几何体和照明，将大部分照明融入光照贴图中可以节省运行时的计算量，并允许使用比其他方式更实惠、更先进的照明技术（详见本章参考文献 [Miller 99]，[Unity 11]）。光照贴图生成和导出确实需要一个完善的资源管线。

避免浮点计算和片段着色器中特殊函数的另一个经典技巧是使用查找纹理逼近复杂函数（详见本章参考文献 [Pranck-evicius 11]）。这允许使用更精细的 BDRF。这也允许纯粹在程序上难以实现的效果（详见本章参考文献 [Jason Mitchell 07]）。一维查找纹理可以是适用于特定缓存的，具有平滑的输入参数，同时还应该具有良好的访问局部性（Locality of Reference）。

当然，具有多个纹理提取的片段着色器可能已经受到纹理提取的约束。每个片段着色器的大量状态也可能由于寄存器的压力而限制动态片段的最大数量，这会影响 GPU 隐藏纹理查找延迟的能力。

24.5 顶点着色

本节重点讲解顶点和片段工作对比。

传统的立即模式渲染（IMR）表明，将照明、镜面反射和归一化等计算从每个片段提升到每个顶点，然后对结果进行插值可以提高性能，而代价则可能是牺牲一部分的图像质量。对于现在的诸多 IMR 架构来说，这样的说法仍然是正确的。

但是，对于基于图块的架构来说，这种性能提升的思路则颇为可疑，因为图块渲染器必须为每个图块执行所有的顶点计算（详见本章参考文献 [Apple 11]）。图块渲染器更可能是受到顶点约束的，Unity 推荐在最新的 iOS 设备上使用 40000 个或更少的顶点，这些 iOS 设备使用的是 Imagination Tech SGX GPU（详见本章参考文献 [Unity 11]）。

这意味着顶点着色器的工作负载很大，即使它们保存片段工作，也可能会对基于图块的架构造成性能拖累。对于 TBDR 来说尤其如此，因为它们执行的冗余片段工作很少甚至没有。使用 IMR 架构时，将片段着色器中的计算提升到顶点着色器可能获得性能上的提升，并且受到顶点约束的问题也不那么重要。

对顶点和片段着色器之间关系的另一个考虑是，添加太多额外的变化可能会拖累性能，因为它们必须全部内插，并且存储这种变化的内存也可能会限制动态片段的数量。大量的变化也可能会破坏后变换缓存（Post-Transform Cache），后者存储了顶点着色的结果，这使得顶点处理更加昂贵。因此，减少顶点和片段着色之间的接口可能很有价值。

在基于图块的架构中，顶点处理消耗了更多的带宽，因为除非图块在变换前或变换后的高速缓存中被命中，否则每个图块都可能会再次提取属性。要降低此带宽，可以使用较低精度的缓冲区格式，如 OES_vertex_half_float。

交错的顶点数据（在同一缓冲区中交错每个顶点的属性）对于属性提取也更有效，因为整个顶点可以在一个线性读取中获取（详见本章参考文献 [Apple 11]）。由于内存读取具有一定的粒度，因此，交错顶点的所有数据意味着将传输较少的不必要数据，因为它与已提取的属性相邻。如果存在预变换顶点属性高速缓存（该高速缓存已经存储了所获取的顶点属性和周围数据），则将更有效地使用它。

对于交错顶点数据来说，如果顶点数据有一部分是动态的，则这是一个警告。最常见的情况是当只有位置被更新时。一种解决方案是将顶点数据分离为经常更新的热（Hot）属性和大多数时候均保持静态的冷（Cold）属性，并将它们存储在单独的缓冲区中。这避免了因为顶点之间的步幅很大而导致的对"热"属性的低效更新。

24.6 小　　结

OpenGL ES 是用于用户界面呈现和组合的现代移动体验的基础组件（详见本章参考文献 [Guy and Haase 11]），并为 OpenGL 开发人员带来了巨大的市场和潜在影响。但是，消费者一方面需要更长的电池续航时间和更轻巧便携的设备，另一方面又需要具有完美平滑渲染的高清分辨率的显示效果，所以，在开发过程中，性能是一个必须仔细权衡的重要因素。现在市场上充斥着大量的移动设备，它们具有不同的制造日期、分辨率和功能，使得这种权衡更加困难。

一个重要的问题是，移动和桌面 GPU 之间的性能差异是否会继续成为应用开发中的主要考虑因素，或者半导体工艺和架构的改进是否能稳步推进，最终使得它们之间的差异变得无关紧要。看一看移动 GPU 供应商的预计路线图，移动 GPU 的计算能力确实应该会在未来几年内攀升。但是，其他限制（包括带宽和功耗）更为基础，无法轻易征服。桌面计算机甚至笔记本电脑系统对于这些方面的限制都没有那么严重。

移动设备的预期工作负载也在发生变化。虽然基于 Sprite 的游戏和 2D 工作负载仍然非常重要，但是一些出版公司已经开发出桌面游戏引擎的移动端口，以及具有丰富游戏世界和视觉质量的控制台或桌面级别的游戏。这些游戏打破了人们对移动系统可能达到的水平的认知，也抬高了玩家现在期待的标准。当然，这些游戏也对需要的几何体和资源的数量、视觉效果等提出了新的挑战。满足玩家更高要求的主要策略是对平台的能力和限制进行衡量评估，同时理解和量化不同效果和渲染技术的成本。

要为移动设备开发快速高效的应用程序，开发人员需要不断思考、仔细权衡和精打细算，拓宽思路、巧妙创新，并且要注意成本和限制。只有这样，才能开发出让老玩家眼前一亮甚至不敢置信的作品。

参考文献

[Android 11] Google Android. "GLSurfaceView." http://developer.android.com/reference/android/opengl/GLSurfaceView.html, 2011.

[Antochi et al. 04] Iosif Antochi, Ben H. H. Juurlink, Stamatis Vassiliadis, and Petri Liuha. "Memory Bandwidth Requirements of Tile-Based Rendering." In *SAMOS, Lecture Notes in Computer Science*, edited by Andy D. Pimentel and Stamatis Vassiliadis, pp. 323–332. Springer, 2004.

[Apple 11] Apple. "Best Practices for Working with Vertex Data." http://developer.apple.com/library/ios/#documentation/3DDrawing/Conceptual/OpenGLESProgrammingGuide/TechniquesforWorkingwithVertexData/TechniquesforWorkingwithVertexData.html#//apple_ref/doc/uid/TP40008793-CH107-SW1, 2011.

[aths 03] aths. "Multisampling Anti-Aliasing: A Closeup View." http://alt.3dcenter.org/artikel/multisampling_anti-aliasing/index_e.php, 2003.

[Bowman 09] Benji Bowman. "EXT discard framebuffer." http://www.khronos.org/registry/gles/extensions/EXT/EXT_discard_framebuffer.txt, 2009.

[Domine 00] Sebastian Domine. "Using Texture Compression in OpenGL." http://www.oldunreal.com/editing/s3tc/ARB_texture_compression.pdf, 2000.

[Elhasson 05] Ikrima Elhasson. "Fast Texture Downloads and Readbacks using Pixel Buffer Objects in OpenGL." http://developer.download.nvidia.com/assets/gamedev/docs/Fast_Texture_Transfers.pdf?display=style-table, 2005.

[Guy and Haase 11] Romain Guy and Chet Haase. "Android 4.0 Graphics and Animations." http://android-developers.blogspot.com/2011/11/android-40-graphics-and-animations.html, 2011.

[Guy 10] Romain Guy. "Bitmap Quality, Banding, and Dithering." http://www.curious-creature.org/2010/12/08/bitmap-quality-banding-and-dithering/, 2010.

[Jason Mitchell 07] Dhabih Eng Jason Mitchell, Moby Francke. "Illustrative Rendering in Team Fortress 2." International Symposium on Non-Photorealistic Animation and Rendering, 2007.

[Klug and Shimpi 11a] Brian Klug and Anand Lal Shimpi. "LG Optimus 2X & NVIDIA Tegra 2 Review: The First Dual-Core Smartphone." http://www.anandtech.com/show/4144/lg-optimus-2x-nvidia-tegra-2-review-the-first-dual-core-smartphone/5, 2011.

[Klug and Shimpi 11b] Brian Klug and Anand Lal Shimpi. "Samsung Galaxy S 2 (International) Review—The Best, Redefined."http://www.anandtech.com/Show/Index/4686?cPage=13&all=False&sort=0&page=15&slug=samsung-galaxy-s-2-international-review-the-best-redefined, 2011.

[Miller 99] Kurt Miller. "Lightmaps (Static Shadowmaps)." http://www.flipcode.com/archives/Lightmaps_Static_Shadowmaps.shtml, 1999.

[Motorola 11] Motorola. "Understanding Texture Compression." http://developer.motorola.com/docstools/library/understanding-texture-compression/, 2011.

[Pranckevicius and Zioma 11] Aras Pranckevicius and Renaldas Zioma. "Fast Mobile Shaders." http://blogs.unity3d.com/2011/08/18/fast-mobile-shaders-talk-at-siggraph/, 2011.

[Pranckevicius 11] Aras Pranckevicius. "iOS Shader Tricks, or It's 2001 All Over Again." http://aras-p.info/blog/2011/02/01/ios-shader-tricks-or-its-2001-all-over-again/, 2011.

[Rideout 11] Philip Rideout. "OpenGL Bloom Tutorial." http://prideout.net/archive/bloom/, 2011.

[Technologies 11] Imagination Technologies. "POWERVR Series5 Graphics SGX Architecture Guide for Developers." http://www.imgtec.com/powervr/insider/docs/POWERVR%20Series5%20Graphics.SGX%20architecture%20guide%20for%20developers.1.0.8.External.pdf, 2011.

[Unity 11] Unity. "Optimizing Graphics Performance." http://unity3d.com/support/documen-tation/Manual/Optimizing%20Graphics%20Performance.html, 2011.

[Walton 10] Steven Walton. "NVIDIA GeForce GTX 480 Review: Fermi Arrives." http://www.techspot.com/review/263-nvidia-geforce-gtx-480/page2.html, 2010.

第 25 章 通过减少对驱动程序的调用来提高性能

作者：Sébastien Hillaire

25.1 简　　介

渲染场景可能涉及多个渲染过程，如阴影贴图构建、照明贡献累积和帧缓冲区后处理。OpenGL 是一个状态机，每个过程都需要更改状态若干次。渲染需要以下两个主要步骤：

（1）修改 OpenGL 状态和对象，以设置用于渲染的资源。
（2）发出 draw 调用以绘制三角形并有效地更改某些像素值。

这两个步骤需要多次调用驱动程序。驱动程序负责将这些函数调用转换为要发送到 GPU 的命令。驱动程序由 GPU 供应商提供，可以被视为"黑盒子"，只有供应商知道每个函数调用正在做什么。首先，似乎有足够的理由认为驱动程序正在填充将用于渲染下一帧的先进先出（First Input First Output，FIFO）命令队列。但是，根据供应商和平台的不同，驱动程序的行为也可能会有很大差异。例如，用于台式计算机的 GPU 驱动程序必须考虑到各种各样的硬件，这使得其驱动程序比游戏主机上的对应驱动程序要复杂得多，因为游戏机对于自己的硬件组成是完全了解的（详见本章参考文献 [Carmack 11]）。实际上，在游戏机这样的平台上，驱动程序还可以针对已安装的硬件进行专门优化，而在台式计算机上，API 则需要更高级别的抽象。因此，我们应该假设每次调用 OpenGL API 都会导致代价高昂的驱动程序操作，如资源管理、当前状态错误检查或多个共享的上下文线程同步等。

本章介绍的解决方案可用于减少对图形驱动程序的调用次数，以提高性能。这些解决方案允许我们减少 CPU 开销，从而提高渲染复杂度。

25.2 高效的 OpenGL 状态使用

访问和修改 OpenGL 状态只能通过多次调用 API 函数来完成。每次调用都可能消耗大量处理能力。因此，必须注意使用尽可能少的 API 调用来有效地更改 OpenGL 状态。

在 OpenGL 1.0 时期，可以使用显示列表加速状态更改操作，这些列表存储可以在单次调用中执行的预编译命令。尽管是静态的，但显示列表可用作改变 OpenGL 状态的快速方法。当然，从 OpenGL 3.2 开始，它们已经被从核心配置文件中删除，仅可在兼容性配置文件中使用。

本节将介绍检测和避免不必要的 API 调用的方法。还介绍了最新的 OpenGL 特性，这些特性允许我们提高每次调用的效率，以改变当前的 OpenGL 状态。

25.2.1　检测冗余状态修改

通过使用某些特定的现有软件，可以更轻松地调试和优化 OpenGL 应用程序。gDEBugger 是一个免费工具，可以独立记录每个帧的 OpenGL 函数调用序列（详见本章参考文献 [Remedy 11]）。该软件的一个重要特性是具有统计和冗余函数调用查看器（Statistics and Redundant Function Calls Viewer），如图 25.1 所示，可使用 Shift + Ctrl + S 快捷键访问。它允许我们计算不改变其状态的驱动程序的冗余调用次数。因此，这些调用是无用的，为了 CPU/应用程序端的性能应该避免。

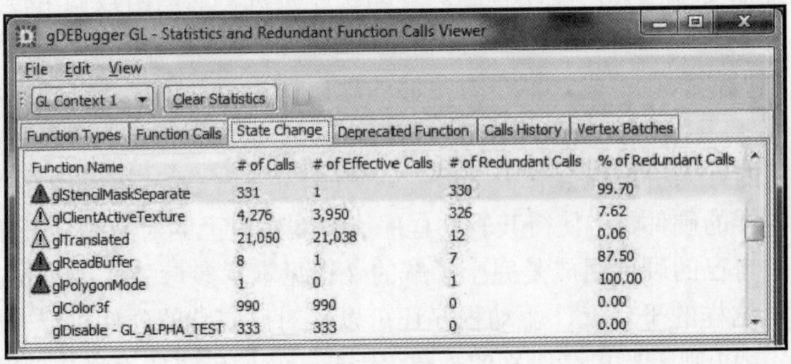

图 25.1　使用 gDEBugger 统计信息检测冗余的 OpenGL 调用

gDEBugger 还可用于验证是否调用了已弃用的函数。它的缺陷之一是目前仅限于 OpenGL 3.2 版。但是，它也提供了更多的运行时调试可能性，如 OpenGL 数据/状态查看、全局统计和性能分析。

25.2.2　有效状态修改的一般方法

为了避免冗余调用，解决方案是依赖 glGet* 函数，以便在每次可能修改它的 API 调用之前查询 OpenGL 状态的值。这种方法必须避免，因为效率不高。这是因为驱动程序可能必须查找由附加到命令队列中的先前的命令产生的值。相反，应该首选两种软件解决方案：返回默认状态（Return-to-Default-State）和状态跟踪（State Tracking）。

返回默认状态的方法很简单。OpenGL 首先被初始化为所谓的默认状态（Default States）。需要渲染时，会修改 OpenGL 状态。在发出对应于此状态的 draw 调用之后，将恢复默认的 OpenGL 状态，以便在修改假定的默认 OpenGL 状态时，程序的其他部分从同一点开始。这种广泛使用的方法，通常在早期维护的项目和演示程序中，其优点是可以避免在仅需要更改部分 OpenGL 状态的情况下检查了所有的 OpenGL 状态，缺点是它可能会发出两倍的 API 调用，除非依赖 glPushAttrib/glPopAttrib，否则这不是推荐的方法。

开发人员广泛使用的一种替代方法称为状态跟踪，它通过在 CPU 端保持 OpenGL 状态为最新并跟踪其变化来避免冗余调用。这启用了一项运行时评估，即需要哪些驱动程序调用来将当前状态更改为所需的状态。游戏 *Quake 3 Arena*（中文版名称《雷神之锤 III 竞技场》）中提供了这种行为的非常有效的实现（详见本章参考文献 [IdSoftware 05]）。[①] OpenGL 状态保存在单个无符号长整数值中（见代码清单 25.1）。该双字的每个位将存储 OpenGL 状态是否已激活的信息。这使得应用程序能够跟踪二进制 OpenGL 状态。

开发人员还可以跟踪更复杂的状态。例如，源和目标混合模式保存在双字的最低有效字节中。如果此字节为 0×00，则禁用混合，否则第一个和第二个十六进制是表示源和目标混合模式的自定义值。当渲染场景时，每次选择新材质（如着色器）渲染表面时，都会调用 GL_State 函数，并将所需的 OpenGL 状态作为参数（见代码清单 25.1）。首先使用 XOR 计算与当前 OpenGL 状态相比的差异，用于检查每个 OpenGL 状态是否需要应用更改。如果结果不为零，则需要更改状态并且需要发出 API 调用。在此方法结束时，当前跟踪状态将替换为新状态。Quake 3 引擎还跟踪可以绑定的 OpenGL 对象，如纹理和前两个纹理单元的相关环境参数。

代码清单 25.1　通过在 CPU 上存储当前状态来避免冗余的 OpenGL 调用

```
void GL_State(unsigned long stateBits)
{
  // 执行 XOR 运算以计算需要修改的状态
  unsigned long diff = stateBits ^ glState.glStateBits;

  // 检查 depthFunc 位
  if (diff & GLS_DEPTHFUNC_EQUAL_BITS)
  {
    if (stateBits & GLS_DEPTHFUNC_EQUAL)
    {
      glDepthFunc(GL_EQUAL);
```

[①] 详见 tr_backend.c 中的 GL_State 函数。

```
  }
  else
  {
    glDepthFunc(GL_LEQUAL);
  }
}

// [处理其他状态...]

// 存储当前状态
glState.glStateBits = stateBits;
}
```

我们已经修改了 Quake 3 渲染引擎,将返回默认状态方法与 Quake 3 中使用的状态跟踪进行比较。我们在 Quake 3 游戏的重放会话上进行了性能测量,地图是 Q3DM7,该地图有 32 个机器人与人类对战。测试计算机配备了 Intel Core i5 处理器、4GB 内存和 NVIDIA GeForce 275 GTX 显卡。结果表明,对于具有按材质排序的曲面的复杂场景,状态跟踪方法比返回默认状态方法快 10%(见表 25.1)。看到该表中的每秒帧数,也许你会怀疑,其实一点都不奇怪,要知道,由于 CPU 频率较低,1999 年的计算机性能比现在要差得太多(Quake 3 是 1999 年推出的 PC 游戏)。此外,OpenGL 现在需要使用着色器、统一格式值和缓冲区对象等,这些会增加必须跟踪的状态数。

表 25.1 在使用和不使用 CPU 上的 OpenGL 状态检查重放 20 个记录的
Quake 3 Arena 游戏会话时测量的平均性能

方　　法	帧每秒(FPS)	毫秒(ms)
状态跟踪	714	1.4
返回默认状态	643	1.55

重要的是要理解,如果网格以随机顺序渲染,则单独的状态跟踪方法不会显著提高性能。它应该只被视为更通用的优化方法的附加组件。实际上,应用程序的性能将从渲染网格时的先验知识中获益更多。例如,Quake 3 引擎会对每种材质的网格进行排序(例如,先是不透明对象,其次是天空盒,然后是透明几何体),以便按特定顺序绘制它们。这有助于我们对与材质相关的状态应用较少的更改,如纹理或 Alpha 混合。此外,只有在需要更改材质时才能应用状态跟踪。开发人员还可以将一些常见状态组合在一起,以先在粗略级别查找状态差异,然后应用细粒度状态检查。将状态变化分组(而不是材质)作为其修改频率的函数也是一个不错的选择。总而言之,先验知识、粗略状态分组和细粒度状态变化是 3 种可以组合或独立使用的方法,可用于有效的状态跟踪和修改。

在最近的开源游戏引擎中，可以找到使用这种方法的另一个例子，如用于游戏 *Penumbra Overture*（中文版名称《半影：序曲》，详见本章参考文献 [Frictional-Game 10]）和 *Doom 3*（中文版名称《毁灭战士 3》，详见本章参考文献 [IdSoftware 11]）的引擎。通过使用一组通用着色器渲染所有曲面，在 Doom 3 渲染器中实现了统一照明。与 *Quake 3* 一样，先验知识用于根据网格材质对网格进行排序。状态跟踪方法还可用于在统一照明和阴影方法的每个代码路径的特定阶段修改 OpenGL 状态。这表明这些方法是不受时间影响的，在开发任何渲染器时应始终考虑这些方法。

25.3 批处理和实例化

渲染系统的性能不仅取决于应用程序需要绘制的三角形数量，为每个帧发出的绘制调用次数也起着至关重要的作用。实际上，这是一个非常复杂的指标，因为它在很大程度上既取决于硬件（详见本章参考文献 [Wloka 03]），即 CPU/GPU，也取决于软件，即驱动程序（详见本章参考文献 [Hardwidge 03]）。因此，如果 CPU 受到约束，则应用程序的性能将主要受每帧批处理数量的影响，一个批处理表示一个绘制调用（glDraw*），通常伴随着状态更改。如果 GPU 受约束，则应用程序的性能将受到绘制的三角形数量和像素着色器复杂度的影响。也就是说，减少绘制调用的数量主要是仅针对 CPU 的优化。有鉴于此，如果由于复杂的几何体或着色器导致 GPU 受约束，那么减少绘制调用的数量并不会影响应用程序的性能。

与游戏机相比，在台式计算机上每帧可以提交的批处理数量非常有限，因为驱动程序开销较高（详见本章参考文献 [Hardwidge 03]）。Wloka 指出，由于设置和命令提交给驱动程序（CPU 受约束的应用程序）导致的三角形很少，每帧可以发出的批处理数量很大程度上取决于 CPU（详见本章参考文献 [Wloka 03]）。因此，在某种程度上，我们可以每批自由渲染更多三角形，而不会损害应用程序的整体性能。这足以证明，性能在很大程度上取决于 CPU 和 GPU 的性能以及它们结合在一起的方式。尽管提出很久，Wloka 的演示仍然是开始了解批次成本的一个很好的起点。我们必须记住，性能与计算机的硬件和执行环境紧密相关，并且可以随硬件发展而提高。但是，开发人员仍然可以遵循一些准则来改善绘制调用大小并减少绘制调用的数量。

25.3.1 批处理

批处理（Batching）指的是将图元分组在一起的一般活动，以使用尽可能少的绘制调用来渲染它们。批量越大，累积批量提交的开销越少，即绘制调用越少，则驱动程序的调用和 CPU 的使用越少。变换、材质或纹理的变化是主要的批处理打断者，因为这些操作需要更改 OpenGL 状态。有若干种批处理方法可以减少绘制调用的数量，如组合（Combine）、组合+元素（Combine + Element）和动态（Dynamic）。

组合方法可以将若干个几何对象组合在一组缓冲区数组（顶点及其属性，索引）中，并在单个绘制调用中渲染它们。可以基于对象-外观相似性来完成组合。例如，可以将场景中的小石头组合在一起，并在一次绘制调用中将它们绘制在一起。缺点是对象不能相对于彼此移动，并且剔除将受到限制。但是，如果我们能考虑到对象的相对位置，不将远处的物体打包在一起，则仍可以保持一定量的剔除。开发人员还可以将场景中同一房间或区域中的对象组合在一起。

组合+元素方法包括将几何对象打包在一组缓冲区数组（顶点及其属性）中，但保持元素数组（索引）动态。与组合相比，这种方法能够完全控制对象剔除。它可以用于从小到大的静态对象，因为复制元素索引可以非常快速地完成。但是，包含几何体的组合数组缓冲区可能会占用大量内存，因为它们必须包含场景中所有对象的所有变换几何体。此方法的缺点是它只能用于对非动画网格进行分组。

最后一个方法是动态，它的思路是预先分配顶点和元素缓冲区，然后在运行时动态填充它们。此方法可用于共享相同的渲染状态（着色器、纹理、统一格式、混合等）的对象，但随着时间的推移可能使用不同的顶点缓冲区，例如，由变换或蒙皮产生的对象。当计算 CPU 上的顶点变换比发出更多绘制调用更快时，这种方法对于许多相对较小的对象是有效的。此外，填充动态缓冲区需要一些内存带宽，因此必须在选择此方法之前执行性能测试，而不是发出更多绘制调用。

如果打包在单个数组中的不同对象的外观需要不同的纹理，则可以使用纹理图集（Texture Atlas）。纹理图集是指包含多个纹理的单个大纹理（详见本章参考文献[NVIDIA 04]）。因此，改变外观不再需要改变当前绑定的纹理对象。此方法仍然需要预处理纹理坐标以匹配纹理图集。此外，除非使用更多算术逻辑单元（Arithmetic and Logic Unit，ALU）操作在片段着色器中专门处理，否则不能使用纹理重复。在今天的硬件上更有效的方法是通过扩展 ARB_texture_array 使用纹理数组。在这种情况下，单个纹理对象可以根据单个索引处理相同大小的不同纹理，而无须处理纹理坐标。

对于渲染的 8、16 和 32 网格，上述 3 种方法的性能如图 25.2 所示。性能表示为每个网格的三角形数量的函数，每个顶点属性具有 2 分量纹理坐标和 3 分量法线。可以看到，组合+元素方法有一个开销，因为它需要在每次绘制调用之前发送元素数组。当绘制的三角形数量增加时，该成本消失。不出所料，动态方法是最昂贵的方法，因为所有数据都需要在每次绘制调用之前发送到 GPU。

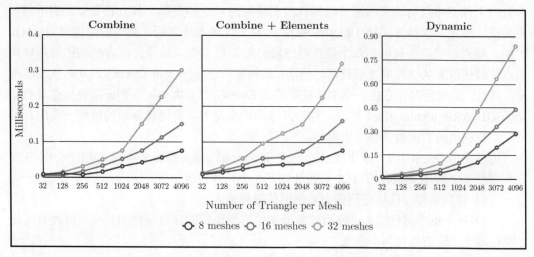

图 25.2 组合、组合+元素和动态方法的批处理性能

原　　文	译　　文
Milliseconds	毫秒
Combine	组合
Combine+Elements	组合+元素
Dynamic	动态
Number of Triangle per Mesh	每个网格的三角形数量
8 meshes	8 网格
16 meshes	16 网格
32meshes	32 网格

　　本节介绍的方法有效地减少了绘制调用的次数。但是，它们还需要大量预处理，这使得它们在动态生成内容的环境中更难使用。虽然这些解决方案适合大多数用例，但是，它们无法使用特定实例的数据有效地渲染大量对象实例，对于后面这种情况，更好的解决方案是使用实例化（Instancing）。

25.3.2　关于 OpenGL 实例化

　　对于具有不同位置和外观的大量对象实例来说，其高效渲染是一项复杂的任务。有了 OpenGL 之后，可以使用以下两种方法来实现实例化。

　　第一种实例化方法依赖于着色器统一格式可用的内存来存储参数数组。可以通过附加的每实例顶点属性对此数组建立索引。因此，可以在单个绘制调用中渲染大批几何体，并且每个顶点将自动读取所需的输入以实现特定的外观和变换，其方式类似于索引的顶点蒙皮（详见本章参考文献 [Beeson 04]）。有了这种方法之后，则不需要任何 OpenGL 扩展。缺点是受限于可以为每个顶点着色器分配的统一格式数量。此方法的扩展是使用顶点纹理提取来从纹理中读取数据。但是，这需要一块至少支持 OpenGL 2.0 内核的图形卡，并且，如果需要浮点值，则除非使用的是 OpenGL 3.0 内核，否则还需要检查是否定义了 GL_ARB_texture_float 扩展。这种方法的优点是可以在比较陈旧的硬件上使用，但每次绘制调用的实例数量将受到限制。

可以使用 OpenGL 3.1 或通过 GL_ARB_instanced_array 扩展来实现真实的实例化（详见本章参考文献 [Carucci 05]）。它通过以下 3 个具体步骤实现：

（1）将数组缓冲区绑定到顶点着色器的属性输入。

（2）对于每个属性输入，使用除数值指定需要更新的顶点属性的频率（属性数组指针将在每个"除数"实例中递增）。

（3）调用绘制函数，该函数会将需要绘制的实例数（即 glDrawElementsInstanced）作为输入。此外，着色器中还提供了表示已绘制实例数的常量 gl_instanceID。它允许我们为被渲染的当前实例计算特定数据。

考虑到视觉多样性，实例化其实比多个独立的绘制调用受到的限制更大。但是，诸如 ARB_base_vertex、ARB_base_instance 或 ARB_texture_array 之类的 OpenGL 扩展被设计为帮助开发人员在所有实例上恢复该多样性，如材质参数和纹理。

为了展示实例化对 GPU 性能的重要性，我们测量了使用不同数量的每实例（Per-Instance）数据渲染不同数量实例的成本。为了获得原始性能，每个实例由一个三角形组成。我们将每实例的一个绘图调用（glDrawElements）与所有实例的一个调用（glDrawElementsInstanced）进行了比较。在第一种情况下，每实例参数是通过着色器统一格式发送的。在第二种情况下，如前所述，结合使用了除数值与数组缓冲区，以获得每个实例的不同输入值（除数等于 1）。图 25.3 显示了若干个实例和每实例 vec3 参数的测量性能。所有三角形都在视锥体外渲染，以避免光栅化成本。性能测试的硬件系统为 Intel i5 处理器、4GB 内存和 NVIDIA GeForce 275 GTX 显卡。此表显示了少于 768 个实例时实例化方法的成本开销。超过该限制，添加的每实例参数越多，使用实例化就越有趣。此外，768 个实例是最糟糕的情况，因为我们只实例化一个三角形。正如 Wloka 所指出的那样，还可以在不损害性能的情况下为每个实例绘制更多三角形：每个实例的三角形越多，实例化初始化的开销越低（详见本章参考文献 [Wloka 03]）。此外，GPU 渲染成本将随着绘制的实例数量线性增长。

第 25 章 通过减少对驱动程序的调用来提高性能

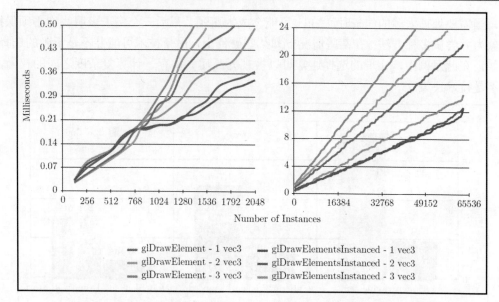

图 25.3 每实例的一次绘制调用（glDrawElements）与所有实例的一次调用（glDrawElementsInstanced）的性能比较，每个实例包含 1～3 个 vec3 属性

原　　文	译　　文
Milliseconds	ms
Number of Instances	实例数

　　实例化是一种有趣的方法，但必须记住，每一个批量的成本开销远高于标准的绘制调用。当使用第 11 章中介绍的顶点挤出方法渲染填充单一颜色的体积线时，我们进行了另一次性能实验。图 25.4 显示了其性能结果。在这种情况下，颜色是需要为每个线条实例修改的参数。不出所料，最慢的方法是在修改统一颜色值后再次为每一条线发出绘制调用的方法（即图 25.4 中的 glDrawElement）。使用实例化方法，性能将提高 50%（即图 25.4 中的 glDrawElementsInstanced）。在这种情况下，每个帧使用每个实例的颜色更新一次数组缓冲区对象。每实例使用每顶点属性除数更新一次颜色属性。令人惊讶的是，最快的方法是依赖于动态填充的数组缓冲区对象（即图 25.4 中的 glDrawElement + PrimitiveRestart），本书第 11 章对此也有说明。在该实现中，在 CPU 上生成三角形条带顶点并将其发送到 GPU 上的顶点缓冲区对象。所有条带使用预定位元素缓冲区绘制，该缓冲区包含用于重新启动条带图元的特殊索引值。这种方法确实比依赖实例化的方法消耗更多的内存，但是，因为与使用实例化的开销相比，图元重新启动的成本可以忽略不计，所以这种方法实际上是最快的。当然，尽管图 25.4 没有显示出这种趋势，但必须记

住，当需要处理太多的线条时，CPU 可能会成为瓶颈。最后一个例子表明我们必须保持想象力并尝试多种方法：在某些情况下和某些硬件上，最新技术可能并不是正确的选择。例如，在此示例中，实现的选择通常可以被视为品质、内存、计算复杂度之间的权衡，而不是技术决策。

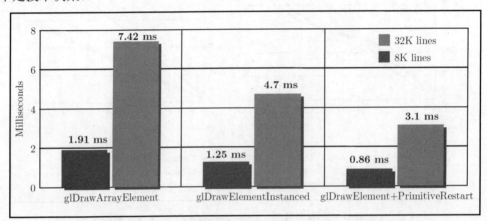

图 25.4　使用 3 种不同方法渲染体积线时的性能：每条线一次绘制调用、实例化以及使用图元重新启动元素绘制的多条线

原　　文	译　　文
Milliseconds	ms
32K lines	32K 线条
8K lines	8K 线条

25.4　小　　结

在过去的若干年中，OpenGL API 经过大量修改，以便使某些高频调用更有效，从而获得更好的整体性能。毫无疑问，未来几年将会因为简化和效率而出现更多的 API 修改。然而，即使可以采用所有这些新颖的诱人技术，我们也必须牢记，在某些情况下传统的强力方法仍然可以更快。

致　　谢

感谢编辑 Randall Hopper、Aras Pranck-evičius、Emil Persson 和一位匿名审稿人，感

谢他们在本文的审核过程中提出的深刻见解。

参 考 文 献

[Beeson 04] Curtis Beeson. "Animation in the Dawn Demo." In *GPU Gems*. Reading, MA: Addison-Wesley, 2004.

[Carmack 11] John Carmack. "QuakeCon Keynote." QuakeCon Conference, Dallas, 2011.

[Carucci 05] Francesco Carucci. "Inside Geometry Instancing." In *GPU Gems 2*. Reading, MA: Addison-Wesley, 2005.

[FrictionalGame 10] FrictionalGame. "Penumbra Overture Engine." http://frictionalgames.blogspot.com/2010/05/penumbra-overture-goes-open-source.html, 2010.

[Hardwidge 03] Ben Hardwidge. "Farewell to DirectX?" http://www.bit-tech.net/hardware/graphics/2011/03/16/farewell-to-directx/1, 2003.

[IdSoftware 05] IdSoftware. "IdTech3 Source Code." http://en.wikipedia.org/wiki/Id Tech 3, 2005.

[IdSoftware 11] IdSoftware. "IdTech4 Source Code." http://github.com/TTimo/doom3.gpl, 2011.

[NVIDIA 04] NVIDIA. "Improve Batching Using Texture Atlases." http://http.download.nvidia.com/developer/NVTextureSuite/Atlas Tools/Texture Atlas Whitepaper.pdf, 2004.

[Remedy 11] Graphic Remedy. "gDEBugger." http://www.gremedy.com, 2011.

[Wloka 03] Matthias Wloka. "Batch, Batch, Batch, What Does It Really Mean?" Game Developer's Conference, San Francisco, 2003.

第 26 章　索引多个顶点数组

作者：Arnaud Masserann

26.1　简　介

OpenGL 的特性之一是顶点缓冲区对象（Vertex Buffer Object，VBO）索引，它允许开发人员在若干个图元中重用单个顶点。由于顶点属性不需要重复，因此索引可以节省内存和带宽。鉴于 GPU 通常受内存约束，大多数情况下可以通过索引获得额外的速度。

索引需要为位置、纹理坐标、法线等提供单个索引。遗憾的是，这对于 3D 文件格式来说不是很有用。例如，COLLADA 对每个顶点属性都有不同的索引。这在资源管线中是有问题的，因为其中的模型可以来自各种来源。

本章介绍了一种简单的算法，它可以将若干个属性缓冲区（每个都使用不同的索引）变换为 OpenGL 可直接使用的格式。对于不使用索引的应用程序，本章提供了一种提高运行时性能的简单方法。在实践中，预计将获得大约 1.4 倍的加速，并且这种格式为进一步优化提供了可能性。

26.2　问　题

使用非索引的 VBO（见图 26.1），我们需要为每个顶点指定所有属性：位置、颜色和所有需要的 UV 坐标、法线、切线、双切线等。

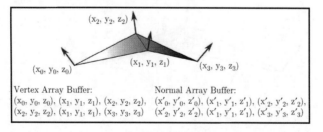

图 26.1　非索引的 VBO

原　文	译　文	原　文	译　文
Vertex Array Buffer	顶点数组缓冲区	Normal Array Buffer	法线数组缓冲区

非索引的 VBO 遭受两次性能损失。首先，在大多数网格上，此方法将使用更多内存。例如，在具有 1000 个顶点的球体上，所有顶点由 3 个三角形共享。对于位置、UV 和法线具有 GL_FLOAT 属性的非索引 VBO 将占用 $3 \times 1000 \times (3 \times 4 + 2 \times 4 + 3 \times 4) = 3 \times 1000 \times 32 = 96000$（字节）。类似的索引 VBO 将占用 96000/3 字节，加上 $3 \times 1000 \times 4 = 12000$ 作为索引缓冲区，总计 44000 字节。在这种理想情况下，索引 VBO 仅占非索引 VBO 大小的 45%。因此，索引减少了内存占用和 PCI-e 传输。

第二个性能损失来自缓存使用的差异。有两种顶点缓存：

- AMD GPU 具有预变换顶点缓存，其中包含原始 VBO 的一部分。此缓存用于提供顶点着色器。
- 后变换缓存用于存储顶点着色器的输出变量。这很有用，因为大多数时候，一个顶点被若干个三角形使用。高速缓存避免了为由若干个三角形共享的每个顶点重新执行相同计算的成本。但是，它将使用顶点的索引作为键（Key）。因此，如果在没有索引的情况下绘制图元，则缓存不起作用。

这有两个结果。首先，简单的索引将会很自然地提高性能；其次，可以按以下方式优化这两个缓存的使用：

- 如果元素缓冲区包含具有良好空间局部性的顶点的索引，则预变换缓存将产生大量命中。换句话说，索引 0-1-2 优于 0-50-99。
- 如果连续绘制相邻三角形，则大多数使用的顶点将位于后变换缓存中，可立即重用。在其他文献中可以找到许多算法来重新组织索引，以便获得更好的后变换缓存用法。在这里特别推荐 nvTriStrip，这是一个较慢但现成可用的算法，另外还有 Tom Forsyth 的算法（详见本章参考文献 [Forsyth 06]），它在线性时间内运行。

图 26.2 显示了索引 VBO 的外观以及相关属性。请注意，顶点 1 和 2 共享坐标和法线。

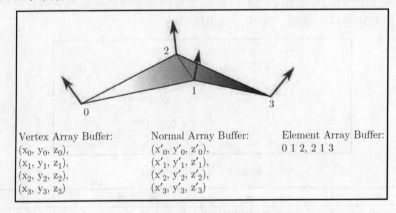

图 26.2 索引 VBO

第 26 章　索引多个顶点数组

原　　文	译　　文
Vertex Array Buffer	顶点数组缓冲区
Normal Array Buffer	法线数组缓冲区
Element Array Buffer	元素数组缓冲区

出于这些原因，所有主要 GPU 供应商都推荐使用索引（详见本章参考文献 [NVIDIA 08]，[Hart 04]，[Imagination Technologies 09]）。但是，图 26.3 显示了类似网格的 COLLADA 导出的片段节选。

```
1  <mesh>
2    <source id="Plane-mesh-positions">
3      <float_array id="Plane-mesh-positions-array" count="12">
4        1 1 0 1 -1 -0.5 -1 -0.9999998 0 -0.9999997 1 -0.5
5      </float_array>
6    </source>
7    <source id="Plane-mesh-normals">
8      <float_array id="Plane-mesh-normals-array" count="12">
9        0 0 1 -0.2356944 0.2356944 0.9428083 0 0 1 0.2356944
10       -0.2356944 0.9428083
11     </float_array>
12   </source>
13   <polylist count="2">
14     <input semantic="VERTEX" source="#Plane-mesh-vertices" offset="0"/>
15     <input semantic="NORMAL" source="#Plane-mesh-normals" offset="1"/>
16     <vcount>3 3 </vcount>
17     <p>
18       0 0 3 1 2 2 0 0 2 2 1 3
19     </p>
20   </polylist>
21 </mesh>
```

图 26.3　COLLADA 网格

如图 26.4 所示，网格的 COLLADA 表示需要使用 OpenGL 术语中的若干个索引缓冲区或元素数组缓冲区——每个属性一个。这在 OpenGL 中是不可能的，在 OpenGL 中所有属性必须由相同的元素数组缓冲区索引。

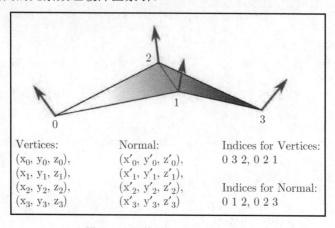

图 26.4　网格的 COLLADA 表示

原　　文	译　　文
Vertices	顶点
Normal	法线
Indices for Vertices	顶点索引
Indices for Normal	法线索引

本章介绍了一种将非索引数据转换为索引形式的简单解决方案，允许以高效方式使用 OBJ、X、VRML 和 COLLADA 等多种文件格式。

26.3 算　　法

算法的诀窍是只在顶点的所有属性都匹配时才重用（Reuse）它。我们可以简单地迭代所有输入顶点，并在它们尚未包含匹配顶点时将它们附加到输出缓冲区。

在代码清单 26.1 中，in_vertices 和 out_vertices 是数组。重要的是，getSimilarVertexIndex 已经尽可能快，因为它会为每个输入顶点调用一次。这可以使用像 std :: map 这样的数据结构来完成，它将算法的复杂度限制为 $O(n \log n)$，或使用 std :: hash_map 完成，理论上的复杂度为 $O(n)$。

代码清单 26.1　索引算法

```
// 反转输出矢量中的空间
out_indices.reserve(in_vertices.size());
// ...

std::map <PackedVertex,unsigned short> VertexToOutIndex;

// 对于每个输入顶点
for(unsigned int i = 0; i < in_vertices.size(); i++)
{
  PackedVertex packed(in_vertices[i], in_uvs[i], in_normals[i]);

  unsigned short index;
  bool found = getSimilarVertexIndex(packed, VertexToOutIndex, index);

  if(found)
  {
    // 匹配顶点已经在 VBO 中，改用它
    out_indices.push_back(index);
  }
```

```
else
{
    // 如果不是，则它需要添加到输出数据
    out_vertices.push_back(in_vertices[i]);
    out_uvs.push_back(in_uvs[i]);
    out_normals.push_back(in_normals[i]);
    unsigned short newindex = (unsigned short)out_vertices.size() - 1;
    out_indices.push_back(newindex);
    VertexToOutIndex[packed] = newindex;
}
}
// 将输出矢量缩小到精确所需的大小
std::vector<unsigned short>(out_indices).swap(out_indices);
// ...
```

一个重要的细节是，这个版本的代码假定 in_vertices 和 out_vertices 包含打包的顶点，因此比较两个顶点需要考虑所有属性。

26.4 顶点比较方法

容器需要一个比较函数才能创建它们的内部树。这个函数不需要有实际意义，唯一的要求是对于两个相等的顶点 v1 和 v2，compare(v1, v2) == false 和 compare(v2, v1) == false（没有顶点大于另一个）。

26.4.1 关于 If/Then/Else 版本

比较函数的实现可以如代码清单 26.2 所示。这是最通用的版本，可以在任何平台上运行。更重要的是，可以根据需要调整 isEqual。如果知道类似的顶点将具有完全相同的坐标，则可以使用 "==" 运算符实现 isEqual。通常来说就是这种情况，因为在导出和导入阶段不会使用浮点运算修改坐标。另一方面，我们可能希望结合顶点的法线略有不同，以减小 VBO 的大小或平滑渲染，这可以通过在 isEqual 中使用 epsilon 来完成。

代码清单 26.2　比较函数 1

```
if(isEqual(v1.x,v2.x))
{
    // 不能对这个标准进行排序，尝试另一个标准
    if (isEqual(v1.y,v2.y))
```

```
{
  if (isEqual(v1.z,v2.z))
  {
    // UV 坐标、法线相同
    // 顶点是相等的
    return false;
  }
  else
  {
    return v1.z > v2.z;
  }
}
else
{
  return v1.y > v2.y;       // 不能对 x 排序，但是 y 可以
}
}
else
{
  return v1.x > v2.x;       // x 已经是判别式，对该轴排序
}
```

26.4.2 关于 memcmp()版本

如果顶点是打包的，我们只想用完全相等的坐标来结合顶点，则可以通过使用 memcmp()来大大简化这个函数，如代码清单 26.3 所示。

代码清单 26.3　比较函数 2

```
return memcmp((void*)this, (void*)&that, sizeof(PackedVertex))>0;
```

如果结构紧密打包在一起（在 8 位上对齐，这可能不是一个好主意，因为驱动程序可能在内部重新对齐 32 位），或者所有未使用的区域始终设置为相同的值，这将起作用。这可以通过使用 memset() 将整个结构清零来完成（如在构造函数中），如代码清单 26.4 所示。

代码清单 26.4　处理对齐

```
memset((void*)this, 0, sizeof(PackedVertex));
```

26.4.3 哈希函数

我们也可以在 C++中使用 Dictionary 或 std :: hash_map 来实现该算法。这样的容器需

要两个函数：一个是哈希函数，它可以将顶点转换为一个整数；另一个是相等函数，该相等函数很简单，所有属性必须相等。哈希函数可以按多种方式实现，主要约束是，如果两个顶点被认为是相等的，那么它们的哈希必须相等。这实际上严重限制了使用基于 epsilon 的相等函数的可能性。

代码清单 26.5 显示了一个简单的实现。它将顶点分组为 0.01 单位的统一网格，并通过将每个新坐标乘以一个素数来计算哈希，从而避免在公共平面中聚类顶点。最后，哈希通过 2^{16} 调制，这将在哈希映射中创建 65536 个二进制位（Bins）。其他属性未被使用，因为位置通常是最分离的标准，并且它们将由相等函数考虑。

代码清单 26.5　哈希函数

```
class hash <PackedVertex>
{
  public size_t operator()(const PackedVertex & v)
  {
    size_t x = size_t(v.position.x) * 100;
    size_t y = size_t(v.position.y) * 100;
    size_t z = size_t(v.position.z) * 100;
    return (3 * x + 5 * y + 7 * z) % (1 << 16);
  }
}
```

有关 3D 顶点的哈希函数的更详细分析，请参阅本章参考文献 [Hrádek and Skala 03]。

26.5　性　　能

表 26.1 和图 26.5 给出了各种复杂度模型的索引时间（以 ms 为单位）。使用了标准的 std::map，以及比较运算符的 memcmp 版本。顶点打包在一起并具有浮点 UV 和法线。测试系统的硬件配置为 Intel i5 2.8GHz CPU。

表 26.1　各种复杂度模型的索引时间

模　　型	顶　点　数	三　角　形　数	索引时间（单位：ms）
Suzanne	500	1000	0.7
Plane	10000	20000	14
Sponza 宫	153000	279000	820

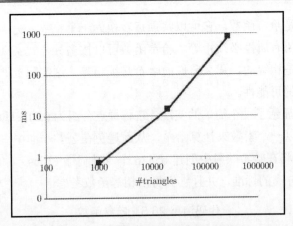

图 26.5 关于三角形数量的索引时间

原 文	译 文
#triangles	三角形数量

表 26.2 给出了 3 种模型的渲染速度（以 ms 为单位）。每个模型在不同位置每帧渲染 100 次，顶点着色器输出 5 个变化值，一个 Blinn-Phong 片段着色器，一次纹理提取。

表 26.2 渲染性能

模 型		ms/帧			
		索引交错	索引非交错	非索引交错	非索引非交错
NVIDIA GTX 470	Suzanne	1.6	1.6	1.6	1.6
	Plane	6.2	6.3	11.5	11.5
	Sponza 宫	154	154	161	161
AMD HD 6570	Suzanne	4.8	4.8	5.1	5.1
	Plane	25	25	31	32
	Sponza 宫	281	277	282	304
Intel GMA 3000	Suzanne	16	15	16	16
	Plane	77	74	128	129
	Sponza 宫	1170	1166	1228	1229

索引版本与其对应的非索引版本相比，速度至少快 1.8 倍。此数字主要适用于具有缓存友好性拓扑的网格。如上所述，其他模型通常需要后变换缓存优化通道。例如，当使用 nvTriStrip 进行索引和优化时，具有 35000 个顶点的 Standford Bunny 模型的渲染速度提高了 1.4 倍，如表 26.3 所示。

表 26.3 优化后模型的渲染性能

模　　型	渲染时间（单位：ms/帧）
非索引交错	0.70
索引交错	0.58
索引交错并优化	0.50

26.6 小　　结

本章所介绍算法具有以下主要优势：
- 实现简单。
- 是跨平台的，适用于任何 CPU、OpenGL 版本、编程语言和操作系统。
- 定制和集成到现有代码中很简单。
- 可以根据需要生成一个交错数组或单独的数组。
- 可以直接集成到资源管线中，这样就不会有运行时性能损失。
- 通过前变换和后变换的缓存优化打开了进一步提高性能的可能性。
- 可以免费获得额外的毫秒数。

开发人员可以在 OpenGL Insights 网站（www.openglinsights.com）上找到使用交错数组和带有 memcmp 比较函数的 std::map 的示例实现。

参 考 文 献

[Forsyth 06] Tom Forsyth. "Linear-Speed Vertex Cache Optimisation." http://home.comcast.net/~tom forsyth/papers/fast_vert_cache_opt.html, September 28, 2006.

[Hart 04] Even Hart. "OpenGL Performance Tuning." http://developer.amd.com/media/gpu assets/PerformanceTuning.pdf, 2004.

[Hrádek and Skala 03] Jan Hrádek and Václav Skala. "Hash Function and Triangular mesh Reconstruction." *Computers & Geosciences* 29:6 (2003), 741–751.

[Imagination Technologies 09] Imagination Technologies. "PowerVR Application Development Recommendations." http://www.imgtec.com/powervr/insider/sdk/KhronosOpenGLES2xSGX. asp, 2009.

[NVIDIA 08] NVIDIA. *NVIDIA GPU Programming Guide*, 2008.

第 27 章　NVIDIA Quadro 上的多 GPU 渲染

作者：Shalini Venkataraman

27.1　简　　介

对于 OpenGL 应用程序来说，多 GPU 配置正在成为一种常见且经济实惠的选择，它可以在基于服务器的环境中扩展性能、数据大小、显示大小、图像质量以及每个 GPU 的用户数量。目前针对多 GPU 配置（如 NVIDIA SLI 或 ATI Crossfire）的技术不需要更改应用程序，OpenGL 驱动程序可以透明处理对所有 GPU 的命令调度。但是，这也限制了可扩展性，因为应用程序仍然是线程化的，每个线程都需要单个 CPU 核心，从而使得多个 GPU 硬件队列仍然很繁忙。这在基于场景图（Scene-Graph）的应用中尤为明显，因为其中的场景遍历通常在 CPU 上完成。此外，命令和数据都在所有 GPU 中复制。为了实现最高性能，应用程序需要细粒度的可编程性来管理单个 GPU 的工作负载并优化 GPU 之间的通信。

目前，在 Windows 系统上，将 OpenGL 渲染指定给特定的 GPU 是与显卡供应商相关的。本章重点介绍 NVIDIA 公司的 WGL_NV_gpu_affinity 扩展，详细介绍如何枚举系统上的图形资源，以及为每个 GPU 分配上下文和跨平台 NV_copy_image 扩展，用于 GPU 之间的优化数据传输。这两种扩展仅适用于 NVIDIA Quadro 显卡。我们还将通过使用多线程、GL 上下文和管理同步来展示多 GPU 编程的最佳实践。最后，将介绍常见的应用程序场景和编程指南：

- 屏幕渲染。每个 GPU 负责渲染视锥体，并显示其附加显示的视口，如多线显示和投影仪配置。应用程序不在 GPU 之间进行任何显式通信。另一个例子是被动立体配置（Passive Stereoscopic Configuration），其中，每个 GPU 渲染一只眼睛并将信息馈送到投影仪，如图 27.1 中的左图所示。
- 屏幕外渲染（Offscreen Rendering，也称为离屏渲染）和回读（Readback）。每个 GPU 都被视为一个独立的渲染资源，可以与其他 GPU 通信，以实现复杂的任务分解和负载平衡方案。例如，无法放入单个 GPU 显存的大型数据集将分割为多个 GPU，进行渲染、回读，然后进行合成，以进行最终显示。图 27.1（右图）显示了14GB的Visible Human Dataset（详见本章参考文献[NLM 03]）的这种扩展方法，它无法纳入单个GPU的纹理内存，必须由多个GPU合作渲染。另一个例子是像光线追踪这样的填充率密集型应用，其中的每个GPU都将只处理最终图像的一部分。

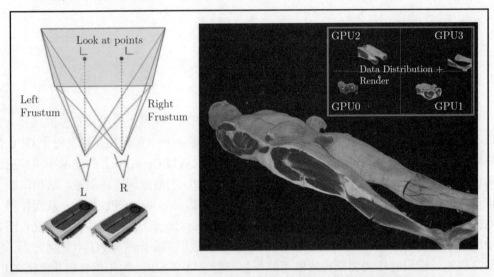

图27.1　使用两个GPU进行立体渲染，这样获得的是线性扩展效果（左图）。在4个GPU上渲染14GB的Visible Human Dataset数据集（右图）

原　　文	译　　文
Look at points	观察点
Left Frustum	左视锥体
Right Frustum	右视锥体
Data Distribution+Render	数据分发+渲染

27.2　以前的扩展方法

在NVIDIA SLI（详见本章参考文献[NVIDIA 11]）和AMD Crossfire（详见本章参考文献[AMD 11]）等透明机制中，多个显卡可以通过硬件桥连接，因此它们可以作为操作系统和应用程序的一个虚拟图形资源。在这种情况下，只有一个图形卡连接到监视器，另一个卡用作从属设备以获得额外的处理能力。渲染工作在两个GPU之间以预定义方式拆分，并且无法在运行时更改。OpenGL 命令和应用程序数据在所有 GPU 上复制。这种方法提供了一种快速无缝的方法来提高整体像素填充率，但在应用程序层面上则制造了潜在的瓶颈，因为单个 OpenGL 命令流现在必须使多个显卡饱和。此外，由于所有命令和数据都是通过 GPU 复制的，因此无法编程任何特定于应用程序的并行性，如分发数据或负载平衡。

27.3 指定特定 GPU 进行渲染

多 GPU 配置上的 OpenGL 行为是特定于操作系统的。在具有独立 X 屏幕配置的 Linux 上，OpenGL 调用的默认行为是仅发送到 GPU（该 GPU 附加到用于打开显示连接的屏幕）。在 Windows XP 上，默认行为是将 OpenGL 命令发送到所有 GPU，导致性能由最慢的 GPU 来决定。在 Windows 7 系统上，默认使用最强大的 GPU 来执行所有 OpenGL 命令，并且结果图像由驱动程序复制到另一个 GPU 的帧缓冲区以进行最终显示。但是，应用程序需要一种确定性的方法来选择系统 OpenGL 调用中应该指向哪些 GPU，这是本节的重点。

在 Linux 上，通过将每个 GPU 配置为具有独立的 X 屏幕而不使用 Xinerama 可以轻松实现这一点。在这种情况下，窗口不能跨屏幕移动。通常，一个 X 服务器用于所有显卡，并且为了寻址每个 GPU，使用 XOpenDisplay:0.[screen] 指定相应的 X 屏幕。在 Windows 系统上，WGL_NV_gpu_affinity（详见本章参考文献 [ARB 09c]）扩展提供了选择特定 NVIDIA Quadro GPU 进行渲染的机制。在 AMD GPU 上，替代方案是使用 WGL_AMD_gpu_association（详见本章参考文献 [ARB 09d]）。

WGL_NV_gpu_affinity 扩展是本节的重点，它介绍了 GPU 亲和性蒙版（GPU Affinity Mask）的概念，该蒙版指定了应该将 OpenGL 命令发送到的 GPU。此外，还存在亲和性设备上下文（Affinity Device Context）的概念，它只是嵌入了 GPU 亲和性蒙版的设备上下文（Device Context，DC）。当从此亲和性设备上下文创建 OpenGL 上下文时，它将继承 GPU 亲和性蒙版，并且在该上下文中进行的后续调用仅发送到蒙版中的 GPU。

可以通过以下两种方式使用此 OpenGL 亲和性上下文：

- ❑ 屏幕渲染。当亲和性上下文与窗口设备上下文关联时，其亲和性蒙版中指定的 GPU 将负责该窗口的绘制。图 27.2 显示了双显示器配置，其中每个 GPU 负责将其视锥体和视口渲染到其连接的显示器而没有 GPU 间通信。该应用程序可以完全控制每个 GPU 的 OpenGL 命令流，并且可以在运行时执行任何基于查看的优化，如视锥体剔除。

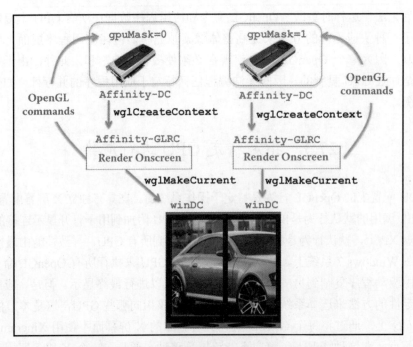

图 27.2　使用 WGL_NV_gpu_affinity 绘制屏幕

原　　文	译　　文
OpenGL commands	OpenGL 命令
Render Onscreen	屏幕渲染

❑ 屏幕外渲染。没有窗口设备上下文，并且亲和性上下文与其亲和性设备上下文相关联。该应用程序将使用帧缓冲区对象（FBO）进行纹理的屏幕外渲染。图 27.3 显示了这种情况的示例，其中，渲染的子图像通过 PCI-express 复制到主 GPU，在那里它将与主 GPU 的中间结果合成，然后显示在屏幕上，并且仍然使用主窗口设备上下文。屏幕外方法在分配渲染工作负载和实现最终图像组装的各种合成方法方面提供了最大的灵活性。

访问 WGL_NV_gpu_affinity 函数的最简单方法是使用扩展包装器库，如 GLEW（详见本章参考文献 [GLEW 11]）和 GLee（详见本章参考文献 [GLee 09]）。或者，也可以使用 wglext.h（详见本章参考文献 [Khronos 11]）中定义的 wglGetProcAddress 检索函数句柄。在执行此操作之前，必须创建有效的 OpenGL 上下文并使其成为当前上下文。

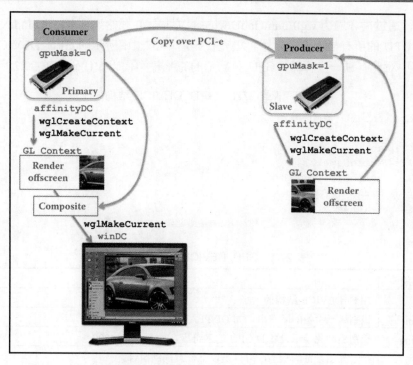

图 27.3 屏幕外绘图显示 GPU 之间的通信

原　　文	译　　文	原　　文	译　　文
Consumer	使用者	Slave	从 GPU
Copy over PCI-e	通过 PCI-e 复制	Render offscreen	屏幕外渲染
Producer	生产者	Composite	合成
Primary	主 GPU		

下面介绍枚举 GPU 和显示的相关内容。

在指定特定 GPU 进行渲染之前，第一步是枚举系统中的所有 GPU 及其功能。可以使用 wglEnumGpusNV 枚举系统中存在的 GPU 的句柄：

```
BOOL wglEnumGpusNV(UNIT iGpuIndex, HGPUNV *phGPU)
```

通过循环遍历 wglEnumGpusNV 并从 0 开始递增 iGPUIndex，在 phGPU 中返回相应的 GPU 句柄。对于每个 GPU 句柄来说，可以使用 wglEnumGpuDevicesNV 调用枚举附加的显示设备：

```
BOOL wglEnumGpuDevicesNV(HGPUNV hGpu, UINT iDeviceIndex, PGPU_DEVICE
    lpGpuDevice)
```

同样，通过循环遍历 wglEnumGpuDevicesNV 并从 0 开始递增 iDeviceIndex，可以查询连接到 GPU 的所有显示设备。这将填充代码清单 27.1 中所示的 GPU_DEVICE 结构，在表 27.1 中对此有进一步解释。GPU 和显示的完整枚举代码如代码清单 27.2 所示。

代码清单 27.1　GPU_DEVICE 结构

```
typedef struct _GPU_DEVICE
{
  DWORD cb;
  CHAR DeviceName[32];
  CHAR DeviceString[128];
  DWORD Flags; //
  RECT rcVirtualScreen;
} GPU_DEVICE, *PGPU_DEVICE;
```

表 27.1　GPU_DEVICE 结构中的字段

字　　段	说　　明
cb	GPU_DEVICE 结构的大小
DeviceName	识别显示设备的字符串，如 DISPLAY1
DeviceString	识别驱动此显示设备的 GPU 的字符串，如 Quadro 4000
Flags	指示显示设备的状态，可以是以下任意项的组合。 ❑ DISPLAY_DEVICE_ATTACHED_TO_DESKTOP：如果设置该值，则该设备是桌面的一部分。 ❑ DISPLAY_DEVICE_PRIMARY_DEVICE：如果设置该值，则主桌面在此设备上。在系统中仅有一个设备可以进行该设置
rcVirtualScreen	指定虚拟屏幕坐标中的显示设备矩形。如果该设备不是桌面的一部分（即在 Flags 字段中设置的不是 DISPLAY_DEVICE_ATTACHED_TO_DESKTOP），则 rcVirtualScreen 的值是未定义的

代码清单 27.2　枚举多 GPU 及其关联的显示设备

```
HGPUNV hGPU, gpuMask[2];
GPU_DEVICE gpuDevice;

HDC winDC = GetDC(hWnd);          // 假设已经创建了窗口
pixelFormat = ChoosePixelFormat(winDC, &pfd);
SetPixelFormat(winDC, pixelFormat, &pfd)
// 创建一个虚拟上下文以获取函数句柄
HGLRC winRC = wglCreateContext(winDC);
wglMakeCurrent(winDC, winRC);
// 假设已使用 wglGetProcAddress 检索了所有函数句柄
```

```
wglDeleteContext(winRC);        // 不再需要虚拟上下文

gpuDevice.cb = sizeof(gpuDevice);
// 首先调用此函数以获取 GPU 的句柄
UINT GPUIdx = 0;
while(wglEnumGpusNV(GPUIdx, &hGPU))
{
  printf("Device # %d:\n", GPUIdx);
  bool bDisplay = false;
  bool bPrimary = false;
  // 现在获取有关此设备的详细信息
  // 它连接的显示设备数量
  UINT displayDeviceIdx = 0;
  while(wglEnumGpuDevicesNV(hGPU, displayDeviceIdx, &gpuDevice))
  {
    bDisplay = true;
    bPrimary |= (gpuDevice.Flags & DISPLAY_DEVICE_PRIMARY_DEVICE) != 0;

    printf("Display # %d:\n", displayDeviceIdx);
    printf("Name: %s\n", gpuDevice.DeviceName);
    printf("String : %s\n", gpuDevice.DeviceString);

    if(gpuDevice.Flags & DISPLAY_DEVICE_ATTACHED_TO_DESKTOP)
    {
      printf("Attached to the desktop : LEFT=%d, RIGHT =%d, TOP=%d,
          BOTTOM =%d\n",gpuDevice.rcVirtualScreen.left, gpuDevice.
          rcVirtualScreen.right, gpuDevice.rcVirtualScreen.top,
          gpuDevice.rcVirtualScreen.bottom);
    }
    else
    {
      printf ("Not attached to the desktop \n");
    }

    // 看看它是否是主 GPU
    if(gpuDevice.Flags & DISPLAY_DEVICE_PRIMARY_DEVICE)
    {
      printf (" This is the PRIMARY Display Device \n");
    }
    displayDeviceIdx++;
  } // while (wglEnumGpuDevicesNV) 语句结束
  // 在此阶段，将为 GPUIdx 查询所有连接的显示设备
  if(bPrimary)
  {
```

```
    // 主 GPU 是目标
    gpuMask[0] = hGPU;
    gpuMask[1] = NULL;
    destDC = wglCreateAffinityDCNV(gpuMask);
  }
  else
  {
    // 非主 GPU 是源
    gpuMask[0] = hGPU;
    gpuMask[1] = NULL;
    srcDC = wglCreateAffinityDCNV(gpuMask);
  }
  GPUIdx ++;
} // while (wglEnumGpusNV)语句结束
```

最后，使用 wglCreateAffinityDCNV 创建亲和性设备上下文（Affinity-DC）：

```
HDC wglCreateAffinityDCNV(const HGPUNV *phGpuList)
```

之前检索到的 GPU 句柄将传递到 phGpuList 中以 NULL 结束的数组中。可以使用 wglCreateContext 创建包含此亲和性设备上下文的 OpenGL 上下文，现在渲染将仅限于 phGpuList 中指定的 GPU。

代码清单 27.2 显示了亲和性设备上下文的创建，它对应于图 27.3 中的场景，我们使用它来显示一个简单的多 GPU 生产者-使用者（Producer-Consumer）示例。从 GPU（Slave GPU）充当生产者，生成最终图像的一部分，然后将其复制到主 GPU（Primary GPU），通过与其子图像合成来"使用"图像，然后在屏幕上显示最终结果。主 GPU 有两个设备上下文：

（1）亲和性设备上下文，也就是 destDC，用于离屏渲染以生成其子图像。
（2）窗口设备上下文，也就是 winDC，用于在屏幕上渲染最终合成图像。

它们都是使用相同的 GL 上下文。与常规窗口设备上下文一样，亲和性设备上下文也需要在创建 GL 上下文之前设置有效的像素格式。

27.4 优化 GPU 之间的数据传输

在前面介绍的生产者-使用者案例中，需要在 GPU 之间共享纹理。一般来说，可以使用 ARB_create_context 在多个上下文之间共享纹理，但这仅在两个上下文位于同一物理设备上时才有效。对于跨多个 GPU 的上下文，一种方法是使用 glReadPixels 或 glGetTexImage 从生产者下载到主内存，然后使用 glTexSubImage 上传到目标 GPU。

如果按原生方式实现这种方法，则可能会在下载和上传期间触发驱动程序固定内存和应用程序之间的多个副本，从而提高延迟。NV_copy_image（详见本章参考文献 [ARB 09b]）扩展可以与 WGL_NV_gpu_affinity 协同工作，以避免这种延迟和额外的编程复杂性。此扩展在 Windows 系统上公开了 wglCopyImageSubDataNV 函数，在 Linux 系统上公开了 glXCopyImageSubDataNV 函数，从而实现了图像对象之间的高效图像数据传输，而无须绑定对象或执行任何其他状态更改。图像对象可以是纹理或渲染缓冲区。除 2D 纹理外，还支持 3D 纹理和立方体贴图。图 27.4 显示了在单个调用中，源纹理 srcTex 如何被复制到主 GPU 上的目标纹理 destTex。在费米和后来的 Quadros 上，这种传输使用复制引擎异步发生（详见第 29 章）。在上一代硬件上，此调用将使 GPU 停止，直到传输完成。

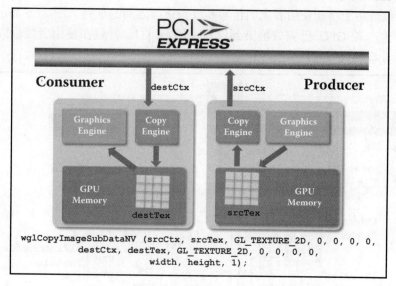

图 27.4　使用 NV 复制图像的 GPU 间纹理传输

原　　文	译　　文	原　　文	译　　文
Consumer	使用者	Copy Engine	复制引擎
Producer	生产者	GPU Memory	GPU 显存
Graphics Engine	图形引擎		

27.5　多 GPU 的应用结构

本节介绍如何使用前面介绍的生产者-使用者示例将所有引入应用程序框架的概念组

合在一起。此示例显示生产者和使用者之间的 1∶1 映射，但是，这可以扩展到多个生产 GPU。OpenGL Insights 网站（www.openglinsights.com）上提供了此示例的完整源代码。

为了扩展多个 GPU，建议应用程序是多线程的，每个 GPU 都有一个线程，这样多个 CPU 内核就可以并行，保持 GPU 硬件队列的繁忙状态。虽然没有线程的管线可以提供一些加速，特别是对于 GPU 绑定的应用程序，它需要单个核心使所有 GPU 保持完全忙碌，并且随着添加更多 GPU，可扩展性可能受限甚至是负面的。

生产者和使用者的单独 OpenGL 上下文在主应用程序线程中创建，并且使其亲和性设备上下文成为当前上下文（对于 Windows 系统），或开放 X11 显示设备（对于 Linux 系统）。主线程随后产生了与 GL 上下文一起运行的生产者和使用者线程。每个 GPU 上下文的多个纹理用于增加使用者上的传输和纹理访问之间的重叠。图 27.5 显示了这种重叠，其中，生产者 GPU 已完成渲染到纹理 srcTex [1]，并且在使用者线程同时从纹理 destTex [0] 读取和合成时跨 PCI-e 传输。

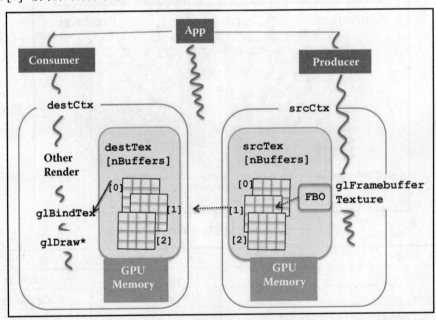

图 27.5　多线程应用程序结构

原　文	译　文	原　文	译　文
Consumer	使用者	Other Render	其他渲染器
Producer	生产者	GPU Memory	GPU 显存

生产者线程将其指定区域的屏幕外渲染执行到纹理 srcTex，并且还负责使

NV_copy_image 在 PCI-e 上触发此纹理的副本。一旦副本完成，就会向使用者发出信号。在费米和更高版本的硬件上，此副本可以异步发生，以便在使用者完成之前将更多渲染命令添加到生产者流中。

与此同时，使用者在连接到显示设备的主 GPU 上运行，并负责渲染其最终图像的一部分。然后，在使用该纹理 destTex 与其中间图像合成并在屏幕上显示最终结果之前，等待生产者发出纹理传输完成的信号。图 27.5 显示了这个过程。

多个上下文生产者-使用者示例要求生产者在完成当前帧的传输时通知使用者。同样，使用者在完成使用纹理时通知生产者，生产者可以自由地复制。但是，OpenGL 渲染命令被认为是异步的，因为当发出 GL 调用时，不能保证在调用返回时完成。为了表示特定 GL 命令的 GPU 完成，我们使用在 OpenGL 3.2 及更高版本中可用的 GL_ARB_sync 中定义的 OpenGL fence 对象（详见本章参考文献 [ARB 09a]）。此外，还会创建一个 CPU 事件，以指示 fence 对象何时有效。数组中的每个纹理都会创建 GPU fence 对象和 CPU 事件。

图 27.6 显示了我们的案例的同步机制。生产者在渲染并将其纹理复制到跨总线上的使用者纹理之后，对 fence 对象生成了队列 producedFence。使用者在完成其渲染部分后将等待此 fence 对象。一旦发出信号，它就会使用纹理进行合成，并将 consumeFence 排队以通知生产者。然后使用者继续在屏幕上绘制最终结果。

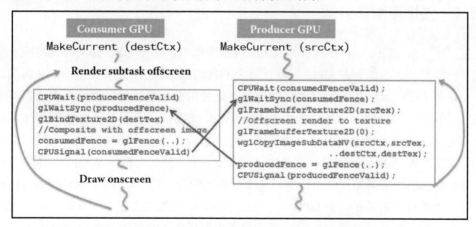

图 27.6　生产者和使用者 GPU 之间的同步

原　　文	译　　文
Consumer GPU	使用者 GPU
Render subtask offscreen	在屏幕外渲染子任务
Draw onscreen	在屏幕上绘制
Producer GPU	生产者 GPU

27.6 并行渲染方法

有许多方法可以扩展渲染,每种方法都可以为不同的问题域带来好处。在这里,我们专注于实现一些具有多个 GPU 的常见并行渲染方法。以下所有方法彼此正交,并且可以组合以增加并行性。例如,多个 GPU 可用于数据分解,而 GPU 的子集用于以立体配置渲染每只眼睛。显示的结果是在运行 Windows 7 的工作站上生成的全高清分辨率最终图像(1920×1200),其中两个 Quadro 5000 连接到 PCI-e 16X 插槽。

对于大型安装,可能需要使用更高级别的中间件抽象(Middleware Abstraction)进行编程,这有助于开发人员专注于应用程序而不是可能很快变得难以处理的低级 GPU 复杂性。均衡器(Equalizer)是 OpenGL 应用程序的跨平台和开源框架,可以从单 GPU 扩展到多系统图形集群(详见本章参考文献 [Eilemann et al. 09])。均衡器实现了大量并行化、合成和负载平衡方案。CompleX 是在 NVIDIA 硬件上运行的单系统多 GPU 配置中的参考框架(详见本章参考文献 [CompleX 09])。

27.6.1 先排序图像分解

先排序(Sort-First)的并行机制发生在屏幕空间中。每个 GPU 都关注其对应于图像子区域的视锥体。添加更多 GPU 可以让每个 GPU 在较小的子区域上工作,从而提高性能。如果每个子区域直接映射到关联的屏幕,则使用前面描述的屏幕渲染方法而不必使用 GPU 间通信。具有多个 LCD 面板的 Powerwall 或投影仪以及 CAVE 虚拟现实显示系统等都是这样一些应用。如果要回读子区域并将其合成为一个最终图像,则可以简单地扩展使用生产者-使用者示例的屏幕外方法,以使多个生产者对应于从 GPU 的数量。这种图块划分方法适用于诸如光线追踪等填充率受限的应用。图 27.7 显示了可能的最佳和最差情况。当所有渲染都在一个 GPU 上,但其他 GPU 仍然在发送空图像时,就是最坏情况的一个示例,它将导致速度减慢。当片段密集型任务以平衡方式划分时,通常可以找到最佳情况,这时可以通过高处理时间来减轻传输开销。当然,驱动程序中仍然存在一些同步开销,所以会将扩展限制在 75% 左右。随着更多 GPU 的添加,每 GPU 的传输要求会按比例减少,这使得当数据可以纳入 GPU 显存时,先排序是一个很好的并行化机制候选者。

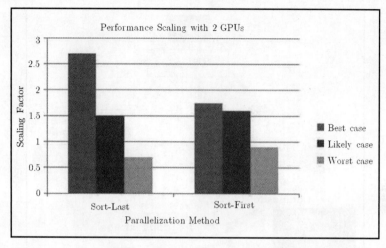

图 27.7　两个 GPU 扩展的结果比较

原　　文	译　　文
Performance Scaling with 2 GPUs	两个 GPU 扩展的性能
Scaling Factor	扩展因子
Sort-Last	后排序
Sort-First	先排序
Best case	最佳情况
Likely case	可能情况
Worst case	最坏情况

27.6.2　后排序数据分解

当应用程序数据超过 GPU 上的显存时,后排序(Sort-Last)并行方法最有用。每个 GPU 渲染数据集的一部分,中间结果被回读并合成以用于最终显示。图 27.8 显示了一个体积渲染示例,其中,3D 纹理分布在 4 个 GPU 上。有 3 个从 GPU,另外一个是主 GPU,一起渲染其部分数据,最后进行 Alpha 合成。中间图像沿着观察方向进行排序和混合。对于不透明几何体来说,深度缓冲区也会被传输。与体积渲染的情况相比,深度的合成需要占用两倍的传输带宽,这就是图 27.7 所示的后排序的最坏情况,其中,是传输而不是渲染时间成为性能的瓶颈,导致在扩展 GPU 数量时减慢速度。后排序的最佳情况是可以实现超线性扩展,因为处理核心和可用内存都可以扩展。与先排序相反,后排序的带宽要求与 GPU 的数量成比例地增加,因为必须传输完整的图像分辨率。

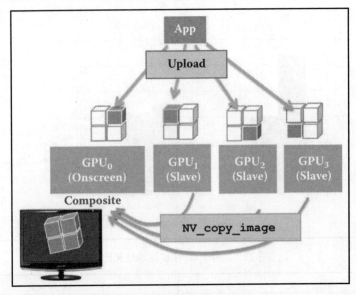

图 27.8 后排序数据分解方法

原　　文	译　　文
Upload	上传
(Onscreen)	（主 GPU）
(Slave)	（从 GPU）
Composite	合成

27.6.3 立体渲染

每个 GPU 负责在立体对（Stereo Pair）中渲染每只眼睛，并且可以被认为是具有两个 GPU 的先排序的特殊情况。在被动立体视觉的情况下，可以使用屏幕渲染的方法通过一些硬件级同步将左右图像直接馈送到每只眼睛的投影仪中。如果需要将数据流组合成一个立体感的左右信号，则可以使用屏幕外渲染方法，其中一个视图被复制到使用者并用于 GL_BACK_LEFT 或 GL_BACK_RIGHT 缓冲区，具体使用哪个缓冲区取决于眼睛。

27.6.4 服务器端渲染

在这种情况下，有一个主设备充当代理（使用者）在从 GPU（生产者）上产生渲染任务并回读通过网络发送的结果。主设备根据当前使用 NVIDIA 特定扩展 GL_NVX_ mem_info 的 GPU 负载决定每个任务的 GPU（详见第 38 章）。此方法可以扩展到集群或云环境，其中每个节点都连接到多个 GPU，并且可以将消息传递机制（如 MPI）用于系统间通信。

27.7 小　　结

本章介绍了可扩展渲染系统的构建块。使用 WGL_NV_affinity 扩展，应用程序可以根据当前 GPU 负载和应用程序指标，针对渲染任务指定特定的图形资源。这样可以实现动态负载平衡，将 GPU 视为协处理器并进行相应编程。NV_copy_image 扩展提供了 GPU 之间直接图像传输的路径。我们讨论了使用简单的生产者-使用者示例从多个 GPU 获得最大性能所需的应用程序重构以及所需的同步。这个简单的例子可以扩展到实现复杂的并行渲染拓扑，最后讨论了每个拓扑的预期性能改进方式。

参 考 文 献

[AMD 11] AMD. "AMD CrossFire." http://www.amd.com/us/PRODUCTS/WORKSTATION/GRAPHICS/CROSSFIRE-PRO/Pages/crossfire-pro.aspx, 2011.

[ARB 09a] OpenGL ARB. "OpenGL ARB Sync Specification." http://www.opengl.org/registry/specs/ARB/sync.txt, 2009.

[ARB 09b] OpenGL ARB. "OpenGL NV copy image Specification." http://developer.download.nvidia.com/opengl/specs/GL_NV_copy_image.txt, 2009.

[ARB 09c] OpenGL ARB. "OpenGL_WGL_NV_gpu_affinity." http://developer.download.nvidia.com/opengl/specs/WGL_nv_gpu_affinity.txt, 2009.

[ARB 09d] OpenGL ARB. "WGL_AMD_gpu_association specification." http://www.opengl.org/registry/specs/AMD/wgl_gpu_association.txt, 2009.

[CompleX 09] CompleX. "NVIDIA." http://developer.nvidia.com/complex, 2009.

[Eilemann et al. 09] Stefan Eilemann, Maxim Makhinya, and Renato Pajarola. "Equalizer: A Scalable Parallel Rendering Framework." *IEEE Transactions on Visualization and Computer Graphics* 15:3 (2009), 436–452.

[GLee 09] GLee. "GLee (GL Easy Extension library)." http://elf-stone.com/glee.php, 2009.

[GLEW 11] GLEW. "The OpenGL Extension Wrangler Library." http://glew.sourceforge.net/, 2011.

[Khronos 11] Khronos. "wglext.h." http://opengl.org/registry/api/wglext.h, 2011.

[NLM 03] NIH NLM. "The Visible Human Project." http://www.nlm.nih.gov/research/visible/visible_human.html, 2003.

[NVIDIA 11] NVIDIA. "NVIDIA SLI Technology." http://www.nvidia.com/object/quadro_sli.html, 2011.

第 5 篇

传　　输

　　OpenGL 应用程序需要传输大量数据。数据的传输范围包括不同的机器之间、硬盘和系统内存之间、系统和显存之间、显存和显存之间等。优化这些传输可提高性能。在本篇中，将介绍优化 CPU 和 GPU 之间的异步传输、压缩模型以用于 WebGL、压缩 GPU 上的纹理以创建视频，以及高效的几何文件格式等。

　　尽管像粒子系统这样的一般计算被推送到 GPU，但仍然需要在 CPU 上进行许多计算或输入/输出操作，然后有效地将数据流传输到 GPU。Ladislav Hrabcak 和 Arnaud Masserann 编写了第 28 章 "异步缓冲区传输"，分享了使用缓冲区对象在 CPU 和 GPU 之间按任意方向传输数据时最大化性能的最佳实践。通过详细的性能分析，他们讨论了直接内存访问（Direct Memory Access，DMA）、缓冲区使用提示、与绘制调用的隐式同步、固定内存（Pinned Memory）和多线程等。Shalini Venkataraman 编写了第 29 章 "费米异步纹理传输"，继续进行了异步传输讨论，在该章中，讨论了 NVIDIA 费米架构如何在使用多线程和 OpenGL 上下文的同时允许传输和渲染。

Won Chun 编写了第 30 章 "WebGL 模型：端到端"，该章对于传输的讨论从系统内部转移到了跨系统，介绍了 Google Body 中用于压缩和传输模型的技术（包括详细分析），用于通过 WebGL 进行渲染的 Web 浏览器。Brano Kemen 编写了第 31 章 "使用实时纹理压缩进行游戏内视频捕捉"，该章继续讨论了压缩的话题，演示了 GPU 上的实时图像压缩。他使用 DXT 固定速率压缩格式将其方法应用于视频压缩，以减少带宽消耗，并探索了各种去色（Decoloration）方法，以提高图像压缩质量。

在图形中，内容是王道。流畅的内容创建管线为艺术设计师提供了强大的功能，并且其格式仅需要最少的运行时处理，这可以缩短加载时间。Adrien Herubel 和 Venceslas Biri 编写了第 32 章 "OpenGL 友好几何文件格式及其 Maya 导出器"，该章介绍了 Drone 格式，这是一种适用于 OpenGL 的二进制几何文件格式。

第 28 章　异步缓冲区传输

作者：Ladislav Hrabcak 和 Arnaud Masserann

28.1　简　　介

大多数 3D 应用程序会定期将大量数据从 CPU 发送到 GPU。可能的原因包括：
- 来自硬盘或网络的流数据，如几何体、裁剪贴图（Clipmapping）、细节层次（Level Of Detail，LOD）等。
- 更新 CPU 上的骨骼和混合形状动画。
- 计算物理模拟。
- 生成程序网格。
- 实例化（Instancing）数据。
- 为具有统一格式缓冲区（Uniform Buffer）的着色器设置统一参数。

同样，从 GPU 读取生成的数据通常很有用。可能的情况是：
- 视频捕捉（详见本章参考文献 [Kemen 10]）。
- 物理模拟。
- 虚拟纹理中的页面解析器通道。
- 用于计算 HDR 色调映射参数的图像直方图。

虽然将数据来回复制到 GPU 很容易，但是没有统一格式内存的 PC 架构使得快速执行它变得更加困难。此外，OpenGL API 规范并未说明如何有效地执行此操作，而简单地使用数据传输功能又会导致程序执行的暂停，从而浪费 CPU 和 GPU 上的处理能力。

在本章中，对于熟悉缓冲区对象的读者，我们将解释驱动程序中发生的情况，然后介绍各种方法，包括非常规方法，以最快的速度在 CPU 和 GPU 之间传输数据。如果应用程序需要频繁且有效地传输网格或纹理，则可以使用这些方法来提高其性能。本章将使用 OpenGL 3.3，它是与 Direct3D 10 相对应的。

下面进行术语解释。

首先，为了匹配 OpenGL 规范，将 GPU 称为设备（Device）。

其次，当调用 OpenGL 函数时，驱动程序将调用（Call）转换为命令（Command），并将它们添加到 CPU 端的内部队列中。然后，设备按异步方式使用这些命令。此队列已被称为命令队列（Command Queue），但为了清楚起见，将其称为设备命令队列（Device Command Queue）。

从 CPU 内存到设备显存的数据传输称为上传（Uploading），从设备显存传输到 CPU 内存则称为下载（Downloading）。这与 OpenGL 的客户端/服务器范例是一致的。

最后，固定内存（Pinned Memory）是主 RAM 的一部分，可以由设备通过 PCI Express 总线（PCI-e）直接使用，这也称为页面锁定内存（Page-Locked Memory）。

28.2 缓冲区对象

有许多缓冲区对象目标，最著名的是用于顶点属性的 GL_ARRAY_BUFFER 和用于顶点索引的 GL_ELEMENT_ARRAY_BUFFER，以前称为顶点缓冲区对象（Vertex Buffer Object，VBO）。当然，还有 GL_PIXEL_PACK_BUFFER 和 GL_TRANSFORM_FEEDBACK_BUFFER 以及许多其他有用的缓冲区对象。由于所有目标都涉及相同类型的对象，因此从传输的角度来看它们都是等价的。也就是说，本章描述的所有内容对任何缓冲区对象目标都有效。

缓冲区对象是在设备显存或 CPU 内存中分配的线性存储区。它们可以按多种方式使用，例如：

- 顶点数据的来源。
- 纹理缓冲区，它允许着色器访问大型线性内存区域（GeForce 400 系列和 Radeon HD 5000 系列上的 128-256 M 纹理元素）（详见本章参考文献 [ARB 09a]）。
- 统一格式缓冲区。
- 用于纹理上传和下载的像素缓冲区对象。

28.2.1 内存传输

内存传输在 OpenGL 中扮演着非常重要的角色，对于它们的理解是在 3D 应用程序中实现高性能的关键。有两种主要的桌面 GPU 架构：独立 GPU 和集成 GPU。集成 GPU 与 CPU 共享相同的芯片和存储空间，这使它们具有优势，因为它们不受通信中 PCI-e 总线的限制。最近的 AMD APU 在单个芯片中结合了 CPU 和 GPU，能够实现 17GB/s 的传输速率，这超出了 PCI-e 的能力（详见本章参考文献 [Boudier and Sellers 11]）。但是，与独立 GPU 相比，集成 GPU 的性能通常比较一般。独立 GPU 具有更快的板载内存（30～192GB/s），比 CPU 和集成 GPU 使用的传统内存（12～30GB/s）快几倍（详见本章参考文献 [Intel 08]）。

第 28 章 异步缓冲区传输

直接内存访问（DMA）控制器允许 OpenGL 驱动程序异步地将内存块从用户内存传输到设备显存，而不会浪费 CPU 周期。这种异步传输因其广泛用于像素缓冲区对象而闻名（详见本章参考文献 [ARB 08]），但实际上它可用于传输任何类型的缓冲区。值得注意的是，从 CPU 的角度来看，传输是异步的：费米（GeForce 400 系列）和北方群岛（Nothern Islands，Radeon HD 6000 系列）GPU 无法同时传输缓冲区和渲染，因此，在命令队列中的所有 OpenGL 命令都是由设备顺序处理的。这种限制部分来自驱动程序，因此这种行为很容易发生变化，并且可能在其他 API（如 CUDA）中有所不同，这些 API 公开了 GPU 的异步传输机制。当然，也有一些例外，如 NVIDIA Quadro 可以在上传和下载纹理时进行渲染（详见本章参考文献 [Venkataraman 10]）。

有两种方法可以将数据上传和下载到设备。第一种方法是使用 glBufferData 和 glBufferSubData 函数。这些函数的基本用法非常简单，但开发人员有必要了解其幕后的原理以获得最佳功能。

如图 28.1 所示，这些函数获取用户数据并将其复制到设备可直接访问的固定内存中。此过程类似于标准 memcpy。完成此操作后，驱动程序将启动 DMA 传输，这是异步的，并从 glBufferData 返回。目标内存取决于使用提示（详见 28.2.2 节中的解释），以及驱动程序实现。在某些情况下，数据将保留在固定的 CPU 内存中，GPU 可以直接访问该内存，因此结果是每个 glBufferData 函数中都有一个隐藏的 memcpy 操作。根据数据的生成方式，可以避免使用此 memcpy（详见本章参考文献 [Williams and Hart 11]）。

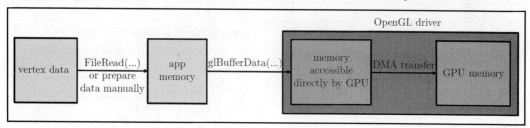

图 28.1　使用 glBufferData/glBufferSubData 上传缓冲区数据

原　　文	译　　文
vertex data	顶点数据
or prepare data manually	或者手动准备数据
app memory	应用程序内存
OpenGL driver	OpenGL 驱动程序
memory accessible directly by GPU	GPU 可以直接访问内存
DMA transfer	DMA 传输
GPU memory	GPU 显存

将数据上传到设备的更有效方法是使用 glMapBuffer 和 glUnmapBuffer 函数获取指向内部驱动程序内存的指针。在大多数情况下，应该固定此内存，但此行为可能取决于驱动程序和可用资源。我们可以使用这个指针直接填充缓冲区，如使用它来进行文件读/写操作，因此将为每个内存传输保存一个副本。也可以使用 ARB_map_buffer_alignment 扩展，它确保返回的指针至少在 64 字节边界上对齐，允许 SSE 和 AVX 指令计算缓冲区的内容。映射和取消映射如图 28.2 所示。

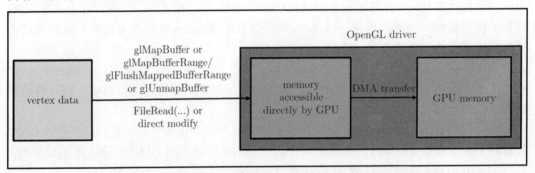

图 28.2　使用 glMapBuffer/glUnmapBuffer 或 glMapBufferRange/glFlushMappedBufferRange 上传缓冲区数据

原　　文	译　　文
vertex data	顶点数据
glMapBuffer or glMapBufferRange/glFlushMappedBufferRange or glUnmapBuffer	glMapBuffer 或 glMapBufferRange/glFlushMappedBufferRange 或 glUnmapBuffer
FileRead(...) or direct modify	FileRead(...) 或直接修改
OpenGL driver	OpenGL 驱动程序
memory accessible directly by GPU	GPU 可以直接访问内存
DMA transfer	DMA 传输
GPU memory	GPU 显存

在调用 glUnmapBuffer 之前，返回的指针仍然有效。我们可以利用这个属性并在工作线程中使用这个指针，后文将介绍该技巧。

最后，还有 glMapBufferRange 和 glFlushMappedBufferRange，类似于 glMapBuffer，但它们还有其他参数可用于提高传输性能和效率。这些函数可以在很多方面使用：

- ❑ 顾名思义，glMapBufferRange 只能映射缓冲区的特定子集。如果只有一部分缓冲区发生变化，则无须完全重新上传。
- ❑ 可以创建一个大缓冲区，使用前半部分进行渲染，后半部分进行更新，并在上传完成时切换两个缓冲区（手动双缓冲区）。
- 如果数据量不同，则可以分配一个很大的缓冲区，并仅映射/取消映射尽可能小的数据范围。

28.2.2 使用提示

OpenGL 驱动程序可以存储数据的两个主要位置是 CPU 内存和设备内存（显存）。CPU 内存可以被页面锁定（固定），这意味着它不能被分页到磁盘并且可以被设备直接访问，或者被分页，即也可以被设备访问，但访问该内存的效率非常低。我们可以使用提示来帮助驱动程序做出此决定，但驱动程序也可以覆盖提示，具体取决于实现。

自 Forceware 285 以来，NVIDIA 驱动程序在这方面非常有用，因为它们可以准确显示数据的存储位置。我们所需要的只是启用 GL_ARB_debug_output 扩展并在 wglCreateContextAttribs 中使用 WGL_CONTEXT_DEBUG_BIT_ARB 标志。在我们的所有示例中，默认情况下启用此功能。有关示例输出，请参见代码清单 28.1。有关此扩展的更多详细信息，请参见第 33 章。

代码清单 28.1 使用 Forceware 285.86 驱动程序 GL_ARB_debug_output 扩展的输出示例

```
Buffer detailed info: Buffer object 1 (bound to GL_TEXTURE_BUFFER, usage
    hint is GL_ENUM_88e0) has been mapped WRITE_ONLY in SYSTEM HEAP memory
    (fast).
Buffer detailed info: Buffer object 1 (bound to GL_TEXTURE_BUFFER, usage
    hint is GL_ENUM_88e0) will use SYSTEM HEAP memory as the source for
    buffer object operations.
Buffer detailed info: Buffer object 2 (bound to GL_TEXTURE_BUFFER, usage
    hint is GL_ENUM_88e4) will use VIDEO memory as the source for buffer
    object operations.
Buffer info:
Total VBO memory usage in the system :
 memType: SYSHEAP, 22.50 Mb Allocated, numAllocations: 6.
 memType: VID, 64.00 Kb Allocated, numAllocations: 1.
 memType: DMA_CACHED, 0 bytes Allocated, numAllocations: 0.
 memType: MALLOC, 0 bytes Allocated, numAllocations: 0.
 memType: PAGED_AND_MAPPED, 40.14 Mb Allocated, numAllocations: 12.
 memType: PAGED, 142.41 Mb Allocated, numAllocations: 32.
```

似乎 NVIDIA 和 AMD 都使用提示来决定放置缓冲区的内存，但在这两种情况下，驱动程序都将使用统计和启发式方法来更好地适应实际使用情况。当然，在使用 Forceware 285 驱动程序的 NVIDIA 上，glMapBuffer 和 glMapBufferRange 的行为存在差异：glMapBuffer 将尝试从缓冲区对象使用中猜测目标内存，而 glMapBufferRange 则始终遵循提示并记录调试消息（详见第 33 章）。此外，这些函数之间的传输速率也存在差异，看起来使用 glMapBufferRange 进行所有传输可确保最佳性能。在本书配套的 OpenGL Insights 网站（www.openglinsights.com）上提供了一个示例应用程序，可用于测量缓冲区对象的传输速率和其他行为，表 28.1 和表 28.2 列出了一些结果。

表 28.1 配置 Intel Core i5 760 和 PCI-e 2.0 的 NVIDIA GeForce GTX 470 显卡的缓冲区传输性能

函 数	使用提示	目标内存	传输速率（GB/s）
glBufferData/glBufferSubData	GL_STATIC_DRAW	设备	3.79
glMapBuffer/glUnmapBuffer	GL_STREAM_DRAW	固定	不适用（固定在 CPU 内存中）
glMapBuffer/glUnmapBuffer	GL_STATIC_DRAW	设备	5.73

表 28.2 配置 Intel Core i5 760 和 PCI-e 2.0 的 NVIDIA GeForce GTX 470 显卡使用 glCopyBufferSubData 和采用 GL_RGBA8 格式的 glTexImage2D 缓冲区复制和纹理传输性能

传 输	源内存	目标内存	传输速率（GB/s）
缓冲区到缓冲区	固定	设备	5.73
缓冲区到纹理	固定	设备	5.66
缓冲区到缓冲区	设备	设备	9.00
缓冲区到纹理	设备	设备	52.79

固定内存是标准 CPU 内存，并且没有实际传输到设备显存，在这种情况下，设备将直接使用来自该内存位置的数据。PCI-e 总线访问数据的速度比设备能够渲染它的速度更快，因此这样做不会造成性能损失，但驱动程序可以随时做出改变并将数据传输到设备显存。

28.2.3 隐式同步

完成 OpenGL 调用后，通常不会立即执行。相反，大多数命令都放在设备命令队列中。实际渲染可能会在两帧后发生，有时甚至更多，具体取决于设备的性能和驱动程序设置（三重缓冲、最大预渲染帧、多 GPU 配置等）。应用程序和驱动程序之间的这种延迟可以通过计时函数 glGetInteger64v(GL_TIMESTAMP,&time) 和 glQueryCounter(query, GL_TIMESTAMP) 来测量（详见第 34 章）。大多数情况下，这实际上是所需的行为，因为此延迟有助于驱动程序隐藏设备通信中的延迟并提供更好的整体性能。

但是，当使用 glBufferSubData 或 glMapBuffer[Range] 时，API 本身没有任何东西阻止我们修改设备当前用于渲染前一帧的数据，如图 28.3 所示。驱动程序必须通过阻塞（Blocking）该函数来避免此问题，直到所需的数据不再被使用，这称为隐式同步（Implicit

Synchronization）。这会严重损害性能或导致恼人的问题。同步可能会阻塞，直到设备命令队列中的所有先前帧都完成为止，这可能会增加几毫秒的性能时间。

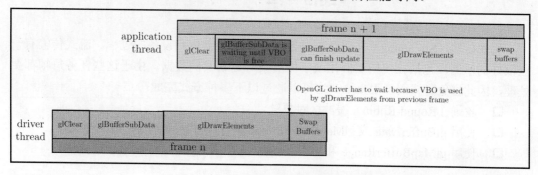

图 28.3 使用 glBufferSubData 的隐式同步

原 文	译 文
application thread	应用程序线程
frame n+1	帧 n+1
glBufferSubData is waiting until VBO is free	glBufferSubData 一直等待，直到 VBO 空闲
glBufferSubData can finish Update	glBufferSubData 可以完成更新
swap buffers	交换缓冲区
OpenGL driver has to wait because VBO is used by glDrawElements from previous frame	OpenGL 驱动程序必须等待，因为 VBO 由前一帧的 glDrawElements 使用
driver thread	驱动程序线程
frame n	帧 n

28.2.4　同步原语

OpenGL 提供了自己的同步原语（Synchronization Primitives），称为同步对象（Sync Objects），它类似于设备命令队列中的 fence 对象，并设置为在设备到达其位置时发出信号（Signal）。这在多线程环境中很有用，因为其他线程必须获得计算完整性的通知才能开始下载或上传数据以进行渲染。

glClientWaitSync 和 glWaitSync 函数将阻塞，直到指定的 fence 对象发出信号，但这些函数也提供了一个超时参数，如果我们只想知道对象是否已经发信号而不是阻塞它，则可以将其设置为 0。更准确地说，glClientWaitSync 将阻塞 CPU 直到指定的同步对象发出信号，而 glWaitSync 则会阻塞设备。

28.3 上　传

流式传输（Streaming）是将数据频繁（如每帧）上传到设备的过程。流式传输有一些很好的示例，包括在使用实例化或字体渲染时更新实例数据。由于这些任务每帧都要处理，因此避免隐式同步很重要。这可以通过以下多种方式完成：

- ❏ 轮询（Round-Robin）缓冲区对象链。
- ❏ 使用 glBufferData 或 glMapBufferRange 进行缓冲区重新指定或"孤立"。
- ❏ 使用 glMapBufferRange 和 glFenceSync/glClientWaitSync 完全手动同步。

28.3.1 轮询（多个缓冲区对象）

轮询技术的思路是创建若干个缓冲区对象并循环遍历它们。当设备从缓冲区 $N-1$ 渲染时，应用程序可以更新和上传缓冲区 N，如图 28.4 所示。此方法也可用于下载，并且在多线程应用程序中也很有用。有关详细信息，请参见 28.6 节和 28.7 节。

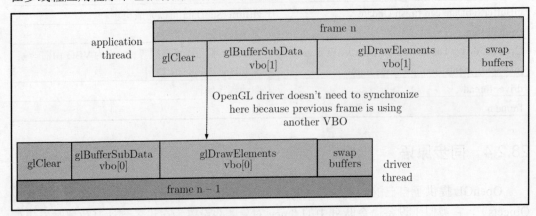

图 28.4　避免与轮询链的隐式同步

原　文	译　文
application thread	应用程序线程
frame n	帧 n
swap buffers	交换缓冲区
OpenGL driver doesn't need to synchronize here because previous frame is using another VBO	OpenGL 驱动程序不需要在此同步，因为前一帧正在使用另一个 VBO

续表

原 文	译 文
frame n-1	帧 $n-1$
driver thread	驱动程序线程

28.3.2 缓冲区重新指定（孤立）

缓冲区重新指定（Buffer Respecification）类似于轮询技术，但它全部发生在 OpenGL 驱动程序中。有两种方法可以重新指定缓冲区。最常见的是使用对 glBufferData 的额外调用，将 NULL 作为数据参数，再加上之前具有的确切大小和使用提示，如代码清单 28.2 所示。驱动程序将从缓冲区对象中分离物理内存块并分配一个新的内存块，此操作称为孤立（Orphaning）。一旦命令队列中的任何命令都不使用旧内存块，则它将返回到堆中。下一个 glBufferData 重新指定调用很可能会重用此块（详见本章参考文献 [OpenGL Wiki 09]）。更重要的是，我们不必猜测轮询链的大小，因为它全部发生在驱动程序的内部。该过程如图 28.5 所示。

代码清单 28.2 使用 glBufferData 进行缓冲区重新指定或孤立

```
glBindBuffer(GL_ARRAY_BUFFER, my_buffer_object);

glBufferData(GL_ARRAY_BUFFER, data_size, NULL, GL_STREAM_DRAW);
glBufferData(GL_ARRAY_BUFFER, data_size, mydata_ptr, GL_STREAM_DRAW);
```

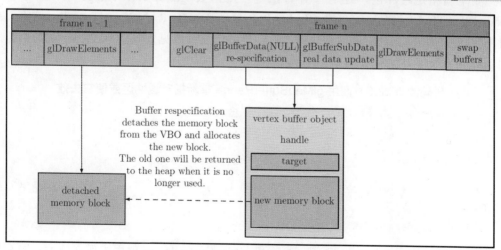

图 28.5 使用孤立技术避免隐式同步

原 文	译 文
frame n−1	帧 $n-1$
frame n	帧 n
glBufferData(NULL) re-specification	glBufferData(NULL)重新指定
glBufferSubData real data update	glBufferSubData 实际数据更新
swap buffers	交换缓冲区
Buffer respecification detaches the memory block from the VBO and allocates the new block. The old one will be returned to the heap when it is no longer used.	缓冲区重新指定将从 VBO 中分离物理内存块并分配一个新的内存块。一旦旧内存块长时间不被使用，则它将返回到堆中
detached memory block	分离的内存块
vertex buffer object handle	顶点缓冲区对象处理
target	目标
new memory block	新内存块

glBufferData/glBufferSubData 的行为实际上非常依赖于实现。例如，AMD 的驱动程序似乎可以隐式地孤立缓冲区。而在 NVIDIA 上，手动孤立然后使用 glBufferSubData 上传会更加高效一些，但这样做会破坏 Intel 的性能。代码清单 28.2 可以跨越不同供应商，给出更加"一致"的性能。最后，使用这种技术，重要的是 glBufferData 的 size 参数必须始终相同，以确保最佳性能。

要重新指定缓冲区，还有一种方法是使用函数 glMapBufferRange 和 GL_MAP_INVALIDATE_BUFFER_BIT 或 GL_MAP_INVALIDATE_RANGE_BIT 标志。这将孤立缓冲区并返回指向新分配的内存块的指针。详细信息请参见代码清单 28.3。我们不能使用 glMapBuffer，因为它没有这个选项。

代码清单 28.3　使用 glMapBufferRange 重新指定缓冲区或使它失效

```
glBindBuffer(GL_ARRAY_BUFFER, my_buffer_object);
void *mydata_ptr = glMapBufferRange(
  GL_ARRAY_BUFFER, 0, data_size,
  GL_MAP_WRITE_BIT | GL_MAP_INVALIDATE_BUFFER_BIT);

// 使用有用的数据填充 mydata_ptr

glUnmapBuffer(GL_ARRAY_BUFFER);
```

但是，我们发现，即使 glBufferData 和 glMapBufferRange 使用了孤立技术，如果与渲染操作同时调用也会导致昂贵的同步，至少在 NVIDIA 上是这样的，即使缓冲区未用于此绘制调用，或未用于设备命令队列中排队的任何操作。这可以防止设备达到 100% 的利用率。无论如何，我们建议不要使用这些技术。除此之外，GL_MAP_INVALIDATE_BUFFER_BIT 或 GL_MAP_INVALIDATE_RANGE_BIT 等标志涉及驱动程序内存管理，可以将调用持续时间增加 10 倍以上。下一节将介绍非同步映射，可用于解决这些同步问题。

28.3.3 非同步缓冲区

本节介绍的是最后一个方法，它使我们可以绝对控制缓冲区对象数据。我们只需要告诉驱动程序根本不要同步。这可以通过将 GL_MAP_UNSYNCHRONIZED_BIT 标志传递给 glMapBufferRange 来完成。在这种情况下，驱动程序将只返回指向先前分配的固定内存的指针，而不进行同步，也不进行内存重新分配。这是处理映射的最快方法（见图 28.6）。

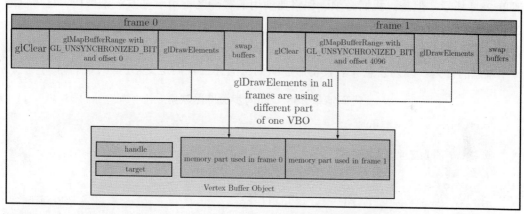

图 28.6　不同步的 glMapBufferRange 的可能用法

原　　文	译　　文
frame 0	帧 0
frame 1	帧 1
glMapBufferRange with GL_UNSYNCHRONIZED_BIT and offset 0	glMapBufferRange 包含 GL_UNSYNCHRONIZED_BIT 标志且偏移量为 0
swap buffers	交换缓冲区
glMapBufferRange with GL_UNSYNCHRONIZED_BIT and offset 4096	glMapBufferRange 包含 GL_UNSYNCHRONIZED_BIT 标志且偏移量为 4096
glDrawElements in all frames are using different part of one VBO	glDrawElements 在所有帧中，使用一个 VBO 的不同部分
handle	处理

续表

原 文	译 文
target	目标
memory part used in frame 0	在帧 0 中使用的内存部分
memory part used in frame 1	在帧 1 中使用的内存部分
Vertex Buffer Object	顶点缓冲区对象

其缺点是我们必须知道自己在做什么。由于不执行隐式健全性检查或同步，如果将数据上传到当前用于渲染的缓冲区，则最终可能会出现未定义的行为或导致应用程序崩溃。

处理非同步映射的最简单方法是使用多个缓冲区，就像在轮询技术中所做的那样，并且在 glMapBufferRange 函数中使用 GL_MAP_UNSYNCHRONIZED_BIT 标志，如代码清单 28.4 所示。但是，我们必须确保将要使用的缓冲区不用于并发渲染操作。这可以通过 glFencSync 和 glClientWaitSync 函数来实现。在实践中，3 个缓冲区链就足够了，因为设备通常不会延迟两帧以上。最多，glClientWaitSync 将在第三个缓冲区上同步，但它是一个理想的行为，因为它意味着设备命令队列已满并且我们是受 GPU 约束的。

代码清单 28.4　非同步缓冲区映射

```
const int buffer_number = frame_number++ % 3;

// 等待，直到缓冲区未被使用
// 在大多数情况下无须等待，因为在链中使用了 3 个缓冲区
// glClientWaitSync 函数可用于检查超时值是否为 0
GLenum result = glClientWaitSync(fences [buffer_number], 0, TIMEOUT);
if (result == GL_TIMEOUT_EXPIRED || result == GL_WAIT_FAILED)
{
    // 出现了问题
}

glDeleteSync(fences [buffer_number]);
glBindBuffer(GL_ARRAY_BUFFER, buffers[buffer_number]);
void *ptr = glMapBufferRange(GL_ARRAY_BUFFER, offset, size, GL_MAP_WRITE_
    BIT | GL_MAP_UNSYNCHRONIZED_BIT);

// 使用有用的数据填充 ptr
glUnmapBuffer(GL_ARRAY_BUFFER);

// 在绘制操作中使用缓冲区
glDrawArray(...);
```

```
// 在命令队列中放入 fence 对象
fences[buffer_number] = glFenceSync(GL_SYNC_GPU_COMMANDS_COMPLETE, 0);
```

28.3.4　关于 AMD_pinned_memory 扩展

从 Catalyst 11.5 开始，AMD 公开了 AMD_pinned_memory 扩展（详见本章参考文献 [Mayer 11]，[Boudier and Sellers 11]），它允许使用 new 或 malloc 分配应用程序端内存作为缓冲区对象存储。此内存块必须与页面大小对齐。使用此扩展程序有如下优点：

- 无须 OpenGL 映射函数即可访问内存，这意味着没有 OpenGL 调用开销。这在几何体和纹理加载的 Worker 线程中非常有用。
- 跳过驱动程序的内存管理，因为我们将负责内存分配。
- 过程中不涉及内部驱动程序同步。这和 28.3.3 节所描述的 glMapBufferRange 中的 GL_MAP_UNSYNCHRONIZED_BIT 标志类似，但这意味着必须小心识别要修改的是哪个缓冲区或缓冲区的哪一部分，否则，结果可能出现未定义错误或导致应用程序终止。

固定内存是数据流和下载的最佳选择，但它仅在 AMD 设备上可用，并且需要显式同步检查以确保缓冲区不在并发渲染操作中使用。代码清单 28.5 显示了如何使用此扩展。

代码清单 28.5　AMD_pinned_memory 应用示例

```
#define GL_EXTERNAL_VIRTUAL_MEMORY_AMD 37216    // AMD_pinned_memory

char *_pinned_ptr = new char[buffer_size + 0x1000];
char *_pinned_ptr_aligned = reinterpret_cast <char *>(unsigned(_pinned_
    ptr + 0xfff) & (~0xfff));

glBindBuffer(GL_EXTERNAL_VIRTUAL_MEMORY_AMD, buffer);
glBufferData(GL_EXTERNAL_VIRTUAL_MEMORY_AMD, buffer_size, _pinned_ptr_
    aligned, GL_STREAM_READ);
glBindBuffer(GL_EXTERNAL_VIRTUAL_MEMORY_AMD, 0);
```

28.4　下　　载

PCI-e 总线的引入提供了足够的带宽，可以在真实场景中使用数据下载。根据 PCI-e 版本的不同，设备的上传和下载性能约为 1.5～6GB/s。今天，许多算法或情况需要从设备下载数据：

- 程序化地形生成（碰撞、几何体、包围盒等）。
- 视频录制（第 31 章有详细介绍）。
- 虚拟纹理中的页面解析器通道。
- 物理模拟。
- 图像直方图。

OpenGL 驱动程序的异步特性给下载过程带来了一些复杂性，并且规范对于如何在没有隐式同步的情况下快速执行并无太大帮助。OpenGL 目前提供了若干种将数据下载到主内存的方法。大多数时候，我们想要下载纹理，因为光栅化是在 GPU 上生成数据的最有效方式，至少在 OpenGL 中是这样。这包括上面的大多数用例。

在这种情况下，我们必须使用 glReadPixels 并将缓冲区对象绑定到 GL_PIXEL_PACK_BUFFER 目标。该函数将启动从纹理内存到缓冲区内存的异步传输。在这种情况下，为缓冲区对象指定 GL_*_READ 使用提示很重要，因为 OpenGL 驱动程序会将数据复制到驱动程序内存，它可以从应用程序访问。同样，这仅对 CPU 来说是异步的：设备必须等待当前渲染完成并处理传输。最后，glMapBuffer 将返回指向已下载数据的指针。该过程如图 28.7 所示。

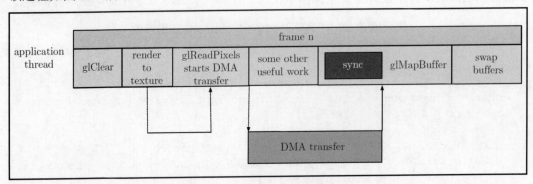

图 28.7　下载中的异步 DMA 传输

原　文	译　文
frame n	帧 n
application thread	应用程序线程
render to texture	渲染到纹理
glReadPixels starts DMA transfer	glReadPixels 启动 DMA 传输
some other useful work	其他一些有用的工作

续表

原　文	译　文
sync	同步
swap buffers	交换缓冲区
DMA transfer	DMA 传输

在这个简单的场景中，应用程序线程被阻塞，因为设备命令队列总是滞后，我们想要下载的数据尚未准备好。有 3 个选项可以避免这种情况：

- 在调用 glReadPixels 后执行一些 CPU 密集型工作。
- 从前一帧或后两帧调用 glMapBuffer 处理缓冲区对象。
- 使用 fence 对象并在同步对象发出信号时调用 glMapBuffer。

第一种解决方案在实际应用中并不是很实用，因为它并不能保证我们在最后不需要等待，还会使编写高效代码变得更加困难。第二种解决方案则要好得多，在大多数情况下，由于数据已经传输，因此无须等待。此解决方案需要多个缓冲区对象，这和 28.3.1 节中的轮询技术是一样的。最后一个解决方案是避免隐式同步的最佳方法，因为它提供了有关传输完整性的准确信息。虽然我们仍然需要处理数据只能在以后准备好的事实，但作为开发人员，可以通过 fence 对象更好地控制传输状态。代码清单 28.6 提供了该解决方案的基本步骤。

代码清单 28.6　异步像素数据传输

```
if(rb_tail != rb_head)
{
  const int tmp_tail = (rb_tail + 1) & RB_BUFFERS_MASK;
  GLenum res = glClientWaitSync(fences[tmp_tail], 0, 0);
  if(res == GL_ALREADY_SIGNALED || res == GL_CONDITION_SATISFIED)
  {
    rb_tail = tmp_tail;
    glDeleteSync(sc ->_fence);
    glBindBuffer(GL_PIXEL_PACK_BUFFER, buffers[rb_tail]);
    glMapBuffer(GL_PIXEL_PACK_BUFFER, GL_READ_ONLY);
    // 处理数据
    glUnmapBuffer(GL_PIXEL_PACK_BUFFER);
  }
}
const int tmp_head = (rb_head + 1) & RB_BUFFERS_MASK;
if(tmp_head != rb_tail)
{
  glReadBuffer(GL_BACK);
  glBindBuffer(GL_PIXEL_PACK_BUFFER, buffers[rb_head]);
```

```
glReadPixels(0, 0, width, height, GL_BGRA, GL_UNSIGNED_BYTE, (void*)
    offset);
}
else
{
    // 我们太快了
}
```

但是，在 AMD 硬件上，glUnmapBuffer 在这种特殊情况下将是同步的。如果确实需要异步行为，则必须使用 AMD_pinned_memory 扩展。

另一方面，我们发现在 NVIDIA 上，最好使用另一个带有 GL_STREAM_COPY 使用提示的中间缓冲区，这会导致缓冲区被分配到设备显存中。我们在这个缓冲区上使用 glReadPixels，然后使用 glCopyBufferSubData 将数据复制到 CPU 内存中的最终缓冲区。这个过程几乎比直接方式快两倍。28.5 节将介绍此复制功能。

28.5 复 制

有一个广泛使用的扩展是 ARB_copy_buffer（详见本章参考文献 [NVIDIA 09]），它可以在缓冲区对象之间复制数据。特别是，如果两个缓冲区都存在于设备显存中，这是在没有 CPU 干预的情况下在 GPU 端缓冲区之间复制数据的唯一方法（参见代码清单 28.7）。

代码清单 28.7　使用 ARB_copy_buffer 将一个缓冲区复制到另一个缓冲区

```
glBindBuffer(GL_COPY_READ_BUFFER, source_buffer);
glBindBuffer(GL_COPY_WRITE_BUFFER, dest_buffer);
glCopyBufferSubData(GL_COPY_READ_BUFFER, GL_COPY_WRITE_BUFFER, source_
    offset, write_offset, data_size);
```

正如 28.4 节末尾所指出的那样，在 NVIDIA GeForce 设备上，复制对于下载数据非常有用。在设备显存中使用中间缓冲区并将副本读回 CPU 实际上比直接传输更快，它的速度是 3GB/s 而不是 1.5GB/s。这是在 NVIDIA Quadro 产品系列中没有的硬件限制。而在 AMD 产品上，使用 Catalyst 11.12 驱动程序时，此功能完全未优化，并且在大多数情况下会导致昂贵的同步。

28.6 多线程和共享上下文

本节将介绍如何从另一个线程传输流数据。在过去几年中，单核性能的增长速度并没有像 CPU 中的核心数一样快。因此，了解 OpenGL 在多线程环境中的行为非常重要。最重要的是，我们将关注可用性和性能方面的考虑。由于从多个线程访问 OpenGL API 尚不为人所知，因此需要首先介绍共享上下文。

28.6.1 多线程 OpenGL 简介

从版本 1.1 开始，OpenGL 实际上可以通过多个线程使用，但在应用程序初始化时必须要小心。更确切地说，需要调用 OpenGL 函数的每个额外的线程必须创建自己的上下文，并将该上下文显式连接到第一个上下文，以便共享 OpenGL 对象。否则，在尝试执行数据传输或绘制调用时会导致崩溃。其实现细节则因平台而异。在 Windows 系统上的推荐过程如图 28.8 所示，使用 OpenGL 3.2 中提供的 WGL_ARB_create_context 扩展（详见本章参考文献 [ARB 09b]）。在 Linux 系统上使用的是类似的扩展 GLX_ARB_create_context（详见本章参考文献 [ARB 09c]）。可以在本章参考文献 [Supnik 08] 中找到 Linux、Mac 和 Windows 系统上的实现细节。

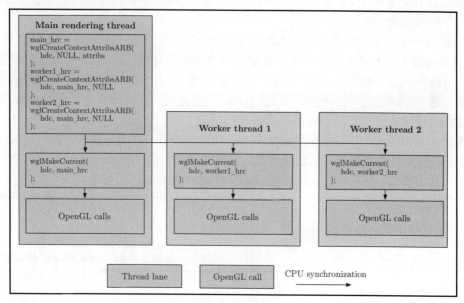

图 28.8　Windows 上的共享上下文创建

原　　文	译　　文	原　　文	译　　文
Main rendering thread	主渲染线程	OpenGL calls	OpenGL 调用
Worker thread 1	Worker 线程 1	Thread lane	线程通道
Worker thread 2	Worker 线程 2	CPU synchronization	CPU 同步

28.6.2 同步问题

在单线程方案中,如果当前使用了缓冲区,那么重新指定缓冲区是完全有效的:驱动程序会将 glBufferData 放入命令队列中,根据处理的进度,它将等待依赖于相同缓冲区的绘制调用完成。

但是,在使用共享上下文时,驱动程序将为每个线程创建一个命令队列,因此像这样的隐式同步将不会发生。线程可以在内存块中开始 DMA 传输(该内存块是当前设备的绘制调用所使用的),这通常会导致部分更新的网格或实例数据。

解决方案是使用前文提到过的多重缓冲数据或 fence 对象,这些技术也适用于共享上下文。

28.6.3 内部同步导致的性能损失

共享上下文还有一个缺点,正如将在下面的基准测试中看到的那样,它们会在每个帧中产生性能损失。

在图 28.9 中,演示了已安装 280.26 Forceware 驱动程序的 GeForce GTX 470 显卡在 Parallel Nsight(GPU 开发工具)中运行示例应用程序的分析结果。第一个时间轴使用单个线程上传和渲染 3D 模型,第二个时间轴完全相同,但在空闲线程中有一个额外的共享上下文。这个简单的更改使每帧增加了 0.5ms,可能是因为驱动程序中的其他同步。我们还注意到,该设备仅延迟一帧而不是两帧。

至少在 NVIDIA 上,这种损失通常在 0.1~0.5ms 变化,主要取决于 CPU 性能。值得注意的是,对于具有共享上下文的线程数,它是非常恒定的。在 NVIDIA Quadro 硬件上,这种损失通常较低,因为 GeForce 产品线的某些硬件成本优化不存在。

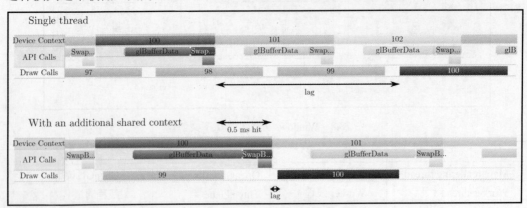

图 28.9 共享上下文导致的性能损失

原　　文	译　　文
Single thread	单线程
Device Context	设备上下文
API Calls	API 调用
Draw Calls	绘制调用
lag	延迟
With an additional shared context	包含额外的共享上下文
0.5 ms hit	0.5ms 损失

28.6.4 关于共享上下文的总结

我们的建议是尽可能使用标准工作线程。由于共享上下文提供的所有功能都可以在没有它们的情况下获得，因此以下做法通常不会导致问题：

- ❑ 如果开发人员想通过卸载（Offload）另一个线程中占用大量 CPU 的任务来加速渲染循环，那么这实际上是可以在没有共享上下文的情况下完成的。有关详细信息，请参阅 28.7 节。
- ❑ 如果开发人员需要知道在单线程环境中数据传输是否已完成，则可以使用 GL_ARB_sync 扩展中定义的 fence 对象。有关详细信息，请参见代码清单 28.8。

代码清单 28.8　使用 GL_ARB_sync 等待传输完成

```
glUnmapBuffer(...);

GLsync fence = glFenceSync(GL_SYNC_GPU_COMMANDS_COMPLETE, 0);

// 其他操作

int res = glClientWaitSync(fence, 0, TIMEOUT);
if(res == GL_ALREADY_SIGNALED || res == GL_CONDITION_SATISFIED)
{
  glDeleteSync(fence);
  // 传输完成
}
```

必须指出，共享上下文并不会使传输和渲染并行，至少在 NVIDIA Forceware 285 和 AMD Catalyst 11.12 中是这样。因此，使用它们通常只能获得最小的性能优势。有关通过着色器上下文和多个线程一起使用 fence 对象的详细信息，请参阅第 29 章。

28.7 使用方案

本节将提供异步缓冲区传输的使用方案。在该方案中,将一些场景对象的数据流式传输(Streaming)到设备。场景由代表一个建筑物结构的 32768 个对象表示。每个对象都在 GPU 着色器中生成,唯一的输入是变换矩阵,这意味着整个场景具有每帧 2MB 的数据。对于渲染,将使用实例化 draw 调用来最小化 CPU 介入。

此方案将以 3 种不同的方法实现:单线程版本、没有共享上下文的多线程版本,以及具有共享上下文的多线程版本。所有源代码均可在本书配套的 OpenGL Insights 网站(www.openglinsights.com)上获得。

在实践中,这些方法可用于上传信息(如视锥体剔除),但由于我们想要测量传输性能,因此实际上没有进行任何计算,工作仅包括尽可能快地填充缓冲区。

28.7.1 方法 1:单线程

在第一种方法中,一切都在渲染线程中完成,包括缓冲数据流和渲染。这种实现的主要优点是简单。特别是,不需要互斥锁(Mutexes)或其他同步原语(Synchronization Primitives)。

要对缓冲区进行流式处理,可以使用 glMapBufferRange、GL_MAP_WRITE_BIT 和 GL_MAP_UNSYNCHRONIZED_BIT 标志,这使我们能够将变换矩阵直接写入固定内存区域,该内存区域将由设备直接使用,与其他方法相比,可以节省额外的 memcpy 和同步。

另外,顾名思义,glMapBufferRange 可以只映射缓冲区的一个子集,如果不想修改整个缓冲区或者缓冲区的大小是逐帧变化的,那么这很有用:正如之前所说的那样,可以分配一个很大的缓冲区,然后只使用它的一个可变部分。该单线程实现方法的性能如表 28.3 所示。

表 28.3 方法 1 的渲染性能

硬件配置	渲染时间(ms/帧)
Intel Core i5,NVIDIA GeForce GTX 470	2.8
Intel Core 2 Duo Q6600,AMD HD 6850	3.6
Intel Core i7,Intel GMA 3000	16.1

28.7.2 方法 2：两个线程和一个 OpenGL 上下文

第二种方法将使用另一个线程将场景数据复制到映射缓冲区。为什么这样做是一个好主意呢？原因如下：

- 渲染线程不会停止发送 OpenGL 命令，并且能够让设备始终保持忙碌。
- 在两个 CPU 内核之间划分处理可缩短帧时间。
- OpenGL 绘制调用很昂贵，它们通常比简单地在设备命令队列中附加命令更耗时。特别是，如果自上次绘制调用后内部状态发生了变化，例如，由于调用 glEnable，会产生较为耗时的状态验证步骤。通过将计算与驱动程序的线程分开，开发人员可以利用多核架构。

在这个方法中（见图 28.10），将使用两个线程，即应用程序线程和渲染器线程。其中，应用程序线程负责：

- 处理输入。
- 将场景实例数据复制到映射缓冲区。
- 准备字体渲染的图元。

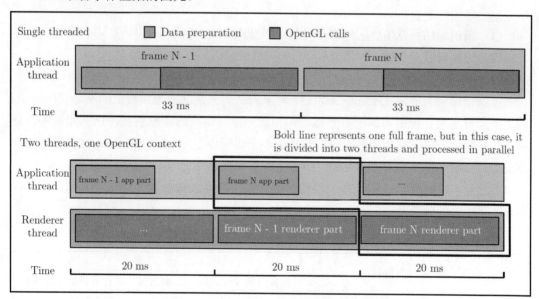

图 28.10　方法 2：使用外部渲染器线程提高帧速率

原　　文	译　　文
Single threaded	单线程
Data preparation	数据准备
OpenGL calls	OpenGL 调用
Application thread	应用程序线程
frame N-1	帧 $N-1$
frame N	帧 N
Time	时间
Two threads, one OpenGL context	两个线程，一个 OpenGL 上下文
Bold line represents one full frame, but in this case, it is divided into two threads and processed in parallel	粗线代表一个完整的帧，但在这种情况下，它被分成两个线程并且并行处理
frame N-1 app part	帧 $N-1$ 的应用程序线程部分
frame N app part	帧 N 的应用程序线程部分
Renderer thread	渲染器线程
frame N-1 renderer part	帧 $N-1$ 的渲染器线程部分
frame N renderer part	帧 N 的渲染器线程部分

渲染器线程负责：

❑ 调用 glUnmapBuffer 处理在应用程序线程中填充的映射缓冲区。

❑ 设置着色器和统一格式。

❑ 绘制批次。

可以使用帧上下文（Frame-Context）对象的队列来帮助避免线程之间不必要的同步。帧上下文对象包含帧所需的所有数据，如相机矩阵、指向内存映射缓冲区的指针等。这种设计与轮询方式非常相似，因为它将使用多个非同步缓冲区。它在 Outerra 引擎中也有很成功的应用（详见本章参考文献 [Kemen and Hrabcak 11]）。性能结果如表 28.4 所示。为简单起见，在这里只使用了两个线程，但开发人员可以添加更多线程，具体取决于任务和计算中的依赖关系。

表 28.4　方法 2 的渲染性能

硬 件 配 置	性　　能	
	渲染时间（ms/帧）	和方法 1 相比获得的性能提升
Intel Core i5，NVIDIA GeForce GTX 470	2.0	×1.4
Intel Core 2 Duo Q6600，AMD HD 6850	3.2	×1.25
Intel Core i7，Intel GMA 3000	15.4	×1.05

28.7.3 方法 3：两个线程和两个 OpenGL 共享上下文

在最后一种方法中，场景数据复制在支持 OpenGL 的线程中完成。因此，有两个线程，即主渲染线程和附加渲染线程。主渲染线程负责以下任务：
- 处理输入。
- 调用 glMapBufferRange 和 glUnmapBuffer 处理缓冲区。
- 将场景实例数据复制到映射缓冲区。
- 为字体渲染准备图元。

附加渲染线程负责：
- 设置着色器和统一格式。
- 绘制批次。

在此方法中，缓冲区在主线程中更新。这包括调用 glMapBufferRange 和 glUnmapBuffer，因为线程正在共享 OpenGL 渲染上下文。与单线程版本相比，获得了方法 2（两个线程和一个 OpenGL 上下文）的大部分好处：更快的渲染循环，一些 OpenGL 调用的并行化以及比方法 1 更好的整体性能，如表 28.5 所示。但是，如前所述，在驱动程序中存在同步开销，这使得此版本比方法 2 慢。在像 NVIDIA Quadro 这样的专业卡上，这种开销要小得多，因为在这种卡上，这样的多线程是很常见的，不过开销仍然是有的。

表 28.5 方法 3 的渲染性能

硬件配置	性能		
	渲染时间（ms/帧）	和方法 1 相比获得的性能提升	由于共享上下文而导致的性能损失（ms/帧）
Intel Core i5，NVIDIA GeForce GTX 470	2.1	× 1.33	+0.1
Intel Core 2 Duo Q6600，AMD HD 6850	7.5	× 0.48	+4.3
Intel Core i7，Intel GMA 3000	15.3	× 1.05	−0.1

在这种情况下，AMD 显卡的性能下降不应该过于严重，因为在这个平台上，非同步缓冲区对于共享上下文并不理想。在 28.7.4 节中可以看到，与第一种解决方案相比，其他方法的性能提升了 1.1 倍。

28.7.4 性能比较

表 28.6 显示了 3 种方法在各种硬件配置上对于若干个上传策略的完整性能比较。所有测试都以轮询方式使用多个缓冲区，差异在于将数据提供给 OpenGL 的方式：

表 28.6 在所有配置中的测试结果。所有值均以 ms/帧表示（越小越好）

CPU	Intel Q6600		Intel i7 2630QM		Intel i5 760	
GPU	AMD HD 6850	NVGTX 460	Intel HD 3000	NV GT 525M	AMD HD 6570	NV GTX 470
方法 1						
InvalidateBuffer	3.6	5.0	16.1	12.6	12.0	3.5
FlushExplicit	4.9	4.9	16.1	12.5	18.4	3.5
Unsynchronized	3.6	3.7	16.1	11.2	9.0	2.8
BufferData	5.2	4.3	16.2	11.7	6.7	3.1
BufferSubData	4.4	4.3	17.3	11.6	9.5	3.1
Write	8.8	4.9	16.1	12.4	19.5	3.5
AMD Pinned	3.7	不适用	不适用	不适用	8.6	不适用
方法 2						
InvalidateBuffer	5.5	3.2	15.3	10.3	9.5	2.1
FlushExplicit	7.2	3.1	15.3	10.3	16.3	2.1
Unsynchronized	**3.2**	**2.9**	15.4	**9.9**	8.0	**2.0**
BufferData	4.6	3.5	15.2	10.4	**5.5**	2.3
BufferSubData	4.0	3.5	**15.1**	10.5	8.3	2.3
Write	7.4	3.1	15.3	10.3	17.0	2.1
AMD Pinned	**3.2**	不适用	不适用	不适用	8.1	不适用
方法 3						
InvalidateBuffer	5.3	3.8	15.2	10.6	9.4	2.4
FlushExplicit	7.4	3.7	15.2	10.6	17.1	2.3
Unsynchronized	7.5	3.2	15.3	10.2	17.9	2.1
BufferData	中断	4.5	15.3	11.0	中断	2.5
BufferSubData	4.5	3.9	**15.1**	11.0	8.6	2.5
Write	7.5	3.5	15.2	10.5	17.9	2.3
AMD Pinned	**3.2**	不适用	不适用	不适用	8.0	不适用

- InvalidateBuffer。缓冲区将通过 glMapBufferRange 并使用 GL_MAP_WRITE_BIT | GL_MAP_INVALIDATE_BUFFER_BIT 标志进行映射和取消映射。

- FlushExplicit。缓冲区将通过 glMapBufferRange 并使用 GL_MAP_WRITE_BIT | GL_MAP_FLUSH_EXPLICIT_BIT 标志进行映射、冲洗（Flush）和取消映射。必须执行取消映射操作，因为除非使用 AMD_pinned_memory，否则永久保持缓冲区映射是不安全的。

- Unsynchronized。缓冲区将通过 glMapBufferRange 并使用 GL_MAP_WRITE_BIT | GL_MAP_UNSYNCHRONIZED_BIT 标志进行映射和取消映射。

- BufferData。缓冲区使用 glBufferData（NULL）进行孤立，并使用 glBufferSubData 进行更新。
- BufferSubData。缓冲区不会被孤立，只需使用 glBufferSubData 进行更新。
- Write。缓冲区将通过 glMapBufferRange 并仅使用 GL_MAP_WRITE_BIT 标志进行映射。

Intel GMA 3000 的测试使用较小的场景进行，因为它无法正确渲染较大的场景。

在所有情况下，Intel GMA 3000 的性能几乎相同。由于只有标准 RAM，因此没有传输，并且访问内存的可能变化可能较少。Intel 似乎也能以最小的开销实现共享上下文。

但是，NVIDIA 和 AMD 在使用共享上下文时性能都较差。如前所述，同步成本相对恒定但不可忽略。

对于所有供应商而言，使用简单的 Worker 线程可以获得最佳性能，并且可以仔细地完成同步。虽然非同步（Unsynchronized）版本通常是最快的，但我们注意到一些例外，特别是当 CPU 可以足够快地填充缓冲区时，glBufferData 可以非常快。

28.8 小　　结

本章研究了如何充分利用 CPU-设备之间的传输。我们解释了许多可用于在 CPU 和设备之间传输数据的技术，并提供了 3 个示例实现及其性能比较。

在一般情况下，建议使用标准 Worker 线程和多个缓冲区以及防止同步的 GL_MAP_UNSYCHRONIZED_BIT 标志。由于数据中的依赖性，这可能不容易做到，但这通常是提高现有应用程序性能的一种简单而有效的方法。

这样的应用程序也可能不适合并行化。例如，如果它是渲染密集型并且不使用太多 CPU，那么多线程就不会获得任何东西。即使这样，也可以通过简单地避免上传和下载当前使用的数据来实现更好的性能。在任何情况下，都应该尽快上传数据，并在使用新数据之前尽可能长时间地等待传输完成。

我们相信 OpenGL 将受益于缓冲区对象中更精确的规范，如显式固定内存分配、严格的内存目标参数而不是使用提示，或者用数据的流式传输替换共享上下文（类似于 CUDA 和 Direct3D 11 所提供的那样）。我们还希望未来的驱动程序为所有缓冲区目标和纹理提供真正的 GPU 异步传输，即使在低成本的游戏硬件上也是如此，因为它将极大地提高许多实际应用方案的性能。

最后，与任何非常强调性能的软件一样，对目标硬件的实际使用情况进行基准测试非常重要。例如，开发人员可以使用 NVIDIA Nsight，因为它很容易找到"捷径"。

参考文献

[ARB 08] OpenGL ARB. "OpenGL EXT framebuffer object Specification." www.opengl.org/registry/specs/EXT/framebuffer_object.txt, 2008.

[ARB 09a] OpenGL ARB. "OpenGL ARB texture buffer object Specification." www.opengl.org/registry/specs/EXT/texture_buffer_object.txt, 2009.

[ARB 09b] OpenGL ARB. "OpenGL GLX create context Specification." www.opengl.org/registry/specs/ARB/glx_create_context.txt, 2009.

[ARB 09c] OpenGL ARB. "OpenGL WGL create context Specification." www.opengl.org/registry/specs/ARB/wgl_create_context.txt, 2009.

[Boudier and Sellers 11] Pierre Boudier and Graham Sellers. "Memory System on Fusion APUs: The Benefit of Zero Copy." developer.amd.com/afds/assets/presentations/1004_final.pdf, 2011.

[Intel 08] Intel. "Intel X58 Express Chipset." http://www.intel.com/Assets/PDF/prodbrief/x58-product-brief.pdf, 2008.

[Kemen and Hrabcak 11] Brano Kemen and Ladislav Hrabcak. "Outerra." outerra.com, 2011.

[Kemen 10] Brano Kemen. "Outerra Video Recording." www.outerra.com/video, 2010.

[Mayer 11] Christopher Mayer. "Streaming Video Data into 3D Applications." developer.amd.com/afds/assets/presentations/2116_final.pdf, 2011.

[NVIDIA 09] NVIDIA. "OpenGL ARB copy buffer Specification." http://www.opengl.org/registry/specs/ARB/copy_buffer.txt, 2009.

[OpenGL Wiki 09] OpenGL Wiki. "OpenGL Wiki Buffer Object Streaming." www.opengl.org/wiki/Buffer_Object_Streaming, 2009.

[Supnik 08] Benjamin Supnik. "Creating OpenGL Objects in a Second Thread—Mac, Linux, Windows." http://hacksoflife.blogspot.com/2008/02/creating-opengl-objects-in-second.html, 2008.

[Venkataraman 10] Shalini Venkataraman. "NVIDIA Quadro Dual Copy Engines." www.nvidia.com/docs/IO/40049/Dual_copy_engines.pdf, 2010.

[Williams and Hart 11] Ian Williams and Evan Hart. "Efficient Rendering of Geometric Data Using OpenGL VBOs in SPECviewperf." www.spec.org/gwpg/gpc.static/vbo_whitepaper.html, 2011.

第29章 费米异步纹理传输

作者：Shalini Venkataraman

29.1 简　　介

许多真实世界的图形应用程序需要以 2D 图像、2.5D 地形或 3D 体积及其随时间变化的对应物（Time-Varying Counterpart）的形式有效地将纹理传入和传出 GPU 显存。在 NVIDIA 费米架构之前的硬件中，任何数据传输都会使 GPU 停止渲染，因为其时的 GPU 只有一个硬件执行线程，要么执行传输，要么执行渲染。OpenGL 像素缓冲区对象（Pixel Buffer Object，PBO）提供了一种优化传输的机制（详见本章参考文献 [ARB 04]），但它是 CPU 异步的，因为它允许在 GPU 执行上传和下载时进行并发 CPU 处理。但是，在实际数据传输发生时，GPU 仍然无法渲染 OpenGL 命令。正如第 28 章所讨论的那样，许多应用程序更进一步使用多个线程进行资源准备，使得 GPU 始终保持忙碌状态。但是，在硬件执行级别，GPU 将最终串行化（Serializing）传输和 draw 命令队列。

本章解释了如何通过 NVIDIA 费米架构及后续 GPU 中的复制引擎硬件（Copy Engine Hardware）克服此限制（详见本章参考文献 [NVIDIA 10]）。复制引擎是 GPU 上的专用控制器，它独立于图形引擎在 CPU 内存和 GPU 显存之间执行数据的 DMA 传输（见图 29.1）。每个复制引擎允许单向一次双向传输（One-Way-At-a-Time Bidirectional Transfer）。NVIDIA 费米 GeForce 和低端 Quadro 显卡[①]具有一个复制引擎，可以在渲染的同时执行单向传输，从而实现双向重叠。Quadro 中高端显卡[②]具有两个复制引擎，因此，双向传输可以与渲染并行完成。这种三向重叠意味着不但可以处理当前数据集，还可以同时从 GPU 下载前一数据集并上传下一数据集。

图 29.1 显示了无复制引擎的 GPU 的框图（左图），其中将由图形引擎处理传输和绘图；有一个复制引擎的 GPU 的框图（中图），该复制引擎将处理双向传输；有两个复制引擎的 GPU 的框图（右图），每个引擎专用于单向传输。

[①] Quadro 2000 及更低版本。
[②] Quadro 4000、5000、6000 和 Quadro Plex 7000。

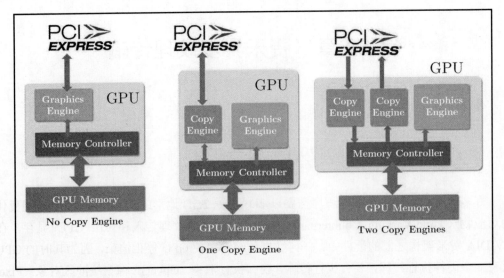

图 29.1 各种 GPU 的复制引擎和图形引擎布局

原　　文	译　　文
Graphics Engine	图形引擎
Memory Controller	内存控制器
GPU Memory	GPU 显存
No Copy Engine	无复制引擎
Copy Engine	复制引擎
One Copy Engine	一个复制引擎
Two Copy Engine	两个复制引擎

重叠传输的一些示例包括：

- 视频或随时间变化的几何体和体积。这包括转码、可视化随时间变化的数值模拟，以及扫描的医疗数据，如 4D 超声波。
- 远程处理图形。强大的 GPU 服务器可用于屏幕外渲染，结果下载到服务器的主内存，再通过网络发送到瘦客户端，如手机和平板电脑。
- 并行渲染。当场景被划分并在多个 GPU 上渲染并且回读颜色和深度以进行合成时，并行化回读将加速渲染管线。对于先排序的实现也是如此，因为在其每个帧处，必须基于视点将数据流式传输到 GPU。
- 用于大图像、地形和体积的数据分块（Data Bricking）。在不中断渲染线程的情况下，根据需要在另一个线程中按分页形式执行数据分块或LOD。
- 操作系统缓存。操作系统可以根据需要对输入和输出的纹理分页，从而消除RAM中的阴影副本（Shadow Copy）。

本章将首先介绍纹理传输的现有方法，如同步方法和PBO之类的CPU异步方法，并解释它们的局限性；然后介绍使用费米复制引擎的GPU异步方法，在该方法中，传输可以与GPU渲染同时发生。在GPU硬件上实现这种并行机制需要将应用程序重构为多个线程，每个线程都有一个上下文，并使用OpenGL fence对象来管理同步。最后，测试结果显示了各种数据大小、应用程序特性和具有不同重叠能力的GPU所实现的加速。用于生成结果的完整源代码可在本书配套的OpenGL Insights网站（www.openglinsights.com）上找到。

29.2 关于OpenGL命令缓冲区执行

在深入研究传输之前，将为理解OpenGL命令缓冲区奠定基础，特别是驱动程序和操作系统之间的相互作用以及它最终是如何由图形硬件执行的。我们将使用GPUView（详见本章参考文献[Fisher and Pronovost 11]），这是一个由Microsoft开发的工具，可作为Windows 7 SDK的一部分提供。GPUView将允许我们根据时间查看所有特定于上下文的CPU队列以及图形卡队列的状态。

图29.2显示了具有多个上下文的OpenGL应用程序的跟踪。应用程序线程不断将工作提交到CPU命令队列，操作系统使用该队列将工作上传到GPU硬件队列。每个OpenGL上下文都存在CPU命令队列。对OpenGL上下文的调用将在该上下文的命令列表中进行批处理，并且当构建了足够的命令时，它们将冲洗到CPU命令队列。每个CPU命令队列都有自己的颜色，因此很容易看到图形硬件当前正在处理哪个队列。当有空间时，图形调度程序会定期将CPU上下文命令队列中的任务添加到GPU硬件队列中。GPU硬件队列显示当前正在处理的图形卡和正在执行的任务队列。此示例中有两个GPU硬件队列，显示一些并行处理的数据包和其他串行处理的数据包。箭头跟随一系列命令包，因为它们被冲洗到CPU命令队列，然后在队列中等待并在GPU上执行。当GPU完成最终数据包的执行后，CPU命令队列可以返回并开始下一帧。本章将使用GPUView工具跟踪了解各种传输方法的内幕。

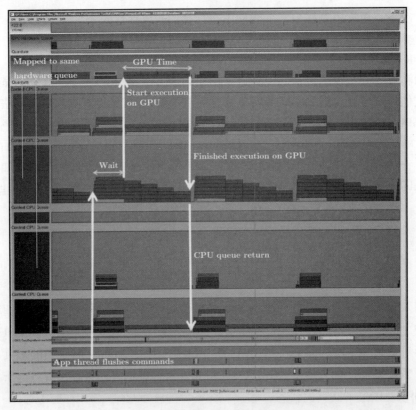

图 29.2 GPUView 的屏幕截图

原　　文	译　　文
Mapped to same hardware queue	映射到相同的硬件队列
GPU Time	GPU 时间
Start execution on GPU	开始在 GPU 上执行
Wait	等待
Finished execution on GPU	在 GPU 上执行完成
CPU queue return	CPU 队列返回
App thread flushes commands	应用程序线程冲洗命令

29.3　当前纹理传输方法

典型的上传-处理-下载（Upload-Process-Download）管线可以分解为以下操作：

- 复制。该 CPU 周期用于将数据（如果有）转换到原生 GPU 格式，然后使用 memcpy 函数将数据从应用程序空间上传到驱动程序空间，或者相反，从驱动程序空间下载到应用程序空间。
- 上传。从主机到 GPU 的 PCI-e 总线上实际数据传输的时间。
- 处理。用于渲染或处理的 GPU 周期。
- 下载。从 GPU 返回主机的数据传输时间。

为了在 GPU 上实现最大的端到端吞吐量，管线中的这些不同阶段之间需要最大化重叠。

29.3.1 同步纹理传输

为简单起见，首先分析上传渲染管线。纹理的直接上传方法是调用 glTexSubImage，它使用 CPU 将数据从用户空间复制到驱动程序固定内存，并在随后的数据传输到总线的过程中阻止数据到 GPU。图 29.3 以图示方式说明了这种低效的方法，因为在 CPU 复制期间 GPU 将被阻塞。相应的 GPUView 跟踪如图 29.4 所示，它显示上传和渲染是按顺序处理的，而其他 GPU 硬件队列未被使用。该图还显示 memcpy 实际上散布在传输中，导致 CPU 和 GPU 命令队列中的尖峰和间隙。理想情况下，我们希望数据包的执行时间轴在完成之前是可靠的，以显示 GPU 保持完全忙碌，如其渲染所示。

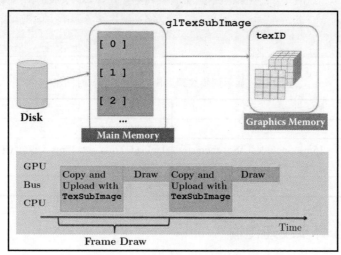

图 29.3 同步纹理上传没有重叠

原　文	译　文
Disk	磁盘
Main Memory	主内存

原　文	译　文
Graphics Memory	显存
Bus	总线
Copy and Upload with TexSubImage	复制并使用 TexSubImage 上传
Draw	绘图
Time	时间
Frame Draw	绘制帧

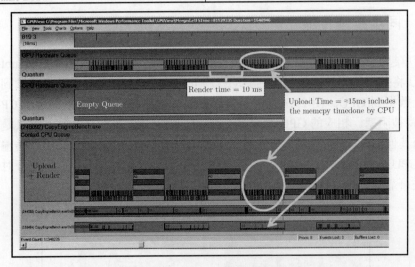

图 29.4　显示同步纹理上传的 GPUView 时间轴

原　文	译　文
Empty Queue	空队列
Upload Time = ≈ 15ms includes the memcpy timedone by CPU	Upload Time =≈15ms（包含 CPU 的 memcpy 执行完成的时间）
Upload + Render	上传+渲染

29.3.2　CPU 异步纹理传输

如果应用程序可以在启动传输和实际使用数据之间安排足够的工作，则 OpenGL PBO 机制可以提供在 CPU 上的异步传输（详见本章参考文献 [ARB 04]）。在这种情况下，glTexSubImage、glReadPixels 和 glGetTexImage 只需很少的 CPU 介入即可运行。PBO 允许直接访问 GPU 驱动程序固定内存，无须额外的副本。在复制操作之后，CPU 在传输过

第 29 章 费米异步纹理传输

程中不会停止,并继续处理下一帧。乒乓 PBO 可以进一步提高并行性,其中一个映射的 PBO 将通过 memcpy 进行复制,而另一个 PBO 则上传到纹理。

图 29.5 显示了该工作流程以及相同上传-渲染工作流程的时间线,代码清单 29.1 显示了映射 PBO 并填充或"解包"它们的代码片段。可以使用多个线程来输入数据以进行传输(参见第 28 章),但是,在硬件执行级别,只有一个执行线程导致传输与绘制被串行化,如图 29.6 中的 GPUView 跟踪所示。该跟踪还显示了上传和渲染的实线,表示 100% 的 GPU 利用率,并且没有任何 CPU 介入。

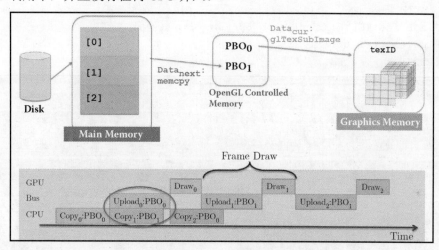

图 29.5 使用乒乓 PBO 进行 CPU 异步上传

原 文	译 文
Disk	磁盘
Main Memory	主内存
OpenGL Controlled Memory	OpenGL 控制的内存
Graphics Memory	显存
Frame Draw	绘制帧
Bus	总线
Time	时间

代码清单 29.1 使用乒乓 PBO 进行 CPU 异步上传

```
GLuint pbo[2]; // 乒乓 PBO
unsigned int curPBO = 0;
// 绑定当前 PBO 以便进行 app->pbo 传输
glBindBuffer(GL_PIXEL_UNPACK_BUFFER, pbo[curPBO]);
GLubyte *ptr;
```

```
ptr = (GLubyte*)glMapBufferRange(GL_PIXEL_UNPACK_BUFFER_ARB, 0, size,
    GL_MAP_WRITE_BIT | GL_MAP_INVALIDATE_BUFFER_BIT);
memcpy(ptr, pData, width * height * sizeof(GLubyte) * nComponents);
glUnmapBuffer(GL_PIXEL_UNPACK_BUFFER);
glBindTexture(GL_TEXTURE_2D, texId);
// 绑定下一个 PBO，以便从 PBO 上传到纹理对象
glBindBuffer(GL_PIXEL_UNPACK_BUFFER, pbo[1 - curPBO]);
glTexSubImage2D(GL_TEXTURE_2D, 0, 0, 0, width, height, GL_RGBA,GL_UNSIGNED_
    BYTE,0);
glBindBuffer(GL_PIXEL_UNPACK_BUFFER, 0);
glBindTexture(GL_TEXTURE_2D, 0);
curPBO = 1 - curPBO;
```

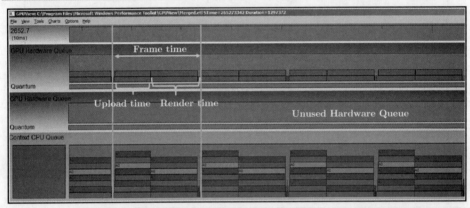

图 29.6　在与渲染相同的线程中使用 PBO 进行 CPU 异步传输

原　　文	译　文	原　　文	译　文
Frame time	帧时间	Render time	渲染时间
Upload time	上传时间	Unused Hardware Queue	未使用的硬件队列

29.4　GPU 异步纹理传输

GPUView 示意图显示只使用了一个 GPU 硬件队列，而额外的 GPU 硬件队列表示复制引擎的任务是空的。默认情况下不使用复制引擎，因为在初始化和同步中会有一些额外的开销，这对于小型传输是不合理的，如后面的结果所示（详见 29.6 节）。为了触发复制引擎，应用程序必须为驱动程序提供启发式算法，并通过在单独的线程中分离传输

来实现。当传输以这种方式划分时，GPU 调度程序必须确保在渲染线程中发出的 OpenGL 命令将在图形引擎上映射和运行，并且复制引擎上传输线程中的命令并行且完全异步，这就是所说的 GPU 异步传输。

图 29.7 显示了上传-渲染案例的 3 个帧的端到端的帧时间分摊。当前帧上传（$t1$）与前一帧的渲染（$t0$）和下一帧的 CPU memcpy（$t2$）重叠。图 29.8 显示了 Quadro 6000 卡上的 GPUView 跟踪，其中显示了 3 个独立的 GPU 命令队列，尽管下载队列当前未使用。此处的上传时间被渲染时间隐藏。

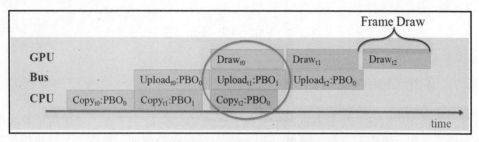

图 29.7　GPU 异步传输显示上传和绘图的重叠

原　　文	译　　文	原　　文	译　　文
Frame Draw	绘制帧	time	时间
Bus	总线		

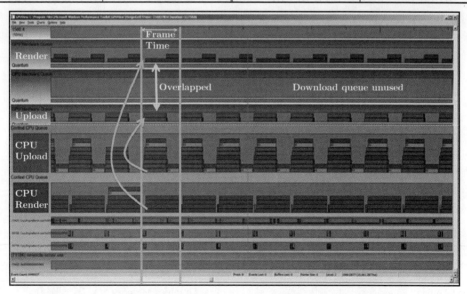

图 29.8　GPUView 计时示意图显示了 GPU 硬件队列上传和绘图的重叠

原文	译文	原文	译文
Frame Time	帧时间	Upload	上传
Render	渲染	CPU Upload	CPU 上传
Overlapped	上传、渲染和复制时间已重叠	CPU Render	CPU 渲染
Download queue unused	下载队列未使用		

到目前为止，在本章中，为了简化说明，我们主要涉及上传-渲染案例。但是，相同的原则也适用于渲染-下载和上传-渲染-下载重叠的情况。

29.5 实 现 细 节

29.5.1 多个 OpenGL 上下文

开发人员可以创建一个单独的线程及其关联的 OpenGL 上下文，以适用于管线中的每个阶段：上传、渲染和下载。图 29.9 为上传-渲染管线的原理示意图。上传线程负责将源数据从主内存流式传输到共享纹理，渲染线程随后将访问它以进行绘制。

同样，如图 29.10 所示，渲染线程将渲染到帧缓冲区对象附加数据，下载线程正在等待传输回主内存。屏幕外渲染是通过 FBO 完成的（详见本章参考文献 [ARB 08]）。如 29.3.2 节所述，所有传输仍然使用 PBO 完成。源和目标的多个纹理用于确保足够的重叠，使得在 GPU 渲染或使用当前纹理时上传和下载保持繁忙。

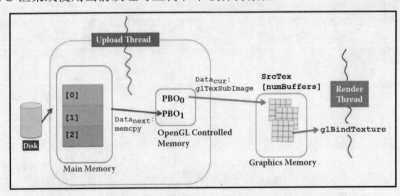

图 29.9　该示意图显示了具有共享纹理的上传和渲染线程

原文	译文	原文	译文
Disk	磁盘	Main Memory	主内存
Upload Thread	上传线程	Graphics Memory	显存
OpenGL Controlled Memory	OpenGL 控制的内存	Render Thread	渲染线程

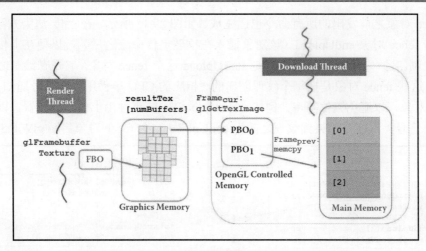

图 29.10　渲染和下载线程可以访问屏幕外共享纹理

原　文	译　文	原　文	译　文
Render Thread	渲染线程	Download Thread	下载线程
Graphics Memory	显存	Main Memory	主内存
OpenGL Controlled Memory	OpenGL 控制的内存		

要在多个上下文之间共享纹理，可以使用 Windows 系统上的 WGL_ARB_create_context（详见本章参考文献 [ARB 09c]），在 Linux 系统上则使用 GLX_ARB_create_context（详见本章参考文献 [ARB 09b]）。然后可以生成线程以处理上传、渲染和下载过程。为了管理从线程到共享纹理的并发访问，每个纹理都会创建同步原语（Synchronization Primitive），如 CPU 事件和 GPU fence 对象。

29.5.2　同步

假设 OpenGL 渲染命令是异步的，当发出 glDraw*调用时，无法保证在调用返回时渲染已经完成。当 OpenGL 上下文之间的共享数据绑定到多个 CPU 线程时，了解命令流中的特定点已完全执行很有用。例如，渲染线程需要知道纹理上传完成的时间，这样才能使用纹理。这种握手由同步对象管理，作为 GL_ARB_Sync 机制的一部分（详见本章参考文献 [ARB 09a]）。同步对象可以在不同的 OpenGL 上下文之间共享，并且在某个上下文中创建的对象可以由另一个上下文等待。具体来说，我们将使用 fence，它是一种同步对象，并且是在命令流中创建并插入的（在不使用信号的状态下），在执行时将其状态更改为信号。由于 OpenGL 的有序执行，如果 fence 对象已经发出信号，则在当前上下文中 fence 对象之前发出的所有命令也已完成。如图 29.11 所示，在上传-渲染方案中，渲染将等待 fence 对象 endUpload（该对象插入在纹理上传命令之后），以便在上传完成之后启动绘制。另一方面，上传等待的是 startUpload 这个 fence 对象，它是在绘制之后的渲染队列。这些 fence 对象是按每个纹理创建的。相应的 CPU 事件用于发信号通知 GPU 创建 fence 对象，以避免繁忙等待。例如，endUploadValid 事件由上传线程设置，以向渲染线程发出信号，以便在渲染到纹理之前为 endUpload 这个 fence 对象启动 glWaitSync。

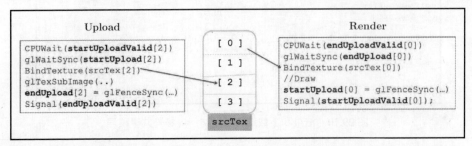

图 29.11　上传线程生成到 srcTex[2]，而渲染线程则使用来自 srcTex[0] 的数据

原　　文	译　　文
Upload	上传
Render	渲染

同理，在渲染-下载方案中，下载等待在渲染后插入的 startDownload 这个 fence 对象，以便从纹理开始读取，而渲染则会在等待下载完成后再使用 endDownload 这个 fence 对象，如图 29.12 所示。

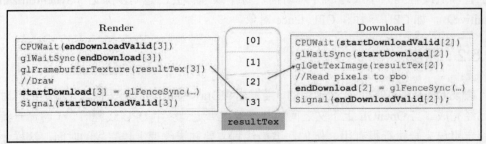

图 29.12　渲染线程生成结果图像到 resultTex[3]，而下载线程则使用来自 resultTex[2] 的数据

原　　文	译　　文
Download	下载
Render	渲染

29.5.3 复制引擎注意事项

附加到复制引擎的 OpenGL 上下文是一个完全功能的 GL 上下文,因此可以在传输线程中发出非 DMA 命令。但是,其中一些调用可能会与渲染线程进行时间分片,导致失去并行性。如果驱动程序必须在传输和渲染上下文之间串行化调用,则会生成调试消息 Pixel transfer is synchronized with 3D rendering(像素传输与 3D 渲染同步),应用程序可以使用 GL_ARB_debug_output 扩展来查询(详见第 33 章)。费米复制引擎的另一个限制是它仅限于像素传输而不支持顶点传输。

当 FBO 与复制引擎一起使用时,在纹理和渲染缓冲区附属数据中进行 FBO 验证时会有一些开销。因此,glGetTexImage 是下载的首选路径,而不是使用 glReadPixels 从渲染缓冲区或纹理中读取。最后,应根据渲染时间与传输时间的比率设置最佳共享纹理数量,这需要一些实验。当两个时间均衡时,双缓冲纹理就足够了。

29.6 结果与分析

以下测试是在配置 Intel Xeon Quad E5620(频率为 2.4GHz)和 16GB 内存的戴尔 T7500 工作站上完成的。使用的测试显卡是 NVIDIA Quadro 6000 和 NVIDIA GeForce GTX 570,它们连接到带有 Quadro 和 Forceware 300.01 驱动程序的 PCI-e x16 插槽。由于 PCI 传输速率对芯片组非常敏感,因此使用了工作站级主板来获得最佳效果。

测试结果比较了 GeForce 和 Quadro 在各种纹理大小上实现的性能提升。应用程序范围从大量传输到大量渲染再到两者均衡的都有。横轴表示在对数刻度上渲染与传输时间的比率。每个系列的基线是该显卡上 CPU 异步传输(详见 29.3.2 节)所用的时间。

对于图 29.13 中的上传-渲染重叠,Quadro 的性能改进在所有数据大小的应用中都高于 GeForce(浅色线)。与 GeForce 相比,Quadro 上的重叠性能也更稳定,而 GeForce 在不同情况下的运行性能则表现出很大的起伏。另外还可以看到,对于小于 1MB 的纹理大小来说,调用复制引擎获得的增益非常小。只有在纹理大于 1MB 的情况下,使用复制引擎才具有显著增益(50%以上),值得为此进行额外的编程工作。使用复制引擎也有利于在传输和渲染时间之间比较均衡的应用程序。例如,在传输和渲染均衡的情况下,32MB 纹理接近线性比例大约 1.8 倍,可以支持 4GB/s 的带宽。

图 29.14 显示了渲染-下载重叠情况下的性能改进。峰值的带宽与上传的情况相当。对于 GeForce 来说,虽然使用复制引擎使 8MB 和 32MB 纹理的渲染-下载重叠性能提高了 40%,但是 Quadro 的绝对下载性能明显更好,峰值超过 3 倍,如图 29.15 所示。

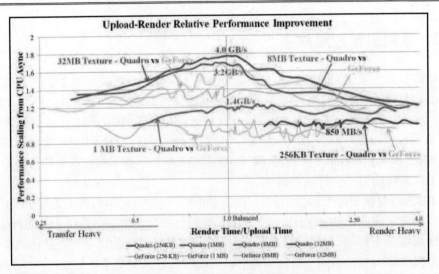

图 29.13　比较上传-渲染性能改进

原　　文	译　　文
Upload-Render Relative Performance Improvement	上传-渲染相对性能改进
Performance Scaling from CPU Async	CPU 异步性能比例
Transfer Heavy	大量传输
1.0 Balanced	1.0 传输和渲染均衡
Render Time/Upload Time	渲染时间/上传时间
Render Heavy	大量渲染

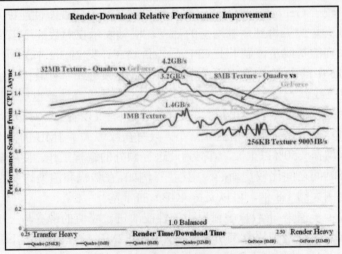

图 29.14　比较渲染-下载性能改进

第 29 章 费米异步纹理传输

原　　文	译　　文
Render-Download Relative Performance Improvement	渲染-下载相对性能改进
Performance Scaling from CPU Async	CPU 异步性能比例
Transfer Heavy	大量传输
1.0 Balanced	1.0 传输和渲染均衡
Render Time/Download Time	渲染时间/下载时间
Render Heavy	大量渲染

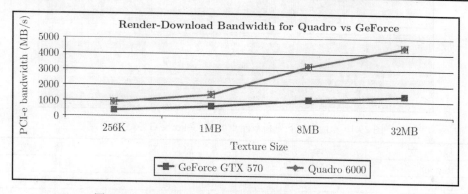

图 29.15　Quadro 的绝对下载性能超过 GeForce 3 倍以上

原　　文	译　　文
Render-Download Bandwidth for Quadro vs GeForce	Quadro 和 GeForce 的渲染-下载带宽对比
PCI-e bandwidth(MB/s)	PCI-e 带宽（MB/s）
Texture Size	纹理大小

　　图 29.16（上图）中的 GPUView 跟踪验证了 GeForce 显卡上的行为，其中显示了上传-渲染重叠按预期工作的情况。图 29.16（中图）显示了渲染-下载重叠，但在纹理大小相同的情况下，下载时间长得多。GeForce 显卡仅针对上传路径进行了优化，因为这是许多消费者应用程序与使用分块和分页的游戏的用例。图 29.16（下图）显示了如何在 GeForce 上串行化上传和下载以进行双向传输，因为它们最终将共享一个复制引擎。

　　图 29.17 显示了在中高端 Quadros 上可以使用渲染的双向传输重叠。图 29.17（上图）显示了在 3 个队列中的任何一个均存在最大重叠和非常少的空闲时间的理想情况。图 29.17（下图）显示了大量渲染的情况，其中的复制引擎空闲了一半时间。

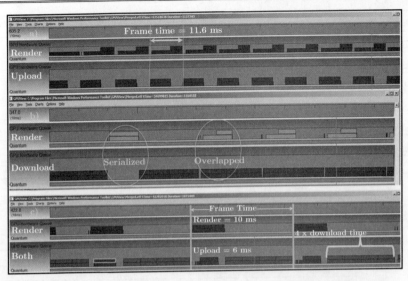

图 29.16　上传、下载和双向重叠的 GeForce GTX 570 跟踪

原　文	译　文	原　文	译　文
Render	渲染	Overlapped	重叠
Upload	上传	Both	上传和下载
Download	下载	Frame Time	帧时间
Serialized	串行化	4 x download time	4 倍下载时间

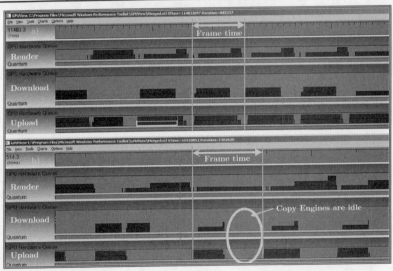

图 29.17　上图显示的是双向传输的理想情况,其上传、渲染和下载均同时进行。下图显示的是渲染瓶颈应用程序,其中的复制引擎有 50%的时间处于空闲状态

原　　文	译　　文
Render	渲染
Download	下载
Upload	上传
Frame time	帧时间
Copy Engine are idle	复制引擎处于空闲状态

  图 29.18 显示了基于 GT 200 芯片和 NVIDIA Tesla 架构的 Quadro 5800 上运行的相同应用程序。线程数和 CPU 命令队列保持不变，但在硬件级别，GPU 调度程序串行化不同的命令队列，因此不会出现重叠。下载的 CPU 命令队列的长度显示从应用程序将下载命令排队到 GPU 完成执行时的延迟。

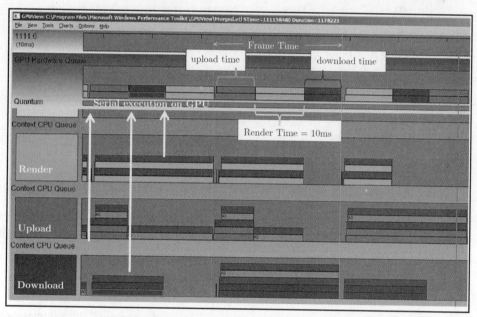

图 29.18　Tesla 架构显卡（Quadro 5800）上的相同多线程应用程序在 GPU 硬件队列中进行了串行化

原　　文	译　　文
Render	渲染
Upload	上传
Download	下载
Frame Time	帧时间
upload time	上传时间
download time	下载时间
Serial execution on GPU	在 GPU 上串行执行

29.7 小　　结

由 NVIDIA 费米及以上版本的复制引擎启用的 GPU 异步纹理传输机制为以下应用提供了最佳传输性能：
（1）在渲染和传输方面均衡。
（2）具有大量数据（大于 1MB）要传输。

我们还通过 2D 纹理数据流示例说明了如何使用多个线程和同步原语来调用复制引擎。在 GPUView 工具的帮助下，显示了 GeForce 和低端 Quadros 显卡上的双向重叠以及高端 Quadros 显卡上的三向重叠结果。此示例可以轻松应用于地形分页系统（在该系统中，将根据视图参数同时上传不同的 LOD 并渲染）。其他扩展还包括通过分块 3D 纹理进行大体积渲染，以用于医学成像、石油和天然气，以及数值模拟中的应用。渲染-下载用例直接映射到基于服务器的 OpenGL 渲染，并且随着手机和平板电脑等瘦客户端的普及而蓬勃发展。

参 考 文 献

[ARB 04] OpenGL ARB. "OpenGL PBO Specification." http://www.opengl.org/registry/specs/ARB/pixel_buffer_object.txt, 2004.

[ARB 08] OpenGL ARB. "OpenGL FBO Specification." http://www.opengl.org/registry/specs/EXT/framebuffer_object.txt, 2008.

[ARB 09a] OpenGL ARB. "OpenGL ARB_Sync Specification." http://www.opengl.org/registry/specs/ARB/sync.txt, 2009.

[ARB 09b] OpenGL ARB. "OpenGL GLX_ARB_create_context." http://www.opengl.org/registry/specs/ARB/glx_create_context.txt, 2009.

[ARB 09c] OpenGL ARB. "OpenGL WGL_ARB_create_context." http://www.opengl.org/registry/specs/ARB/wgl_create_context.txt, 2009.

[Fisher and Pronovost 11] Mathew Fisher and Steve Pronovost. "GPUView." http://graphics.stanford.edu/~mdfisher/GPUView.html, 2011.

[NVIDIA 10] NVIDIA. "Fermi White Paper." http://www.nvidia.com/content/PDF/fermi_white_papers/NVIDIA_Fermi_Compute_Architecture_Whitepaper.pdf, 2010.

第 30 章 WebGL 模型：端到端

作者：Won Chun

30.1 简　　介

当我们在 2010 年开始制作 Google Body 时（见图 30.1），WebGL 还是一项新技术。我们能够做到哪些事情在当时并不完全清楚，事实上，这种不确定性正是我们构建它的原因之一，从一开始我们就很乐意迎接这种挑战。采用像 WebGL 这样的新技术是一种信念的飞跃，即使这个思路对我们来说是非常有意义的，但是有很多我们无法控制的东西都需要按计划推进。最终我们开放了 Google Body 的源代码，[①] 并且明确地证明了使用 WebGL 构建一个丰富的 3D 应用程序是可能的。Google Body 使得开发人员对 WebGL 的使用不再是一种信念，而是一种实实在在可执行的动作。

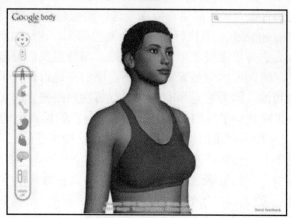

图 30.1　Google Body，一个用于网络的 3D 解剖浏览器

当我们开始时，加载 3D 模型这样的简单行为本身就是一个不小的挑战。源 3D 模型数据非常详细，我们最终发布了包含 140 万个三角形和 74 万个顶点的简化版本，用于 1800 个解剖实体。我们的第一个原型只使用了 COLLADA 加载所有内容，但是从本地 Web 服

[①] 该内容可在 zygotebody.com 上获得。

务器加载就几乎需要一分钟,这对于等待网页来说确实是一个很长的时间。

COLLADA 在使用带宽和计算方面效率低下,但如何才能做得更好?这在当时尚无头绪。3D 模型没有 DOM 节点或 MIME 类型。WebGL 添加了对 JavaScript 的 TypedArray 支持,但 XMLHttpRequest 几个月都用不到它。幸运的是,我们设计了一种方法来加载 Google Body 的 140 万个三角形,比使用标准 Web 技术的惊人组合更有效。

我们已经将 WebGL Loader(http://code.google.com/p/webgl-loader/)作为一个开源项目共享,以便其他 WebGL 项目可以从中受益。本章将介绍 WebGL Loader 的工作原理。WebGL Loader 可以将 6.3MB 的 OBJ 文件压缩到 0.5MB 以下,压缩比高达 13∶1。相比之下,GZIP 可以将同一文件缩小到大约 1.8MB,并生成一个模型文件,解析和渲染速度均较慢。这里的技术和概念实际上很容易理解,我们也希望能够仔细探讨做出这些选择的过程,以激励我们在满腹热忱之外,还能够继续投入不确定性技术的深度研究。

30.2 关于 3D 模型的生命周期

加载 3D 模型是一项很明显的挑战,但牢记开发的整体目标始终是最重要的。当初加入 Google 时,作为入职培训的一部分,我们参加了关于 Google 如何运作的关键内部系统的内部讲座,他们都有像"××的生命周期"这样的标题。例如,"查询的生命周期"逐步介绍了当用户在 google.com 上执行搜索时会发生什么。这种端到端的视角是构建计算机系统的关键,因为它可以激发我们的构建思维,即使当我们仅专注于单个组件时也不例外。我们花了两年时间将网络搜索的一个不起眼的小地方优化了几个百分点,但我们知道这种努力是值得的,因为它是所有用户进行每次网络搜索的关键路径。如果要问"查询的生命周期"讲座教会了我们什么,那就是——我们需要处理很多的查询。

3D 模型可以通过应用程序采用所有步骤,但是在这些步骤的上下文之外加载 3D 模型则是没有意义的。每个步骤都将通知设计。对于 Google Body 来说,我们考虑了与 4 个关键阶段相关的模型。它们足够通用,应该也适用于大多数其他 WebGL 项目:

- ❑ 管线。3D 模型数据源自何处?
- ❑ 服务。3D 模型数据如何到达用户的浏览器?
- ❑ 编码。3D 模型数据应使用什么格式?
- ❑ 渲染。3D 模型数据如何进入屏幕?

30.2.1 第 1 阶段:管线

除非你要创建的应用程序只是一个演示程序,并且在该演示程序中,3D 模型仅仅为了展示一些新技术，否则理解它们的创建过程是非常重要的。这个创建过程也称为艺术管线（Art Pipeline），可以包括许多创造性的步骤，如概念绘图或 3D 建模，但开发人员需要理解的关键技术步骤则与一些工具有关，因为正是这些工具可以将从艺术设计师那里取得的模型变成应用程序。

Maya、Blender、Photoshop 或 GIMP 等艺术创作工具都有自己的文件格式，但应用程序通常不直接使用它们。创作过程中必不可少的灵活性最终却成为艺术创作之后处理上的包袱。将 Photoshop PSD 文件与普通的旧 JPG 图像进行对比就可以发现，PSD 文件可以包含许多额外的复杂功能，如图层或颜色变换，这些对于无损、非破坏性编辑至关重要，但是永远不会被仅需要呈现最终图像的应用程序所使用。

3D 模型也会发生类似的事情。例如，3D 建模软件会在单独的列表中跟踪位置、法线、纹理坐标或其他顶点属性。顶点表示为索引元组，每个顶点属性一个。这是创作和编辑的绝佳选择，如果艺术设计师更改属性（如位置或纹理坐标），则会隐式更新共享该属性的所有顶点。GPU 不支持这些多索引顶点列表，它们必须首先转换为单索引的顶点列表。WebGL 还在单个 drawElements 调用中强制限制 65536 个唯一顶点，以实现最大可移植性。也就是说，大型网格必须分成批次。

在管线的某个地方，模型需要从多用途、适合创作的形式转换为流数据、适合渲染的形式。执行这种转换的最好时机和地点是在艺术管线中。从应用程序的角度来看，艺术管线中发生的一切似乎都是在神奇地提前发生。由于在艺术管线过程中花费的时间比在载入过程中花费的时间多，所以这是一个很好的从前面的阶段卸载工作的机会。这也是优化网格以进行渲染和压缩服务的地方。

30.2.2　第 2 阶段：服务

我们没有太多的手段控制服务器和客户端之间发生的事情，因为它完全受 Internet 标准的约束，我们所能做的就是了解事物的运作方式以及如何以最佳方式运用它们。我在 Google 公司工作的第一个项目是优化 iGoogle 背后的底层架构。[①] 在那期间，我理解了高性能的网络服务。事实证明，通过 HTTP 提供 3D 模型与提供其他类型的静态内容（如样式表或图像）没有什么不同。本节中几乎所有内容都同样适用于图像和网格，因为它介绍的完全是关于如何将数据发送到客户端的技术。也许更准确地说，本节讨论的是如何不发送数据到客户端而使用可靠的系统设计主力：缓存。我们从未发送过的数据其实是最快和最便宜的。

[①] iGoogle 是针对 Google 的可自定义主页，其网址为 http://www.google.com/ig。

1. HTTP 缓存基础知识

在浏览器发出 HTTP GET 请求以便下载 URL 的数据之前，它将首先检查缓存（Cache），以查看与该 URL 相对应的数据是否已经存在。如果已经存在，则浏览器可能会有缓存命中。简单地使用这些数据的问题是，它们可能是陈旧的，即缓存中的数据可能无法反映实际正在提供的内容。这是使用缓存会遇到的问题，它们似乎是提高性能的廉价而简单的方法，但是我们必须处理验证的额外复杂性。

浏览器有若干种方法均可以验证其缓存数据。基本方法是使用有条件的 GET。浏览器会记住它最初提取数据的时间，因此它可以在 GET 请求中使用 if-modified-since 标头，并且服务器仅在必要时使用新版本进行响应。另一种方法是使用 ETag，它可以充当内容指纹（Content Fingerprint），因此服务器可以检测自上次请求后 URL 何时发生了变化。

这些方法都可以按预期工作，但是这两种方法仍需要与服务器进行往返通信。这些请求虽然一般来说很便宜，但仍然消耗连接，而客户端和服务器上的资源有限，并且根据网络状态可能具有不可预测的延迟。因此，最好通过服务器中的简单调整来完全避免这种寄生延迟，而不是强迫浏览器为每个请求询问"这个缓存是过期的吗？"，服务器可以通过使用 Expires 标头来主动告诉浏览器数据的有效时间。通过这种明确的过期机制，浏览器可以立即使用本地缓存的数据。

一个很长时间的 Expires 标头（支持的最长时间在一年以内）提高了缓存性能，但也可能使得更新较少被看见。我们最喜欢的处理方法是，永远不要通过为每个版本的数据使用唯一的 URL 来更新给定 URL 的数据。一种特别简单的方法是在 URL 中嵌入内容指纹——它不需要维护任何额外状态。

如果你控制着指纹资源的引用，则指纹识别的效果是最佳的，否则，客户最终可能会使用过时的引用。还有一种混合方法是使用具有传统 URL 的小型清单（Manifest）文件和引用指纹 URL 的缓存参数。这样，我们就可以为批量数据提供良好的缓存性能，分摊验证，同时保持数据的新鲜度。

2. HTTP 代理缓存

虽然最重要的缓存是浏览器缓存，但实际上，用户和服务器之间可能存在很多缓存。例如，有些公司会使用 HTTP 代理作为工作站和 Internet 之间的中介，而这些中介通常包括 Web 缓存，以有效地使用可用的 Internet 带宽。另外，互联网服务提供商（Internet Service Provider，ISP）在提供带宽的业务中也会部署许多缓存代理以提高性能。某些 Web 服务器还具有针对服务静态内容进行优化的反向代理。充分利用这些缓存是一个很好的主意，特别是因为它们很多并且往往更贴近用户。幸运的是，这些缓存都理解相同的 HTTP 约定，因此通过一些精心设计，我们可以同时优化这些缓存。

要启用代理缓存,服务器应设置 Cache-control: public 标头。由于代理缓存是共享的,因此在实际有效缓存数据之前必须满足一些其他条件。一些代理缓存使用"?"忽略了 URL,所以不要使用查询字符串。另外,Cookie 在共享缓存中不起作用,它们也会使每个 HTTP 的请求标头更大。

要避免因为使用 Cookie 而出现的性能问题,一个比较好的方法是使用单独的无 Cookie 域。不同的域不必是单独的服务器,但是,如果使用的是内容分发网络(Content Delivery Network,CDN)服务,那么它们也可以是。要使用多个域来提供内容,还必须启用跨来源资源共享(Cross-Origin Resource Sharing,CORS),也称为跨域资源共享,有关详细信息,可访问 http://enable-cors.org/。启用跨来源资源共享之后,即可为浏览器的同源安全策略添加例外。CORS 适用于使用 XMLHttpRequest 获取的资源以及指定为 WebGL 纹理数据的 HTML 图像。

3. 压缩

缓存是 HTTP 避免发送数据的一种方式,压缩则是另一种方式。Web 上使用的媒体文件已经过压缩。原始真彩色图像每像素使用 24 位,但 JPEG 通常能够以高质量的每像素仅使用 1 或 2 位来压缩该图像。像 WebP 这样的现代编解码器甚至还能够表现得更好(详见本章参考文献 [Banarjee and Arora 11])。

对于 HTML、CSS 或 JavaScript 等文本文件,HTTP 允许使用 GZIP 进行动态压缩。与 JPEG 不同,GZIP 是针对文本调整的精确无损编码。在很高的层次上,GZIP 与许多其他文本压缩算法类似。它以短语匹配器 LZ77 开头,用于消除重复的字符序列,并遵循霍夫曼编码(Huffman Coding,详见本章参考文献 [Gailly and Adler 93])。霍夫曼编码是主要的统计编码器,它可以使用较少的比特来编码频繁出现的字节。它也被用作 JPEG 和 PNG 压缩的最后一个步骤。

事实证明,通过在 HTTP 之上搭载 GZIP 编码,也可以使用霍夫曼编码作为压缩 3D 模型的最后一个步骤。开发人员所需要的不是编写自己的压缩程序,而是以 GZIP 友好的方式编码 3D 模型。

30.2.3 第 3 阶段:加载

在 JavaScript 获得并看到 3D 模型的数据之前,浏览器其实已经完成了下载它的相当多的工作。尽可能多地利用原生功能仍然是一个好主意,因为它与最新的 JavaScript 实现一样高效。幸运的是,开发人员还可以使用 GZIP 来处理大部分压缩和解压缩工作。高效加载的关键在于找到一个精简的表示格式,这种格式应该可以使用 JavaScript 接收和处理，并且可以轻松转换为 WebGL 顶点缓冲区。

1. XML 和 JSON 的抉择

XMLHttpRequest 是在 JavaScript 中下载批量应用程序数据的主要机制，直到最近，它甚至都并不真正支持二进制数据。尽管它的名字中带 XML，但是开发人员实际上并不需要使用 XMLHttpRequest 来处理 XML 数据。我们可以获取原始的 responseText 字符串数据，这比使用 JavaScript 能做的事情要多得多。

如果不选择 XML，那么可以使用 JSON（JavaScript Object Notation，JavaScript 对象表示法）吗？在 JavaScript 中使用 JSON 很简单，因为 JSON 是一种轻量级的数据交换格式。每一款支持 WebGL 的浏览器都有一个快速安全的 JSON.parse 方法。JSON 可能是更轻松、更简单的 XML 替代品，但它仍然不是解决 3D 模型问题的"灵丹妙药"。当然，XML 的标签比 JSON 大得多，但是如果几乎所有字节都被巨型浮点数组占用，那么标签的大小并不重要。此外，GZIP 在压缩 XML 标签中的冗余方面也做得很好。所以，我们不妨单独留下 XML 与 JSON，让它们一较长短。

2. 量化

对于 3D 模型来说，真正的问题根本不是 XML 与 JSON，关键是要避免顶点属性和三角形索引的存储、传输和解析。作为一个人类可读的字符串，一个 32 位、4 字节的浮点值最多需要 7 个十进制数字，不包括符号（另一个字节）、小数点（另一个字节），可能还有科学符号指数（需要更多字节），如-9.876543e+21。由于浮点数并不总是具有精确的十进制表示，因此用于解析十进制值的算法非常烦琐，具有挑战性且速度慢。在艺术管线中，将源浮点（Floating-Point）格式量化为定点（Fixed-Point）格式将有很大的帮助。由于在大多数情况下用不到 32 位浮点这么多，[①] 所以可以根据实际需要使用尽可能多的精度来节省空间和时间。

定点的分辨率取决于属性：每个通道 10 位（1024 个值）通常被认为适用于法线，并且也适用于纹理坐标。Google Body 对位置非常敏感，因为我们的模型包含许多很小的解剖细节。我们确定了每个通道 14 位（16384 级）。对于身高 6 英尺（约 1.83m）的人来说，这个分辨率接近 1/250″，而对于一个 2m 高的人来说，这比 1/8 mm 的分辨率还要好。Google Body 具有非常高的质量要求，本章后面的分析使用了这种精细的量化级别。大多数模型可以使用更少的通道位数进行管理，压缩率也会相应提高。

在量化之后，顶点属性和三角形索引都可以在 16 位短整数内编码。在许多 JavaScript 虚拟机上，小整数更快。Google Chrome 的 V8 引擎（JavaScript 渲染引擎）特别高效，整

[①] 当然，有些时候，32 位浮点甚至还不够，详见本章参考文献 [Cozzi and Ring 11]。

数适合 31 位（详见本章参考文献 [Wingo 11]）。事实证明，JavaScript 始终有一种快速、简洁、方便的方式来表示 16 位值的数组：字符串。

有了这个关键的观察结果，XMLHttpRequest.responseText 突然看起来非常适合这项工作。JavaScript 使用 UTF-16 作为其内部字符串表示格式，我们只需要使用 String.charCodeAt 方法索引字符串。艺术管线可以将所有的属性和索引编码为字符串中的"字符"，将它们提供给 GZIP 进行压缩，然后将它们解码为预定成为顶点和索引缓冲区对象的 TypedArrays。

3. Unicode、UTF-16 和 UTF-8

无论是 Unicode、UTF-16 还是 UTF-8，它们都是有效的，但是这里有必要介绍一个技术细节：代理对（Surrogate Pairs）。从 Unicode 6.0 开始，定义了超过一百万个代码点（Code Points），[①] 只有最常见的代码点——即基本多语言平面（Basic Multilingual Plane, BMP）可以由一个 16 位值编码。BMP 之外的代码点则使用一对 16 位值进行编码，[②] 它们都在 2048 代码代理对范围内，范围从 0xD800（55296）到 0xDFFF（57343）。由于代理对范围处于 16 位值的高端，因此通过确保所有编码值足够小以避免使用它是很合理的。事实上，我们在遇到一个触及代理对范围的值之前，编码了许多网格。实际上，这并不是什么问题（见表 30.1）。

表 30.1　有关 16 位 Unicode 代码点的 UTF-8 编码表

代　码　点	字节 1	字节 2	字节 3
[0 ... 127]	0XXXXXXX		
[128 ... 2,047]	110YYYXX	10XXXXXX	
[2,048 ... 65,535]	1110YYYY	10YYYYXX	10XXXXXX

注：XXXXXXXX 表示代码点的底部 8 位，而 YYYYYYYY 则表示顶部 8 位。

尽管 JavaScript 字符串使用的是 UTF-16 格式，但 UTF-8 是 HTTP 数据的首选编码格式，并且可以由浏览器透明解码。UTF-8 是一个设计得很好的字符编码，它使用了一个聪明的面向字节的可变长度编码，因此它保持了与 ASCII 的向后兼容性，也适用于 GZIP 压缩，并且与字节存储顺序无关。与 UTF-16 一样，UTF-8 旨在比大型代码点更有效地传输更小的 Unicode 代码点。因为大多数 16 位 Unicode 代码点需要 3 字节编码，所以可变长度编码似乎是一个缺点，但如果大多数值很小，那么它其实是一个重要的优势。

[①] "代码点"是严格的 Unicode 规范语言，是指编码表中某个字符的代码值（数字），书写时前面加 U+，比如 U+0041 就是字母 A 的代码点（详见本章参考文献 [Unicode 11]）。

[②] Unicode 区分字符和编码，因此从技术上讲，代理对（Surrogate-Pair）范围内的值是"代码单元"，而不是"代码点"。

30.2.4 第 4 阶段：渲染

正确使用索引三角形列表是在大多数 GPU 加速的 3D 图形库（包括 WebGL）中绘制三角形的最快方法之一。索引三角形列表本质上更快，因为它们包含有关如何在三角形之间共享顶点的最多信息。三角形条带（Strip）和三角形扇面（Fan）也共享三角形之间的顶点，但不如三角形列表有效。而且条带在 WebGL 中绘制也不方便，为了节省绘制调用，三角形条带必须通过简并三角形连接在一起。

1. 为后变换顶点缓存进行优化

要渲染三角形，GPU 必须首先变换其顶点。顶点着色在 WebGL 中是可编程的，因此这些变换可能很昂贵。幸运的是，其结果严格取决于输入。如果 GPU 知道三角形之间何时共享顶点，则它还可以共享该顶点的变换。要执行此操作，GPU 需要将最近变换的顶点存储在后变换顶点缓存（Post-Transform Vertex Cache）中。

后变换顶点缓存在减少顶点变换的数量方面非常有效。在普通模型中，大多数顶点由 6 个三角形共享。在这种理想化的情况下，每个三角形只有 0.5 个顶点，因此顶点着色器只会每隔一个三角形执行，也就是说，平均缓存未命中率（Average Cache Miss Ratio，ACMR）为 0.5。这些是强制性的失误，无论共享的比率是多少，每个顶点都至少需要变换一次。理想化的三角形条带仅实现 ACMR 为 1.0 的最佳情况，但实际上很难实现这些理想值。在实践中，索引三角形列表的良好 ACMR 为 0.6～0.7，[①] 但是它仍然比三角形条带理论上的理想 ACMR 要好得多。

与 HTTP 中使用的缓存（以毫秒时间尺度运行）不同，后变换顶点缓存是一个紧密的硬件片段，可在纳秒（Nanosecond）时间尺度上运行。为了让它发挥作用，它必须非常快；而为了让它非常快，它又必须很小。因此，后变换顶点缓存一次只能存储固定数量的顶点，从而引入容量未命中的可能性。我们可以通过优化三角形顺序来帮助避免容量未命中，以便顶点引用在本地群集。

关于如何优化三角形顺序以大大减少 ACMR，现已有大量文献。所有三角形优化方法的关键在于它们如何为后变换顶点缓存建模，问题是有太多不同类型的后变换顶点缓存。具有单独顶点着色器的 GPU 通常使用具有 16～32 个元素的 FIFO，现代统一着色器 GPU 则完全不同。谁知道未来又会发生什么变化呢？

更好的方法不是试图精确地模拟这些变体，而是使用与缓存无关的模型，该模型能

[①] 遗憾的是，完美的 ACMR 取决于网格，特别是顶点与三角形的实际比率。另一个指标是平均变换到顶点比率（Average Transform to Vertex Ratio，ATVR），这是由 Ignacio Castaño 首先描述的。当然，完美的 ATVR 是 1（详见本章参考文献 [Castano 09]）。

够合理地完成这些模型的近似。WebGL Loader 使用了我们最喜欢的方法，也就是 Tom Forsyth 的线性速度顶点优化（Linear Speed Vertex Optimization）。它快速、简单，并且通常可以获得与更具体或更复杂的方法相接近的理想结果。更重要的是，它从未表现得很糟糕。

Forsyth 的算法很贪婪，没有回溯，它只是在任何给定时刻找到最佳三角形并将其添加到三角形列表（详见本章参考文献 [Forsyth 06]）。确定"最佳"三角形就是在贪婪地最大化缓存使用和确保快速添加三角形之间进行衡量，以便最后几个三角形不会散布在网格周围。Forsyth 的算法将使用简单的启发式算法来衡量这两个因素。它使用 32 项 LRU 列表跟踪顶点引用，其中，最近引用的顶点具有更高的分数。该算法还将跟踪共享顶点的余下三角形的数量，余下三角形较少的顶点具有较高的分数。最佳三角形是具有最高顶点得分和的三角形。

我们通过在优化之前和之后对网格上的各种常见大小的 FIFO 缓存建模来量化后变换顶点缓存优化所获得的改进效果。我们使用了来自 Utah 3D Animation Repository（详见本章参考文献 [SCI Institute 11]）的两个模型：一个模型是 hand_00，它是摆手动画的第一个关键帧，有 9740 个顶点和 17135 个三角形，理想的 ACMR 为 0.568；另一个模型是 ben_00，它是跑步者动画的第一个关键帧，具有 44915 个顶点和 78029 个三角形，理想的 ACMR 为 0.575（见图 30.2）。

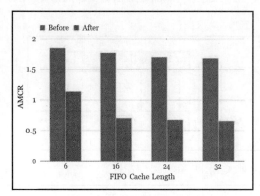

（a）hand_00 模型

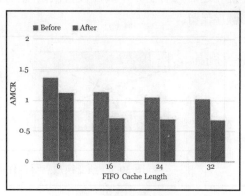

（b）ben_00 模型

图 30.2　后变换顶点缓存优化

原　　文	译　　文
Before	优化前
After	优化后
FIFO Cache Length	FIFO 缓冲区长度

对于两种型号和所有建模的 FIFO 缓存长度，Forsyth 的算法改进了 ACMR。较大的缓存有更大的好处，但这些优势在 16 或 24 个条目之外则是微不足道的，因此，选择 32 个条目的 LRU 缓存是合理的（详见本章参考文献 [Hoppe 99]）。

2．为预变换顶点缓存进行优化

就像在顶点着色器的输出处有一个缓存一样，也有一个缓冲的输入负载。要优化预变换顶点缓存（Pretransform Vertex Cache），我们必须尽量使这些加载按顺序进行。无论如何，这些索引数组都可以顺序访问，因此无须进行任何操作。对于静态几何体来说，交错渲染所需的所有顶点属性都比较有效，因此顶点着色器可以将它们一起加载。

剩下的变量是顶点访问的实际排序，它们是间接索引的。我们不希望实际改变由后变换顶点优化所建立的三角形的顺序，但是可以在不改变三角形顺序的情况下改变顶点的顺序。只需要通过索引缓存区中的第一个引用对顶点进行排序，并更新索引缓存区以引用其新位置。

图 30.3 是预变换顶点缓存优化之前和之后的索引三角形列表的图示。在左图中，顶点索引已使用后变换顶点缓存进行优化，但未使用预变换顶点缓存进行优化。属性在附近的三角形之间共享，但以任意顺序出现，导致顶点着色器随机读取。在预变换顶点缓存优化之后（右图），属性按首次出现排序，主要通过顶点着色器产生顺序读取。三角形顺序保留。

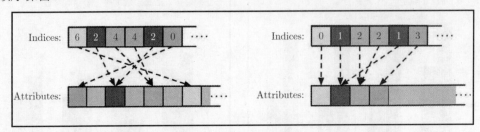

图 30.3　预变换顶点缓存优化之前（左图）和之后（右图）

原　文	译　文
Indices	索引
Attributes	属性

3．分析

可以通过绘制优化前后的索引和属性来可视化顶点缓存优化的效果。我们研究了 Happy Buddha 的前 2000 个索引和 x 位置，其优化效果如图 30.4 所示。Happy Buddha 是一个来自 Stanford 3D Scanning Repository[①] 的大型模型，拥有一百万个以上三角形。

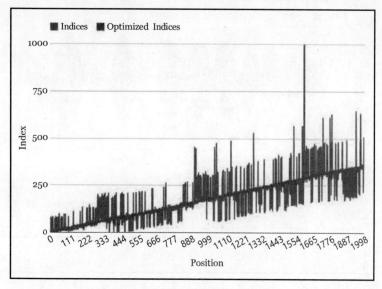

图 30.4　对索引进行优化的效果

原　　文	译　　文
Indices	索引
Optimized Indices	优化后的索引
Position	位置

　　一般而言，索引呈线性趋势向上。斜率（Slope）表示共享顶点的平均次数——在这种情况下，大约是 5.5 次（前 2000 个索引中有 361 个唯一值）。在优化之前，索引值向前和向后跳跃数百。在位置 1600 附近，甚至有一个索引脱离图表。经过优化之后，索引形成更平滑的线。由于预变换顶点缓存优化，没有出现大的前向跳跃（Forward Jump），并且由于后变换顶点缓存优化，后向跳跃相对较小。

　　顶点缓存优化也会影响属性。原始数据有一个确定的模式，它们最初是通过激光捕获的，因此定期扫描是显而易见的。尽管实际数据已经量化，但值单元在原始浮点数据中。在顶点缓存优化之后，属性按使用顺序排序，而不是快速来回扫描，x 位置现在更相关，形成一个随机但相互连接的线（见图 30.5）。开发人员将看到，虽然这条线看起来是随机的，但它具有可用于压缩的结构。

[①] http://graphics.stanford.edu/data/3Dscanrep/

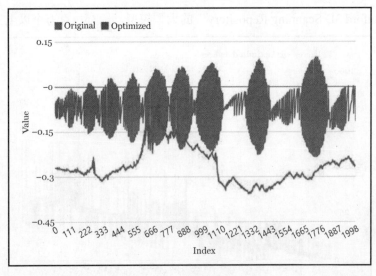

图 30.5 对 x 位置的优化效果

原　文	译　文
Original	原始数据
Optimized	优化后的数据
Value	值
Index	索引

30.3　整体一致性

　　WebGL 和 HTTP 将在 3D 模型的生命周期中发挥作用，我们所能做的就是找到在艺术管线中提前做尽可能多工作的最佳方式，这样就不会给浏览器 JavaScript 带来太大的负担。幸运的是，虽然 WebGL 和 HTTP 对我们可以做的事情有诸多约束，但它们也提供了使所有内容协同工作的工具和指导。

　　问题的一部分已经解决：我们将属性和索引编码为 Unicode 代码点。现在来重新审视一下 UTF-8 编码。一方面，作为面向字节的编码，UTF-8 可以与 GZIP 很好地交互；另一方面，只有一小部分 UTF-8 被以精简方式编码，这其实是一种浪费，并且错失了使用 GZIP 来抵消这种膨胀的机会，尤其是在可以避免的情况下。

　　优化顶点缓存的网格为顶点索引和属性引入了可利用的结构。由于后变换顶点缓存优化，顶点索引引用是群集（Clustered）的；由于预变换顶点缓存优化，索引值逐渐增加并会将相关的顶点属性排序在一起。在网格中引入一致性（Coherence）不仅使渲染速度更快，而且使其更易于压缩。

30.3.1 Delta 编码

GZIP 专为文本压缩而设计，因此需要一些帮助才能压缩顶点属性和索引之类的信号。期望 LZ77 短语匹配能够帮助那些结构不像单词的东西是不合理的，但霍夫曼编码应该会有所帮助。一种简单的方法是首先使用 Delta 编码转换数据。Delta 编码是一种简单的预测滤波器（Predictive Filter），可以发送数据中的差值（Difference）而不是数据本身。如果最近的值是下一个值的良好预测值，则编码差值将比编码下一个值更便宜。Delta 编码可以在 JavaScript 中实现：

```
var prev = 0;
for (var i = 0; i < original.length; i++){
    delta[i] = original[i] - prev;
    prev = original[i];
}
```

例如，给定一个 original 数组为 [100, 110, 107, 106, 115]，则其 delta 数组将是 [100, 10, -3, -1, 9]。Delta 解码反转这个数组也很简单。这是个好消息，因为它是 JavaScript 解压缩程序的最内层循环：

```
var prev = 0;
for (var i = 0; i < delta.length; i++) {
    prev += delta[i];
    original[i] = prev;
}
```

从这个例子可以看到，即使原始数据在数百个范围内，差值的幅度也要小得多。这种效果将有助于 UTF-8 和霍夫曼编码。较小的值将在 UTF-8 中使用较少的字节。较小的值也会倾斜字节的分布，因此霍夫曼编码可以使用较少的位来对它们进行编码。

当使用 Delta 编码或解码矢量（如顶点属性）时，开发人员希望确保计算相似值之间的差值，而不是相邻的交错值，也就是说，是 x 位置和 x 位置的差值，而不是 x 位置和 y 位置的差值，也不是 x 位置和 x 法线的差值。一般来说，这意味着每个标量属性值需要不同的 prev。例如，如果顶点格式同时包含位置和法线，则需要在解码器中跟踪 6 个值（编码器的写法留给读者做练习）：

```
var prev = new Array(6);
for (var i = 0; i < delta.length;){
```

```
for (var j = 0; j < 6; j++){
    prev[j] += delta[i];
    original[i] = prev[j];
    ++i;
}
}
```

30.3.2 Delta 编码分析

我们可以使用 Happy Buddha 模型的 x 位置数据可视化 Delta 编码的效果。与原始信号相比，Delta 编码信号以零为中心，并且具有较小的变化。这些特性使其更具可压缩性（见图 30.6）。

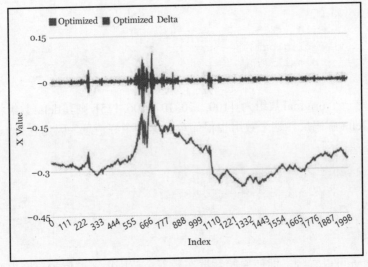

图 30.6　对优化之后的 x 值进行 Delta 编码

原　　文	译　　文
Optimized	优化之后的 x 值
Optimized Delta	对优化之后的 x 值进行 Delta 编码的结果
X Value	x 值
Index	索引

Delta 编码并不总是有帮助。例如，当原始数据不具有 Delta 编码容易利用的一致性时（见图 30.7），尽管 Delta 编码设法使值居中于零附近，但差值信号的变化却大于原始的未优化数据。

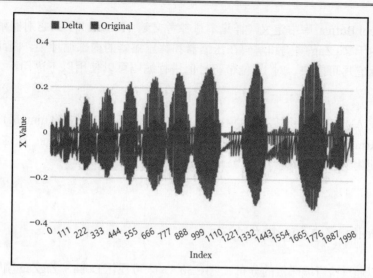

图 30.7 对原始位置进行 Delta 编码

原　文	译　文	原　文	译　文
Delta	对原始 x 值进行 Delta 编码	X Value	x 值
Original	原始 x 值	Index	索引

30.3.3 ZigZag 编码

  Delta 编码生成负值的时间大约占一半。与具有专用符号位的浮点数不同，定点值通常使用二进制补码表示符号。在二进制补码中，很小的负数会映射到很大的无符号值，这破坏了我们希望用 Delta 编码实现倾斜分布的初衷。理想情况下，我们希望底部位用作符号位，以便小负数能与小正数交错，如表 30.2 所示。

表 30.2　二进制补码和 ZigZag 编码

Delta	无　符　号	ZigZag	Delta	无　符　号	ZigZag
−3	0xFFFD	0x0005	1	0x0001	0x0002
−2	0xFFFE	0x0003	2	0x0002	0x0004
−1	0xFFFF	0x0001	3	0x0003	0x0006
0	0x0000	0x0000			

  在 Google，我们将这种 Z 字形编码称为 ZigZag 编码。ZigZag 的字面意思就是之字形交错，尽管这是一个更为古老的思路，但是其编码方法却和 Delta 编码一脉相承。它在

开源的 Protocol Buffer 库中定义（详见本章参考文献 [Proto 11]），它对整数值使用可变长度编码。由于 ZigZag 编码和解码在压缩器和解压缩器的内部循环中，因此值得使用一些窍门来确保它尽可能快。对 16 位带符号值进行编码可以使用以下语句：

```
((input << 1) ^ (input >> 15)) & 0xFFFF;
```

如果开发人员知道它将按 16 位值的形式存储（例如，C/C++中的 uint16_t 或 JavaScript 中的 Uint16Array），则 0xFFFF 可能是隐式的。解码的方式也很独特：在这两种情况下，都希望确保使用符号右移。

```
(input >> 1) ^ (-(input & 1));
```

30.3.4　Delta+ZigZag 编码分析

我们可以通过检查编码值的分布（见图 30.8）来可视化 Delta + ZigZag 编码的有效性。前 128 个值的半对数图（Semi-Log Plot）显示 Delta 值具有较小的幅度偏差，如图 30.9 所示。这些值将以单个 UTF-8 字节编码，占总数的 92.8%。除了一些周期性峰值，图 30.8 是线性的，具有负斜率，表示指数性衰减。出现在 41 的倍数处的尖峰是原始模型的离散扫描分辨率的伪像。

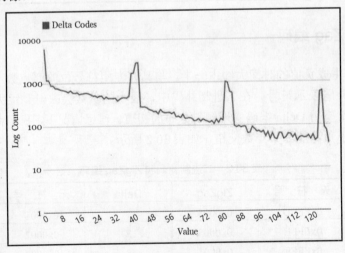

图 30.8　UTF-8 单字节编码

原　文	译　文	原　文	译　文
Delta Codes	Delta 编码	Value	值
Log Count	对数计数		

前 2048 个值延续了这种趋势，可以使用最多 2 个字节以 UTF-8 格式对值进行编码。指数性衰减和周期性峰值的特征将继续保持。

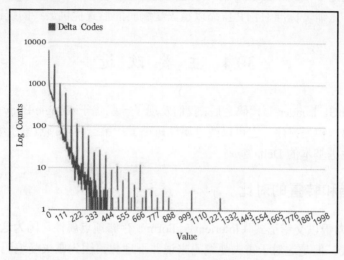

图 30.9 UTF-8 单字节和双字节编码

原 文	译 文
Delta Codes	Delta 编码
Log Count	对数计数
Value	值

图 30.9 占总值的 99.98%。大于 1000 的值非常罕见。

30.3.5 压缩管线

现在我们已经全面阐述了构建模型压缩器所需的所有细节。总而言之，Google Body 遵循以下步骤：

（1）量化属性。对属性进行编码，使得每个值都可以从 JavaScript 中读取为一个小的整数值，从而避免昂贵的客户端解析。我们可以在加载时重建原始值或将其延迟到顶点着色器，位置比例和偏移很容易体现到模型变换中。

（2）为顶点缓存性能优化模型。Forsyth 的"线性速度顶点优化器"通过使数据更加一致，提高了渲染性能，同时使模型数据更具可压缩性。

（3）Delta 编码。将一致性公开给后来的编码阶段。

（4）ZigZag 编码。修复二进制补码映射问题，以便使用小值对小负数进行编码。

（5）UTF-8 编码。这是 HTTP 喜欢的发送文本数据的方式。它使用更少的字节来发送更小的值，这是 Delta 和 ZigZag 编码最适用的后续步骤。

（6）GZIP 压缩。标准 HTTP 压缩以霍夫曼编码的形式提供最终的统计编码器。

30.4 主要改进

在开放 WebGL Loader 源代码之后，我们发现了一些优于 Google Body 原始网格压缩算法的改进。第一种是排序（它可以改进属性压缩）；第二种是顶点索引编码的新技术，这种技术可以改进基本的 Delta 编码。

30.4.1 交错和转置的对比

WebGL 倾向于以交错形式（Interleaved Form）存储顶点属性，因为这是顶点着色器访问它们的方式。但是这对于霍夫曼编码来说并不理想，因为霍夫曼编码动态适应输入统计。如果数据是交错的，那么霍夫曼编码将看到不同属性（如位置、法线和纹理坐标）的混合差值。即使相同属性的不同维度也可能具有不同的表现（见图 30.10）。

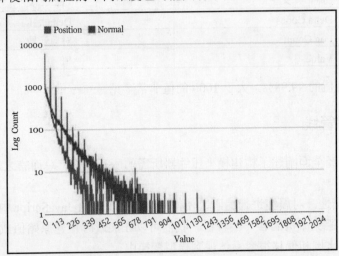

图 30.10　属性分布

原文	译文	原文	译文
Position	位置	Log Count	对数计数
Normal	法线	Value	值

在如图 30.10 所示的半对数图中，我们绘制了 x 位置和 x 法线的值分布。虽然两者都显示出特征性的指数衰减，但它们的线具有不同的斜率，因此具有不同的衰减率。此外，法线不具有在位置中呈现的周期性频率尖峰。

如果使用转置格式（Transposed Format）进行压缩（即使用 $xxx \ldots yyy \ldots zzz \ldots$ 而不是 $xyzxyzxyz \ldots$），那么霍夫曼编码将看到来自单个属性维度的长期值，允许它更有效地适应和编码它们的分布。交错在 JavaScript 中解码没有很明显的额外成本，因为无论如何，所有数据都需要从 XMLHttpRequest.responseText 复制到 TypedArray。与交错表示方式相比，转置表示方式具有稍差的内存局部性，但它实现了大约 5%的更好的 GZIP 压缩。

30.4.2 高水位线预测

另一个重要的改进是顶点索引的 Delta 和 ZigZag 编码。对于下一个索引而言，有一个比上一个索引更好的预测指标：该点的最高可见索引，也称为高水位线（High-Water Mark）。当模型针对后变换顶点缓存进行优化时，顶点索引往往是群集的。当模型针对预变换顶点缓存进行优化时，顶点索引会缓慢增加。具体来说，当顶点索引大于当前高水位线时，那么它就是一个更大的索引。相比较而言，在 Delta 编码中，差值为正或为负的概率大致相等。

高水位线预测通过编码与潜在的下一个高水位线的差值来工作。差值永远不会是负数，当且仅当引用了新的顶点索引时才会为零。这种编码与 Delta 编码一样简单：

```
var nextHighWaterMark = 0;
for (var i = 0; i < original.length; i++) {
    var index = original[i];
    delta[i] = nextHighWaterMark - index;
    if (index === nextHighWaterMark) {
        nextHighWaterMark++;
    }
}
```

由于差值绝不会是负的，因此不需要 ZigZag 编码。相应的解码应该如下：

```
var nextHighWaterMark = 0;
for (var i = 0; i < delta.length; i++) {
    var code = delta[i];
    original[i] = nextHighWaterMark - code;
    if (code === 0) {
        nextHighWaterMark++;
    }
}
```

通过检查对 Happy Buddha 模型的前 55000 个顶点上编码值的分布的影响，我们可以可视化使用和不使用高水位线预测的 Delta 编码的有效性。首先，仔细查看 20 个最小的、最常引用的值，如图 30.11 所示。

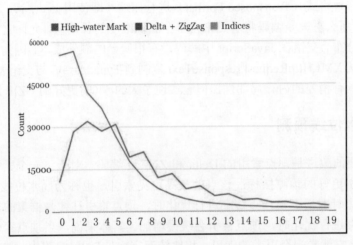

图 30.11　最常见的 20 个引用

原　　文	译　　文
High-water Mark	高水位线
Indices	原始索引
Count	计数

原始索引数据是底部的黄线，用于绘制前 20 个顶点索引的引用次数。通过这根线，很难看出每个索引平均被引用 6 次，这和预期是一样的。高水位线和 Delta + ZigZag 编码都绘制出了编码值发送的次数。高水位线和 Delta + ZigZag 都强烈地向发送的值的分布很小倾斜，这种效果使霍夫曼编码能够很好地压缩。但是，高水位线编码做得更好，产生的值更小，分布也更陡峭。Delta + ZigZag 编码显示出轻微的锯齿特征，在偶数值处有轻微的峰值，表明向正 Delta 略微倾斜。当检查以 UTF-8 格式的单字节编码的值集时，这些趋势会继续，如图 30.12 所示。

使用半对数图时可以看到，原始索引数据实际上是可见的，而高水位线和 Delta + ZigZag 编码之间的差距仍然存在。超过 95.7%的高水位线预测值由一个字节编码，相比之下，Delta + ZigZag 为 90.9%，几乎提高了 5%。通过缩小到 UTF-8 格式最多两个字节编码的值集，可以看到 Delta + ZigZag 的尾部长得多，如图 30.13 所示。

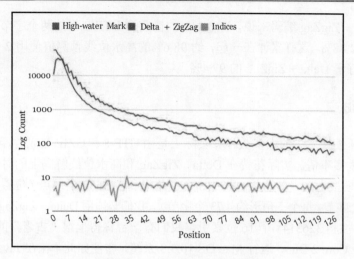

图30.12　UTF-8 格式单字节编码

原文	译文	原文	译文
High-water Mark	高水位线	Log Count	对数计数
Indices	原始索引	Position	位置

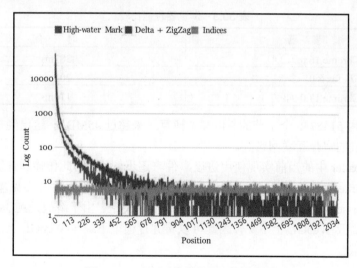

图30.13　UTF-8 单字节和双字节编码

原文	译文	原文	译文
High-water Mark	高水位线	Log Count	对数计数
Indices	原始索引	Position	位置

对于 Delta + ZigZag 编码来说，有 6.54%的值需要 UTF-8 中的两个字节，而高水位线预测则降低至 2.88%。这样累计在一起，约 98.6%的高水位线预测值使用 2 个字节或更少字节编码，略好于 Delta + ZigZag 的 97.4%。

30.4.3 性能

这种模型压缩技术中的大多数计算实际上是由 UTF-8 和 GZIP 完成的，因此 JavaScript 不必对数据做太多事情。实际花费在 Delta、ZigZag 和高水位线解码上的时间非常少。以 Happy Buddha 模型为例，它包含 1087716 个三角形和 543652 个顶点（位置和法线）并压缩到 5148735 个字节（每个三角形约 4.73 个字节）。我们必须用 Delta + ZigZag 解码 3261912 个 16 位顶点属性和 3263148 个 16 位索引。我们有一台称得上很"古老"的笔记本电脑，CPU 为 2.4GHz Core 2 Duo，运行 Mac OS 10.5.8 系统，即便如此，花在 JavaScript 上的时间也只有几分之一秒。

这里的性能取决于浏览器。在 Chrome 17 之前，Firefox 8 速度更快，但 Chrome 17 在处理来自 XMLHttpRequest 的字符串方面取得了一些重要的性能提升，所以它比 Firefox 更快，如表 30.3 所示。

表 30.3　浏览器性能比较

浏览器	时间
Chrome 16.0.912.41	383ms
Firefox 8.01	202ms
Chrome 17.0.949.0	114ms

在 114ms 内 5148735 个字节的吞吐量，换算过来超过 45MB/s，这已经接近本地存储带宽，胜过一般的宽带互联网带宽。

WebGL Loader 中的当前实现使用进度事件来逐步解码，因此传输和计算延迟可能会重叠。WebWorkers 很快将支持 TypedArrays 的快速零复制传输（详见本章参考文献 [Herman and Russell 2011]），因此可以并行解码多个模型。由于解码是纯 JavaScript 操作并且实际上不需要 WebGL 上下文，因此可以将并行模型下载与 WebGL 上下文和着色器初始化等操作重叠。

30.4.4 未来的工作

还有一些我们尚未实现的改进应该可以改善压缩。其中一个是无表改进，即使用索引三角形条带而不是索引三角形列表。索引三角形条带不是很受欢迎，因为它们在桌面

GPU上不比索引三角形列表快（在移动GPU上，条带可能更快）。它们可以通过两种方式帮助压缩：一是直接方式，使索引缓冲区变小；二是间接方式，即简化平行四边形预测（Parallelogram Prediction）。

平行四边形预测是一种可用于预测共享边的三角形上顶点属性的技术（见图30.14），因为三角形条带中的相邻三角形是隐式执行的。在图30.14中，已着色的三角形是三角形条带中的当前三角形，因此与下一个三角形共享边。平行四边形预测假定下一个三角形看起来像上一个三角形，因此它猜测下一个顶点可以通过在共享边上反射非共享顶点（在左下角）来计算，从而产生虚线三角形。猜测通常接近实际三角形（在图30.14中显示为实线的、未着色的三角形），因此只需要存储一个小的校正向量（虚线箭头）即可。

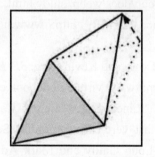

图30.14　平行四边形预测

30.5　小　　结

Web浏览器正在快速发展。WebGL是一项颇受欢迎的技术，但它也带来了一些尚未解决的问题。Google Body 的模型压缩技术描述了如何缩小关键差距：如何在没有直接浏览器支持的情况下在WebGL中加载高质量的网格。由于现有的 Web 基础结构和 JavaScript 性能的飞跃，其网格可以精简而有效地压缩，而不会对加载时间产生严重影响，同时优化GPU渲染性能。我们热切期待开发人员广泛使用 WebGL 在 Web 上部署 3D 内容。

致　　谢

我们首先要感谢 Zygote Media Group，他们是 Google Body 项目中的优秀合作伙伴。正是他们提供了具有独特艺术风格的高品质的人体解剖模型，而保留他们的艺术风格也是本章所介绍的工作的重要动力。我们要感谢 Google 公司帮助实现这一目标的人们：团队中 80%的人都足够兢兢业业，而另外 20%的人则是全力以赴。Thatcher Ulrich 为我们指出哪些思路很好，Ken Russell 慷慨地和我们分享了他有关浏览器和 WebGL 性能方面的知识经验。最后，我们要特别感谢 Google Body 团队，特别是 Arthur Blume、David Kogan、Vangelis Kokkevis、Rachel Weinstein Petterson、Nico Weber 和 Roni Zeiger 博士。

参 考 文 献

[Banarjee and Arora 11] Somnath Banarjee and Vikas Arora. "WebP Compression Study." code.google.com/speed/webp/docs/webp_study.html, May 18, 2011.

[Castano 09] Ignacio Castaño. "ACMR." http://www.ludicon.com/castano/blog/2009/01/acmr-2/, January 29, 2009.

[Cozzi and Ring 11] Patrick Cozzi and Kevin Ring. *3D Engine Design for Virtual Globes*. Natick, MA: A K Peters, 2011. http://www.virtualglobebook.com/.

[Forsyth 06] Tom Forsyth. "Linear-Speed Vertex Cache Optimization." http://home.comcast.net/~tom_forsyth/papers/fast_vert_cache_opt.html, September 28, 2006.

[Gailly and Adler 93] Jean-Loup Gailly and Mark Adler. "A Brief Description of the Algorithms used by GZIP." http://www.gzip.org/algorithm.txt, August 9, 1993.

[Herman and Russell 2011] David Herman and Kenneth Russell. "Typed Array Specification." http://www.khronos.org/registry/typedarray/specs/latest/#9, December 8, 2011.

[Hoppe 99] Hughes Hoppe. "Optimization of Mesh Locality for Transparent Vertex Caching." *ACM SIGGRAPH Proceedings* (1999) 269–276.

[Proto 11] Proto. "Encoding." http://code.google.com/apis/protocolbuffers/docs/encoding.html#types, retrieved December 14, 2011.

[SCI Institute 11] SCI Institute. *The Utah 3D Animation Respository*. http://www.sci.utah.edu/~wald/animrep/.

[Unicode 11] Unicode. "Unicode 6.0.0." http://www.unicode.org/versions/Unicode6.0.0/, September 26, 2011.

[Wingo 11] Andy Wingo. "Value Representation in JavaScript Implementations." http://wingolog.org/archives/2011/05/18/value-representation-in-javascript-implementations, May 11, 2011.

第 31 章 使用实时纹理压缩进行游戏内视频捕捉

作者：Brano Kemen

31.1 简　　介

本章讨论了在 GPU 上实时压缩图像的技术，它们可以处理各种类型的程序化或动态生成的图像和虚拟纹理。这些技术旨在实现更低的内存和带宽要求，同时提供高质量。我们还描述了使用此技术直接从应用程序捕捉高质量视频而不会显著降低整体性能的方法。图 31.1 显示了由程序生成的树的输出结果，其中的实时压缩技术即可用于生成的树叶簇。

图 31.1　Outerra 中的程序树生成器使用树叶簇的实时压缩示例

31.2　DXT 压缩概述

DXT 压缩（DXT Compression）也称为 S3 纹理压缩（S3 Texture Compression，S3TC），是指一组有损的、固定速率的图像压缩算法（详见本章参考文献 [S3TC 12]），目前该技术在图形硬件中已经得到广泛支持，因为它们非常适合 3D 图形的硬件加速纹理解压缩。

对于 DXT1 格式，压缩率固定为 8：1 或 6：1，相应地，它们具有 1 位透明或无 Alpha。对于具有更高质量 Alpha 编码的格式来说，其压缩比为 4：1。

所有压缩方案均通过压缩 64 位彩色输出中的 4×4 输入像素的块，并且以相同的方式对 RGB 部分进行编码。其输出由两个 16-bit 的 RGB 5∶6∶5 量化颜色值组成，后跟 16 个 2-bit 值，用于确定如何计算相应的像素颜色：要么是两种颜色中的任何一种颜色；要么就是它们之间的混合颜色。

可以根据模式以多种方式编码 Alpha 分量。对于 DXT4 和 DXT5 来说，它使用类似于颜色部分的方案进行编码，但每个像素具有两个 8-bit 的 Alpha 值和 3-bit 插值。

DXT 压缩也有一些限制。例如，如果在某些颜色变化非常明显的图像上直接使用，则图像质量会降低。但是，它非常适合 3D 图形中使用的大多数纹理，因为一般来说，这些纹理会更加均匀。

DXT 压缩在质量损失方面的瑕疵可以被显著降低的内存和带宽要求所抵消，也就是说，相同尺寸的压缩纹理渲染速度更快。或者，通过在相同数量的内存中使用更高分辨率的纹理，可以实现其质量的提高。

31.3 DXT 压缩算法

虽然解压缩算法有精确的定义，但是仍然有多种压缩算法具有不同的质量输出。DXT 算法输出的图像质量主要取决于两个端点颜色值的选择方式（详见本章参考文献 [Brown 06]）。高质量压缩算法试图找到给定像素集的最佳端点。通过强力方法测试所有可能的端点非常耗时，因此更好的思路是减少要测试的组合的数量。

4×4 块中的颜色可以被认为是 3D RGB 空间中的点，产生的压缩颜色必须位于此空间中两个选定端点之间的一条线上。

使用主成分分析（Principal Component Analysis，PCA）技术可以找到点变化最大的方向。这个方向称为主轴（Principal Axis），很可能非常接近通过最佳端点的直线方向，并且可以用于搜索种子。

尽管如此，这些算法对于实时压缩来说仍然太慢，为此开发人员需要快速选择压缩线。可以使用 RGB 颜色子空间的包围盒的范围，其中包含来自给定的 4×4 像素块的颜色。该线跨越整个动态范围，并趋向于与亮度分布对齐。然后简化选择过程以找出包围盒的哪个对角线是最佳的。这可以通过测试颜色值相对于包围盒中心的协方差的符号来完成，并且它可以在 GPU 上轻松完成。

对于 4×4 块中的每个纹理元素（Texel），算法将找到在所选线上可表示的最接近的颜色并输出编码颜色索引。关于算法的更多细节可以在本章参考文献 [van Waveren 06] 和 [van Waveren and Castano 07] 中找到。

要从另一个源纹理创建压缩纹理，可以使用渲染到纹理（Render-to-Texture）技术，设置一个帧缓冲区并绑定 GL_RGBA32UI 格式（128 位/纹理元素，与 1 DXT5 块大小相同）或 GL_RG32UI（64 位/纹理元素，与 1 DXT1 块大小相同）的辅助整数纹理。编码着色器将每个 4×4 输入纹理块压缩成目标的一个像素。目标纹理的宽度和高度将是源纹理大小的 1/4。如果输入大小不是 4 的倍数，则需要在目标中添加一行或一列，并且必须将纹理元素提取操作固定（Clamp）到源纹理的边缘。

然后使用 glReadPixels 将辅助纹理加载到缓冲区对象中，随后 glReadPixels 又将通过 glCompressedTexSubImage2D 用作纹理上传中的源缓冲区。命令顺序如代码清单 31.1 所示。

代码清单 31.1　将帧缓冲区附属数据转换为压缩纹理

```
// 压缩的 DXT 图像被假定为
// 在当前绑定的帧缓冲区对象的第一个颜色附属数据中
glReadBuffer(GL_COLOR_ATTACHMENT0);
glBindBuffer(GL_PIXEL_PACK_BUFFER, bo_aux);
glReadPixels(0, 0, (w + 3)/4, (h + 3)/4, GL_RGBA_INTEGER, GL_UNSIGNED_INT, 0);

glBindBuffer(GL_PIXEL_PACK_BUFFER, 0);
glBindFramebuffer(GL_DRAW_FRAMEBUFFER, 0);

// 复制到 DXT 纹理
glBindTexture(GL_TEXTURE_2D, tex_aux);
glBindBuffer(GL_PIXEL_UNPACK_BUFFER, bo_aux);

glCompressedTexSubImage2D(GL_TEXTURE_2D, 0, 0, 0, w, h,
    GL_COMPRESSED_RGBA_S3TC_DXT5_EXT, w * h, 0);
```

传输发生在 GPU 端，所以速度非常快。但是，OpenGL 没有提供一种机制来重新解释不同格式的内存块以避免复制。我们不能使用 glCopyTexImageSubDataNV 来避免一次复制操作，因为它要求源和目标纹理的像素格式相同。

如果生成的纹理需要 Mipmap，则有两种方法可以获得它们：通过调用 glGenerateMipmap 自动生成 Mipmap，或者通过创建和上传所有必需的 Mipmap 级别，就像创建顶级纹理一样。虽然第一种方法更方便，但验证驱动程序是否能在 GPU 上有效实现 glGenerateMipmap 非常重要。在编写本文时，在压缩纹理上调用自动 Mipmap 生成在两个主要供应商（即 NVIDIA 和 AMD）的驱动程序中都会导致管线停顿，这表明纹理被拉到 CPU 端进行处理。在 AMD 产品中，即使是使用未压缩的纹理，也能获得成功。显然，此功能在大多数现有应用程序中没有优先级，但对于程序性的渲染来说，它可以保存一些命令。

31.4　转换为 YUV 格式颜色空间

当尝试在任意图像上使用 DXT 压缩时，它其实有一些限制和质量问题。但是，通过使用不同的色彩空间可以增强其感知质量。YUV 颜色空间（YUV Color Space）是一种将人类感知考虑在内的颜色编码方案。实际上，其目标之一是通过为人类感知中更重要的图像属性提供更多带宽来屏蔽和抑制压缩伪像。

人类的眼睛对亮度（Luminance）的变化比对色度（Chrominance）的变化更敏感。因此，如果将颜色值从 RGB 颜色空间转换为基于亮度（Y）和其他两个色度分量的颜色空间，则可以使用更高质量的亮度编码，同时降低色度带宽并获得整体更高的感知质量。

如本章参考文献 [van Waveren and Castaño 07] 所述，这可以使用 DXT5 压缩方案来实现。如果看一看 DXT5 方案如何编码 RGBA 颜色数据，则可以看到它使用的是 64 位的 RGB 分量，并且相同的位数仅用于 Alpha 分量。这显然有助于使用 Alpha 作为亮度并对 RGB 部分中的色度通道进行编码。

下面介绍 YC_oC_g 颜色空间的相关知识。

到目前为止，我们使用了更广泛的 YUV 颜色空间定义，包括使用 Luminance（Y）或 Luma（Y'）的所有颜色空间和用于编码与选定轴的灰度有偏差的两个其他通道。有若干种方案和公式可用于计算使用中的亮度和色度值。例如，在模拟和数字电视以及其他地方使用的亮度和色度值。

可以与图形硬件一起有效使用的一类色彩空间之一是 YC_oC_g，其中，C_o 代表色度橙色，C_g 代表色度绿色。

由于我们要添加一个从 YUV 颜色空间转换到 RGB 颜色空间的代码，因此需要在片段着色器中执行相对便宜的东西。使用 YC_oC_g，转换为 RGB 变得非常简单：

$$R = Y + C_o - C_g$$
$$G = Y + C_g$$
$$B = Y - C_o - C_g$$

在使用 YC_oC_g 的情况下，Y 值存储在 Alpha 通道中，C_o 和 C_g 分别存储在红色和绿色通道中。由于 DXT 中的 5∶6∶5 量化，与 C_o 通道的 5 位相比，C_g 通道将使用 6 位。当转换回 RGB 时，C_g 的值存在于所有 3 个公式中，因此绿色通道可以使用更好的精度。

但是，在色度分量的动态范围较窄的情况下，RGB 分量中的 DXT 颜色的量化可能导致颜色损失。出于这个原因，扩展的 YC_oC_g-S 实现还将利用第 3 个迄今未使用的蓝色通道来存储缩放因子。C_o 和 C_g 值在压缩期间按比例放大，并且比例因子存储在蓝色通道内，然后在解码器中用于缩放值。

解码现在变得稍微复杂一些：

$$Scale = \frac{1}{\frac{255}{8}B + 1}$$

$$Y = A$$
$$C_o = (R - 0.5)Scale$$
$$C_g = (G - 0.5)Scale$$

$$R = Y + C_o - C_g$$
$$G = Y + C_g$$
$$B = Y - C_o - C_g$$

此方法向解码器添加了一些额外的代码，并使用了可用于其他事物的第 3 个通道。

Eric Lasota 在本章中提出了一个名为 YC_oC_g-X 的简化方案（详见本章参考文献 [Lasota 10]），并在示例中基于 YC_oC_g 进行了缩放。简化方案背后的原因是，YC_oC_g 是 YUV 格式的颜色空间，C_o 和 C_g 的值被约束到与 Y 通道的值成比例的范围。我们可以使用 Y 的值来归一化 C_o 和 C_g 通道，而不是使用单独的比例因子并将其放入蓝色通道。C_o 和 C_g 现在仅反映色调和饱和度的变化，仅将强度信息留在 Y 通道中。

该方案可以使用稍微不同的向量来计算色度值，使得结果数学变得更简单：

$$Y = (R + 2G + B) / 4$$
$$C_o = 0.5 + (2R - 2B) / 4$$
$$C_g = 0.5 + (-R + 2G - B) / 4$$

$$R = 2Y(2C_o - C_g)$$
$$G = 2YC_g$$
$$B = 2Y(2 - 2C_o - C_g)$$

与 YC_oC_g-S 一样，该方案解决了非缩放 YC_oC_g 模式中的量化问题，但是，这并不是 YC_oC_g-S 方案的质量改进，而峰值信噪比（Peak Signal-to-Noise Ratio，PSNR）指标也表明了这一点。

31.5 比 较

上述压缩方案已经在一些样本场景上进行了测试，它使用了可视化测试以及常用的 PSNR 指标进行比较。图 31.2 显示了使用选定压缩方案出现的一些伪像（Artifact），该示例所使用的图像是 Kodak Lossless True Color Image Suite 中的图像 03（详见本章参考文献 [Franzen 99]）。

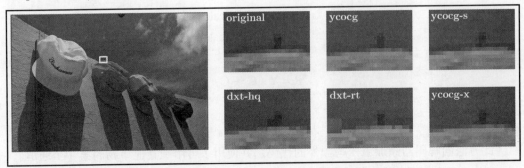

图 31.2 压缩伪像的比较

原　文	译　文
original	原图

直接在 RGB 颜色空间中压缩的图像显示出一些明显的错误，这些错误的形式是在具有不同颜色的区域之间出现 4×4 像素的变色块。特别是在这种情况下，运行时压缩程序与更高质量的离线压缩程序相比，误差更高，更明显。这是因为离线压缩程序可以在搜索最佳端点上投入更多时间。但是，YC_oC_g 色彩空间上使用的运行时压缩程序在质量方面甚至优于离线压缩程序。

在图像的边角，可以观察到各种 YC_oC_g 压缩程序之间的差异。没有缩放的基本版本显示了阴影区域中的色彩损失，使得阴影区域中的色度值很低。在一些众所周知的示例中，如天空梯度的压缩，也可以观察到 C_o 和 C_g 值 5∶6 量化的效果。缩放方案（YC_oC_g-S）达到最佳质量，但是，它仍然没有完整的动态范围来完美地处理天空渐变。简化的缩放方案（YC_oC_g-X）可以按最佳方式处理阴影区域，但是在明亮区域中，在色度逐渐变化的情况下，它不能很好地进行处理。

YC_oC_g 颜色空间中的误差比 RGB 空间中的类似误差更难以发现并且侵入性更小。图 31.3 显示了编码方案与原始图像之间放大 16 倍的差异。沿着普通 DXT 压缩的图像边缘的误差是相当明显和令人不安的，YUV格式方案中的差异看起来更像是色调变化，并且不容易被发现。

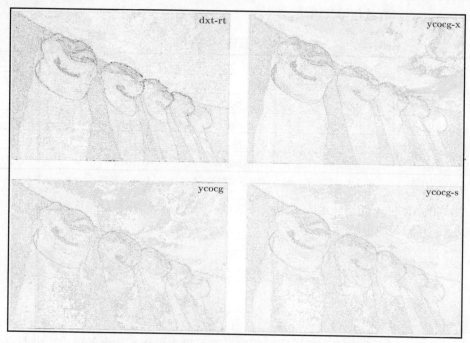

图31.3 压缩和原始图像之间的16倍放大和反转差异

除了对Kodak图像的色度和亮度变化测试之外，我们还在两种不同光照条件下对程序引擎Outerra的两幅图像进行了测试（见图31.4）。图31.4（b）中亮度较低和较暗的一半也作为最后一个选项单独测试。

（a）明亮场景　　　　　　　　　　（b）昏暗场景

图31.4 在测试中使用的明亮和昏暗场景

表31.1显示了这些样本图像的PSNR误差指标。由于是按亮度划分的，YC_oC_g-X在

较暗的区域表现得非常好，但它不能与其他两个 YC_oC_g 方案的结果相匹配，这些方案在明亮的情况下会逐渐改变色调，如晴朗的天空。但是，在某些情况下（如在压缩生成地面纹理时），可以有效使用其属性。

表 31.1　各种压缩方案的 PSNR

方案	PSNR			
	kodim03	明亮	昏暗	更暗
DXT 实时	38.7839	38.3560	44.9785	46.3247
YC_oC_g	42.3551	41.7667	45.0011	46.8363
YC_oC_g-S	42.7758	42.0848	45.3294	47.2720
YC_oC_g-X	40.6135	36.8699	41.7026	52.7532

注：值越大越好。YC_oC_g-S 在大多数情况下获胜，仅在黑暗测试场景中被 YC_oC_g-X 击败。

原始 PSNR 并不能很好地表示压缩伪像对人眼的影响，并且对亮度和色度通道赋予不同权重的指标可能更好。

31.6　对程序内容和视频捕捉使用实时 DXT 压缩

哪里需要使用实时 DXT 编码？显然，对于静态数据来说，实时 DXT 压缩并不是必需的，甚至完全没必要，因为离线压缩程序通常可以实现更高质量的输出，并且在这种情况下，运行时间长一点也没有关系。

实时压缩可用于动态生成的图像数据，例如，按需生成数据的各种程序生成器的输出。在程序引擎 Outerra 中，它可以在若干个地方找到，例如，在地形纹理生成器中，降低了块缓存的内存需求，并通过减少所需带宽来加速地形渲染。图 31.1 显示了由程序树生成器生成的大树，其中，实时压缩用于生成的树叶簇。生成器可以使用当前质量设置在启动时动态创建纹理。随着时间的推移，硬件性能会变得更好，动态生成数据的能力意味着可以调整质量。另一个有趣的领域是使用这种技术进行游戏内视频捕捉。

31.6.1　使用 YUYV-DXT 压缩的视频捕捉

当想要从 3D 应用程序中捕捉视频时，可以选择的方式相对较少：可以使用外部程序（如 Fraps）或特殊硬件来捕捉从显卡中获取的视频。

两者各有其优缺点。外部程序的应用很广泛，玩家可以轻松使用，但它们可能会大大减慢应用程序的速度，迫使其使用较低分辨率或降低质量的模式。而视频采集卡的方式虽然可以提供高质量的输出，但它们并不便宜，并且也不是广泛可用的。

除此之外，开发人员还有另一种选择：赋予应用程序原生的视频捕捉支持。它使我们的用户无须使用任何其他软件或硬件即可捕捉视频。当然，这种方式也有一些其他的问题。

31.6.2 带宽因素

要以 30FPS（帧/秒）的速度捕捉 1080p 分辨率的原始 RGB 视频，需要 187MB/s 的带宽。但是，由于 GPU 上的显存是对齐的，因此，不能直接有效地读取 8 位 RGB，而必须读取 RGBA，这使得带宽要求达到 249MB/s。

虽然这个带宽仍远低于 GPU 和 CPU 之间的峰值下载带宽（大约为 2.5～6GB/s），但这里有问题的部分是硬盘的持续写入速度。典型的现代 7200 转台式 SATA 硬盘驱动器，如 Seagate Barracuda 7200.11，其所具有的持续数据传输速率为 129MB/s。很明显，开发人员需要执行压缩才能达到这个限制。

由于可以利用 GPU 的并行计算能力，实时在 GPU 上执行 DXT 之类的压缩，将 GPU-CPU 和 CPU-硬盘带宽降低到可持续系统速度以下，将是理想的选择。如果开发人员使用 YC_oC_g-DXT5 编码，则上述场景的带宽可以降至 62.2MB/s。

31.6.3 视频流的格式

我们已经证明 YUV 格式转换可以提高 DXT 格式压缩数据的质量，使它们可用于图像数据的轻微压缩。到目前为止，我们一直在确保使用的派生 YUV 格式可以在片段着色器中进行有效解码，从而将自己限制在现有的 DXT 方案中。但是，由于捕捉的视频将在我们的应用程序之外进行转码，因此我们还应关注将用于视频的格式并使编码适应它。

由于我们不再受使用加速 DXT 解码的限制，因此可以修改生成的格式。例如，不再使用 DXT 纹理的原始 RGB 块的 5∶6∶5 量化，而是使用 8∶8 量化两个色度值，利用完整的动态范围并避免 31.2 节中提到的问题，为视频格式使用自定义和简化的软件解码器。

在可用且支持良好的视频格式中，最常用的一种是 YUYV422。它为每两个亮度（Y）值存储一对 U 和 V 色度值。如前文所述，人眼对亮度比色度更敏感，因此色度样本的丢失对图像质量并没有明显影响。为了支持 YUYV422 编码，可以通过对两个水平像素中的 U 和 V 的值求平均来执行色度值的二次采样。可以分别编码两个 4×4Y 值块和两个 U 和 V 值块，每个块在其对应的块中，相当于 Alpha 分量以 DXT5 格式进行编码的方式，并且具有两个 8-bit 边界值和 16 个 3-bit 插值索引。从输入纹理中提取 YY 和 UV 块的 GLSL

代码如代码清单 31.2 所示。

代码清单 31.2　从 8×4 RGB 输入块提取 YY 和 UV 块

```
const vec3 TO_Y = vec3(0.2215, 0.7154, 0.0721);
const vec3 TO_U = vec3(-0.1145, -0.3855, 0.5000);
const vec3 TO_V = vec3(0.5016, -0.4556, -0.0459);
void ExtractColorBlockYY(out vec2 col[16], sampler2D image, ivec2 coord)
{
  for(inti =0;i<4;i++)
  {
    for(intj =0;j<4;j++)
    {
      vec3 color = texelFetch(image, coord + ivec2(j, i), 0).xyz;
      col[i * 4 + j].x = dot(TO_Y, color);
    }
  }

  for(inti =0;i<4;i++)
  {
    for(intj =4;j<8;j++)
    {
      vec3 color = texelFetch(image, coord + ivec2(j, i), 0).xyz;
      col[i * 4 + j - 4].y = dot(TO_Y, color);
    }
  }
}

void ExtractColorBlockUV(out vec2 col[16], sampler2D image, ivec2 coord)
{
  for(inti =0;i<4;i++)
  {
    for(intj =0;j<8;j+=2)
    {
      vec3 color0 = texelFetch(image, coord + ivec2(j, i), 0).xyz;
      vec3 color1 = texelFetch(image, coord + ivec2(j + 1, i), 0).xyz;
      vec3 color = 0.5 * (color0 + color1);
      col[i * 4 + (j >> 1)].x = dot(TO_U, color) + offset;
      col[i * 4 + (j >> 1)].y = dot(TO_V, color) + offset;
    }
  }
}
```

31.6.4 从 GPU 下载视频帧

YUYV 方案仍然保持与 DXT5-YC$_o$C$_g$ 模式相同的 3∶1 有效压缩比，要以 30FPS 的速度捕捉 1080p 分辨率的视频需要 62.2MB/s 带宽。它不到硬盘持续写入速度的一半，尽管如此，仍然需要使用与系统和我们的应用程序用于数据加载的驱动程序不同的驱动，以避免总线上的潜在冲突。

在将当前帧渲染到屏幕外缓冲区之后，它将用作实时压缩着色器传递的源纹理。其设置与 31.3.1 节中描述的相同：着色器通道首先生成带有压缩数据的中间整数纹理，然后将其转换到缓冲区对象，最后将缓冲区下载到 CPU。

与进出 GPU 之间的所有传输一样，我们必须小心避免管线停滞。因此，异步下载缓冲区很重要。该过程在第 28 章中有详细描述。YUYV-DXT 视频捕捉的示例代码已集成到异步缓冲区下载的示例代码中。

捕捉过程的余下部分是将捕捉的帧数据写入磁盘。为了获得最佳性能，我们在此处使用异步写入，以避免不必要的缓存，否则其实现非常简单。

捕捉的视频将占用相当多的磁盘空间：要以 30FPS 的速度捕捉 1080p 分辨率的视频，一分钟即需要占用超过 3.7GB 的磁盘空间。我们还需要一个自定义解码器来播放和转换视频流。已经存在用于 FFmpeg 的 libavcodec 音频/视频编解码器库的非官方解码器插件（详见本章参考文献 [FFmpeg 07]）。该解码器使用本章参考文献 [Kemen 10] 中描述的自定义 YOG 容器文件格式，其输出非常简单：一个标题，以及带有压缩数据的帧。

使用该插件，所有 FFmpeg 工具都可以识别和播放 YOG 视频。它们也可以转换为另一种支持的格式（如具有高质量设置的 MJPEG）以进行进一步编辑，或直接转换为 H264 格式以实现高压缩。

31.7 小　　结

我们描述了在 GPU 上进行实时 DXT 压缩的技术以及它对于动态生成内容的用法，比较了几种质量增强方案。我们已经证明，即使是使用实时压缩，也可以在节省内存和带宽的同时获得高质量的结果。

我们还使用了该技术从 OpenGL 应用程序中进行实时视频捕捉。与本书配套的 OpenGL Insights 网站（www.openglinsights.com）上的源代码提供了本章的两个示例：其中一个包含纹理实时压缩和 DXT 纹理创建的代码，以及用于将其解码回 RGB 色彩空间的代码。第二个示例已集成到第 28 章的示例中，可以从示例应用程序捕捉并保存视频。

参考文献

[Brown 06] Simon Brown. "DXT Compression Techniques." http://www.sjbrown.co.uk/2006/01/19/dxt-compression-techniques/, 2006.

[FFmpeg 07] FFmpeg. "A Complete, Cross-Platform Solution to Record, Convert and Stream Audio and Video." http://ffmpeg.org/, 2007.

[Franzen 99] Rich Franzen. "Kodak Lossless True Color Image Suite." http://r0k.us/graphics/kodak/, 1999.

[Kemen 10] Brano Kemen. "In-Game HD Video Capture using Real-Time YUYV-DXT Compression." http://www.outerra.com/video/, 2010.

[Lasota 10] Eric Lasota. "YCoCg DXT5: Stripped Down and Simplified." http://codedeposit.blogspot.com/2010/10/ycocg-dxt5-stripped-down-and-simplified.html, 2010.

[S3TC 12] S3TC. "S3 Texture Compression." http://en.wikipedia.org/wiki/S3_Texture_Compression, 2012.

[van Waveren and Castaño 07] J.M.P. van Waveren and Ignacio Castaño. "Real-Time YCoCg-DXT Compression." http://www.nvidia.com/object/real-time-ycocg-dxt-compression.html, 2007.

[van Waveren 06] J. M. P. van Waveren. "Real-Time DXT Compression." id Software, Inc., 2006.

第 32 章　OpenGL 友好几何文件格式及其 Maya 导出器

作者：Adrien Herubel 和 Venceslas Biri

32.1　简　介

无论是动漫电影、视频游戏还是各种图像和动画编辑工具，几何都是大多数计算机图形学的核心。呈现在屏幕上的绝大多数道具、场景和角色等均来自存储在计算机硬盘驱动器中的几何文件。

尽管是计算机图形应用的最小公分母，但几何文件并没有事实上的标准。相反，它有大量的专有和开放格式。造成这种情况的众多原因之一是每个应用程序都有不同的要求，这些要求不能有效兼容。与 3D 编辑器或游戏相比，核外路径跟踪器对其几何存储解决方案的需求各不相同。当然，基本的演示应用方法将提供所有需要的功能，但它可能是以计算和存储效率为代价的。

本章的目标不是实现最终的几何格式。相反，我们将通过创建适合需求的文件格式以及正确的工具来展示如何解决问题。如果没有用于导出和导入的工具，那么文件格式毫无意义，也无助于数据挖掘或构造。良好的工具可以快速迭代我们的资源生产管线，从而提高生产力并实现更好的艺术创作。

首先，将定义适用于 OpenGL API 的文件格式的功能请求；然后，将针对现有格式的特性矩阵来阐述用例。在 32.3 节中，将介绍 Drone 格式，这是一种基于二进制块的格式，旨在实现 3D 场景的高效反序列化（Deserialization）和序列化（Serialization）。在 32.4 节中编写了第一个工具，即一个 Maya 导出器（Exporter），并介绍了该软件的 API。最后，使用第二个工具对文件格式进行基准测试。

32.2　背　景　知　识

32.2.1　目标和特性

在计算机图形学领域，曾经出现过一个由 Blinn 定律所阐述的有趣悖论："随着技术的进步，渲染时间保持不变。"在构建计算机图形应用程序时，性能始终是关键要求。因此，几何存储也不例外。我们为适合典型 OpenGL 应用程序的几何文件格式定义了若干个关键点。一般来说，几何数据在资源创建管线中是一次性存储的，并且可能在运行时多次读取，因此应按以下用例优化格式。

1. 全场景存储

良好的格式提供了以下可能性：要么为每个形状使用一个文件；要么将整个场景合并为很少的几个文件。因此，开发人员需要基本的场景结构。场景至少应包括特性、网格、变换、照明和基本着色数据（如漫反射颜色和镜面反射系数等）。网格既可以是静态的，也可以是动画的，还可以使用关键帧或蒙皮。

2. 在运行时无变换

存储在硬盘上的数据应尽可能与用于提供 OpenGL 顶点缓冲区 API 的数据保持一致。理想情况下，初始的反序列化缓冲区应该足够了。数据的运行时变换应仅为动态几何保留。例如，应仅使用三角形存储网格，并且应复制具有多个法线的顶点。这虽然在写入几何体时需要更多计算，但却大大减少了加载时间。将变换直接预先计算到文件中时需要进行权衡，因为它会增加文件大小。加载文件的成本可能超过变换几何的成本，特别是如果它存储在慢速介质上或通过网络流式传输。此外，一些变换（如细分曲面和细节层次）通常不会在整个场景中统一应用，因此可能不适合预先计算到文件中。

3. 任意访问

文件格式读取 API 应该只能加载部分文件。例如，我们应该允许它快速迭代所有已存储的包围盒，然后只加载可见网格。提供对形状的任意访问的另一个优点是，通过按需加载和丢弃数据来启用核外算法（Out-of-Core Algorithm）。

4. 场景导出

在游戏和电影行业中，场景和角色通常是在商业编辑器或企业自己开发的编辑器中构建的，一般来说，它们都会使用自己的几何格式。因此，资源创建管线应该由强大的导出程序支持，从编辑器格式到渲染引擎或游戏引擎格式均应如此。由于产生的数据量很大，因此在这个阶段通常不需要进行每个形状的调整和人为干预。

5. 简单性和可扩展性

文件格式的读写不应该强迫用户承担各种框架的巨大依赖性，使用小而一致的 API 的格式更容易在项目中使用和扩展。

32.2.2 现有格式

在编写 3D 引擎时，无论是游戏、编辑器还是演示程序，开发人员都面临着大量的几何文件格式（见表 32.1），它大致可以分为两类。当需要在应用程序之间交换几何体时，COLLADA 和 FBX 是竞争者，它们都想成为标准文件格式。这两种格式实现了广泛的功能，但是，它们需要庞大的操作框架，而作为交换格式，性能不是主要关注点。此外，FBX SDK 是封闭源代码的。因此，仅关注几何资源的格式更容易实现，但它们通常仅支持 ASCII，标准化程度低，或者缺乏商业编辑器中的导出程序。

表 32.1 几何文件格式特征矩阵

格式	Autodesk 3DS Max	Autodesk Maya	Blender	三角剖分	硬边提取	存储	动画	多对象	任意访问	着色
FBX	内置输入/输出	内置输入/输出	插件导出	是	是	二进制	蒙皮和动画曲线	是	否	是
COLLADA	插件	插件	插件	是	是	ASII	蒙皮和动画曲线	是	否	是
MD5	多插件	多插件	插件导出	并非全部插件		ASCII	外部文件中的动画	是	否	是
OBJ	内置输入/输出	内置输入/输出	内置输入/输出	是	否	ASCII	否	非标准	否	外部非标准

32.3 关于 Drone 格式

本节将介绍一种新的几何文件格式，它可以满足之前提出的所有要求。我们将围绕两个非常简单的 API 来设计自己的格式：第一个 API 用于管理低级数据块；第二个 API 用于序列化和反序列化场景。这两个 API 的代码和查看器包含在本书配套的 OpenGL Insights 网站（www.openglinsights.com）的示例代码中。

32.3.1 二进制布局

为了实现最小的运行时变换，数据将以二进制形式存储。Drone 格式基于块（Chunk）和块描述符（Chunk Descriptor）的概念。这里的"块"是存储在文件中的任意大小的连续数组，而"块描述符"则是包含块的元数据（Metadata）的很小的结构。以 Drone 格式导出的场景将被划分成许多块。

如图 32.1 所示，低级布局非常简单：在文件开头序列化了一个 24 字节的结构（详见代码清单 32.1），它包含与 Drone API 版本对应的版本号，指向描述符数组开头的偏移量，以及块的数量。

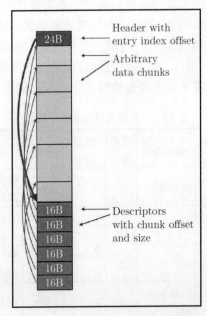

图 32.1　Drone 格式的二进制布局

原　　文	译　　文
Header with entry index offset	包含元素索引偏移量的标头
Arbitrary data chunks	任意数据块
Descriptors with chunk offset and size	包含块偏移量和大小的描述符

代码清单 32.1　Drone 标头和描述符数据结构

```
typedef struct
{
  uint64_t version;
  uint64_t index_offset;
  uint64_t chunk_count;
} drone_header_data_t;

typedef struct
{
```

```
    uint64_t offset;
    uint64_t size;
} drone_desc_t;
```

然后是连续存储的原始数据块,最后是序列化的描述符。在文件末尾存储元数据使我们能够动态写入块,而不是将它们保存在 RAM 中直到结束,但是这需要以加载文件为代价。每个描述符包含块偏移量和大小,可以轻松为每个块添加额外的数据(如类型)。当然,这样将存储许多块,结构越小,描述符的数量就越大,并且 CPU 缓存要能容纳。

32.3.2 Drone API

低级别的 Drone API 分为两部分,即写入器(Writer)和读取器(Reader)。如果仔细检查用例就会发现,开发人员需要将场景一次性写入文件中,然后在运行时多次读取它。为了在这两种情况下都保持高效,我们需要不同的结构来写入和读取文件。除了 libc 之外,API 在纯 C 中没有任何依赖项。完整代码可在代码的 lib/drone 子目录中找到。

1. 写入器 API

写入器 API(详见代码清单 32.2)使用包含文件描述符、各种偏移量计数器和描述符列表的写入器对象。每次添加一个块时,数据都会写入磁盘,并且描述符会添加到内存的列表中。写入完成之后,列表将转换为数组并写入文件末尾,然后更新标头。请参见代码清单 32.3 中的用法示例。

代码清单 32.2　Drone 写入器 API

```
// 创建一个写入器对象,保存文件中标头的位置
int32_t drone_open_writer(drone_writer_t *writer, const char * filename);
// 在文件中存储描述符列表并关闭文件描述符
int32_t drone_close_writer(drone_writer_t *writer);
// 在文件中写入块,将描述符添加到列表中
int32_t drone_writer_add_desc(drone_writer_t *writer, const void*data,
    uint64_tsize);
// 获取最近添加的描述符 ID
drone_desc_id_t drone_writer_get_last_desc(drone_writer_t *writer);
```

代码清单 32.3　Drone 写入器 API 用法

```
float random_float_chunk[256];
const char *arbitrary_string =
    "34 zh3t4tr34h3tr1h351e3h1zt53h13zt1hzr31hzt31htr3";
drone_writer_t writer_writer;
```

```
// 创建一个写入器对象。打开文件并找到下一个写入位置
int32_t status = drone_open_writer(&writer_writer, "file.drn");
// 写入块，将描述符添加到列表
status = drone_writer_add_desc(&writer_writer, random_float_chunk, sizeof
    (float) * 256);
// 写入块，将描述符添加到列表
status = drone_writer_add_desc(&writer_writer, arbitrary_string, strlen
    (arbitrary_string));
// 写入标头。将描述符列表转换为数组。将描述符数组写入文件中。关闭文件
status = drone_close_writer(& writer_writer);
```

2. 读取器 API

读取一个 Drone 格式文件（详见代码清单 32.4）主要包括对标头和描述符数组进行反序列化，然后使用它们定位数据。其 API（详见代码清单 32.5）提供了 3 种加载数据的选择。用户可以决定完全加载它们，将它们映射到 RAM 中，或者根据需要加载它们。当所有场景都纳入 RAM 时，LOAD 模式适用于一般性情况。映射方法特别适用于核外算法和大型文件。使用 UNIX 上的 mmap 系统调用或 Windows 上的 MapViewOfFile，操作系统将根据需要处理从磁盘到 RAM 的数据流，并根据数据使用情况使用适当的 LRU 队列进行自我管理。有关内存映射的用法，可以在本章参考文献 [Kamp 10] 中找到更多细节。最后，当使用 NOLOAD 模式时，将根据磁盘的要求加载数据。

代码清单 32.4　Drone 读取器 API 用法

```
drone_t reader;
// 在载入模式中打开读取器
int32_t status = drone_open(&reader, "file.drn", DRONE_READ);
// 获取 ID 为 0 的描述符对象
drone_desc_t desc = drone_get_desc(&reader, 0);
// 获取相关的数据
const float *data = (float*) drone_get_chunk(&reader, 0);
// 关闭读取器
status = drone_close(&reader);
```

代码清单 32.5　Drone 读取器 API

```
#define DRONE_READ_LOAD   0    // 将所有文件载入单个数组中
#define DRONE_READ_MMAP   1    // Mmap 文件
#define DRONE_READ_NOLOAD 2    // 仅载入标头和描述符数组
// 创建一个读取器对象。必要时可以载入或 Mmap 数据
int32_t drone_open(drone_t *reader, const char *filename, uint32_t mode);
// 关闭读取器的文件描述符。必要时可以重新分配或取消映射数据
```

```
int32_t drone_close(drone_t * reader);
// 读取 Drone API 版本
uint64_t drone_get_version(drone_t *reader);
// 获取已注册块的数量
uint64_t drone_get_chunk_count(drone_t *reader);
// 获取相应 ID 的描述符
drone_desc_t drone_get_desc(drone_t *reader, drone_desc_id_t desc_id);
// 获取通过描述符引用的块的指针。仅在加载和 Mmap 模式中有效
const void *drone_get_chunk(drone_t *reader, drone_desc_id_t desc_id);
// 将描述符引用的块复制到数组中。在 NO_LOAD 模式中加载数据
int32_t *drone_copy_chunk(drone_t *reader, const void*data, drone_desc_id_t
    desc_id);
```

32.3.3 场景 API

场景 API 描述了如何使用 Drone API 存储和读取场景。对于每种类型的对象，API 都具有两种结构。容器（Container）直接存储在文件中，可以包含标量、静态分配的矢量和指向其他块的块描述符 ID。这种类型的结构称为普通旧数据（Plain-Old-Data）。在加载文件时将构造另一个结构。它具有与容器相同的字段，不同之处在于描述符 ID 由指向相应数据的指针替换。使用此机制，可以表示 3D 场景中固有的各种数据层次结构。完整代码可以在示例代码的 lib/scene 子目录中找到，并且在 tools/viewer 子目录的查看器源代码中提供了场景读取的示例。场景 API 提供了容器的整体分层结构特性，可用于描述网格、动态网格数据、着色、变换和骨骼动画等。

在代码清单 32.6 中，可以观察到双结构机制。这两个容器实际上是在 Drone 文件中序列化的，并且在运行时，每个容器都将在相应的结构中解析。

代码清单 32.6　场景容器示例

```
struct MeshDynamicDataContainer
{
  drone_desc_id_t vertices;
  drone_desc_id_t normals;
};

struct MeshDynamicData
{
  const float *vertices;
  const float *normals;
  const MeshDynamicDataContainer *d;
};
```

```
struct MeshContainer
{
  uint32_t numTriangles;
  uint32_t numVertices;
  drone_desc_id_t triangleList;
  drone_desc_id_t uvs;
  drone_desc_id_t dynamicData;
};

struct Mesh
{
  uint64_t dagNodeId;
  uint32_t numTriangles;
  uint32_t numVertices;
  const int *triangleList;
  const float *uvs;
  MeshDynamicData *dynamicData;
  const MeshContainer *d;
};
```

分离两个 API 的一大优点是场景独立于块存储顺序。文件中块的布局对于性能来说非常重要。例如，顶点关键帧的各种块既可以先按每个对象然后按帧存储，也可以先按每帧然后按每个对象存储。在第一种情况下，读取整个场景的动画将大大减慢；而在第二种情况下，只读取一个对象的动画将会更慢。两种 API 的分离使我们能够针对每种读取方案优化文件，而无须更改格式。

这些 API 使开发人员编写工具来操作和浏览几何文件变得很容易，为数据挖掘目的（如分析场景复杂性）而构建小型应用程序也相对简单。我们还可以编写工具来离线重新排序块以提高性能、将多个文件合并为一个或过滤动画数据等。

32.4 编写 Maya 文件转换器

Autodesk Maya 是最受欢迎的 3D 计算机图形软件之一，提供从建模到动画、模拟和渲染的各种功能。

32.4.1 Maya SDK 基础知识

Maya 为开发人员提供了一个巨大的 C++/Python API，一种称为 MEL 的可靠脚本语言，以及灵活的批处理执行模式。自动化任务和创建自定义工具在生产中非常容易和常见。

该软件的每个组件和功能都可以使用 API 进行导出和重新定义，有关详情可以查阅其在线文档和权威图书（详见本章参考文献 [Gould 02]）。大多数以代码字体（Code Font）编写的术语可以直接在 Maya 联机文档中搜索（详见本章参考文献 [Autodesk 11]）。

32.4.2　编写转换器

要将场景从 Maya 导出为不支持的文件格式，必须实现一个名为 FileTranslator 的组件。FileTranslator 将被称为 DroneTranslator（详见代码清单 32.7）并且只具有写入功能，因为默认情况下，FileTranslator 也可用于导入。我们的转换器支持导出网格、骨骼动画、定位器、灯光和相机。可以在同一文件中的任意数量的帧上导出对象和关节、顶点和法线的变换矩阵。我们还支持基本着色节点和嵌入纹理。Maya 插件的完整代码可在代码的 tools/mayadrone 子目录中找到。

代码清单 32.7　仅支持写入的自定义 FileTranslator 声明

```
class DroneTranslator : public MPxFileTranslator
{
public:
  DroneTranslator(){}
  virtual ~DroneTranslator(){}
  // 实际构造函数
  static void *creator();
  // 当转换器用于导出场景时将调用该函数
  MStatus writer(const MFileObject& file, const MString & optionsString,
      FileAccessMode mode);
  bool haveReadMethod() const {return false;}
  bool haveWriteMethod() const {return true;}
  MString defaultExtension() const {return "drn";}
};
```

所有 Maya 插件都必须定义两个函数：initializePlugin 和 uninitializePlugin。在这两个函数中，节点、命令、转换器或着色器分别使用 MFnPlugin 对象进行注册和取消注册。我们将使用 registerFileTranslator 函数注册转换器，方法是在 DroneTranslator :: creator 函数上传递一个指针。

鉴于插件已正确编译并放置在正确的目录中，因此可以使用图形用户界面或 loadPlugin MEL 指令完成加载。开发人员可以使用脚本编辑器而不是图形用户界面，这样在开发插件时可以快速迭代。

注册 FileTranslator 后，它将立即出现在导出（Export）对话框中。使用 MEL 可以在插件中附带自定义导出界面。目前，将只使用 MEL 脚本调用并将选项传递给 DroneTranslator（详见代码清单 32.8）。默认情况下，FileTranslator 将获取当前选择，并且最终会调用 writer 函数。

代码清单 32.8　选择所有的场景并调用 DroneTranslator

```
select -all;
file -f -type "DroneTranslator" -op "option string" -es "mymodel .drn";
```

32.4.3　遍历 Maya DAG

调用 writer 函数时，将在参数中传递选择、选项字符串和文件名，然后完全由开发人员迭代选择以深度优先搜索场景有向无环图（Directed Acyclic Graph，DAG）。

转换器中的简化 writer 机制通常遵循以下步骤：

- ❏ 解析选项，检查是否可以写入文件，并写入标头占位符。
- ❏ 获取活动选择或使用选项构建它。例如，全局 Maya 状态（如活动选择）是通过 MGlobal 标头完成的。
- ❏ 构建 MItSelectionList 以迭代选择中包含的 DAG 节点。
- ❏ 对于每个给定的 DAG 节点，构建深度优先的 DAG 迭代器对象 MItDag 以遍历每个子图（Subgraph）。
- ❏ 对于每个遍历的节点，构建 MDagPath 对象。这些对象用于通过图中的位置或路径来标识节点。因此，它们可以特别用于检索变换。
- ❏ 使用路径上的 MFn API 确定基础数据类型。MFn API 是 Maya API 的 RTTI 系统，它测试路径的结束节点是否支持给定的函数集。例如，可以测试节点是否具有 MFn :: kMesh 支持。
- ❏ 如果节点支持 MFn :: kMesh 函数集，可以构建 MFnMesh 函数集来访问节点中的数据。然后，根据格式写入数据。
- ❏ 写入元数据并关闭文件。

Maya 中的变换节点也支持其子节点的函数集，因此，如果未正确测试，则可能错误地将变换节点用于形状节点。

32.4.4　导出可供 OpenGL 使用的网格

网格的 Maya API 能够对多边形进行三角剖分（Triangulate），但是需要做一些工作来重新排序所有顶点属性，例如，沿着三角形的法线和纹理坐标。但是 Maya 完全没有与同一个顶点相关联的多个法线和纹理坐标，因为它们是按顶点和每个图元存储的。为了获得可供 OpenGL 使用的网格，需要复制这样的顶点：

- 使用先前获得的 MFnMesh 收集基本和三角化拓扑以及顶点属性。Maya API 使用自己的数据容器，如 MIntArray 和 MPointArray，它们紧密打包，因此可以轻松访问基本 C 指针。
- 为三角剖分法线和纹理坐标准备数组。
- 对于每个多边形以及多边形中的每个三角形来说，需要找到匹配的法线和纹理坐标 ID，然后将其存储。

现在需要确定哪些顶点与多个法线或纹理坐标相关联：

- 对于每个三角形及其每个顶点，构建包含顶点 ID、法线 ID 和纹理坐标 ID 的元组（Tuple）。
- 使用哈希表（或其他类似结构）查找元组是否唯一。
- 如果元组是唯一的，则生成新的顶点 ID 并将其与元组关联，然后将其存储在哈希表中。
- 沿新的唯一顶点 ID 重新排序顶点和顶点属性。

例如，如果先前使用 Mesh（网格）→triangulate（三角剖分）菜单对几何体进行了三角剖分，则可以更轻松地获得三角剖分几何体。但是，如果网格包含硬边，则顶点仍然需要复制，这也可以手动完成，但是会更加烦琐。

32.5 结　　果

本次基准测试是在 Intel Core i7 920 2.67GHz、7200 trpm 硬盘和 NVIDIA GeForce 295 GTX GPU 上完成的。场景（见图 32.2）是 San Miguel 模型（详见本章参考文献 [McGuire 11]），它具有补充的蒙皮和纹理特征。我们将测量场景各部分的文件大小。文件是使用 Maya 2011 生成的。FBX 和 OBJ 文件使用 Maya 的插件导出，COLLADA 文件使用第三方 OpenCOLLADA 插件导出（详见本章参考文献 [OpenCOLLADA 12]）。如表 32.2 所示，三角剖分、每顶点法线选项在可用时激活，并且纹理嵌入被禁用。

COLLADA 和 Wavefront OBJ 是基于 ASCII 的，因此，文件要大得多（见图 32.3），FBX 文件远小于 Drone 文件，这可能是由于网格数据压缩造成的。

图 32.2　在 Maya 中并排捕获 Drone 查看器和相同的场景

表 32.2　基准测试场景中的形状和三角形数

模　型	形　状　数	三　角　形　数
角色	5	13434
木桌	11	2216
绿植	1207	3.1M
墙面	1385	0.66M
全场景	7102	6.1M

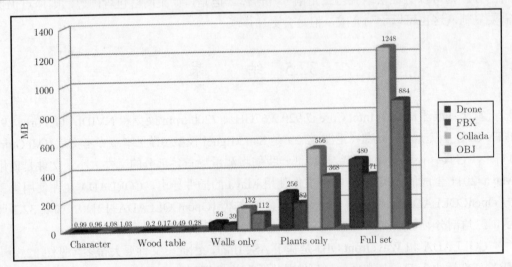

图 32.3　测试场景上格式之间的文件大小性能比较

原 文	译 文	原 文	译 文
Character	角色	Plants only	绿植
Wood table	木桌	Full set	全场景
Walls only	墙面		

加载时间（见图 32.4）使用适用于 COLLADA 和 OBJ 的 Assimp 库（详见本章参考文献 [Source-Forge 07]）及适用于 FBX 格式的官方 SDK（详见本章参考文献 [Autodesk 12]）进行测量。我们通过计算开始加载和包含模型的第一个显示帧之间经过的时间来定义加载时间。尽管使用了高效的 XML 解析器，但是当形状数量增加时，COLLADA 加载时间会显著下降。Drone 格式显然受益于布局优化和无运行时变换的策略。

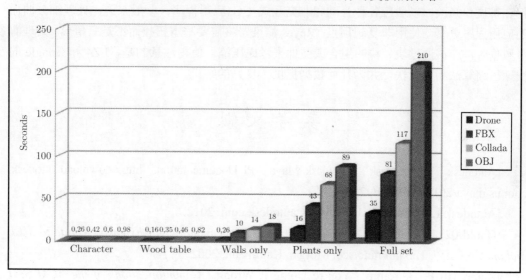

图 32.4 在测试场景上格式之间的加载性能比较

原 文	译 文	原 文	译 文
Character	角色	Plants only	绿植
Wood table	木桌	Full set	全场景
Walls only	墙面		

32.6 小 结

为简单起见，源代码中提供的两个 API 的一些特性在前面的描述中被省略。值得注意的是，在 Drone API 中，我们添加了一个字典机制，因此可以使用任意数量的字符串标记块，这对于数据挖掘是很有用的，也方便使用不同的名称空间在同一文件中存储多个场景。此外，我们也可以将 Drone 格式支持添加到其他商业软件和非商业 3D 软件包中，如 Autodesk 3ds Max 和 Blender。

我们首先提出了要求，然后定义了满足这些要求的文件格式，而不是呈现固定功能的最终几何文件格式。Drone 文件格式能够以精简的方式表示完整的 3D 场景、动画和着色，具有内置的核外功能。几何数据可以离线准备，以直接与 OpenGL 顶点缓冲区 API 兼容。我们还介绍了如何使用 Maya API 编写适合要求的几何导出器。

由于为 Drone 格式和导出器做出的一些选择不适合某些 CG 算法，因此 Drone 格式旨在扩展和修改，以适应各种互动和非交互式 CG 应用程序。一般来说，处理细分曲面的应用程序更喜欢使用非复制顶点：Reyes 渲染器将需要基本拓扑而不是三角形。处理海量数据时，应该通过块、块的组合或文件来考虑压缩。值得注意的是，LZ4 和 Google 的快速压缩算法相对较快，并为几何数据提供了良好的结果。

参考文献

[Autodesk 11] Autodesk. "Auotdesk Maya API Documentation." http://download.autodesk.com/us/maya/2011help/API/, 2011.

[Autodesk 12] Autodesk. http://www.autodesk.com, 2012.

[Gould 02] D. A. D. Gould. *Complete Maya Programming: An Extensive Guide to MEL and the C++ API*, 1. San Francisco: Morgan Kaufmann, 2002.

[Kamp 10] P. H. Kamp. "You're Doing it Wrong." *Communications of the ACM* 53:7 (2010), 55–59.

[McGuire 11] Morgan McGuire. "Computer Graphics Archive." http://graphics.cs.williams.edu/data, 2011.

[OpenCOLLADA 12] OpenCOLLADA. http://opencollada.org/, 2012.

[SourceForge 07] SourceForge. "Assimp Open Asset Import Library." http://assimp.sourceforge.net/, 2007.

第 6 篇

调试和性能分析

开发人员经常会低估 OpenGL API 功能的强大程度。但是，编程更注重的是过程而不是结果，再好的渲染结果也只不过是路径上的一个点，而在这条路上，还有很大一部分是调试和性能分析（Profiling）。比较遗憾的是，OpenGL 在这方面并没有很高的声誉，谁会真的喜欢使用 glGetError 呢？

但是，自从 GL_ARB_debug_output 扩展在 SIGGRAPH 2010 上发布以来，对 OpenGL 调试的这一部分认知已成为历史，它彻底改变了 OpenGL 程序开发人员的日常生活。António Ramires Fernandes 和 Bruno Oliveira 编写的第 33 章"开发人员的强力臂助：ARB_debug_output"即捕捉到了这一革命性的变化，它展示了此扩展的各个方面，包括如何在 OpenGL 发生错误时中断程序，甚至打开有趣的调试视角。

2006 年，OpenGL 发布了 GL_EXT_timer_query，然后在 OpenGL 3.3 中进行了标准化，从那时起，OpenGL 编程领域的性能分析即进入了起飞阶段。Christopher Lux 编写了第 34 章"OpenGL 计时器查询"，为我们揭开了这个 OpenGL 性能分析原型的神秘面纱。

OpenGL 有两种类型的性能分析器（Profiler）：一种是内置工具，另外一种是外部工具，它们提供了两种不同的图像分析方法。对于内置工具来说，性能分析器与应用程序设计和特定用例紧密相连；而对于外部工具来说，更通用的工具可以包含各种场景和软件。Lionel Fuentes 编写了第 35 章"实时性能分析工具"，完美展示了第一种方法，该章讨论了内置的实时分析器如何帮助游戏程序开发人员以及艺术设计师创建游戏资源。Chris Dirks 和 Omar A. Rodriguez 编写了第 36 章"浏览器图形分析和优化"，详细阐述了第二种方法，该章讨论了利用英特尔 GPA 研究 WebGL 性能。

最后，Aleksandar Dimitrijević 编写了两个创新的性能分析章节，在第 37 章"性能状态跟踪"中，他详细介绍了 GPU P-States，并且讨论了 GPU 如何达到全速以及它对性能测量的影响，他的讨论还引用了 AMD 和 NVIDIA 专有库的支持；在第 38 章"图形内存使用情况监控"中，讨论了 GPU 显存限制的问题。虽然 OpenGL 不提供确定实际内存使用情况的功能，但专有扩展却可以提供这方面的信息。

第 33 章 开发人员的强力臂助：ARB_debug_output

作者：António Ramires Fernandes 和 Bruno Oliveira

33.1 简 介

自从 OpenGL 诞生以来，其错误处理并没有什么争议，因为提供反馈的唯一可用机制是 glGetError 函数。对于每个 OpenGL 命令，应用程序必须显式查询可能的错误，为最新错误返回单一并且含义非常广泛的错误标识符。

最初由 AMD（详见本章参考文献 [Konttien 10b]）提出的 ARB_debug_output（详见本章参考文献 [Konttinen 10a]）引入了一种新的反馈机制，它允许开发人员定义一个回调函数（Callback Function），该函数将由 OpenGL 调用以将事件报告回应用程序。回调机制使开发人员不必在执行期间显式检查错误，使用 glGetError 函数调用填充代码。然而，该扩展规范并没有强制定义回调函数。如果未定义回调，则实现将保留称为消息日志（Message Log）的内部日志。

报告事件的性质非常广泛，例如，可能与使用 API 有关的错误、使用了已被弃用的函数、性能警告或 GLSL 编译器/链接器问题等。事件信息包含依赖于驱动程序实现的消息和其他数据，如其严重性、类型和来源等。

该扩展还允许通过仅选择感兴趣的事件来对报告的事件进行用户定义的过滤。最后，应用程序或任何第三方库也可以生成自定义事件。在以下各节中将演示如何使用上述扩展及其功能，还将介绍当前的实现方法。

33.2 公开扩展

如规范中所述，建议该扩展仅在 OpenGL 调试环境中可用，以避免潜在的性能影响。因此，开发人员可能需要创建这样的上下文。以 freeglut 的使用为例，这可以通过 glutInitContextFlags(GLUT_DEBUG) 来实现。代码清单 33.1 显示了用于在 WGL 和 GLX 中创建 OpenGL 4.1 核心调试上下文标志（Flag）的示例。要检查该扩展是否可用，开发人员可以使用 glGetStringi。

代码清单 33.1　用于在 WGL 和 GLX 中创建核心调试上下文的标志

```
int attribs [] =
{
#ifdef WIN32
  WGL_CONTEXT_MAJOR_VERSION_ARB, 4,
  WGL_CONTEXT_MINOR_VERSION_ARB, 1,
  WGL_CONTEXT_FLAGS_ARB, WGL_CONTEXT_DEBUG_BIT_ARB,
  WGL_CONTEXT_PROFILE_MASK, WGL_CONTEXT_CORE_PROFILE_BIT_ARB,
#endif
#ifdef __linux__
  GLX_CONTEXT_MAJOR_VERSION_ARB, 4,
  GLX_CONTEXT_MINOR_VERSION_ARB, 1,
  GLX_CONTEXT_FLAGS_ARB, GLX_CONTEXT_DEBUG_BIT_ARB,
  GLX_CONTEXT_PROFILE_MASK, GLX_CONTEXT_CORE_PROFILE_BIT_ARB,
#endif
  0
};
```

33.3　使用回调函数

ARB_debug_output 扩展允许定义每次发出事件时将调用的回调函数。这会将生成的事件流引导到回调函数，并且它们不会存储在消息日志中。

如果使用多个上下文，则每个上下文都应该有自己的回调函数。允许多线程应用程序对多个线程使用相同的回调，并且应用程序完全负责确保线程安全。

代码清单 33.2 就是这种回调函数的一个示例，它将以人类可读的形式打印 OpenGL 传递的事件。其枚举（Enumeration）是在扩展规范（详见本章参考文献 [Konttinen 10a]）中定义的。getStringFor*函数可以将枚举值转换为人类可读的格式。完整的代码可以在本书配套的 OpenGL Insight 网站（www.openglinsights.com）上找到。

代码清单 33.2　简单回调函数的示例

```
void CALLBACK DebugLog(GLenum source, GLenum type, GLuint id, GLenum
    severity, GLsizei length, const GLchar *message, GLvoid *userParam)
{
  printf("Type: %s; Source : %s; ID: %d; Severity : %s\n",
    getStringForType(type).c_str(),
    getStringForSource(source).c_str(),id,
```

```
        getStringForSeverity(severity).c_str());
    printf("Message : %s\n", message);
}
```

用于指定回调函数的函数 glDebugMessageCallbackARB 有两个参数：回调函数的名称和指向用户数据的指针。只能通过对 glDebugMessageCallbackARB 的新调用来更改指向用户数据的指针。除事件数据外，此指针还允许回调函数接收用户定义的数据。代码清单 33.3 显示了一个非常简单但实践中基本上用不到的示例。在该代码片段中，最后两个 OpenGL 函数调用应该生成事件。回调函数将接收一个指向 myData 的指针，myData 第一次保存的值为 2，第二次保存的值为 3。

代码清单 33.3　使用用户数据作为参数示例

```
int myData;
...
// 将 myData 设置为用户数据
glDebugMessageCallbackARB(DebugLog, &myData);
...
// 设置变量 myData 的值
myData = 2
// 生成 glEnable 参数无效的事件
glEnable(GL_UNIFORM_BUFFER);
// 修改变量 myData 的值
myData = 3;
// 从现在开始，事件在用户参数中携带的值为 3
// 另一个事件：核心性能分析中不提供参数组合
glPolygonMode(GL_FRONT, GL_LINE);
```

用户数据的更实际和完整的使用示例是将包含指针的结构传递给应用程序的相关子系统，如资源管理器和渲染管理器。

一旦设置用户数据，即可通过将 NULL（空值）作为第一个参数传递给 glDebugMessageCallbackARB 来禁用回调。从那时起，事件将被定向到消息日志。最后要牢记的一点是：在回调函数内对 OpenGL 或窗口系统函数的任何调用都将具有未定义的行为，并可能导致应用程序崩溃。

33.4　通过事件原因排序

报告事件只是调试过程的一部分。程序的其余部分则涉及查明问题的位置，然后对其采取行动。使用扩展同步（Synchronous）模式查找事件原因或有问题的代码行可能是一项非常简单的任务。

该规范定义了两种事件报告模式：同步和异步（Asynchronous）。前者将在导致事件终止的函数之前报告事件。后一种模式则允许驱动程序在其方便时报告事件。可以通过启用或禁用 GL_DEBUG_OUTPUT_SYNCHRONOUS_ARB 来设置报告模式。默认为异步模式。

在同步模式下，当有问题的 OpenGL 调用仍在应用程序的调用堆栈中时，将发出回调函数。因此，找到导致生成事件的代码位置的最简单的解决方案是在调试运行时环境（Debug Runtime Environment）中运行应用程序。这允许我们通过在回调函数中放置断点来从 IDE 内部检查调用堆栈。

另一个更难部署但更简明的解决方案是在应用程序中实现一个函数，以获取调用堆栈并将其打印出来。虽然这更复杂，但是由于无须在每个事件中停止程序，因此该解决方案的效率更高。它还允许开发人员从调用堆栈中过滤仅来自应用程序的调用，从而消除对操作系统库的调用，以此提供更清晰的输出。此输出可以定向到流数据，从而实现最大的灵活性。当在测试机器中运行时，回调可以生成一种小存储器转储（Minidump）文件，精确定位错误位置，稍后可以将其发送给开发团队。

本章随附的源代码提供了一个小型库，其中包含用于检索调用堆栈的 Windows 和 Linux 系统的函数。通过库打印调用堆栈的示例如下：

```
function : setGLParams - line: 1046
function : initGL - line: 1052
function : main - line: 1300
```

33.5　访问消息日志

如前所述，如果未定义回调，则事件将存储在内部日志中。在扩展规范中，此日志被引用为消息日志，但是，它包含所有事件的字段。因此，对它来说，事件日志（Event Log）可能是一个更精确的描述名称。

该日志可以充当有限大小的队列。有限大小会导致在日志已满时丢弃新事件，因此，开发人员必须持续清除日志以确保容纳新事件，因为任何经常发生的事件都必然会非常快速地填充日志。此外，作为队列，该日志将按照添加的顺序提供事件。在检索事件时，最早发生的事件将先报告。

可以使用 glGetInteger 查询日志的容量和第一条消息的长度。要在一次调用中检索多个事件，则可以使用 glGetDebugMessageLogARB。代码清单 33.4 给出了一些用法示例。

代码清单 33.4　查询日志并检索消息

```
GLint maxMessages, totalMessages, len, maxLen, lens[10];
GLenum source, type, id, severity, severities[10];
// 查询日志
glGetIntegerv(GL_MAX_DEBUG_LOGGED_MESSAGES_ARB, &maxMessages);
printf("Log Capacity : %d\n", maxMessages);

glGetIntegerv(GL_DEBUG_LOGGED_MESSAGES_ARB, &totalMessages);
printf("Number of messages in the log: %d\n", totalMessages);

glGetIntegerv(GL_MAX_DEBUG_MESSAGE_LENGTH_ARB, &maxLen);
printf("Maximum length for messages in the log: %d\n", maxLen);

glGetIntegerv(GL_DEBUG_NEXT_LOGGED_MESSAGE_LENGTH_ARB, &len);
printf("Length of next message in the log: %d\n", len);
char * message = (char *) malloc(sizeof(char) * len);
// 检索日志中第一个事件的所有数据
// 允许在任何字段中放置 NULL，并且将忽略该字段
glGetDebugMessageLogARB(1, len, &source, &type, &id, &severity, NULL,
    message);
// 检索前 10 个事件的严重性和消息
char * messages = (char *) malloc(sizeof(char) * maxLen * 10);
glGetDebugMessageLogARB(10, maxLen * 10, NULL, NULL, NULL, severities, lens,
    messages);
// 清除日志
glGetIntegerv(GL_DEBUG_LOGGED_MESSAGES_ARB, &totalMessages);
glGetDebugMessageLogARB(totalMessages, 0, NULL, NULL, NULL, NULL, NULL,
    NULL);
```

检索多个事件时，它们的关联消息都以字符串形式连接在一起，由空终止符分隔。数组 lens 将存储它们各自的长度。如果最大长度（第二个参数）不足以容纳要检索的所有消息，则实际上只会检索消息容纳在 message 中的那些事件。

每次检索事件时，都会从日志中将其删除。因此，要清除日志，只需要检索所有事件（详见代码清单 33.4）。

33.6　将自定义用户事件添加到日志中

应用程序或第三方库也可以利用 ARB_debug_output 扩展提供的调试工具，因为现在

可以将应用程序自己的事件插入日志中,然后,该日志可用作与图形管线相关的所有内容的集中调试资源。

但是,关于这种方法需要注意一点,库的开发人员必须知道事件 ID 中可能存在的冲突。当然,通过在每个事件的消息中添加发布它的库的标识也可以部分解决该问题。

将事件添加到日志非常简单,只需要使用一个新函数 glDebugMessageInsertARB。在代码清单 33.5 中可以找到应用示例。请注意,源字段只能是 GL_DEBUG_SOURCE_APPLICATION_ARB 或 GL_DEBUG_SOURCE_THIRD_PARTY_ARB。该规范声明默认情况下不启用低严重性的事件。下一节将介绍如何启用和禁用类或单个事件。

代码清单 33.5　将事件添加到事件日志中的扩展功能

```
glDebugMessageInsertARB(GL_DEBUG_SOURCE_APPLICATION_ARB,
  GL_DEBUG_TYPE_ERROR_ARB,
  1111, GL_DEBUG_SEVERITY_LOW_ARB,
  -1, // 空终止字符串
  "哇哦,程序貌似有些问题...");
```

33.7　控制事件输出量

ARB_debug_output 扩展提供了一个函数:glDebugMessageControlARB,它可用于过滤报告的事件。该函数可以有效地过滤(使用 GL_FALSE)或允许包含(使用 GL_TRUE)任何符合指定标准的事件。这不会影响日志中已存在的事件,它只会过滤新事件。代码清单 33.6 显示了一些使用示例。

代码清单 33.6　过滤事件

```
// 禁用与已弃用行为相关的事件
glDebugMessageControlARB(GL_DONT_CARE,
  GL_DEBUG_TYPE_DEPRECATED_BEHAVIOR_ARB,
  GL_DONT_CARE,
  0, NULL, GL_FALSE);
// 仅启用 source,type 的两种特定组合和 ID
// 请注意,首先必须禁用所有事件
GLuint id[2] = {1280, 1282};
glDebugMessageControlARB(GL_DONT_CARE, GL_DONT_CARE, GL_DONT_CARE,
  0, 0, FALSE);
glDebugMessageControlARB(GL_DEBUG_SOURCE_API_ARB,
  GL_DEBUG_TYPE_ERROR_ARB,
```

```
GL_DONT_CARE,
// 2 是 ID 数字
2, id, GL_TRUE);
```

要指定 source、type 和/或 severity（前 3 个参数）的特定组合，只需要将它们设置为任一定义的枚举值或使用 GL_DONT_CARE，即不对该字段应用过滤器。

还可以指定一组事件 ID 来设置具有所需值的数组。这仅适用于 source 和 type 对，两者都不同时为 GL_DONT_CARE，而 severity 则必须设置为 GL_DONT_CARE。这是因为事件由其 type、source 和 ID 唯一标识。

如果与动态调试系统集成，此功能可以变得更加强大。例如，结合回调函数或对事件日志进行定期检查，可以设计一种机制，通过该机制，在某些事件发生到一定次数之后即可禁用这些事件。

33.8 防止对最终版本的影响

当开始使用 ARB_debug_output 扩展时，它的函数将开始在代码中出现。这引出了下一个问题：如何在最终发布的版本中去掉这些函数调用。构建一个库允许我们将这些调用集中在一个特定的类中，但这并没有真正解决问题，因为现在开发人员必须调用该库的函数。

此问题的可能解决方法是使用由预处理器处理的编译标志（Compilation Flag）。代码清单 33.7 给出了一个简单的示例。使用这种方法，只需要取消定义编译标志即可删除与该扩展相关的所有调用。

代码清单 33.7　使用编译标志来防止对最终版本的影响

```
#ifdef OPENGL_DEBUG
// 为所有扩展函数执行此操作
#define GLDebugMessageControl(source, type, sev, num, id, enabled) \\
    glDebugMessageControlARB(source, type, sev, num, id, enabled)
#else
// 为所有扩展函数执行此操作
#define GLDebugMessageControl(source, type, sev, num, id, enabled)
#endif
// 现在不是调用 glDebug ...而是调用 GLDebug ...
GLDebugMessageControl(NULL, NULL, NULL, -1, NULL, GL_TRUE);
```

33.9 巨头之间的争斗：实现策略

AMD 和 NVIDIA 毫无疑问是显卡市场上的两大巨头。在实现此扩展时，它们已经开始朝着不同的方向发展。AMD 有一个良好的开端，因为它已经实现了 AMD_debug_output。此扩展与 ARB_debug_output 非常相似，并包含其中的大部分功能。

AMD 驱动程序 Catalyst 11.11 专注于为 glError 报告的情况提供更有意义的信息。他们还将 GLSL 编译器/链接器问题视为事件，将信息日志（Info Log）作为消息提供。另一方面，NVIDIA 很少关注这些问题，而是继续提供有关缓冲区绑定和内存分配等操作的信息。从版本 290.xx 开始，NVIDIA 也开始向 glError 模式提供更多信息，开始缩小其驱动程序和 AMD 驱动程序之间的差距。

关于实现常量，两个驱动程序共享相同的日志队列大小（128 个事件）和最大消息长度（1024 个字节）。

对于由 OpenGL 命令引起的事件，可以考虑将缓冲区绑定到非缓冲区对象名称。NVIDIA 不报告此事件，而 AMD 则提供以下信息：

```
glBindBuffer in a Core context performing invalid operation
with parameter <name> set to '0x5' which was removed
from Core OpenGL (GL_INVALID_OPERATION)
```

请注意，虽然该消息不完全正确（因为它错误地引用了已被弃用的功能），但它提供了有问题的参数的值。当尝试使用已弃用的参数组合时，会获得类似的信息详情。例如，当使用 glPolygonMode(GL_FRONT, GL_LINE) 时，就会得到：

```
Using glPolygonMode in a Core context with parameter
<face> and enum '0x404' which was removed from
Core OpenGL (GL_INVALID_ENUM)
```

另一方面，NVIDIA 则会报告：

```
GL_INVALID_ENUM error generated. Polygon modes for <face> are
disabled in the current profile.
```

虽然不如 AMD 那么全面，但它比早期的实现（285.62 驱动程序）有所改进，后者只报告了 GL_INVALID_ENUM 错误。

在不同的模式中，当名称实际绑定并且数据成功发送到缓冲区时，AMD 驱动程序保持静默，而 NVIDIA 则会非常友好地提供有关低严重性消息中操作的信息：

```
Buffer detailed info: Buffer object 3 (bound to
GL_ELEMENT_ARRAY_BUFFER_ARB, usage hint
is GL_ENUM_88e4) will use VIDEO memory as
the source for buffer object operations.
```

当分配了太多缓冲区并且显存无法容纳它们时，这变得特别有用。在这种情况下，当调用 glBufferData 时，驱动程序报告将使用系统堆内存。

如果即将出现问题，NVIDIA 也会发出警告。例如，在可用内存非常低的情况下，调用 glDrawElements 时会发出以下报告：

```
Unknown internal debug message. The NVIDIA
OpenGL driver has encountered an out of memory
error. This application might behave inconsistently and fail.
```

在性能方面，实现可能表现得非常不同。当在调试模式下渲染具有大量小 VAO 的小型模型的场景时，我们注意到 NVIDIA 的某些性能会下降，而 AMD 没有表现出任何性能差异。但是，在使用包含单个非常大的 VAO 的场景进行测试时，NVIDIA 的性能问题几乎消失了。对于两个驱动程序，没有发现关于同步模式的显著差异，这表明这些驱动程序尚未实现或优化异步模式。在检查调用堆栈时，从大量事件来看，也没有证据表明异步模式已经实现。

33.10 关于调试的进一步思考

在 OpenGL 调试的主题上，有一些东西可以派上用场。例如，OpenGL 具有丰富的函数集来查询其关于缓冲区、着色器和其他对象的状态，但所有这些查询都在数字名称上运行。除了非常简单的演示之外，很难跟踪所有数字。EXT_debug_label 扩展（详见本章参考文献 [Lipchak 11a]）可在 OpenGL ES 1.1 上使用，用于促进文本名称到对象的映射。

另一个有趣的OpenGL ES 扩展是 EXT_debug_marker（详见本章参考文献 [Lipchak 11b]）。此扩展允许开发人员使用文本标记为离散事件或命令组注解命令流。遗憾的是，它不提供对当前活动标记的查询。

OpenGL 需要更强大的开发工具，允许调试着色器和检查状态。上述两个扩展是朝着正确方向迈出的一步，在此上下文中使用时将提高开发人员的工作效率。

33.11 小 结

ARB_debug_output 扩展是一个非常受欢迎的补充，因为它为 API 增加了额外的价值，使得开发人员可以用更集中和有效的方法评估其行为。

在实现方面，AMD 有一个良好的开端，但 NVIDIA 正在迎头赶上。可能有人认为该扩展需要进行一些改写，以便 NVIDIA 的方法更加顺畅。该扩展是针对错误和警告而设计的，而不是 NVIDIA 提供的信息类型，因为即使是低严重性设置也不适用于报告操作已成功完成的情况。添加 GL_DEBUG_INFO 设置可能足以解决此问题。不可否认的是，当问题出现时，这些信息可以派上用场。

与 OpenGL 中的任何其他功能一样，该 API 具有很大的潜力，只有开发人员才能完全释放它。

参考文献

[Konttinen 10a] Jaakko Konttinen. "AMD_debug_output Extension Spec." http://www.opengl.org/registry/specs/ARB/debug_output.txt, June 10, 2010.

[Konttinen 10b] Jaakko Konttinen. "AMD_debug_output Extension Spec." http://www.opengl.org/registry/specs/AMD/debug_output.txt, May 7, 2010.

[Lipchak 11a] Benj Lipchak. "EXT_debug_label Extension Spec." http://www.opengl.org/registry/specs/ARB/debug_output.txt, July 22, 2011.

[Lipchak 11b] Benj Lipchak. "EXT_debug_marker Extension Spec." http://www.opengl.org/registry/specs/ARB/debug_output.txt, July 22, 2011.

第 34 章 OpenGL 计时器查询

作者：Christopher Lux

本章将介绍一项很特别的 OpenGL 功能，即使用 OpenGL 计时器查询提供的方法测量 OpenGL 命令序列的执行时间。本章强调了用于性能分析和运行时目的的专用 OpenGL 计时方法的特殊要求，然后介绍了有关 OpenGL 计时的同步和异步方法的基本函数和概念，还演示了不同类型的应用程序，同时指出了此功能的特殊限制。

34.1 简　　介

图形硬件（GPU）执行特定序列的 OpenGL 渲染命令需要多长时间？在项目开发期间，以及在游戏、模拟和科学项目的可视化等实时计算机图形应用程序的运行时，这个问题的答案都是极其重要的。

对程序进行性能分析意味着测量和记录各项信息，如程序各个部分的执行时间和内存使用情况。性能分析允许软件工程师分析在程序的各个部分中花费了多少资源和时间，从而识别程序源代码中的关键部分。这些关键部分提供了最佳的优化机会，程序性能可从中受益最多。

程序运行时的执行时间测量也可用于动态调整渲染算法的工作量，以实现或维持交互式帧时间。例如，程序可以使用关于几何模型的渲染时间的信息来调整所使用的细节水平以减少或增加图形系统的几何工作量。运行时间的另一个应用领域是资源流，例如，有关纹理上传速度的信息可用于调整传输到 GPU 显存的纹理资源量。

EXT_timer_query 扩展（详见本章参考文献 [ARB 06]）引入了计时器查询功能，并在 OpenGL 3.3 中升级到核心规范（详见本章参考文献 [Segal and Akeley 11]），允许开发人员测量执行一系列 OpenGL 命令所需的时间和检索 OpenGL 服务器的当前时间戳。这里之所以需要时间查询机制，是因为当前的 GPU 正在与 CPU 异步运行。发出的 OpenGL 命令最终会将它放在 GPU 待处理的 OpenGL 命令队列中，它们将在稍后的时间点处理，这意味着，在调用 OpenGL 函数时，相应的命令不一定直接执行，也不保证是当调用将控制权返回给 CPU 时完成。此外，存储在命令队列中的 OpenGL 命令的执行通常相对于 CPU 上的当前渲染帧至少延迟一帧。这种做法可以最大限度地减少 GPU 空闲时间，并隐藏 CPU-GPU 互操作性的延迟。

现代立即模式 GPU 采用的是大量流水线作业架构，该架构可以同时处理不同管线阶段中的不同图元（如顶点、片段等）（详见本章参考文献 [Ragan-Kelley 10]），这导致在 GPU 上重复执行单独发出的绘图命令。图 34.1 以图解方式说明了立即模式 GPU 的异步和管线执行模型。本章专门讨论了立即模式 GPU 的性能测量。第 23 章介绍了基于图块的 GPU 的架构差异以及性能分析中的相关差异。

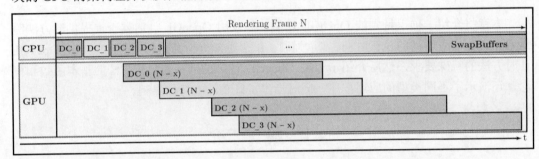

图 34.1 在 GPU 上绘制调用（DC_n）的异步和管线执行：CPU 在渲染帧 N 期间发出 4 个绘制调用。通过现代立即模式 GPU 的大量流水线作业架构，绘制命令最终将并行重叠执行

原　　文	译　　文
Rendering Frame N	渲染帧 N
SwapBuffers	交换缓冲区

OpenGL 服务器的基本异步特性允许 CPU 在 GPU 执行发出的命令时处理不同的任务。但是，使用通用 CPU 计时方法测量 GPU 执行时间会导致仅捕获用于将 OpenGL 命令提交到命令流的时间，而不捕获 GPU 上的实际执行时间。虽然可以通过使用 glFinish() 或 OpenGL 同步对象来同步 CPU 和 GPU 的活动（详见本章参考文献 [Segal and Akeley 11]），但这种方式的 GPU 活动计时会影响可能重叠的程序流和普通程序性能。因此，这种尝试只允许我们为 GPU 上的隔离例程生成有意义的计时结果，因为测量会对其他程序部分产生不利影响。另一方面，OpenGL 计时器查询允许我们测量 GPU 执行时间，而不会影响已建立的程序流，并且只要谨慎使用，就不会终止 GPU 或 CPU 的执行。这使得它们成为每个希望了解和优化程序运行时性能的 OpenGL 软件开发人员不可或缺的工具。

34.2　测量 OpenGL 执行时间

OpenGL 提供了两种测量 GPU 执行时间的方法：同步和异步查询。在讨论不同类型

34.2.1 关于 OpenGL 时间

OpenGL 中的时间用 1ns（纳秒）的粒度表示，纳秒（Nanosecond）是十亿分之一（10^{-9}）秒。由于这种非常精细的粒度，必须考虑用于存储时序结果的数据类型及其可表示的值范围。使用 32 位无符号整数值（GLuint）允许我们表示最多约 4s 的时间间隔，使用 64 位宽的无符号整数（GLuint64）将此限制提高到数百年，足以用于实时应用程序中的计时渲染例程。

虽然 OpenGL 规范要求内部提供至少 30 位存储的实现，这允许我们表示至少 1s 的时间间隔，但现代实现提供了完整的 64 位内部存储。另一方面，程序开发人员可以自由选择用于存储从 OpenGL 检索的计时结果的数据类型。对于实时渲染中的大多数应用场景，32 位值足以测量相关程序段的持续时间而不会产生算术溢出的风险，但是，当从 OpenGL 查询时间戳时，则需要 64 位类型来避免溢出问题。

34.2.2 同步计时器查询

同步类型的时间查询允许使用带有 GL_TIMESTAMP 参数名称的简单 glGetInteger() 查询来检索 GPU 的当前时间戳，如代码清单 34.1 所示。在所有先前发布的 OpenGL 命令到达 GPU 但尚未完成执行时，此查询将返回 GPU 的时间戳，从而导致类似于对 glFlush() 的调用的隐式命令队列刷新。一旦结果可用，查询调用就会立即返回，如图 34.2 所示。这里需要额外的同步来测量 GPU 执行时间，类似于先前描述的侵入式 CPU 计时方法。这使得同步计时方法非常不实用。此外，CPU 计时器的比较显示只有微不足道的差异。请注意，在代码清单 34.1 中，将使用 64 位带符号整数（GLint64）存储查询的时间戳，因为同步计时查询仅允许我们检索带符号整数变量的结果。

代码清单 34.1　同步时间戳查询

```
// 此变量将保持 GPU 上的当前时间
GLint64 time_stamp;
// 在所有先前的 OpenGL 命令到达 GPU 之后
// 检索当前时间戳
glGetInteger64v(GL_TIMESTAMP, &time_stamp);
```

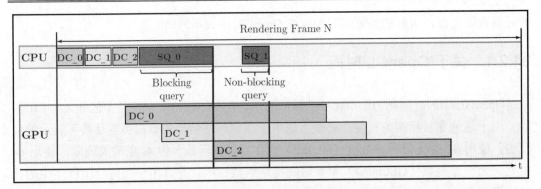

图 34.2 同步计时器查询：查询 SQ_0 阻塞了 CPU 执行，直到先前的 OpenGL 命令到达 GPU，返回绘制调用 DC_2 执行开始时的时间。查询 SQ_1 返回中间时间戳而不阻塞 CPU

原　　　文	译　　　文
Rendering Frame N	渲染帧 N
Blocking query	阻塞查询
Non-blocking query	非阻塞查询

34.2.3　异步计时器查询

OpenGL 计时的真正优势在于异步计时方法。异步计时器查询使用与遮挡查询（Occlusion Query）相同的查询对象机制。这样的计时器查询可用于测量执行一组 OpenGL 命令所花费的时间量或记录 GPU 的当前时间戳而不会停止 CPU 或 GPU 上的执行。

如代码清单 34.2 所示，新的查询对象是使用 glGenQueries() 生成的，然后可以使用 glBeginQuery() 和 glEndQuery() 调用准备、启动和停止计时器查询，它们的目标都是 GL_TIME_ELAPSED。这些调用将立即返回，而无须等待测量结果。当在开始和结束调用之前的所有 OpenGL 命令均由 GPU 完全执行时，该计时器才会真正启动和停止。这样可以精确测量 GPU 处理该计时器查询包含的命令所需的执行时间。

代码清单 34.2　异步计时器查询的基本用法

```
GLuint timer_query;
// 生成查询对象
glGenQueries(1, &timer_query);
[...]
// 开始计时器查询
glBeginQuery(GL_TIME_ELAPSED, timer_query);
// 发出 OpenGL 渲染命令序列
```

第 34 章 OpenGL 计时器查询

```
[...]
// 停止计时器查询
glEndQuery(GL_TIME_ELAPSED, timer_query);
[...]
// 检索查询结果，可能会停止 GPU 执行
GLuint64 timer_result;
glGetQueryObjectui64v(timer_query, GL_QUERY_RESULT, &timer_result);
printf("GPU timing result: %f ms\n", double(timer_result) / 1e06);
```

但是，由于当前 GPU 的流水线特性以及随之而来的多个渲染命令的重叠执行，因此可能进行不准确的测量。测量值与实际执行时间的差异如图 34.3 所示。这些时间中实际出现的差异随着渲染对象和周围渲染命令的复杂性而变化。较小的、复杂性较低的对象将显示出较小的偏差，而较大的对象由于提供了更多重叠执行的机会，因此在测量值和实际渲染时间之间将显示出更大的差异。通过使用 OpenGL 同步对象和在计时器查询开始之前发出的 GPU 同步点（glWaitSync()），可以在不停止 CPU 执行的情况下解决此问题。通过在同步点之前强制完成所有命令，即可以重叠操作为代价来实现所包含的渲染命令的正确计时。这种方法如图 34.4 所示。值得注意的是，虽然这种入侵方法允许我们收集非常精确的渲染命令序列测量值，但它会影响周围操作的执行。另一方面，非侵入式开始/结束查询机制虽然没有额外的同步点，但是也可以大致产生接近实际执行时间的结果。

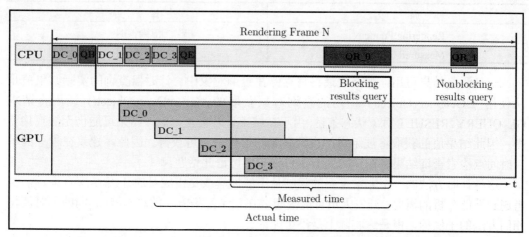

图 34.3 异步计时器查询：启动单个查询（QB）并停止（QE）以测量所包含的绘制调用（DC_n）的组合执行时间。虽然第一个结果请求 QR_0 会阻塞 CPU 执行直到 GPU 完成所有命令，但后一个请求 QR_1 则不会阻塞

原　　文	译　　文
Rendering Frame N	渲染帧 N
Blocking results query	阻塞结果查询
Nonblocking results query	非阻塞结果查询
Measured time	测量时间
Actual time	实际时间

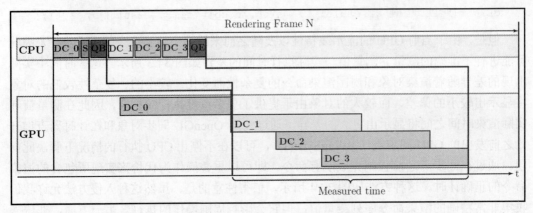

图 34.4　使用异步计时器查询和 GPU 同步点 S 来纠正重叠绘制调用（DC_n）的计时，这样会推迟所包含的命令的执行，但是不会阻塞 CPU 的执行

原　　文	译　　文
Rendering Frame N	渲染帧 N
Measured time	测量时间

　　一旦测量结果可用，那么它最终将存储在查询对象中。计时器查询的实际结果值是从使用 glGetQueryObject() 调用的查询对象获取的。glGetQueryObject() 调用将请求 GL_QUERY_RESULT 对象状态条目，由于在结束计时器查询后该结果可能仍无法直接获得，因此结果值的获取将被阻塞，直到必要的信息最终可获得。因此，建议在程序的稍后时间点检索查询结果，在 34.2.5 节中将进一步讨论此话题。

　　这种计时方法的一个非常重要的限制是不能嵌套或交错成对的开始/结束查询。因此，考虑到性能分析的需要，开发人员可能会想要在记录渲染方法的总 GPU 时间的同时测量相同方法的子例程，但是这实际上是不可能的。

34.2.4　异步时间戳查询

　　在使用异步计时器查询时，避免嵌套问题的另一种方法是将 GPU 上的当前时间戳

（Time Stamp）记录到一个由 glGenQueries()生成的查询对象。使用目标 GL_TIMESTAMP 调用 glQueryCounter()，将在完全执行所有以前的 OpenGL 命令后将当前时间戳存储到相应的查询对象中。此调用也将立即返回而不会阻塞应用程序，并且结果值的获取方式与使用 glGetQueryObject() 之前的方式相同。

通过使用两个查询对象来记录一系列 OpenGL 命令的开始和结束时的时间戳，可以轻松确定经过的 GPU 时间。但是，当尝试对在 GPU 上重叠执行的命令进行计时时，就会出现与开始/结束机制相似的问题。当需要非常精确的测量结果时，可以通过在开始时间戳查询之前使用 OpenGL 同步对象和 GPU 同步点来解决此问题。

在开始/结束查询机制上使用异步时间戳查询的优点是可以在任何地方使用对 glQueryCounter() 的调用，而不会干扰其他时间查询。查询使用不同查询对象的 glBeginQuery()和 glEndQuery()调用之间的时间戳是完全合法的。

代码清单 34.3 演示了如何使用查询的时间戳来确定 GPU 在多个渲染例程上花费的时间。通过在不同点获取时间戳，可以计算所包含的代码段经过的持续时间。使用此方法，时间戳的每个特定查询都需要单独的查询对象。否则，在重用查询对象时，有必要检索中间结果，这可能会使程序流停止。

代码清单 34.3　使用异步时间戳查询

```
GLuint timer_queries[3];
// 生成 3 个查询对象
glGenQueries(3, &timer_queries);
[...]
// 查询围绕所有绘制例程的时间戳
glQueryCounter(timer_queries[0], GL_TIMESTAMP);
draw_world();
glQueryCounter(timer_queries[1], GL_TIMESTAMP);
draw_models();
glQueryCounter(timer_queries[2], GL_TIMESTAMP);
[...]
// 在应用程序中检索查询结果
GLuint64 time_0, time_1, time_2;
glGetQueryObjectui64v(timer_queries[0], GL_QUERY_RESULT, &time_0);
glGetQueryObjectui64v(timer_queries[1], GL_QUERY_RESULT, &time_1);
glGetQueryObjectui64v(timer_queries[2], GL_QUERY_RESULT, &time_2);

printf("world draw time : %f ms\n", double(time_1 - time_0) / 1e06);
printf("models draw time: %f ms\n", double(time_2 - time_1) / 1e06);
```

虽然测量执行时间的开始/结束范例更易于使用和理解，但时间戳查询也可以为更复杂的应用程序方案提供某些优势。例如，当实现一个内部依赖于时间测量的渲染库时，强烈建议使用时间戳查询。因为这样，客户端代码就可以自由使用任何形式的时间查询，而不会干扰库的内部操作。

34.2.5 考虑查询检索

对 OpenGL 命令进行异步计时的主要问题是何时检索结果而不会对一般程序流产生负面影响。如果此时结果不可用，则调用 glGetQueryObject() 获取查询结果可能会使程序停止运行。最佳解决方案是在查询结果可用时事先了解，如图 34.3 所示。

可以使用对 glGetQueryObject() 的非阻塞调用显式了解查询对象结果的可用性，请求 GL_QUERY_RESULT_AVAILABLE 状态。由于 GPU 通常在 CPU 后面几帧运行，因此该查询可用于决定跳过对一系列渲染帧的查询结果的检索，直到它们最终可用。但是，重要的是现有的查询不会重新发布，因此在获得结果之前会被覆盖，如代码清单 34.4 所示。

代码清单 34.4　非阻塞检查计时器查询的可用性

```
bool    query_issued = false;
GLuint timer_query;
[...]
// 渲染帧开始
[...]
// 如果查询不在使用中则查询时间戳
if (! query_issued) {
    glQueryCounter(timer_query, GL_TIMESTAMP);
    query_issued = true;
}
[...]
// 检查计时器查询结果的可用性
GLuint timer_available = GL_FALSE;
glGetQueryObjectuiv(timer_query, GL_QUERY_RESULT_AVAILABLE,
                    &timer_available);

if (timer_available) {
    // 检索计时器查询结果的可用性，并且不阻塞 CPU
    glGetQueryObjectui64v(timer_query, GL_QUERY_RESULT, &result_time);
    query_issued = false;
}
[...]
// 渲染帧结束
```

当试图避免显式轮询查询可用性时，可以使用隐式可用的同步点，如使用 OpenGL 同步对象和 fence 对象的已建立的命令流（Command-Stream）同步点。常见的错误观念是考虑将默认帧缓冲区的前缓冲区和后缓冲区交换为隐式同步点。由于 GPU 上的 OpenGL 命令队列的处理通常会相对于 CPU 延迟多个帧，因此查询结果可能在很晚的时间点才可用。根据帧速率和 CPU 的开销情况，GPU 在 CPU 后面运行的渲染帧数最高可以达到 5 帧（具体取决于 GPU 的性能和驱动程序设置）。除了这个方面之外，所有不影响帧缓冲区的 OpenGL 命令都不受交换操作的影响，因此在这一点上不必同步，如纹理或缓冲区传输。避免阻塞查询检索的直接方法是使用双缓冲查询方法，这允许我们在从先前渲染帧期间发出的查询获取结果之前启动新查询。如果由此引入的计时器查询和结果值检索之间的一帧的延迟不足以进行非阻塞执行，则可以轻松将更多缓冲的查询添加到该方法中。

最后，需要注意的是，单独的 OpenGL 命令集的执行时间可能无法线性组合。当前的 OpenGL 实现和 GPU 公开了可能并行运行多个任务的大量流水线作业架构。例如，较大的几何模型的绘制或计算复杂着色器的使用实际上可能与纹理资源的上传重叠，因此，运行这些任务所需的时间可能不等于各个任务执行时间的总和（见图 34.1）。在这种情况下，最佳策略是明确测量重叠任务的组合执行时间以及各个时间，以确定各个任务之间的重叠量。此外，这也使得程序能够确定这些任务相对于彼此的工作负载，并相应地调整它们以实现 GPU 的最优化利用。

34.3 小　　结

现代 GPU 通常与 CPU 上执行的渲染软件异步运行。将计时器查询机制添加到标准 OpenGL 功能范围之后，将允许开发人员测量在 GPU 上执行 OpenGL 命令序列所需的时间量，而不会影响一般程序性能。此功能有两种基本类型：同步和异步计时器查询。

同步查询仅允许我们在所有先前发出的命令到达 GPU 但尚未完成执行时获取 GPU 时间戳。需要进一步努力才能使用这种方法产生有意义的结果。计时器查询接口的真正优势在于异步查询。它允许我们通过采用开始/结束查询范例直接对一系列 OpenGL 命令进行计时，或者获取在所有命令执行完成之后的 GPU 时间戳。第一种方法一次只允许一个活动查询，但后者可以非常自由地使用。因此，通常建议使用异步时间戳查询进行 GPU 执行测量。这使得开发人员能够在实时渲染中对各种应用领域使用计时器查询。

由于当前 GPU 可以执行并行重叠的多个渲染命令，因此需要付出特别努力以获得针对单个渲染命令的精确测量结果。但是，它仍然没有办法完全非侵入性地处理这个问题，这也为将来改进计时器查询功能提出了一个挑战:即使对于在 GPU 上重叠执行的命令,也可以直接测量执行时间。

参 考 文 献

[ARB 06] OpenGL ARB. "OpenGL EXT_timer_query Extension Specification." www.opengl.org/registry/specs/EXT/timer_query.txt, June 2006.

[Ragan-Kelley 10] J. Ragan-Kelley. "Keeping Many Cores Busy: Scheduling the Graphics Pipeline." In *SIGGRAPH 2010: ACM SIGGRAPH 2010 Courses*. New York: ACM, 2010.

[Segal and Akeley 11] M. Segal and K. Akeley. "The OpenGL Graphics System: A Specification (Version 4.2)." www.opengl.org/documentation/specs, August 2011.

第 35 章 实时性能分析工具

作者：Lionel Fuentes

35.1 简　　介

随着时间的推移，视频游戏变得越来越复杂，它们可以呈现出丰富的环境、与玩家高度紧密的互动、绚丽的图形和物理模拟等。为了将硬件推向极限，开发人员需要准确了解执行任务所花费的时间，它们在可用硬件线程上的分布，以及每个任务与完成其他任务的依赖关系等。本章将重点介绍 CPU 和现代 GPU 上使用的时间计数器，以提供直接嵌入应用程序中的实时且易于使用的性能分析器。我们将讨论这种工具在视频游戏开发环境中的作用，以及它如何使开发人员和艺术设计师受益。

本章介绍的工具其工作原理是，在代码中手动标记要测量部分的开始和结束。在运行时，我们将记录与测量部分的边界相对应的时间戳，并在简单且最小的图形界面中显示它们。两个匹配时间戳之间的时间间隔由彩色矩形表示，其长度表示完成相关任务所需的时间量。我们将使用特定于平台的高精度计时器来测量 CPU 一侧所花费的时间，而在 GPU 一侧则使用 OpenGL 扩展 ARB_timer_query 进行计时器查询，查询的目标自然是消费级多核 PC/Mac 设备的 GPU 时间特性。

35.2 范围和要求

我们的最终目标是让开发人员和艺术设计师全面了解应用程序的不同线程的时间消耗，无论是在 CPU 上还是在 GPU 上。该工具可用于搜索目标应用程序中的瓶颈和同步问题。我们的目标是满足以下要求：

- 准确性。我们希望测量尽可能准确，并最大限度地减少由于测量和调试显示引起的扰动。
- 即时。结合游戏内资源的实时更新系统，该系统使艺术设计师能够调整模型、纹理和声音设置的质量，以适应强加的时间限制。拥有实时性能分析程序还使我们能够分析应用程序在执行过程中的性能如何受到影响。

- 易用。用户友好性是一个重要因素,因为它使工具不但可以让开发人员使用,也可以让艺术设计师使用。我们希望该工具对于开发人员来说非常易用,因为在代码中放置标记是很容易的,这会导致插入更多标记并在测量中获得更好的粒度。最后,我们还希望以有用的方式显示数据,从而轻松发现同步问题和性能瓶颈,并确定我们究竟是受 CPU 还是 GPU 的约束。
- 可移植性。本章介绍的工具嵌入在游戏引擎本身内,并且使用游戏所基于的相同渲染器完成显示。因此,时间查询功能是唯一依赖于平台的部分。拥有可移植的分析工具可以在所有支持的平台上提供统一和连贯的感觉,从而在切换到新的未知平台时简化性能分析工作。虽然它不能取代像 gDEBugger 这样的特定平台专用外部调试器(详见本章参考文献 [Graphic Remedy 10,AMD 11]),但在切换到新平台时,所有以前开发的功能都可立即使用,无须学习曲线。
- 小巧。我们希望在整个开发过程中启用和显示性能分析程序,以便开发人员能够跟踪时间消耗的演变并尽快检测性能问题。只有在屏幕上占用的空间很小时才能执行此操作。

35.3 工具设计

35.3.1 用户界面

性能分析程序显示为一组按行排列的水平矩形,每行对应一个线程,即软件 CPU 线程或 GPU 线程(见图 35.1)。可以注意到,在理想情况下,我们将创建尽可能多的线程作为可用 CPU 核心数量并相应地调度它们,这是通过线程处理器亲和性 API(如 SetThreadIdealProcessor)进行的(详见本章参考文献 [Microsoft Corporation 11]),我们可以将每一行匹配到物理 CPU 核心。

每个显示的矩形对应于测量的任务,该任务在代码中由专用宏包围。我们允许嵌套任务,这些任务自然由较小的矩形表示。如果将光标悬停在给定任务上,则用户可以获取给定任务的名称和时间信息,从而显示标记名称的层次结构。

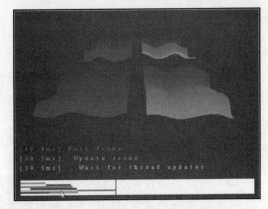

图 35.1 我们的示例实现的屏幕截图,最多显示 3 个嵌套标记级别

35.3.2 限制和解决方法

由于选择了图形表示方式，我们将受限于有限数量的嵌套测量任务，可以使用较粗的矩形来显示，但是性能分析程序占用的屏幕空间会降低已开发应用程序的可用性。因此，这种显示方式应该为性能分析程序可能的"扩展"显示模式保留。

在某些情况下，显示的矩形的位置和大小在帧与帧之间会变化很大。可以通过允许用户"冻结"性能分析程序来解决这个问题（在我们的工具中可以通过单击执行该操作），这样就可以花时间分析捕获的帧。另一种解决方案是显示若干帧的平均值，这也可以避免错过很少发生的特定事件（重点是那些成本很高的事件）。但是，这里的困难在于匹配来自不同帧的相应矩形并且以有意义的方式及时地对它们进行排序。对于这个问题的改进超出了本章的讨论范围。

最后，可以通过显示有关 GPU 当前 P 状态（P-State）的信息来完成我们提出的性能分析程序。有关 P 状态的详细信息，可以参见第 37 章，此信息对于正确解释性能分析程序的结果非常重要，尤其是在比较不同技术时。

35.3.3 应用程序编程接口

本章所介绍工具的应用程序编程接口（API）由若干个方法组成，用于标记框架的开头，以标记性能分析部分的开始和结束，并绘制界面（参见代码清单 35.1）。

代码清单 35.1　我们的性能分析程序公开的 API

```
class Profiler
{
  [...]
  void pushCpuMarker(const char *name , const Color & color);
  void popCpuMarker();
  void pushGpuMarker(const char *name , const Color & color);
  void popGpuMarker();
  void synchronizeFrame();
  void draw ();
};
```

开发人员可以将这些方法打包在宏中，以便在推出正式零售版本时将它们轻松删除。代码清单 35.2 显示了性能分析程序的示例用法。

代码清单 35.2　用法示例

```
while (! done)
{
```

```
PROFILER_SYNC_FRAME();
PROFILER_PUSH_CPU_MARKER("Physics", COLOR_GREEN);
  doPhysics();
PROFILER_POP_CPU_MARKER();
PROFILER_PUSH_GPU_MARKER("Render scene", COLOR_RED);
  PROFILER_PUSH_GPU_MARKER("Render shadow maps", COLOR_LIGHT_BLUE);
    renderShadowMaps();
  PROFILER_POP_GPU_MARKER();
  PROFILER_PUSH_GPU_MARKER("Render final scene", COLOR_LIGHT_GREEN);
    renderFinalScene();
  PROFILER_POP_GPU_MARKER();
PROFILER_POP_GPU_MARKER();
PROFILER_DRAW();
}
```

执行性能分析的代码段由相应的 push 和 pop 宏包围。在 CPU 上测量时间时，将使用高精度计时器记录 push 和 pop 方法的调用日期。而在 GPU 上测量时间时，会发出异步计时器查询，其结果在执行 Profiler :: draw() 方法后的若干个帧中使用。

必须每帧调用一次 Profiler::synchronizeFrame() 并将新帧推送到性能分析程序。最后，Profiler::draw() 使用应用程序的渲染器显示覆盖图（Overlay），而这个覆盖图就是显示记录标记的图形表示。

35.4 实 现

35.4.1 测量 CPU 上的时间

C++ 语言不提供任何可移植高精度时间查询功能。因此，我们需要依赖特定于平台的 API。x86 系列处理器提供高精度计时器，可通过读取时间戳计数器（ReaD Time Stamp Counter，RDTSC）指令读取。但是，由于多 CPU 系统已成为标准，因此现在可以同时使用多个 CPU 计数器。这导致这些计时器之间的同步问题。当操作系统将当前运行的线程从一个 CPU 切换到另一个 CPU 时，问题更加严重。这些问题通常由操作系统解决，操作系统可以给 API 提供高精度的测量时间（详见本章参考文献 [Walbourn 05]）。

Windows API 公开了 QueryPerformanceCounter() 和 Query PerformanceFrequency() 函数，这些函数专门用于允许用户访问可用的最高精度计时器（详见本章参考文献 [Microsoft Corporation 07]）。

POSIX API 没有提供比 gettimeofday() 更好的方法，它的最大精度为 1μs。因此，对于类 UNIX 平台，我们更喜欢依赖特定于操作系统的 API。至于 MacOS X 系统，XNU 内核提供了 mach_absolute_time()（详见本章参考文献 [Apple，Inc 05]），而 Linux 内核则提供了 clock_gettime() 函数，两者都可以表示精确度为 1ns 的时间。

本书提供的代码包含一个可移植函数 uint64_t getTimeNs()，它使用上述 API 查询平台上可用的最高精度计时器，并返回自应用程序启动以来经过的时间（以 ns 为单位）。正如第 34 章所讨论的那样，当使用 32 位无符号整数来保持一个以 ns 为单位的值时，最大可表示的值被限制为 $(2^{32}-1) \times 10^{-9} \approx 4.294s$，因此，需要使用 64 位无符号整数。

35.4.2 测量 GPU 上的时间

CPU 通过使用在所谓的命令缓冲区中集成的命令与 GPU 通信。然后，GPU 按照提交的顺序异步处理这些命令。因此，我们不可能像对 CPU 那样，以同步方式测量 GPU 执行命令所花费的时间而不严重影响其性能。我们需要依赖 OpenGL 提供的异步计时器查询机制（这在第 34 章中已经有深入讨论）。为了支持嵌套标记，我们更喜欢 glQueryCounter 机制而不是 glBeginQuery/glEndQuery 对。

其结果是，在该帧中发出的计时器查询的结果可用之前，该性能分析程序不能显示给定帧的计时信息。因此，我们将记录若干帧的计时信息并显示与最早的帧相关的信息。我们发现，只要将记录的帧数设置为 3（NB_RECORDED_FRAMES = 3），就足以保证计时器查询的结果可用。

35.4.3 数据结构

我们通过 C++ 结构表示每行（每一行都对应于软件或硬件线程），该结构包含固定大小的标记数组，即 NB_MARKERS_PER_THREAD = NB_RECORDED_FRAMES × MAX_NB_MARKERS_PER_FRAME = 3 × 100 = 300（每个线程的标记数量）。我们以循环方式运行此数组，同时保持读取和写入索引。

GPU 线程由代码清单 35.3 所示的结构表示。CPU 线程由一个非常相似的结构表示，并带有一个额外的线程标识符（参见代码清单 35.4）。

代码清单 35.3　GPU 线程的数据结构

```
struct GpuThreadInfo
{
  GpuMarker markers[NB_GPU_MARKERS];
  int cur_read_id;
  int cur_write_id;
  size_t nb_pushed_markers;
```

```
  void init()
  {
    cur_read_id=cur_write_id = 0;
    nb_pushed_markers = 0;
  }
};
```

代码清单 35.4　CPU 线程的数据结构

```
struct CpuThreadInfo
{
  ThreadId thread_id;
  CpuMarker markers[NB_MARKERS_PER_THREAD];
  int cur_read_id;
  int cur_write_id;
  size_t nb_pushed_markers;

  void init(ThreadId id)
  {
    cur_read_id = cur_write_id = 0;
    nb_pushed_markers = 0;
    thread_id = id;
  }
};
```

基类 Marker 封装了所有类型标记共有的信息，包括标记的开始和结束时间，标记被 push 时的状态信息以及一些识别信息。CPU 标记不需要任何其他信息，但 GPU 标记则还需要存储 OpenGL 计时器查询的标识符（参见代码清单 35.5）。

代码清单 35.5　基类 Marker 的结构

```
struct Marker
{
  uint64_t start;          // 开始和结束时间（以 ns 为单位）
  uint64_t end;            // 相对于应用程序的开始
  size_t layer;            // push 标记的编号
  int frame;               // push 标记的帧
  char name[MARKER_NAME_MAX_LENGTH];
  Color color;

  Marker():
    start(INVALID_TIME),
    end(INVALID_TIME),
    frame(-1)
```

```
    {}                                          // 默认未使用
};

typedef Marker CpuMarker;
struct GpuMarker:public Marker
{
  GLuint id_query_start;
  GLuint id_query_end;
};
```

35.4.4 标记管理

每个线程结构都需要维护自己的标记循环列表。使用循环列表允许开发人员重复使用相同的条目，同时避免内存分配。

当推送（push）或弹出（pop）CPU 标记时，性能分析程序需要一种方法来检索与调用线程对应的 CpuThreadInfo。一种可能的解决方案是将 CpuThreadInfo 对象存储在哈希表中，由线程标识符索引。但是，每次需要访问或修改哈希表时，此解决方案都会强制使用关键部分，出于性能原因，这在我们的上下文中是不可接受的。相反，我们更喜欢依赖固定大小的数组，在删除元素的位置留下空条目（这些条目在需要时可以重用）。这样，在通过线程标识符搜索 CpuThreadInfo 对象时，可以避免关键部分。这是线性成本，考虑到元素数量非常少，这应该不是问题。

在绘制期间，标记将在指示为 cur_read_id 的地方被"读取"，在指示为 cur_write_id 的地方被"推送"。推送时，我们将记录标记的名称、颜色、框架、层和开始时间。弹出是从单元 cur_write_id-1 开始的，向后测试 end!= INVALID_TIME，并更新 end 的值。此方法允许无锁定读取和写入，并避免内存分配，同时保持标记的层次结构，以保持时间一致性。

如图 35.2 所示，GPU 标记以类似的方式处理，唯一的区别是 glQueryCounter (GL_TIMESTAMP, &id) 和绘制时间的使用。

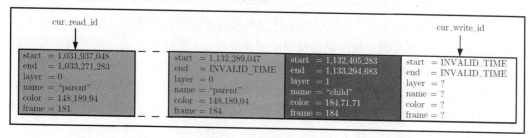

图 35.2 标记循环列表

35.5 使用性能分析程序

35.5.1 使用级别

可以对性能分析程序进行的最基本的用法是：通过查看总帧的长度来简单地确定应用程序的一般性能。然后，通过更详细地查看，开发人员可以轻松确定要求最多的任务（因为它们对应于最长的矩形），并确定有效的优化候选项。但是，这样的基本分析还不足以确定任务是否值得优化，如图 35.3 所示，我们还需要查看执行任务的顺序。

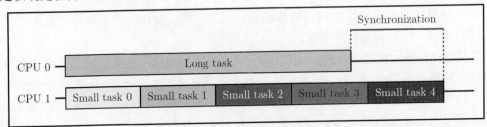

图 35.3　在这种情况下，优化最长的任务是没有用的，因为它并不是瓶颈

原　　文	译　　文
Long task	长任务
Synchronization	同步
Small task 0	小任务 0
Small task 1	小任务 1
Small task 2	小任务 2
Small task 3	小任务 3
Small task 4	小任务 4

此外，任务执行的直接可视化使程序开发人员能够做出有关任务排序的策略决定。如图 35.4 所示，对象 A 的更新时间很长但绘制速度很快，而对象 B 的绘制时间很长但更新速度很快。可以看到，不同的执行顺序会产生不同的性能结果。

这种可视化还使得确定应用程序是受 CPU 约束还是受 GPU 约束变得更容易：瓶颈对应于最后结束的线程。重要的一点是，要避免周围的缓冲区交换以及通过性能分析程序 push/pop 命令等待线程，因为这会导致同步被可视化为一个正在运行的任务。

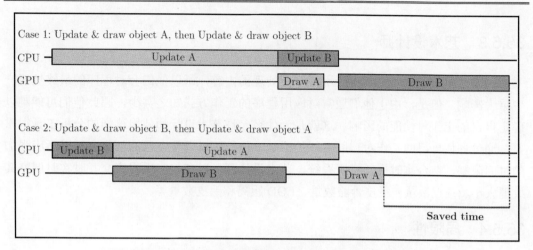

图 35.4 虽然任务执行时间相同,但用例 1 比用例 2 耗时更长

原　　文	译　　文
Case1: Update & draw object A, then Update & draw object B	用例 1：先更新并绘制对象 A，然后更新并绘制对象 B
Update A	更新 A
Update B	更新 B
Draw A	绘制 A
Draw B	绘制 B
Case2: Update & draw object B, then Update & draw object A	用例 2：先更新并绘制对象 B，然后更新并绘制对象 A
Saved time	节约的时间

35.5.2　确定应测量的内容

由于性能分析程序的目的主要是在开发过程中给出应用程序性能状态的一般视图，因此显示的信息在大多数时间应该减少到最小。例如，GPU 可以包括 5 个主要标记，用于阴影贴图渲染、G 缓冲区渲染、照明计算、后处理和 2D。但是，由于性能分析程序的分层特性，开发人员可以将显示限制到给定的层，这样，引入新层就不再是一个问题，并且可以在需要时允许更好的粒度。

一个有趣的替代方案是让艺术设计师有可能调整特定资源的性能。例如，在导出阶段标记它们以进行性能分析。

35.5.3 艺术设计师

因为艺术设计师负责制作应用程序要处理的内容，所以他们会对程序的最终性能产生重大影响。但是，由于他们通常对应用程序的工作方式知之甚少，因此他们可能难以确定自己的工作对性能的影响。这就是为什么允许艺术设计师使用这样的分析工具很重要：通过评估自己的工作对一般性能的影响，他们可以调整自己的创作参数以适应强加的时间限制。结合实时更新资源系统，艺术设计师可以在与应用程序交互时实时调整其纹理大小、顶点数量、蒙皮骨骼数量、LOD 距离和毛皮数量等。

35.5.4 局限性

本章介绍的性能分析程序只能测量标记之间花费的时间。因此，无法确定 GPU 是否受纹理缓存、顶点着色器 ALU、片段着色器 ALU、着色器均匀读取等的约束。所以，开发人员需要进行一些测试以确定提高 GPU 性能要采用的正确行为（如减少纹理大小与优化片段着色器计算的数量）。

35.6 小　　结

本章提出了一种实时可视化可用资源处理的实用方法。我们使用高精度计时器进行 CPU 时间测量，并依靠 OpenGL 计时器查询来测量 GPU 上的执行时间。与外部性能分析程序相比，此方法直接将该工具嵌入应用程序中，因此，该信息可在所有支持的平台上获得，并可在整个开发过程中使用，使程序开发人员和艺术设计师可以就性能做出策略决定。实时显示资源的使用情况使我们可以概览应用程序在实际条件下的行为，并且还允许我们毫不费力地为应用程序测试若干个用例。

本书提供的代码（可在 www.openglinsights.com 获取）演示了 Windows、Mac OS X 和 Linux 平台的实现，它们显示了一个简单的动画，让用户可以实时显示动画和绘制对象所需的时间。通过将光标悬停在标记上，用户可以显示分层计时统计信息。可能的改进包括显示当前 P 状态的信息，这有助于解释结果和多 GPU 支持。最后，该系统还可以移植到其他平台，如主机游戏控制台。

参 考 文 献

[AMD 11] AMD. "AMD gDEBugger 6.0." http://developer.amd.com/tools/gdebugger, June 29, 2011.

[Apple, Inc 05] Apple, Inc. "Technical Q&A QA1398 Mach Absolute Time Units." http://developer.apple.com/library/mac/#qa/qa1398/_index.html, January 6, 2005.

[Graphic Remedy 10] Graphic Remedy. "gDEBugger Tutorial." http://www.gremedy.com/tutorial, December 16, 2010.

[Microsoft Corporation 07] Microsoft Corporation. "MSDN." http://support.microsoft.com/kb/172338/en-us, January 20, 2007.

[Microsoft Corporation 11] Microsoft Corporation. "MSDN." http://msdn.microsoft.com/en-us/library/windows/desktop/ms686253%28v=vs.85%29.aspx, September 7, 2011.

[Walbourn 05] Chuck Walbourn. "Game Timing and Multicore Processors." http://msdn.microsoft.com/en-us/library/windows/desktop/ee417693%28v=vs.85%29.aspx, 2005.

第 36 章 浏览器图形分析和优化

作者：Chris Dirks 和 Omar A. Rodriguez

36.1 简　　介

了解游戏中的性能瓶颈有助于开发人员提供最佳的游戏体验。在游戏中，性能瓶颈通常分为两类：CPU 和 GPU。将优化工作集中在适当的类别可以节省开发时间，并帮助我们更快地运行游戏。当瓶颈在图形管线中时，优化 CPU 显然收效不大，甚至毫无作用（这时应该优化的是 GPU）。在 Web 浏览器中部署游戏会使打破瓶颈的过程变得复杂。使用本章描述的技术，我们将更加成功地确定收效最大的优化领域。

后处理效果（Postprocessing Effects）已经成为 AAA 游戏的标准，并且经常会成为性能瓶颈。本章将讨论 WebGL 中发光（Bloom）效果的实现及其在浏览器中的性能特征。由于 WebGL 在 Web 浏览器中运行，因此，与原生 3D 图形应用程序相比，在进行图形分析时会带来一些特殊挑战。正如原生应用程序在检测到不同的操作系统时可能会选择不同的代码路径一样，浏览器的 Canvas 或 WebGL API 实现也是如此。除此之外，我们还可能会支持多种浏览器。我们将讨论在常见 3D 图形工具中对 WebGL 分析的支持和现代 Web 浏览器中标准的各种实现。

36.2　发光效果的阶段

游戏中的发光效果已经为众多玩家所熟知，这也是本文使用它的原因之一。另一个原因是它由若干个步骤组成，并且包含可以调整的参数，以实现质量与性能的平衡。如图 36.1 所示，此实现从渲染到纹理的原始场景开始，并在以下 4 个主要步骤中应用发光效果：

（1）将场景绘制到纹理。
（2）识别亮度超过阈值的片段。
（3）模糊亮度测试的结果。
（4）将原始渲染的场景纹理与模糊的高光组合。

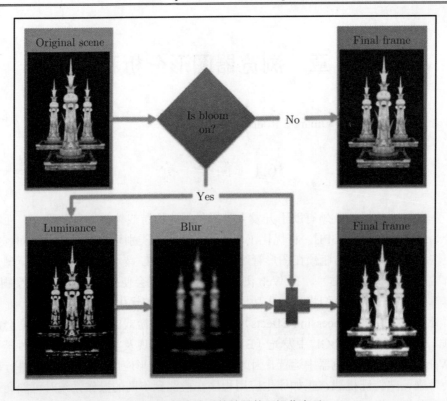

图 36.1　每个阶段的结果的可视化表示

原　文	译　文	原　文	译　文
Original scene	原始场景	Yes	是
Is bloom on?	发光效果是否开启？	Luminance	亮度
No	否	Blur	模糊
Final frame	最终帧		

　　这些步骤中的每一步都具有可以实现性能和质量平衡的参数。在亮度步骤中，可以设置亮度阈值以控制写入亮度渲染目标的原始场景纹理的片段数。在模糊步骤中，可以设置模糊通道的数量和渲染目标的分辨率，以提高或降低模糊品质。在最后一步中，可以控制与原始场景相结合的模糊高光的权重。

　　将具有高于亮度阈值的亮度值的原始场景的片段写入渲染目标，低于亮度阈值的任何内容都写为黑色。模糊通道数确定高光（亮度结果）模糊的次数。分辨率确定模糊通道使用的渲染目标的大小。模糊高光的权重决定了最终帧中有多少模糊高光结束。我们将上述某些参数作为 HUD 的一部分公开，而其他参数则在代码中设置。

本章附带的源代码以简单的格式布局，以便于理解。发光效果的实现由以下内容组成：
- MainLoop（在 index.html 中）负责为每个浏览器使用适用的请求动画帧方法调用更新/渲染循环。
- Init（在 bloom.js 中）定义样本中使用的所有资源，如着色器、纹理、场景对象几何体和渲染目标。
- Update（在 bloom.js 中）包含所有非渲染操作，如更新旋转。
- Render（在 bloom.js 中）绘制场景几何体，执行亮度测试、模糊高光，并将结果组合到最终帧中。
- bloom-utils.js 包含用于加载着色器和纹理、解析 .obj 文件和创建几何体的辅助函数。

36.3 发光效果的开销

如前文所述，已经将发光（Bloom）效果的一般实现描述为后处理效果，我们将在 WebGL 中描述有关实现的细节。我们测量的第一件事是将发光效果应用到场景的实际开销。使用代码清单 36.1 中的 JavaScript 代码，开发人员可以捕获足够的帧时间近似值来测量开销并更新场景。

代码清单 36.1　用于估算帧时间的 JavaScript 代码

```
var MainLoop = function (){
    nCurrentTime = (newDate).getTime();
    fElapsedTime = nCurrentTime - nLastTime;
    nLastTime = nCurrentTime;

    // 调用更新和渲染函数
    // 调用 requestAnimationFrame(MainLoop);
}
```

这将测量 requestAnimationFrame 回调（Callback）之间的时间。某些 Web 浏览器在启用时可能会在运行时公开性能数据。例如，使用 --show-fps-counter 标志运行 Google Chrome 浏览器会显示每秒帧数（Frames-Per-Second）的计数器。有了这个测量代码，引入发光效果会使帧时间增加约一倍（见图 36.2）。

该测量是在 Google Chrome 15.0.874.106 版本上进行的，该版本在预发布的第二代英特尔酷睿处理器（英特尔微架构代号 Sandy Bridge，D1 步进四核 2.4GHz CPU，4GB DDR3 1333MHz RAM）上运行，它集成了 Intel HD Graphics 3000 显卡，运行的操作系统是 Windows 7 旗舰版 Service Pack 1。帧时间由 API 调用在 CPU 上设置状态所花费的时间以及 GPU 处理绘制调用所花费的时间组成。上面的 JavaScript 代码足以测量在 CPU 上花费的时间。要了解 GPU 帧时间，我们将引用本章后面讨论的一些离线工具。

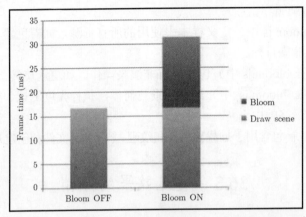

图 36.2　启用发光效果的帧时间=禁用发光效果的帧时间×1.8

原　　文	译　　文
Frame time(ms)	帧时间（ms）
Bloom OFF	禁用发光效果
Bloom ON	启用发光效果
Bloom	发光
Draw scene	绘制场景

36.4　分析 WebGL 应用程序

分析 WebGL 应用程序带来了一些有趣的挑战，因为有许多移动部件必须协同工作，如操作系统、图形 API、图形驱动程序、浏览器和分析工具。

36.4.1　近乎原生的图形层引擎

在 WebGL 应用程序上进行分析时遇到的主要挑战之一是理解在 Windows、Mac OS X 或 Linux 上运行的差异。在 Windows 系统上，OpenGL 驱动程序通常可以从图形硬件供应商的网站下载（如果可用）。在 Mac OS X 上，OpenGL 驱动程序是系统的一部分，并通过操作系统更新机制进行更新。在 Linux 上，默认情况下可能未安装 OpenGL 驱动程序，但通常可以通过分发包管理系统或硬件供应商的网站获取。

为了在 Windows 平台上实现最广泛的兼容性，Chrome 和 Firefox 浏览器都使用了近乎原生的图形层引擎（Almost Native Graphics Layer Engine，ANGLE）（详见本章参考文献 [ANGLE 11]）。该层可以将 OpenGL ES 2.0 调用转换为 DirectX 9 API 调用，并将 GLSL 着色器转换为等效的 HLSL 着色器。对于用户来说，此转换是完全隐藏的，但对于开发人员来说，此层与编写 WebGL 应用程序一样重要。ANGLE 有一些与 API 差异相关的小问题，特别是在缓冲区和纹理提取方面。例如，ANGLE 在发出绘制调用之前不会创建/更新资源，第 39 章对此有更详细的说明。

36.4.2　JavaScript 性能分析

大多数现代 Web 浏览器都有一组 JavaScript 开发人员工具，这些工具已预先打包或可以从扩展中安装（见图 36.3）。Chrome、Firefox、Internet Explorer、Opera 和 Safari 都有自己的 JavaScript 调试程序和分析器。这些工具有助于调试 HTML DOM 和网络延迟问题。JavaScript 性能分析程序有助于了解 CPU 的使用时间。但是，这些工具不会在 JavaScript API 调用之外显示 WebGL 的上下文信息。

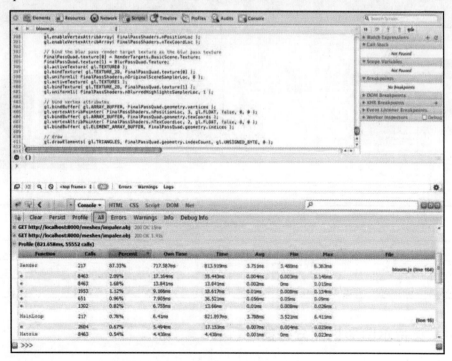

图 36.3　Chrome 开发者工具和 Firebug

36.4.3　WebGL Inspector

分析 WebGL 应用程序的另一个主要问题是工具的支持有限。WebGL Inspector（详见本章参考文献 [Vanik 11]）目前是调试 API 调用和理解绑定资源的事实上的工具。该工具可以捕获帧并显示 API 调用、状态、绑定纹理、缓冲区和程序。它可以作为 Google Chrome 扩展和 JavaScript 库使用，可以放入 WebGL 应用程序中——在 Chrome 以外的浏览器上运行时非常有用。WebGL Inspector（见图 36.4）是免费的，可从 http://benvanik.github.com/WebGL-Inspector/ 下载。

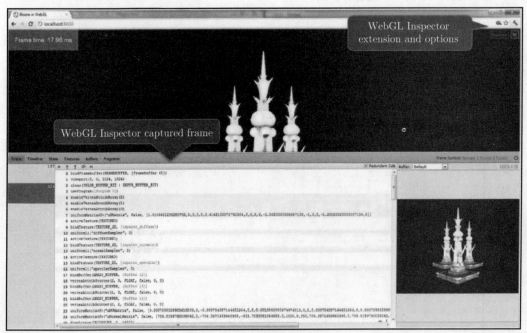

图 36.4　WebGL Inspector

原　文	译　文
WebGL Inspector extension and options	WebGL Inspector 扩展和选项
WebGL Inspector captured frame	WebGL Inspector 捕获的帧

36.4.4　英特尔图形性能分析器

在 Windows 上使用近乎原生的图形层引擎（ANGLE）的 Chrome 和 Firefox 的积极

影响是 DirectX 分析工具可用于分析 WebGL 应用程序。我们将使用英特尔 GPA Frame Analyzer（详见本章参考文献 [Intel 11]）来捕获帧并分析转换之后的 DirectX 绘制调用和资源。下面介绍了英特尔 HD Graphics 3000 的帧捕获，但英特尔图形性能分析器（Graphics Performance Analyzer，GPA）不限于英特尔图形硬件。

图 36.5 显示了上述发光应用程序的捕获帧。开发人员可以从 http://www.intel.com/software/gpa 免费下载英特尔 GPA。有关捕获帧的详细说明，请参阅英特尔 GPA 网站上的文档和安装此工具的说明。

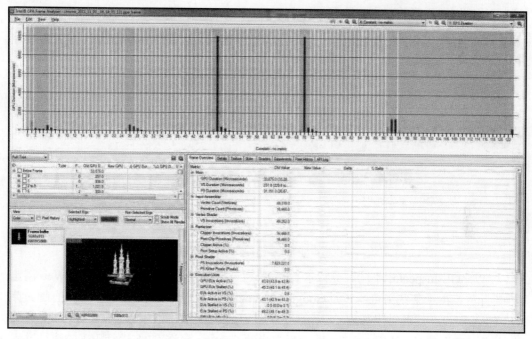

图 36.5　显示采样帧捕捉的 Frame Analyzer

36.5　Windows 上的分析工作流程

本节将介绍如何使用 WebGL Inspector 和英特尔 GPA Frame Analyzer 来识别问题区域和确认我们的程序正在按预期执行。在 Windows 系统上，WebGL Inspector 和 Frame Analyzer 将一起显示浏览器使用 ANGLE 时的完整图形管线。WebGL Inspector 显示 WebGL 端，Frame Analyzer 显示转换后的 DirectX 等效项。WebGL Inspector 可以很好地跟踪错误绑定的资源并调试我们的图形代码。

一旦安装并启用了 WebGL Inspector 扩展，或者在项目中包含了 JavaScript 库，则会在右上方看到一个 Capture（捕获）按钮。第一步是使用 WebGL Inspector 捕获一个帧，并确保绑定正确的缓冲区、着色器和纹理。图 36.6 显示了 Programs（程序）选项卡，其中显示了 WebGL 应用程序使用的所有着色器以及状态、统一名称和属性信息。此选项卡还将显示着色器编译和链接错误。WebGL Inspector 中的其他选项卡显示有关其他资源的详细信息，如绑定缓冲区的缓冲区内容和所有绑定纹理的纹理分辨率。WebGL Inspector 还显示顶点缓冲区和纹理等资源的预览。预览可以作为一种健全性检查，以确保在进行绘制调用时绑定正确的网格或纹理。

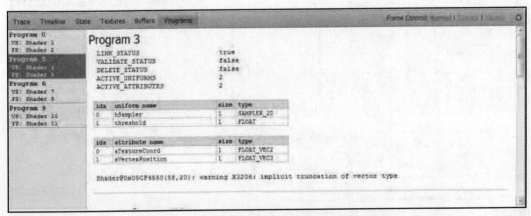

图 36.6　确认正确的着色器与 WebGL Inspector 绑定

与 WebGL Inspector 不同，英特尔 GPA 未通过扩展或 JavaScript 库集成到 Web 浏览器中。此外，由于某些浏览器（如 Google Chrome）的多进程架构，捕获帧会更有趣。英特尔 GPA 可以在启动时附加到 Chrome 进程，但处理渲染调用的过程是主 Chrome 进程的子进程。幸运的是，使用 --no-sandbox 标志启动 Chrome 允许 GPA 进行正确的渲染过程并触发帧捕获。请注意，使用 --no-sandbox 标志运行 Chrome 不会更改性能特征，但会更改浏览器的安全特性。因此，此标志不应用于一般浏览。

捕获帧并使用 Frame Analyzer 打开后，将看到捕获帧中所有绘制调用的可视化，如图 36.5 所示。每个 Draw、Clear 和 StretchRect 调用都显示为一个条，其高度默认设置为 GPU 持续时间。乍一看，此可视化显示了绘制几何图形的顺序以及哪些调用最昂贵。Draw 调用是蓝色条，Clear 调用是浅蓝色条，StretchRect 调用是深红色/洋红色条。浅灰色条是渲染目标变化的标记。两个浅灰色条之间的 Draw/Clear/StretchRect 调用会影响同一个渲染目标。图 36.7 中的标签不是 Frame Analyzer 的功能，但为了清楚起见而添加了标签。

第 36 章　浏览器图形分析和优化

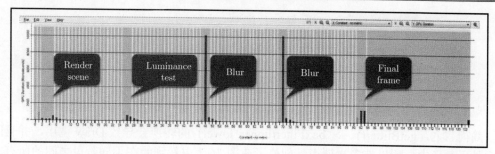

图 36.7　在 Google Chrome 浏览器中，Frame Analyzer 对捕获到的帧的 Draw 调用进行可视化的结果，每个标记区域以 Clear 开始，然后是一个或多个 Draw 调用，并以 StretchRect 结束

原　　文	译　　文	原　　文	译　　文
Render scene	渲染场景	Blur	模糊
Luminance test	亮度测试	Final frame	最终帧

　　仔细查看图 36.7 可以发现，高条对应于模糊过程，这也是意料之中的事情，因为该片段着色器是此应用程序中的大部分工作。仔细观察帧，还可以看到场景的绘制位置、亮度测试的位置、模糊的遍数（两遍）以及帧的最终构图。从图 36.7 可以清楚地看出，可视化中的 Draw 调用比 WebGL Inspector API 日志显示的要多。如果查看亮度测试和第一次模糊传递之间的调用，则会注意到它们似乎正在重新绘制亮度结果，但使用的是较低分辨率的渲染目标。将其与来自 WebGL Inspector 的 API 日志进行比较，我们注意到 gl.drawArrays 调用和 gl.bindFramebuffer 标记的模糊通道开始之间发生的唯一事情是以下代码：

```
gl.bindTexture(gl.TEXTURE_2D, RenderTargets.HighPass.Texture);
gl.generateMipmap(gl.TEXTURE_2D);
```

　　在上述代码中没有任何明显的 Draw 调用。但在 Windows 系统中，gl.generateMipmap (gl.TEXTURE_2D) 将被 ANGLE 转换为多个绘制调用。快速浏览 ANGLE 源代码（src/libGLESv2/Texture.cpp）（详见本章参考文献 [ANGLE 11]），可以看到它会将 generateMipmap 转换为 DirectX 9，显示如下：

```
// ...snipsnip 截屏
for (unsigned int i = 1; i<= q; i++)
{
    IDirect3DSurface9 *upper = NULL;
  I Direct3DSurface9 *lower = NULL;
    mTexture ->GetSurfaceLevel(i-1, &upper);
    mTexture ->GetSurfaceLevel(i, &lower);

    if (upper != NULL && lower != NULL)
    {
```

```
        getBlitter()->boxFilter(upper, lower);
    }
    if (upper != NULL)upper -> Release();
    if (lower != NULL)lower -> Release();
    mImageArray[i].dirty = false;
}
// ...snipsnip 截屏
```

简而言之，getBlitter() -> boxFilter(upper, lower) 的转换会导致 Draw 调用，并且因为它处于循环中，所以被多次调用，创建了在图 36.7 中看到的在不同阶段之间的所有额外 Draw 调用。由于它根据所使用的渲染目标的分辨率为前一次绘制创建了所有 Mipmap，因此，降低初始渲染目标分辨率不仅会减少每一遍绘制需要执行的工作，而且还会减少创建的 Mipmap 数量。

仔细观察图 36.7 可以发现，每个标记区域以 Clear 开始，然后是一个或多个 Draw 调用，并以 StretchRect 结束。顾名思义，StretchRect 会将结果拉伸到绑定的渲染目标以适合视口（Viewport）。在某些情况下，它可能是一种不良影响，但它最适合用场景填充视口。但是，这会导致另一个隐藏的调用，而 WebGL Inspector 中的 API 日志并没有任何说明。

36.6 优化发光效果

现在我们已经理解了如何使用 WebGL Inspector 和英特尔 GPA 分析样本的图形方面的性能，接下来可以使用该信息来修改代码，从而取得最大的优化结果。通过图 36.8 可以清晰地发现，模糊（Blur）通道就是发光效果实现的瓶颈。使用英特尔 GPA Frame Analyzer，可以看到这两个调用约占帧时间的 63%。

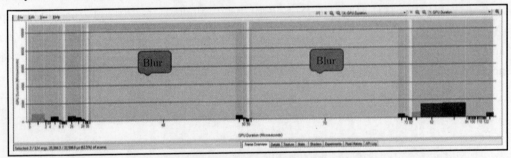

图 36.8 最高和最厚的条是模糊调用

原文	译文
Blur	模糊

36.6.1 较低的渲染目标分辨率

在我们的实现中，公开了两个可以调整模糊的参数：模糊的遍数和渲染目标分辨率。从图 36.8 中可以看到仅模糊了两遍，输入分辨率相当低，但是质量很好。降低我们用于模糊通道（一个通道就是一遍）的渲染目标的分辨率将具有两个效果：减少处理的片段的数量和由 gl.generateMipmap 引起的额外绘制调用的数量。将分辨率降低到原始分辨率的 1/4 后，我们注意到两个模糊通道现在仅占渲染的大约 11%，如图 36.9 所示。这是一个显著的性能改进，并且其代码更改很容易。

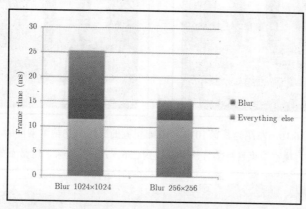

图 36.9 降低模糊渲染目标的分辨率的性能影响

（此图中的帧时间是指英特尔 GPA Frame Analyzer 报告的 GPU 帧时间）

原　　文	译　　文
Frames time(ms)	帧时间（ms）
Blur	模糊
Everything else	其他
Blur 1024 × 1024	模糊 1024 × 1024
Blur 256 × 256	模糊 256 × 256

仔细观察图 36.10，即使在 WebGL Inspector 中，也很难通过查看最终帧来区分它们，因为两种不同分辨率的模糊效果质量并没有明显的差异。

但是，我们可以通过捕获新帧来确认英特尔 GPA 的改进，如图 36.11 所示。

我们还可以采用更低的分辨率，但这也是有底线的，超过某个点可能就会影响质量。在这种情况下，我们的底线就是尝试降低分辨率，同时确保仍能产生可接受的结果。之所以可以进行这样的尝试，是因为我们正在处理模糊。对于其他应用来说，降低分辨率可能是无法接受的解决方案。

图 36.10　左图为具有 1024 × 1024 模糊的原始最终帧渲染目标，
右图为将模糊渲染目标的分辨率降低到 256 × 256 的效果，质量不分轩轾

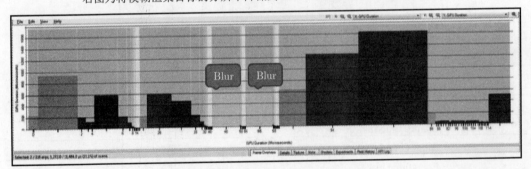

图 36.11　模糊调用不再是最昂贵的

原　　文	译　　文
Blur	模糊

36.6.2　不必要的 Mipmap 生成

如 36.5 节所述，在每个发光阶段之后都调用了 generateMipmap。在 Windows 系统中，这导致了若干个额外的 API 调用，但是在 WebGL Inspector 日志和代码中并无任何说明。

最初，我们计划将渲染目标纹理映射到四边形，并在屏幕上全部显示它们以显示发光效果。但是，后来我们放弃了这个想法，改为将每个发光阶段映射到全屏四边形。发光阶段的结果可以一次显示一个。这允许我们删除对 generateMipmap 的调用，从而删除所有额外的 API 调用，这可以通过比较图 36.7 和图 36.12 来确认。

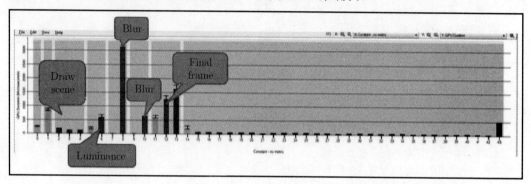

图 36.12　删除 generateMipmap 后的帧捕获结果

原　　文	译　　文
Draw scene	绘制场景
Luminance	亮度
Blur	模糊
Final frame	最终帧

36.6.3　浮点帧缓冲区

在发光阶段之间删除对 generateMipmap 的调用之后，仔细研究了 OES_texture_float 扩展以启用浮点缓冲区（Floating-Point Buffer）。最初，使用 gl.UNSIGNED_BYTE 作为帧缓冲区的格式，它可以创建 A8R8G8B8 帧缓冲区。在启用 OES_texture_float 扩展的情况下，可以通过将 gl.FLOAT 作为纹理格式传递来创建浮点缓冲区。这样创建的是 A32R32G32B32F 帧缓冲区。降低分辨率并删除不必要的 Mipmap 生成后，允许我们以大致相同的成本创建更高质量的模糊效果。代码修改是在 MakeRenderTarget 函数中进行的（参见代码清单 36.2）。

代码清单 36.2　使用 OES_texture_float 扩展创建浮点帧缓冲区

```
var MakeRenderTarget = function(gl, nWidth, nHeight){
    // 新建帧缓冲区
```

```
// 如果 OES_texture_float 扩展存在，则使用浮点帧缓冲区
var nTexFormat = (gl.getExtension("OES_texture_float"))?gl.FLOAT:
    gl.UNSIGNED_BYTE;

// 创建全屏纹理
var pTexture = gl.createTexture();
gl.bindTexture(gl.TEXTURE_2D, pTexture);
gl.texParameteri(gl.TEXTURE_2D, gl.TEXTURE_MAG_FILTER, gl.NEAREST);
gl.texParameteri(gl.TEXTURE_2D, gl.TEXTURE_MIN_FILTER, gl.NEAREST);
gl.texParameteri(gl.TEXTURE_2D, gl.TEXTURE_WRAP_S, gl.CLAMP_TO_EDGE);
gl.texParameteri(gl.TEXTURE_2D, gl.TEXTURE_WRAP_T, gl.CLAMP_TO_EDGE);
gl.texImage2D(gl.TEXTURE_2D, 0, gl.RGBA, pFrameBuffer.width,
    pFrameBuffer.height, 0, gl.RGBA, nTexFormat, null);

// 创建屏幕外深度缓冲区
// 附加纹理和深度缓冲区到帧缓冲区
// 重置绑定到默认值

return {"FrameBuffer" : pFrameBuffer,
        "Texture" : pTexture,
        "Depth" : pDepthBuffer,
        "Width" : nWidth,
        "Height" : nHeight
       };
}
```

根据本章参考文献 [Lipchak 05] 的研究，它需要支持 NEAREST 放大滤镜和 NEAREST_MIPMAP_NEAREST 缩小滤镜。对于发光示例，我们以不需要缩小滤镜的方式绘制这些纹理，因此将两者都设置为 gl.NEAREST。

36.7 小　　结

对 WebGL 的支持正在稳步发展，并正在帮助浏览器成为具有更高品质图形游戏的一个可行的开发和分发平台。与任何其他平台一样，获得最佳性能可以让游戏更耀眼，并显著改善玩家的游戏体验。当游戏和图形开发人员想要在浏览器中提供这些体验时，性能分析工具可以发挥重要作用。本章详细介绍了若干种与 WebGL 应用程序配合良好的工具，并解释了在 Windows 系统上当前实现中可能出现潜在瓶颈的一些领域。简而言之，开发人员应该深入了解硬件平台和操作系统之间的差异，这样才能调整和获得最佳性能。

Web 浏览器一直是抽象硬件和操作系统的一种方式，但是对于 WebGL 来说，我们越来越接近这些层，现在可以利用它来发挥我们的优势。

参考文献

[ANGLE 11] ANGLE. "ANGLE: Almost Native Graphics Layer Engine." http://code.google.com/p/angleproject/, December 15, 2011.

[Intel 11] Intel. "Intel Graphics Performance Analyzers 4.3." http://www.intel.com/software/gpa, December 15, 2011.

[Lipchak 05] BenjLipchak. "OES texture float." http://www.khronos.org/registry/gles/extensions/OES/OES_texture_float.txt, November 9, 2011.

[Vanik 11] Ben Vanik. "WebGL Inspector: An advanced WebGL debugging toolkit." http://benvanik.github.com/WebGL-Inspector/, July 29, 2011.

第 37 章 性能状态跟踪

作者：Aleksandar Dimitrijević

37.1 简　　介

降低功耗是所有现代集成电路设计的主要目标之一。除了设计时（Design-Time）优化外，所有 CPU/GPU 供应商都会实现各种实时方法，以便在保持可接受性能的同时降低功耗。电源管理的一个后果是工作频率的动态变化，因此也影响系统的整体性能。用于桌面和移动平台的现代 GPU 可以根据当前负载改变工作频率。

考虑使用 NVIDIA GeForce GTX 470 显卡在系统上渲染三角形的简单情况，如果 NVIDIA 驱动程序检测到 3D 应用程序，那么它们会立即将频率提升到最高水平。即使创建 OpenGL 渲染上下文也足以使 GPU 进入最高性能状态。应用程序启动时，GPU 频率为 607.5MHz，而内存 I/O 总线频率为 1674MHz。全高清 HD MSAA 8x 屏幕的帧渲染时间小于 0.16ms，GPU 利用率约为 0%。十几秒后，由于利用率极低，GPU 进入性能较低的状态。帧渲染时间改变为约 0.24ms。由于 GPU 保持低利用率，性能进一步降低。在更改了 4 个性能级别后，GPU 最终进入最低性能状态，GPU 频率为 50.5MHz，内存 I/O 总线频率为 101MHz。渲染能力降低了一个数量级，而帧渲染时间则上升到 1.87ms。如果不跟踪性能状态，则无法正确解释测量结果。此外，对于要求较低的应用，可以在一些较旧且功能较弱的显卡上缩短执行时间，因为它们的较低性能状态可能有更高的频率。

37.2 功耗策略

多年来，显卡供应商一直在开发一种高级形式的动态电源管理（Dynamic Power Management，DPM）。DPM 将估计相对工作负载，并在工作负载较低时积极地节省功率。通过改变电压电平、GPU 频率和内存时钟频率来控制功耗。定义当前功耗和显卡性能的一组值称为性能状态（Performance State，P-state，P 状态）。

NVIDIA 定义了 16 个 P 状态，其中，P0 是最高 P 状态，P15 是空闲状态。并非所有 P 状态都存在于给定系统上。每当检测到 3D 应用程序时，状态 P0 被激活。如果在一段时间内利用率低于某个阈值,则 P 状态变为较低水平。

AMD 定义了 3 个 P 状态,其中,P0 是最低的性能状态,而 P2 是最高的性能状态。P0 是起始状态,仅在有要求的情况下才会改变。最新的 AMD 技术,即 PowerTune(详见本章参考文献 [AMD 10]),定义了最高 P 状态下的整个工作频率范围。当 GPU 达到热设计功耗(Thermal Design Power,TDP)限制时,GPU 频率逐渐降低,同时保持高功率状态。这可以为要求苛刻的应用提供更好的性能,同时保持可接受的功耗水平。

考虑到这种先进的电源管理方案,不能仅以基础帧速率对不同的渲染算法进行公平比较。如果在较低的 P 状态下实现相同或甚至更低的帧速率,那么它肯定会使算法更有效,或者至少要求更低。这就是为什么 P 状态跟踪是性能分析软件的重要部分的原因。到目前为止,OpenGL 没有跟踪 P 状态的能力,因此,我们将介绍如何使用特定于供应商的 API(如 NVIDIA 显卡的 NVAPI 和 AMD 显卡的 ADL)实现它。

37.3 使用 NVAPI 进行 P 状态跟踪

NVAPI 是 NVIDIA 的核心 API,允许在所有 Microsoft Windows 平台上直接访问 NVIDIA 驱动程序(详见本章参考文献 [NVIDIA 11c]),作为带有驱动程序的 DLL 提供。[①] NVAPI 必须静态链接到应用程序,因此,软件开发工具包(Software Development Kit,SDK)已经发布了适当的静态库和头文件。[②] 它既可向前兼容,也可向后兼容。调用当前版本的 DLL 中未实现的函数仅返回 NVAPI_NO_IMPLEMENTATION 错误,并且不会导致应用程序崩溃(详见本章参考文献 [NVIDIA 11a])。

在读取或更改某些驱动程序参数时,与驱动程序的通信是基于会话的(详见本章参考文献 [NVIDIA 11a])。应用程序必须创建会话,将系统设置加载到会话中,获取配置文件,最后读取或写入配置文件的某些设置。所有驱动程序设置都组织到配置文件中。某些配置文件随驱动程序一起提供为预定义配置文件(Predefined Profile),而其他配置文件则由用户创建为用户配置文件(User Profile)。配置文件可以与任意数量的应用程序关联在一起,而每个应用程序只能与单个配置文件相关联。与应用程序关联的配置文件称为应用程序配置文件(Application Profile)。如果应用程序未与某个应用程序配置文件关联,或者未在关联的配置文件中定义特定设置,则使用当前全局配置文件(Current

---

[①] 官方说明文档指出,自版本 81.20(R81.20)以来驱动程序支持 NVAPI,但在 R195 之前的驱动程序中,通过 SDK 访问其大多数功能时会存在问题。第一个 NVAPI SDK 于 2009 年 10 月与 R195 一起发布。自 R256 驱动程序以来,所有设置都随着 NVAPI 的变化而广泛开放。

[②] http://developer.nvidia.com/nvapi

Global Profile)。所有与应用程序无关的配置文件都称为全局配置文件(Global Profile)。只能选择一个全局配置文件作为当前全局配置文件。如果在当前全局配置文件中找不到该设置,则使用基本配置文件(Base Profile)。基本配置文件是系统范围的,其设置将自动应用为默认值。

在初始化驱动程序 DLL 时,将加载并应用驱动程序的设置。如果在应用程序执行期间更改了设置,则必须重新启动应用程序才能利用新设置。以 OpenGL 为例,NVAPI 提供了配置 OpenGL 专家模式(OpenGL Expert Mode)及其反馈和报告机制的能力。

P 状态跟踪不需要读取或更改任何驱动程序设置,这消除了对会话和配置文件操作的需要。唯一需要的步骤是通过 NvAPI_Initialize 函数调用初始化 NVAPI。

37.3.1 关于 GPU 利用率

GPU 利用率(Utilization)直接影响当前的 P 状态。如果 GPU 尚未处于最高状态,则高利用率将激活更高的 P 状态。可用于检索利用率的函数是 NvAPI_GPU_GetDynamicPstatesInfoEx。该函数有点"名不副实",它不会告诉 GPU 当前处于哪个 P 状态,而是告知当前状态下的利用率。该利用率通过以下 3 个 GPU 域定义:

- ❑ 图形引擎(GPU)。
- ❑ 帧缓冲区(FB)。
- ❑ 视频引擎(VID)。

官方文档(详见本章参考文献 [NVIDIA 11c])声明也可以检索 P 状态阈值,尽管此功能尚未通过 SDK 公开。

由于系统可以有多个 GPU,因此 NvAPI_GPU_GetDynamicPstatesInfoEx 需要一个应该检索其利用率的物理 GPU 的句柄(Handle)。可以使用 NvAPI_EnumPhysicalGPU 检索物理 GPU 的总数及其句柄。代码清单 37.1 演示了使用 NVAPI 读取 GPU 利用率的方法。该利用率是为默认图形适配器(m_hPhysicalGPU[0])读取的。

代码清单 37.1　使用 NVAPI 读取 GPU 利用率

```
#define UTIL_DOMAIN_GPU 0
#define UTIL_DOMAIN_FB  1
#define UTIL_DOMAIN_VID 2

NvPhysicalGpuHandle m_hPhysicalGPU[NVAPI_MAX_PHYSICAL_GPUS];
NvU32 m_gpuCount;
NV_GPU_DYNAMIC_PSTATES_INFO_EX m_DynamicPStateInfo;
NvAPI_EnumPhysicalGPUs(m_hPhysicalGPU, &m_gpuCount);
```

```
m_DynamicPStateInfo.version = NV_GPU_DYNAMIC_PSTATES_INFO_EX_VER;
NvU32 utilGPU, utilFB, utilVID;

NvAPI_Status status = NvAPI_GPU_GetDynamicPstatesInfoEx(m_hPhysicalGPU[0],&
    m_DynamicPStateInfo);

if(status == NVAPI_OK){
    utilGPU = m_DynamicPStateInfo.utilization[UTIL_DOMAIN_GPU].percentage;
    utilFB  = m_DynamicPStateInfo.utilization[UTIL_DOMAIN_FB].percentage;
    utilVID = m_DynamicPStateInfo.utilization[UTIL_DOMAIN_VID].percentage;
}
```

所有 NVAPI 函数都需要为传递给它们的结构的 version 字段设置适当的值作为参数。对于 SDK 中定义的结构，version 字段的正确值定义为 <structure_name>_VER。

检索到的利用率值不是单个时钟间隔样本，而是最后一秒的平均值。如果 GPU 利用率下降到某个阈值以下，则根据两个相邻 P 状态的相互关系，激活下一个更低的状态。实验结果表明，更低的阈值从 5%到 30%不等。如果 GPU 利用率超过更高的阈值（通常约为 60%），则激活下一个更高的级别。阈值可能因硬件、P 状态设置和驱动程序的策略而异。如果要转到较低的 P 状态，则 Windows 系统上 R280 以前版本的驱动程序要求低利用率达到约 15s，而向更高 P 状态的转换则是瞬时的。从 R280 版本开始，NVIDIA 减少了在转换到较低 P 状态之前低 GPU 利用率所需维持的时间（详见本章参考文献 [NVIDIA 11c]）。

37.3.2 读取 P 状态

可以使用 NvAPI_GPU_GetPstatesInfoEx 函数检索物理 GPU 的所有可用 P 状态及其附带参数，该函数有 3 个参数：
- 物理 GPU 的句柄。
- 指向 NV_GPU_PERF_PSTATES_INFO 结构的指针。
- 输入标志。

输入标志将被分配以定义各种选项，但目前仅使用 bit 0 来选择返回值是默认值还是当前设置。如果 GPU 超频，则当前设置可能与默认设置不同。

如果对 NvAPI_GPU_GetPstatesInfoEx 的调用成功，则 NV_GPU_PERF_PSTATES_INFO 结构将填充有关 P 状态的参数。在 R290 驱动程序附带的 NVAPI 版本中，NV_GPU_PERF_PSTATES_INFO 包含以下字段：

（1）version。NV_GPU_PERF_PSTATES_INFO 版本。在调用该函数之前，应将其

设置为 NV_GPU_PERF_PSTATES_INFO_VER。

（2）flags。保留供将来使用。

（3）numPstates。可用的 P 状态数。

（4）numClocks。时钟已定义的域的数量。目前有 3 个公共时钟域，即 NVAPI_GPU_PUBLIC_CLOCK_GRAPHICS、NVAPI_GPU_PUBLIC_CLOCK_MEMORY 和 NVAPI_GPU_PUBLIC_CLOCK_PROCESSOR。

（5）numVoltages。电压已定义的域的数量。目前只提供了一个域，即 NVAPI_GPU_PERF_VOLTAGE_INFO_DOMAIN_CORE。

（6）pstates[16]。每个 P 状态的参数。

- pstateId。P 状态的 ID（0 ... 15）。
- flags。
  - bit 0。PCI-e 限制（版本 1 或 2）。
  - bit 1。P 状态超频。
  - bit 2。P 状态可以超频。
  - bit 3~bit 31。保留供将来使用。

（7）clocks[32]。

- domainID。特定时钟已定义的域：NVAPI_GPU_PUBLIC_CLOCK_GRAPHICS、NVAPI_GPU_PUBLIC_CLOCK_MEMORY 或 NVAPI_GPU_PUBLIC_CLOCK_PROCESSOR。
- flags。
  - bit 0。时钟域可以超频。
  - bit 1~bit 31。保留供将来使用。
- freq。时钟频率，单位为 kHz。

（8）voltages[16]。

- domainID。电压已定义的域：NVAPI_GPU_PERF_VOLTAGE_INFO_DOMAIN_CORE。
- flags。保留供将来使用。
- mvolt。电压，单位为 mV。

使用 NvAPI_GPU_GetCurrentPstate 即可检索物理 GPU 的当前 P 状态 ID。与通常只在应用程序初始化期间调用一次的 NvAPI_GPU_GetPstatesInfoEx 不同的是，NvAPI_GPU_GetCurrentPstate 必须频繁调用，至少每帧一次。

遗憾的是，NVAPI SDK 没有公开 NVAPI 的所有功能。大多数功能仅在 SDK 的 NDA

版本中可用。此外，官方文档还提到了一些即使在 NDA 版本中也未包含的函数和结构。希望 NVIDIA 将来能够发布更多的功能。

37.4 使用 ADL 进行 P 状态跟踪

AMD 显示库（AMD Display Library，ADL）是一种允许访问各种图形驱动程序设置的 API。它是 Windows 和 Linux 系统的私有 API 的包装器。ADL 二进制文件作为 Windows 或 Linux 的 Catalyst 显示驱动程序包的一部分提供，而 SDK（文档、定义和示例代码等）均可以从网站下载。[①]

P 状态管理通过 ADL OverDrive 版本 5（OD5）API 公开展示。OD5 提供对引擎时钟、内存时钟和核心电压的访问。每个状态组件都可以在一些预定义范围内读取和更改。该范围在显卡的 BIOS 内定义，可防止硬件故障。

P 状态必须按升序枚举，每个组件与前一个状态相比具有相同或更大的值。如果违反该规则，则不会设置状态。系统重新启动后不会保留自定义设置，应由应用程序维护。由于标准 P 状态设置是通过综合资格认证过程确定的，因此不建议更改它们。我们将与 OD5 的交互仅限于 P 状态跟踪。代码清单 37.2 说明了如何读取当前的 P 状态设置。

代码清单 37.2　使用 ADL OverDrive5 检索当前 P 状态参数

```
typedef int(* ADL_OVERDRIVE5_CURRENTACTIVITY_GET)(int, ADLPMActivity *);

HINSTANCE hDLL = LoadLibrary(_T("atiadlxx.dll")); // 尝试加载原生 DLL
if(hDLL == NULL){ // 如果不是 64 位操作系统上的 32 位应用程序，则加载 32 位 DLL
    hDLL = LoadLibrary(_T("atiadlxy.dll"));
}

ADL_Overdrive5_CurrentActivity_Get = (ADL_OVERDRIVE5_CURRENTACTIVITY_GET)
    GetProcAddress(hDLL, "ADL_Overdrive5_CurrentActivity_Get");
ADLPMActivity activity;

activity.iSize = sizeof(ADLPMActivity);
ADL_Overdrive5_CurrentActivity_Get(0, &activity);
```

可以使用 ADL_Overdrive5_CurrentActivity_Get 函数调用来检索当前 P 状态的所有相关参数。这些值存储在 ADLPMActivity 结构中，其中包含以下 P 状态成员：

[①] http://developer.amd.com/sdks/ADLSDK/Pages/default.aspx

- iCurrentPerformanceLevel。当前的 P 状态 ID。
- iEngineClock。GPU 引擎时钟。
- iMemoryClock。内存时钟。
- iVddc。核心电压等级，以 mV 为单位。
- iActivityPercent。GPU 利用率，以%为单位。

OD5 P 状态跟踪的最大优点是其简单性。通过单个函数调用即可检索所有参数。每个 P 状态由 iCurrentPerformanceLevel 唯一标识，其中较大的值对应于较高的 P 状态。ADL_Overdrive5_CurrentActivity_Get 的第一个参数是适配器索引。前面的示例假定默认适配器，因此，该值为 0。

37.5 小　　结

P 状态跟踪对于所有性能分析程序都是必不可少的。每个测量值都应记录当前状态的时间戳，以便正确解释并过滤掉不需要的值。在解释过程中必须特别小心，因为状态变化可能会记录为一帧延迟。因此，不仅当前状态很重要，而且发生转换的帧也很重要。如果状态转换发生在跨越多个帧的测量间隔期间，则会出现另一个问题。如果我们测量频繁的事件或周期性事件，则可以忽略包含状态变化的间隔。在非周期性事件的情况下，我们应该细分测量的间隔，以便捕获发生转换的帧。

根据图形硬件、当前驱动程序和供应商的偏好设置，性能状态策略的差异可能很大。一旦检测到 3D 应用程序，NVIDIA 就会积极地将 P 状态提升到最高值。如果应用程序的要求较低，则 P 状态将逐渐降低。AMD 则采用了不同的策略，从性能最低的状态开始。总之，这两个供应商的驱动程序都可以精确跟踪 GPU 利用率，并相应改变 P 状态。

到目前为止，OpenGL 都没有跟踪 P 状态的能力。为了达到所有相关参数，如工作频率或 GPU 利用率，我们必须使用特定于供应商的 API。NVAPI 可以收集详细信息，但其大部分功能仍然隐藏，而 ADL 则公开提供了所需信息的易用界面。此外，还可以自定义 P 状态参数。由于新一代显卡的功耗越来越重要，我们可以期待进一步开发 P 状态访问 API，甚至 OpenGL 也许可以深入了解强大的显卡散热器下面真正发生的事情。

参 考 文 献

[AMD 10] AMD. "AMD PowerTune Technology." http://www.amd.com/us/Documents/

PowerTune_Technology_Whitepaper.pdf, December 2010.

[NVIDIA 11a] NVIDIA. "NVIDIA Driver Settings Programming Guide." PG-5116-001-v02, http://developer.download.nvidia.com/assets/tools/docs/PG-5116-001_v02_public.pdf, January 19, 2011.

[NVIDIA 11b] NVIDIA. "Understanding Dynamic GPU Performance Mode, Release 280 Graphics Drivers for Windows—Version 280.26." RN-W28026-01v02, http://us.download.nvidia.com/Windows/280.26/280.26-Win7-WinVista-Desktop-Release-Notes.pdf, August 9, 2011.

[NVIDIA 11c] NVIDIA. "NVAPI Reference Documentation (Developer)." Release 285, http://developer.nvidia.com/nvapi, September 15, 2011.

第 38 章 图形内存使用情况监控

作者：Aleksandar Dimitrijević

38.1 简　　介

在计算机图形学中，要实现更高水平的逼真图像，始终避不开高内存需求的问题。尽管现代图形加速器每一代新推出的产品都会配备越来越多的板载显存，但应用程序的需求增长速度更快。由于内存是一种有限且昂贵的资源，因此应用程序需要工具来帮助它更巧妙地决定如何更有效地使用此资源。

直到几年前，OpenGL 实现仍从应用程序中隐藏了资源管理功能。通过声明它启用了硬件抽象和更高级别的可移植性，这种资源屏蔽是合理的，但是，有关执行应用程序环境的了解对于开发人员来说非常有用，不应被屏蔽。现在有各种各样的显卡，每张显卡都具有不同的 GPU 功率和任意数量的板载内存（显存）。此外，如今许多计算机都配备了多个可用于可扩展渲染的显卡（参见第 27 章）。哪些显卡适用于哪些特定任务取决于它们的能力（参见第 9 章）。即使在单加速器系统上，应用程序也可以根据可用资源做出明智的决策，如应用哪种细节级别或算法。开发人员有关最大可用资源的知识对初始设置很有用，但必须在整个应用程序的生命周期中跟踪当前状态。可用资源发生变化的原因可以是各种各样的，它既可以缘于当前场景的复杂性，也可能是因为不同应用对相同资源的争夺。

本章将介绍图形内存（Graphics Memory）分配以及如何使用两个与供应商相关的 OpenGL 扩展来检索其当前状态。

38.2　图形内存分配

图形内存可以分为两大类：专用和共享。专用图形内存（Dedicated Graphics Memory）是与图形子系统相关联的内存，并且它由图形应用程序专门访问，可以是板载显存（专用视频内存）或系统内存的一部分（系统视频内存）。板载显存是独立显卡适配器的"特权"，它通常使用宽而高速的本地总线，与系统内存相比，性能更好。集成显卡没有自带显存，只能将部分系统内存用作自己的专用视频内存。集成显卡系统视频内存的位宽和容量都远逊于独立显卡的显存，这也是集成显卡的性能远不如独立显卡的重要原因。系统视频内存的分配可以由 BIOS 或驱动程序完成。系统 BIOS 分配在系统启动时完成，它可以有效地将一部分内存隐藏起来，不让操作系统发现，而驱动程序的内存分配则在操作系统启动期间发生。在第二种情况下，操作系统将专用图形内存报告为系统内存的一部分，不过它只能由图形驱动程序拥有，不能用于其他目的。

共享系统内存（Shared System Memory）是系统内存的一部分，可在需要时由图形子系统使用。由于非图形应用程序也可以使用此内存，因此，无法保证它是可用的。操作系统（如 Windows Vista 或 Windows 7）报告的共享系统内存量是最大量，实际的量取决于系统负载。有关通过 Windows 显示驱动程序模型（Windows Display Driver Model，WDDM）进行内存分类和报告的更多信息，详见本章参考文献 [Microsoft 06]。

可用图形内存总量是专用图形内存和共享系统内存的总和。如果图形对象存储在专用图形内存中，则可以实现最高性能。但是，在某些应用程序中，专用内存的容量不足以存储所有对象。如果新分配的对象或当前正在使用的对象不能存储在专用内存中，则驱动程序必须逐出已存储的一些对象，以便为新的对象腾出空间。仅当无法在专用或共享系统内存中分配对象时，才应引发 GL_OUT_OF_MEMORY 异常。

查询内存状态并不是 OpenGL 核心功能的一部分，但是两个主要的显卡供应商已经为此目的而发布了一些有用的扩展。下面详细介绍了这些扩展。

38.3　查询 NVIDIA 显卡的内存状态

自 NVIDIA 图形驱动程序版本 195 发布以来，当前的内存状态可通过实验性的 OpenGL 扩展（NVX_gpu_memory_info）访问（详见本章参考文献 [Stroyan 09]）。此扩展定义了若干个可以传递给 glGetIntegerv 的新枚举项，以便检索特定信息。其符号名称和相应的十六进制值如下：

- ❏　GL_GPU_MEMORY_INFO_DEDICATED_VIDMEM_NVX（0x9047）
- ❏　GL_GPU_MEMORY_INFO_TOTAL_AVAILABLE_MEMORY_NVX（0x9048）
- ❏　GL_GPU_MEMORY_INFO_CURRENT_AVAILABLE_VIDMEM_NVX（0x9049）
- ❏　GL_GPU_MEMORY_INFO_EVICTION_COUNT_NVX（0x904A）
- ❏　GL_GPU_MEMORY_INFO_EVICTED_MEMORY_NVX（0x904B）

这里之所以要列出十六进制值，是因为 NVX_gpu_memory_info 是一个实验扩展，因此，它的枚举项不是标准 OpenGL 扩展头文件（glext.h）的一部分。

GL_GPU_MEMORY_INFO_DEDICATED_VIDMEM_NVX 将以 kB 为单位检索专用图形内存的总大小。该值只需读取一次，因为它在应用程序生命周期内不会更改。NVX_gpu_memory_info 只能读取专用图形内存的大小。只能使用 WDDM（详见本章参考文献 [Microsoft 06]）或 NVAPI（详见本章参考文献 [NVIDIA 11]）检索共享系统内存的大小。

GL_GPU_MEMORY_INFO_TOTAL_AVAILABLE_MEMORY_NVX 将以 kB 为单位检索最大可用专用图形内存。如果为特殊目的分配了一定量的内存，则此值可能与专用图形内存的总大小不同。然而，在许多实现中，该值与专用内存总大小是相同的。该信息也不需要被应用程序多次读取。

GL_GPU_MEMORY_INFO_CURRENT_AVAILABLE_VIDMEM_NVX 将以 kB 为单位检索当前空闲的专用图形内存。这是应用程序应该跟踪的最重要的值之一。如果当前空闲图形内存的量不足以存储新对象，则 OpenGL 将开始在专用图形内存和共享系统内存之间交换对象，从而显著影响整体性能。即使可用内存的总量足以存储由于内存碎片而新创建的对象，也可以开始交换。

GL_GPU_MEMORY_INFO_EVICTION_COUNT_NVX 检索自操作系统或应用程序启动以来的回收（Eviction）计数。对于 Windows XP 和 Linux 系统来说，回收计数是针对每个进程的信息。应用程序启动时重置计数，只要它为 0，对象交换就尚未开始，因此，应用程序全速运行。对于 Windows Vista 和 Windows 7 系统来说，回收信息是针对整个系统范围的，并且第一个查询的回收计数不为 0。回收计数是应该跟踪的重要信息。回收计数的增加表明内存过载和性能下降。

GL_GPU_MEMORY_INFO_EVICTED_MEMORY_NVX 将检索被回收的内存量。它是从专用视频内存中删除的所有对象的总大小（以便为新分配腾出空间）。在 NVX_gpu_memory_info 的 1.2 版本中，每个查询都会重置回收计数和被回收内存的大小。在版本 1.3 中，每次执行新回收时该值都会增加。

虽然 NVX_gpu_memory_info 可以在 NVIDIA 显卡上实现高效的内存分配跟踪，但仍然缺少一些信息。其中之一是最大可用内存块的大小。如果了解这一点，开发人员就可以更准确地预测回收，并更好地掌握驱动程序的内存碎片整理算法。另一条缺失的信息是共享系统内存分配大小。开发人员只能读取已回收内存的累积量，但它并不能用于计算共享系统内存分配的大小。

38.4 查询 AMD 显卡的内存状态

在 AMD 显卡上，可以使用 OpenGL 扩展 ATI_meminfo（详见本章参考文献 [Stefanizzi 09]）

来检索内存信息。它同样是基于 glGetIntegerv 函数的，但与 NVIDIA 的对应扩展不同，它检索的是 4 元组而不是简单的整数。通过指定以下 3 个内存池之一即可检索有关可用图形内存的信息：

- GL_VBO_FREE_MEMORY_ATI。用于顶点缓冲区对象的内存池的内存状态。
- GL_TEXTURE_FREE_MEMORY_ATI。用于纹理的内存池的内存状态。
- GL_RENDERBUFFER_FREE_MEMORY_ATI。用于渲染缓冲区的内存池的内存状态。

对于每个内存池，返回包含以下信息的 4 元组整数：

- PARAM[0]。空闲的专用图形内存总量，以 kB 为单位。
- PARAM[1]。最大可用专用图形内存的空闲块，以 kB 为单位。
- PARAM[2]。空闲的共享系统内存总量，以 kB 为单位。
- PARAM[3]。最大共享系统内存空闲块，以 kB 为单位。

内存池可以是独立的，也可以是共享的，具体取决于实现。到目前为止，每个池都映射整个图形内存，并为所有池检索相同的值（共享实现）。返回值不需要显示确切信息，而是可以返回实际可用性的 80% 的保守值。对于 NVIDIA 和 AMD 的扩展，可用内存空间的精确值并不是最重要的。从检索信息的那一刻到新分配的那一刻，即使它是即时发布的，也可以显著改变可用内存量。延迟可以是命令队列的结果，或者更严格地说，是驱动程序刻意推迟的结果（推迟到第一次使用分配对象那一刻）。即使 glFinish 调用也不能强制驱动程序提交分配。例如，在第一次使用对象之前，对 glTexImage* 和 glBufferData 的调用不会更改图形卡上的内存分配。

ATI_meminfo 没有提供关于图形内存总量的线索。如果开发人员想要计算内存利用率，则必须使用另一个 AMD 扩展：WGL_AMD_gpu_association（详见本章参考文献 [Haemel 09]）。此扩展为应用程序提供了一种机制，可以显式绑定到多 GPU 系统中的特定 GPU。由于不同的 GPU 可以具有不同的功能，因此该扩展可以查询这些功能，其中之一就是查询以 MB 为单位的总内存大小。

函数 wglGetGPUInfoAMD 可用于检索指定 GPU 的属性。为了访问信息，我们需要系统中提供的 GPU 的 ID。即使只有一个 GPU，查询 ID 也是必须的步骤。函数 wglGetGPUIDsAMD(maxCount, ID) 使用 maxCount 值填充数组 ID，并检索 GPU 的总数。可以为 maxCount 选择一个任意值，也可以通过将 ID 参数设置为 NULL 来使用 wglGetGPUIDsAMD 函数获取 GPU 的数量。拥有 ID 之后，可以通过调用具有指定 ID 的 wglGetGPUInfoAMD 并将第二个参数设置为 WGL_GPU_RAM_AMD 来检索专用于特定 GPU 的内存量。代码清单 38.1 演示了如何使用 WGL_AMD_gpu_association 查询专用图形内存大小。

代码清单 38.1　使用 WGL_AMD_gpu_association 查询专用图形内存大小

```
UINT maxCount;
UINT* ID;
size_t memTotal = 0;          // 专用图形内存的总大小，以 MB 为单位
maxCount = wglGetGPUIDsAMD(0, 0);
ID = new UINT[maxCount];
wglGetGPUIDsAMD(maxCount, ID);
wglGetGPUInfoAMD(ID[0], WGL_GPU_RAM_AMD, GL_UNSIGNED_INT, sizeof(size_t),
    & memTotal);
```

38.5　小　　结

可用的专用图形内存量可能会显著影响应用程序的执行。独立显卡对内存过载的问题更敏感，因为板载显存具有更高的吞吐量并且明显优于系统内存。当内存利用率达到满容量时，由于对象交换或访问驻留在共享系统内存中的对象，OpenGL 对象管理可能会对应用程序的性能产生负面影响。为了帮助应用程序避免达到内存限制，GPU 供应商提供了用于确定可用图形内存量的扩展。这些扩展不必检索确切的可用内存量，而是提供对应用程序的提示。

NVX_gpu_memory_info 和 ATI_meminfo 扩展都提供了额外的信息，使开发人员可以更好地了解当前的内存状态。NVX_gpu_memory_info 可以检索的非常有用的信息是回收计数。如果计数增加，则内存过载，交换对象，因此性能会降低。ATI_meminfo 不报告回收，而是通过检索最大可用内存块，以更精确地预测此类事件。

完全利用检索到的信息是不可能的，因为在发出命令的那一刻并不会提交新的分配，而是推迟到驱动程序最方便的时刻（通常是在第一次使用对象时）。在任何情况下，应用程序都可以从内存使用跟踪和智能资源管理中受益。通过避免回收，我们可以防止对象交换，从而保持高性能。

参　考　文　献

[Haemel 09] Nick Haemel. "AMD_gpu_association." Revision 1.0, March 3, 2009.
[Microsoft 06] Microsoft. "Graphics Memory Reporting through WDDM." http://www.

microsoft.com/whdc/device/display/graphicsmemory.mspx, January 9, 2006.

[NVIDIA 11] NVIDIA. "NVAPI Reference Documentation (Developer)." Release 285, http://developer.nvidia.com/nvapi, September 15, 2011.

[Stefanizzi 09] Bruno Stefanizzi, Roy Blackmer, Bruno Stefanizzi, Andreas Wolf, and Evan Hart. "ATI_meminfo." Revision 0.2, March 2, 2009.

[Stroyan 09] Howard Stroyan. "GL_NVX_gpu_memory_info." Revision 1.3, December 4, 2009.

第 7 篇

软 件 设 计

开发人员可以在软件堆栈（Software Stack）的多个层次上使用 OpenGL。一些开发人员愿意通过编写驱动程序或者使用另一个图形 API 来创建 OpenGL 实现，还有一些开发人员则选择创建中间件或引擎，以简化 OpenGL 的使用并提高抽象级别。也许大多数 OpenGL 开发人员都会创建实际的应用程序，无论是直接调用 OpenGL，还是使用基于 OpenGL 的引擎。本篇将介绍此堆栈每一层的软件设计。我们将考虑实现 OpenGL ES 2.0（基于 WebGL 构建的引擎和应用程序），使传统的 OpenGL 代码更加现代化，并构建跨平台的 OpenGL 应用程序。

近乎原生的图形层引擎（Almost Native Graphics Layer Engine，ANGLE）使用 Direct3D 9 提供 OpenGL ES 2.0 实现。它用作 Windows 系统上 Chrome 和 Firefox 浏览器的默认 WebGL 后端。实现 ANGLE 并不像将 OpenGL 调用变换为 Direct3D 调用那么简单，它需要考虑 API 功能的差异。Daniel Koch 和 Nicolas Capens 编写了第 39 章"ANGLE 项目：在 Direct3D 上实现 OpenGL ES 2.0"，该章讨论了 ANGLE 中的实现挑战，提供了性能分析结果，并

提出了一些实用的实现建议。

通过低级 WebGL 与其他 Web API 的比较结果，我们可以很清楚地知道，有必要基于 WebGL 构建更高级别的 3D 引擎。我们将探讨两个这样的引擎，其中一个是 SceneJS，它是一个开源 3D 引擎，基于优化的场景图，用于渲染大量可单独拾取和连接的对象。Lindsay Kay 编写了第 40 章"SceneJS：基于 WebGL 的场景图形引擎"，介绍了 SceneJS 的架构以及它如何有效地利用 JavaScript 和 WebGL。

SpiderGL 是另一个使用 WebGL 的 3D 图形库。SpiderGL 不是提供像场景图这样的高级构造，而是提供实用程序、数据结构和算法来简化 WebGL 开发，但仍允许在同一个应用程序中使用其他 WebGL 代码。Marco Di Benedetto、Fabio Ganovelli 和 Francesco Banterle 编写了第 41 章"SpiderGL 中的特性和设计选择"，讨论了 SpiderGL 中的一些设计和实现决策，包括其模型表示，并允许与原生的 WebGL 调用实现无缝互操作。

WebGL 将启用一个全新的应用程序类。Tansel Halic、Woojin Ahn 和 Suvranu De 编写了第 42 章"Web 上的多模态交互式模拟"，提出了使用 WebGL 进行多模态交互式模拟的可视化、模拟和硬件集成框架。有了这个框架，甚至可以使用网络浏览器练习外科手术。

在同一代码库中维护传统和现代 OpenGL 代码可能具有挑战性。Jesse Barker 和 Alexandros Frantzis 编写了第 43 章"使用 OpenGL 和 OpenGL ES 的子集方法"，分享了他们的经验，提出了移动到针对 OpenGL 和 OpenGL ES 编写的单一现代代码库的方法。

Jochem van der Spek 和 Daniel Dekkers 编写了第 44 章"构建跨平台应用程序"，这是本篇也是本书的最后一章，它详细讨论了如何使用 C++/Objective-C 和 CMake 构建跨平台的 OpenGL 应用程序。

第 39 章　ANGLE 项目：在 Direct3D 上实现 OpenGL ES 2.0

作者：Daniel Koch 和 Nicolas Capens

39.1　简　　介

近乎原生的图形层引擎（Almost Native Graphics Layer Engine，ANGLE）项目是 OpenGL ES 2.0 for Windows 的开源实现。本章探讨了在 ANGLE 设计中遇到的挑战以及实现的解决方案。

本章首先介绍了 ANGLE 开发的动机和它的一些潜在用途，然后深入研究了实现细节，并探讨了开发 ANGLE 所涉及的设计挑战。我们将讨论 ANGLE 提供的功能集，包括 ANGLE 支持的标准 OpenGL ES 和 EGL 扩展，以及一些特定于 ANGLE 的扩展（详见本章参考文献 [ANGLE 11]）。我们还详细描述了为确保高性能和低开销而实现的一些优化，为希望在自己的项目中直接使用 ANGLE 的开发人员提供了性能提示和指导。最后使用 ANGLE 和原生桌面 OpenGL 驱动程序对 WebGL 实现进行了一些性能比较。

39.2　背　　景

ANGLE 是 OpenGL ES 2.0 规范（详见本章参考文献 [Khronos 11c]）的一致实现，通过 Direct3D 进行硬件加速。2011 年 10 月，ANGLE 1.0.772 通过了 ES 2.0.3 一致性测试，被认证为合规。ANGLE 还提供了 EGL 1.4 规范（详见本章参考文献 [Khronos 11b]）的实现。

TransGaming 完成了 ANGLE 的主要开发，并提供持续的维护和功能增强。Google 支持 ANGLE 的发展，并允许 Google Chrome 等浏览器在可能没有 OpenGL 驱动程序的 Windows 计算机上运行 WebGL 内容（详见本章参考文献 [Bridge 10]）。

ANGLE 用作 Windows 平台上 Google Chrome 和 Mozilla Firefox 的默认 WebGL 后端。实际上，Chrome 使用 ANGLE 进行所有图形渲染，包括加速的 Canvas2D 实现和原生客

户端（Native Client）沙箱环境。

除了为 Windows 提供 OpenGL ES 2.0 实现之外，ANGLE 着色器编译器的各个部分还被用作跨多个平台的 WebGL 实现的着色器验证器和转换器。它用于 Mac OS X（Chrome、Firefox 和 Safari）、Linux（Chrome 和 Firefox）以及浏览器的移动版本变体。拥有一个着色器验证器有助于确保跨浏览器和平台接受一组一致的 GLSL ES（ESSL）着色器。着色器转换器还用于将着色器转换为其他着色语言，并可选择应用着色器修改以解决原生图形驱动程序中的错误或问题。该转换器面向 Desktop GLSL、Direct3D HLSL，甚至是针对原生 OpenGL ES 2.0 平台的 ESSL。

由于 ANGLE 为 Windows 提供了 OpenGL ES 2.0 和 EGL 1.4 库，因此开发人员可以将它用作开发工具，以便为移动平台、嵌入式设备、机顶盒和基于智能电视的设备开发应用程序。在最终的设备性能调整之前，可以在开发人员熟悉的基于 Windows 的开发环境中完成原型设计和初始开发。诸如 GameTree TV SDK（详见本章参考文献 [TransGaming 11]）之类的可移植性工具可以通过直接在机顶盒上运行基于 Win32 和 OpenGL ES 2.0 的应用程序来进一步简化此过程。ANGLE 还为开发人员提供了将其应用程序的生产版本部署到桌面的附加选项，用于最初在 Windows 上开发的内容，或用于从其他平台（如 iOS 或 Android）部署基于 OpenGL ES 2.0 的内容。

39.3 实　　现

ANGLE 在 C++中实现，并使用 Direct3D 9（详见本章参考文献 [MSDN 11c]）进行渲染。选择此 API 是为了让我们能够在 Windows XP、Windows Vista 和 Windows 7 上开发实现，并提供对广泛的图形硬件基础的访问。ANGLE 需要最少的着色器模型（Shader Model，SM）2 支持，但由于 SM2 的功能有限，我们实现的主要目标是 SM3。它们之间存在一些实现差异，并且在某些情况下，会使用完全不同的方法，以便对应 SM2 和 SM3 之间的不同功能集。由于 SM3 是我们的主要目标，因此本章的重点是对此功能集实现的描述。

在另一个图形 API（如 Direct3D）之上实现 OpenGL ES 的主要挑战是要考虑不同的约定和功能。某些差异可以按直接的方式实现，而另外一些差异的实现则可能要复杂得多。

本节将首先介绍 API 之间最为人所熟知的差异之一：坐标约定的差异。以数学上合理的方式处理这些对于获得正确结果至关重要。随后，我们将介绍该项目的另一个关键方面：将 OpenGL ES 着色器转换为其 Direct3D 等效项。接下来，将深入研究处理数据资源，如顶点缓冲区和纹理。最后，我们将介绍不同 API 范例和接口的更精细细节，将各个方面绑定到 Direct3D 之上的完整 OpenGL ES 实现。

39.3.1 坐标系

人们常说，OpenGL 有一个右手坐标系，而 Direct3D 有一个左手坐标系，这有一个应用范围的意义（详见本章参考文献 [MSDN 11a]）。但是，这并不完全正确。通过讨论坐标变换方程可以更好地理解差异。OpenGL 和 Direct3D 都采用顶点着色器在齐次（裁剪）坐标中的位置输出，执行相同的透视分割以获得归一化设备坐标（Normalized Device Coordinates，NDC），然后执行非常相似的视口变换以获得窗口坐标。OpenGL 执行的变换如图 39.1 和式（39.1）所示（详见本章参考文献 [Khronos 11c]，2.12 节）。参数 p_x 和 p_y 分别代表视口宽度和高度，(o_x, o_y) 是视口的中心（全部以像素为单位）。

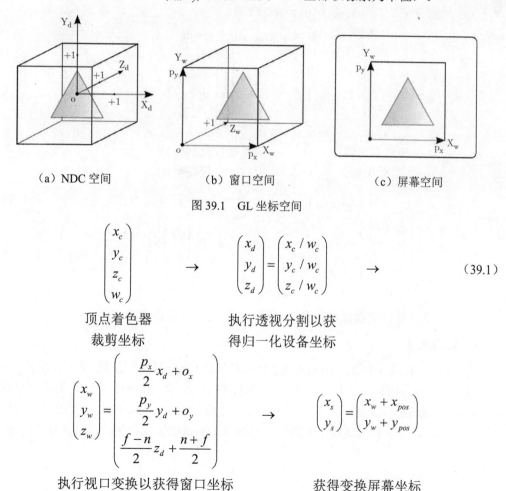

（a）NDC 空间　　　（b）窗口空间　　　（c）屏幕空间

图 39.1　GL 坐标空间

$$\begin{pmatrix} x_c \\ y_c \\ z_c \\ w_c \end{pmatrix} \rightarrow \begin{pmatrix} x_d \\ y_d \\ z_d \end{pmatrix} = \begin{pmatrix} x_c / w_c \\ y_c / w_c \\ z_c / w_c \end{pmatrix} \rightarrow \qquad (39.1)$$

顶点着色器　　　　　　执行透视分割以获
裁剪坐标　　　　　　　得归一化设备坐标

$$\begin{pmatrix} x_w \\ y_w \\ z_w \end{pmatrix} = \begin{pmatrix} \dfrac{p_x}{2} x_d + o_x \\ \dfrac{p_y}{2} y_d + o_y \\ \dfrac{f-n}{2} z_d + \dfrac{n+f}{2} \end{pmatrix} \rightarrow \begin{pmatrix} x_s \\ y_s \end{pmatrix} = \begin{pmatrix} x_w + x_{pos} \\ y_w + y_{pos} \end{pmatrix}$$

执行视口变换以获得窗口坐标　　　　　获得变换屏幕坐标

Direct3D 执行的变换如图 39.2 和式（39.2）所示（详见本章参考文献 [MSDN 11k]）。

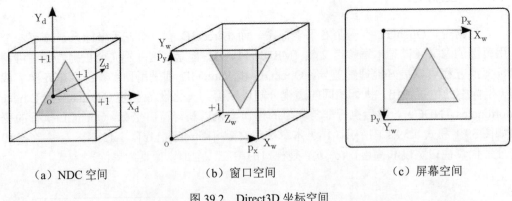

（a）NDC 空间　　　　　（b）窗口空间　　　　　（c）屏幕空间

图 39.2　Direct3D 坐标空间

$$\begin{pmatrix} x_c \\ y_c \\ z_c \\ w_c \end{pmatrix} \rightarrow \begin{pmatrix} x_d \\ y_d \\ z_d \end{pmatrix} = \begin{pmatrix} x_c/w_c \\ y_c/w_c \\ z_c/w_c \end{pmatrix} \rightarrow \quad (39.2)$$

顶点着色器　　　　　　　执行透视分割以获
裁剪坐标　　　　　　　　得归一化设备坐标

$$\begin{pmatrix} x_w \\ y_w \\ z_w \end{pmatrix} = \begin{pmatrix} \dfrac{p_x}{2} x_d + o_x \\ \dfrac{p_y}{2}(-y_d) + o_y \\ (f-n)z_d + n \end{pmatrix} \rightarrow \begin{pmatrix} x_s \\ y_s \end{pmatrix} = \begin{pmatrix} x_w + x_{pos} \\ p_y - y_w + y_{pos} \end{pmatrix}$$

执行视口变换以获得窗口坐标　　　　　获得变换屏幕坐标

1. 窗口原点

式（39.1）和式（39.2）之间的一个显著差异是 Direct3D 在视口变换期间反转 y 轴。Direct3D 还约定为窗口原点位于左上角，y 轴指向下方，而 OpenGL 则约定为窗口原点位于左下角，y 轴朝上，如图 39.3 所示。这些操作相互抵消。这意味着当使用相同的视口参数将 OpenGL 顶点着色器输出的齐次坐标输入 Direct3D 时，生成的图像将正确显示在屏幕上。

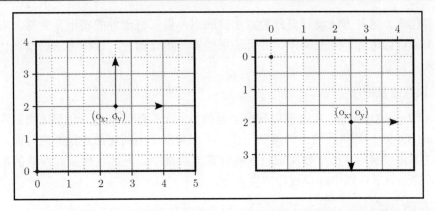

图 39.3 OpenGL（左）和 Direct3D（右）之间的窗口原点和片段坐标差异。
黑色点表示窗口坐标中 (0, 0) 的位置，(o_x, o_y) 是 5 × 4 像素视口的中心

这里的问题是当渲染到纹理时，图像存储在窗口坐标中，因此，没有执行垂直翻转，使图像上下颠倒。此外，由于窗口坐标也是像素着色器的输入，因此，诸如片段坐标和梯度之类的东西将被反转。

有若干种方法可以解决这个问题。第一种是将代码附加到原始 OpenGL ES 顶点着色器以使 y 分量变负。这样，视口变换中的负号被取消，这意味着窗口坐标正是 OpenGL 所期望的方式，并且当渲染到纹理时，图像看起来是直立的。由于 Direct3D 在屏幕上观看时会翻转图像，因此还必须通过在 Present 调用之前明确地翻转它来抵消它。最初，我们选择了这个选项，因为变负顶点着色器中的 y 分量是很简单的，所以它可以轻松解决渲染到纹理的问题，并且像素着色器或常规纹理处理不需要进行任何更改。它只需要额外的通道来将渲染结果复制到纹理中，并在将其呈现在屏幕上之前将其翻转。糟糕的是，这个过程在渲染简单场景时对低端硬件造成了显著的性能影响——降低了 20%。

处理 y 坐标反向的第二种方法是通过重写每个采样操作来反转纹理采样坐标系，以使用修改的纹理坐标：$(s', t') = (s, 1-t)$。这意味着常规纹理的数据必须以上下颠倒的方式存储。立方体贴图可以通过另外交换顶部（+Y）和底部（-Y）面来处理。它还要求调整使用窗口 y 坐标的所有像素着色器操作。这是目前实现的解决方案，将在 39.3.2 节中做进一步讨论。上传时的纹理反转是低效率的潜在来源，但我们已经在加载时调整并变换大多数纹理数据，因此这不会增加额外的开销。另外还有一个问题是，对纹理坐标的修改使它们依赖纹理的读取。这可能会防止在一些 GPU 架构上预先提取纹理数据，并且额外的指令增加了计算开销。幸运的是，这在大多数桌面 GPU 上似乎都不是问题，我们没有观察到由于这些修改而产生的负面影响。

解决此问题的第三种方法是仅在渲染到纹理时反转渲染，并在渲染到窗口时使用未

修改的着色器。这种方法没有前两种方法的缺点，但它有额外的实现复杂性。着色器必须根据渲染目标进行不同的编译，并且还可能影响填充约定。这种方法仍在评估中，可能在将来会实现。

2. 顶点连接顺序

OpenGL 和 Direct3D 之间视口变换差异的另一个有趣结果是三角形顶点的连接顺序（Winding Order）是相反的。连接顺序决定了三角形是面向正面还是面向背面，从而确定了哪些图元被剔除。由于使用窗口坐标计算连接顺序，因此反转剔除参数的需要还取决于是否在顶点着色器中处理视口变换差异。

3. 抖动

OpenGL ES 中不需要特定的抖动（Dithering）算法，只是抖动算法仅依赖于片段的值和窗口坐标。当视口反转时，这有可能使抖动算法也依赖于视口高度。但是，如果使用恒等函数，则可以轻松满足此抖动要求。Direct3D 9 确实具有 D3DRS_DITHERENABLE 渲染状态，但近来硬件上通常不再直接支持抖动。

4. 填充约定

不同视口变换的最后一个有趣影响是它也影响填充约定（Fill Convention）。填充约定是一项规则，它将决定当像素的中心直接位于三角形的边上时，像素是否被该三角形覆盖。这对于防止相邻三角形填充相同像素两次或留下间隙至关重要。Direct3D 强制执行左上角填充约定。OpenGL 不需要特定的填充约定，只需要一致地使用明确定义的约定。虽然 ANGLE 符合这一点，但值得注意的是，OpenGL 规范并不能保证精确的像素结果。特别是，屏幕空间矩形应与像素边缘而不是像素中心对齐，以避免意外结果。

5. 深度范围

除了窗口原点差异之外，必须考虑的齐次坐标的深度范围也存在差异。OpenGL 将 z 坐标裁剪到 [-1, 1] 范围，然后将其变换为用 glDepthRangef 指定的 [*near*, *far*] 范围，而 Direct3D 则使用 [0, 1] 范围。请注意，与普遍看法相反，OpenGL 的 z 轴并未指出屏幕外。OpenGL 和 Direct3D 应用程序都可以自由使用它们喜欢的任何坐标系，只要投影能够正确地将相机空间坐标变换为预期的裁剪空间（Clip-Space）坐标即可。由于裁剪发生在顶点着色器阶段之后，我们可以通过将代码附加到调整输出 z 坐标的原始顶点着色器来计算差异。39.3.2 节将重新讨论这个问题。

6. 片段坐标

OpenGL 和 Direct3D 9 之间的像素中心的数值坐标也不同。在 OpenGL 中，像素中心位于半像素（Half-Pixel）位置，因此，最靠近原点的像素的 (x, y) 片段坐标是 $(0.5, 0.5)$。在 Direct3D 9 中，像素中心位于整数位置，并且最靠近原点的像素的位置是 $(0, 0)$。这也意味着视口在原点周围不对称，如图 39.3 所示。这种奇怪的问题已在 Direct3D 10 中得到纠正，但对于 Direct3D 9 上的 ANGLE，则需要半像素偏移（Half-Pixel Offset）来调整此差异的片段坐标。这种调整也可以在顶点着色器阶段的输出处完成，因此在齐次坐标中，半像素偏移变为 $\left(\dfrac{1}{p_x}w_c, \dfrac{1}{p_y}w_c\right)$。

39.3.2 着色器编译器和链接器

OpenGL 着色语言的初始设计由 3Dlabs 完成。作为工作的一部分，他们为初始版本的 GLSL 开发并发布了一个开源 GLSL 编译器前端（Front-End）和着色器验证器（详见本章参考文献 [3Dlabs 05]）。这个 GLSL 编译器前端被用作 ANGLE 着色器编译器和转换器的起点。3Dlabs 编译器前端是为 GLSL 规范的 1.10 版设计的，因此需要适用于 GLSL ES 版本 1.00 语言（详见本章参考文献 [Khronos 11e]）。有关 GLSL 1.10 和 GLSL ES 1.00 之间的差异，可以查看挪威科技大学的学生报告（详见本章参考文献 [Ek 05]）。

1. 架构

在 OpenGL ES 2.0 中，使用 glCompileShader 编译单个顶点和片段着色器，并使用 glLinkProgram 将其链接到单个程序中。但是，对于 Direct3D 9 来说，顶点和像素着色器（ESSL 片段着色器的 Direct3D 等效物）之间并没有明确的链接步骤。必须在 HLSL 代码本身内为顶点着色器输出和像素着色器输入分配"语义"（详见本章参考文献 [MSDN 11j]），它在本质上是寄存器标识符（Register Identifier），并且在着色器处于活动状态时隐式链接它们。由于只有在知道顶点和像素着色器时才能分配匹配的语义，因此必须将实际的 HLSL 编译推迟到链接时间。在编译调用期间，ANGLE 只能将 ESSL 代码转换为 HLSL 代码，将输出和输入声明留空。请注意，这不是 ANGLE 独有的，因为其他 OpenGL 和 OpenGL ES 实现也会将一些编译推迟到链接时。

ANGLE 着色器编译器组件可以用作转换器或验证器。它由两个主要组件组成：编译器前端和编译器后端（Back-End）。编译器前端由预处理器（Preprocessor）、词法分析器（Lexer）、解析器（Parser）和抽象语法树（Abstract Syntax Tree，AST）生成器组成。词法分析器和解析器是使用 Flex（详见本章参考文献 [Flex 08]）和 Bison（详见本章参考文献 [FSF 11]）工具从着色语言（Shading Language）语法生成的。编译器后端由若干种输出方法组成，这些方法将 AST 转换为所需形式的"对象"代码。当前支持的目标代码形式是 HLSL、GLSL 或 ESSL 着色器字符串。着色器编译器可以针对 ESSL 规范（详见本章参考文献 [Khronos 11e]）或 WebGL 规范（详见本章参考文献 [Khronos 11f]）验证着色器。ANGLE 使用前者，而 Web 浏览器则使用后者。

在程序对象链接期间，来自"编译"顶点和片段着色器的已转换的 HLSL 着色器将编译为二进制着色器 Blobs。着色器 Blobs 包括着色器的 Direct3D 9 字节码和将统一名称映射到常量所需的语义信息。D3DXGetShaderConstantTable 方法用于获取统一信息并定义统一名称与顶点和像素着色器常量位置之间的映射。请注意，ANGLE 使用 Direct3D 10 着色器编译器而不是 D3DX9 附带的着色器编译器，因为它作为单独更新的 DLL 提供，可生成出色的着色器汇编/二进制代码，并且可以更成功地处理复杂着色器，而不会耗尽寄存器或指令槽。但是，仍然有一些着色器包含复杂的条件或具有大量迭代的循环，即使是使用 Direct3D 10 编译器也无法编译。

2．着色器转换

将 ESSL 转换为 HLSL 是通过遍历 AST 并将其转换回文本表示，同时考虑到语言之间的差异来实现的。AST 是原始源代码的树结构表示，因此将每个节点转换为字符串的基本过程相对简单。我们还扩展了 3Dlabs 对 AST 及其遍历框架的定义，以保留其他源信息，如变量声明和精度。

HLSL 支持与 ESSL 相同的二元和一元运算符，但语义上存在一些值得注意的差异。在 ESSL 中，第一个矩阵分量下标访问列向量，而第二个下标（如果有）则选择行。使用 HLSL，此顺序相反。此外，OpenGL 使用列优先顺序（Column-Major Order）中指定的元素构造矩阵，而 Direct3D 则使用行优先顺序（Row-Major Order）。这些差异可以通过转置矩阵统一格式解决。当在二进制运算中使用时，这还需要（非）转置矩阵。虽然在 HLSL 着色器中转置矩阵似乎不太有效，但在汇编级别它只会导致乘加向量指令而不是点积指令，反之亦然。没有观察到明显的性能影响。

两种语言之间的另一个重要语义差异是三元选择运算符（条件？表达式 1：表达式 2）的评估。使用 HLSL，将评估两个表达式，然后根据条件返回其中一个表达式的结果。ESSL 遵循 C 语义，仅评估条件选择的表达式。要使用 HLSL 实现 ESSL 语义，可以将三元运算符重写为 if/else 语句。因为三元运算符可以嵌套，语句可以包含多个三元运算符，所以我们实现了一个单独的 AST 遍历器，它可以分层扩展三元运算符，并将结果分配给临时变量，然后在包含三元运算符的原始语句中使用这些变量。逻辑二进制布尔 AND（&&）和 OR（||）运算符也需要进行短路评估，并且可以按类似方式处理。

为了防止临时变量和内部函数名称的差异与 ESSL 源中使用的名称冲突，使用下画线"装饰"用户定义的 ESSL 名称。ESSL 代码中的保留名称在 HLSL 中使用相同的 gl_前缀，而实现或调整 Direct3D 特定行为所需的变量具有 dx_前缀。

3. 着色器内置项

OpenGL ES 着色语言提供了许多内置着色器变量、输入和函数。这些变量、输入和函数不是由 Direct3D 的 HLSL 直接提供的，或者需要两种语言之间的不同语义。

顶点着色语言没有内置输入，而是支持应用程序定义的属性（Attribute）变量，这些变量提供基于每个顶点传递到着色器的值。使用 TEXCOORD[#] 语义可以将属性直接映射到 HLSL 顶点着色器输入。

变化的变量形成顶点和片段着色器之间的接口。ESSL 没有内置的变化变量，仅支持应用程序定义的变量。使用 COLOR[#] 语义可以将这些变化映射到 HLSL 顶点着色器输出和像素着色器输入。在大多数情况下，我们也可以使用 TEXCOORD[#] 语义，但是对于点精灵（Point-Sprite）渲染，它们的处理方式不同，因此我们总是使用 COLOR[#] 语义进行用户定义的变化。例外情况是在 SM2 中，其中，具有 COLOR[#] 语义的变量具有有限的范围和精度，因此我们必须使用 TEXCOORD[#] 语义。也就是说，使用 SM2 时我们无法直接支持很大的点。

顶点着色语言有两个内置输出变量：gl_PointSize 和 gl_Position。gl_PointSize 输出控制点光栅化的大小。这相当于 HLSL 顶点着色器 PSIZE 输出语义，但为了满足 GL 要求，必须将其固定到有效的点大小范围。gl_Position 输出确定齐次坐标中的顶点位置。这类似于 HLSL 顶点着色器 POSITION0 输出语义。但是，在可以使用它之前，必须考虑 Direct3D 和 OpenGL 坐标之间的若干个差异。如 39.3.1 节所述，x 和 y 坐标将通过屏幕空间中的半像素偏移进行调整，以考虑片段坐标差异，并调整 z 坐标以考虑深度范围差异。代码清单 39.1 显示了将 ESSL 着色器转换为 Direct3D 语义的顶点着色器结尾。

代码清单 39.1　顶点着色器结尾

```
output.gl_PointSize = clamp(gl_PointSize, 1.0, ALIASED_POINT_SIZE_RANGE_
   MAX_SM3);
output.gl_Position.x = gl_Position.x - dx_HalfPixelSize.x * gl_Position.w;
output.gl_Position.y = gl_Position.y - dx_HalfPixelSize.y * gl_Position.w;
output.gl_Position.z = (gl_Position.z + gl_Position.w) * 0.5;
output.gl_Position.w = gl_Position.w;
output.gl_FragCoord = gl_Position;
```

片段着色语言有 3 个内置的只读变量：gl_FragCoord、gl_FrontFacing 和 gl_PointCoord。gl_FragCoord 变量为光栅化期间插值的片段提供窗口相对坐标值 (x_w, y_w, z_w, $1/w_c$)。这类似于提供(x, y)坐标的 HLSL VPOS 语义。我们使用 VPOS 语义来提供基本(x, y)屏幕空间

坐标，然后调整片段中心和窗口原点差异。为了计算 gl_FragCoord 的 z 和 w 分量，我们通过隐藏的变量将顶点着色器中的原始 gl_Position 传递到像素着色器。在像素着色器中，z 值乘以 $1/w_c$ 以执行透视校正，最后通过从近裁剪平面（Near Clipping Plane）和远裁剪平面（Far Clipping Plane）计算的深度因子进行校正，如代码清单 39.2 所示。

代码清单 39.2　计算 SM3 的内置片段坐标

```
rhw = 1.0 / input.gl_FragCoord.w;
gl_FragCoord.x = input.dx_VPos.x + 0.5;
gl_FragCoord.y = dx_Coord.y - input.dx_VPos.y - 0.5;
gl_FragCoord.z = (input.gl_FragCoord.z * rhw)* dx_Depth.x + dx_Depth.y;
gl_FragCoord.w = rhw;
```

gl_FrontFacing 变量是一个布尔值，如果片段属于正面的图元，则该值为 TRUE。在 HLSL 下，类似的信息可通过像素着色器 VFACE 输入语义获得，但是，这是一个浮点值，它使用负值来指示背面的图元，使用正值来指示正面的图元（详见本章参考文献 [MSDN 11h]）。这可以很容易地转换为布尔值，但是还必须考虑不同的面连接约定（Face-Winding Convention）以及点和线图元在 OpenGL 下始终被认为是正面的事实，而对于 Direct3D 下的那些图元，面是未定义的（参见代码清单 39.3）。

代码清单 39.3　计算正面内置变量

```
gl_FrontFacing = dx_PointsOrLines || (dx_FrontCCW ? (input.vFace >= 0.0) :
    input.vFace <= 0.0));
```

gl_PointCoord 变量提供了一组 2D 坐标，指示当前片段在点图元中的位置。值必须按水平方式（从左到右）和垂直方式（从上到下）从 0 到 1 变化。这些值可用作纹理坐标，以提供纹理点精灵。Direct3D 还能够为点精灵生成的顶点合成纹理坐标（详见本章参考文献 [MSDN 11f]）。当通过 D3DRS_POINTSPRITEENABLE 渲染状态启用此功能时，TEXCOORD 语义用于生成纹理坐标，作为 gl_PointCoord 的值。由于 OpenGL ES 中的所有点都是点精灵，因此只需要在 Direct3D 设备初始化时启用此渲染状态一次。

OpenGL ES 着色语言还提供了一个内置的统一名称：gl_DepthRange。这被定义为一个结构，它包含通过 API 中的 glDepthRangef 命令指定的深度范围参数。由于 HLSL 不提供任何内置统一名称，我们将通过隐藏的统一名称在着色器中传递这些参数，并在 ESSL 代码引用时在着色器源中显式定义和填充 gl_DepthRangeParameters 结构。

ESSL 和 HLSL 都具有各种内置或内在函数。许多内置函数具有相同的名称和功能，但在某些情况下，名称或功能稍有不同。名称的差异，如 frac（HLSL）和 fract（ESSL），在转换时很容易处理。在存在功能差异或只是缺少功能的情况下，如 modf（HLSL）和

mod（ESSL），是通过使用所需语义定义我们自己的函数来处理的。

OES_standard_derivatives 扩展以着色语言提供内置着色器函数 dFdx、dFdy 和 fwidth。这些梯度计算函数在 GLSL 1.20 中可用，通常用于自定义 Mipmap LOD 计算（使用顶点纹理提取时必需）或用于提取屏幕空间法线。它们分别被转换为 HLSL ddx、ddy 和 fwidth 内在函数，其中 ddy 被变负以体现窗口原点差异。

ANGLE_translated_shader_source 扩展（详见本章参考文献 [ANGLE 11]）提供了查询转换的 HLSL 着色器源的功能。这是作为开发人员的调试辅助工具提供的，因为报告的某些错误或警告消息是相对于已转换的源而不是原始着色器源。

39.3.3 顶点和索引缓冲区

OpenGL ES 2.0 支持可用于顶点和索引数据的缓冲区对象，而 Direct3D 仅支持顶点缓冲区和索引缓冲区。这意味着 ANGLE 必须等到发出绘制调用才能确定哪些数据可以进入哪种类型的 Direct3D 缓冲区。此外，Direct3D 9 不支持 OpenGL 的所有顶点元素类型，因此某些元素可能需要转换为更广泛的数据类型。因为这种转换可能很昂贵并且并非所有顶点元素都必须在绘制调用期间使用，所以我们决定，基线实现应该将使用的顶点元素范围按顺序流式传输到 Direct3D 顶点缓冲区而不是压缩结构中。图 39.4 显示了这个基本过程。

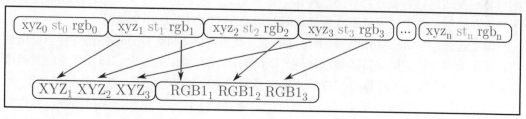

图 39.4　单个三角形绘制调用的流式缓冲区转换示例。GL 缓冲区（上面的行）以交错方式
包含位置（xyz）、纹理（st）和颜色（rgb）顶点数据。这被转换为 Direct3D 顶点缓冲区
（下面的行），它包含转换之后的位置（XYZ）和颜色（RGB1）值的压缩流，不包括
纹理坐标和其他顶点，因为此绘制调用未引用它们

流式缓冲区（Streaming Buffer）实现以循环方式使用 Direct3D 顶点缓冲区。新数据将在先前写入操作结束的点处追加，这允许使用单个 Direct3D 顶点缓冲区，而不是要求为每个绘制调用创建一个新缓冲区。通过在锁定缓冲区时使用 D3DLOCK_NOOVERWRITE 标志来附加新数据是非常有效的（详见本章参考文献 [MSDN 11b]），这样，驱动程序就不需要等待先前的绘制调用完成。当到达缓冲区末尾时，D3DLOCK_DISCARD 标志用于允

许驱动程序重命名缓冲区。这不会影响先前绘制调用已在使用的数据。当缓冲区不足以容纳单个绘制调用的所有顶点数据时，仅需要重新分配流顶点缓冲区。

如前文所述，不被支持的顶点元素类型需要进行转换。Direct3D 9 始终支持具有 1～4 个浮点值的元素，这为任何格式提供了通用后备。但是，ANGLE 会尽可能将数据转换为更有效的格式。例如，如果 Direct3D 驱动程序支持 D3DDECLTYPE_SHORT4N 格式，则会将 3 个标准化的短值转换为此格式，并将第 4 个元素设置为默认值。我们在转换中广泛使用 C++模板，以使代码尽可能高效，并避免编写几十个自定义例程。

尽管进行了这些优化，但流式实现并非最佳。当多次绘制相同的几何体时，必须在每次绘制调用时将相同的数据重新发送到硬件。为了改进这一点，ANGLE 还具有静态缓冲区实现。当在绘制调用之间没有修改 GL 缓冲区中的数据时，可以重用与之前使用此缓冲区的绘制调用相同的 Direct3D 数据。这是通过将 Direct3D 顶点缓冲区与每个 OpenGL 缓冲区相关联来实现的。它不是将数据流式传输到全局循环顶点缓冲区，而是在第一次使用时流式传输到静态缓冲区。缓存会跟踪哪些顶点元素格式存储在静态缓冲区中以及在哪个偏移量上。随后，当修改 OpenGL 缓冲区或 glVertexAttribPointer 指定的某些格式不再与缓存中的格式匹配时，静态缓冲区失效。在确定是否尝试将数据放入静态缓冲区时，ANGLE 会考虑缓冲区使用参数。在我们的测试中，还发现一些应用程序错误地设置了使用标记。因此，我们将跟踪非静态缓冲区是否在多种用途中保持不变，如果合适，则可以启发式地将其提升为静态缓冲区。尽管如此，我们仍然建议应用程序在确定缓冲区首次在绘制调用中使用后不会被修改时使用 GL_STATIC_DRAW 提示。

除了通过 glVertexAttribPointer 指定的顶点数组数据之外，OpenGL 还支持当前属性值，即在绘制调用期间保持不变的属性。Direct3D 没有类似的概念。即使每个绘制调用值保持不变，使用实际的 Direct3D 顶点着色器常量也会很复杂，因为在一次绘制调用中，属性可以由顶点数组属性指定，而在另一个绘制调用中，它可以使用当前属性，这需要重写 Direct3D 着色器。相反，我们选择通过使用只有一个元素和步幅（Stride）为 0 的顶点缓冲区来实现当前顶点属性。修改当前属性值时，会创建一个全新的 Direct3D 缓冲区，因为某些驱动程序不能正确支持更新步长为 0 的动态缓冲区。

ANGLE 支持 OES_element_index_uint 扩展，该扩展提供了使用 glDrawElements 的 32 位无符号整数索引缓冲区的能力。如果没有此扩展，则 OpenGL ES 仅支持 8 位和 16 位的无符号索引。

39.3.4 纹理

OpenGL 和 Direct3D 之间存在一些基本的纹理处理差异。在 Direct3D 9 中，纹理格式、用法和形状（Mipmap 的数量）必须全部在纹理对象创建时声明，并且不能在对象的生命周期内进行更改。在 OpenGL 中，纹理一次定义一个级别，并以任何级别顺序定义，预先不知道使用情况，并且随着时间的推移，随着 Mipmap 的添加，形状会发生变化。此外，可以使用 glTexImage2D 或 glCopyTexImage2D 命令随时重新定义纹理的任何级别或所有级别。

为了处理 Direct3D 和 OpenGL 纹理之间的差异，每个级别的应用程序提供的数据都存储在系统内存表面中。Direct3D 纹理的创建将推迟到纹理的形状和用法已知的绘制时间。在 Direct3D 纹理创建时，必须选择纹理是否可渲染。在 OpenGL 下，任何纹理都可以通过将其附加到帧缓冲对象而变为可渲染。将所有 Direct3D 纹理创建为渲染目标可能会导致性能下降并导致早期内存不足的情况，因为渲染目标纹理通常固定在视频内存中，并且驱动程序无法根据需要将它们分页到系统内存。由于许多纹理从未用作渲染目标，因此 Direct3D 纹理默认情况下是不可渲染的，并且会从系统内存表面加载数据。这允许驱动程序更有效地管理纹理内存。因此，每当需要 GL 纹理的可渲染版本时，我们将创建可渲染的 Direct3D 纹理，并将任何现有数据从不可渲染的 Direct3D 纹理或从系统内存表面迁移到可渲染纹理。我们将保留系统内存表面（其中包含应用程序提供的纹理数据），因为它们会继续作为通过 glTexSubImage2D 进行文本更新的暂存区域。在重新定义纹理的情况下，系统内存表面还用于避免从图形存储器读回纹理数据。

只要纹理的级别 0 的格式或维度发生更改，就会发生纹理重新定义。发生这种情况时，必须丢弃任何现有的 Direct3D 背部纹理。理想情况下，该点纹理的任何现有 Mip 级别的内容都保留在系统内存表面中。应该保留这些 Mip 图像，因为如果稍后以与原始数据一致的方式重新定义纹理，则可以再次使用该图像。例如，考虑具有 4 个级别的纹理，其大小为 8×8、4×4、2×2 和 1×1。如果级别 0 被重新定义为 2×2 图像，则可以将其用作单级禁用 Mip 过滤的纹理。如果级别 0 再次被重新定义为具有与最初使用的格式相同的 8×8 图像，则将再次导致具有 4 个级别的完整纹理，并且级别 1~3 将具有与之前相同的数据。这是规范隐含的行为，但并非所有驱动程序（包括某些版本的 ANGLE）都在重新定义时正确实现了图像保留。因此，便携式应用程序不应该依赖于这种行为，建议避免重新定义纹理，因为这会导致驱动程序内部进行昂贵的重新分配。

OpenGL 最近推出了一种新的纹理创建机制：ARB_texture_storage，允许创建不可变纹理（详见本章参考文献 [Khronos 11d]）。glTexStorage 命令用于创建具有特定格式、大小和级别数的纹理。一旦 glTexStorage 定义了纹理，该纹理就无法重新定义，只能通过 gl* SubImage2D 命令或渲染到纹理来指定数据。这种新的纹理创建 API 对许多驱动程序都有好处，因为它允许它们预先分配正确的内存量，而不必猜测将提供多少个 Mip 级别。ANGLE 支持 EXT_texture_storage（详见本章参考文献 [ANGLE 11]），这是该扩展的 OpenGL ES 版本，以提供更高效的纹理实现。通过在创建时已知纹理的形状和格式，可以立即创建与 GL 纹理对应的 Direct3D 纹理。系统内存表面可以省略，因为可以将应用程序提供的纹理数据直接加载到 Direct3D 9 纹理中，并且不必保留数据的系统内存副本，因为 TexStorage 纹理是不可变的。ANGLE_texture_usage 扩展（详见本章参考文献 [ANGLE 11]）进一步提供了让实现知道纹理的预期用法的能力。当已知将渲染纹理时，可以指定使用的参数，以便实现知道分配可渲染纹理。

OpenGL 也有不完整纹理（Incomplete Textures）的概念。当存在不足的纹理级别（基于过滤器状态）时，或者当级别之间的格式或大小不一致时，会发生这种情况。在着色器中采样时，不完整纹理始终返回值 $(R, G, B, A) = (0, 0, 0, 1)$。通过创建在绘制调用期间绑定到采样器的适当类型的 1 级 1 × 1 Direct3D 纹理来实现对不完整纹理的支持。

OpenGL ES 和 Direct3D 9 之间的另一个纹理差异是支持的一组纹理格式。此外，OpenGL 应用程序通常以 RGB(A) 格式提供纹理数据，而 Direct3D 对大多数格式类型使用 BGR(A) 组件顺序。由于组件排序的差异以及对某些打包格式（如 4444、5551 和 565 变体）的 Direct3D 等效物的有限支持，在加载时将纹理数据扩展并调整为 D3DFMT_A8R8G8B8 格式。主要的例外是亮度和亮度-Alpha 无符号字节纹理格式，它们在原生支持时直接作为 D3DFMT_L8 和 D3DFMT_A8L8 纹理加载。如前文所述，在加载纹理数据时，还必须垂直翻转纹理数据，以解决窗口坐标差异的问题。

为了优化最常见的纹理加载操作，在 CPU 支持时可以使用 SSE2 优化代码。类似地，glReadPixels 需要翻转图像并调整颜色分量，但由于它不被认为会是一个特别快的函数（因为需要等待 GPU 完成渲染），所以这些操作尚未使用 SSE2 进行优化。但是，如果应用程序不需要调整分量，则提供 EXT_read_format_bgra 扩展。

ANGLE 支持大量的扩展，这些扩展可以提供更广泛的纹理和渲染缓冲区格式以及相关功能。OES_texture_npot 为完整的 Mipmapping、Minification 过滤器和基于重复的包围模式提供支持，用于两种纹理无效的情况。每个组件 8 位 RGB 和 RGBA 渲染缓冲区（OES_rgb8_rgba8）、BGRA 纹理（EXT_texture_format_BGRA8888、EXT_read_format_bgra）支持 32-bpp 渲染以及出于性能原因而不需要转换的格式。支持 16 位和 32 位浮点纹理格式（OES_texture_half_float、OES_texture_float），包括支持线性过滤（OES_texture_half_float_linear、OES_texture_float_linear），以便给需要它的算法提供更多的精确纹理数据，特别是那些也使用顶点纹理的算法。它还提供了 DXT1（EXT_texture_compression_dxt1）、DXT3（ANGLE_texture_compression_dxt3）和 DXT5（ANGLE_texture_compression_dxt5）压缩纹理格式（详见本章参考文献 [ANGLE 11]），通过在 GPU 中使用较少的纹

理带宽及减少系统和视频内存要求来提高性能。

39.3.5 顶点纹理提取

OpenGL ES 2 提供了支持顶点着色器中纹理采样的功能,也称为顶点纹理提取(Vertex Texture Fetch,VTF),但不强制要求支持。VTF 通常用于诸如位移映射(Displacement Mapping)之类的技术,其中高度图存储在纹理中,然后用于基于从纹理查找获得的值来调整顶点的位置。为了确定特定实现和设备组合是否支持 VTF,应用程序必须查询 MAX_VERTEX_TEXTURE_IMAGE_UNITS 限制。如果此限制的值为 0,则不支持 VTF。

ANGLE 的初始实现不支持顶点纹理,但是,后来又增加了支持,因为这是一个备受追捧的功能。在 ANGLE 中实现 VTF 的潜在困难是某些 SM3 硬件不支持它,而在其他硬件上,它仅获得非常有限的形式支持——通常仅支持具有 32 位浮点格式的 2D 纹理,并且仅支持点过滤。与 Direct3D 9 在非常细粒度的层面上公开了这样的功能不同,OpenGL 和 OpenGL ES 没有提供一种方法来限制哪些类型的纹理或格式可以与顶点纹理一起使用,所有纹理类型和格式都需要它。在 OpenGL 中,使用硬件不直接支持的格式或类型将导致顶点处理回退到软件。而在 Direct3D 9 中,则可以通过启用软件顶点处理来获得更完整的顶点纹理功能集(详见本章参考文献 [MSDN 11g]),但这并非没有自身的缺点。首先,Direct3D 9 设备必须使用混合顶点处理创建,并且可能无法像纯硬件设备那样运行。其次,为了使用通过软件顶点处理的纹理,必须在临时存储池中创建纹理(详见本章参考文献 [MSDN 11b]),而这需要额外的纹理数据副本并确保它们全部保持同步。最后,软件顶点处理可能会明显变慢,这使得在很多情况下,开发人员都宁愿没有该功能,而是回退到软件中执行。

与 SM3 硬件不同,SM4(支持 Direct3D 10)硬件确实可以为所有格式(2D 和立方体纹理)以及线性过滤提供对顶点纹理的完全支持。此外,这些功能也通过 Direct3D 9 在此硬件上公开。因此,当 ANGLE 检测到它在 SM4 硬件上运行时,它只会公开对顶点纹理提取的支持,并且可以提供完整的顶点纹理功能,而不会回退到软件顶点处理。当然,尽管 SM4 硬件支持 16 个顶点纹理采样器,但 Direct3D 9 API 仅支持 4 个顶点纹理采样器,因此,这是 ANGLE 下支持的最大值。

39.3.6 图元类型

OpenGL 和 Direct3D 都提供了许多不同类型的渲染图元。它们都包括用于渲染点(Point)、条带线(Line Strip)和列表、三角形条带(Triangle Strip)、三角形扇面(Triangle

Fan）和列表的图元。OpenGL ES 还提供了一种在 Direct3D 9 下不可用的基本类型：循环线（Line Loop）。这些图元类型通过 OpenGL 的枚举量来进行表达，并且可作为渲染函数的输入参数。开发人员只要记住这些图元类型的英语名称，就可以轻松了解对应的 OpenGL 的枚举量。例如，三角形扇面的 OpenGL 枚举量是 GL_TRIANGLE_FAN（GL 是前缀），循环线的 OpenGL 枚举量是 GL_LINE_LOOP。循环线类似于条带线，只是添加了在最后一个顶点 v_n 和第一个顶点 v_0 之间绘制的闭合线段。因此，对于具有 n 个顶点的渲染调用，将在顶点 $(v_{i-1}, v_i) | 1 \leq i \leq n$ 和最终线段之间绘制 $n-1$ 个线段。最终线段在 (v_n, v_0) 之间。在 ANGLE 中，这是通过绘制两个条带线来实现的。

第一个绘制调用（按原始绘图命令指定的方式排列或索引）通过条带线渲染前 $n-1$ 个线段。第二个绘制调用使用流式索引缓冲区渲染最终线段，该缓冲区包含来自原始绘制命令的最后一个和第一个顶点的索引。

在 OpenGL ES 2 中，大点（Large Point）和宽线（Wide Line）都是可选功能。必须通过检查最大可用点大小范围和线宽范围来查询这些功能。大点通常用于粒子系统或其他基于精灵（Sprite）的渲染技术，因为与绘制形成屏幕对齐的四边形的两个三角形的回调方法相比，它们具有显著的内存和带宽节省效果。ANGLE 支持最大为 64 像素的点，以支持点精灵渲染。宽线的使用频率较低，截至本文写作时，ANGLE 仍不支持宽度大于 1 的线。

39.3.7 蒙版清除

Direct3D 不直接支持的另一个 OpenGL 功能是蒙版清除（Masked Clear）操作。在 Direct3D 9 下，颜色、深度和模板蒙版不适用于清除操作，而它们在 OpenGL 中是适用的。因此，在仅清除一些颜色或模板组件的情况下，我们通过绘制帧缓冲区大小的四边形来实现清除操作。与 glClear 一样，裁剪测试（Scissor Test）限制了受绘制命令影响的区域。通过绘图操作实现清除调用的一个缺点是必须修改 Direct3D 设备的当前状态。由于我们进行了重要的缓存以最小化必须在绘制时完成的状态设置，因此该绘制命令可能会干扰该缓存。为了最小化必须完成的各个状态更改，我们将当前 Direct3D 渲染状态保留在状态块中，配置清除绘制调用的状态，执行绘制，然后从状态块恢复先前的状态。如果不需要蒙版清除操作，则可以直接使用 Direct3D 9 Clear 调用来提高性能。

39.3.8 单独的深度和模板缓冲区

OpenGL ES 中的帧缓冲区配置允许应用程序单独指定深度和模板缓冲区。深度和模板缓冲区在 Direct3D 中是不可分离的，因此，我们无法支持深度和模板缓冲区的任意混合。但是，这对于 OpenGL 或其他 OpenGL ES 实现来说并不罕见，并且当单独的缓冲区同时绑定到深度和模板绑定点时，可以通过报告 GL_FRAMEBUFFER_UNSUPPORTED 来禁止这种情况。为了同时支持深度和模板操作，ANGLE 支持 OES_packed_depth_stencil 扩展。此扩展提供了一个组合深度和模板表面内部格式（DEPTH24_STENCIL8_OES），可用于渲染缓冲区存储。为了同时使用深度和模板操作，应用程序必须将相同的打包深度-模板表面（Depth-Stencil Surface）附加到帧缓冲区对象的深度和模板连接点。打包的深度-模板格式也可在内部用于仅需要深度或模板组件的所有格式，并且 Direct3D 管线被配置为使未使用的深度或模板组件无效。请注意，由于 ANGLE 尚不支持深度纹理，因此也不支持打包的深度模板纹理。

39.3.9 同步

需要 glFlush 命令来冲洗 GL 命令流并使其在有限时间内完成执行。冲洗命令通过 Direct3D 9 事件查询在 ANGLE 中实现（详见本章参考文献 [MSDN 11i]）。在 Direct3D 9 中，发出事件查询并使用 D3DGETDATA_FLUSH 参数调用 GetData 会导致命令缓冲区在驱动程序中被冲洗，从而产生所需的效果。

需要 glFinish 命令来阻塞其他命令，直到所有以前的 GL 命令都完成。这也可以使用 Direct3D 事件查询来实现，实现的方法是发出事件查询，然后轮询，直到查询结果可用。

ANGLE 还支持 NV_fence 扩展，以提供比仅使用 glFlush 和 glFinish 更精细的同步。fence 对象也可以通过 Direct3D 9 事件查询实现，因为它们具有非常相似的语义。

39.3.10 多重采样

ANGLE 目前未公开任何 EGL 多重采样（Multisampling）配置。这不是由于任何固有的技术难题，而是由于缺乏对它的需求。对多重采样的支持是由多重采样渲染缓冲区提供的。ANGLE_framebuffer_multisample 扩展是 OpenGL 的 EXT_framebuffer_multisample 扩展的子集（详见本章参考文献 [ANGLE 11]）。它提供了一种机制，可以将多重采样图像附加到帧缓冲区对象，并将多重采样的帧缓冲区对象解析为单采样帧缓冲区。解析目标既可以是另一个应用程序创建的帧缓冲区对象，也可以是窗口系统提供的对象。

ANGLE 还支持直接从一个帧缓冲区复制到另一个帧缓冲区。ANGLE_framebuffer_blit 扩展是来自 OpenGL 的 EXT_framebuffer_blit 扩展的子集（详见本章参考文献 [ANGLE 11]）。它增加了对单独的绘制和读取帧缓冲区附加点的支持，并且可以直接在附加到帧缓冲对象的图像之间进行复制。glBlitFramebufferANGLE 是通过 Direct3D 9 StretchRect 函数实现的，因此与桌面版相比有一些进一步的限制。特别是，不支持颜色转换、调整大小、翻转和过滤，只能复制整个深度和模板缓冲区。glBlitFramebufferANGLE 还可用于解析多重采样帧缓冲区。

39.3.11 多个上下文和资源共享

ANGLE 支持多个 OpenGL ES 上下文以及在上下文之间共享对象，如 OpenGL ES 2.0.25 规范的附录 C 中所述（详见本章参考文献 [Khronos 11c]）。可以共享的对象类型是资源类型对象，如着色器对象、程序对象、顶点缓冲区对象、纹理对象和渲染缓冲区对象。帧缓冲区对象和 fence 对象则不是可共享的对象。共享帧缓冲区对象的要求已从 OpenGL ES 2.0.25 规范中删除，以便与 OpenGL 更兼容。一般来说，不希望共享容器类型的对象，因为这使得共享对象的更改传播和删除行为难以指定并且难以正确实现和使用。此外，共享容器对象几乎没有值，因为它们通常很小并且没有与它们相关的数据。

共享上下文在上下文创建时将通过 eglCreateContext 的 share_context 参数指定。根据 EGL 1.4 规范的定义，新创建的上下文将与指定的 share_context 共享所有可共享对象，并且通过扩展，与 share_context 已共享的任何其他上下文共享。为了实现这些语义，我们有一个资源管理器类，负责创建、跟踪和删除所有共享对象。所有非共享对象、帧缓冲区和 fence 始终由上下文直接管理。资源管理器可以在上下文之间共享。创建新的非共享上下文时，将实例化新的资源管理器。当创建共享上下文时，它将从共享上下文中获取资源管理器。由于上下文可以按任何顺序破坏，因此，资源管理器是引用计数的，并不直接与任何特定上下文相关联。

Direct3D 9 没有像 OpenGL 这样的共享组的概念。可以在 Direct3D 9Ex 设备之间共享单独的资源，但只有 Windows Vista 及更高版本才支持此功能。因此，为了在 ANGLE 的 GL 上下文之间共享资源，ES 和 EGL 实现仅使用单个 Direct3D 9 设备对象。设备由 EGL 默认显示创建并与其关联，并且可以根据需要访问每个 GL 上下文。为了在 GL 上下文之间提供所需的状态分离，我们必须在切换 GL 上下文时完全变换 Direct3D 状态。当前上下文发生更改时，eglMakeCurrent 调用为我们提供了执行此操作的机会。使用状态缓存（State-Caching）机制，我们只需要在此时将所有缓存状态标记为脏（Dirty），并为下一个绘制命令设置必要的 Direct3D 状态。

可以使用线程局部存储（Thread-Local Storage，TLS）跟踪当前 GL 上下文和相应的 EGL 显示。TLS 用于保存指向 GL 上下文的指针，该 GL 上下文最后通过 eglMakeCurrent 在此线程上变为当前上下文。当进行 GL 函数调用时，从 TLS 获得该线程的当前 GL 上下文，并将该命令分派给 GL 上下文。如果线程上当前没有 GL 上下文，则忽略 GL 命令。

ANGLE 支持创建基于窗口和基于 pbuffer 的 EGL 表面。窗口表面是通过使用 HWND 窗口句柄为 EGL 表面创建窗口化 Direct3D 9 交换链（Swapchain）来实现的，该窗口句柄作为原生窗口传递到 eglCreateWindowSurface 中。eglSwapBuffers 命令映射到交换链的 Present 方法。通过重新创建交换链来处理窗口大小调整。可以通过为 WM_SIZE 消息注册窗口句柄或通过检查交换缓冲区调用时的窗口大小来检测调整大小。优选的方法是通过窗口句柄，但这不适用于在不同进程中创建的窗口。使用 Direct3D 9 渲染目标纹理实现的 pbuffer 曲面纯粹用于屏幕外渲染，不需要支持交换或调整大小。eglBindTexImage API 还可用于将 pbuffer 绑定为纹理，以便访问 pbuffer 的内容。

ANGLE 还支持若干种 EGL 扩展，以便更高效地与直接使用 Direct3D 的应用程序（如用于合成器或视频解码的浏览器）集成。这些扩展提供了一种机制，允许在 ANGLE 的 Direct3D 设备和其他 Direct3D 设备之间共享纹理。这还提供了在进程之间共享图像的能力，因为 Direct3D 资源可以跨进程共享。支持 pbuffer 表面的 Direct3D 9 渲染目标纹理可以从共享句柄创建或提供（详见本章参考文献 [MSDN 11d]）。为了利用这一点，需要一种机制来通过 EGL 提供或提取 Direct3D 共享句柄。

ANGLE_surface_d3d_texture_2d_share_handle 扩展允许应用程序从 EGL 表面获取 Direct3D 共享句柄（详见本章参考文献 [ANGLE 11]）。然后，可以在另一个设备中使用此句柄来创建可用于显示 pbuffer 内容的共享纹理。类似地，ANGLE_d3d_share_handle_client_buffer 扩展从 Direct3D 共享句柄创建一个 pbuffer，该句柄通过 eglCreatePbufferFromClientBuffer 指定（详见本章参考文献 [ANGLE 11]）。这提供了将 ES2 内容渲染到由不同 Direct3D 设备创建的纹理中的能力。在不同进程中的 Direct3D 设备之间共享表面时，必须使用事件查询来确保在使用其他设备中的共享资源之前已完成对表面的渲染。从 ANGLE 方面来说，这可以通过适当使用 fence 对象或通过调用 glFinish 来确保所需的操作已经完成。

39.3.12 上下文丢失

在各种情况下，Direct3D 9 设备可能会造成"丢失"（详见本章参考文献 [MSDN 11e]）。在 Windows XP 上，当系统具有电源管理事件（如进入睡眠模式或屏幕保护程序被激活）时，可能会发生这种情况。在 Window Vista 及更高版本中，当使用 Direct3D 9Ex 时，设备丢失的情况要少得多，但如果硬件挂起或驱动程序停止时仍然会发生（详见本章参考文献 [MSDN 11d]）。当设备丢失时，位于图形内存中的资源将丢失，并且将忽略渲染相关操作。要从丢失的 Direct3D 设备恢复，应用程序必须释放视频内存资源并重置设备。

未扩展的 OpenGL ES 不提供通知应用程序丢失或重置设备的机制。EGL 确实具有与硬件设备丢失相对应的 EGL_CONTEXT_LOST 错误代码。默认情况下，当发生设备丢失时，ANGLE 会在 GL 调用上生成内存不足错误，并在 EGL 调用上生成上下文丢失错误，以指示上下文处于未定义状态。在这两种情况下，正确的响应是销毁所有 GL 上下文，重新创建上下文，然后根据需要恢复任何状态和对象。EGL 表面不需要重新创建，但其内容未定义。有关详细信息，请参阅 EGL 1.4 规范的 2.6 节（详见本章参考文献 [Khronos 11b]）。WebGL 应用程序还应遵循处理上下文丢失的建议（详见本章参考文献 [Khronos 11a]）。

ANGLE 支持 EXT_robustness 扩展（详见本章参考文献 [ANGLE 11]），它基于 OpenGL ARB_robustness 扩展（详见本章参考文献 [Khronos 11d]），以便为报告重置通知提供更好的机制。此扩展提供了一个低成本的查询 glGetGraphicsResetStatusEXT，应用程序可以使用它来了解上下文重置。在收到重置通知后，应用程序应继续查询重置状态，直到返回 GL_NO_ERROR，此时应该销毁并重新创建上下文。

应用程序必须通过指定 EXT_create_context_robustness 扩展中定义的重置通知策略属性，选择在上下文创建时接收重置通知（详见本章参考文献 [ANGLE 11]）。请注意，即使应用程序不选择接收重置通知，也不明确请求不重置通知，上下文丢失和重置仍然可以随时发生。应该使应用程序能够检测并从这些事件中恢复。

39.3.13 资源限制

OpenGL ES 2.0 API 功能丰富，但是，仍然有一些特性是可选的，或允许实现之间的广泛可变性，包括顶点属性的数量、变化的矢量、顶点统一格式矢量、片段统一格式矢量、顶点纹理图像单元、片段纹理图像单元、最大纹理大小、最大渲染缓冲区大小、点大小范围和线宽范围等。如果应用程序需要超过这些限制的最小值，则应始终查询 GL 设备的功能，并根据设备的特性集考虑其使用。否则，如果限制足够多，通常会导致可移植性降低。这对于 WebGL 开发或使用桌面硬件上提供的 OpenGL ES 2.0 实现（如 ANGLE）时特别重要。在许多情况下，桌面硬件提供的功能远远超过移动平台上提供的功能。可以从 OpenGL ES 2.0.25 规范（详见本章参考文献 [Khronos 11c]）的表 6.18～表 6.20 中获得各种依赖于实现的值的最低要求的完整列表。

大多数的 ANGLE 限制选择是为了在各种通用硬件上提供最大的一致功能。在某些情况下，这些限制也受到 Direct3D 9 API 的约束，即使硬件具有可在不同 API（如 OpenGL 或 Direct3D 10）下公开的更强大的功能。而在其他情况下，限制可能因基础硬件功能而异。在表 39.1 中使用了星号标记它们。

表 39.1 资源限制

功 能	ES 2.0 最小值	ANGLE
MAX_VERTEX_ATTRIBS	8	16
MAX_VERTEX_UNIFORM_VECTORS	128	254
MAX_VERTEX_TEXTURE_IMAGE_UNITS	0	0, 4*
MAX_VARYING_VECTORS	8	10
MAX_FRAGMENT_UNIFORM_VECTORS	16	221
MAX_TEXTURE_IMAGE_UNITS	8	16
MAX_TEXTURE_SIZE	64	2048～16384*
MAX_CUBE_MAP_SIZE	16	2048～16384*
MAX_RENDERBUFFER_SIZE	1	2048～16384*
ALIASED_POINT_SIZE_RANGE (min, max)	(1, 1)	(1, 64)
ALIASED_LINE_WIDTH_RANGE (min, max)	(1, 1)	(1, 1)

注：最常用的依赖于实现的值，显示了最小 OpenGL ES 2.0 值和 ANGLE 特定限制。ANGLE 限制适用于 ANGLE 版本 889 支持 SM3 的硬件。

最大顶点（254）和片段（221）统一格式数据基于 SM3 顶点（256）和像素着色器（224）常量的通用功能，但必须降低以考虑我们可能用于实现某些着色器内置项的隐藏统一格式。变化矢量（10）的最大数量是 SM3 硬件上可用的最大数量，并且不需要减少以考虑内置变化，因为这些明确包含在 ESSL 变化打包算法中，如 ESSL 规范中的问题 10.16 所述（详见本章参考文献 [Khronos 11e]）。最大纹理、立方体贴图和渲染缓冲区大小直接基于底层设备的功能，因此它们的范围为 2048～16384，具体取决于硬件。

39.3.14 优化

为确保 ANGLE 尽可能接近 OpenGL ES 2.0 的原生实现，开发人员需要努力避免 CPU 端和 GPU 端的冗余或不必要的工作。

大多数有效渲染状态仅在绘制调用时才是已知的，因此，ANGLE 将推迟进行任何 Direct3D 渲染状态更改直到绘制时。例如，Direct3D 仅支持显式设置顺时针或逆时针顶点连接顺序的剔除，而 OpenGL 则通过使用 glFrontFace 指示哪个连接顺序被视为正向。glCullFace 确定应该剔除哪些边，GL_CULL_FACE 启用或禁用实际剔除。理论上，更改任何 glFrontFace、glCullFace 或 GL_CULL_FACE 状态都会改变相应的 Direct3D 渲染状态，但是通过将其推迟到绘制调用，我们将其减少到每次绘制调用最多一次更改（每个状态）。对于每个相关的状态组，ANGLE 保持"脏"标志以确定是否应该更新受影响的 Direct3D 状态。

OpenGL 通过整数（或"名称"）识别资源，而实现则需要指向实际对象的指针。这意味着 ANGLE 将包含若干个映射容器，用于保存资源名称和对象指针之间的关联。由于每帧需要许多对象查找操作，因此可能会导致明显的 CPU 热点（Hotspot）。幸运的是，关联通常不会经常更改，对于当前绑定的对象，可以使用相同的名称进行多次连续查找。因此，对于当前绑定的对象（如程序和帧缓冲区）来说，只有在执行修改关联的操作时，才会缓存指针并进行替换或使其无效。

ANGLE 还会跟踪当前在 Direct3D 设备上设置的纹理、缓冲区和着色器。为了避免在对象被删除并且同时在同一内存位置创建新对象的情况下出现问题，资源将由唯一的序列号而不是其指针标识。

另外，放置缓存（即应用顶点属性绑定）在优化性能方面也起着至关重要的作用。Direct3D 9 要求在顶点声明中描述所有属性。创建和稍后处理此对象会占用宝贵的时间并可能阻止图形驱动程序最小化内部状态更改，因此，可以实现缓存以存储最近使用的顶点声明。

我们还努力最大限度地减少 GPU 工作量，包括与 GPU 之间的数据传输和计算工作负载。如前文所述，我们消除了在呈现时翻转渲染图像的开销，添加了对静态使用缓冲区的支持，实现了最小化纹理重新分配的机制，以及在不需要蒙版清除时使用直接清除的操作。我们还优化了着色器中未使用的任何着色器内置变量的计算。

值得注意的是，尽管这些优化使 ANGLE 变得更加复杂，但它们也极大地帮助了确保通过 Direct3D 访问的底层硬件尽可能高效地使用。OpenGL 和 OpenGL ES 的原生驱动程序实现也需要许多相同的优化和固有的复杂性，以便在实践中实现高性能。

39.3.15 推荐做法

本章已经讨论了各种有助于提高应用程序性能和可移植性的做法。虽然这些建议专门针对 ANGLE 的实现，但是仍希望其中许多做法也适用于其他 GL 实现：

- 始终检查可选功能并验证资源限制。
- 根据数据格式（类型和布局）和更新频率将缓冲区中的对象分组。
- 确保使用适当的缓冲区使用标志。
- 使用静态缓冲区并在绘制时间之前完全指定缓冲区的内容。
- 为索引和顶点数据使用单独的缓冲区。
- 使用不可变纹理（如果可用）。如果不支持 EXT_texture_storage，请确保创建并一致性定义完整纹理。
- 避免重新定义现有纹理的格式或大小，而是创建新的纹理。
- 使用 BGRA_EXT / UNSIGNED_BYTE 纹理格式，最大限度地减少加载和像素回读时的纹理变换。

- 使用打包的深度模板进行深度和模板组合支持。
- 选择重置通知,并适当处理上下文重置。
- 避免蒙版清除操作。
- 通过绘制闭合条带线来避免循环线。
- 使用 fence 对象而不是 glFinish 进行更精细的同步控制。
- 避免在着色器中使用具有高最大迭代次数的复杂条件语句和循环。

39.3.16 性能结果

在撰写本文时,WebGL 尚无事实上的基准。为了正确解释应用程序和演示的性能结果,首先应该意识到,一旦绘制调用命令到达 GPU 驱动程序,则理论上,OpenGL 和 Direct3D 之间几乎没有根本区别。特别是对于 ANGLE 来说,ESSL 和 HLSL 着色器在很大程度上是等效的,因此 GPU 执行的操作基本相同。也就是说,具有大量顶点或高级别过度绘制的应用程序或演示不会真正测试图形 API 实现,而是测试硬件性能本身。

ANGLE 和原生 OpenGL 实现之间的潜在性能差异主要源于绘制调用(纹理、缓冲区和统一格式更新)之间发出的图形命令,将 GL 绘制调用转换为 Direct3D 绘制调用所执行的设置工作,以及顶点着色器结尾和像素着色器开端。因此,我们选择用于性能比较的应用程序和演示执行相对较多的绘制调用,使用各种纹理或非平凡动画(Nontrivial Animation)。

结果如表 39.2 所示,可以看到 ANGLE 通常与桌面 OpenGL 驱动程序平分秋色。这表明对于 Windows 系统来说,在 Direct3D 之上实现 OpenGL ES 2.0 是可行的,并且转换不会增加显著的开销。

表 39.2 在示例应用程序中 ANGLE 与原生 OpenGL 实现之间的性能比较

项 目	桌面 GL(FPS)	ANGLE(FPS)
MapsGL, San Francisco street level http://maps.google.com/mapsgl	32	33
WebGL Field, "lots" setting http://webglsamples.googlecode.com/hg/field/field.html	25~48	25~45
Flight of the Navigator http://videos.mozilla.org/serv/mozhacks/flight-of-the-navigator/	20 最小值	40 最小值
Skin rendering http://alteredqualia.com/three/examples/webgl materials skin.html	62	53

注:结果是使用 Google Chrome 15.0.874.106m 版在配备 Core i7-620M(2.67GHz 双核)、GeForce 330M、运行 Windows 7 64 位的笔记本电脑上获得的。我们使用了 FRAPS(http://www.fraps.com/)确定帧速率,并强制关闭了 vsync。

39.4 未来工作

ANGLE 正在不断发展，未来的工作还有待实现新功能，提高性能和解决缺陷。可添加的其他功能还包括深度纹理、宽线和多重采样 EGL 配置。提高性能的领域包括根据渲染的目标执行的翻转、纹理加载和像素回读的优化，以及性能分析应用程序所示的瓶颈。ANGLE 开发的另一个可能的未来方向是实现 Direct3D 11 后端，这将使我们能够支持 Direct3D 9 中未提供的功能。

39.5 小结

本章解释了 ANGLE 背后的动机，并描述了它如何在 Web 浏览器中作为基于 OpenGL ES 2.0 的渲染器以及着色器验证器和转换器使用。我们讨论了该项目实现的许多具有挑战性的方面，主要是在 OpenGL 和 Direct3D 之间的映射，并解释了它们是如何实现的。我们讨论了在实现中所做的一些优化，以便提供性能很高且功能齐全的 Open GL ES 2.0 驱动程序。ANGLE 仍在发展过程中，欢迎大家做出自己的贡献。

39.6 源代码

ANGLE 项目的源代码可以从 Google Code 存储库获得。[①] 此存储库包含 ANGLE libGLESv2 和 libEGL 库的完整源代码以及一些很小的示例程序。该项目可以使用 Visual C++ 2008 Express Edition 或更高版本在 Windows 上构建。

致　谢

我们要感谢 TransGaming 同事 Shannon Woods 和 Andrew Lewycky 的贡献，他们是 ANGLE 的共同实现者。还要感谢 Gavriel State 和 TransGaming 的其他人启动该项目，感谢 Vangelis Kokkevis 和 Google 的 Chrome 团队的赞助并为 ANGLE 提供扩展和优化。最后，还要感谢 Mozilla Firefox 团队和其他社区个人对项目的贡献。

[①] http://code.google.com/p/angleproject/

参 考 文 献

[3Dlabs 05] 3Dlabs. *GLSL Demos and Source Code from the 3Dlabs OpenGL 2 Website.* http://mew.cx/glsl/, 2005 (accessed November 27, 2011).

[ANGLE 11] ANGLE Project. *ANGLE Project Extension Registry.* https://code.google.com/p/angleproject/source/browse/trunk/extensions, 2011 (accessed November 27, 2011).

[Bridge 10] Henry Bridge. *Chromium Blog: Introducing the ANGLE Project.* http://blog.chromium.org/2010/03/introducing-angle-project.html, March 18, 2010 (accessed November 27, 2011).

[Ek 05] Lars Andreas Ek, Øyvind Evensen, Per Kristian Helland, Tor Gunnar Houeland, and Erik Stiklestad. "OpenGL ES Shading Language Compiler Project Report (TDT4290)." *Department of Computer and Information Science at NTNU.* http://www.idi.ntnu.no/emner/tdt4290/Rapporter/2005/oglesslc.pdf, November 2005, (accessed November 27, 2011).

[FSF 11] Free Software Foundation. "Bison—GNU parser generator." *GNU Operating System.* http://www.gnu.org/s/bison/, May 15, 2011 (accessed November 27, 2011).

[MSDN 11a] Microsoft. *Coordinate Systems (Direct3D 9) (Windows).* http://msdn.microsoft.com/en-us/library/bb204853(VS.85).aspx, September 6, 2011 (accessed November 27,2011).

[MSDN 11b] Microsoft. *D3DUSAGE (Windows).* http://msdn.microsoft.com/en-us/library/bb172625(VS.85).aspx, September 6, 2011 (accessed November 27, 2011).

[MSDN 11c] Microsoft. *Direct3D 9 Graphics (Windows).* http://msdn.microsoft.com/en-us/library/bb219837(VS.85).aspx, September 6, 2011 (accessed November 27, 2011).

[MSDN 11d] Microsoft. *Feature Summary (Direct3D 9 for Windows Vista).* http://msdn.microsoft.com/en-us/library/bb219800(VS.85).aspx, September 6, 2011 (accessed November 27, 2011).

[MSDN 11e] Microsoft. *Lost Devices (Direct3D 9) (Windows).* http://msdn.microsoft.com/en-us/library/bb174714(VS.85).aspx, September 6, 2011 (accessed November 27, 2011).

[MSDN 11f] Microsoft. *Point Sprites (Direct3D 9) (Windows).* http://msdn.microsoft.com/en-us/library/bb147281(VS.85).aspx, September 6, 2011 (accessed November 27, 2011).

[MSDN 11g] Microsoft. *Processing Vertex Data (Direct3D 9) (Windows).* http://msdn.microsoft.com/en-us/library/bb147296(VS.85).aspx, September 6, 2011 (accessed November

27, 2011).

[MSDN 11h] Microsoft. *ps_3.0 Registers (Windows)*. http://msdn.microsoft.com/en-us/library/bb172920(VS.85).aspx, September 6, 2011 (accessed November 27, 2011).

[MSDN 11i] Microsoft. *Queries (DirectD9) (Windows)*. http://msdn.microsoft.com/en-us/library/bb147308(VS.85).aspx, September 6, 2011 (accessed November 27, 2011).

[MSDN 11j] Microsoft. *Semantics (DirectX HLSL)*. http://msdn.microsoft.com/en-us/library/bb509647(VS.85).aspx, September 6, 2011 (accessed November 27, 2011).

[MSDN 11k] Microsoft. *Viewports and Clipping (Direct3D 9) (Windows)*. http://msdn.micro-soft.com/en-us/library/bb206341(VS.85).aspx, September 6, 2011(accessed November 27, 2011).

[Flex 08] The Flex Project. "Flex: The Fast Lexical Analyzer." *Sourceforge*. http://flex.sourceforge.net/, 2008 (accessed November 27, 2011).

[Khronos 11a] The Khronos Group. *Handling Context Lost*. http://www.khronos.org/webgl/wiki/HandlingContextLost, November 17, 2011 (accessed November 27, 2011).

[Khronos 11b] The Khronos Group. "Khronos Native Platform Graphics Interface (EGL Version 1.4)." *Khronos EGL API Registry*. Edited by Jon Leech. http://www.khronos.org/registry/egl/specs/eglspec.1.4.20110406.pdf, April 6, 2011 (accessed November 27, 2011).

[Khronos 11c] The Khronos Group. *OpenGL ES 2.0 Common Profile Specification (Version 2.0.25)*. Edited by Aaftab Munshi and Jon Leech. http://www.khronos.org/registry/gles/specs/2.0/es_full_spec_2.0.25.pdf, November 2, 2010 (accessed November 27, 2011).

[Khronos 11d] The Khronos Group. *OpenGL Registry*. http://www.opengl.org/registry/, (ac-cessed November 27, 2011).

[Khronos 11e] The Khronos Group. "The OpenGL ES Shading Language (Version 1.0.17)." *Khronos OpenGL ES API Registry*. Edited by Robert J. Simpson and John Kessenich. http://www. khronos.org/registry/gles/specs/2.0/GLSL_ES_Specification_1.0.17.pdf, May 12, 2009 (accessed November 27, 2011).

[Khronos 11f] The Khronos Group. "WebGL Specification (Version 1.0)." *Khronos WebGL API Registry*. Edited by Chris Marrin. https://www.khronos.org/registry/webgl/specs/1.0/, February 10, 2011 (accessed November 27, 2011).

[TransGaming 11] TransGaming. *GameTree TV: Developers*. http://gametreetv.com/developers, 2011 (accessed November 27, 2011).

第 40 章　SceneJS：基于 WebGL 的场景图形引擎

作者：Lindsay Kay

40.1　简　　介

WebGL 图形 API 规范扩展了 JavaScript 语言的功能，使兼容的浏览器能够在 GPU 上生成 3D 图形，而无须插件。由于 JavaScript 执行速度成为潜在的瓶颈，所以高性能 WebGL 应用程序依赖于执行最小的 JavaScript，同时尽可能多地将工作卸载（Offload）到 GPU（以 GLSL 编写的着色器程序的形式）。

本章描述了 SceneJS 的关键概念，它是一个用于 JavaScript 的开源 3D 引擎，在 WebGL 之上应用了一些简单的场景图（Scene-Graph）概念，例如状态继承（State Inheritance）（详见本章参考文献 [Kay 10]）。该框架侧重于高效渲染大量可单独拾取和连接的对象，此类应用如图 40.1 中所示的 BioDigital Human（详见本章参考文献 [Berlo and Lindeque 11]，[BioDigital 11]）。

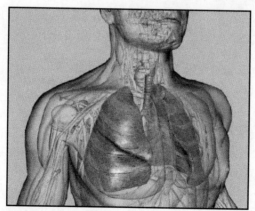

图 40.1　SceneJS 是 BioDigital Human 中的渲染引擎，这是一个免费的基于 Web 的人体解剖学和健康状况图集。当所有内容可见时，人体男性解剖视图中的 1886 个网格和 126 个纹理在配置了 i7 CPU 和 NVIDIA GeForce GTX 260M GPU 的计算机上的 Chrome 14.0.835.202 版浏览器中可以按大约 10～15 FPS 的帧速率渲染

本质上，SceneJS 的工作原理是维护状态优化的 WebGL 调用列表，该列表通过基于 JSON 的简单场景图 API 进行更新（详见本章参考文献 [Crockford 06]）。当对图形进行更新时，SceneJS 仅动态重建调用列表的受影响部分，同时自动处理着色器生成。

本章描述了 SceneJS 的一般架构，重点关注它用于有效地通过 WebGL 桥接其抽象场景表示的 JavaScript 策略，以及如何通过其 API 利用这些策略。

40.2 有效抽象 WebGL

场景图是一种数据结构，它将图形场景的逻辑和空间表示排列为图形中的节点集合，通常是树。大多数场景图的关键特征是状态继承（State Inheritance），其中的子节点将继承父节点设置的状态（如坐标空间、外观属性等）。场景图通常在低级图形 API 之上提供方便的抽象，包含优化和 API 最佳实践，使开发人员可以专注于场景内容。

WebGL 基于 OpenGL ES 2.0，它以图形程序开发人员编写的着色器形式将大部分渲染工作卸载到 GPU。因此，WebGL 适用于 JavaScript 的有限执行速度，鼓励应用程序图形层中的 JavaScript 仅用于指导 GPU 状态：缓冲区分配和绑定、编写变量、绘制调用等。

SceneJS 通过五阶段管线弥补了场景图 API 和 WebGL 之间的差距。

（1）场景定义。它解析了类似于代码清单 40.1 的 JSON 定义，以创建如图 40.2 所示的场景图，其中包含顶点缓冲区对象（Vertex Buffer Object，VBO）和为 GPU 上的节点存储的纹理等资源。请注意叶子上的几何体节点。

代码清单 40.1　场景图定义

```
SceneJS.createScene({              // 场景图的根节点
  type:"scene",
  id:"the-scene",
  canvasId:"my-canvas",            // 绑定到 HTML5 画布
  nodes:[{                         // 使用节点 ID 进行视图转换
    type:"lookAt",
    id:"the-lookat",
    eye:{x:0.0, y:10.0, z:15},
    look:{y:1.0},
    up:{y:1.0},

    nodes:[{                       // 投影转换
      type:"camera",
```

```
    id:"the-camera",
    optics:{
      type:"perspective",
      fovy:25.0,
      aspect:1.47,
      near:0.10,
      far:300.0
    },

    nodes: [{           // 光源
        type:"light",
        mode:"dir",
        color:{r:1.0, g:1.0, b:1.0},
        dir:{x:1.0, y:-0.5, z:-1.0}
    },

    { // 茶壶几何体
        type:"teapot"
    },

    { // 两个立方体的纹理
      type:"texture",
      uri:"images/texture.jpg",

      nodes:[{           // 转换第一个立方体
          type:"translate",
          x:3.0,

          nodes:[{ // 立方体几何体
            type:"cube"
          }]
      },

      { // 转换第二个立方体
        type:"translate",
        x:6.0,

        nodes:[{      // 立方体几何体
          type:"cube"
        }]
      }]
```

```
            }]
        }]
    }]
});
```

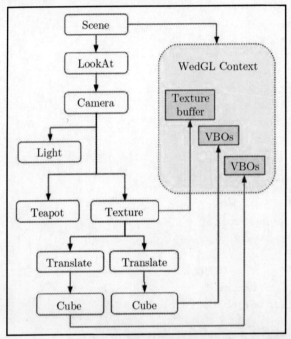

图 40.2 从代码清单 40.1 的场景定义编译的场景图。请注意，叶子上的几何体图形将从父节点继承状态，并且各个节点将在 GPU 上保存为它们分配的资源

原　　文	译　　文	原　　文	译　　文
Scene	场景	Translate	转换
LookAt	LookAt 节点	Cube	立方体
Camera	相机	WebGL Context	WebGL 上下文
Light	灯光	Texture buffer	纹理缓冲区
Teapot	茶壶	VBOs	VBO
Texture	纹理		

场景图是以 JSON 表示的 DAG，在这种情况下将定义包含一个茶壶和两个纹理立方体的场景，这些都由定向光源照亮并以透视方式查看。几何体节点通常位于叶子处，它们将继承由较高节点定义的状态。

（2）绘制列表编译。遍历场景图以编译一系列 WebGL 状态更改。这在 40.2.1 节中有更详细的描述。

（3）调用列表编译。绘制列表被编译成 WebGL 调用的快速列表，其中的参数是从绘制列表状态准备的。如代码清单 40.2 所示，调用列表节点是包装 WebGL 调用的函数，由高阶函数创建，用于准备和保存它们的参数。

代码清单 40.2　调用列表编译

```
//..
callList.push(
  (function(){
    // 在闭包中准备和缓存调用参数
    var uEyePosLoc = currentDrawListNode.shader.getUniformLocation
      ("uEyePos");
    var eye = currentDrawListNode.lookAt.eye;

    // WebGL 调用
    // eye 是一个共享的状态对象
    // 通过使用场景图的 lookAt 节点和绘制列表节点引用
    return function(){
      glContext.uniform3fv(uEyePosLoc, [eye.x, eye.y, eye.z]);
    }
})());
```

每个 WebGL 调用都由一个函数包装，该函数由一个高阶函数创建，准备参数并将它们缓存在闭包中。在此示例中，为了提高效率，高阶函数将查找并缓存着色器统一格式的位置，并在变量中获取 lookAt 状态的 eye 位置，以便更快地访问。

（4）状态排序。调用列表节点按其相应的绘制列表状态进行排序，以最小化将沿 OpenGL 管线传输的状态更改的数量，如 40.2.2 节中所述。

（5）调用列表执行。执行调用列表以渲染帧。

一旦创建了场景，就可以开始渲染循环，渲染循环将执行这些阶段以渲染第一帧。请注意，每个阶段都会缓存其结果。然后，在渲染循环运行的情况下，可以通过 API 的场景访问器（Accessor）方法接收场景状态更新，如代码清单 40.3 所示，我们将在每个循环开始时缓冲区批处理结果。

代码清单 40.3　场景图访问器

```
// 查找场景并调用 start 函数
var scene = SceneJS.scene("the-scene");
scene.start();
```

```
// 查找 lookAt 节点并获取其 eye 属性
var lookAt = scene.findNode("the-lookat");
var eye = lookAt.get("eye");

// 设置 lookAt 的 eye 属性
lookAt.set({eye:{x:eye.x + 5.0}});

// 创建另一束灯光
scene.findNode("the-camera").add({
  nodes:[{
    type:"light", dir:{y:-1.0}
  }]
});
```

场景图由 API 函数封装，API 函数提供对节点状态的读写访问、渲染循环控制、拾取等。请注意，对于需要重新分配 GPU 绑定资源的状态，不提供写访问权限。

不同类型的场景状态更新需要从管线的不同阶段重新执行，以便同步渲染的视图。在处理缓冲区更新时，可以通过从最新阶段重新执行管线来最小化 JavaScript 执行，这将同步所有更新的视图。请注意，当缓冲区为空时，不会执行管线。

大多数类型的场景更新都直接写入绘制和调用列表，而无须重新构建状态，也无须添加/删除列表节点。这可以通过公共对象在列表之间共享状态，更新状态的限制，以及 40.2.1 节中描述的简单状态继承方法来实现。因此，对于大多数类型的更新，包括相机移动、颜色更改和对象可见性等，[①] 只需要从阶段（5）重新执行管线即可。

此方法适用于场景图结构不经常更改的应用程序，这些程序在大多数时间内会保留图形中的内容，仅切换其可见性以启用或禁用它。

最昂贵的更新类型涉及向场景添加节点的问题。对于这种类型，我们必须从阶段（1）重新执行管线以重新分析新节点的 JSON 定义，然后重建绘制和调用列表。几乎同样昂贵的是节点重定位和删除，我们需要从阶段（2）重新执行。

SceneJS 是一个精简的渲染内核，不包括可见性剔除和物理计算。但是，它处理对象可见性和变换更新的效率使得将执行相应任务的外部库集成到其中变得切实可行。这些外部库可以是用于剔除的 jsBVH（详见本章参考文献 [Rivera 10]），也可以是用于物理计算的 ammo.js（详见本章参考文献 [Zakai 11]）。

[①] 调用列表节点实际上是由它们的绘制列表节点索引的，当执行调用时，可以有效地跳过与不可见绘制列表节点相关联的调用。

40.2.1 绘制列表编译

可以通过以深度优先顺序遍历场景图来构建绘制列表（Draw List），同时为每个场景节点类型保持堆栈，在预访问（Pre-Visit）时将每个节点的状态推送到适当的堆栈，然后在后访问（Post-Visit）时再次弹出。在每个几何体中，我们将创建一个绘制列表节点，该节点引用每个堆栈顶部的状态。我们还将为绘制列表节点生成 GLSL 着色器，专门用于渲染节点引用的状态配置。为了被具有类似状态的其他节点重用，我们将在这些状态上对着色器进行哈希并将其存储在池中。

每个绘制列表节点都具有绘制调用以渲染场景对象所需的所有内容。图 40.3 显示了从图 40.2 的场景图编译的状态排序的绘制列表。

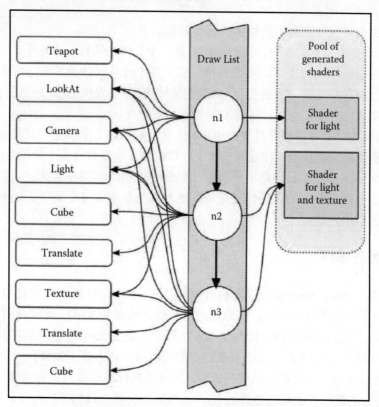

图 40.3　从图 40.2 的场景图编译的状态排序的绘制列表。节点 n1、n2 和 n3 引用需要在 WebGL 上设置的状态，以在场景图的叶子处绘制茶壶和立方体。节点 n2 和 n3 引用类似的状态配置，因此引用相同的着色器

原　　文	译　　文	原　　文	译　　文
Teapot	茶壶	Texture	纹理
LookAt	LookAt 节点	Draw List	绘制列表
Camera	相机	Pool of generated shaders	生成的着色器的池
Light	灯光	Shader for light	灯光着色器
Cube	立方体	Shader for light and texture	灯光和纹理着色器
Translate	转换		

对于大多数节点类型来说，堆栈顶部的状态将完全覆盖堆栈中较低的状态，导致几何体仅从该类型的最近父级继承状态。如前所述，这意味着对这些类型的继承状态的更新将通过共享状态对象直接写入绘制和调用列表，既不需要重新遍历场景，也不需要添加/删除绘制或调用列表节点。

当然，也有两种节点类型是特殊情况。具体如下：

（1）对于变换节点的建模，我们维护的是一个矩阵的堆栈。在每个节点上，我们将该节点的矩阵乘以堆栈的顶部，然后再推送它。每个叶几何体的顶部矩阵由绘制列表节点引用。因此，对任何变换节点的更新（如改变旋转角度）要求从阶段（2）重新执行 SceneJS 管线，以重新遍历分支，重新计算陈旧的绘制列表矩阵。

（2）几何体节点可以嵌套以支持 VBO 共享，如 40.3.2 节所述，父几何体节点将定义子几何体继承的顶点数组。在这种情况下，绘制列表节点像往常一样为叶几何体创建，除了堆叠几何体状态时，我们将累积属于已经位于堆栈顶部的任何状态的数组。当然，对几何体节点上顶点数组的更新仍然是有效的，因为数组本身在场景、绘制和调用列表节点之间通过引用共享。

40.2.2　状态排序

状态排序（State Sorting）涉及通过对调用列表中的类似状态进行分组来最小化 OpenGL 管线中状态变化的数量。可以通过着色器、纹理和 VBO 对调用列表节点进行排序。着色器是主要的排序依据，因为切换着色器会导致 OpenGL 管线的广泛中断，从而需要重新绑定所有其他状态。接下来要排序的是纹理，因为在开发期间，我们观察到它们比 VBO 更慢绑定。[①] 当执行调用列表时，还可以执行进一步的状态排序，跟踪我们在 WebGL 上进行的最后一次状态更改的 ID，这样就不会两次做同样的改变。

---

① 测试环境为 Google Chrome 浏览器 14.0.835.202 版本，配置的 GPU 为 NVIDIA GeForce GTX 260M，操作系统为 Ubuntu 10.0.4。

40.3 优化场景

API 支持若干种场景定义技术，通过利用 40.2 节中描述的状态排序顺序和管线来改进场景性能。

40.3.1 纹理图集

纹理图集（Texture Atlas）是包含许多子图像的大图像，每一幅子图像均用作不同几何体的纹理或相同几何体的不同部分。可以通过将几何体的纹理坐标映射到图集的不同区域来应用子纹理。如前文所述，SceneJS 先按着色器排序绘制列表，然后按纹理排序。只要每个几何体节点都继承父节点状态的相同配置，并因此可以共享相同的着色器，则绘制列表将为所有几何体绑定纹理一次。纹理图集的另一个重要好处是它们减少了纹理图像的 HTTP 请求数量（详见本章参考文献 [NVIDIA 04]）。

40.3.2 VBO 共享

VBO 共享是一种技术，在该技术中，父几何体节点将定义由子几何体节点继承的顶点（包括位置数组、法线向量和 UV 坐标），这些节点提供它们自己的索引数组，指向顶点的不同部分。然后，在所有子节点的绘制调用之间绑定父级 VBO 一次。每个子节点都是一个独立的对象，如代码清单 40.4 所示，每个子几何体都可以用不同的纹理或材质等包裹。只要每个子几何体继承了类似的状态组合，就可以高效地进行渲染，这意味着如 40.2.1 节中所述，不再需要切换生成的着色器。

代码清单 40.4　VBO 共享示例

```
{
    type:"geometry",
    positions:[...],          // 所有位置
    normals:[...],            // 所有法线
    uv:[...],                 // 所有 UV

    nodes:[{
        type:"texture",
        uri:"someTexture.jpg",
        nodes:[{
```

```
          type:"geometry",
          primitive:"triangles",
          indices:[...]          // 该几何体的面
        }]
     },
     {
       type:"texture",
       uri:"anotherTexture.jpg",
       nodes:[{
          type:"geometry",
          primitive:"triangles",
          indices:[...]          // 该几何体的面
        }]
     },
     {
       type:"texture",
       uri:"oneMoreTexture.jpg",
       nodes:[{
          type:"geometry",
          primitive:"triangles",
          indices:[...]          // 该几何体的面
        }]
     }
   ]
}
```

在此示例中，父级将定义子级继承的位置、UV 和法线的 VBO，它们通过指向 VBO 不同部分的索引数组定义其图元。每个子几何体也将在其各部分应用不同的纹理。如前文所述，VBO 共享可以减少绑定调用。

40.3.3　可共享的节点核心

传统上，场景图中的重用（Reuse）是通过将节点附加到多个父项来完成的。对于动态更新的场景，当引擎必须遍历场景图中的多个父路径时，会对性能产生影响，因此 SceneJS 采用了节点核心（Node Core）的替代方法，这是从 OpenSG 借来的概念（详见本章参考文献 [OpenSG 10]）。

节点核心是节点的状态。让多个节点共享核心意味着它们共享相同的状态。这样的设计有以下两个性能优势：

（1）对共享节点的更新可以同时写入多个绘制和调用列表节点。

(2)执行调用列表时,相同重复状态具有匹配 ID 的可能性增加,如 40.2.2 节所述,这可以跟踪状态 ID 以避免冗余地重新应用它们。

代码清单 40.5 显示了通过场景定义 API 共享节点核心的示例。如前文所述,通过共享节点核心可以进行状态重用。我们在 library 节点中定义 geometry 和 material 节点,以防止它们被渲染。每个 geometry 和 material 节点都有一个 coreId,这样的设计意味着它们的状态(VBO、颜色等)在随后的场景中可以由相同类型的其他节点共享。

代码清单 40.5　通过场景定义 API 共享节点核心的示例

```
// 在 library 节点中定义一组节点
// 防止它们被渲染
{
  type:"library",
  nodes:[
    {
      type:"geometry",
      coreId:"my-geometry-core",
      positions:[..],
      indices:[..],
      primitive:"triangles"
    },
    {
      type:"material",
      coreId:"my-material-core",
      baseColor:{r:1.0}
    }
  ]
},

// 共享它们的核心
{
  type:"material",
  id:"my-material",
  coreId:"my-material-core",
  nodes:[
    {
      type:"geometry",
      coreId:"my-geometry-core"
    }
  ]
}
```

40.4 拾 取

可以使用 40.2 节中描述的管线的变体进行鼠标拾取操作。制作拾取时，我们将场景图编译为特殊的拾取模式（Pick-Mode）绘制和调用列表，这些列表将每个可拾取对象渲染为不同颜色的屏幕外拾取缓冲区。然后，读取拾取坐标处的像素，并将其颜色映射回拾取的对象。

使用此技术的框架通常会在拾取坐标处将视口缩小到 1×1 区域，以提高拾取缓冲区的效率。SceneJS 使用整个原始视口，以便可以保留拾取缓冲区，以支持在自上次拾取后图像中没有任何变化的情况下在不同坐标处快速重新捕捉。这支持快速鼠标悬停效果，如工具提示就是这样的。

40.5 小 结

当在浏览器中渲染高性能 3D 图形时，最大的性能瓶颈是 JavaScript 开销。为了克服这个瓶颈，WebGL 应用程序可以从精巧的缓存策略和使用优化（如编译到闭包）中获益。SceneJS 的保留模式 API 受益于这种预处理优化，其中，复杂的动态代码可以编译为快速静态形式。也就是说，顶点共享和纹理映射等经典技术仍然具有与任何其他 OpenGL 应用程序相同的影响，并且仍应该被应用。

SceneJS 是一个开源软件，具有比本章描述更多的功能。展望未来，其将继续专注于高细节的模型视图应用程序。对于节点会频繁添加、重新定位和删除的场景，可以扩展其优化，并利用 Web Workers 和 Google Native Client 等新兴技术提高性能。

参 考 文 献

[Berlo and Lindeque 11] Leon Van Berlo and Rehno Lindeque. "BIMSurfer." http://bimsurfer.org, September 8, 2011.

[BioDigital 11] BioDigital. "BioDigital Human." http://biodigitalhuman.com, August 31, 2011.

[Crockford 06] Douglas Crockford. "RFC 4627." http://tools.ietf.org/html/rfc4627, July 2006.

[Kay 10] Lindsay Kay. "SceneJS." http://scenejs.org, January 22, 2010.

[NVIDIA 04] NVIDIA. "Improve Batching Using Texture Atlases." ftp://download.nvidia.com/developer/NVTextureSuite/Atlas_Tools/Texture_Atlas_Whitepaper.pdf, September 7, 2004.

[OpenSG 10] OpenSG. "OpenSG: Node Cores." http://www.opensg.org/htdocs/doc-1.8/NodeCores.html, February 8, 2010.

[Rivera 10] Jon-Carlos Rivera. "jsBVH." https://github.com/imbcmdth/jsBVH, April 4, 2010.

[Zakai 11] Alon Zakai. "ammo.js." https://github.com/kripken/ammo.js, May 29, 2011.

第 41 章　SpiderGL 中的特性和设计选择

作者：Marco Di Benedetto、Fabio Ganovelli 和 Francesco Banterle

41.1　简　　介

与计算机图形（Computer Graphics，CG）相关的技术不断蓬勃发展，主要是由于 3D 加速硬件的广泛应用，其性能与成本之比前所未有。过去，访问此类加速器仅限于计算机工作站，而如今，即使是智能手机等手持设备也配备了强大的图形硬件。与此同时，随着 OpenGL 的引入，CG 软件已经转向成为免版税（Royalty-Free，RF）规范的专有解决方案。此外，宽带互联网连接的广泛使用提高了网络连接速度，使内容可用性大幅增加，HTML5 等网络技术丰富发展。

在这个成熟的场景中，引入了 WebGL 规范，允许 CG 和 Web 程序开发人员直接在 Web 页面中利用 GPU 的强大功能。WebGL 是一种基于 OpenGL ES 2.0 规范的强大技术，因此它遵循了准系统低级 API 的理念。正如在类似的环境中发生的那样，已经开发了一系列更高级别的库来简化使用并实现更复杂的结构。

SpiderGL 是一个 JavaScript CG 库（详见本章参考文献 [Di Benedetto et al. 10]），使用 WebGL 进行实时渲染。该库公开了一系列实用程序、数据结构和算法，以提供典型的图形任务。在开发 SpiderGL 时，我们想要创建一个能够简化 WebGL 最常用模式的库，以保证无缝集成到复杂的软件包中。当用户想要访问底层 WebGL 层时，它的中间件（Middleware）角色使我们需要强制执行一致性，并为更高级别组件的开发提供坚实的基础。该库可以从 SpiderGL 网站（http://spidergl.org）下载。

本章将讨论在设计和开发 SpiderGL 时我们做出的最重要的选择。41.2 节简要讨论库架构。41.3 节详细介绍了 3D 对象的定义。41.4 节讨论了 API 强加的对象绑定范例引起的问题以及处理方法。41.5 节描述了 SpiderGL 如何包装原生 WebGL 对象以及如何保证与低级调用的强大互操作性。41.6 节对本章所介绍的内容进行了总结。

41.2　库　架　构

SpiderGL 库的全局哲学是为典型的 CG 算法和数据结构提供程序接口。使用这种程序方法，可以创建使用 SpiderGL 作为较低级库的更高级接口，即场景图。在设计这个软件时，我们给自己强加了一系列要求，其中最重要的是永远不会阻止用户直接访问 WebGL 原生功能。保证此属性意味着可以实现高级 SpiderGL 代码和低级 WebGL 调用的无缝协作，从而为用户提供更多自由。

SpiderGL 库由若干个模块组成，实现为 JavaScript 名称空间（Name-Space）对象。顶级对象 SpiderGL 充当主库名称空间，避免影响 JavaScript 全局对象。模块中的符号封装可以创建一个干净的结构，但会产生更冗长的代码。出于这个原因，我们提供了一个打开每个模块名称空间的函数，它创建了全局对象的包含符号属性，因此无须授予资格即可访问它们。例如，在开放名称空间之后，通用对象 SpiderGL.SomeModule.SomeClass 将由 SglSomeClass 建立别名，这意味着在添加新符号时，必须避免跨模块的名称冲突。

在该库架构中还存在用于提供用户所需的大多数接口的顶级模块和横向模块（即功能由其他模块使用的组件）。以下是 SpiderGL 模块包含的简要说明：

- Core。基本常量定义和 SglObject 类，它是库的每个对象使用的基本原型。
- Type。表示标量类型的符号常量，即 SGL_UINT16 和 SGL_FLOAT32，以及在 WebGL 类型的符号常量之间转换的函数。它还提供了用于识别 JavaScript 类型的实用程序函数，即 isArray()，并实现了原型继承。
- Utility。用于对象合并、检索默认值以及其他常用功能的函数。
- DOM。访问 DOM 元素的功能，如文本检索。
- Math。计算机图形中使用的最常见数学对象的定义，如向量、矩阵和四元数。
- Space。几何实体和与变换相关的实用程序，如 SglTransformationStack，它提供了一个易于使用的接口，类似于固定功能的 OpenGL 矩阵堆栈。
- IO。访问远程内容的类和函数。SglRequest 类充当文本、JSON 和二进制请求的基本类型。
- WebGL。函数和包装器，它们简化了相应 WebGL 对象的使用，并为对象编辑提供了功能丰富的界面。
- Model。用于定义和渲染 3D 对象的类和函数。这些允许我们对基于 JavaScript 的算法（如依赖于系统内存的存储）和 WebGL 渲染使用相同的结构。
- UI。受 GLUT 库启发的用户界面，可用于处理渲染画布事件。

为了简化库的使用，所有函数和对象方法都具有默认值。对象方法还可以通过使用特殊的 SGL_DEFAULT 符号常量来恢复状态默认值，即

```
texture.minFilter = gl.NEAREST;
// ...
texture.minFilter = SGL_DEFAULT;                    // 恢复默认值
```

只需要在处理库脚本后重新定义默认值即可更改默认值。以这种方式，可以在每个应用程序（如每页）的基础上配置库的默认行为。

41.3 表示 3D 对象

CG 库中最具特色的功能之一是可以表示 3D 模型。像场景图（Scene Graph）这样的方法通常将模型组织为一组节点（参见第 40 章中的 SceneJS），可能类似于一个更复杂的图形中可识别的、有根的子树，它包含场景的所有元素。每个节点用作基本构建块，就像数据源，即顶点缓冲区、渲染状态、子模型分区以及通过变换链（Transformation Chain）的分层和空间关系。SpiderGL 主要是一个程序库（Procedural Library），它公开了若干个基本组件，旨在以程序方式组合来形成更复杂的实体。即使可以在库的顶部构建场景图层，仍确实需要一种灵活的表示 3D 模型的方法，这样既可以创建内容丰富的场景，也可以提供灵活和高性能的数据结构，以有效地用于应用研究或算法原型设计。

在 SpiderGL 中，3D 模型经历了升级设计过程，在此过程中我们尝试保持原始结构的灵活性，同时增加表现力。

在第一个版本中，使用网格（Mesh）来表示 3D 对象：结构只是一组顶点流（Vertex Stream）和图元流（Primitive Stream）。每个顶点流由数据容器（实现为顶点缓冲区）和数据布局描述符（Data-Layout Descriptor）组成，数据布局描述符封装了描述流所需的所有信息，以及传递给 vertexAttribPointer() 调用的参数。常量顶点流（Constant Vertex Stream）即所有顶点共享的单个属性，表示为浮点数的四分量数组，用作 vertexAttrib4fv() 调用的输入。类似地，图元流由索引缓冲区和调用 drawElements() 的相关参数组成。在非索引图元的情况下，流只是由 drawArrays() 所需的参数集组成。这种结构既原始、直接，又易于使用，但缺乏在交错布局（Interleaved Layout）中组织顶点属性的可能性。由于内存控制器架构和预提取策略，紧密压缩的属性可以提高性能，尤其是在低端设备上。

在网格结构的第二个实现中，我们放宽了数据源只能为一个流提供服务的约束。顶点或索引图元流可以通过名称引用到源缓冲区，从而允许交错布局。

我们认为利用 WebGL API 的一般性的一个重要特征是缺少与顶点流相关的语义（Semantic）信息。它们只能通过任意名称来识别，程序开发人员可以在它们和顶点着色器属性之间建立对应关系。例如，通过重用标准的平面着色器程序，可以使用每顶点纹理坐标作为顶点位置来执行纹理空间中的颜色渲染。然而，即使这样可以将顶点流与顶点着色器属性分离，但是没有语义信息则暗示通用算法（即包围盒和表面法线计算）没有方法来识别它们所需的顶点属性。

最后，我们决定添加语义信息并将网格重新设计为更完整的结构，结果是更具表现力的表示，即模型（Model）。与网格相反，模型是由逻辑部分组成的复杂结构。每个部分代表一个应该被认为是不可分割的几何结构。但是，为了处理在索引图元流中设置为 $2^{16}-1$ 的最大可表示顶点索引的 WebGL 限制，每个模型部分将由一组块（Chunk）组成。

如图 41.1 所示，模型是一个层堆栈（Stack of Layer）。每一层都代表不同细节层次的信息，并且仅以自下而上的方式依赖于前一层。随着堆栈自下而上，信息变得更高级，增加了数据的表现力。相反，在从上到下的下降层中，施加的限制越来越少，增加了灵活性。在下文中，我们将看到每个层究竟表示什么以及如何编码。

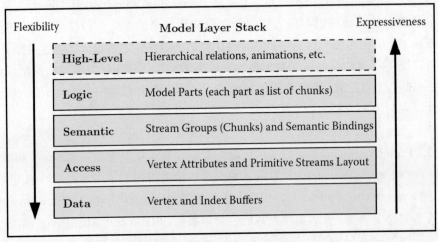

图 41.1　构成模型结构的层堆栈

原　　文	译　　文
Flexibility	灵活性
Model Layer Stack	模型层堆栈
Expressiveness	表现力
High-Level　Hierarchical relations, animations, etc.	高级　分层关系、动画等
Logic　Model Parts (each part as list of chunks)	逻辑　模型组成部分（每个部分都是一个块列表）
Semantic　Stream Groups (Chunks) and Semantic Bindings	语义　流数据组合（块）和语义绑定
Access　Vertex Attributes and Primitive Streams Layout	访问　顶点属性和图元流布局
Data　Vertex and Index Buffers	数据　顶点和索引缓冲区

1. 数据层

数据层是存储原始数据的地方,它被分区为顶点和索引数据源。每个源可以按 3 种方式存储:常规 JavaScript 数组、类型化数组(详见本章参考文献 [Group 11b])和 WebGL 缓冲区。存储替代方案不是互斥的,这意味着模型数据可以同时保存在系统和图形内存中。这特别有用,因为它避免了两种不同模型结构的定义。例如,对几何体执行计算的算法可以访问常规数组或类型化数组,而渲染算法将使用包装的 WebGLBuffer 对象。代码清单 41.1 显示了这样的数据层结构示例。

代码清单 41.1　模型数据层的示例

```
model.data = {
  vertexBuffers:{
    "vbufferA":{
      type:SGL_FLOAT32,
      untypedArray: // [ ... ],
      typedArray:new Float32Array(...),
      glBuffer:new SglVertexBuffer(gl, ...)
    },
    "vbufferB":{
      // 类似于 "vbufferA"
    },
    // ...
  },
  indexBuffers:{
    "ibufferA":{ /* 类似于顶点缓冲区 */ },
    // ...
  }
};
```

2. 访问层

访问层提供所需的信息以生成将被送到渲染管线的顶点属性和图元流。

顶点属性流可以通过名称引用数据层中的顶点缓冲区以及布局和访问参数(即执行 vertexAttribPointer() 调用所需的信息),或者它可以存储单个四维值,由每个顶点使用(即在 vertexAttrib4fv() 中)。

类似地,图元数据流可以通过在数据层中引用索引缓冲区及其布局参数(即在 drawElements() 中使用)或非索引的图元数组范围(即在 drawElements() 调用中转换)来定义索引图元流。具体示例见代码清单 41.2。

代码清单 41.2　模型访问层的示例

```
model.access = {
  vertexStreams:{
    "vstreamA":{
      buffer:"vbufferA",
      size:3,
      type:SGL_FLOAT32,
      normalized:false,
      stride:0,
      offset:0
    },
    "vstreamB":{ /* 类似于 "vstreamA" */ },
    "vstreamC":{ value:[1, 0.5, 0, 1] }, // 常量流
    // ...
  },
  primitiveStreams:{
    "pstreamA":{ // 索引图元
      buffer:"ibufferA",
      mode:SGL_TRIANGLES,
      count:triCount * 3,
      type:SGL_UINT16,
      offset:0
    },
    "pstreamB":{ // 非索引图元
      mode:SGL_POINTS,
      first:0,
      count:verticesCount
    },
    // ...
  }
};
```

3. 语义层

语义层的一般思想是为每个渲染模型的方式（如着色器程序或渲染通道）定义一组具有相关语义的顶点流。然后，该信息可以由计算几何或渲染算法（如包围盒计算）使用，或者将模型顶点流绑定到顶点着色器的对应输入属性。

语义层还可用于定义不可分割的模型子部分（Subpart）。这种必要性来自 WebGL 规范，它将缓冲区中可索引顶点的数量限制为 2^{16}。一旦定义了子部分或块，逻辑层就可以组合它们以形成整个模型部分。受 COLLADA 模式的启发（详见本章参考文献 [Group

11a]），每个块可以指定若干个语义绑定，具体取决于将对其进行操作的访问或渲染技术（Rendering Technique），如代码清单41.3所示。

代码清单41.3 模型语义层的示例

```
model.semantic = {
  bindings:{
    "bindingA":{
      vertexStreams:{
        "POSITION":["vstreamA"],
        "TEXCOORD":["vstreamB" /*, "vstreamB2", ... */],
        "COLOR":["vstreamC"]
      },
      primitiveStreams:{
        "FILL":["pstreamA"],
        "POINT":["pstreamB"]
      }}},
  chunks:{
    "chunkA":{
      techniques:{
        "common":{binding:"bindingA"}
      }}}
};
```

对于每个语义值，如TEXCOORD，可以指定流的数组，每个流指代语义集，即两组纹理坐标。与COLLADA一样，common技术指的是合理的通用语义绑定。

4. 逻辑层

每个模型可以由具有逻辑或结构意义的部分组成。举例来说，车轮、挡风玻璃和车体等都是汽车模型的组成部分，它们构成了逻辑或结构意义上的关联。逻辑层的目的只是将块分组以形成命名模型部分，如代码清单41.4所示。

代码清单41.4 模型逻辑层的示例

```
model.logic = {
  parts:{
    "whole":{
      chunks:["chunkA" /*, "chunkB", ... */]
    }
  }
};
```

5. 高级层

模型层堆栈对未来添加新层保持开放。高级层这一类别旨在主导逐步添加更多表达信息的层。这些层可用于定义模型部分、动画路径或注解（Annotation）之间的层次关系。

模型的分层结构提供了在算法开发期间的灵活性和表现力。随着各种功能被添加到 SpiderGL 中，开发人员可以利用此结构的可扩展性为用户提供一个完整的对象，并且可以在开发中的应用程序所需的抽象级别上使用。

当然，为了使库具有良好的可用性级别，灵活的模型结构必须与一系列可管理的 WebGL 支持工具相结合。下一节将讨论在 WebGL 模块中采用的最重要的设计选择，以简化实时渲染应用程序的开发。

41.4 直接访问 WebGL 对象状态

WebGL 提供了一个功能强大的 API，允许其用户利用图形加速器的性能。该 API 处理低级对象和操作，并遵循提供必要的所有内容的理念，但仅此而已。在这种情况下，通常需要开发更高级别的库来增加表现力，同时简化最常见的使用模式。这些库被归类为中间件（Middleware），以强调它们位于低级访问和更高级系统之间这一事实。

在使用 SpiderGL 时，我们希望开发一个允许与原生 WebGL 调用无缝互操作的库。为实现这一目标，必须解决 WebGL 规范强加的使用模式问题。此模式来自 API 的以上下文为中心的状态机性质，这需要采用特定的绑定范例来对资源或对象进行操作。

一般来说，WebGL 对象具有内部状态（就像属性或参数一样），并封装某种数据，如缓冲区中的原始内存块或纹理中的图像。可以编辑对象以更改其内部状态或数据，也可以将对象约束到渲染上下文的特定绑定基点（Binding Site）或目标（Target），以供渲染管线的某些阶段使用。有关示例请参见代码清单 41.5。

代码清单 41.5 绑定到编辑/绑定到使用范例的示例

```
1   function update(x, y){
2     // 更新纹理图像的单个纹理元素
3     gl.bindTexture(gl.TEXTURE_2D, paintTex);
4     gl.texSubImage2D(gl.TEXTURE_2D, 0, x, y, 1, 1,
5       gl.RGBA, gl.UNSIGNED_BYTE, selectedColor);
6   }
7   function draw(){
8     // 清除帧缓冲区，设置矩阵、程序等
9     gl.bindTexture(gl.TEXTURE2D, paintTex);
```

```
10      doSomething();
11      gl.drawElements(...);
12   }
```

函数 update 将修改 paintTex 纹理对象，即设置其纹理元素（Texel）之一的颜色，而函数 draw 使用它来执行渲染。在这里，看到的是 bindTexture() 方法的双面或重载用法：在第 3 行，paintTex 被绑定，以便第 4 行的编辑命令 texSubImage2D() 对它进行操作；而在第 9 行中，相同的 paintTex 被绑定到渲染上下文，以便当发出绘制命令时，某些管线阶段（如顶点和片段着色器）可以访问它。这些在语法上相同但语义上不同的使用绑定函数的方式是 OpenGL 开发人员都应该知道的绑定到编辑（Bind-to-Edit）/绑定到使用（Bind-to-Use）的范例。

41.4.1 问题

重要的是要理解这个范例在编辑阶段的副作用：先前的绑定被破坏。也就是说，对象 T 先前绑定所涉及的目标（代码清单 41.5 中的 TEXTURE_2D）是未绑定的，这有利于对象被编辑。如果绑定 T 的人知道绑定已经或将要被破坏，那么这可能还不是什么大问题。在代码清单 41.5 中，编写 draw 函数的人可能希望在调用 drawElements() 时绑定 paintTex（第 11 行）。为此，开发人员必须确保第 10 行的函数调用 doSomething() 不会破坏绑定。当然，在这个简单的例子中，代码可能会被重新排列以确保这个前提条件（即交换第 9 行和第 10 行），但在实际开发和更复杂的情况下，这是不容易实现的，特别是在使用第三方中间件（分层库）的情况下，更容易出错。

OpenGL 开发人员意识到这一点，因此他们改变了编码习惯以避免这种情况，但这需要付出一定代价，特别是对于编写分层库的人来说更是如此。事实上，这个问题的主张解决方案是，只要函数作用于绑定，它就必须恢复现有的绑定，如代码清单 41.6 所示。

代码清单 41.6　分层库问题的可能解决方案

```
1    function doSomething(){
2      var boundTex = gl.getParameter(gl.TEXTURE_BINDING_2D);
3      gl.bindTexture(gl.TEXTURE_2D, someTex);
4      gl.texParameteri(gl.TEXTURE_2D, gl.TEXTURE_WRAP_S, gl.REPEAT);
5      gl.bindTexture(gl.TEXTURE_2D, boundTex);
6    }
```

在第 2 行，查询上下文以检索当前绑定到感兴趣目标的对象；在第 3 行，必须编辑或使用的对象被绑定，并在其上进行操作（第 4 行）；在第 5 行，恢复先前绑定的对象。

这种查询/绑定/设置/恢复（Query/Bind/Set/Restore）策略当然会导致代码编写和运行时的负担。

41.4.2 解决方案

如果开发人员有机会直接指定自己想要操作的对象，则显然可以更简单、更清晰地实现 doSomething()：

```
function doSomething(){
  gl.texParameteri(someTex, gl.TEXTURE_2D, gl.TEXTURE_WRAP_S, gl.REPEAT);
}
```

除了使开发更容易之外，这种对象操作方式也更接近于面向对象的范例。为了解决绑定到编辑/绑定到使用范例的问题，在桌面 OpenGL 中开发和制作了官方 EXT_direct_state_access（DSA）扩展（详见本章参考文献 [Kilgard 10]）。对于依赖于当前绑定（或其他上下文状态，在这种情况下，它被称为选择器状态）的规范中的每个编辑函数，DSA 扩展公开了一个相应的函数，该函数通常采用要操作的对象作为第一个参数。即使 DSA 没有完全解决所有问题，它也是朝向更整洁的 API 迈出了重要一步。

遗憾的是，WebGL 没有 DSA 扩展，因此，当前绑定和状态选择器是操纵对象状态的唯一方法。SpiderGL 可以用作中间件库，这意味着我们必须应对上述问题。从该库的第一个版本开始，WebGL 对象的包装器（如缓冲区、帧缓冲区、程序、渲染缓冲区、着色器和纹理）被开发出来并通过具有表现力的构造函数选项、方法和参数的 Setter 和 Getter（见 41.5 节）来简化它们的使用。在初始版本中，包装器在对它们进行任何编辑之前必须显式绑定。使用模式的形式如下：

```
var tex = new SglTexture2D(...);      // 封装 WebGLTexture
tex.bind();
tex.wrapS = gl.REPEAT;                // 隐藏对 gl.texParameteri() 的调用
tex.unbind();
```

我们不想强加这个要求，并且我们自己在写代码时也对此感觉不舒服。

有鉴于此，必须进行重要的设计选择。第一种选择是秘密地应用查询/绑定/设置/恢复策略，但这会使库代码充满复制和烦琐的代码，更不用说设置若干个相同对象的参数时出现的冗余或完全可以避免的对象绑定惩罚；另一种选择是添加特殊方法来一次设置一大堆参数，但这不会单独阻止用户设置微小参数。同样糟糕的是，删除单个参数设置可能导致包装器的用法更冗长。

因此，必须采取更激进的设计选择，即使它意味着劫持 WebGLRenderingContext 对象。这个决定打破了我们不以任何方式修改上下文对象的初始策略。但是，在实际测试表明替换上下文对象的某些方法并不会明显影响性能之后，我们决定通过自定义扩展注入直接状态访问功能。我们定义了两个扩展：SGL_current_binding 和 SGL_direct_state_access，它们可以使用标准 WebGL 扩展机制访问，即上下文对象的 getExtension() 方法。SGL_current_binding 扩展用于跟踪每个目标的当前绑定，并避免通过 getParameter() 查询 WebGL 上下文，而 SGL_direct_state_access 扩展则基于查询/绑定/设置/恢复策略。为了使扩展可用，getExtension() 方法被替换为代码清单 41.7 中的代码。

代码清单 41.7　用于扩展注入的修改后的 getExtension() 方法

```
gl._spidergl = { };                          // 私有 SpiderGL 注入容器

gl._spidergl.setupXYZ = setupXYZ;
gl._spidergl.xyz = null;
// ... 其他扩展 ...

// 保存对原生 getExtension 的引用 ...
gl._spidergl.getExtension = gl.getExtension;

// ... 替换公开的新扩展
gl.getExtension = function(name){
  var sgl = this._spidergl;
  switch(name){
    case "SGL_XYZ":
      if (!sgl.xyz){
        sgl.setupXYZ(this);                  // 在首次调用时设置扩展
      }
      return sgl.xyz;
    // ... 其他扩展 ...
    default:                                 // 调用原生 getExtension
      return sgl.getExtension.apply(this, arguments);
  }
};
```

属性_spidergl 作为所有与 SpiderGL 相关的注入的容器添加到上下文中。对于每个已安装的扩展，设置函数和扩展对象本身都存储在容器属性中。具有设置函数的目的是遵守 WebGL 规范：实际上，在第一次请求时，启用并公开扩展。稍后调用将返回已创建的扩展对象（如果有）。在代码清单 41.7 中，假设有一个名为 XYZ 的扩展，占位符 "SGL_XYZ"、setupXYZ 和 xyz 分别引用扩展名字符串、初始化和安装扩展的函数，以及_spidergl 注入容器的属性名称（将引用扩展对象）。例如，SGL_current_binding 扩展的

占位符将替换为 "SGL_current_binding"、setupCurrentBinding 和 cb。

接下来将演示扩展的工作方式，以及为单一类型的 WebGL 对象（即 WebGLBuffer）实现的方式。其他对象类型以相同的方式处理，相对实现只是遵循处理缓冲区对象的代码。我们使用了稍微不同的解决方案：对于 WebGLTexture 对象，即使是使用相同的概念，也会引入更高级的跟踪和处理，以考虑每个纹理单元的不同状态。

为了演示如何实现扩展，将使用代码清单 41.8 中的代码作为一般设置框架，其中的 XYZ 是一个占位符，用于讨论中的扩展。如果需要，函数 setupPrivateXYZ() 可以设置扩展的内部状态和函数，hijackContextXYZ() 可以用特定于扩展名的修改版本替换 WebGLRenderingContext 对象的公共方法，而 setupPublicXYZ() 则可以定义特定于公共扩展的常量和函数。

代码清单 41.8　扩展设置框架

```
1  function setupXYZ(gl){
2    var ext = { };              // 通过 getExtension() 返回的对象
3
4    // 存储在 SpiderGL 容器中的扩展
5    // "cb" -> SGL_current_binding
6    // "dsa" -> SGL_direct_state_access
7    // ...
8    gl._spidergl.xyz = ext;
9
10   // 使用对上下文的引用扩展私有数据
11   ext._ = {gl:gl};
12
13   setupPrivateXYZ(gl);
14   hijackContextXYZ(gl);
15   setupPublicXYZ(gl);
16  }
```

41.4.3　使用 SGL_current_binding

当前绑定（Current Binding，CB）扩展的目的是使用快速方式来检索当前绑定到特定目标的对象。在基准测试之后发现，一个原生的实现比使用 getParameter() 查询上下文要快得多。该扩展还为每个绑定目标提供了一个实用程序的堆栈，并且具有典型的 push 和 pop 功能。参考代码清单 41.8 中的第 8 行，该扩展对象将由安装在渲染上下文中的 _spidergl 容器对象的 cb 属性访问。

对于每个目标，扩展私有数据包括对当前绑定对象的引用和最初为空的对象引用数组，以实现堆栈操作。此外，保存原生绑定函数以供被劫持的对象内部使用。如代码清单 41.9 所示，私有数据设置由下画线变量"_"引用。

代码清单 41.9　SGL_current_binding 扩展的私有数据设置函数

```
function setupPrivateCB(gl){
  var _ = gl._spidergl.cb._;                // 扩展私有数据

  _.currentBuffer = { };                    // 存储每个目标的绑定状态
  _.currentBuffer[gl.ARRAY_BUFFER] =
    gl.getParameter(gl.ARRAY_BUFFER_BINDING);
  _.currentBuffer[gl.ELEMENT_ARRAY_BUFFER] =
    gl.getParameter(gl.ELEMENT_ARRAY_BUFFER_BINDING);

  _.bufferStack = { };                      // 每个目标的对象堆栈
  _.bufferStack[gl.ARRAY_BUFFER] = [ ];
  _.bufferStack[gl.ELEMENT_ARRAY_BUFFER] = [ ];

  _.bindBuffer = gl.bindBuffer;             // 保存原生的 bindBuffer

  // ... 其他类型的 WebGLObject ...
}
```

要跟踪当前绑定状态，需要劫持每个原生对象绑定方法。在我们的实现中，如果当前对象已经绑定，则可以避免冗余绑定：

```
function hijackContextCB(gl){
  gl.bindBuffer = function(target, buffer){
    var _ = this._spidergl.cb._;
    if (_.currentBuffer[target] == buffer){
      return;
    }
    _.currentBuffer[target] = buffer;
    _.bindBuffer.call(this, target, buffer);
  };
  // ... 其他绑定调用 ...
}
```

公共扩展函数必须作为 getExtension() 返回的对象的方法公开。因此，它们将作为 ext 对象（在代码清单 41.8 中的第 2 行创建）的函数安装。get、push 和 pop 的实现很简单：

```
function setupPublicCB(gl){
  var ext = gl._spidergl.cb;
  ext.getCurrentBuffer = function(target){
```

```
    return this._.currentBuffer[target];
};
ext.pushBuffer = function(target){
    var _ = this._;
    _.bufferStack[target].push(_.currentBuffer[target]);
};
ext.popBuffer = function(target){
    var _ = this._;
    if (_.bufferStack[target].length == 0){
        return;
    }
    _.gl.bindBuffer(target, _.bufferStack[target].pop());
};
// ... 其他类型的 WebGLObject ...
}
```

我们执行了一系列基准来评估对象绑定和查询的性能。平均而言，结果显示被劫持的绑定函数比原生绑定慢 30%，而访问当前绑定的对象比以标准方式查询上下文快 5 倍。除了向程序开发人员公开函数之外，此扩展已作为更重要的直接状态访问功能的实用程序引入，因此，我们接受在绑定操作期间损失某些性能，以支持访问当前对象的一致增益。

41.4.4 使用 SGL_direct_state_access

DSA 扩展旨在提供直接访问 WebGL 对象状态和数据的功能，而无须将它们绑定到特定目标。WebGL API 已经提供了遵循这一理念的功能，如与着色器和程序相关的所有功能（统一格式的设置除外）。但是，必须为其他对象实现若干种方法。我们的 DSA 功能实现将使用查询/绑定/设置/恢复策略。一般来说，扩展函数将采用 WebGLObject 作为第一个参数，然后是原始的非 DSA 函数所需的所有剩余的参数。代码清单 41.10 显示了如何实现泛型函数 editObject(target, arg1, ..., argN) 的 DSA 版本。

代码清单 41.10　在 SGL_direct_state_access 扩展中实现编辑功能

```
1  ext.editObject(object, target, arg1, ..., argN){
2      var _ = this._; var gl = _.gl;
3      var current = _.cb.getCurrentObject(target);        // 查询
4      if(current != object) {
5          gl.bindObject(target, object);                   // 绑定
6      }
7      gl.editObject(target, arg1, ..., argN);              // 设置
8      if(current != object){
```

第 41 章　SpiderGL 中的特性和设计选择

```
 9          gl.bindObject(target, current);                    // 恢复
10      }
11  }
```

使用代码清单 41.10 中的框架，定义原生函数的 DSA 对应部分是非常简单的。SGL_current_binding 扩展可用于查询当前对象（第 3 行）。

与用于访问 CB 扩展的 cb 属性类似，渲染上下文将使用_spidergl 容器的 dsa 属性来访问 DSA 扩展对象。扩展对象的私有状态只包含对 CB 扩展的引用，它可以启用（如果它是第一次访问）并在私有设置函数中检索：

```
function setupPrivateDSA(gl) {
  var _ = gl._spidergl.dsa._;                                  // 扩展私有数据
  _.cb = gl.getExtension("SGL_current_binding");               // 激活 CB
}
```

与 CB 相反，DSA 扩展不需要劫持原生上下文函数，这意味着不需要 hijackContextDSA() 函数（代码清单 41.8 中扩展框架代码的第 14 行）。公共扩展函数公开的方式如代码清单 41.11 所示。我们还选择为未显式引用当前绑定状态的函数和依赖于其他命令锁存（Latch）状态的函数添加直接版本。对于属于 clear()、readPixels() 和 copyTexImage2D() 等函数的第一个类来说，直接版本将接受 WebGLFramebuffer 对象作为第一个参数。第二个类则封装了使用缓冲区绑定状态来配置管线运行的函数，包括 vertexAttribPointer() 和 drawElements()，它们分别依赖于当前的 ARRAY_BUFFER 和 ELEMENT_ARRAY_BUFFER 绑定。以类似的方式，bindTexture() 函数将在当前活动的纹理单元中运行，它的重写版本将通过扩展公开，允许程序开发人员直接指定目标纹理单元。

代码清单 41.11　实现 SGL 直接状态访问扩展的公共接口

```
function setupPublicDSA(gl){
  var ext = gl._spidergl.dsa;
  ext.getBufferParameter = function(buffer, target, pname){
    var _ = this._; var gl = _.gl;
    var current = _.cb.getCurrentBuffer(target);
    if (current != buffer){
      gl.bindBuffer(target, buffer);
    }
    var result = gl.getBufferParameter(target, pname);
    if (current != buffer) {
      gl.bindBuffer(target, current);
    }
    return result;
```

```
    };
    ext.bufferData = function (buffer, target, dataOrSize, usage){
      var _ = this._; var gl = _.gl;
      var current = _.cb.getCurrentBuffer(target);
      if (current != buffer){
        gl.bindBuffer(target, buffer);
      }
      gl.bufferData(target, dataOrSize, usage);
      if (current != buffer){
        gl.bindBuffer(target, current);
      }
    }
    // ... 其他与缓冲区相关的函数和 WebGLObject 类型 ...
}
```

在确认使用目前讨论的实现之前，我们还尝试了一种不同的策略：绑定 DSA 调用中涉及的对象，执行编辑功能，以及在修复表（Fix Table）中记录必须恢复的用户绑定的对象。在将调用转发给原生函数之前，所有依赖于当前绑定的原生函数都已被劫持以执行所需的修复。遗憾的是，即使进行了优化以避免冗余绑定和不需要的修复，该解决方案的性能也较低，可维护性较差，并且比简单的查询/绑定/设置/恢复策略更容易出错。

41.4.5 缺点

借用操作系统领域的术语，从用户的角度来看，我们在用户空间（即在 API 层之上）实现扩展的方式可能违反了 WebGL 规范。这些问题是在 DSA 扩展中使用了查询/绑定/设置/恢复策略的结果：在某些情况下，对象的隐藏绑定和解除绑定可能会更改上下文错误状态，从而导致在使用 getError() 函数时出现误导性错误诊断。更糟糕的是，根据用户的期望，它可能会导致某些对象过早被删除。实际上，当在某些类型的 WebGLObject（例如，WebGLProgram 或 WebGLShader，它们当前已经绑定到某个目标或容器）上调用 delete*() 时，该对象将被标记（Flag）为已删除，但它将继续用于其目的，并且只有在所有绑定都被破坏时才会执行实际销毁。在进行 DSA 调用时，当前绑定的对象是未绑定的（如果它不是调用的目标对象），而是调用操作的对象，那么如果将其标记为已删除，则会导致它实际上被销毁。隐藏在 DSA 调用中的绑定更改可能因此而导致 API 实现的明显差异。当然，根据我们的经验，这种现象并不常见。由于扩展带来的好处，在 SpiderGL 中，我们仍然选择实现并依赖它。这里之所以要郑重作为一个缺点提出来，是因为我们必须有效地让用户意识到可能会有这些问题，在我们的说明文档中也有同样的解释。

当具有相同目标的未来官方扩展或 API 版本可用时，我们将只需要修复一些内部调用，即可在保持相同接口的同时消除上述问题。

41.5　WebGLObject 包装器

OpenGL 系列 API 指定的渲染管线是由多个处理阶段组成的计算机器。每个阶段相应地操作全局状态（即渲染上下文状态）并且使用特定对象作为操作参数和通用数据的源，以及用于存储计算的阶段输出的目标。

使用 API 提供的函数处理 OpenGL 对象并不复杂。造成问题的主要源头是绑定到编辑（Bind-to-Edit）这种范式，因为它可能会导致对实际发生的事情产生误导性解释，特别是在 API 学习阶段。通过使用 DSA 扩展，可以采取更简单、更清晰的对象处理步骤，但对于大多数程序开发人员来说，几乎总是首选基于类的、面向对象的方法。出于这个原因，许多 OpenGL 库提供了对象包装器（Wrapper），它可以简化典型的使用模式并提供友好的界面。在设计 SpiderGL 时，我们已经意识到 WebGL 对象包装器将在整个库可用性和高级构造的开发中发挥重要作用。因此，我们为每个 WebGL 对象实现了一个包装器，即 WebGLBuffer、WebGLFramebuffer、WebGLProgram、WebGLRenderbufer、WebGLShader 和 WebGLTexture。在实际的实现中，所有包装器都继承自基本 SglObjectGL 类。代码清单 41.12 显示了使用包装器的示例。

代码清单 4.12　WebGLObject 包装器的用法示例

```
var texture = new SglTexture2D(gl, {
  url: "url-to-image.png",
  onLoad:function(){/* ... */},
  minFilter:gl.LINEAR,
  wrapS:gl.CLAMP_TO_EDGE,
  autoMipmap:true
});

// 单个参数 setter ...
texture.magFilter = gl.NEAREST;

// ... 或修改一组示例参数
texture.setSampler({
  minFilter:SGL_DEFAULT, // 重置为默认值
  wrapT:gl.REPEAT
});
```

一般来说，GL 包装器的构造函数和方法将采用具有可选属性的 JavaScript 对象，其默认值将基于每个对象定义并对外公开，以便库用户可以随时更改它们。要编辑对象，在设置任何参数或数据之前无须绑定对象，这和在引入 DSA 扩展之前在库的第一个版本中的强制要求是一样的。

包装器构造函数（Constructor）将在内部创建相应 WebGL 对象的实例，并设置传递的可选参数或默认值。为了满足我们最重要的要求之一（如允许原生 WebGL 调用与 SpiderGL 的无缝互操作性），每个构造函数也接受输入中的 WebGLObject，在这种情况下，不会创建内部对象。每当 SpiderGL 与可能希望直接在原生 WebGLObject 句柄上操作的其他库一起使用时，这一点尤其有用。无论是在内部创建还是在构造函数中传递，包装对象都可以通过使用包装器对象的 handle 获取器（Getter）来检索。如代码清单 41.13 所示，为了确保不会因为多次包装原生句柄而产生冲突，可以使用伪私有（Pseudoprivate）的_spidergl 属性来扩充包装对象，该属性引用使用原生句柄的第一个包装器。如果找到这样的属性，那么它将立即作为构造对象返回（第 7 行）。这意味着同一原生对象上的多个包装器对象实际上将指向同一实例。此外，如果提供了原生句柄，则 DSA 扩展将用于查询对象状态，并将它存储在私有属性中（第 16 行）。

代码清单 4.13　WebGLObject 包装器的构造函数

```
1   // 构建一个渲染缓冲区包装器
2   // 实际实现将使用 SglObjectGL 作为基类
3   function SglRenderbuffer(gl, options){
4     var isImported = (options instanceof WebGLRenderbuffer);
5
6     if(isImported && options._spidergl){
7       return options._spidergl;                          // 已经包装
8     }
9
10    this._gl = gl;
11    this._dsa = gl.getExtension("SGL_direct_state_access");
12
13    if(isImported){
14      this._handle = handle;                             // 存储句柄
15      // 查询对象状态
16      this._width = this._dsa.getRenderbufferParameter(
17        this._handle, gl.RENDERBUFFER, gl.RENDERBUFFER_WIDTH);
18      // ... 查询其他属性 ...
19    }
```

```
20    else{
21      this._handle = gl.createRenderbuffer();    // 创建句柄
22    }
23    // 安装对包装器的引用
24    this._handle._spidergl = this;
25    // ...
26  }
27  SglRenderbuffer.prototype = {
28    get handle(){return this._handle;},
29    // ...
30  };
```

包装现有的 WebGL 对象并公开原生句柄的主要后果是可能导致实际对象状态与包装器对象维护的内部状态之间存在差异。当在包装的原生句柄上直接调用原生 API 时，就会发生这种分歧。例如，SglProgram 包装器维护附加到它的着色器集，反过来，这些着色器又由 SglShader 派生的对象包装，以及一些后链接（Post-Link）状态。在包装对象上调用 attachShader()、detachShader() 或 linkProgram() 必须使包装器更新其内部状态。在 SpiderGL 的第一个版本中，库用户必须显式调用包装器的 synchronize() 方法以保持包装器状态一致。它可以正常工作，但也暗示程序开发人员必须意识到需要同步，或者只要他们怀疑某些外部事件或调用可能已经修改了对象状态，就必须保守地行动并同步。再强调一遍，开发人员必须做出重要的设计选择。我们的目标是在没有用户干预的情况下保持包装状态为最新。这就是我们定义另一个扩展（SGL_wrapper_notify）的原因。

SGL_wrapper_notify（WN）扩展设计的目的是，每当在已包装的原生句柄上执行原生 API 调用时通知包装器对象。该实现很简单，就是使用通知（Notify）函数替换对 WebGL 对象进行操作的渲染上下文的每个方法，无论是直接（即所有以 WebGLShader 为参数的着色器相关函数）还是间接（即与缓冲区相关的函数，它操作的是当前绑定的 WebGLBuffer）。新方法的目的是执行原始原生调用，检索它操作的对象，如果对象已被包装，则将调用参数转发给包装器的相应回调方法。在间接调用的情况下，使用 CB 扩展来检索当前对象。

参考代码清单 41.8 中的扩展注入框架，可以在_spidergl 容器上安装 wn 属性并继续进行设置。私有数据设置函数旨在保存对所有将被劫持的上下文方法的引用：

```
1  function setupPrivateWN(gl) {
2    var _ = gl._spidergl.wn._;         // 扩展私有数据
3    // 访问 CB 扩展
4    _.cb = gl.getExtension("SGL_current_binding");
```

```
5    // 保存原生函数
6    _.bufferData = gl.bufferData;
7    // ...
8    _.shaderSource = gl.shaderSource;
9    // ...
10 }
```

然后，原生函数将被通知函数替换。如果目标对象具有_spidergl 属性，则意味着它已被 SpiderGL 包装器对象包装，因此需要通知它。请注意，已安装的_spidergl 属性将引用单个包装器对象而不是它们的列表，这是通过避免包装已经包装的句柄来保证的（参见代码清单 41.13）。劫持设置函数如代码清单 41.14 所示。从第 8 行和第 18 行可以推断出，每个包装器都包含_gl_*形式的方法，它们可以充当原生函数回调。此扩展不会公开任何其他 API，这意味着不需要 setupPublicWN() 函数。

代码清单 41.14　原生方法被劫持，以允许 SGL_wrapper_notify 扩展跟踪对 WebGL 对象的更改

```
1  function hijackContextWN(gl){
2    gl.bufferData = function(target /* ... */){
3      var _ = this._spidergl.wn._;
4      _.bufferData.apply(this, arguments);              // 原生调用
5      var h = _.cb.getCurrentBuffer(target);            // 获取绑定对象
6      if (h && h._spidergl){
7        // 如果已经包装则转发
8        h._spidergl._gl_bufferData.apply(h._spidergl, arguments);
9      }
10   }
11   // ...
12   gl.shaderSource = function(shader, source){
13     var _ = this._spidergl.wn._;
14     _.shaderSource.apply(this, arguments);
15     // 目标对象显式传递为参数：
16     // 不需要使用 SGL_current_binding 扩展
17     if (shader && shader._spidergl){
18       shader._spidergl._gl_bufferData.apply(shader._spidergl,
             arguments);
19     }
20   };
21   // ...
22 }
```

使用此方案，还可以通过原生句柄上的直接 API 调用为包装器提供阻止对象使用的可能性。例如，我们可以为每个包装器添加一个密封（Seal）状态，可以通过 seal() 和 unseal() 以及 isSealed 属性获取器（getter）等方法访问，然后可以轻松修改 WN 扩展，以便不对 isSealed 属性为 true 的包装句柄执行原生调用。

41.6 小 结

在设计 SpiderGL 时，我们给自己强加了一系列要求，这些要求将导致易于使用的库在存在原生 WebGL 调用的情况下可以无缝且可靠地工作。我们发现扩展机制是一个很完美的解决方案，可以利用它来注入新的功能。我们定义了 SGL_current_binding 扩展，以便快速访问当前绑定到特定目标的对象。SGL_direct_state_access 扩展允许开发人员以整洁的方式编辑 WebGL 对象、状态和资源；SGL_wrapper_notify 扩展则可以帮助 GL 包装器与原生句柄保持同步。

3D 模型的结构经历了各种迭代。我们从一个易于构建和处理的原始网格开始，不断升级以提供更大的灵活性。但是，第一个解决方案缺乏表现力，因此我们切换到可以在各种细节层次使用的分层结构。随着分层自下而上移动，原始信息将获得语义属性，信息变得更加高级，这增加了数据的表现力；相反，在从上到下的层下降移动中，施加的限制将越来越少，这增加了灵活性。

SpiderGL 作为中间件库诞生，我们认为它的结构可以作为开发高级构造的坚实基础，如整个场景的管理。我们还将添加新的功能，希望为计算机图形和 Web 开发人员提供强大且可用的库。

致 谢

我们要感谢视觉计算实验室的每个人，特别要感谢 Roberto Scopigno 对这个项目的信任，感谢 Federico Ponchio 向我们介绍了 JavaScript，特别感谢 Gianni Cossu 建立 SpiderGL 网站。

参 考 文 献

[Di Benedetto et al. 10] Marco Di Benedetto, Federico Ponchio, Fabio Ganovelli, and

Roberto Scopigno. "SpiderGL: A JavaScript 3D Graphics Library for Next-Generation WWW." In *Web3D 2010, 15th Conference on 3D Web Technology*, 2010.

[Group 11a] Khronos Group. "COLLADA 1.5.0 Specification." http://www.khronos.org/collada/, 2011.

[Group 11b] Khronos Group. "TypedArray Specification." http://www.khronos.org/registry/typedarray/specs/latest/, 2011.

[Kilgard 10] Mark J. Kilgard. "EXT_direct_state_access." http://www.opengl.org/registry/specs/EXT/direct_state_access.txt, 2010.

第 42 章 Web 上的多模态交互式模拟

作者：Tansel Halic、Woojin Ahn 和 Suvranu De

42.1 简　介

多模态交互式模拟（Multimodal Interactive Simulation，MIS）也称为虚拟环境（Virtual Environment），代表合成计算机生成的环境，允许一个或多个用户使用多种感官模式（如视觉、听觉、触觉和嗅觉）进行交互。可以使用诸如鼠标、空间球、机器人臂等专用接口设备来完成交互。这种模拟可以用于跨越视频游戏、虚拟商场和精神运动技能训练的各种应用。我们感兴趣的一个应用是使用 MIS 开发交互式医学模拟。

传统的 MIS 系统受到限制，并且高度依赖于底层软件和硬件系统。与传统软件平台不同的是，Web 可以提供最简单的解决方案。基于 Web 的仿真系统可以独立于客户端系统运行，并且在符合开放标准的浏览器上具有可忽略不计的代码占用空间。这创建了独立于硬件和软件的无处不在的仿真环境。

Web 浏览器在这个范例中起着至关重要的作用（详见本章参考文献 [Murugesan et al. 11]，[Rodrigues, Oliveira and Vaidya 10]）。使用 Web 浏览器、硬件系统和软件平台，设备驱动程序和运行时库对用户而言变得透明。现在可以使用最近推出的标准插件免费可视化 API WebGL 生成高度逼真的 3D 交互式场景（详见本章参考文献 [Khronos 11]）。

为了在网络上实现高度逼真的 MIS，我们引入了一个独立于平台的软件框架——Π-SoFMIS，用于多模态交互式仿真（详见本章参考文献 [Halic, Ahn and De 12]）。这允许使用 WebGL 高效生成 3D 交互式应用程序，包括可视化、模拟和硬件集成模块。我们提供了框架和一些性能测试来演示 WebGL 的功能和一些实现细节，以及医学模拟中的案例研究。

42.2　关于 Π-SoFMIS 模块的设计和定义

Π-SoFMIS 专为模块化和可扩展性而设计（详见本章参考文献 [Halic et al. 11]）。通过独立于任何先决条件配置的自定义实现，可以轻松替换或扩展功能组件。Π-SoFMIS 是面向模块的框架,因为模块化结构隔离了组件并消除了相互依赖性。这也允许灵活性用于多种应用,这是最常见的用途之一。在基于 Web 的模拟环境中,模块化的另一个好处是用户可能只使用他们需要的框架部分。这增加了 Web 应用程序的可缓存性并减少了从框架到客户端设备的下载时间,这在移动环境或具有有限网络能力的客户端设备中通常是至关重要的。

Π-SoFMIS 中有 3 个主要实体(见图 42.1):对象(Object)、模块(Module)和接口(Interface)。模块是框架的主要功能的抽象,是可插入和可移除的组件(通常在分离的 JavaScript 文件中)。例如,可视化(渲染)是渲染框架对象的形状的模块。如果需要,可以从执行管线中移除该模块,例如,当在应用中仅使用模拟或硬件模块时。

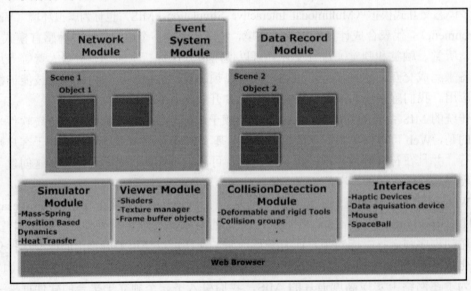

图 42.1 Π-SoFMIS 整体架构

原　　文	译　　文
Network Module	网络模块
Event System Module	事件系统模块
Data Record Module	数据记录模块
Scene 1	场景 1
Object 1	对象 1
Scene 2	场景 2
Object 2	对象 2
Simulator Module	模拟器模块

续表

原　　文	译　　文
Mass-Spring	质量-弹簧模型
Position Based Dynamics	基于位置的动力学
Heat Transfer	热传递
Viewer Module	查看器模块
Shaders	着色器
Texture manager	纹理管理
Frame buffer objects	帧缓冲区对象
CollisionDetection Module	碰撞检测模块
Deformable and rigid Tools	可变形和刚体工具
Collision groups	碰撞组
Interfaces	接口
Haptic Devices	触觉设备
Data aquisation device	数据采集设备
Mouse	鼠标
SpaceBall	空间球
Web Browser	Web 浏览器

接口是管理集成硬件设备的组件。例如，鼠标、力反馈设备和 Microsoft Kinect 可以通过接口集成到 Π-SoFMIS 环境中。在计算机术语中，接口与安装在操作系统上的特定硬件的设备驱动程序非常相似。因此，对于每个自定义或特殊设备来说，框架将与接口进行通信。目前，Π-SoFMIS 支持的触觉设备包括 Sensable（详见本章参考文献 [Sensable 12]）和 Novint Falcon（详见本章参考文献 [Novint 12]）等。

Π-SoFMIS 中的对象是模拟或可视化实体。例如，在虚拟手术场景中，器官和手术工具都是对象。框架中的对象是其设计中的基本概念。框架的模拟部分将对物体（对象）进行操作。因此，对象的物理模拟与其类型相关。例如，使用基于位置动力学（Position Based Dynamics，PBD）模拟的对象可以表示为 PBD 对象（详见本章参考文献[Müller et al. 07]），因此封装了 PBD 所需的各种细节，包括弹簧连接、几何、离散化和边界/初始条件、约束等。场景是包含环境中对象的抽象。除了场景图形上下文之外，PBD 还定义了物理关系，使得对象可以与同一场景中的其他对象进行物理交互。

42.3 框架实现

本节将提供有关 Π-SoFMIS 实现的一些关键方面的详细信息。

42.3.1 模态

除了功能嵌入在类定义中的经典面向对象语言之外，JavaScript 功能也可以存在于对象中。因此，对象不像强类型语言那样依赖于严格的类定义。但是，对象的初始定义存储在原型定义中，可用于实现面向对象的层次结构。通过原型设计，一个对象的定义和方法可以扩展到另一个对象。这支持多种增强，类似于传统面向对象语言中的多重继承。

在 Π-SoFMIS 中，我们使用原型特征来创建模块化。例如，Π-SoFMIS 中的基本对象定义是 smSceneObject。smSceneSurface 对象继承所有原型定义，并添加模型的 3D 网格表示和特定于表面网格的网格例程。它还具有由渲染模块调用的基本 WebGL 渲染例程。这可以通过子实现（Child Implementation）的原型赋值来覆盖。例如，可变形对象（smClothObject）和 2D 热传递（Heat Transfer）对象（smSceneHeat2D）只是增加了所有 smSceneSurfaceObject 定义。在 Π-SoFMIS 中，人们可以简单地增加可变形和热传递对象，以创建同时支持基于物理的热传递和变形的新对象。

42.3.2 着色器

在 Π-SoFMIS 中，渲染模块具有默认着色器，支持贴花纹理、凹凸贴图、镜面贴图、环境光遮挡和位移贴图。这些贴图在着色器中具有默认绑定，以简化创建或扩展新着色器。但是，每个对象都可以通过简单地附加自定义着色器来覆盖默认着色。因此，在渲染之前，会为每个对象启用自定义着色器，并在对象渲染完成后切换回默认着色器。自定义和内置着色器在 HTML 画布之后初始化，而 HTML 画布由渲染模块初始化。在初始化期间，着色器将提取所有统一格式和属性声明，并将它们绑定在通过解析着色器源代码执行的统一变量中。这样可以简化其他着色器的开发，并且无须编写其他代码。

42.3.3 文件格式

Π-SoFMIS 使用 JavaScript 对象标记（JavaScript Object Notation，JSON）导入 3D 几何体。JSON 是一种独立于标准语言的数据交换格式。由于 JSON 是从 JavaScript 的子集派生的，因此它的使用，特别是解析和执行都很简单。此外，JSON 文件采用人类可读的格式，扩展定义也很简单。在 Π-SoFMIS 中，任何 3D 模型（如.obj 或.3ds）都将在服务器上转换为 JSON 格式。生成的 JSON 文件将下载并导入 Π-SoFMIS 网格文件结构中。定义的文件格式如代码清单 42.1 所示。

代码清单 42.1　3D 表面和体积拓扑的 JSON 文件格式

```
{
    "vertexPositions" : [...],
    "vertexNormals" : [...],
    "vertexTextureCoords":[...],
    "vertextangents" :[...],
    "indices" :[...],
    "tetras":[...],
    "type": ,
    "version":
}
```

我们使用文件格式的版本控制来提供兼容性和扩展性。文件格式具有文件定义类型，以区分表面和体积结构。在文件格式中，我们还计算切向量以渲染凹凸贴图的几何图形，还针对在场景中不可变形的对象计算顶点法线以消除初始计算时间。对于可变形对象，则可以先执行模拟，进行对象的初始化加载，更新法线，然后计算顶点和三角形的邻域信息（位于 smSceneSurfaceObject 定义中）。

42.4　渲染模块

渲染模块基于 WebGL，因此可以使用 GPU 加速可视化。WebGL 是一种用于 Web 的低级、跨平台、无插件的 3D 图形 API，是由 Khronos Group 管理的开放标准，并得到大多数 Web 浏览器的支持。除了其他 3D 插件渲染解决方案，WebGL 还提供了 JavaScript API，可以直接访问 GPU 硬件以实现着色功能。与 OpenGL 不同的是，WebGL 不支持固定管线功能，所有渲染例程和照明计算都需要在着色器中实现，支持的着色语言基于 GLSL ES，目前仅支持顶点和片段级可编程性。由于 WebGL 基于 OpenGL ES 2.0，因此 API 提供的功能可用于大多数现有设备，也可用于智能电视中即将推出的低端 CPU 和 GPU 功能。

WebGL 通过 HTML5 的 Canvas 元素提供其低级图形 API。我们的渲染模块基于 WebGL，其中包含用于加载 3D 对象的 JSON 格式和纹理，以及在着色器中指定材质属性和光照效果的所有例程。该模块包括各种着色器，可用于渲染不同的对象，如塑料、金属、水等。

我们的渲染模块还创建了用于操纵 2D 内容的上下文。2D 上下文主要由渲染模块中的纹理管理器使用，它封装并用作所有纹理操作的中间件，包括调整大小、过滤和原始数据处理。纹理操作还包括纹理图像加载和初始化、调整大小、原始数据访问、创建任意纹理、帧缓冲区纹理或视频纹理以及任意纹理更新。除基本操作外，我们的模块还支持显示操作和带设备接口的交互式相机操作。

我们执行了渲染测试以显示 WebGL 功能，并且提供了浏览器中现有 WebGL 实现可实现的最低渲染率。实际上，这里所呈现的速率可以被视为在真实的手术场景中给出关于最小近似渲染帧速率的直观的参考。随着浏览器中 WebGL 的实现变得更加成熟，我们也可以预期获得更好的帧速率。

我们在装有 Windows XP 系统的机器上进行测试并获得了结果，该机器配置有 Intel 四核 2.83GHz CPU、2.5GB 内存和 NVIDIA GeForce 9800 GX GPU。在该虚拟场景中，仅允许渲染和触觉设备接口模块。每帧渲染的顶点和三角形的总数分别是 18587 和 24176。高分辨率纹理（2048×2048）用于渲染场景中的虚拟器官。场景的总纹理大小约为 151MB。渲染中启用了 3 种不同的着色器。在渲染期间，屏幕分辨率设置为 1900×1200 像素。我们的测试结果如图 42.2 所示，它表明 Chrome 的渲染性能优于 Firefox。

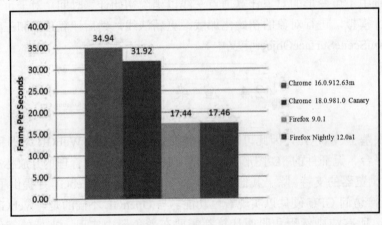

图 42.2　平均渲染性能

原　　文	译　　文
Frame Per Seconds	帧速率（单位：帧/秒）

除了浏览器的性能测试外，我们还使用浏览器 Firefox Android 9.0 版为不同的设备（如 Chrome OS 上网本、Android 平板电脑和 Android 手机）进行了渲染测试。渲染使用了全屏画布执行所有设备。在启用凹凸贴图的渲染过程中使用了框架的湿阴影（Wet Shading）。纹理图像分辨率为 2048×2048。顶点和三角形总数分别为 2526 和 4139。

每个设备的测量性能如图 42.3 所示。由于缺乏网页组合过程与最终渲染过程之间的纹理共享机制而导致浏览器移动版本的实现问题，因此速度较慢（参见 WebGL 开发人员电子邮件列表）。

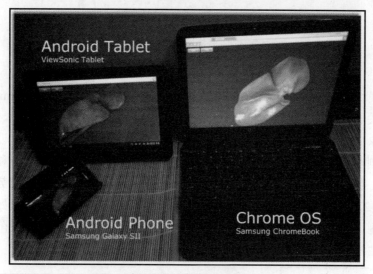

（a）设备和渲染场景截图

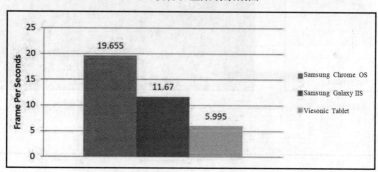

（b）Android 平板电脑、手机和 Chrome 上网本的平均渲染性能

图 42.3　不同设备的性能测试

原　　文	译　　文
Android Tablet ViewSonic Tablet	Android 平板电脑
Android Phone Samsung Galaxy SII	Android 手机
Chrome OS Samsung ChromeBook	Chrome 上网本
Frame Per Seconds	帧速率（单位：帧/秒）

42.5 模拟模块

模拟器模块负责协调实际物理模拟算法所在的对象模拟器（Object Simulator），但是其中没有关于对象模拟器内容的任何信息。它主要负责触发对象模拟器，如热模拟器或可变形对象模拟器，并在作业完成时同步所有模拟器。这对于预期中的设计来说是必需的，其中浏览器中的多线程执行至关重要。此设计提供了一种支持任务和数据并行性的简单方法。我们进行了模拟，以测试 Web 框架中 Web Worker 的性能优势。我们的模拟基于具有 12228（64×192）个节点的常规网格的显式热传递模拟，结果如图 42.4（a）所示。根据测试结果，3 个线程的最佳性能是 42.6fps。之所以出现性能下降，是由于每个模拟帧中主线程和 Web Worker 线程之间的消息复制开销。

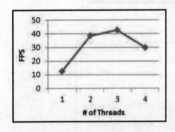 

（a）并行热传递的性能　　　　　　　（b）示例：基于并行有限差异的传热

图 42.4　热传递模拟测试结果

原　文	译　文
# of Threads	线程数

我们使用 Chrome 和 Firefox 浏览器测试了模拟模块的性能。在模拟测试期间，还允许渲染和硬件接口。与渲染测试类似，我们的目标是展示 JavaScript 和 WebGL 组合以实现实时交互性和最低帧速率的能力，而不是比较浏览器的性能。在模拟期间，帧速率在性能测试结束时通过数据模块写入 HTML5 本地存储。我们的模拟模块执行可变形薄结构，并启用了切割功能。模拟中使用的节点总数为 900，结果如图 42.5 所示。

除了模拟和渲染测试之外，我们还执行了测试以确定模拟的 JavaScript 语言开销。该模拟在完全 CPU 端执行，节点数量不等。该模拟基于具有长度约束的 PBD 模拟。我们比较了 Firefox、Chrome 版本和模拟的 C++版本，比较结果如图 42.6 所示。

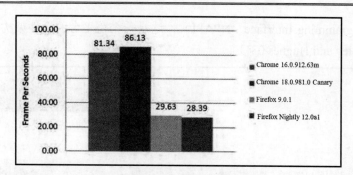

图 42.5 平均模拟性能

原　　文	译　　文
Frame Per Seconds	帧速率（单位：帧/秒）

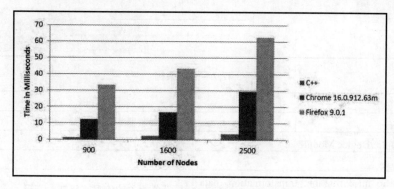

图 42.6 计算性能的性能比较

原　　文	译　　文
Time in Milliseconds	时间（单位：毫秒）
Number of Nodes	节点数量

42.6　硬　件　模　块

　　由于 Web 浏览器不允许使用 JavaScript 和 HTML 访问硬件，因此连接硬件输入设备并不简单。只允许通过可以执行本机代码的浏览器插件进行硬件访问。所以，我们创建了一个插件，用于访问触觉设备和其他自定义数据读取设备的硬件接口。整体架构如图 42.7 所示。我们的插件代码基于 Netscape 插件应用程序编程接口（Netscape Plugin

Application Programming Interface,NPAPI),这是一个跨平台的插件架构(详见本章参考文献 [O'Malley and Hughes 03])。

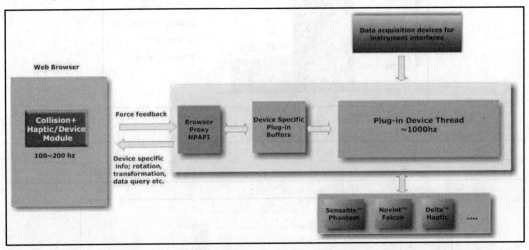

图 42.7 插件架构

原 文	译 文
Web Browser	Web 浏览器
Collision+Haptic/Device Module	碰撞+触觉/设备模块
Force feedback	力反馈
Device specific info; rotation, transformation, data query etc.	与设备相关的信息、旋转、变形、数据查询等
Browser Proxy NPAPI	浏览器代理 NPAPI
Device Specific Plug-in Buffers	与设备相关的插件缓冲区
Data acquisition devices for instrument interfaces	仪器接口的数据采集设备
Plug-in Device Thread	插件设备线程

插件(Plugin)只是通过 HTML 页面中的对象定义进行连接。加载网页时,插件的 DLL 由 NP_Initialize 过程初始化,这是浏览器为插件调用的第一个函数,也是插件进行全局初始化的入口点,在这个入口点中,将按顺序直接调用每个与设备相关的初始化例程。初始化完成后,将注册插件的入口点和属性。

初始化插件后,可以通过 JavaScript 插件对象访问函数和插件属性。为简单起见,我们定义了若干个属性来获取环境中的世界坐标位置和旋转数据,它被定义为四元数。

在模拟执行期间,模拟模块可以直接访问硬件信息,或者可以将其分离为独立运行的模拟器,以实现较高的更新速率。在我们的插件中,设备以 1kHz 的频率运行。在启用力反馈的模拟中,硬件模块可在 100～200Hz 实现,具体取决于浏览器(详见本章参考文献 [Halic et al., 11])。

42.7 案例研究:LAGB 模拟器

本节描述了基于 Π-SoFMIS 开发的虚拟腹腔镜可调节胃束带(Laparoscopic Adjustable Gastric Banding, LAGB)模拟器。LAGB 是一种在病态肥胖患者身上进行的微创外科手术。在该手术过程中,将围绕胃放置一个可调节束带,这样即可在患者进食时提供早期饱食感,避免过多摄入食物,从而使患者体重减轻。为了放置束带,必须将较小的网膜分开以形成束带在胃后面滑动的通道。该手术将使用单极电外科工具进行。

在我们的场景中,较小的网膜被模拟为可变形的物体,它也允许热传递。质量弹簧模型将用于组织变形(详见本书 17.4 节"数学模型")。这里将产生两个不同的网格:一个粗疏;一个精细(见图 42.8)。每个质量点 (i, j) 通过弹簧和阻尼器连接到其 8 个相邻节点 $(i \pm 2, j)$、$(i \pm 1, j)$、$(i, j \pm 1)$ 和 $(i, j \pm 2)$。

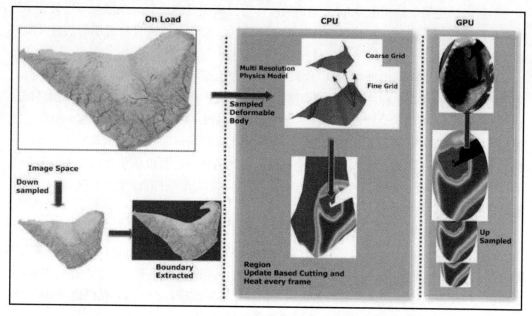

图 42.8 初始化,CPU 和 GPU 执行热传递,可变形体和小网膜的电外科模拟

原 文	译 文
On Load	载入
Image Space	图像空间
Down sampled	下采样
Boundary Extracted	提取的边界
Multi Resolution Physics Model	多分辨率物理模型
Coarse Grid	粗疏网格
Fine Grid	精细网格
Sampled Deformable Body	采样可变形体
Region Update Based Cutting and Heat every frame	基于每帧的切割和热传递进行区域更新
Up Sampled	上采样

可以从纹理图像中提取热传递对象的 2D 边界以进行节点采样。无论渲染网格分辨率如何，这都有助于在初始化时创建独立的分辨率。此外，由于这在纹理空间中起作用，因此它与用于变形模拟的离散化无关。可以在 GPU 上轻松执行将结果投影到高分辨率而没有额外负担。当模拟加载时，纹理图像被下采样（Downsample）以创建低分辨率域，如图 42.8 所示，它可用于热模拟以提高计算效率。

然后，通过简单的图像 Alpha 通道阈值即可提取图像的边界。在域上可以假设不同的热传导系数值。例如，与较厚的、较不透明的区域相比，较薄且较透明的层被分配较高的热传导系数。在边界提取完成时应考虑到这一点。

在模拟执行期间，电外科工具与组织的相互作用导致组织被切割。当切割组织时，使用精细网格的纹理坐标将连续更新切割区域。因此，可以在纹理域处跟踪切割区域，如图 42.9 所示。更新的纹理域反映在热域中，并在 GPU 中进行上采样（Upsample），以便在热模拟中获得更高的分辨率。假设当温度超过规定值时即发生组织蒸发。当然，这是实际物理学的过度简化版本。当特定节点达到此条件时，温度值将永久写入纹理图像中。在 GPU 上，此上采样温度纹理值与片段颜色相乘以渲染更精细的烧焦区域。组织蒸发模拟的屏幕截图如图 42.10 所示。

组织蒸发与烟雾的产生有关。对于烟雾生成来说，Π-SoFMIS 基于我们以前的工作提供了有效的解决方案（详见本章参考文献 [Halic, Sankaranarayanan and De 10]）。烟雾视频放置在 HTML 页面中，HTML 页面由渲染模块作为视频纹理图像加载。在主 WebGL 线程中，将使用渲染器创建纹理函数调用来初始化视频纹理，该调用只是创建 WebGL 纹理上下文并为代码清单 42.2 中的后续用法准备结构。

第 42 章　Web 上的多模态交互式模拟　　·651·

图 42.9　电外科手术中热传递的区域更新

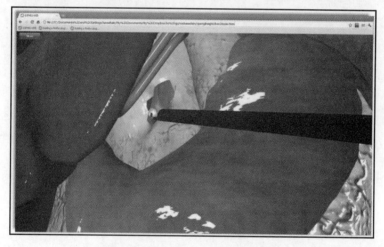

图 42.10　电外科手术中的组织蒸发

代码清单 42.2　在烟雾视频每一帧中进行视频纹理创建和更新

```
smRenderer.prototype.createTexture=function(p_textureName){
    this.smTextures[p_textureName].texture =gl.createTexture();
    // WebGL 纹理创建
    this.smTextures[p_textureName].textureName=p_textureName;
    // 纹理名称
    this.smTextures[p_textureName]=this.texture;      // 按名称引用
    this.smTextures[p_textureName].width =0;          // 空白纹理
    this.smTextures[p_textureName].height =0;         // 空白纹理
```

```
    this.smTextures[this.smTextures.lastIndex++]= this.smTextures
        [p_textureName];
    return this.smTextures.lastIndex-1;              // 按索引引用
}
smRenderer.prototype.bindTexture=function(p_shader,p_textureName,
    p_textureType){
    if(p_textureType=="decal"){
        gl.activeTexture(gl.TEXTURE0);              // 贴花纹理的零纹理通道
        gl.bindTexture(gl.TEXTURE_2D, this.smTextures[p_textureName]);
        gl.uniform1i(p_shader.decalSamplerUniform, 0);
        // 着色器中的预定义贴花采样器
    }
// ...
}
// 在初始化部分的主线程
smRenderer.createTexture("myVideoTexture");

// 视频纹理的更新
// videoElement 是 HTML 视频元素
smRenderer.updateTextureWithVideo("myVideoTexture", videoElement);
smRenderer.bindTexture(smokeShader.shaderProgram, "myVideoTexture",
    "decal");                                        // 更新到贴花纹理
```

在模拟中，当烧灼物接触脂肪组织时，需要提取出每个帧。因此，视频帧在更新之前被处理。为了操作视频帧，使用了 HTMLVideoElement 的 currentTime 属性，该属性定义为 double，它指示并将当前播放位置设置为秒的单位。

使用代码清单 42.3 中的框架函数将视频帧更新为每个渲染帧中的纹理图像。

代码清单 42.3 每个帧中的视频纹理更新

```
smRenderer.prototype.updateTextureWithVideo=function(p_textureName,
        p_videoElement){
    gl.bindTexture(gl.TEXTURE_2D, this.smTextures[p_textureName]);
    // 绑定 WebGL 纹理
    gl.texImage2D(gl.TEXTURE_2D, 0, gl.RGBA, gl.RGBA,gl.UNSIGNED_BYTE,
        p_videoElement);
// 页面 DOM 中的视频元素
    gl.texParameteri(gl.TEXTURE_2D, gl.TEXTURE_MAG_FILTER, gl.LINEAR);
    gl.texParameteri(gl.TEXTURE_2D, gl.TEXTURE_MIN_FILTER, gl.LINEAR);
    if(this.smTextures[p_textureName].nonPower2Tex){
        gl.texParameteri(gl.TEXTURE_2D, gl.TEXTURE_WRAP_S, gl.CLAMP_TO_
            EDGE);
        gl.texParameteri(gl.TEXTURE_2D, gl.TEXTURE_WRAP_T, gl.CLAMP_TO_
```

```
            EDGE);
    }
        gl.generateMipmap(gl.TEXTURE_2D);
        gl.bindTexture(gl.TEXTURE_2D, null);
}
```

在图 42.11 中可以看到工具-组织相互作用和腹腔镜场景中渲染的烟雾的屏幕截图。在 CPU 上，可以在应用电外科工具时控制烟雾产生的速率以及烟雾的来源。这里将渲染整个场景，然后将烟雾覆盖在其上。我们启用了 WebGL 混合以实现简单的透明度。通过绘制具有映射的烟雾视频纹理的小四边形来执行电外科工具尖端处的烟雾的渲染。视频帧被发送到 WebGL 着色器，该着色器执行从烟雾中提取背景。我们将 RGB 纹理样本转换为 YUV 颜色空间，以便将亮度与色度分开。Alpha 通道的简单过滤器，如在 WebGL 片段着色器中具有用户定义的截止阈值的 smoothstep 函数，可以获得令人满意的结果，以获得与场景的无缝合成。额外的阈值处理改善了最终烟雾图像中的边缘效应。代码清单 42.4 给出了一个示例着色器代码，用于一个视频纹理图像。

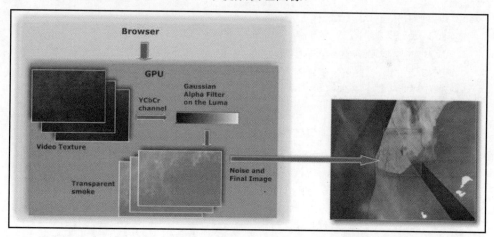

图 42.11 框架中的烟雾生成器

原　　　　文	译　　　　文
Browser	Web 浏览器
Video Texture	视频纹理
Transparent smoke	透明烟雾
YCbCr channel	YCbCr 通道
Gaussian Alpha Filter on the Luma	针对亮度进行的高斯 Alpha 过滤器
Noise and Final Image	噪声和最终图像

代码清单 42.4 用于过滤每帧视频图像的 WebGL 着色器代码

```
#ifdef GL_ES
precision highp float;
#endif
varying vec2 vTextureCoord;
uniform sampler2D uSampler;
vec4 sum = vec4(0.0);
vec3 yuv;
vec2 texCoord;
uniform float fadeControl;
uniform float xOffset;
uniform float yOffset;
uniform float leftCutOff;
uniform float rightCutOff;

vec3 RGBTOYUV(vec3 rgb){
    vec3 yuv;
    yuv.r =0.299* rgb.r+0.587* rgb.g +0.114* rgb.b;
    yuv.g = -0.14713* rgb.r -0.28886*rgb.g +0.436* rgb.b;
    yuv.b =0.615* rgb.r -0.51499*rgb.g -0.10001* rgb.b;
    return yuv;
}
void main(void){
    texCoord = vTextureCoord;
    // 可变纹理坐标（vTextureCoord）不能被修改
    // 如果操作需要，则可以将它放置到 texCoord 中，然后进行修改
    sum= vec4(texture2D(uSampler, texCoord).xyz,1);  // 提取视频纹理
    yuv= RGBTOYUV(sum.rgb);                          // 转换为 YUV
    float xDist=abs(texCoord.x-xOffset);             // s 中的偏移量
    float yDist=abs(texCoord.y-yOffset);             // t 中的偏移量
    sum.a=smoothstep(leftCutOff,rightCutOff,yuv.r);  // Alpha 的基本过滤器
    gl_FragColor.rgb=vec3(1.0,1.0,1.0);              // 烟雾颜色
    gl_FragColor.a=smoothstep(leftCutOff,rightCutOff,sum.a*exp(-xDist)
        *exp(-yDist));
// 基于实际视频，它消除了边缘伪影
    gl_FragColor.a=gl_FragColor.a*fadeControl;       // 用于控制的淡入淡出效果
}
```

42.8 小　　结

本章提出了一个独立于平台的软件框架，用于基于 Web 的交互式模拟。我们的案例研究在支持 WebGL 的浏览器上运行，并演示了该框架的各个方面。与大多数现有的 Web 应用程序不同，Π-SoFMIS 支持完全交互性和多物理场仿真以及逼真的渲染。在 Π-SoFMIS 中，可以在桌面 PC 上以足够的刷新率处理具有大量数据的逼真模拟场景，并且其结果在平板设备上也是很有可能的（详见本章参考文献 [Halic, Ahn and De 12]，[Halic, Ahn and De 11]）。虽然我们在模拟性能和足够的交互速率方面取得了令人瞩目的成果，但是需要减少 JavaScript 和 WebGL 执行的开销，以便为更复杂的场景实现更逼真的基于物理学方面的模拟。

我们提出的框架有望鼓励 MIS 的开发、分发和使用，特别是在可访问性至关重要的应用程序中，这对于最终的远程指导应用程序也是非常宝贵的。

参 考 文 献

[Halic, Ahn, and De 11] Tansel Halic, W. Ahn, and S. De. (2011). "A Framework for 3D Interactive Applications on the Web." Poster presented at SIGGRAPH ASIA, 2011.

[Halic, Ahn, and De 12] Tansel Halic, W. Ahn, and S. De. "A Framework for Web Browser- Based Medical Simulation Using WebGL." *19th Medicine Meets Virtual Reality* 173 (2012): 149–155.

[Halic, Sankaranarayanan, and De 10] Tansel Halic, G. Sankaranarayanan, and S. De. "GPU-Based Efficient Realistic Techniques for Bleeding and Smoke Generation in Surgical Simulators." *The International Journal of Medical Robotics and Computer Assisted Surgery: IJMRCAS* 6:4 (2010): 431–443.

[Halic et al. 11] Tansel Halic, S. A. Venkata, G. Sankaranarayanan, Z. Lu, W. Ahn, and S. De. "A Software Framework for Multimodal Interactive Simulations (SoFMIS)." *Studies in Health Technology and Informatics* 163 (2011):213–217.

[Khronos 11] Khronos. "WebGL—OpenGL ES 2.0 for the Web." http://www.khronos.org/webgl/, 2011.

[Müller et al. 07] M. Müller, B. Heidelberger, M. Hennix, and J. Ratcliff. "Position Based

Dynamics." *Journal of Visual Communication and Image Representation* 18:2 (2007):109–118.

[Murugesan et al. 11] S. Murugesan, G. Rossi, L. Wilbanks, and R. Djavanshir. "The Future of Web Apps." *IT Professional* 13:5 (2011):12–14.

[Novint 12] Novint. "Novint Falcon: The Most Immersive Way to Play Video Games." http://www.novint.com/index.php/novintfalcon, 2012.

[O'Malley and Hughes 03] M. O'Malley and S. Hughes. "Simplified Authoring of 3D Haptic Content for the World Wide Web." *Proceedings of the 11th Symposium on Haptic Interfaces for Virtual Environment and Teleoperator Systems*, pp. 428–429, Washington, DC: IEEE, 2003.

[Rodrigues, Oliveira, and Vaidya 10] J. J. P. C. Rodrigues, M. Oliveira, and B. Vaidya. "New Trends on Ubiquitous Mobile Multimedia Applications." *EURASIP Journal of Wireless Communication Networks* 10 (2010):1–13.

[Sensable 12] "Sensable." http://www.sensable.com/, 2012.

第 43 章 使用 OpenGL 和 OpenGL ES 的子集方法

作者：Jesse Barker 和 Alexandros Frantzis

43.1 简 介

现代 GPU 不再是具有固定功能的离散位的专用处理器，其中许多是相互排斥的。它是一个功能强大的、完全可编程的计算引擎，在大多数情况下与 CPU 的计算能力相当，甚至超过 CPU 的计算能力。

OpenGL 和 OpenGL ES API 的现代版本反映了这种演变，但是，针对它们编写的大部分代码仍没有体现这种变化（这也限制了它们在许多平台上的使用）。在新版本中，有许多功能已经从 OpenGL 的核心配置文件或 OpenGL ES 中删除，虽然它们不是由 GPU 直接支持的，但现在必须由开发人员实现。这代表了开发人员在理解和实现方面需要付出很大的努力，这也阻碍了他们保持代码最新的能力。

在 Linaro 的开源软件项目中，我们在各种应用程序和工具包库中遇到了大量现有的 OpenGL 代码。对我们来说，这提出了一些问题。首先，我们需要 OpenGL ES 2.0，其次，代码的上游维护者要求他们的代码继续使用桌面 OpenGL。也就是说，我们需要兼容两种 API 变体，因此，我们有一个选择（在许多项目中确实可以这样做）是拥有多个代码路径，由#ifdef 构造控制。这虽然满足了上述条件，但却使得代码一团糟，难以维护，并且容易出现大量错误（它们本应出现在某一条路径中但是却出现在另一条路径中，于是变成了错误）。由于我们的团队规模不大，而且这种方法也无法扩展到我们参与的大量其他项目中，于是我们找到了另一个解决方案。

这个解决方案就是利用现代桌面 OpenGL 和 OpenGL ES 2.0 API 之间的相似性，以生成单个代码库。可以使用针对这两个版本的最少编译时（Compile-Time）代码路径选择进行编译。我们将此方法称为子集方法（Subset Approach）。根据我们的经验，它已被证明是简化跨多个 API 版本支持代码的极好方法。我们已成功将其应用于多个生产代码库，使其更易于维护并可在各种平台上使用。

43.2 使陈旧的代码现代化

由于我们的工作往往包括将大量的代码移植到干净的 Subset 代码库,因此有必要首先介绍移植主题。将陈旧的 OpenGL 或 OpenGL ES 代码库更新为更现代的配置文件(至少是规范的 2.x 版本)所需的工作量在很大程度上与应用程序的复杂性成比例。但是,我们发现存在适用于所有此类工作的大量共同主题。无论是针对 OpenGL ES 2.0、OpenGL 2.1 还是更高版本,以下列表都部分适用。程序开发人员可以:

- 将立即模式(Immediate-Mode)绘制调用序列转换为顶点和索引数组调用序列,最好存储在缓冲区对象中。
- 减少渲染图元的集合。
- 直接在应用程序或顶点着色器中进行固定功能顶点处理,包括矩阵堆栈、转换 API、每顶点照明、材质属性等。
- 在片段着色器中进行固定功能的片段处理,包括每片段照明、雾、纹理环境、相关纹理和雾启用等。
- 不再使用位图或多边形点画(Stipple)。
- 不再使用 glCopyPixels。
- 使用 EGL API 提供配置、上下文和表面管理。

按照上面列表中显示的顺序执行 API 转换有助于防止现有 OpenGL 功能的破坏和退化,而不受任何 OpenGL ES 特定工作的影响。

43.2.1 立即模式和顶点属性数组

在 OpenGL 的早期,管线的输入采用命令和属性的形式。例如,我们可以告诉管线,希望它绘制一些三角形,那么在此之后它就会要求提供 3 个顶点的坐标,最后是命令终止符,如代码清单 43.1 所示。

代码清单 43.1 立即模式

```
glBegin(GL_TRIANGLES);
   glVertex3f(1.0, 0.0, 0.0);
   glVertex3f(1.0, 1.0, 0.0);
   glVertex3f(0.0, 0.0, 0.0);
glEnd();
```

这被称为立即模式,在 OpenGL 存在的前 10 年中,它一直是管线的输入方式,即使加上将顶点数组作为 1.1 版扩展的时间也是如此。在使用立即模式的情况下,优化顶点输入的最佳方法是将常用命令组放入显示列表中，这其实就是 OpenGL 命令的记录/回放机制。这种技术有其自身的一些缺点。例如，必须在执行前编译显示列表，这可能会影响动态数据的性能。此外，还有许多有用的命令无法放入显示列表中，开发人员需要了解哪些调用被延迟以及哪些调用被立即执行。今天，显示列表的缺点是它们在 OpenGL ES 2.0 或 OpenGL 核心配置文件中不可用，还有很多代码是以这种方式编写的。

立即模式对于快速获取某些内容非常有用，如绘制非常简单的对象。它也曾经是一个很好的教学工具，甚至到现在仍被用于此目的。对于大型数据集来说，它的效率不高，因为它的代码很快就会变成一团乱麻。引入顶点数组的概念是为了有效处理更大的数据集，其基本思想是在单个内存缓冲区中设置所有顶点数据，如位置、法线等，并告诉 OpenGL 如何遍历该数据以产生图元描述。这在将缓冲区指针传递给 OpenGL 时完成，如在该缓冲区中有 136 个 3D 浮点顶点。绘制调用只是告诉 OpenGL 要绘制什么样的图元，在缓冲区中开始的偏移量以及要使用的顶点数。

代码清单 43.2 虽然只是一个很简单的例子，但仍不失为一个很好的顶点数组演示。数据可以与代码分开，这样可以实现更清晰的代码和更少的 API 调用，并且该实现可以更有效地遍历数据。有关几何体提交的更多详细信息，可以阅读 *OpenGL Programming Guide*（《OpenGL 编程指南》）一书中的相应章节（详见本章参考文献 [Shreiner and Group 09]）。

代码清单 43.2　使用顶点数组

```
GLfloat my_data[] =
{
  1.0, 0.0, 0.0,
  1.0, 1.0, 0.0,
  0.0, 0.0, 0.0
};
glVertexAttribPointer(0, 3, GL_FLOAT, GL_FALSE, 0, my_data);
glDrawArrays(GL_TRIANGLES, 0, 3);
```

现在我们已经将所有绘制调用从立即模式转换为顶点和元素数组，可以将所有顶点数组放入顶点数组缓冲区对象（Vertex Buffer Object，VBO）中。从本质上讲，VBO 为我们提供了所有顶点属性数据的服务器端容器，即位置、法线、纹理坐标和索引等相关数据。访问我们的数据比使用基本顶点数组更有效，因为缓冲区对象的数据可以驻留在绘制调用时 GPU 的本地内存中。该实现避免了绘制调用时复制和同步点（详见本章参考文献 [NVIDIA 03]）。所有数据都提前放入绑定的缓冲区对象中，如代码清单 43.3 所示。

代码清单 43.3　使用顶点缓冲区对象

```
// 这是设置代码，仅在初始化时执行一次
```

```
// 创建缓冲区对象
unsigned int bufferObject;
glGenBuffers(1, &bufferObject);
// 通过绑定缓冲区对象设置顶点数据
// 分配其数据存储，并使用顶点数据填充它
GLfloat my_data[] =
{
  1.0, 0.0, 0.0,
  1.0, 1.0, 0.0,
  0.0, 0.0, 0.0
};
glBindBuffer(GL_ARRAY_BUFFER, bufferObject);
glBufferData(GL_ARRAY_BUFFER, sizeof(my_data), my_data, GL_STATIC_DRAW);
// 取消绑定缓冲区对象以保留状态
glBindBuffer(GL_ARRAY_BUFFER, 0);

//
// 每次绘制对象时均执行该序列
//
glBindBuffer(GL_ARRAY_BUFFER, bufferObject);
glVertexAttribPointer(0, 3, GL_FLOAT, GL_FALSE, 0, 0);
glDrawArrays(GL_TRIANGLES, 0, 3);
```

代码清单 43.2 和代码清单 43.3 之间的关键区别在于，对 **glVertexAttribPointer** 的调用中的最后一个参数不再是指向包含顶点数组的应用程序内存的指针。因为存在绑定的缓冲区对象，所以最终参数被视为缓冲区数据中的字节偏移量。在这种情况下，它表示实现应该在处理绘制调用时从第一个顶点坐标开始。

43.2.2　图元选择

现在我们已经了解了如何在现代 OpenGL 和 OpenGL ES 中描述绘图请求，这里有必要简单提一下实际绘制的图元。最值得注意的是，四边形、四边形条带（Quad Strip）和多边形图元不再可用于 OpenGL 核心配置文件中的绘制命令，并且从未成为 OpenGL ES 2.0 的一部分。对于我们参与的项目，将这些转换为三角形条带或三角形扇面会相当简单。有关 OpenGL 图元类型的内容，可参见 39.3.6 节"图元类型"。

43.2.3　位图和多边形点画

在 OpenGL 中，位图和多边形点画（Polygon Stipple）是 1 位颜色索引数据的矩形蒙

版，其中值 0 表示透明度，或者更确切地说，表示保持缓冲区内容不变；值 1 表示当前栅格颜色，或者可能是纹理样本。这些在 OpenGL 中不再可用，并且从未成为 OpenGL ES 2.0 的一部分。如果在陈旧代码中使用了这些设置，则简单的替换是使用 1 字节的 Alpha 纹理并处理着色器中的任何特殊采样逻辑。代码清单 43.4 和代码清单 43.5 代表了在陈旧的 OpenGL 演示中启用了多边形点画渲染的代码片段及其替代物。

代码清单 43.4　多边形点画纹理图像设置

```
// 初始化点画图案
GLubyte textureImage[32][32];
const unsigned int textureResolution(32);
static const unsigned int patterns[] = {0xaaaaaaaa, 0x55555555};
for(unsigned int i = 0; i < textureResolution; i++)
{
  for(unsigned int j = 0; j < textureResolution; j++)
  {
    // 每隔一行改变图案
    unsigned int curMask(1 << j);
    unsigned int curPattern(patterns[i % 2]);
    textureImage[i][j] = ((curPattern & curMask) >> j) * 255;
  }
}

// 设置着色程序将使用的纹理
GLuint textureName;
glGenTextures(1, &textureName);
glBindTexture(GL_TEXTURE_2D, textureName);
glTexParameteri(GL_TEXTURE_2D, GL_TEXTURE_WRAP_S, GL_REPEAT);
glTexParameteri(GL_TEXTURE_2D, GL_TEXTURE_WRAP_T, GL_REPEAT);
glTexParameteri(GL_TEXTURE_2D, GL_TEXTURE_MAG_FILTER, GL_NEAREST);
glTexParameteri(GL_TEXTURE_2D, GL_TEXTURE_MIN_FILTER, GL_NEAREST);
glTexImage2D(GL_TEXTURE_2D, 0, GL_ALPHA8,
  textureResolution, textureResolution,
  0, GL_ALPHA, GL_UNSIGNED_BYTE, textureImage);
```

代码清单 43.5　多边形点画片段着色器

```
uniform sampler2D tex;
out vec4 fragColor;

void main()
{
```

```
vec2 curPos;
curPos.x = float(int(gl_FragCoord.x) % 32) / 32.0;
curPos.y = float(int(gl_FragCoord.y) % 32) / 32.0;
vec4 color = texture(tex, curPos);
if(color.w < 0.5)
{
  discard;
}
fragColor = color;
}
```

代码清单 43.5 中的示例适用于最新版本的 GLSL。对于 GLSL ES，可以删除 fragColor 的声明，并将其替换为着色器 main 函数中的内置 gl_FragColor。求余运算符（%）在 GLSL ES 中是非法的，因此还需要相应地调整纹理坐标计算。

43.3 保持代码在 API 变体中的可维护性

在将代码库移植到 OpenGL 的现代核心配置文件之后，仍然需要一些工作来确保它的桌面和嵌入式变体的兼容性。目标是确保仅使用两种变体共有的功能和定义。为此，我们发现 *OpenGL ES 2.0 Difference Specification*（《OpenGL ES 2.0 差异规范》）这个说明文档（详见本章参考文献 [Khronos 10]）非常有用。

GL_ARB_ES2_compatibility 扩展增加了对现代 OpenGL 版本中缺少的一些 OpenGL ES 2.0 特性的支持。但是，它所提供特性的细节可能略有不同，并未解决所有分歧点，因此我们建议有兴趣的读者仔细研究扩展规范的问题部分。

在此步骤中，通常会遇到 OpenGL ES 2.0 中似乎缺少的功能。但是，一般来说可以使用两种变体中存在的构造来实现或模拟此功能的替代方法。在接下来的各个小节中，我们将讨论属于此类别的一些案例。这些案例虽然很常见，但并不简单。

43.3.1 顶点和片段处理

替换旧项目中的固定功能顶点处理可能是一项艰巨的任务。因为我们面临的问题是必须为多个项目执行此操作，所以开发了 libmatrix 项目。本书配套的 OpenGL Insights 网站（www.openglinsights.com）以及 http://launchpad.net/libmatrix 上的项目页面均提供了该项目的一个版本。libmatrix 的核心是一组简单的 C++ 模板类。它们为矢量和矩阵提供类似 GLSL 的数据类型，以及适用于这些对象的大多数有用的矢量和分量算术运算。OpenGL

API 本身以前支持的大多数标准转换都包含在其中。例如，glOrtho、glFrustum、glRotate、glTranslate，甚至 gluLookAt 和 gluPerspective 在 libmatrix 中都有类似物。矩阵堆栈模板类支持整个 OpenGL 矩阵 API，而不会对堆栈深度进行任何先前的限制。此外，libmatrix 还具有合理的 GLSL 程序对象抽象，以及从文件加载着色器源的便利功能，这对于开发很有用，因为这样就不必为了测试新着色器而重建整个应用程序。glmark2 项目是使用这些对象提供可编程顶点和片段处理的一个很好的例子。glmark2 的代码可以从本书配套网站（www.openglinsights.com）以及 http://launchpad.net/glmark2 的项目页面获得。此外，在 *OpenGL ES 2.0 Programming Guide*（《OpenGL ES 2.0 编程指南》）（详见本章参考文献 [Munshi et al. 08]）和 *OpenGL Shading Language*（《OpenGL 着色语言》）（详见本章参考文献 [Rost 05]）中，也有很好的章节内容讨论如何在 GLSL 中实现固定功能管线。

43.3.2　GLX 和 EGL

一些实现提供了通过 EGL 访问 OpenGL 和 OpenGL ES 上下文的功能，但目前并非通常的做法。目前，想要支持两种风格的渲染 API 的应用程序也必须支持上下文和表面管理 API 的两种风格。

好消息是，由于 GLX 和 EGL 之间固有的相似性，通常可以直接围绕它们的功能创建一个共同的抽象层。抽象层并没有改变我们需要做出决定的事实：可能在编译时需要确定使用哪个 API。但是，它确实提供了一种干净有效的方法来隐藏主应用程序代码中的上下文和表面处理的细节和噪声。

我们已经成功地在 glmark2 和 glcompbench 项目中使用了这样的抽象层，它们可以从 http://launchpad.net/glcompbench 获得，该项目使用 GLX 和 EGL 提供的附加纹理-像素映射功能。我们已经实现了一个基本的 Canvas 对象，从中派生出更具体的类实例来处理窗口系统接口之间的一些微妙差异。在 glmark2 项目中，这使我们能够通过 GLX 支持桌面 OpenGL，通过 EGL 支持 OpenGL ES 和桌面 OpenGL，以及 Android 上的 OpenGL ES。

43.3.3　顶点数组对象

从概念上讲，顶点数组对象（Vertex Array Object，VAO）只是一个容器对象，它为程序开发人员和实现提供了一个简单的句柄，用于数组缓冲区、元素数组缓冲区和顶点格式，以及要渲染的网格。

VAO 并不是跟踪所有顶点属性和元素数组缓冲区，而是允许这些元信息与单个对象相关联，然后可以简单地绑定和解除绑定。但是这其实有一个问题：虽然自 OpenGL 3.0

以来它们已经以独立于平台的方式提供,并且通过 GL_ARB_vertex_array_object 扩展在一些陈旧的实现中也具有一些可用性,但是在撰写本文时,VAO 刚通过 GL_OES_vertex_array_object 扩展在 OpenGL ES 中可用,并且显卡供应商对它的支持也非常有限。从 OpenGL 3.1 开始,VAO 实际上变为强制性的,同时保留了兼容性配置文件的更高版本的可选性。这使得在提供公共 OpenGL 和 OpenGL ES 支持的代码库中需要一些较为微妙的处理。

43.3.4 线框模式

线框模式(Wireframe Mode)功能在 CAD 应用程序中广泛使用,并且作为调试辅助工具也很受欢迎。使用桌面 OpenGL 时,很容易实现此效果:只需要将多边形光栅化模式设置为 GL_LINE 即可。

但是,在使用 OpenGL ES 2.0 时,无法选择此方法,因为设置多边形光栅化模式的功能已经被删除。尽管如此,我们仍可以通过各种方式实现这一效果。

一种解决方案是使用 GL_LINES 或 GL_LINE_STRIP 图元绘制网格。该方法的一个缺点是,在一般情况下,开发者必须准备专用元素阵列以执行线框渲染。此外,如果还需要多边形内容,则此方法需要两个渲染通道,这与固定功能的情况是一样的,它们非常昂贵并且容易产生 z-fighting 伪像。

另一种解决方案是在着色器中处理线框图。虽然着色器会变得更加复杂,但该解决方案的优势在于它可以在一个通道中处理线框和多边形内容的渲染。在本章参考文献 [Bærentzen et al. 08] 中描述了一种方法,是使用从每个片段到图元边缘的最小距离来决定如何将图元内容与线框颜色混合。此方法可生成平滑的线框线,并且不会受到 z-fighting 伪像的影响,但需要将附加属性附加到每个顶点。可以在几何着色器中添加这些属性,也可以在应用程序中显式设置这些属性,并使用特殊的顶点着色器来处理它们。在缓冲区 glmark2 基准测试中,我们使用了第二种方法,以便与缺少几何着色器支持的 OpenGL ES 2.0 保持兼容。

43.3.5 纹理包装模式

在 OpenGL ES 2.0 中删除了对纹理边框和相关 GL_CLAMP_TO_BORDER 包装模式(Wrap Mode)的支持。幸运的是,使用片段着色器提供此模式的良好模拟并不困难。

对于最近邻过滤(即 GL_NEAREST),当归一化纹理坐标在 [0.0, 1.0] 之外时,使用边框颜色代替纹理元素的颜色就足够了,请参见代码清单 43.6 中的着色器示例。

代码清单 43.6 用 GL_NEAREST 模拟 GL_CLAMP_TO_BORDER

```
uniform vec4 border_color;
uniform sampler2D sampler;

varying vec2 texcoords;

float clamp_to_border_factor(vec2 coords)
{
  bvec2 out1 = greaterThanEqual(coords, vec2(1.0));
  bvec2 out2 = lessThan(coords, vec2(0.0));
  bool do_clamp = (any(out1) || any(out2));
  return float(!do_clamp);
}

void main()
{
  vec4 texel = texture2D(sampler, texcoords);
  float f = clamp_to_border_factor(texcoords);
  gl_FragColor = mix(border_color, texel, f);
}
```

使用 GL_LINEAR 过滤时，纹理采样器会返回双线性过滤值，并考虑附近的纹理元素。对于边缘附近的纹理坐标，返回的值会受到当前包装方法所指示的任何纹理元素的影响，这通常不是我们想要的。

要正确地使用 GL_LINEAR 模拟 GL_CLAMP_TO_BORDER，需要使用 GL_NEAREST 代替并执行双线性过滤，加上 CLAMP 以在片段着色器中进行边界调整。但是，与 GL_LINEAR（它利用了优化的 GPU 支持双线性采样）相比，这种方法需要 4 次显式纹理访问，并且在片段着色器中执行插值逻辑，从而导致显著的性能损失。[①] 当不需要 100% 的正确性时，可以采用另一种方法，通过已经过滤的值仅提供纹理的线性插值对边缘附近的边界颜色的影响，请参见代码清单 43.7 中的着色器示例。每个尺寸使用公式的结果如图 43.1 所示。对于 2D 情况，我们发现通过将每个维度的计算因子相乘，可以得到令人满意的视觉结果。

代码清单 43.7 使用 GL_LINEAR 模拟 GL_CLAMP_TO_BORDER

```
uniform sampler2D sampler;
uniform vec4 border_color;
uniform vec2 dims;                          // 纹理尺寸（在纹理元素中）
```

[①] 我们的实验表明，在桌面和嵌入式 GPU 上对立方体的面进行纹理化的简单情况下，性能降低了 20%。

```
varying vec2 texcoords;

float clamp_to_border_factor(vec2 coords, vec2 dims)
{
  vec2 f = clamp(-abs(dims * (coords - 0.5)) + (dims + vec2(1.0)) * 0.5,
    0.0, 1.0);
  return f.x * f.y;                    // 在大多数情况下都已经足够好
}

void main()
{
  vec4 texel = texture2D(sampler, texcoords);
  float f = clamp_to_border_factor(texcoords, texdims);
  gl_FragColor = mix(border_color, texel, f);
}
```

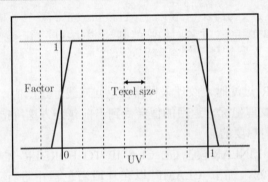

图 43.1　作为 UV 坐标函数的线性边界插值的混合因子

原　　文	译　　文
Factor	因子
Texel size	纹理元素大小

43.3.6　非 2 的 n 次幂

　　核心 OpenGL ES 2.0 规范中对非 2 的 n 次幂（Non-Power-Of-Two，NPOT）纹理的支持非常有限。特别是，NPOT 纹理只允许使用 GL_CLAMP_TO_EDGE 包装模式及 GL_NEAREST 和 GL_LINEAR 过滤模式，否则，它们将被标记为不完整。这种限制一直是许多看似无法解释的纹理问题的根源。

虽然 NPOT 纹理在典型的 OpenGL 应用程序中并未广泛使用,但它们在现代合成桌面中扮演着重要角色。现代合成基于加速的纹理-像素映射功能,并且需要支持任意尺寸的表面和纹理。

GL_OES_texture_npot 扩展增加了对两个重复包装模式和所有缩小过滤器(包括涉及 Mipmap 的过滤器)到 NPOT 纹理的支持。但是,我们的经验是这种扩展并不是普遍支持的。需要最大平台支持的开发人员应该在片段着色器中模拟重复和镜像的重复包装模式(详见代码清单 43.8)。

代码清单 43.8　模拟 GL_REPEAT 和 GL_MIRRORED_REPEAT

```
vec2 wrap_repeat(vec2 coords)
{
  return fract(coords);
}

vec2 wrap_mirrored_repeat(vec2 coords)
{
  return mix(fract(coords), 1.0 - fract(coords), floor(mod(coords, 2.0)));
}
```

43.3.7　图像格式和类型

OpenGL ES 2.0 提供了少量图像格式和类型,不支持打包的 INT 格式或自动反转颜色组件的机制。默认情况下,唯一可用的真彩色图像格式是 RGB(A),并且 R,G,B,(A) 中的分量将按顺序存储在内存中。GL_EXT_texture_format_BGRA8888 扩展添加了对 BGRA 格式的有限支持。另外,在 OpenGL ES 2.0 中,内部图像格式和客户端数据的格式必须匹配,不支持自动格式转换。

API 支持压缩图像格式,但仅适用于解压缩操作。核心 OpenGL ES 2.0 规范不需要任何特定格式;这些格式都是可选的,并在扩展中指定。但是,由 GL_OES_compressed_ETC1_RGB8_texture 扩展提供的 ETC1 格式在现代设备中广泛使用。

当与外部图形库建立接口时,有限的图像格式选择可能会成为一个问题。像 cairo、pixman 和 skia 这样的流行库按照整数类型中位(Bit)的顺序表示其图像格式的组件顺序,使得组件的内存顺序取决于架构的字节顺序(Endianness)。对于 4 字节格式,此布局对应于 OpenGL ES 2.0 缺少的 INT 打包格式。因此,在使用此类库时,为了避免手动像素转换,应注意使用 OpenGL ES 2.0 本身可以理解的格式。

处理这种情况的有效方法是在运行时检查系统字节顺序,并使用与 GL 格式使用的内存顺序匹配的整数像素格式。我们已经成功地在工作中应用了这种方法，以便为 cairo 图形库添加 OpenGL ES 2.0 支持。

43.3.8 图像布局

除了图像格式限制外，OpenGL ES 2.0 还限制了支持的像素传输布局。特别是，glPixelStore 只接受 GL_PACK_ALIGNMENT 和 GL_UNPACK_ALIGNMENT 选项。

缺少 GL_PACK_ROW_LENGTH 和 GL_UNPACK_ROW_LENGTH 使得打包或解包长度与源图像长度不同的像素矩形而无须额外处理变得不可能。要处理此类矩形，需要手动提取包含的像素，并将其保存为具有正确布局的较小图像。

43.3.9 着色语言

GLSL ES 1.0 基于桌面 GLSL 版本 1.20，因此缺少在后续桌面 GLSL 版本中添加的功能。但是，它确实具有一些属性，这些属性后来被 OpenGL 的核心配置文件采用。最重要的一点是，除了 gl_DepthRange 之外，OpenGL 核心配置文件下的 GLSL ES 和 GLSL 都不支持内置属性和内置统一格式，ftransform() 函数也缺失，因此必须使用自定义属性和统一格式手动处理所有转换。

GLSL ES 增加了对精度限定符关键字的支持，包括全局 per-type 和 per-variable。接受的类型是 int、float、sampler2D 和 samplerCube，接受的限定符是 lowp、mediump 和 highp。对于片段着色器来说，要记住的两个要点是：浮点类型没有默认精度，并且支持高精度是一个可选项。为了以与 GLSL 和 GLSL ES 兼容的方式处理这种情况，通常在片段着色器中使用前导码（Preamble），如代码清单 43.9 所示。

代码清单 43.9　默认浮点精度语句的片段着色器前导码

```
#ifdef GL_ES
// 对于高精度使用
#ifdef GL_FRAGMENT_PRECISION_HIGH
precision highp float;
#else
precision mediump float;
#endif                    // GL_FRAGMENT_PRECISION_HIGH
// 对于中等精度使用
precision mediump float;
#endif                    // GL_ES
```

GLSL 1.30 接受 GLSL ES 1.0 精度关键字，但没有任何语义含义，仅适用于 int 和 float

类型。因此，即使目标 GLSL 版本为 1.30 或更高版本，也建议使用 GL_ES 预处理器定义来保护默认精度语句。

GLSL ES 1.0 支持整数，但无法保证它们将在硬件级别使用实数整数类型实现。这有一个副作用，那就是在 GLSL 中仅为非负操作数定义的整数求余运算符（%），在 GLSL ES 1.0 中是不被支持的。这个操作可以使用 mod() 函数实现，但需要注意的是，mod() 的限制比%少，即它可以处理负数。

43.4 特定功能的代码块

子集方法使得桌面 OpenGL 和 OpenGL ES 2.0 可以使用一些公共功能。但是，由于功能或性能的原因，不可避免地会出现使用公共功能不足以满足要求的情况。那么，在保持代码库简洁和可维护的同时，如何处理这种公共功能不敷使用的情况？

在考虑 GLSL 的变体时还会出现另一个问题。OpenGL 和 OpenGL ES 不仅具有不同的 GLSL 变体，而且还有多个版本的 GLSL，就像核心规范的多个版本一样。开发人员可能会尝试使用我们建议的核心 API 的子集方法，但是，这并非总是可行的。以前文所介绍的多边形点画为例，对于最新版本来说，用于输入和输出的内置着色器变量根本不存在。可能的解决方案是在着色器中声明 GLSL 版本，这也许可以很好地解决这个特定问题。

在这个问题上，我们发现抽象层，即使是非常简单的抽象层也很有帮助。对于 GLSL，我们已经实现了一个对象来管理着色器源。该对象有一个方法，可以从磁盘上的文件提取源，使用其他字符串附加着色器源，在局部和全局范围注入常量和其他变量定义，甚至是宏实例化的原始版本。因此，最终我们传递给 API 的着色器字符串是从磁盘读入的已处理版本。有关着色器管理抽象的更多详细信息，请参阅 glmark2 源中 ShaderSource 对象的定义和用法，它可以从本书配套的 OpenGL Insights 网站（www.openglinsights.com）以及 http://aunchpad.NET/glmark2 的项目页面获得。在 glmark2 中，我们还希望能够显示客户端顶点数组与存储在缓冲区对象中的数组之间的任何性能差异，该解决方案是一个简单的抽象。当然，开发人员可能会发现其中有一种无法控制的情况，对于这种情况的解决方案是只能有条件地编译代码，开发人员应该尽量避免出现这种情况。

43.5 小　　结

本章探讨了如何利用陈旧的 OpenGL 代码或以陈旧的方式编写的新代码，并使其与一个或多个现代 OpenGL API 变体兼容。这需要开发人员具有以下常识：
- 坚持使用同时适用于 OpenGL 和 OpenGL ES 的 API 和构造。
- 不但要解决手头的问题，还要看到最终可能发生的问题。
- 为工作选择合适的工具。

我们相信 glmark2 的例子恰恰代表了这一理念。现在已经可以轻松地将新场景添加到测试框架中，这也增加了它继续执行其工作的可能性。

参 考 文 献

[Bærentzen et al. 08] J. Andreas Bærentzen, Steen Lund Nielsen, Mikkel Gjøl, and Bent D. Larsen. "Two Methods for Antialiased Wireframe Drawing with Hidden Line Removal." In *Proceedings of the 24th Spring Conference on Computer Graphics, SCCG '08*. New York: ACM, 2008.

[Khronos 10] Khronos. "OpenGL ES Common Profile Specification 2.0.25 (Difference Specification)." http://www.khronos.org/registry/gles/specs/2.0/es_cm_spec_2.0.25.pdf, 2010.

[Munshi et al. 08] Aaftab Munshi, Dan Ginsburg, and Dave Shreiner. *OpenGL ES 2.0 Programming Guide*, First edition. Reading, MA: Addison-Wesley, 2008.

[NVIDIA 03] NVIDIA. "Using Vertex Buffer Objects (VBOs)." http://developer.download.nvidia.com/assets/gamedev/docs/Using-VBOs.pdf, 2003.

[Rost 05] Randi J. Rost. *OpenGL Shading Language*, Second edition. Reading, MA: Addison-Wesley, 2005.

[Shreiner and Group 09] Dave Shreiner and The Khronos OpenGL ARB Working Group. *OpenGL Programming Guide: The Official Guide to Learning OpenGL, Versions 3.0 and 3.1*, 7th edition. Reading, MA: Addison-Wesley, 2009.

第 44 章 构建跨平台应用程序

作者：Jochem van der Spek 和 Daniel Dekkers

44.1 简　　介

目前的游戏计算平台主要包括桌面 PC、移动设备和主机游戏（Console Game），在这个众多平台争雄的时代，操作系统和 OpenGL 版本也变得纷繁复杂，以至于为这些不同的配置开发和部署我们的应用程序已经成为开发工作的一个艰难而耗时的组成部分。当游戏工作室想要在尽可能多的平台上发布其最新游戏时，就需要管理呈爆发性增长的所有不同配置参数的组合。

在我们看来，该过程中有两个步骤可以降低此任务的复杂性。第一个步骤是编写与 OpenGL 版本无关的代码，这意味着代码将与平台和 OpenGL 版本相关的细节封装到对平台和 OpenGL 版本的任何组合完全透明的类中。第二个步骤是使用 Metabuild 系统将所有代码包装到不同平台上的不同集成开发环境（Integrated Development Environment，IDE）的可用项目中。每个平台都有自己的一组 API，用于创建绘制窗口。其中一些 API 支持嵌入式系统的 OpenGL ES，即使在非嵌入式桌面平台上也可以支持（如在 OS X 上的 iPad 模拟器），也有一些仅支持该平台上的 OpenGL 驱动程序启用的 OpenGL 版本。表 44.1 显示了各种平台上的不同 OpenGL 实现。完整列表可以在 OpenGL.org 网站上找到（详见本章参考文献 [Khronos 97]）。要实现这一目标，还有一种完全不同的方法——将 JavaScript 与 WebGL 一起使用，这在第 3 章中有详细介绍。本文将重点介绍 C++/Objective-C。

表 44.1　各种平台上的主要 OpenGL 实现

平　　台	OpenGL（1.0～4.2）	OpenGL ES（1.0/2.0）
OS X 桌面系统	GLUT, QT, wxWidgets, X11	QT
iOS 嵌入式系统	N/A	CoreAnimation (iOS 2.0/3.0)
SGI 桌面系统	GLUT, QT, X11	EGL
Windows 桌面系统	GLUT, QT, wxWidgets, EGL	EGL
Windows 嵌入式系统	N/A	EGL, QT

续表

平台	OpenGL（1.0～4.2）	OpenGL ES（1.0/2.0）
UNIX 桌面系统	GLUT, QT, wxWidgets, EGL	EGL
Linux 桌面系统	GLUT, QT, wxWidgets, X11, EGL	EGL
Linux 嵌入式系统	N/A	EGL/QT
Android 嵌入式系统	N/A	Android (1.0/2.2), EGL
Symbian 嵌入式系统	N/A	EGL, QT
Blackberry 嵌入式系统	N/A	BlackberryOS (5.0/7.0)
Web 浏览器	N/A	WebGL (ES 2.0 only)

作为一项演示，我们将展示如何在所有可能平台的子集上实现非常简约的 OpenGL 程序，如表 44.2 所示。为了简单起见，我们进一步限制自己仅考虑与所谓的 OpenGL 绘图上下文的创建接口的 API，该上下文向操作系统指定如何将像素绘制到屏幕上。有关此主题的更广泛讨论，请参见本章参考文献 [OpenGL 11]。

表 44.2 本文中使用的 API 和平台子集的选择

平台	OpenGL 1.0～4.2	OpenGL ES 1.0～2.0
iOS	N/A	CoreAnimation(iOS 2.0/3.0)
Windows	GLUT, QT, EGL	EGL
OS X	GLUT, QT	N/A

在描述选择使用的平台子集和 API 时，我们借鉴了编写 RenderTools 软件库（详见本章参考文献 [RenderTools 11]）的经验。该库是在 2008—2011 年创建的，它是在许多不同平台上创建任何可想到的 OpenGL 应用程序的代码库。我们试图让这些类保持轻量级：以最简单的形式，库尽可能少地依赖于外部库。我们使用了命名略有些奇怪的 Extension Wrangler Library，也称为 GLEW（详见本章参考文献 [Sourceforge 11]）来管理每个平台上的各种 OpenGL 扩展。许多弃用的数学函数，如 glRotate、glOrtho 和 glPerspective，都是在符合 OpenGL 规范的 Matrix 类中实现的。目前只支持 GLfloat 类型。当然，从类型到编译器设置的抽象也已经在开发列表中。虽然仍有许多诸如此类的公开问题，但我们相信该库的设计是健全的，它建立在社区的基础上，也可以通过社区进行扩展。因此，我们在 GNU 公共许可证（GNU Public License，GPL）条款下发布了它，以确保开源分发，但我们也允许在对艺术家、慈善机构、贡献者和教育工作者免费的许可下进行二进制分发。

44.2 使用实用程序库

OpenGL 的前身是 Silicon Graphics 的 IrisGL，但 IrisGL 具有创建绘图窗口的功能，而 OpenGL 没有，这使得 OpenGL 可以移植到不同的操作系统和 Windows API，但是如果不熟悉现有平台的底层 Windows API，也很难进行设置。每个平台都有自己的特定于平台的实现，以创建 OpenGL 上下文和窗口，如在 Windows 系统上的 WGL（详见本章参考文献 [Wikipedia 12b]）、在 XWindows 系统上的 GLX（详见本章参考文献 [Wikipedia 12a]）、在 OS X 系统上的 Cocoa 等。幸运的是，还有很多跨平台统一那些特定于平台的 API 的软件库，其中最突出的是 OpenGL Utility Toolkit，简称 GLUT（详见本章参考文献 [Kilgard 97]）。GLUT 最初是由 Mark J. Kilgard 编写的，用于配合 1994 年的第一本 OpenGL 编程指南（即所谓的"红皮书"），即使它不再受支持，也一直在使用。由于许可问题，GLUT 已经无人维护，但目前也可以使用一款名为 FreeGlut（详见本章参考文献 [Olszta 03]）的重新实现，该重新实现或多或少还在进行一些主动维护。GLUT 是 OS X/XCode 的标准配置，可以轻松下载并安装，用于 Windows 和 Linux。开发人员可以在 OpenGL 网站上找到适用于不同平台的各种工具包的详尽列表（详见本章参考文献 [OpenGL 12]）。

44.2.1 使用 GLUT 的示例

在代码清单 44.1 中，主例程先是初始化 GLUT 库，再告诉窗口系统创建一个双缓冲并具有 RGBA 像素格式的 OpenGL 窗口。然后，它将注册一个显示回调，该回调在窗口首次显示在屏幕上时调用，再次显示窗口的先前模糊部分时也会调用。最后，它将调用 glutMainloop，这并非典型操作，因为 GLUT 永远不会从这个函数返回。GLUT 的工作现在已经完成，可以控制它创建的窗口。这个例子可以正常构建并运行，但是提供的编译器或开发 IDE 需要知道 include 和链接器的路径，以便找到 glut.h 并链接到正确的库（在 Linux 上是 Glut.a，在 OS X 上是 GLUT.framework，在 Windows 上是 glut32.lib，诸如此类）。令人惊讶的是，这段代码的运行方式在表 44.1 列出的所有桌面系统上都是一样的，并且在各系统上都可以即时执行。

代码清单 44.1 使用 GLUT 的简单 OpenGL 示例

```
#include <glut.h>
void displayFunc(void)
{
    glClearColor(0.0, 0.0, 0.0, 1.0);
```

```
    glClear(GL_COLOR_BUFFER_BIT);
    glViewport(0, 0, 400, 400);

    glColor4f(1.0, 0.0, 0.0, 1.0);
    GLfloat vertices[8] = {-0.1, -0.1, 0.1, -0.1, 0.1, 0.1, -0.1, 0.1};
    glEnableClientState(GL_VERTEX_ARRAY);
    glVertexPointer(2, GL_FLOAT, 0, vertices);
    glDrawArrays(GL_QUADS, 0, 4);

    glutSwapBuffers();
}

void main(int argc, char ** argv)
{
    glutInit(&argc, argv);
    glutInitWindowSize(400, 400);
    glutInitDisplayMode(GLUT_DOUBLE | GLUT_RGBA);
    glutCreateWindow("GLut");
    glutDisplayFunc(displayFunc);
    glutMainLoop();
}
```

44.2.2 使用 Qt 的示例

可以为 Qt（详见本章参考文献 [Nokia 08]）编写相同的示例，Qt 几乎不能归类为实用程序库，因为它是一个完整的图形用户界面框架，包括 GUI 设计器、音频设施等。在绘制 OpenGL 内容的上下文中，可以将 Qt 套件的 QtOpenGL 组件视为与 GLUT 类似，因为它有助于创建 OpenGL 上下文和窗口。Qt 是一个跨平台的 C++ 应用程序开发框架，由 Haavard Nord 和 Eirik Chambe-Eng 于 1991 年开始开发，1994 年 3 月 4 日创立公司，最早名为 Quasar Technologies，然后更名为 TrollTech（奇趣科技）。2008 年 6 月 17 日，TrollTech 被 Nokia 收购，以增强其在跨平台软件研发方面的实力，更名为 Qt Software。Qt 库现在可以通过 LGPL 开源许可证获得，也可以获得 Nokia 的商业许可。

编译和链接代码清单 44.2 中的 Qt 示例并不像构建 GLUT 示例那么简单，因为需要安装整个 Qt 套件，但开发人员可以提供一个配置实用程序，允许用户选择想要包含哪些选项，然后生成构建脚本，使其操作尽可能简单。

代码清单 44.2 使用 Qt 的简单 OpenGL 示例

```
#include <QtCore/QtCore>
#include <QtGui/QtGui>
```

```cpp
#include <QtOpenGL/QtOpenGL>

class MyView:public QGLWidget
{
Q_OBJECT
public:
  MyView(QWidget *parent = 0)
    : QGLWidget(QGLFormat(QGL::DoubleBuffer | QGL::Rgba), parent)
  {
    resize(400, 400);
  }
  ~MyView(){}

protected:
  void paintGL(QGLPainter * painter)
  {
    makeCurrent();

    glClearColor(0.0, 0.0, 0.0, 1.0);
    glClear(GL_COLOR_BUFFER_BIT);
    glViewport(0, 0, 400, 400);

    glColor4f(1.0, 0.0, 0.0, 1.0);
    GLfloat vertices[8] = {-0.1, -0.1, 0.1, -0.1, 0.1, 0.1, -0.1, 0.1};
    glEnableClientState(GL_VERTEX_ARRAY);
    glVertexPointer(2, GL_FLOAT, 0, vertices);
    glDrawArrays(GL_QUADS, 0, 4);
  }
};

int main(int argc, char ** argv)
{
  QApplication app(argc, argv);
  MyView view;
  return app.exec();
}
```

44.2.3 使用 EGL 的示例

最后，在代码清单 44.3 中可以看到使用 EGL（详见本章参考文献 [Khronos 12]）编写的相同示例。EGL 将 OpenGL ES 与原生 Windows API 连接在各种平台（包括移动和桌面平台）上。但是，使用 EGL 涉及的东西更多一些，因为与 Qt 和 GLUT 不同，EGL 不提供以独立于平台的方式创建窗口的机制。EGL 允许我们创建渲染上下文和绘图表面，并将其连接到现有窗口或显示器。我们可以自己创建原生显示，也可以使用 EGL_DEFAULT_DISPLAY 标志来获取当前系统的默认显示。无论采用哪一种方式，我们都需要在该显示器上创建一个原生窗口。

代码清单 44.3　使用 EGL 的简单 OpenGL 示例

```
void main(void)
{
  EGLint attribList[] =
  {
    EGL_BUFFER_SIZE, 32,
    EGL_DEPTH_SIZE, 16,
    EGL_NONE
  };

  // 即使可以获得 EGL_DEFAULT_DISPLAY
  // 我们也需要创建一个窗口句柄
  // 在其中可以创建绘图表面、Windows 上的 HDC、X11 上的 Display 等
  EGLNativeDisplayType nativeDisplay = EGL_DEFAULT_DISPLAY;
  EGLNativeWindowType nativeWindow = platformSpecificCreateWindow();
  EGLDisplay iEglDisplay = eglGetDisplay(nativeDisplay);
  eglInitialize(iEglDisplay, 0, 0);

  EGLConfig iEglConfig;
  EGLint numConfigs;
  eglChooseConfig(iEglDisplay, attribList, &iEglConfig, 1, &numConfigs);
  EGLContext iEglContext = eglCreateContext(iEglDisplay,
    iEglConfig, EGL_NO_CONTEXT, 0);
  EGLSurface iEglSurface = eglCreateWindowSurface(iEglDisplay,
    iEglConfig, &nativeWindow, 0);

  // 为简洁起见，我们省略了类似于 GLUT 和 Qt 示例中的显示功能
}
```

我们正在为 OpenGL ES 构建示例，方便的 glOrtho、glMatrixMode 等函数不在 API 中，我们需要在自己的库中重新实现它们。

44.3　与 OpenGL 版本无关的代码

为了透明地区分程序开发人员的请求以将红色方块绘制到不同的 GL API，我们可以

抽象请求,完全远离任何 OpenGL 细节,同时提供立即模式、固定功能 API 的简易性和流程。我们还希望接近 OpenGL 命名约定,这样,当考虑使用的对象时,会听到与 OpenGL 注册表(Registry)中使用的名称相同的名称。因此,我们需要一个对底层实现完全透明的 Vertexbuffer 类。

代码清单 44.4 中的代码可用于 GL 的所有不同"方言",但在内部,这段看似简单的代码片段至少分为 3 个不同的代码路径:

(1)使用 VBO(在所有版本中可用)。

(2)将 VBO 与 VAO(来自 OpenGL 3.0)一起使用。

(3)使用程序(可从 OpenGL 2.0 和 ES 2.0 获得)。

代码清单 44.4 使用 RenderTools :: Vertexbuffer 模拟立即模式 API

```
Vertexbuffer quad;
quad.color(1.0, 0.0, 0.0);
quad.begin(GL_QUADS);
quad.vertex(-10.0, -10.0);
quad.vertex(10.0, -10.0);
quad.vertex(10.0, 10.0);
quad.vertex(-10.0, 10.0);
quad.end();
```

简单示例的实现并不简单(参见代码清单 44.5)。为了在相同的代码库中容纳各种版本的 OpenGL 并允许不同平台的代码库的不同实现,我们通过定义指定编译的平台和 OpenGL 版本的编译器标志来广泛使用选择性编译(Selective Compilation)。这种条件编译的一个典型例子是 RenderTools :: ViewController 类,它封装了 OpenGL 版本 1.1 到 4.x,OpenGL ES 1.x 和 2.x;不同的 API、Qt、GLUT、EGL、Cocoa、EAGL;甚至是不同的语言,如 C++和 Objective-C。为了适应不同 API 和语言之间的通信(在运行时,不同平台上会同时使用不同的语言),我们将 ViewController 实现为可以从系统中的任何位置访问的全局静态单例(Singleton),这是基于 Objective-C 的 iOS 事件传递到 RenderTools 的 C++层次结构的方式。当 ViewController 被实例化时,它作为特定于平台的类(如 iOS 上的 IOSViewController)启动,但是通过条件编译可以为开发人员公开 ViewController 类。如果为 iOS 编译 RenderTools 库,则定义 RT_IOS,并且 ViewController 类将是 IOSViewController 的 typedef。对于 Windows、OSX 或 Linux 上的 GLUT,将定义 RT_GLUT,而 ViewController 类将是 GLUTViewController 的 typedef。

ViewController 类的不同实现包含在 #ifdef / #endif 块中,以包含或排除编译中的代码。结合这些技术,可以在 RenderTools/examples 目录中找到 HelloWorld 示例。它可以在 RenderTools 支持的所有平台和 OpenGL 版本上编译和运行，而无须更改单个代码，实际上只需要一个配置操作即可（详情可参见 44.4 节）。

代码清单 44.5　与平台无关且与 OpenGL 版本无关的简单示例

```cpp
#include <RenderTools.h>

using namespace RenderTools;
using namespace RenderTools::Matrix;

class HelloWorldView:public RendergroupGLView
{
public:
  static PropertyPtr create(const XMLNodePtr& xml)
  {
    boost :: shared_ptr < HelloWorldView > p(new HelloWorldView());
    return boost :: dynamic_pointer_cast<AbstractProperty,
        HelloWorldView >(p);
  }

  virtual const std:: string getTypeName(bool ofComponent) const
  {
    return "HelloWorldView";
  }

  virtual void onInitialize(void)
  {
    m_buffer = Vertexbuffer::create() ->getSharedPtr <Vertexbuffer>();
    m_buffer ->begin(GL_TRIANGLES);
    m_buffer ->color(Vec3(0.0, 1.0, 0.0));
    m_buffer ->vertex(Vec2(-10.0, -10.0));
    m_buffer ->vertex(Vec2(10.0, -10.0));
    m_buffer ->vertex(Vec2(10.0, 10.0));
    m_buffer ->vertex(Vec2(10.0, 10.0));
    m_buffer ->vertex(Vec2(-10.0, 10.0));
    m_buffer ->vertex(Vec2(-10.0, -10.0));
    m_buffer ->end();
  }

  virtual void onRender(const ComponentFilterPtr& components)
  {
    m_buffer ->render(GEOMETRIES);
  }
```

```cpp
  VertexbufferPtr m_buffer;
};

int main(int argc, char ** argv)
{
  initialize(argc, argv);
  Factory :: registerContainerType("HelloWorldView", HelloWorldView(),
    HelloWorldView::create);
  run("<app type =\"Application\"><viewcontroller type =\
    "HelloWorldView\" /></app>");
}
```

所有这些加在一起，导致出现大量可能的配置状态。我们需要各种库，包括条件编译标志、不同的 OpenGL 库以及可能的第三方库（具体取决于平台），最后是不同平台上的不同 IDE，我们需要创建和维护项目文件才能构建各种组合。

44.4 配置空间

现在我们已经在不同的 OpenGL 版本上定义了一个抽象层，下一个合乎逻辑的步骤是进一步研究平台独立性。为了构建与 OpenGL 无关的示例，我们必须引入不同的平台以及 OpenGL 版本和平台细节之间的耦合。为了开始管理这种日益增加的复杂性，我们引入了配置空间（Configuration Space）的概念。配置空间是所有可能配置标志的详尽枚举，其中的配置标志可能涉及当前平台、OpenGL 版本和/或外部库、与 OpenGL 相关的 GLUT 或 EGL、与渲染无关的 Boost（详见本章参考文献 [Dawes and Abrahams 04]）或 Bullet Physics（详见本章参考文献 [Coumans 10]）。我们为 RenderTools 的名称空间中的这些配置标志创建了名称，并且使用了 RT_ 作为标志的前缀，如 RT_APPLE、RT_WIN32、RT_GLUT、RT_IOS、RT_ES1 等，这些被视为标准 C 预处理器定义。一些 RT_[VALUE] 定义取决于上下文，并且暗示了执行构建的平台（如 RT_APPLE、RT_WIN32），有些则提示了目标的 OpenGL 版本（如 RT_ES1 或 RT_ES2），还有些则是包含了第三方外部库（如 RT_GLUT、RT_BULLET）。整个配置空间中的任何一个标志组合称为配置状态（Configuration State）。

配置状态的示例如下：

- ❏ RT_WIN32、RT_GLUT、RT_DEBUG、RT_BULLET。使用 GLUT 作为窗口化接口的 Windows 构建，在调试模式下，使用 Bullet 作为外部库。

- RT_APPLE、RT_GLUT。使用 GLUT 作为窗口化接口的 Mac OS X 版本构建。
- RT_WIN32、RT_EGL、RT_ES2。Windows 发布版本，使用 EGL 作为 OpenGL ES 2.0 和 Windows 之间的接口。
- RT_APPLE、RT_IOS、RT_ES1、RT_DEBUG。适用于 iPhone 和 iPad 的 iOS 版本，在调试模式下使用 OpenGL ES1 固定功能管线支持早期设备。

并非所有配置状态都有效。我们不能同时构建 RT_ES1 和 RT_ES2，并且某些第三方库是互斥的，如 RT_BULLET 和 RT_BOX2D。

44.5 关于 Metabuilds 和 CMake

平台无关编程最耗时的一个方面是需要为不同的集成开发环境（IDE）定义单独的设置，这些集成开发环境包括 Windows 上的 Visual Studio、Apple 上的 Xcode 或基于 UNIX 的系统上的 Makefile。最近，有几个所谓的 Metabuild 或构建自动化（Build Automation）系统越来越受欢迎，它们都可以帮助完成这项繁杂的设置任务。Metabuild 系统的例子包括 premake（详见本章参考文献 [Perkins 07]）或 waf（详见本章参考文献 [WAF 11]）。

IDE 中的设置任务数量很多，相当烦琐，Metabuild 系统可以为这些设置创建合理的默认值，如果想要调整，则可以通过配置文件进行相应的调整。通过这种方式，可以清晰地看到异常部分，而不是隐藏在 IDE 的大量设置中。

Metabuild 系统的一个优点是它提供了在不同版本的 IDE 之间来回迁移的机会。几乎在每个 IDE 中，当所有项目文件都转换为更新版本时，返回到先前版本都是一个非常痛苦的过程。Metabuild 系统的另一个优点是可以相对容易地在不同开发人员之间共享项目。每个开发人员的源路径都略有不同，他们也可能会在 IDE 中调整一些设置以实现本机的成功构建，在这种情况下，将项目文件直接导出并发送给其他开发人员时，结果可能并不如意。如果使用了 Metabuild 系统，则开发人员在调整了构建系统的配置文件中明确说明的一些绝对路径后，即可自己从源树中生成新的项目文件。我们在开发过程中发现的一个意想不到的优势是，其时 Xcode 的最新版本（Mac OS X Snow Leopard 上的 4.0.2 版本）被证明是非常不稳定的，并且我们在 Visual Studio 中的开发效率更高，即使最终目标是一个 iOS 应用程序。Metabuild 让开发人员可以选择他们喜欢的集成开发环境。

CMake 是一个比较受欢迎且成熟的工具之一，是一个免费的、独立于平台的开源构建系统（详见本章参考文献 [CMa 11]）。CMake 使用人类可读的配置文件，始终命名为 CMakeLists.txt，该文件包含 CMake 脚本并存在于源树的目录中。这些 CMake 配置文件通过 CMake_ADD_SUBDIRECTORY() 命令相互链接。树的遍历从顶级 CMake 配置文件开始执行，为库和可执行文件创建项目设置。在这个所谓的配置过程之后，CMake 将生成 IDE 项目文件（Visual Studio 和 Xcode）或 makefile 文件（基于 UNIX 系统）。在日常实践中，我们通常会失去固定的、静态的、与平台相关的项目文件，并且会在每次构建配置发生更改时动态生成它们。CMake 结构，特别是语法需要一些时间来习惯，但优点是我们只需要学习一种语言。传统的 makefile 不易读取，只提供平台/编译器特定的结果。

44.6 关于 CMake 和配置空间

我们可以在顶级 CMake 配置文件中使用配置状态的概念。配置状态的 RT_[VALUE] 元素可以直接映射到 CMake 中的所谓选项（Options）。开发人员需要熟悉这些选项，并且在 CMake 图形用户界面中进行调整（见图 44.1）。

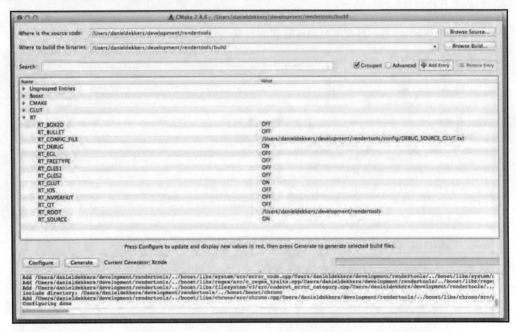

图 44.1　CMake（2.8.6）屏幕截图

我们将在 CMake 可包含文件 configurationspace.cmake 中定义配置状态。在此文件中，我们不仅可以设置各种 RT_[VALUE] 选项，而且还可以基于这些设置项设置包含目录和添加定义。在 CMake 中的布尔 RT_[VALUE] 既可以是 ON，也可以是 OFF，它将作为使用 CMake 命令的预处理器定义传递给编译器：

```
IF(RT_[VALUE]) ADD_DEFINITION(-DRT_[VALUE])
```

此外，我们必须找到此特定配置状态所需的第三方库，如 GLUT、Bullet、Boost 等。这些路径依赖于开发，因此无法事先了解它们。CMake 提供了一个 find_package() 机制，用于在设置根路径后查找包。如果在系统范围内安装库，它还会在特定于平台的标准位置进行搜索。如果在此阶段省略了软件包查找，则 RenderTools 的各个 CMake 配置文件将调用 find_package() 调用所需的库。整体而言，configurationspace.cmake 创建了一个"上下文"，可以从中构建库以及应用程序。

具有 CMake 配置文件的典型主 development 源代码树如代码清单 44.6 所示。在此目录结构中，/rendertools 是包含库和示例的 suite 所在的目录，它包含一个 CMakeLists.txt，是构建的逻辑起点（参见图 44.1 的 CMake GUI 屏幕截图中的 Where is the source code 文本域）。使用从 CMakeLists.txt 生成的项目，可以根据选择的 RT_[VALUE] 设置构建库，并构建依赖于此库的示例。

代码清单 44.6 具有 CMake 配置文件的典型主 development 源代码树

```
+ development
  (CmakeLists.txt)
  + ARenderToolsApp
    CMakeLists.txt
    + src
    + rsrc
    + config
  + rendertools
    CMakeLists.txt
    + src
    + examples
      CMakeLists.txt
      + HelloWorld
        CMakeLists.txt
        + src
        + rsrc
        + config
      + CameraTest
        CMakeLists.txt
        + src
        + rsrc
        + config
      + ...
    + config
```

```
        configurationspace.cmake
 + bullet (external)
   CMakeLists.txt
     + src
 + boost (external)
 + glut (external)
 + ...
```

RenderTools 上下文中顶级 CMakeLists.txt 的一般结构如下：

（1）通过包括 configurationspace.cmake 来定义配置状态 RT_APPLE、RT_DEBUG、RT_IOS 等，设置（外部）第三方库的路径，添加包含目录并传递这种特殊的配置状态所需的定义。

（2）通过调用 ADD_SUBDIRECTORY（rendertools/src）递归到 RenderTools 库的实际源代码目录中。如果不想从源代码构建 RenderTools，则可以省略此步骤并直接从应用程序链接到二进制预构建的 RenderTools。

（3）递归依赖于 RenderTools 的应用程序的源代码目录，或者表示一组应用程序的中间目录，如后文示例所示。

位于 rendertools/src 中的 RenderTools 库本身的 CMakeLists.txt 具有简单的结构：

（1）为库创建一个新项目：PROJECT(RenderTools)。

（2）收集 RenderTools 源：FILE(RT_SOURCES ...)。

（3）如果定义了 RT_SOURCE，则根据 RT_[VALUE] 选项中包含的来源，将这些来源与来自第三方库的来源相结合。或者，如果未定义 RT_SOURCE，则直接链接第三方库。

（4）使用源 ADD_LIBRARY(RenderTools $RT_SOURCES) 创建库。

开发人员可能会认为，RenderTools 被分发为一组预构建的二进制文件，它实际上是所有不同平台上所有不同配置状态的大型集合。相反，我们选择让开发人员从源代码构建 RenderTools。我们认为可以这样做，因为我们将提供源代码，通过 CMake 配置文件协助构建过程，并为常见配置提供合理的默认设置。

包含各种应用程序的中间目录的 CMakeLists.txt 只是简单地递归到这些源代码目录中。例如，/examples 中的 CMakeList 如下：

（1）为此应用程序套件创建一个新项目：PROJECT(Examples)。

（2）递归到较低级别的源目录中：

```
ADD_SUBDIRECTORY(HelloWorld)
ADD_SUBDIRECTORY(CameraTest)
...
```

最后，各个应用程序目录中的 CMakeLists.txt 具有以下结构。

（1）为应用程序创建一个新项目：

```
PROJECT(HelloWorld)
```

（2）收集特定于应用程序的源和资源：

```
FILE(APP_SOURCES ...)
FILE(APP_RESOURCES ...)
```

（3）使用这些源和资源创建可执行文件：

```
ADD_EXECUTABLE(HelloWorld
  ${APP_SOURCES} ${APP_RESOURCES})
```

（4）RenderTools 库中的链接：

```
TARGET_LINK_LIBRARY(HelloWorld RenderTools)
```

（5）设置依赖关系：

```
ADD_DEPENDENCY(HelloWorld RenderTools)
```

对于驻留在 /rendertools 目录之外的应用程序，如 ARenderToolsApp，可以在 /development 中编写一个 CMakeLists.txt 文件，包含 ARenderToolsApp 和 RenderTools 库。这样的顶级 CMakeLists.txt 文件如下：

```
PROJECT(MyDailyWork)
INCLUDE(rendertools/config/configurationspace.cmake)
ADD_SUBDIRECTORY(ARenderToolsApp)
# Recurse directly into the library, avoiding double
inclusion of configurationspace.cmake and the examples:
ADD_SUBDIRECTORY(rendertools/src)
```

请注意，这是一个易失性文件，会定期更改，具体取决于开发人员在某个特定时刻处理的项目。

44.7 关于 CMake 和平台细节

上面提到的 CMake 结构是大多数基于 CMake 的构建遵循的一般结构。当然，有很多特定于平台的特性需要处理。下面列出了遇到的一些非常重要的问题。

44.7.1 平台：Windows

Windows 非常简单。GLUT 或 EGL 将处理窗口化界面。OpenGL 作为二进制库，可以通过操作系统提供，或者通过显卡的硬件制造商提供的动态链接库（Dynamic Link Library，DLL）可用。OpenGL 头文件和库文件将随 Visual Studio 一起提供。

在 Windows 系统上，我们只需要将应用程序所需的所有资源复制到构建目录，从而避免使用更复杂的搜索机制。与 Apple 不同，Windows 不使用应用程序包。因此，在最终分发中放置资源的一些工作必须在安装程序中完成。CMake 有一个后构建（Postbuild）命令机制，可以在其中指定必须在构建后执行的任务。以下 CMake 脚本片段会将资源复制到可执行文件所在的目录：

```
FOREACH(NAME${APP_RESOURCES})
  GET_FILENAME_COMPONENT(NAMEWITHOUTPATH${NAME} NAME)
  ADD_CUSTOM_COMMAND(
    TARGET${APP_NAME}
      POST_BUILD
      COMMAND${CMAKE_COMMAND} -E copy
           ${NAME}
           ${PROJECT_BINARY_DIR}/
             ${CMAKE_CFG_INTDIR}/
             ${NAMEWITHOUTPATH})
ENDFOREACH()
```

CMake 变量 PROJECT_BINARY_DIR 是项目的构建目录。CMAKE_CFG_INTDIR 是当前配置，如 Debug、Release 等，因此它们一起构成了可执行文件的实际路径。${CMAKE_COMMAND} -E copy 是与 CMake 平台无关的复制命令。

44.7.2 平台：Mac OS X

Mac OS X 的处理过程与 Windows 类似。同样，GLUT 将处理窗口化界面。在撰写本文时，我们没有为 Mac OS X 构建 OpenGL ES。

- ❏ 资源。我们的 Mac OS X 应用程序包具有标准的分层结构，其中应用程序本身由包含/Contents 目录的包（如 HelloWorld.app）表示，该目录又包含具有实际可执行文件（如 HelloWorld）的/MacOS 目录，以及包含资源的/Resources 目录。使用与 Windows 平台类似的 CMake 后构建结构将导致与 Xcode 在内部执行的复制操作冲突。因此，我们选择让 Xcode 执行该操作。在 CMake 中，我们将向

ADD_EXECUTABLE() 提供源和资源：

```
ADD_EXECUTABLE(${APP_NAME} MACOSX_BUNDLE
  ${APP_SOURCES}
  ${APP_RESOURCES})
```

我们将确保资源被"标记"为资源，因此 Xcode 将在构建期间正确处理它们。也就是说，我们会将它们显示在 Xcode IDE 的/Resources 文件夹中，并将它们复制到应用程序包中的正确位置：

```
SET_TARGET_PROPERTIES(${APP_NAME} PROPERTIES
  RESOURCE "${APP_RESOURCES}")
```

- 信息属性列表文件。Mac OS X 应用程序包需要一个信息属性列表文件，该文件将枚举应用程序包中应用程序的各个方面，应用程序包直接位于包的根目录中。CMake 允许开发人员使用通配符标识模板文件，我们将其命名为 Info.plist.in。

```
SET(APP_PLIST_FILE
  ${APP_ROOT}/config/apple/osx/Info.plist.in)
SET_TARGET_PROPERTIES(${APP_NAME} PROPERTIES
  MACOSX_BUNDLE_INFO_PLIST ${APP_PLIST_FILE})
```

CMake 将读取 Info.plist.in，替换通配符，并在其构建目录的私有部分生成 Info.plist，如 path/to/build/CMakeFiles/HelloWorld.dir/Info.plist。此文件被链接并自动添加到 Xcode 项目文件中，之后 Xcode 会将其作为预构建步骤复制到应用程序包的根目录。

- Objective-C/C++。为了在 Objective-C 中使用 C++代码，需要将所有源代码编译为 Objective-C++，使用的语句如下：

```
SET(CMAKE_CXX_FLAGS "-x objective -c++")
```

需要将.mm 文件添加到源代码中以便构建它们，因此可以使用以下语句包含文件：

```
FILE(GLOB APP_SOURCES ${APP_ROOT}/src/[^.]*.[mmcpph]*)
```

44.7.3 平台：iOS

iOS 涉及的内容更多。设备仅支持 OpenGL ES，并且仅在较新型号（iPhone 3GS 及更高版本，iPad 2）上支持 OpenGL ES 2.0。所有型号均支持 OpenGL ES 1.1。此外，应用程序究竟是在英特尔架构的模拟器上运行还是在 ARM 架构的设备上运行，这二者之间是有区别的。需要特别关注应用程序的签名和配置，其资源管理也比 Mac OS X 更复杂。

- 配置目标。当构建平台与目标平台不同时，CMake 提出了一种交叉编译方法，这是创建 iOS 应用程序的第一种方法，从而为设备和模拟器生成不同的所谓工具链（Toolchain）文件。事实证明，这是一个不必要的中间步骤。编译器可以是默认编译器（适用于 Xcode 4.2 的 Apple LLVM 编译器 3.0），并且它也适用于 Mac OS X 版本。通过 CMAKE_OSX_SYSROOT 变量可以选择基本 SDK。适用于 iOS 5.0 的 CMake 脚本片段如下：

```
SET(IOS_BASE_SDK_VER "5.0"
  CACHE PATH "iOS Base SDK version")
SET(IOS_DEVROOT
  "/Developer/Platforms/iPhoneOS.platform/Developer")
SET(IOS_SDKROOT "${IOS_DEVROOT}/SDKs/
  iPhoneOS${IOS_BASE_SDK_VER}.sdk")
SET(CMAKE_OSX_SYSROOT "${SDKROOT}")
```

还必须使用以下语句设置架构：

```
SET (CMAKE_OSX_ARCHITECTURES
  "$(ARCHS_STANDARD_32_BIT)")
```

这将产生标准的 armv7 设置。我们设定的目标是为 iPad 和 iPhone 创建通用应用程序。"1,2" 表示将在 Xcode 中正确转换为 "iPhone/iPad"：

```
SET_TARGET_PROPERTIES(${APP_NAME} PROPERTIES
  XCODE_ATTRIBUTE_TARGETED_DEVICE_FAMILY "1,2")
SET_TARGET_PROPERTIES(${APP_NAME} PROPERTIES
  XCODE_ATTRIBUTE_DEVICES "Universal")
```

我们可以设置最小的 iOS 部署版本，在这种情况下就是 iOS 4.3：

```
SET_TARGET_PROPERTIES(${APP_NAME} PROPERTIES
  XCODE_ATTRIBUTE_IPHONEOS_DEPLOYMENT_TARGET 4.3 ' ')
```

❑ 构架。可以通过链接器标志添加链接所需的不同框架。它们在 Xcode IDE 中不会清晰可见，但应用程序链接正确：

```
# Enumerate frameworks to be linked to on iOS...
SET(IOS_FRAMEWORKS ${IOS_FRAMEWORKS} OpenGLES)
SET(IOS_FRAMEWORKS ${IOS_FRAMEWORKS} UIKit)
SET(IOS_FRAMEWORKS ${IOS_FRAMEWORKS} Foundation)
SET(IOS_FRAMEWORKS ${IOS_FRAMEWORKS} CoreGraphics)
SET(IOS_FRAMEWORKS ${IOS_FRAMEWORKS} QuartzCore)
...
FOREACH (NAME ${IOS_FRAMEWORKS})
  SET(CMAKE_EXE_LINKER_FLAGS
```

```
    "${CMAKE_EXE_LINKER_FLAGS} -framework ${NAME}")
ENDFOREACH()
```

- ❏ 高效平台。在最新的 CMake 2.8.6 中，提出了高效平台（Effective Platform）的概念。如果在 Xcode IDE 中切换设备或模拟器方案，则设置此参数可确保 Xcode 会自动选择相应库的正确构建路径。这个路径可以是 path/to/build/[config]-iphoneos 或 path/to/build/[config]-iphonesimulator，其中，config 表示当前的配置、调试和发布的版本等：

```
SET(CMAKE_XCODE_EFFECTIVE_PLATFORMS
 -iphoneos;-iphonesimulator)
```

- ❏ 信息属性列表文件。与 Mac OS X 版本程序一样，程序包中需要有 Info.plist 属性列表文件。在 CMake 中，它们被视为与 Mac OS X 程序类似，只是我们提供了不同的模板，因为 iOS 具有一些附加属性，如设备的方向和最小的设备要求。例如，陀螺仪、GPS 等：

```
SET(PLIST_FILE
 ${APP_ROOT}/config/apple/ios/Info.plist.in)
```

- ❏ 界面构建器。Xib 文件是界面构建器（Interface Builder）用户界面文件。作为预构建步骤，Xcode 将它们编译为二进制 nib 文件，并将它们添加到程序包中，但前提是它们被正确识别为资源。CMake 脚本片段如下：

```
FILE(GLOB XIB_FILES
 ${APP_ROOT}/config/apple/ios/*.xib) # Gather xib files
SET_TARGET_PROPERTIES(${APP_NAME} PROPERTIES
 RESOURCE "${XIB_FILES}")
```

- ❏ 配置和代码签名。配置（Provisioning）和代码签名（Code Signing）是 iOS 开发中更容易出错的方面之一。在订阅 Apple Developer Program 之后，开发人员将不得不花费相当多的时间在 Apple Developer 网站的 iOS Provisioning Portal 中。首先，必须生成可以添加到私钥链（Personal Keychain）的开发人员和分发证书（Certificate）。对于每个应用程序，我们将生成一个名为 AppID 的应用程序标识符（Identifier），并生成名为 *.mobile-provisioning 的文件，这是开发人员、AdHoc 和 AppStore 的分发配置文件，这些文件需要与我们的软件包链接。没有这些，我们只能在模拟器中运行应用程序。通过开发人员配置文件，我们可以在直接从 Xcode 连接到开发计算机的设备上运行和调试应用程序。通过 AdHoc 分发配置文件，我们可以创建一个所谓的存档，通过 iTunes 在一组有限的可信设备上进行本地发送和安装。我们需要提前知道并枚举这些设备的唯一 UID 密钥。AppStore 发行配置文件允许我们在 Apple 批准后通过 AppStore 分发应用程序。反向域表示法中的 AppID 是通过 CMake MACOS_BUNDLE_GUI_IDENTIFIER 变量设置的。此条目还将在 Info.plist 文件中通过通配符替换为 CFBundleIdentifier 键的值:

```
SET(IOS_APP_IDENTIFIER nl.cthrough.helloworld)
# this has to match to your App ID (case sensitive)
SET(MACOSX_BUNDLE_GUI_IDENTIFIER ${IOS_APP_IDENTIFIER})
```

该配置文件是一个单独的设置:

```
SET(IOS_CODESIGN_ENTITLEMENTS
  ${APP_ROOT}/config/apple/ios/
  entitlements/EntitlementsDebug.plist)
  # replace with EntitlementsDistributionAdHoc.plist or
  # EntitlementsDistributionAppStore.plist
SET_TARGET_PROPERTIES(${APP_NAME} PROPERTIES
  XCODE_ATTRIBUTE_CODE_SIGN_ENTITLEMENTS
  ${IOS_CODESIGN_ENTITLEMENTS})
```

❑ 归档。归档包括为 AdHoc 或 AppStore 分发创建档案。要创建成功的归档,必须确保在 Xcode 中,没有为应用程序设置跳过安装的属性,而是为静态库设置(这是 CMake 的默认值)。此外,还需要确保安装目录的路径不为空:

```
SET_TARGET_PROPERTIES(${APP_NAME} PROPERTIES
  XCODE_ATTRIBUTE_SKIP_INSTALL NO)
SET_TARGET_PROPERTIES(${APP_NAME} PROPERTIES
  XCODE_ATTRIBUTE_INSTALL_PATH "/Applications")
```

另外,必须确保在代码签名字段中而不是在 iPhone 开发人员配置文件中设置有效的 iPhone 分发。糟糕的是,使用最新版本的 CMake,尚无法为 Xcode 中的不同配置设置不同的值,但此功能已经在下一版本(2.8.7)的开发路线图中。我们希望能够执行以下操作:

```
SET(IOS_CODE_SIGN_IDENTITY_DEVELOPER
  "iPhone Developer"
  CACHE STRING "code signing identity")
  # For developing
SET(IOS_CODE_SIGN_IDENTITY_DISTRIBUTION
  "iPhone Distribution"
  CACHE STRING "code signing identity")
  # AdHoc or AppStore distribution
```

```
SET_TARGET_PROPERTIES(${APP_NAME} PROPERTIES
  XCODE_ATTRIBUTE_CODE_SIGN_IDENTITY[variant = ''Debug'']
  ${IOS_CODE_SIGN_IDENTITY_DEVELOPER})
SET_TARGET_PROPERTIES(${APP_NAME} PROPERTIES
  XCODE_ATTRIBUTE_CODE_SIGN_IDENTITY[variant = ''Release'']
  ${IOS_CODE_SIGN_IDENTITY_DISTRIBUTION})
```

我们现在必须使用以下代码更改代码签名标识的值,而不是手动更改其值:

```
SET(IOS_CODE_SIGN_IDENTITY "iPhone Developer"
  CACHE STRING "code signing identity")
  # Change to iPhone Distribution ' ' for archiving
SET_TARGET_PROPERTIES(${APP_NAME} PROPERTIES
  XCODE_ATTRIBUTE_CODE_SIGN_IDENTITY
  ${RT_CODE_SIGN_IDENTITY})
```

44.8 小　　结

幸运的是,在过去十年中,社区驱动的软件项目数量出现了令人难以置信的增长,旨在帮助处理跨平台开发的复杂性(Boost、CMake),并在针对不同的 OpenGL 版本(GLEW、GLUT)时帮助避免过于复杂的代码库。但是,选择这些项目的最佳组合的任务是困难的。我们有很多种选择,而且也可以做出最明智的选择。

我们要感谢非常活跃的 CMake 社区的贡献者,尤其是 David Cole、Michael Hertling 和 George van Venrooij。

参 考 文 献

[CMa 11] "CMake: A Cross-Platform, Open-Source, Build System." http://www.cmake.org, 2011.

[Coumans 10] Erwin Coumans. "Bullet Physics Library." http://bulletphysics.org, 2010.

[Dawes and Abrahams 04] Beman Dawes and David Abrahams. "Boost C++ Libaries." http://www.boost.org, 2004.

[Khronos 97] Khronos. "OpenGL Platform and OS Implementations." http://www.opengl.org/documentation/implementations, 1997.

[Khronos 12] Khronos. "EGL: Native Platform Interface." http://www.khronos.org/egl,

2012.

[Kilgard 97] Mark Kilgard. "GLUT: The OpenGL Utility Toolkit." http://www.opengl.org/resources/libraries/glut/, 1997.

[Nokia 08] Nokia. "Qt: A Cross-Platform Application and UIFramework." http://qt.nokia.com/products, 2008.

[Olszta 03] Pawel W. Olszta. "FreeGLUT: The OpenSourced alternative to GLUT." http://freeglut.sourceforge.net/, 2003.

[OpenGL 11] OpenGL. "Creating an OpenGL Context." http://www.opengl.org/wiki/Creating_an_OpenGL_Context, 2011.

[OpenGL 12] OpenGL. "OpenGL Toolkits and APIs." http://www.opengl.org/wiki/Related_toolkits_and_APIs#Context.2FWindow/Toolkits, 2012.

[Perkins 07] Jason Perkins. "Premake: Build Script Generation." http://premake.sourceforge.net/, 2007.

[RenderTools 11] RenderTools. "RenderTools: A (Lightweight) OpenGL–Based Scenegraph Library by J. van der Spek." http://rendertools.dynamica.org, 2011.

[Sourceforge 11] Sourceforge. "GLEW: The OpenGL Extension Wrangler Library." http:// glew.sourceforge.net, 2011.

[WAF 11] WAF. "WAF: The Meta Build System—Google Project Hosting." http://code.google.com/p/waf/, 2011.

[Wikipedia 12a] Wikipedia. "GLX." http://en.wikipedia.org/wiki/GLX, 2012.

[Wikipedia 12b] Wikipedia. "WGL (software)." http://en.wikipedia.org/wiki/WGL (software), 2012.